高等职业教育“十四五”规划教材

高等数学

（第2版）

主　编　王道乾　王　瑞
副主编　杨秋霞　晏华应　杨茂松
参　编　陈　星　汤　卫

武汉理工大学出版社
·武　汉·

内容提要

本书根据不同专业对高等数学知识的需求,采用模块化教学的方式进行编写。全书分为上、下两篇,上篇包括一元函数微积分、多元函数微积分、常微分方程、线性代数以及概率论与数理统计5个模块,下篇包括导数的应用、积分的应用、数学建模、Mathematica简介及其应用、常微分方程的应用以及概率论与数理统计的应用6个模块.每一小节后都附有习题,书末附有常用初等数学公式、积分公式、泊松分布表和标准正态分布表4个附录.

本书是在认真总结高职高专院校高等数学课程教学改革经验的基础上编写而成的,它适合作为高职高专理工、财经、商贸类专业的教学用书,也可作为成人高校和民办高校的教材或教学参考书.

图书在版编目(CIP)数据

高等数学/王道乾,王瑞主编.—2版.—武汉:武汉理工大学出版社,2022.5
ISBN 978-7-5629-6598-5

Ⅰ.①高… Ⅱ.①王… ②王… Ⅲ.①高等数学-高等学校-教材 Ⅳ.①O13

中国版本图书馆CIP数据核字(2022)第084823号

项目负责人:戴皓华　　**责任编辑**:戴皓华
责任校对:柳亚男　　**排版设计**:芳华时代
出版发行:武汉理工大学出版社
社　　址:武汉市洪山区珞狮路122号
邮　　编:430070
网　　址:http://www.wutp.com.cn
经　　销:各地新华书店
印　　刷:荆州市精彩印刷有限公司
开　　本:787×1092　1/16
印　　张:21.25
字　　数:530千字
版　　次:2022年5月第2版
印　　次:2022年5月第1次印刷
定　　价:59.00元

凡购本书,如有缺页、倒页、脱页等印装质量问题,请向出版社发行部调换。
本社购书热线电话:027-87391631　87384729　87165708(传真)

前　　言

（第 2 版）

本书作为高职高专数学公共基础课教材，是为了适应我国职业教育快速发展的要求和高素质技能型人才培养的需要，以高职高专教育培养目标为出发点，在认真总结各兄弟院校高等数学课程教学改革经验的基础上编写而成.

本书分为上、下两篇，即基础知识和应用知识. 基础知识主要包括一元函数微积分、多元函数微积分、常微分方程、线性代数、概率论与数理统计 5 个模块，应用知识主要包括导数的应用、积分的应用、数学建模、Mathematica 简介及应用、常微分方程的应用、概率论与数理统计的应用 6 个模块. 本书具有以下特点：

（1）教学内容的深度和广度恰当，符合认知规律，富有启发性，对基本概念、基本方法和数学思想直观体现、易于理解，重视训练，适应高职高专学生的特点. 带“ * ”号的模块可根据教学要求取舍.

（2）注重学生学习的梯度性，基本概念从多维度进行表述，由浅入深，适合各层次学生学习；数学思想贯穿各章节，注重培养学生使用数学语言和理解数学概念的能力.

（3）注重实际问题与数学概念的联系，充分体现数学的工具性作用，加强数学素养的培育，提高数理逻辑思维能力.

（4）在应用知识部分，通过列举大量经典实际问题，培养学生对数学知识的理解与应用，懂得“数学源于生活用于生活”的道理. 并对数学计算软件进行介绍，培养学习者使用计算机处理数学问题的能力.

参与本书编写的有王道乾、王瑞、杨秋霞、晏华应、杨茂松、陈星、汤卫，其中由王道乾、王瑞担任主编并负责全书的统稿、定稿.

本书适合高职高专理工、财经、商贸类专业使用，可根据“够用、实用”原则选择教学内容. 由于编者水平有限，时间仓促，书中难免有不妥之处，敬请读者批评指正.

编　者

2022 年 3 月

目　录

上篇　基础知识

下篇 应用知识

上篇　基础知识

模块 1　一元函数微积分

函数是高等数学的主要研究对象,它是变量之间最基本的一种依赖关系(对应关系),是定量化思维方式的具体表现形式.极限是一根红线,贯穿于高等数学的全部内容中,是一座桥梁,把初等数学和高等数学有机衔接起来.导数和积分是研究函数变化及特性的主要工具,是实际问题数学化的主要体现.本模块主要研究一元函数的微积分,帮助初学者逐渐转变初等数学的学习思维,轻松过渡到高等数学的学习中.

1.1　函数、极限与连续

通过本节的学习,要求学生理解极限、无穷小、无穷大、函数连续的概念;掌握极限的运算方法.

1.1.1　函数的概念与性质

1.1.1.1　区间与邻域

设 $a,b\in\mathbf{R}$ 且 $a<b$,称集合 $\{x\mid a<x<b\}$ 为以 a、b 为端点的开区间,记为 (a,b);称 $\{x\mid a\leqslant x\leqslant b\}$ 为以 a、b 为端点的闭区间,记为 $[a,b]$;称 $\{x\mid a<x\leqslant b\}$ 为左开右闭区间,记为 $(a,b]$;称 $\{x\mid a\leqslant x<b\}$ 为左闭右开区间,记为 $[a,b)$. 以上区间都为有限区间.

而 $[a,+\infty)=\{x\mid a\leqslant x\}$、$(a,+\infty)=\{x\mid a<x\}$、$(-\infty,b]=\{x\mid x\leqslant b\}$、$(-\infty,b)=\{x\mid x<b\}$ 和 $(-\infty,+\infty)=\{x\mid x\in\mathbf{R}\}$ 统称为无限区间.

设 $a,\delta\in\mathbf{R}$,且 $\delta>0$,称实数集 $\{x\mid |x-a|<\delta\}$ 或 $\{x\mid a-\delta<x<a+\delta\}$ 为点 a 的 δ 邻域,记作 $U(a,\delta)$,即 $U(a,\delta)=\{x\mid |x-a|<\delta\}=\{x\mid a-\delta<x<a+\delta\}$.

由邻域的定义可知,$U(a,\delta)$ 是以 a 为中心、δ 为半径的开区间,区间长度为 2δ. 因此,通常称 a 为邻域的中心,δ 为邻域的半径.

在 $U(a,\delta)$ 中去掉中心点 a 的实数集 $\{x\mid 0<|x-a|<\delta\}$ 或 $\{x\mid a-\delta<x<a+\delta,x\neq a\}$ 为以 a 为中心、以 δ 为半径的去心邻域(a 的去心 δ 邻域),记作 $\mathring{U}(a,\delta)$.

即:$\mathring{U}(a,\delta)=\{x\mid 0<|x-a|<\delta\}$,

或 $\mathring{U}(a,\delta)=\{x\mid a-\delta<x<a+\delta,x\neq a\}$.

显然,$\mathring{U}(a,\delta)=(a-\delta,a)\cup(a,a+\delta)$,称 $(a-\delta,a)$,即 $\{x\mid a-\delta<x<a\}$ 为 a 的左 δ 邻域;称 $(a,a+\delta)$,即 $\{x\mid a<x<a+\delta\}$ 为 a 的右 δ 邻域.

1.1.1.2 函数的概念

设 x 和 y 是两个变量，D 是一个给定数集，如果对任一个数 $x \in D$，变量 y 按照一定的对应法则总有唯一确定的数值与之对应，则称 y 是 x 的函数，记作 $y = f(x)$，其中 x 为自变量，y 为因变量(或函数). 数集 D 称为函数的定义域，因变量 y 的数值构成的集合称为函数 $f(x)$ 的值域，即 $M = \{y \mid y = f(x), x \in D\}$.

注意：

(1) 函数 $y = f(x)$ 中表示对应关系的记号 f 也可用 φ、ψ 等其他字母来表示.

(2) 如果自变量在定义域内任取一个确定的值，函数只有一个确定的值和它对应，这种函数叫作单值函数，否则叫作多值函数. 本书只讨论单值函数.

(3) 一个函数的构成要素为：定义域、对应关系和值域. 由于值域是由定义域和对应关系确定的，因此，如果两个函数相等，则定义域和对应关系必须完全一致.

【例 1.1.1】 设 $f(x) = x\sin x$，求 $f(1)$，$f(\pi)$，$f(-x)$，$f(x^2+1)$.

【解】 $f(1) = 1\sin 1 = \sin 1$，$f(\pi) = \pi\sin\pi = 0$，

$f(-x) = -x\sin(-x) = x\sin x$，$f(x^2+1) = (x^2+1)\sin(x^2+1)$.

【例 1.1.2】 设 $f(x+1) = x^2 - 1$，求 $f(x)$.

【解】 令 $t = x+1$，则 $x = t-1$，$f(t) = (t-1)^2 - 1$. 故

$$f(x) = (x-1)^2 - 1.$$

【例 1.1.3】 求函数 $y = \dfrac{1}{\sqrt{1-x^2}} + \log_2(1+x)$ 的定义域.

【解】 要使函数有意义，x 需满足

$$\begin{cases} 1-x^2 > 0 \\ 1+x > 0 \end{cases}，即 \begin{cases} -1 < x < 1 \\ x > -1 \end{cases}$$

则有 $-1 < x < 1$，故，此函数的定义域为 $(-1,1)$.

【例 1.1.4】 判断下列函数是否相同？并说明理由.

(1) $f(x) = \sqrt{x^2}$，$g(x) = |x|$；(2) $\varphi(x) = \dfrac{x^2-1}{x-1}$，$\psi(x) = x+1$.

【解】 (1) $\because y = \sqrt{x^2}$、$y = |x|$ 的定义域都为 $\mathbf{R}$，值域也都为 $[0, +\infty)$，

$\therefore y = \sqrt{x^2}$ 与 $y = |x|$ 是同一函数.

(2) $\because \varphi(x) = \dfrac{x^2-1}{x-1}$ 的定义域为 $(-\infty,1) \cup (1,+\infty)$，而 $\psi(x) = x+1$ 的定义域为 $\mathbf{R}$，

$\therefore \varphi(x) = \dfrac{x^2-1}{x-1}$ 与 $\psi(x) = x+1$ 不是同一函数.

通常情况下，函数可用三种不同的方法来表示，即列表法、图形法和公式法. 公式法给出的函数，在定义域不同的区间上不一定总是用一个解析式表示，也可以用几个解析式表示，这样的函数称为分段函数.

例如：绝对值函数 $y=|x|=\begin{cases}x, & x\geqslant 0\\ -x, & x<0\end{cases}$ 的定义域为**R**，值域为$[0,+\infty)$，如图1.1.1所示.

取整函数 $y=[x]$（不超过 x 的最大整数部分），如图1.1.2所示. 显然，$\left[\frac{5}{7}\right]=0$，$[\pi]=3$，$[-3.5]=-4$.

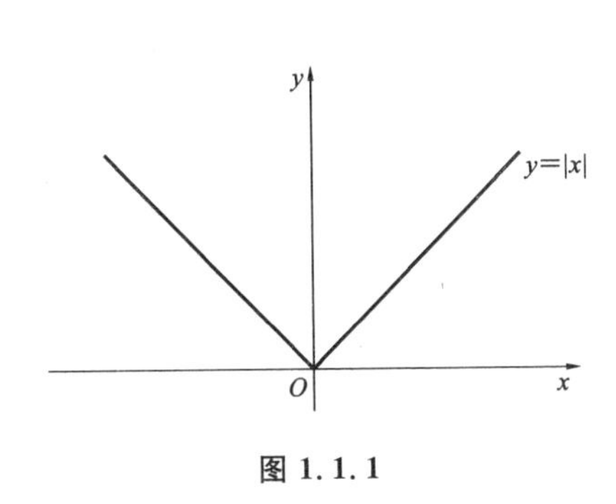

图 1.1.1

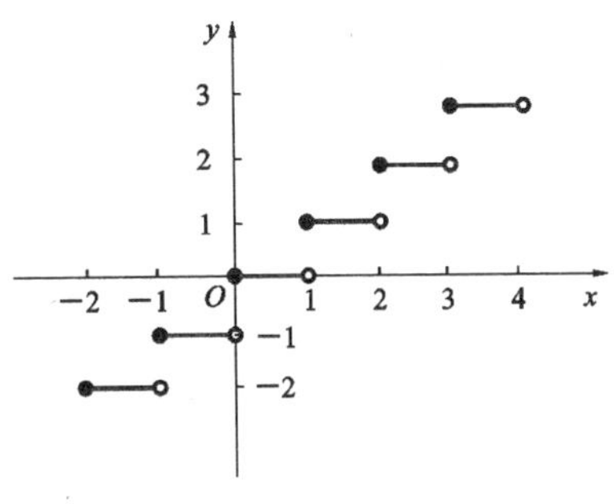

图 1.1.2

> **注意：**
>
> 分段函数是用几个公式合起来表示一个函数，而不是表示几个函数，其定义域是各段函数定义域的并集.

1.1.1.3　函数的几种特性

1. 单调性

设函数 $f(x)$ 的定义域为 D，区间 $(a,b)\subset D$，如果对区间 (a,b) 上的任意 x_1,x_2，当 $x_1<x_2$ 时，恒有 $f(x_1)<f(x_2)$ 成立，则称 $f(x)$ 在区间 (a,b) 上单调递增（图1.1.3）；当 $x_1<x_2$ 时，恒有 $f(x_1)>f(x_2)$ 成立，则称 $f(x)$ 在区间 (a,b) 上单调递减（图1.1.4）. 区间 (a,b) 称为 $f(x)$ 的单调区间.

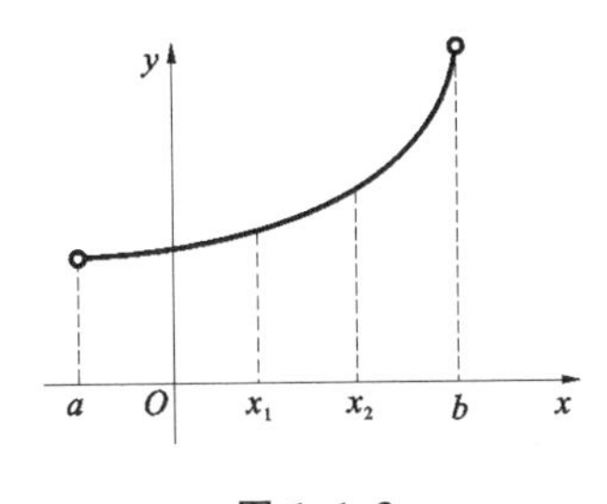

图 1.1.3

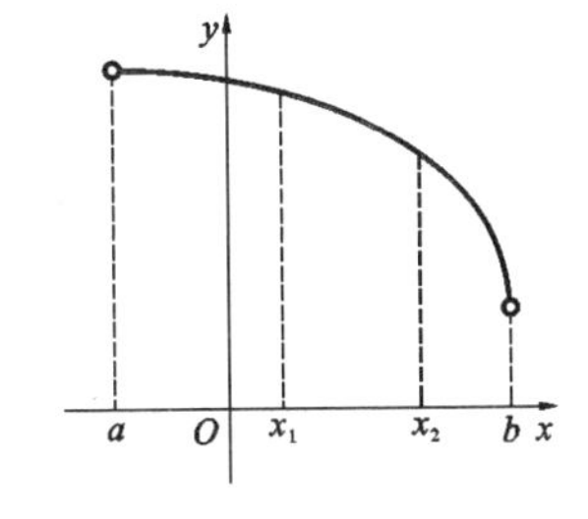

图 1.1.4

【例 1.1.5】 验证函数 $y=2x-1$ 在区间 $(-\infty,+\infty)$ 内是单调增加的.

【证明】 在区间 $(-\infty,+\infty)$ 内任取两点 x_1,x_2 且 $x_1<x_2$，于是

$$f(x_1)-f(x_2)=(2x_1-1)-(2x_2-1)=2(x_1-x_2)<0,$$

即 $f(x_1)<f(x_2)$，则 $y=2x-1$ 在区间 $(-\infty,+\infty)$ 内是单调增加的.

2. 奇偶性

设函数 $y=f(x)$ 的定义域 D 关于原点对称，如果对于任意的 $x\in D$，恒有 $f(-x)=f(x)$

成立，则称 $y=f(x)$ 为偶函数，如图 1.1.5 所示；如果对于任意的 $x\in D$，恒有 $f(-x)=-f(x)$ 成立，则称 $y=f(x)$ 为奇函数，如图 1.1.6 所示.

从函数的图像来看，偶函数的图像关于 y 轴对称，奇函数的图像关于原点对称.

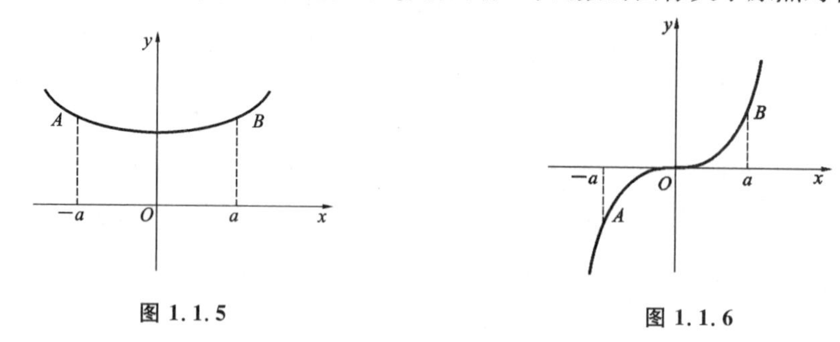

图 1.1.5　　　　图 1.1.6

可以证明，任何一个在对称区间 $(-a,a)$ 上有定义的函数都可以写成一个奇函数和一个偶函数之和，并且有以下结论成立：

(1) 两个奇函数的和是奇函数，两个偶函数的和是偶函数.

(2) 两个奇函数的积是偶函数，两个偶函数的积是偶函数，奇函数与偶函数的积是奇函数.

【例 1.1.6】 判断下列函数的奇偶性：

(1) $f(x)=2x^4-3x^2+4$；　　(2) $f(x)=\frac{1}{2}(a^{-x}-a^x)(a>0,a\neq 1)$.

【解】 (1) 因为 $f(-x)=2(-x)^4-3(-x)^2+4=2x^4-3x^2+4=f(x)$，所以 $f(x)$ 是偶函数.

(2) 因为 $f(-x)=\frac{1}{2}(a^{-(-x)}-a^{-x})=\frac{1}{2}(a^x-a^{-x})=-\frac{1}{2}(a^{-x}-a^x)=-f(x)$，

所以 $f(x)$ 是奇函数.

3. 周期性

设函数 $f(x)$ 的定义域为 D，如果存在一个不为零的数 T，使得对于任意 $x\in D$，有 $(x+T)\in D$ 且 $f(x+T)=f(x)$ 恒成立，则称 $f(x)$ 为周期函数，T 称为 $f(x)$ 的周期(通常说周期函数的周期是指其最小正周期).

【例 1.1.7】 求下列函数的最小正周期.

(1) $f(x)=\sin 3x+\tan\frac{x}{2}$；　　(2) $f(x)=\cos(3x+\frac{\pi}{4})$.

【解】 (1) 在 $f(x)=\sin 3x+\tan\frac{x}{2}$ 中，$\sin 3x$ 的周期 $T_1=\frac{2\pi}{3}$，$\tan\frac{x}{2}$ 的周期 $T_2=2\pi$，$f(x)$ 的周期为 T_1 与 T_2 的最小公倍数，故 $f(x)$ 的周期 $T=2\pi$.

(2) $\because f(x)=\cos(3x+\frac{\pi}{4})=\cos(3x+\frac{\pi}{4}+2n\pi)=\cos[3(x+\frac{2n\pi}{3})+\frac{\pi}{4}]=f(x+\frac{2n\pi}{3})$，

$\therefore f(x)=\cos(3x+\frac{\pi}{4})$ 的周期是 $\frac{2n\pi}{3}(n\in\mathbf{Z},n\neq 0)$，最小正周期是 $\frac{2\pi}{3}$.

4. 有界性

设函数 $y=f(x)$ 的定义域为 (a,b)，如果存在一个正数 M，对于任意的 $x\in(a,b)$，恒有 $|f(x)|\leqslant M$，则称函数 $f(x)$ 在 (a,b) 上有界，如图 1.1.7 所示.

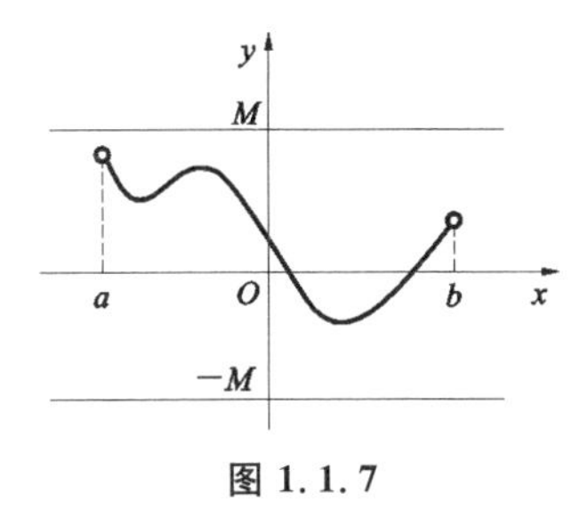

图 1.1.7

反之,则称 $f(x)$ 在 (a,b) 上是无界的,或对于无论多么大的正数 M,总存在 $x_1 \in (a,b)$,使得 $|f(x_1)| > M$.

若存在数 K_1,使得对任意的 $x \in (a,b)$,有 $f(x) \leqslant K_1$,则称函数 $f(x)$ 在区间 (a,b) 上有上界,K_1 称为函数 $f(x)$ 的一个上界;若存在数 K_2,使得对任意的 $x \in (a,b)$,有 $f(x) \geqslant K_2$,则称函数 $f(x)$ 在区间 (a,b) 上有下界,K_2 称为函数 $f(x)$ 的一个下界.

函数 $f(x)$ 在区间 I 上有界的充分必要条件是它在该区间里既有上界又有下界.

【例 1.1.8】 证明 $f(x) = \dfrac{1}{x}$ 在 $(0,1)$ 内无界.

【证明】 对于取定的正数 M(不妨设 $M > 1$),由于 $\dfrac{1}{2M} \in (0,1)$,故当 $x_1 = \dfrac{1}{2M}$ 时 $|f(x_1)| = 2M > M$,因此 $f(x) = \dfrac{1}{x}$ 在 $(0,1)$ 内无界.

1.1.1.4 反函数与复合函数

1. 反函数

设 $y = f(x)$ 是 x 的函数,其定义域为 D,值域为 W,如果对于 W 中的每一个 y 值,都有一个确定的且满足 $y = f(x)$ 的 x 值与之对应,则得到一个定义在 W 上的以 y 为自变量、x 为因变量的新函数,我们称它为函数 $y = f(x)$ 的反函数,记作 $x = f^{-1}(y)$. 通常把 $x = f^{-1}(y)$ 改写为 $y = f^{-1}(x)$. 它的定义域为 W,值域为 D.

注意:

(1) 函数 $y = f(x)$ 为单值函数,其反函数 $y = f^{-1}(x)$ 不一定是单值函数.

(2) 把函数 $y = f(x)$ 和其反函数 $y = f^{-1}(x)$ 的图像画在同一坐标系内,这两个图像关于直线 $y = x$ 对称.

求反函数的过程可以分为两步:

(1) 第一步从 $y = f(x)$ 解出 $x = f^{-1}(y)$;

(2) 第二步交换 x 和 y.

【例 1.1.9】 求 $y = 2x - 1$ 的反函数.

【解】 由 $y = 2x - 1$ 得到 $x = \dfrac{y+1}{2}$,然后交换 x 和 y,得 $y = \dfrac{x+1}{2}$.

即 $y = \dfrac{x+1}{2}$ 是 $y = 2x - 1$ 的反函数.

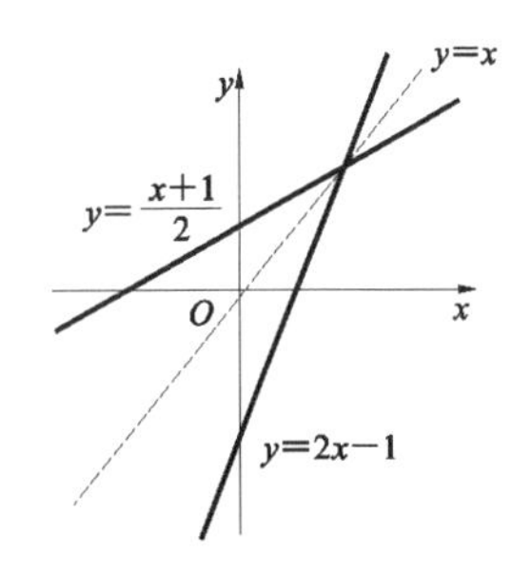

图 1.1.8

例 1.1.9 中的一对反函数的图像如图 1.1.8 所示.

2. 复合函数

设 $y=f(u)$ 的定义域为 D_f，$u=g(x)$ 定义域为 D_g，值域为 W_g，而且 $W_g \subset D_f$，则 y 通过中间变量 u 成为 x 的函数，称这个函数为由 $y=f(u)$ 与 $u=g(x)$ 构成的复合函数，也称为函数的复合运算，记作 $y=f[g(x)]$.

注意：

(1) 不是任何两个函数都可以构成一个复合函数. 例如 $y=\ln u$ 和 $u=x-\sqrt{x^2+1}$ 就不能构成复合函数，因为 $u=x-\sqrt{x^2+1}$ 的值域是 $(-\infty,0)$，而 $y=\ln u$ 的定义域是 $(0,+\infty)$，$u=x-\sqrt{x^2+1}$ 的值域完全没有被包含在 $y=\ln u$ 的定义域中.

(2) 如果原函数不能复合，则可以增加条件或改变条件来进行复合. 如 $y=\arcsin u$ 的定义域为 $(-1,1)$，而 $u=x+1$ 的值域为 $\mathbf{R}$，如果没有其他限定，它们不能复合. 但是如果对 $u=x+1$ 增加条件 $x\in(-1,0)$，其值域 $(0,1)\subset(-1,1)$，就可以复合了.

(3) 复合函数不仅可以有一个中间变量，还可以有多个中间变量.

【例 1.1.10】 已知 $y=\sqrt{u}$，$u=2x^2+1$，将 y 表示成 x 的函数.

【解】 $y=\sqrt{u}$ 的定义域为 $\{u\mid u\geqslant 0\}$，$u=2x^2+1$ 的值域 $[1,+\infty)$，易见 $[1,+\infty)\subset\{u\mid u\geqslant 0\}$，则二者可以复合，将 $u=2x^2+1$ 代入 $y=\sqrt{u}$，可得

$$y=\sqrt{2x^2+1}.$$

【例 1.1.11】 已知 $y=\ln u$，$u=2-v^2$，$v=\cos x$，将 y 表示成 x 的函数.

【解】 经检验以上三个函数满足复合的条件，故复合后为 $y=\ln(2-v^2)=\ln(2-\cos^2 x)$.

【例 1.1.12】 指出下列复合函数是由哪些简单函数复合而成的.

(1) $y=\sin(x^3+1)$； (2) $y=2^{\cot\frac{1}{x}}$.

【解】 (1) 设 $u=x^3+1$，则 $y=\sin(x^3+1)$ 由 $y=\sin u$，$u=x^3+1$ 复合而成.

(2) 设 $y=2^u$，$u=\cot v$，$v=\dfrac{1}{x}$，则 $y=2^{\cot\frac{1}{x}}$ 可以看成是由 $y=2^u$，$u=\cot v$，$v=\dfrac{1}{x}$ 三个函数复合而成的.

1.1.1.5 初等函数

以下函数统称为基本初等函数(表 1.1.1)，它们在函数研究中起着非常重要的作用.

表 1.1.1 基本初等函数

函数名称	函数形式
常数函数	$y=C$
幂函数	$y=x^n(n\in\mathbf{R})$
指数函数	$y=a^x(a>0$ 且 $a\neq 1)$
对数函数	$y=\log_a x(a>0$ 且 $a\neq 1)$

续表 1.1.1

函数名称	函数形式
三角函数	$y=\sin x$
	$y=\cos x$
	$y=\tan x$
	$y=\cot x$
	$y=\sec x=\dfrac{1}{\cos x}$
	$y=\csc x=\dfrac{1}{\sin x}$
反三角函数	$y=\arcsin x$
	$y=\arccos x$
	$y=\arctan x$
	$y=\operatorname{arccot} x$

由基本初等函数经过有限次的四则运算和有限次的复合运算而成,并用一个式子表达的函数称为初等函数.

例如,$y=\arctan\sqrt{\dfrac{1+\sin x}{1-\sin x}}$,$y=\sqrt[5]{\ln\cos^3 x}$,$y=e^{\operatorname{arccot}\frac{x}{3}}$,$y=\dfrac{3^x+\sqrt[3]{x^2+5}}{\log_2(3x-1)-x\sec x}$都是初等函数. $y=1+x+x^2+x^3+\cdots$,符号函数 $\operatorname{sgn}(x)=\begin{cases}1, & x>0\\ 0, & x=0\\ -1, & x<0\end{cases}$ 以及函数 $y=\begin{cases}x, x<0\\ e^x, x\geqslant 0\end{cases}$ 等都不是初等函数.

练习题

1. 选择题

(1) 若 $f(x)$ 为奇函数,且对任意实数 x 恒有 $f(x+3)-f(x-1)=0$,则 $f(2)=$(　　).

A. -1　　B. 0　　C. 1　　D. 2

(2) 函数 $y=3+\ln(x+2)$ 的反函数是(　　).

A. $y=e^{x-3}-2$　　B. $y=e^{x+3}-2$　　C. $y=e^{x-3}+2$　　D. $y=e^{x+3}+2$

(3) 函数 $f(x)=\arcsin\dfrac{x-1}{2}$ 的定义域为(　　).

A. $[-1,1]$　　B. $[-1,3]$　　C. $(-1,1)$　　D. $(-1,3)$

(4) 函数 $f(x)=\dfrac{2+\cos x}{1+x^2}$ 是(　　).

A. 奇函数　　B. 偶函数　　C. 有界函数　　D. 周期函数

(5) 下列区间中,函数 $f(x)=\ln(5x+1)$ 为有界的区间是(　　).

A. $(-1,\frac{1}{5})$　　B. $(-\frac{1}{5},5)$　　C. $(0,\frac{1}{5})$　　D. $(\frac{1}{5},+\infty)$

(6) 设 $f(x-1)=x^3-1$,则 $f(x)=($　　$)$.

A. x^3+2x^2+2x　　B. x^3+3x^2+3x

C. x^3+2x^2+2x+1　　D. x^3+3x^2+3x+1

(7) 设 $y=f(x)$ 在区间$[0,1]$上有定义,则 $f(x+\frac{1}{4})+f(x-\frac{1}{4})$ 的定义域是(　　).

A. $[0,1]$　　B. $[-\frac{1}{4},\frac{5}{4}]$　　C. $[-\frac{1}{4},\frac{1}{4}]$　　D. $[\frac{1}{4},\frac{3}{4}]$

(8) 将函数 $f(x)=2-|x-2|$ 表示为分段函数时,$f(x)=($　　$)$.

A. $\begin{cases}4-x, & x\geqslant 0\\ x, & x<0\end{cases}$　　B. $\begin{cases}4-x, & x\geqslant 2\\ x, & x<2\end{cases}$　　C. $\begin{cases}4-x, & x\geqslant 0\\ 4+x, & x<0\end{cases}$　　D. $\begin{cases}4-x, & x\geqslant 2\\ x, & x<2\end{cases}$

(9) 下列函数中,函数的图像关于原点对称的是(　　).

A. $y=\sin|x|$　　B. $y=3\sin 2x+1$

C. $y=-x^3\sin x$　　D. $y=x^2\sin x$

2.填空题

(1) 若 $f(x+1)=x^2-3x+2$,则 $f(\sqrt{x})=$ ________.

(2) 函数 $f(x)=\dfrac{5}{\ln(x-2)}$ 的定义域是________.

(3) 函数 $f(x)=\begin{cases}|\sin x|, & |x|<1\\ 0, & |x|\geqslant 1\end{cases}$,则 $f(-\frac{\pi}{4})=$ ________.

(4) 设 $f(\sin x)=3-\cos 2x$,则 $f(\cos x)=$ ________.

(5) 已知 $f(x)=ax+b$,且 $f(-1)=2,f(1)=-2$,则 $f(x)=$ ________.

(6) 设 $f(x)=\ln 2$,则 $f(x+1)-f(x)=$ ________.

(7) 若 $f(x)$ 是以 2 为周期的周期函数,且在闭区间$[0,2]$上 $f(x)=2x-x^2$,则在闭区间$[2,4]$上,$f(x)=$ ________.

(8) $f(x)=\log_2(\sin x+2)$ 是由基本初等函数________和________复合而成.

(9) $y=\dfrac{2^x}{2^x+1}$ 的反函数为________.

3.计算题

(1) 求 $y=\sqrt{3-x}+\arcsin\dfrac{3-2x}{5}$ 的定义域.

(2) 已知 $f[\varphi(x)]=1+\cos x,\varphi(x)=\sin\dfrac{x}{2}$,求 $f(x)$.

(3) 设 $f(x)=x^2,g(x)=e^x$,求 $f[g(x)],g[f(x)],f[f(x)],g[g(x)]$.

(4) 设 $f(x)=\begin{cases}|x|, & |x|<1\\ 0, & |x|\geqslant 1\end{cases}$,求 $f(\frac{1}{3}),f(-\frac{1}{2}),f(-2)$,并作出函数 $y=f(x)$ 的图像.

❖ 1.1.2 极限的概念

1.1.2.1 数列的极限

☞ **定义 1.1.1** 按自然数 1,2,3,… 编号依次排列的有规律的一组数 $a_1, a_2, \cdots, a_n, \cdots$ 称为数列,记为 a_n. 其中的每个数称为数列的项,a_1 称为首项,a_n 称为通项(一般项).

例如:$1, \frac{1}{2}, \frac{1}{3}, \frac{1}{4}, \frac{1}{5}, \cdots, \frac{1}{n}, \cdots$;可记为数列$\left\{\frac{1}{n}\right\}$.

$-1, 2, -3, 4, \cdots, (-1)^n n, \cdots$;可记为数列$\{(-1)^n n\}$.

值得注意的是,每一个数列都对应着数轴上一个点列,点列中的每一个点都代表着数列中的唯一项,这种对应好似函数中坐标和点的对应关系. 再注意到当 $n=1$ 时,数列$\{a_n\}$得到第一项 a_1;当 $n=2$ 时,得到第二项 a_2;当 $n=3$ 时,得到第三项 a_3…… 可见数列是一种特殊的函数,即数列可理解为定义域为正整数集 $\mathbf{N}^+$ 的函数,$a_n = f(n)(n=1,2,\cdots)$.

例如:$a_n = \frac{1}{2^n}$,相应的数列为$\frac{1}{2}, \frac{1}{2^2}, \frac{1}{2^3}, \cdots, \frac{1}{2^n}, \cdots$.

接下来我们了解一下单调数列和有界数列的概念,这对后面学习极限的性质会有很大的帮助.

1. 单调数列

如果数列$\{a_n\}$对于每一个正整数 n,都有 $a_n < a_{n+1}$,则称数列$\{a_n\}$为单调递增数列;同样,如果数列$\{a_n\}$对于每一个正整数 n,都有 $a_n > a_{n+1}$,则称数列$\{a_n\}$为单调递减数列.

无论是单调递增数列还是单调递减数列,都统称为单调数列.

例如:数列 $2, \frac{3}{2}, \frac{4}{3}, \cdots, 1+\frac{1}{n}, \cdots$,随着 n 的增大,$a_n = 1+\frac{1}{n}$ 的每一项逐渐减少,所以数列$\{1+\frac{1}{n}\}$为单调递减数列.

数列 $2, 4, 8, \cdots, 2^n, \cdots$,随着 n 的增大,$a_n = 2^n$ 的每一项逐渐增加,所以数列$\{2^n\}$为单调递增数列.

2. 有界数列

如果对于数列$\{a_n\}$,存在一个正常数 M,使得对于每一项 a_n,都有 $|a_n| \leqslant M$ 成立,则称数列$\{a_n\}$为有界数列. 否则,称为无界数列.

几何解释:数轴上对应于有界数列的点 a_n 都落在闭区间$[-M, M]$上. 无界数列的点列,无论区间$[-M, M]$多么长,总有落在该区间之外的点.

例如:(1) $1, \frac{1}{2}, \frac{1}{3}, \frac{1}{4}, \cdots, \frac{1}{n}, \cdots$,即对于数列$\{\frac{1}{n}\}$,存在一个常数 1,使得对于每一项都有$\left|\frac{1}{n}\right| \leqslant 1$ 成立,则数列$\{\frac{1}{n}\}$为有界数列.

(2) $-1, 2, -3, 4, \cdots, (-1)^n n, \cdots$,即对于数列$\{(-1)^n n\}$,不存在任何一个正常数 M,使得对于每一项都有 $|u_n| \leqslant M$ 成立,则数列$\{(-1)^n n\}$为无界数列.

注意到当 n 无限增大时数列 $\{\frac{1}{n}\}$ 无限接近 0；当 n 无限增大时数列 $\{\frac{1}{2^n}\}$ 无限接近 0. “无限接近”意味着什么?如何用数学语言描述它?下面我们来看一下数列极限的定义.

☞ **定义 1.1.2** 若对于数列 $\{a_n\}$，当 n 无限增大时，数列的通项 a_n 无限接近于某个确定的常数 A，即 $|a_n - A| \to 0$，则称 A 为数列 $\{a_n\}$ 的极限，或称数列 $\{a_n\}$ 收敛于 A，记作 $\lim\limits_{n\to\infty} a_n = A$ 或 $a_n \to A(n \to \infty)$. 若不存在这样的常数 A，则称数列 $\{a_n\}$ 无极限，或称数列 $\{a_n\}$ 发散.

【例 1.1.13】 利用数列极限的定义，讨论下列数列的极限.

(1) $1, \frac{1}{2}, \frac{1}{3}, \frac{1}{4}, \cdots, \frac{1}{n}, \cdots$；

(2) $1, -1, 1, -1, \cdots, (-1)^{n+1}, \cdots$；

(3) $2, 4, 6, 8, \cdots, 2n, \cdots$.

【解】 (1) ∵ 数列 $\{\frac{1}{n}\}$ 的通项 $a_n = \frac{1}{n}$，通项 $a_n = \frac{1}{n}$ 与 0 的距离为 $\left|\frac{1}{n} - 0\right| = \frac{1}{n}$，当项数 n 无限增大时，$\left|\frac{1}{n} - 0\right| = \frac{1}{n} \to 0$.

∴ $\lim\limits_{n\to\infty} \frac{1}{n} = 0$.

(2) ∵ 数列 $\{(-1)^{n+1}\}$ 奇数项 $a_{2n-1} = 1$，偶数项 $a_{2n} = -1$，当项数 n 无限增大时，奇数项 a_{2n-1} 无限趋近于 1，偶数项 a_{2n} 无限趋近于 -1，可见通项 a_n 不可能无限逼近一个确定的常数.

∴ $\lim\limits_{n\to\infty}(-1)^{n+1}$ 不存在.

(3) ∵ 数列 $\{2n\}$ 的通项 $a_n = 2n$，当项数 n 无限增大时，$a_n = 2n$ 也无限增大.

∴ $\lim\limits_{n\to\infty} 2n = \infty$，数列 $\{2n\}$ 极限不存在.

☞ **定义 1.1.3**（ε-N 定义） 对于数列 $\{a_n\}$，如果存在常数 A，对于任意给定的 $\varepsilon > 0$（ε 为任意小的正数），总存在正整数 N，使得当 $n > N$ 时的一切 a_n 都满足不等式 $|a_n - A| < \varepsilon$，则称常数 A 是数列 $\{a_n\}$ 的极限，或称数列 $\{a_n\}$ 收敛于 A，记为：$\lim\limits_{n\to\infty} a_n = A$ 或 $a_n \to A(n \to \infty)$. 如果不存在这样的常数 A，则称数列 $\{a_n\}$ 极限不存在，或称数列 $\{a_n\}$ 发散.

数列 $\{a_n\}$ 以 A 为极限的几何意义：当 $n > N$ 时，所有的点 a_n 都落在 A 的 ε 邻域内 $U(A,\varepsilon)$，在 $U\{A,\varepsilon\}$ 的外边至多有 N 项(图 1.1.9).

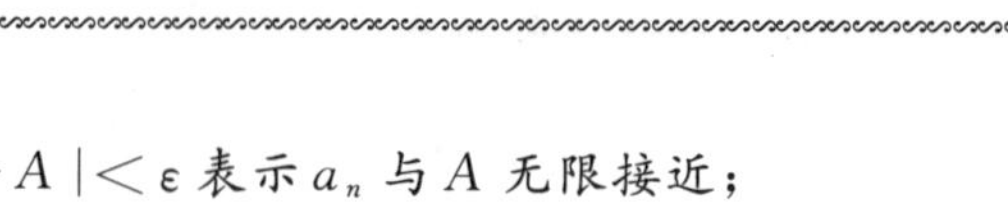

图 1.1.9

注意：

(1) 不等式 $|a_n - A| < \varepsilon$ 表示 a_n 与 A 无限接近；

(2) N 与任意给定的正数 ε 有关.

为了方便，引入记号“∀”表示“任意”或“每一个”，记号“∃”表示“存在”. 于是，数列极限的定义可表示为：$\lim\limits_{n\to\infty} a_n = A \Leftrightarrow \forall \varepsilon > 0, \exists N \in \mathbf{Z}^+$，当 $n > N$ 时，有 $|a_n - A| < \varepsilon$.

【例 1.1.14】 利用数列极限的定义，证明下列数列的极限.

(1) $\lim\limits_{n\to\infty}\dfrac{n}{n+1}=1$；

(2) $\lim\limits_{n\to\infty}q^n=0$，$|q|<1$；

(3) $\lim\limits_{n\to\infty}C=C$，$C$ 为常数.

【证明】 (1) 对任意给定的小正数 ε，需使 $|a_n-A|=\left|\dfrac{n}{n+1}-1\right|<\varepsilon$ 成立，只需 $\left|\dfrac{1}{n+1}\right|<\varepsilon$，即 $n>\dfrac{1}{\varepsilon}-1$，取 $N=\left[\dfrac{1}{\varepsilon}-1\right]$. 当 $n>N$ 时，任意给定的小正数 ε，可使 $|a_n-A|=\left|\dfrac{n}{n+1}-1\right|<\varepsilon$ 成立，所以 $\lim\limits_{n\to\infty}\dfrac{n}{n+1}=1$.

(2) 对任意给定的小正数 ε，由于 $|a_n-A|=|q^n-0|=|q|^n$，为使 $|q^n-0|<\varepsilon$，只需 $|q|^n<\varepsilon$，解得 $n\ln|q|<\ln\varepsilon$，即 $n>\dfrac{\ln\varepsilon}{\ln|q|}$，$|q|<1$. 故取 $N=\left[\dfrac{\ln\varepsilon}{\ln|q|}\right]$，当 $n>N$ 时，有 $|a_n-A|=|q^n-0|=|q|^n<\varepsilon$，$(|q|<1)$ 成立. 因此，$\lim\limits_{n\to\infty}q^n=0$，$(|q|<1)$.

(3) $\because$ 对任意给定的小正数 ε，对一切的自然数 n，都有 $|a_n-A|=|C-C|=0<\varepsilon$ 恒成立，$\therefore\lim\limits_{n\to\infty}C=C$，($C$ 为常数).

通过上面三个例题可以看出，数列极限的定义并没给出极限的求法. 那么如何来求数列的极限呢?我们先介绍一种简单的方法 —— 观察法，至于其他方法后面内容会有介绍.

【例 1.1.15】 用观察法求数列的极限.

(1) $1,\dfrac{1}{2},\dfrac{1}{3},\dfrac{1}{4},\cdots,\dfrac{1}{n},\cdots$；

(2) $1,-1,1,-1,\cdots,(-1)^{n+1},\cdots$；

(3) $1,2,3,4,5,\cdots n,\cdots$.

【解】 (1) 数列 $\left\{\dfrac{1}{n}\right\}$ 为有界数列，并且此数列还是单调数列(递减数列)，通过观察发现随着项数 n 的无限增大，通项 $\dfrac{1}{n}$ 无限地趋近于 0，则 $\lim\limits_{n\to\infty}\dfrac{1}{n}=0$.

(2) 数列 $\{(-1)^{n+1}\}$ 为有界数列，但是此数列不是单调数列，通过观察发现随着项数 n 的无限增大，通项 $(-1)^{n+1}$ 并不趋近于某个固定的常数，则数列 $\{(-1)^{n+1}\}$ 没有极限.

(3) 数列 $\{n\}$ 为无界数列，并且此数列是单调数列(递增数列)，通过观察发现随着项数 n 的无限增大，通项 n 无限的趋近于 ∞，则数列 $\{n\}$ 没有极限.

通过例 1.1.15 的分析我们发现并不是所有数列都有极限，那么怎样的数列才有极限呢?

▲ **定理 1.1.1**(极限存在准则)　单调有界数列必收敛.

▲ **定理 1.1.2**(唯一性)　如果数列 $\{a_n\}$ 收敛，则它的极限是唯一的.

▲ **定理 1.1.3**(有界性)　如果数列 $\{a_n\}$ 有极限，则数列 $\{a_n\}$ 一定有界.

> **注意**：有界性是数列收敛的必要条件.

◇ **推论 1.1.1**　无界数列必定发散.

▲ **定理 1.1.4**(保号性)　如果$\lim\limits_{n\to\infty}a_n = a$,且$a > 0$(或$a < 0$),则存在正整数$N$,当$n > N$时的一切$a_n$,有$a_n > 0$(或$a_n < 0$).

推论 1.1.2　如果数列$\{a_n\}$从某项起有$a_n \geqslant 0$(或$a_n \leqslant 0$),且$\lim\limits_{n\to\infty}a_n = A$,则$A \geqslant 0$(或$A \leqslant 0$).

对于数列$\{a_n\}$,从中任意抽取无限多项并保持这些项在原数列$\{a_n\}$中的先后顺序得到的数列$a_{N_1}, a_{N_2}, \cdots, a_{N_k}, \cdots$,称为数列$\{a_n\}$的一个子数列(或子列).

▲ **定理 1.1.5**(子数列的收敛性)　如果数列$\{a_n\}$收敛于A,则数列$\{a_n\}$的任何子数列都收敛,且收敛于A.

1.1.2.2　函数的极限

1. 自变量趋近于无穷大时函数的极限

数列$a_n = f(n) = \dfrac{1}{n}, n = 1,2,3,\cdots$,当$n\to\infty$时,$a_n\to 0$,数列是特殊的函数,考虑函数$y = f(x) = \dfrac{1}{x}$,是否当$x\to\infty$时,$f(x)\to 0$?

通过观察表 1.1.2 我们发现,当$x\to\infty$时,$f(x)\to 0$.

表 1.1.2

x	…	-1	-10	-100	-1000	-10000	-100000	-1000000	…
$f(x)$	…	-1	-0.1	-0.01	-0.001	-0.0001	-0.00001	-0.000001	…
x	…	1	10	100	1000	10000	100000	1000000	…
$f(x)$	…	1	0.1	0.01	0.001	0.0001	0.00001	0.000001	…

定义 1.1.4　设函数$f(x)$当$|x| > X(X > 0)$时有定义,如果存在常数A,对于任意给定的正数ε(不论它多么小),总存在正数X,使得x满足不等式$|x| > X$时,对应函数值$f(x)$满足$|f(x) - A| < \varepsilon$成立,则说常数A为函数$f(x)$当$x\to\infty$时的极限,记为$\lim\limits_{x\to\infty}f(x) = A$,或$f(x)\to A$(当$x\to\infty$时).

"ε-X"定义:$\lim\limits_{x\to\infty}f(x) = A \Leftrightarrow \forall\varepsilon > 0, \exists X > 0$,使得当$|x| > X$时,恒有$|f(x) - A| < \varepsilon$.

【例 1.1.16】　证明$\lim\limits_{x\to\infty}\dfrac{1}{x} = 0$.

【证明】　$\forall\varepsilon > 0$,取$X = \dfrac{1}{\varepsilon}$,当$|x| > X$时,有$|x| > \dfrac{1}{\varepsilon}$,即$\left|\dfrac{1}{x}\right| < \varepsilon$,因此$\lim\limits_{x\to\infty}\dfrac{1}{x} = 0$.

注意:

在函数$f(x)$当$x\to\infty$时的极限定义中,不等式$|x| > X$指的是$x > X$或$x < -X$,不等式$|f(x) - A| < \varepsilon$指的是$A - \varepsilon < f(x) < A + \varepsilon$.

(1) $\lim\limits_{x\to+\infty}f(x) = A \Leftrightarrow \forall\varepsilon > 0, \exists X > 0$,使得当$x > X$时,恒有$|f(x) - A| < \varepsilon$;

(2) $\lim\limits_{x\to-\infty}f(x) = A \Leftrightarrow \forall\varepsilon > 0, \exists X > 0$,使得当$x < -X$时,恒有$|f(x) - A| < \varepsilon$.

△ **定理 1.1.6**　$\lim\limits_{x\to\infty}f(x)=A \Leftrightarrow \lim\limits_{x\to+\infty}f(x)=\lim\limits_{x\to-\infty}f(x)=A$.

【例 1.1.17】　证明$\lim\limits_{x\to\infty}\dfrac{|x|}{x}$不存在.

【证明】　$\because \lim\limits_{x\to+\infty}\dfrac{|x|}{x}=\lim\limits_{x\to+\infty}1=1$，$\lim\limits_{x\to-\infty}\dfrac{|x|}{x}=\lim\limits_{x\to-\infty}-1=-1$，二者不相等.

$\therefore \lim\limits_{x\to\infty}\dfrac{|x|}{x}$不存在.

$\lim\limits_{x\to\infty}f(x)=A$ 的几何解释：当 $x>X$ 或 $x<-X$ 时，函数 $f(x)$ 的图像完全落在以直线 $y=A$ 为中心线，宽为 2ε 的带状区域内，如图 1.1.10 所示.

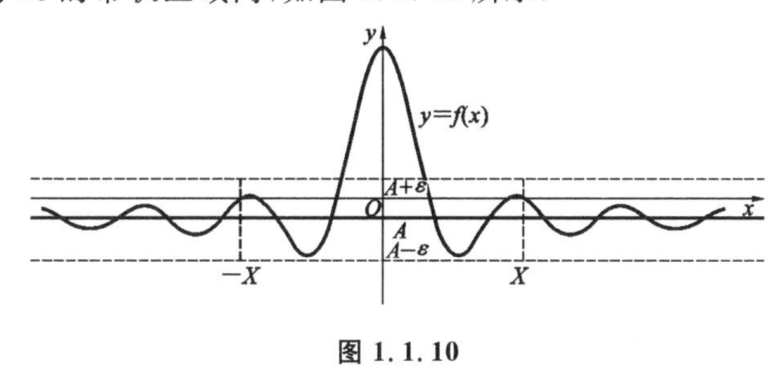

图 1.1.10

如果$\lim\limits_{x\to\infty}f(x)=A$，则直线 $y=A$ 是函数 $f(x)$ 图像的水平渐近线.

【例 1.1.18】　求$\lim\limits_{x\to\infty}\arctan x$.

【解】　由图 1.1.11 可知当 $x\to+\infty$ 时，$f(x)=\arctan x\to\dfrac{\pi}{2}$，

当 $x\to-\infty$ 时，$f(x)=\arctan x\to-\dfrac{\pi}{2}$，因此$\lim\limits_{x\to\infty}\arctan x$ 不存在.

【例 1.1.19】　求$\lim\limits_{x\to\infty}(1+\dfrac{1}{x})^x$.

【解】　由图 1.1.12 可知，当 $x\to+\infty$ 时，$f(x)=(1+\dfrac{1}{x})^x\to\mathrm{e}$，

当 $x\to-\infty$ 时，$f(x)=(1+\dfrac{1}{x})^x\to\mathrm{e}$，

因此，$\lim\limits_{x\to\infty}(1+\dfrac{1}{x})^x=\mathrm{e}$.

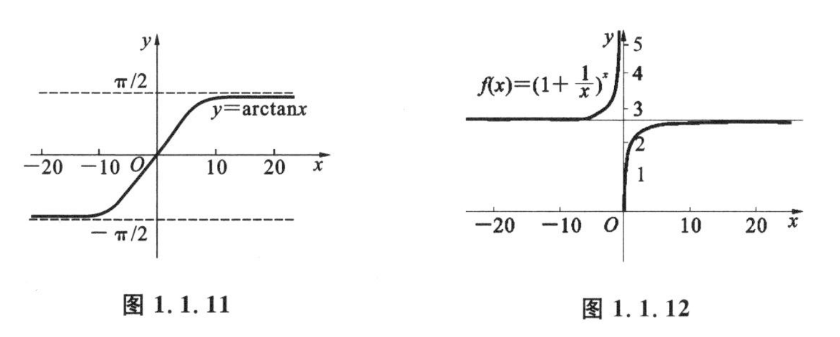

图 1.1.11　　**图 1.1.12**

2. 自变量趋向于有限值时函数的极限

☞ **定义 1.1.5**　设函数 $f(x)$ 在点 x_0 的某一去心邻域内有定义，如果存在常数 A，对于

任意给定的 $\varepsilon > 0$(不论它多么小),总存在正数 δ,使得 x 满足不等式 $0 < |x - x_0| < \delta$ 时,对应函数值 $f(x)$ 满足 $|f(x) - A| < \varepsilon$,则称常数 A 为函数 $f(x)$ 当 $x \to x_0$ 时的极限,记为 $\lim\limits_{x \to x_0} f(x) = A$,或 $f(x) \to A$(当 $x \to x_0$ 时).

"ε-δ" 定义:$\lim\limits_{x \to x_0} f(x) = A \Leftrightarrow \forall \varepsilon > 0, \exists \delta > 0$,使得当 $0 < |x - x_0| < \delta$ 时,恒有 $|f(x) - A| < \varepsilon$.

注意:

(1) $|f(x) - A| < \varepsilon$ 表示函数值 $f(x)$ 与 A 的距离任意小;

(2) $0 < |x - x_0| < \delta$ 是点 x_0 的去心 δ 邻域,δ 体现 x 趋近 x_0 的程度;

(3) 函数的极限与 $f(x)$ 在点 x_0 是否有定义无关;

(4) δ 与任意给定的 ε 有关.

【例 1.1.20】 用函数的极限定义证明 $\lim\limits_{x \to 1}(x + 1) = 2$.

【分析】 为使 $|(x + 1) - 2| < \varepsilon$,只要 $|x - 1| < \varepsilon$.

【证明】 $\forall \varepsilon > 0$,取 $\delta = \varepsilon$,当 $0 < |x - 1| < \delta$ 时,有

$$|f(x) - 2| = |(x + 1) - 2| = |x - 1| < \delta = \varepsilon,$$

因此,$\lim\limits_{x \to 1}(x + 1) = 2$.

【例 1.1.21】 用函数的极限定义证明 $\lim\limits_{x \to 1} \dfrac{x^2 - 1}{x - 1} = 2$.

【证明】 $\forall \varepsilon > 0$,当 $0 < |x - 1| < \delta$ 时,使

$$|f(x) - A| = \left| \frac{x^2 - 1}{x - 1} - 2 \right| = \left| \frac{x^2 - 2x + 1}{x - 1} \right| = |x - 1| < \delta$$

成立,可见只需取 $\delta = \varepsilon$ 即可满足函数极限的定义,因此

$$\lim_{x \to 1} \frac{x^2 - 1}{x - 1} = 2.$$

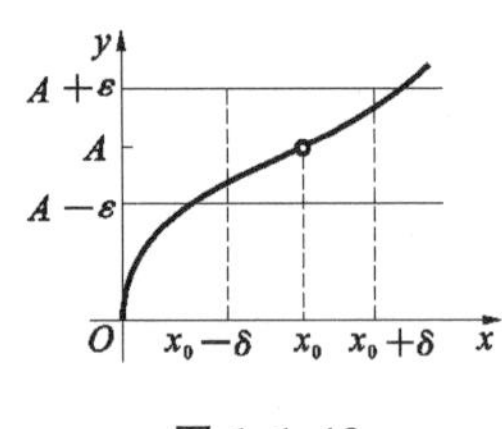

图 1.1.13

由以上两个例题可知 $x \to x_0$ 时函数的极限和函数在点 x_0 的函数值是不同的两个概念. $\lim\limits_{x \to x_0} f(x) = A$ 的几何解释:当 x 在 x_0 的某个去心 δ 邻域内时,函数 $y = f(x)$ 的图像完全落在以直线 $y = A$ 为中心线,宽为 2ε 的带形区域内,如图 1.1.13 所示.

单侧极限:

(1) 右极限($x \to x_0^+$ 的情形):$\lim\limits_{x \to x_0^+} f(x) = A$ 或 $f(x_0 + 0) = A \Leftrightarrow \forall \varepsilon > 0, \exists \delta > 0$,使得当 $x_0 < x < x_0 + \delta$ 时,有 $|f(x) - A| < \varepsilon$;

(2) 左极限($x \to x_0^-$ 的情形):$\lim\limits_{x \to x_0^-} f(x) = A$ 或 $f(x_0 - 0) = A \Leftrightarrow \forall \varepsilon > 0, \exists \delta > 0$ 使得当 $x_0 - \delta < x < x_0$ 时,恒有 $|f(x) - A| < \varepsilon$.

▲ **定理 1.1.7** $\lim\limits_{x \to x_0} f(x) = A \Leftrightarrow \lim\limits_{x \to x_0^+} f(x) = \lim\limits_{x \to x_0^-} f(x) = A$.

【例 1.1.22】 设 $f(x) = \begin{cases} 1 - x, & x < 0 \\ x^2 + 1, & x \geqslant 0 \end{cases}$,证明 $\lim\limits_{x \to 0} f(x) = 1$,如图 1.1.14 所示.

【证明】 $\lim\limits_{x\to 0^+} f(x) = \lim\limits_{x\to 0^+}(x^2+1) = 1$，$\lim\limits_{x\to 0^-} f(x) = \lim\limits_{x\to 0^-}(1-x) = 1$，则

$$\lim_{x\to 0} f(x) = \lim_{x\to 0^-} f(x) = \lim_{x\to 0^+} f(x) = 1.$$

【例 1.1.23】 设 $\operatorname{sgn}x = \begin{cases} -1, & x<0 \\ 0, & x=0 \\ 1, & x>0 \end{cases}$（此函数为符号函数，见图 1.1.15），讨论 $\lim\limits_{x\to 0}\operatorname{sgn}x$ 是否存在.

【解】 $\lim\limits_{x\to 0^+}\operatorname{sgn}x = 1$，$\lim\limits_{x\to 0^-}\operatorname{sgn}x = -1$，$\because \lim\limits_{x\to 0^+}\operatorname{sgn}x \neq \lim\limits_{x\to 0^-}\operatorname{sgn}x$，$\therefore \lim\limits_{x\to 0}\operatorname{sgn}x$ 不存在.

图 1.1.14　　图 1.1.15

1.1.2.3 函数极限的性质

▲ **定理 1.1.8**（唯一性） 如果 $\lim\limits_{x\to x_0} f(x) = A$ 存在，则极限是唯一的.

▲ **定理 1.1.9**（局部有界性） 如果 $\lim\limits_{x\to x_0} f(x) = A$，则存在正数 M 和 δ，使得当 $0<|x-x_0|<\delta$ 时，有 $|f(x)|\leqslant M$.

▲ **定理 1.1.10**（局部保号性） 如果 $\lim\limits_{x\to x_0} f(x) = A$，且 $A>0$（或 $A<0$），则存在常数 $\delta>0$，使得当 $0<|x-x_0|<\delta$ 时，有 $f(x)>0$（或 $f(x)<0$）.

◈ **推论 1.1.3** 如果在 x_0 的某去心邻域 $\mathring{U}(x_0,\delta)$ 内，$f(x)\geqslant 0$（或 $f(x)\leqslant 0$），且 $\lim\limits_{x\to x_0} f(x) = A$，则 $A\geqslant 0$（或 $A\leqslant 0$）.

▲ **定理 1.1.11**（函数极限与数列极限的关系） 如果极限 $\lim\limits_{x\to x_0} f(x) = A$，$\{x_n\}$ 为函数 $f(x)$ 定义域内一收敛于 x_0 的数列，且 $x_n \neq x_0 (n\in \mathbf{N}^+)$，则对应的函数值数列 $\{f(x_n)\}$ 也收敛，且 $\lim\limits_{n\to\infty} f(x_n) = \lim\limits_{x\to x_0} f(x) = A$.

▲ **定理 1.1.12**（夹逼准则） 若 $x\in \mathring{U}(x_0,\delta)$，有 $g(x)\leqslant f(x)\leqslant h(x)$，$\lim\limits_{x\to x_0} g(x) = \lim\limits_{x\to x_0} h(x) = A$，则 $\lim\limits_{x\to x_0} f(x) = A$.

【例 1.1.24】 计算 $\lim\limits_{x\to\infty}\dfrac{[x]}{x}$，其中 $[x]$ 表示对 x 取整.

【解】 显然有 $x-1<[x]\leqslant x$，所以

(1) 当 $x>0$ 时，$\dfrac{x-1}{x} < \dfrac{[x]}{x} \leqslant 1$；

(2) 当 $x<0$ 时，$\dfrac{x-1}{x} > \dfrac{[x]}{x} \geqslant 1$.

因 $\lim\limits_{x\to\infty}\left(1-\dfrac{1}{x}\right) = 1$，故由夹逼准则可得

$$\lim_{x\to+\infty}\frac{[x]}{x}=1,\ \lim_{x\to-\infty}\frac{[x]}{x}=1$$

即

$$\lim_{x\to\infty}\frac{[x]}{x}=1$$

练习题

1. 观察下列数列的变化趋势,判断它们是否有极限,若有极限写出它们的极限.

(1) $x_n=1+\frac{1}{2^n}$;　　(2) $x_n=3^n+\frac{1}{2^n}$;

(3) $x_n=\frac{3n+1}{2n-3}$;　　(4) $x_n=(-1)^n\frac{n+1}{n}$.

2. 判断并说明理由.

(1) 如果数列 $\{x_n\}$ 发散,则 $\{x_n\}$ 必是无界数列.

(2) 如果在 x_0 的某一去心邻域内,$f(x)>0$,且 $\lim\limits_{x\to x_0}f(x)=A$,则 $A>0$.

(3) 数列有界是数列收敛的充分必要条件.

3. 根据极限的定义证明.

(1) $\lim\limits_{n\to\infty}(1+\frac{1}{n})=1$;　　(2) $\lim\limits_{n\to\infty}\frac{n+1}{n-1}=1$;

(3) $\lim\limits_{x\to1}(2x-1)=1$;　　(4) $\lim\limits_{x\to\infty}\frac{\sin x}{x}=0$.

4. 设 $f(x)=\begin{cases}x, & x\geqslant0\\ -x, & x<0\end{cases}$,讨论 $x\to0$ 时 $f(x)$ 的左、右极限.

1.1.3 极限的运算

1.1.3.1 极限的运算法则

定理 1.1.13 若 $\lim u(x)=A$,$\lim v(x)=B$,则

(1) $\lim[u(x)\pm v(x)]=\lim u(x)\pm\lim v(x)=A\pm B$;

(2) $\lim[u(x)\cdot v(x)]=\lim u(x)\cdot\lim v(x)=A\cdot B$;

(3) 当 $\lim v(x)=B\neq0$ 时,$\lim\frac{u(x)}{v(x)}=\frac{\lim u(x)}{\lim v(x)}=\frac{A}{B}$.

上述运算法则,不难推广到有限多个函数的代数和及乘法的情况.

推论 1.1.4 设 $\lim u(x)$ 存在,C 为常数,n 为正整数,则有

(1) $\lim[C\cdot u(x)]=C\cdot\lim u(x)$;

(2) $\lim[u(x)]^n=[\lim u(x)]^n$.

【例 1.1.25】 求 $\lim\limits_{x\to-1}(x^2-2x+1)$.

【解】 $\lim\limits_{x\to-1}(x^2-2x+1)=\lim\limits_{x\to-1}(x^2)-\lim\limits_{x\to-1}(2x)+\lim\limits_{x\to-1}1=4$.

1. 多项式函数的极限

【例 1.1.26】 求$\lim\limits_{x\to x_0}(a_0x^n+a_1x^{n-1}+\cdots+a_{n-1}x+a_n)$.

【解】 原式$=\lim\limits_{x\to x_0}a_0x^n+\lim\limits_{x\to x_0}a_1x^{n-1}+\cdots+\lim\limits_{x\to x_0}a_{n-1}x+\lim\limits_{x\to x_0}a_n$

$$=a_0x_0^n+a_1x_0^{n-1}+\cdots+a_{n-1}x_0+a_n.$$

可见多项式 $f(x)$ 当 $x\to x_0$ 时的极限就是 $f(x)$ 在 x_0 处的函数值，即$\lim\limits_{x\to x_0}f(x)=f(x_0)$.

2. $x\to x_0$ 时的有理分式函数的极限

设 $F(x)=\dfrac{P(x)}{Q(x)}$[$P(x)$、$Q(x)$ 是有理多项式]，

(1)$Q(x_0)\neq 0$，则$\lim\limits_{x\to x_0}\dfrac{P(x)}{Q(x)}=\dfrac{P(x_0)}{Q(x_0)}$.

(2)$P(x_0)\neq 0,Q(x_0)=0$，则$\because\lim\limits_{x\to x_0}\dfrac{Q(x)}{P(x)}=0$，$\therefore\lim\limits_{x\to x_0}\dfrac{P(x)}{Q(x)}=\infty$.

【例 1.1.27】 求$\lim\limits_{x\to 0}\dfrac{2x^2-3x+1}{x+1}$.

【解】 先求分母极限.$\because\lim\limits_{x\to 0}(x+1)=0+1=1\neq 0$，

$$\therefore\lim_{x\to 0}\frac{2x^2-3x+1}{x+1}=\frac{\lim\limits_{x\to 0}(2x^2-3x+1)}{\lim\limits_{x\to 0}(x+1)}=\frac{2\times 0^2-3\times 0+1}{0+1}=1.$$

【例 1.1.28】 求$\lim\limits_{x\to 1}\dfrac{2x+1}{x^2-3x+2}$.

【解】 由于$\lim\limits_{x\to 1}(x^2-3x+2)=0$，考虑原来函数倒数的极限

$$\lim_{x\to 1}\frac{x^2-3x+2}{2x+1}=\frac{\lim\limits_{x\to 1}(x^2-3x+2)}{\lim\limits_{x\to 1}(2x+1)}=\frac{0}{2+1}=0,$$

则
$$\lim_{x\to 1}\frac{2x+1}{x^2-3x+2}=\infty.$$

(3)$P(x_0)=0,Q(x_0)=0$，则分子分母同时因式分解约去零因子.

【例 1.1.29】 $\lim\limits_{x\to 2}\dfrac{x^2-4x+4}{x^2-4}$.

【解】 因为$\lim\limits_{x\to 2}(x^2-4x+4)=\lim\limits_{x\to 2}(x^2-4)=0$，故

$$\lim_{x\to 2}\frac{x^2-4x+4}{x^2-4}=\lim_{x\to 2}\frac{(x-2)^2}{(x-2)(x+2)}=\lim_{x\to 2}\frac{x-2}{x+2}=0.$$

3. $x\to\infty$ 时的有理分式函数的极限(分子、分母同除以 x 的最高次幂)

【例 1.1.30】 求$\lim\limits_{x\to\infty}\dfrac{3x^2-x+3}{2x^2+2x+2}$.

【解】 $\lim\limits_{x\to\infty}\dfrac{3x^2-x+3}{2x^2+2x+2}=\lim\limits_{x\to\infty}\dfrac{3-\dfrac{1}{x}+\dfrac{3}{x^2}}{2+\dfrac{2}{x}+\dfrac{2}{x^2}}=\dfrac{3}{2}$.

【例 1.1.31】 求$\lim\limits_{x\to\infty}\dfrac{x^3-x+5}{3x^2+2}$.

【解】 因为$\lim\limits_{x\to\infty}\dfrac{3x^2+2}{x^3-x+5}=\lim\limits_{x\to\infty}\dfrac{\dfrac{3}{x}+\dfrac{2}{x^3}}{1-\dfrac{1}{x^2}+\dfrac{5}{x^3}}=0$,所以

$$\lim_{x\to\infty}\frac{x^3-x+5}{3x^2+2}=\infty.$$

一般地,当$x\to\infty$时,有理分式($a_0\neq 0,b_0\neq 0$)的极限有以下结果:

$$\lim_{x\to\infty}\frac{a_0x^n+a_1x^{n-1}+\cdots+a_n}{b_0x^m+b_1x^{m-1}+\cdots+b_m}=\begin{cases}0, & n<m\\ \dfrac{a_0}{b_0}, & n=m.\\ \infty, & n>m\end{cases}$$

1.1.3.2 两个重要极限

1. 第一个重要极限 $\lim\limits_{x\to 0}\dfrac{\sin x}{x}=1$

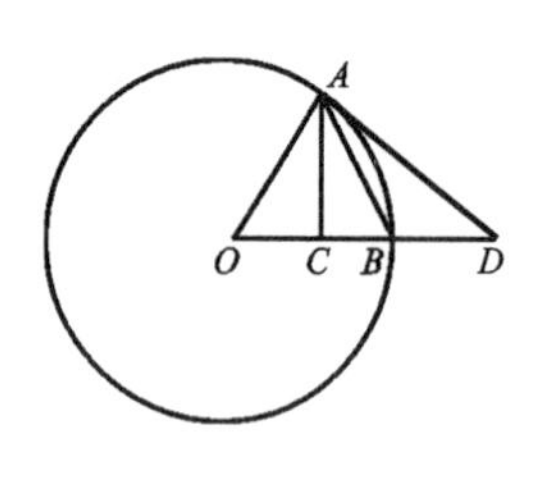

图 1.1.16

证明:因为$\dfrac{\sin x}{x}=\dfrac{\sin(-x)}{-x}$,故只讨论$x\to 0^+$的情形,如图 1.1.16 所示,作单位圆,设$\angle AOB=x$,过点$A$作圆的切线与$OB$延长线交于$D$点,又作$AC\perp OB$,则

$$S_{\triangle AOB}<S_{扇形AOB}<S_{\triangle AOD},$$

即 $\dfrac{1}{2}OB\cdot AC<\dfrac{1}{2}OA^2\cdot x<\dfrac{1}{2}OA\cdot AD$,化简可得

$$\sin x<x<\tan x,$$

两边同除$\sin x$,得 $\cos x<\dfrac{\sin x}{x}<1$.

因为$\cos x=1-2\sin^2\dfrac{x}{2}$,而$x\to 0^+$时,$\sin\dfrac{x}{2}\leqslant\dfrac{x}{2}$,所以

$$\cos x=1-2\sin^2\frac{x}{2}\geqslant 1-2\cdot\left(\frac{x}{2}\right)^2=1-\frac{x^2}{2},$$

故$1-\dfrac{x^2}{2}<\dfrac{\sin x}{x}<1$,而$\lim\limits_{x\to 0^+}\left(1-\dfrac{x^2}{2}\right)=1$,$\lim\limits_{x\to 0^+}1=1$,所以由夹逼准则得

$$\lim_{x\to 0}\frac{\sin x}{x}=1.$$

【例 1.1.32】 求$\lim\limits_{x\to 0}\dfrac{\tan x}{x}$.

【解】 $\lim\limits_{x\to 0}\dfrac{\tan x}{x}=\lim\limits_{x\to 0}\dfrac{\dfrac{\sin x}{\cos x}}{x}=\lim\limits_{x\to 0}\dfrac{\sin x}{x}\cdot\dfrac{1}{\cos x}=\lim\limits_{x\to 0}\dfrac{\sin x}{x}\cdot\lim\limits_{x\to 0}\dfrac{1}{\cos x}=1.$

【例 1.1.33】 求$\lim\limits_{x\to 0}\dfrac{\sin 5x}{3x}$.

【解】 $\lim\limits_{x\to 0}\dfrac{\sin 5x}{3x}=\lim\limits_{x\to 0}\dfrac{5\cdot\sin 5x}{3\cdot 5x}=\dfrac{5}{3}$.

【例 1.1.34】 $\lim\limits_{x\to 0}\dfrac{\sin 5x}{\sin 3x}$.

【解】 $\lim\limits_{x\to 0}\dfrac{\sin 5x}{\sin 3x}=\lim\limits_{x\to 0}\dfrac{5x\cdot\sin 5x}{5x}\cdot\dfrac{3x}{3x\cdot\sin 3x}=\dfrac{5}{3}\lim\limits_{x\to 0}\dfrac{\sin 5x}{5x}\cdot\dfrac{3x}{\sin 3x}=\dfrac{5}{3}$.

注意：

适用条件

(1) 本质：x 趋于 x_0 时分子分母的极限都为 0；

(2) 形式：分子 sin 后的表达式与分母一致.

重要结论

$$\lim_{x\to 0}\frac{\sin bx}{ax}=\frac{b}{a},\lim_{x\to 0}\frac{\sin bx}{\sin ax}=\frac{b}{a}(a\neq 0,b\neq 0)$$（sin 换成 tan，结果不变）.

【例 1.1.35】 求 $\lim\limits_{x\to 0}\dfrac{1-\cos x}{x^2}$.

【解】 $\lim\limits_{x\to 0}\dfrac{1-\cos x}{x^2}=\lim\limits_{x\to 0}\dfrac{2\sin^2\dfrac{x}{2}}{x^2}=\lim\limits_{x\to 0}\dfrac{2\left(\sin\dfrac{x}{2}\right)^2}{4\left(\dfrac{x}{2}\right)^2}=\dfrac{1}{2}$.

【例 1.1.36】 求 $\lim\limits_{x\to\infty}x\cdot\sin\dfrac{1}{x}$.

【解】 $\lim\limits_{x\to\infty}x\sin\dfrac{1}{x}=\lim\limits_{x\to\infty}\dfrac{\sin\dfrac{1}{x}}{\dfrac{1}{x}}=1$.

2. 第二个重要极限 $\lim\limits_{x\to\infty}\left(1+\dfrac{1}{x}\right)^x=\mathrm{e}$ 或 $\lim\limits_{x\to 0}(1+x)^{\frac{1}{x}}=\mathrm{e}$

在 $x\to\infty$ 时，$\left(1+\dfrac{1}{x}\right)^x$ 值的变化情况如表 1.1.3 所示：

表 1.1.3

x	1	2	3	4	5	6	10	100	1000	10000	…
$\left(1+\frac{1}{x}\right)^x$	2	2.25	2.37	2.441	2.488	2.522	2.594	2.705	2.717	2.718	…

【例 1.1.37】 求 $\lim\limits_{x\to\infty}\left(1+\dfrac{2}{x}\right)^x$.

【解】 $\lim\limits_{x\to\infty}\left(1+\dfrac{2}{x}\right)^x=\lim\limits_{x\to\infty}\left[\left(1+\dfrac{2}{x}\right)^{\frac{x}{2}}\right]^2=\mathrm{e}^2$.

【例 1.1.38】 求 $\lim\limits_{x\to\infty}\left(1-\dfrac{1}{3x}\right)^x$.

【解】 $\lim\limits_{x\to\infty}\left(1-\dfrac{1}{3x}\right)^x=\lim\limits_{x\to\infty}\left[\left(1-\dfrac{1}{3x}\right)^{-3x}\right]^{-\frac{1}{3}}=\mathrm{e}^{-\frac{1}{3}}$.

【例 1.1.39】 求$\lim\limits_{x\to\infty}\left(1-\dfrac{2}{x}\right)^{3x-1}$.

【解】 $\lim\limits_{x\to\infty}\left(1-\dfrac{2}{x}\right)^{3x-1}=\lim\limits_{x\to\infty}\left(1-\dfrac{2}{x}\right)^{3x}\cdot\lim\limits_{x\to\infty}\left(1-\dfrac{2}{x}\right)^{-1}=\lim\limits_{x\to\infty}\left[\left(1-\dfrac{2}{x}\right)^{-\frac{x}{2}}\right]^{-6}=\mathrm{e}^{-6}$.

注意：

适用条件

(1) 本质：x 趋于 x_0 时所求极限为 1^{∞} 型；

(2) 形式：底数“1”后的表达式与指数互为倒数.

重要结论

$$\lim_{x\to\infty}\left(1+\frac{k}{x}\right)^{mx+c}=\mathrm{e}^{mk},\lim_{x\to0}(1+kx)^{\frac{m}{x}+c}=\mathrm{e}^{mk}.$$

【例 1.1.40】 求$\lim\limits_{x\to\infty}\left(\dfrac{2x+3}{2x-1}\right)^{x+1}$.

【解】 $\lim\limits_{x\to\infty}\left(\dfrac{2x+3}{2x-1}\right)^{x+1}=\lim\limits_{x\to\infty}\left(\dfrac{2x+3}{2x-1}\right)^{x}\cdot\lim\limits_{x\to\infty}\left(\dfrac{2x+3}{2x-1}\right)=\lim\limits_{x\to\infty}\left(\dfrac{1+\dfrac{3}{2x}}{1-\dfrac{1}{2x}}\right)^{x}=\dfrac{\mathrm{e}^{\frac{3}{2}}}{\mathrm{e}^{-\frac{1}{2}}}=\mathrm{e}^{2}$.

练习题

1. 选择题.

(1) 若极限$\lim\limits_{x\to x_0}f(x)=a$(常数)，则函数 $f(x)$ 在点 x_0(　　).

A. 有定义且 $f(x_0)=a$　　B. 不能有定义

C. 有定义，但 $f(x_0)$ 可以为任意数值　　D. 可以有定义也可以没有定义

(2) 若$\lim\limits_{n\to\infty}x_n>\lim\limits_{n\to\infty}y_n$，则(　　).

A. $x_n>y_n$　　B. $\forall n, x_n\neq y_n$

C. $\exists N$，使当 $n>N$ 时，$x_n>y_n$　　D. x_n 与 y_n 大小关系不定

(3) 设$\lim\limits_{x\to\infty}f(x)$ 存在，则(　　).

A. $\exists M>0, \forall x\in(-\infty,+\infty)$，$|f(x)|\leqslant M$

B. $\exists M>0$ 及 $X>0$，当 $|x|>X$ 时，$|f(x)|\leqslant M$

C. $\exists M>0$ 及 $X>0$，当 $x>X$ 时，$|f(x)|\leqslant M$

D. $\exists M>0$ 及 $\delta>0$，当 $0<|x-x_0|<\delta$ 时，$|f(x)|\leqslant M$

(4) 已知 $f(x)=\begin{cases}2\sqrt{x}, & 0<x\leqslant1\\ 4-2x, & 1<x<\dfrac{5}{2}\\ 3, & x=\dfrac{5}{2}\\ 2x-6, & \dfrac{5}{2}<x<\infty\end{cases}$，则 $f(x)$ 在 $x=\dfrac{5}{2}$ 处(　　).

A. 左右极限都不存在　　B. 左右极限有一个存在，一个不存在

C. 左右极限都存在但不相等　　　　D. 极限存在

2. 计算下列极限：

(1) $\lim\limits_{x\to -1}\dfrac{2x+1}{x^2+1}$；

(2) $\lim\limits_{x\to 1}\dfrac{x^2-1}{2x^2-x-1}$；

(3) $\lim\limits_{x\to \infty}\dfrac{x^2+x+1}{2x^2+1}$；

(4) $\lim\limits_{x\to \infty}\dfrac{x}{1+x^2}$；

(5) $\lim\limits_{x\to 2}\dfrac{x^3+2x^2}{(x-2)^2}$；

(6) $\lim\limits_{x\to 1}\left(\dfrac{1}{1-x}-\dfrac{3}{1-x^3}\right)$；

(7) $\lim\limits_{x\to \infty}(\sqrt{x^2+x+1}-\sqrt{x^2-x+1})$；

(8) $\lim\limits_{n\to \infty}\dfrac{1+2+3+\cdots+(n-1)}{n^2}$

(9) $\lim\limits_{x\to \infty}\dfrac{(2x-1)^{30}(3x-2)^{30}}{(2x+1)^{50}}$；

(10) $\lim\limits_{x\to 2}\dfrac{x-2}{x^2-4}$；

(11) $\lim\limits_{x\to 0}\dfrac{1-\cos 2x}{x\sin x}$；

(12) $\lim\limits_{x\to 0}(1-3x)^{\frac{2}{x}}$

(13) $\lim\limits_{n\to \infty}2^n\sin\dfrac{x}{2^n}(x\neq 0)$；

(14) $\lim\limits_{x\to 0}(x\sin\dfrac{1}{x}+\dfrac{1}{x}\sin x)$；

(15) $\lim\limits_{x\to 0}\dfrac{\tan x-\sin x}{x^3}$；

(16) $\lim\limits_{x\to \infty}\left(\dfrac{x+1}{x+2}\right)^x$；

(17) $\lim\limits_{x\to \infty}\left(1+\dfrac{2}{x}\right)^{\frac{x}{2}-1}$；

(18) $\lim\limits_{x\to \frac{\pi}{2}}(1+\cos x)^{\sec x}$.

3. 已知$\lim\limits_{x\to 1}\dfrac{x^2+ax+b}{1-x}=1$，求常数 a 与 b 的值.

4. 已知$\lim\limits_{x\to \infty}\left(\dfrac{x}{x-c}\right)^x=2$，求 c.

1.1.4 无穷小量、无穷大量

1.1.4.1 无穷小量（无穷小）

定义 1.1.6 $f(x)$ 为 $x\to x_0$ 时的无穷小 $\Leftrightarrow \lim\limits_{x\to \infty}f(x)=0 \Leftrightarrow \forall \varepsilon>0, \exists \delta>0$，当 $0<|x-x_0|<\delta$ 时，$|f(x)|<\varepsilon$.

定义 1.1.7 $f(x)$ 为 $x\to \infty$ 时的无穷小 $\Leftrightarrow \lim\limits_{x\to \infty}f(x)=0 \Leftrightarrow \forall \varepsilon>0, \exists X>0$，当 $|x|>X$ 时，$|f(x)|<\varepsilon$.

注意：

(1) 无穷小是以零为极限的变量；

(2) 数零是唯一可作为无穷小的常数；

(3) 无穷小表达的是量的变化状态，而不是量的大小. 一个量（除零之外）不管多么小，都不能是无穷小量，即无穷小量不是很小的数.

【例 1.1.41】 自变量 x 在怎样的变化过程中，下列函数为无穷小：

(1)$y=\frac{1}{x}$；　(2)$y=\sin x$；　(3)$y=2^x$；　(4)$y=\left(\frac{1}{2}\right)^x$.

【解】 (1)$\because \lim\limits_{x\to\infty}\frac{1}{x}=0$，$\therefore y=\frac{1}{x}$ 是当 $x\to\infty$ 时的无穷小.

(2)$\because \lim\limits_{x\to 0}\sin x=0$，$\therefore y=\sin x$ 是当 $x\to 0$ 时的无穷小.

(3)$\because \lim\limits_{x\to -\infty}2^x=0$，$\therefore y=2^x$ 是当 $x\to -\infty$ 时的无穷小.

(4)$\because \lim\limits_{x\to +\infty}\left(\frac{1}{2}\right)^x=0$，$\therefore y=\left(\frac{1}{2}\right)^x$ 是当 $x\to +\infty$ 时的无穷小.

▲ **定理 1.1.14**(极限基本定理)　$\lim\limits_{x\to x_0}f(x)=A\Leftrightarrow f(x)=A+\alpha(x)$，其中 $\alpha(x)$ 是当 $x\to x_0$ 时的无穷小量.

上述定理，适用于 $x\to -\infty$，$x\to +\infty$，$x\to x_0^+$，$x\to x_0^-$，$x\to x_0$ 的一切情况.

▲ **定理 1.1.15**　在同一变化过程中，有限个无穷小量的代数和仍为无穷小量.

▲ **定理 1.1.16**　无穷小量与有界函数的乘积仍为无穷小量.

◎ **推论 1.1.5**　常数与无穷小量的乘积是无穷小量.

◎ **推论 1.1.6**　有限个无穷小量的乘积仍为无穷小量.

【例 1.1.42】　求 $\lim\limits_{x\to 0}(x+x^2+x^3)$.

【解】　$\because \lim\limits_{x\to 0}x=0$，$\lim\limits_{x\to 0}x^2=0$，$\lim\limits_{x\to 0}x^3=0$.

$\therefore x$、x^2、x^3 为 $x\to 0$ 时的无穷小量，由此可得 $\lim\limits_{x\to 0}(x+x^2+x^3)=0$.

【例 1.1.43】　求 $\lim\limits_{x\to +\infty}\left(\frac{1}{x^2}+\frac{2}{x^2}+\cdots+\frac{[x]}{x^2}\right)$，其中 $[x]$ 表示对 x 取整.

【解】　$\frac{1}{x^2}+\frac{2}{x^2}+\cdots+\frac{[x]}{x^2}=\frac{1+2+\cdots+[x]}{x^2}=\frac{(1+[x])\cdot[x]}{2x^2}$，由 $x-1<[x]\leqslant x$，可得

$$\frac{x(x-1)}{2x^2}<\frac{(1+[x])\cdot[x]}{2x^2}\leqslant\frac{x(x+1)}{2x^2},$$

而 $\lim\limits_{x\to +\infty}\frac{x(x-1)}{2x^2}=\frac{1}{2}$，$\lim\limits_{x\to +\infty}\frac{x(x+1)}{2x^2}=\frac{1}{2}$，由夹逼准则得

$$\lim_{x\to +\infty}\left(\frac{1}{x^2}+\frac{2}{x^2}+\cdots+\frac{[x]}{x^2}\right)=\frac{1}{2}.$$

注意到无穷多个无穷小量的和未必是无穷小量.

【例 1.1.44】　求 $\lim\limits_{x\to 0}x^2\sin\frac{1}{x}$.

【解】　$\because \lim\limits_{x\to 0}x^2=0$，$\left|\sin\frac{1}{x}\right|\leqslant 1$. $\therefore \lim\limits_{x\to 0}x^2\sin\frac{1}{x}=0$.

1.1.4.2　无穷大量(无穷大)

☞ **定义 1.1.8**　$f(x)$ 为 $x\to x_0$ 时的无穷大 $\Leftrightarrow \lim\limits_{x\to x_0}f(x)=\infty\Leftrightarrow \forall M>0$，$\exists\delta>0$，当 $0<|x-x_0|<\delta$ 时，$|f(x)|>M$.

☞ **定义 1.1.9**　$f(x)$ 为 $x\to\infty$ 时的无穷大 $\Leftrightarrow \lim\limits_{x\to\infty}f(x)=\infty\Leftrightarrow \forall M>0$，$\exists X>0$，当

$|x|>X$ 时，$|f(x)|>M$.

注意：

(1) $\lim\limits_{x\to x_0}f(x)=+\infty\Leftrightarrow\forall M>0,\exists\delta>0$，当 $0<|x-x_0|<\delta$ 时，$f(x)>M$；

$\lim\limits_{x\to\infty}f(x)=-\infty\Leftrightarrow\forall M>0,\exists X>0$，当 $|x|>X$ 时，$f(x)<-M$.

(2) 无穷大量是变量，不能与很大的数混淆；

(3) 无穷大量是一种特殊的无界变量，但是无界变量未必是无穷大量；

(4) 无穷大量是极限不存在的一种情形，这里借用极限的记号表示，但并不表示极限存在.

【例 1.1.45】 自变量 x 在怎样的变化过程中，下列函数为无穷大量：

(1) $y=\dfrac{1}{x}$；　(2) $y=2^x$；　(3) $y=\left(\dfrac{1}{2}\right)^x$.

【解】 (1) ∵ $\lim\limits_{x\to0^+}\dfrac{1}{x}=+\infty$，∴ $y=\dfrac{1}{x}$ 是当 $x\to0^+$ 时的正无穷大量；

∵ $\lim\limits_{x\to0^-}\dfrac{1}{x}=-\infty$，∴ $y=\dfrac{1}{x}$ 是当 $x\to0^-$ 时的负无穷大量.

(2) ∵ $\lim\limits_{x\to+\infty}2^x=+\infty$，∴ $y=2^x$ 是当 $x\to+\infty$ 时的正无穷大量.

(3) ∵ $\lim\limits_{x\to-\infty}\left(\dfrac{1}{2}\right)^x=+\infty$，∴ $y=\left(\dfrac{1}{2}\right)^x$ 是当 $x\to-\infty$ 时的正无穷大量.

如果 $\lim\limits_{x\to x_0}f(x)=\infty$，则直线 $x=x_0$ 是函数 $f(x)$ 的图形的铅直渐近线. 由例 1.1.45(1) 可知 $x=0$ 是函数 $y=\dfrac{1}{x}$ 的铅直渐近线.

1.1.4.3　无穷小量与无穷大量的关系

△ **定理 1.1.17**　在同种变化趋势下，无穷大量的倒数为无穷小量；恒不为零的无穷小量的倒数为无穷大量.

例如，函数 $y=x$ 在 $x\to0$ 时为无穷小量，那么 $y=\dfrac{1}{x}$ 在 $x\to0$ 时为无穷大量. 例1.1.45(3)中当 $x\to+\infty$ 时 $y=2^x$ 是无穷大量，而 $y=\dfrac{1}{2^x}$ 是无穷小量.

1.1.4.4　无穷小量的比较

我们已经知道在同一极限过程中，两个无穷小量的和、差、积仍为无穷小量，两个无穷小量的商，却有不同种情形. 例如，当 $x\to0$ 时，$x^2,3x,\sin x,x$ 都是无穷小量，但是 $\lim\limits_{x\to0}\dfrac{x^2}{3x}=0$，$\lim\limits_{x\to0}\dfrac{3x}{x^2}=\infty$，$\lim\limits_{x\to0}\dfrac{\sin x}{x}=1$. 产生这种情况的原因在于各个无穷小量趋近于零的"速度"不同. 为比较无穷小量趋近于零的"速度"，下面引入无穷小量的"阶"的概念.

☞ **定义 1.1.10**　设 $\alpha(x),\beta(x)$ 为 $x\to x_0$ 时的无穷小量，

(1) 若 $\lim \frac{\beta}{\alpha}=0$,则称 β 是比 α 高阶的无穷小量,记为 $\beta=o(\alpha)$;

(2) 若 $\lim \frac{\beta}{\alpha}=\infty$,则称 β 是比 α 低阶的无穷小量;

(3) 若 $\lim \frac{\beta}{\alpha}=C(C\neq 0)$,则称 β 是与 α 同阶的无穷小量;

特别地:$C=1$ 时,称 α 与 β 是等价的无穷小量,记为 $\alpha\sim\beta$.

例如,$\because \lim\limits_{x\to 0}\frac{x}{2x}=\frac{1}{2}$,$\therefore x\to 0$ 时,x 与 $2x$ 是同阶无穷小量.

注意:

(1) 同一过程的无穷小量方能比较;

(2) $\lim \frac{\beta}{\alpha}$ 存在,方能比较.

▲ **定理 1.1.18** 若 $\alpha\sim\alpha'$,$\beta\sim\beta'$,且:$\lim \frac{\beta'}{\alpha'}$ 存在,则 $\lim \frac{\beta}{\alpha}=\lim \frac{\beta'}{\alpha'}$.

常用的等价无穷小量有:

当 $x\to 0$ 时 $\sin x\sim x$,$\tan x\sim x$,$\ln(1+x)\sim x$,$e^x-1\sim x$,$1-\cos x\sim \frac{x^2}{2}$.

【例 1.1.46】 求下列极限:

(1) $\lim\limits_{x\to 0}\frac{\tan 2x}{\sin 5x}$; (2) $\lim\limits_{x\to 0}\frac{\sin 2x}{x^3+3x}$; (3) $\lim\limits_{x\to 0}\frac{\tan x-\sin x}{x^3}$.

【解】 (1) 当 $x\to 0$ 时,$\tan 2x\sim 2x$,$\sin 5x\sim 5x$,$\therefore \lim\limits_{x\to 0}\frac{\tan 2x}{\sin 5x}=\lim\limits_{x\to 0}\frac{2x}{5x}=\frac{2}{5}$.

(2) 当 $x\to 0$ 时,$\sin 2x\sim 2x$,$x^3+3x\sim 3x$,$\therefore \lim\limits_{x\to 0}\frac{\sin 2x}{x^3+3x}=\lim\limits_{x\to 0}\frac{2x}{3x}=\frac{2}{3}$.

(3) $\because \tan x-\sin x=\tan x(1-\cos x)$,而当 $x\to 0$ 时,$\tan x\sim x$,$1-\cos x\sim\frac{x^2}{2}$,

$$\therefore \lim_{x\to 0}\frac{\tan x-\sin x}{x^3}=\lim_{x\to 0}\frac{x\cdot\frac{x^2}{2}}{x^3}=\frac{1}{2}.$$

练习题

1. 两个无穷小量的商是否一定是无穷小量?举例说明.

2. 用定义说明:

(1) $\alpha(x)=\frac{x^2-9}{x+3}$ 为 $x\to 3$ 时为无穷小量;

(2) $\beta(x)=\frac{1+x}{2x}$ 为 $x\to 0$ 时为无穷大量.

3. 当 $x\to 0$ 时,指出下列函数哪些是无穷小量?哪些是无穷大量?

(1) $y=\frac{x-1}{x+1}$; (2) $y=\frac{x}{x^3+1}$;

(3) $y=x+\frac{1}{x}$； (4) $y=x\sin\frac{1}{x}$.

4.利用等价无穷小量求下列函数的极限：

(1) $\lim\limits_{x\to 0}\frac{\sin^k x}{x^k}$； (2) $\lim\limits_{x\to 0}\frac{1-\cos x}{x^2}$；

(3) $\lim\limits_{x\to 0}\frac{\sin 2x}{\tan 3x}$； (4) $\lim\limits_{x\to 0}\frac{\ln(1+\sin x)}{e^x-1}$.

1.1.5 函数的连续性

1.1.5.1 函数的连续性定义

定义 1.1.11 设变量 u 从它的初值 u_0 变到终值 u_1，则终值与初值之差 u_1-u_0 就叫作变量 u 的增量，又叫作 u 的改变量，记作 Δu，即 $\Delta u=u_1-u_0$.

> **注意：**
>
> 增量可正、可负，也可为零.
>
> 如果函数 $y=f(x)$ 在 x_0 的某个邻域内有定义，当自变量 x 在点 x_0 处有一改变量 Δx 时，函数 y 的相应改变量则为 $\Delta y=f(x_0+\Delta x)-f(x_0)$.

定义 1.1.12 设函数 $y=f(x)$ 在点 x_0 的某个邻域内有定义，如果当自变量的改变量 Δx 趋于零时，相应函数的改变量 Δy 也趋于零，即 $\lim\limits_{\Delta x\to 0}\Delta y=0$，则称函数 $f(x)$ 在点 x_0 处连续.

【例 1.1.47】 用定义证明 $y=5x^2-3$ 在给定点 x_0 处连续.

【证明】 $\because \Delta y=f(x_0+\Delta x)-f(x_0)=[5(x_0+\Delta x)^2-3]-(5x_0^2-3)=10x_0\Delta x+5(\Delta x)^2$，

$\lim\limits_{\Delta x\to 0}\Delta y=\lim\limits_{\Delta x\to 0}[10x_0\Delta x+5(\Delta x)^2]=0$，

$\therefore y=5x^2-3$ 在给定点 x_0 处连续.

【例 1.1.48】 用定义证明 $y=\sin x$ 在点 x_0 处连续.

【证明】 $\Delta y=\sin(x_0+\Delta x)-\sin x_0=2\sin\frac{\Delta x}{2}\cos\frac{2x_0+\Delta x}{2}$，

$\because \left|\cos\frac{2x_0+\Delta x}{2}\right|\leqslant 1$，$\therefore |\Delta y|\leqslant 2\left|\sin\frac{\Delta x}{2}\right|\leqslant 2\left|\frac{\Delta x}{2}\right|$，于是当 $\Delta x\to 0$ 时，$\Delta y\to 0$. 由 x_0 的任意性可知，$y=\sin x$ 在 $(-\infty,+\infty)$ 上连续. 类似地，可以证明 $y=\cos x$ 在 $(-\infty,+\infty)$ 上连续.

定义 1.1.13 设函数 $y=f(x)$ 在点 x_0 的某邻域内有定义，如果当 $x\to x_0$ 时，函数 $f(x)$ 的极限存在且等于 $f(x)$ 在点 x_0 处的函数值 $f(x_0)$，即 $\lim\limits_{x\to x_0}f(x)=f(x_0)$，则称函数 $f(x)$ 在点 x_0 处连续.

函数 $f(x)$ 在点 x_0 处连续，必须同时满足以下三个条件：

(1) $f(x)$ 在点 x_0 有定义;

(2) $\lim\limits_{x\to x_0} f(x)$ 存在;

(3) 上述极限值等于函数值 $f(x_0)$.

【例 1.1.49】 求 $\lim\limits_{x\to 0}\cos 2x$.

【解】 $\lim\limits_{x\to 0}\cos 2x = \cos(\lim\limits_{x\to 0} 2x) = \cos 0 = 1$.

若函数 $u=\varphi(x)$ 当 $x\to x_0$ 时极限存在且等于 u_0,即 $\lim\limits_{x\to x_0}\varphi(x)=u_0$,而函数 $y=f(u)$ 在点 u_0 连续,则复合函数 $y=f[\varphi(x)]$ 当 $x\to x_0$ 时的极限也存在,且

$$\lim_{x\to x_0} f[\varphi(x)] = f[\lim_{x\to x_0}\varphi(x)] = f(u_0).$$

【例 1.1.50】 求 $\lim\limits_{x\to 0}\dfrac{\ln(1+x)}{x}$.

【解】 $\because \lim\limits_{x\to 0}(1+x)^{\frac{1}{x}} = \mathrm{e}$,且 $y=\ln u$ 在点 $u=\mathrm{e}$ 处连续,则

$$\lim_{x\to 0}\frac{\ln(1+x)}{x} = \lim_{x\to 0}\ln(1+x)^{\frac{1}{x}} = \ln[\lim_{x\to 0}(1+x)^{\frac{1}{x}}] = \ln\mathrm{e} = 1.$$

☞ **定义 1.1.14** 如果函数 $y=f(x)$ 在区间 (a,b) 内任何一点都连续,则称 $f(x)$ 在区间 (a,b) 内连续.

若 $\lim\limits_{x\to x_0^+} f(x) = f(x_0)$,则称函数在 x_0 处右连续,若 $\lim\limits_{x\to x_0^-} f(x) = f(x_0)$,则称函数在 x_0 处左连续.

若函数 $y=f(x)$ 在区间 (a,b) 内连续,且 $\lim\limits_{x\to a^+} f(x) = f(a)$,$\lim\limits_{x\to b^-} f(x) = f(b)$,则称 $f(x)$ 在闭区间 $[a,b]$ 上连续.连续函数的图像是一条连续不断的曲线.

1.1.5.2 初等函数的连续性

▲ **定理 1.1.19** 若函数 $f(x)$ 与 $g(x)$ 在点 x_0 处连续,则这两个函数的和 $f(x)+g(x)$、差 $f(x)-g(x)$、积 $f(x)\cdot g(x)$、商 $\dfrac{f(x)}{g(x)}$[当 $g(x_0)\neq 0$ 时]在点 x_0 处连续.

▲ **定理 1.1.20** 设函数 $u=\varphi(x)$ 在点 x_0 处连续,$y=f(u)$ 在点 u_0 处连续,且 $u_0=\varphi(x_0)$,则复合函数 $y=f[\varphi(x)]$ 在点 x_0 处连续.

注意:

(1) 基本初等函数在其定义域内都是连续函数;

(2) 初等函数在其定义区间内都是连续的.可见,求初等函数在其定义区间内某点的极限,只需求初等函数在该点的函数值即可.

【例 1.1.51】 求下列极限:

(1) $\lim\limits_{x\to 2}\sqrt{6-x^2}$;　　(2) $\lim\limits_{x\to 4}\dfrac{\mathrm{e}^x+\cos(-x)}{\sqrt{x}-3}$.

【解】 (1) $\because \sqrt{6-x^2}$ 是初等函数,其定义域为 $[-\sqrt{6},\sqrt{6}]$,$2\in[-\sqrt{6},\sqrt{6}]$,

$\therefore \lim\limits_{x \to 2} \sqrt{6-x^2} = \sqrt{2}$.

(2) $\because \dfrac{e^x + \cos(-x)}{\sqrt{x}-3}$ 是初等函数，定义域为$[0,3) \cup (3,+\infty)$，而 $4 \in (3,+\infty)$，所以

$$\lim_{x \to 4} \frac{e^x + \cos(-x)}{\sqrt{x}-3} = \frac{e^4 + \cos(-4)}{2-3} = -[e^4 + \cos(-4)].$$

☞ **定义 1.1.15** 如果函数 $y = f(x)$ 在点 x_0 处不连续，则称为 x_0 为 $f(x)$ 的一个间断点.

如果 $f(x)$ 在点 x_0 处有下列三种情况之一，则点 x_0 是 $f(x)$ 的一个间断点.

(1) 在点 x_0 处，$f(x)$ 没有定义；

(2) $\lim\limits_{x \to x_0} f(x)$ 不存在；

(3) 虽然$\lim\limits_{x \to x_0} f(x)$ 存在，但$\lim\limits_{x \to x_0} f(x) \neq f(x_0)$.

☞ **定义 1.1.16**(间断点的分类)

(1) 设 x_0 为 $f(x)$ 的一个间断点，如果当 $x \to x_0$ 时，$f(x)$ 的左、右极限都存在，则称 x_0 为 $f(x)$ 的第一类间断点.

① 可去间断点：左右极限相等，可补充定义让其连续；

② 跳跃间断点：左右极限不相等.

(2) 如果当 $x \to x_0$ 时，$f(x)$ 的极限不存在或$\lim\limits_{x \to x_0} f(x) = \infty$，称 x_0 为 $f(x)$ 的第二类间断点.

① 无穷间断点：极限为无穷的间断点；

② 振荡间断点：极限在某个区间上振荡的间断点.

【例 1.1.52】 如图 1.1.17 所示，考察函数

$$f(x) = \begin{cases} x-1, & x < 0 \\ 0, & x = 0 \\ x+1, & x > 0 \end{cases}$$ 在点 $x = 0$ 处的连续性.

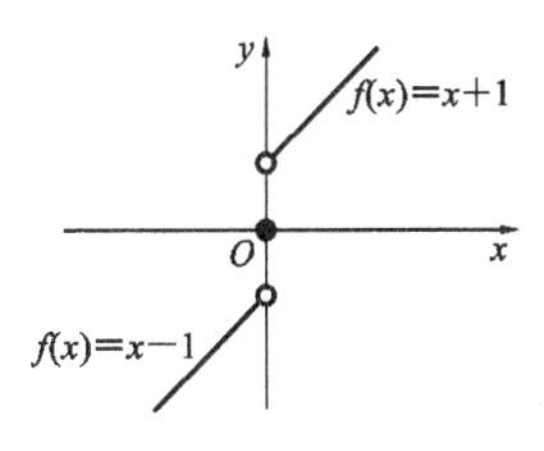

图 1.1.17

【解】 $\because \lim\limits_{x \to 0^-} f(x) = \lim\limits_{x \to 0^-}(x-1) = -1$，$\lim\limits_{x \to 0^+} f(x) = \lim\limits_{x \to 0^+}(x+1) = 1$，$f(x)$ 在 $x = 0$ 处左、右极限不相等，$f(x)$ 在 $x = 0$ 处极限不存在.

$\therefore x = 0$ 是 $f(x)$ 的第一类间断点中的跳跃间断点.

【例 1.1.53】 如图 1.1.18 所示，考察函数 $y = f(x) = \dfrac{1}{x+1}$ 在点 $x = -1$ 处的连续性.

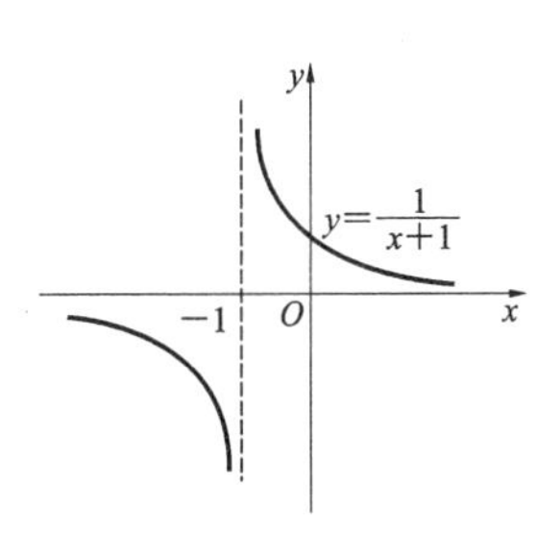

图 1.1.18

【解】 $\because f(x) = \dfrac{1}{x+1}$ 在 $x = -1$ 没有定义，

$\therefore x = -1$ 是 $f(x) = \dfrac{1}{x+1}$ 的一个间断点.

又 $\because \lim\limits_{x \to -1} \dfrac{1}{x+1} = \infty$，

$\therefore$ 点 $x = -1$ 是 $f(x)$ 第二类间断点中的无穷间断点.

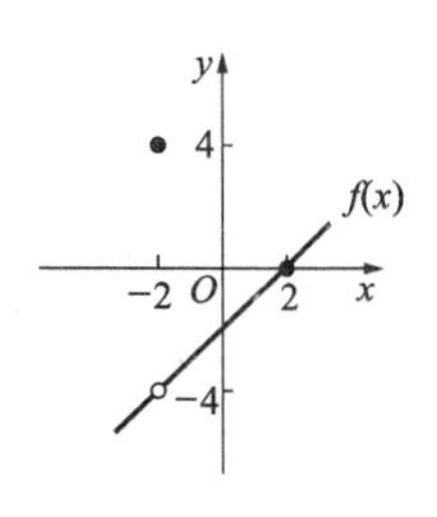

图 1.1.19

【例 1.1.54】 如图 1.1.19 所示，考察函数

$$f(x)=\begin{cases}\dfrac{x^2-4}{x+2}, & x\neq -2\\ 4, & x=-2\end{cases}$$，在点 $x=-2$ 处的连续性.

【解】 $\lim\limits_{x\to -2}f(x)=\lim\limits_{x\to -2}\dfrac{x^2-4}{x+2}=\lim\limits_{x\to -2}(x-2)=-4.$

但是
$$\lim_{x\to -2}f(x)\neq f(-2),$$
所以 $x=-2$ 是 $f(x)$ 的第一类的可去间断点.

【例 1.1.55】 已知函数 $f(x)=\begin{cases}x^2+1, & x<0\\ x+a, & x\geqslant 0\end{cases}$，在点 $x=0$ 处连续，求 a 的值.

【解】 $\lim\limits_{x\to 0^-}f(x)=\lim\limits_{x\to 0^-}(x^2+1)=1$，$\lim\limits_{x\to 0^+}f(x)=\lim\limits_{x\to 0^+}(x+a)=a$，

∵ $f(x)$ 在 $x=0$ 处连续，则 $\lim\limits_{x\to 0}f(x)$ 存在，

∴ $\lim\limits_{x\to 0^+}f(x)=\lim\limits_{x\to 0^-}f(x)$，即 $a=1$.

1.1.5.3 闭区间上连续函数的性质

▲ **定理 1.1.21**(最值定理) 若函数 $f(x)$ 在闭区间 $[a,b]$ 上连续，则它在这个区间上一定有最大值和最小值(图 1.1.20).

▲ **定理 1.1.22**(介值定理) 若函数 $f(x)$ 在闭区间 $[a,b]$ 上连续，m 和 M 分别为 $f(x)$ 在 $[a,b]$ 上的最小值与最大值，则对介于 m 和 M 之间的任一实数 C，至少存在一点 $\xi\in(a,b)$，使得 $f(\xi)=C$(图 1.1.21).

▲ **定理 1.1.23**(零点定理) 若函数 $f(x)$ 在闭区间 $[a,b]$ 上连续，且 $f(b)$ 与 $f(a)$ 异号，则至少存在一点 $\xi\in(a,b)$，使得 $f(\xi)=0$(图 1.1.22).

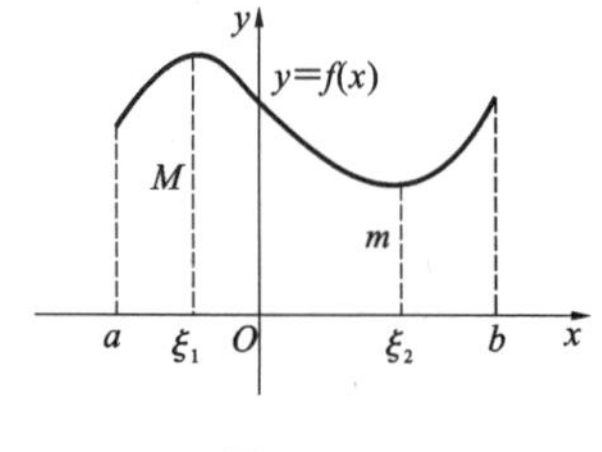

图 1.1.20

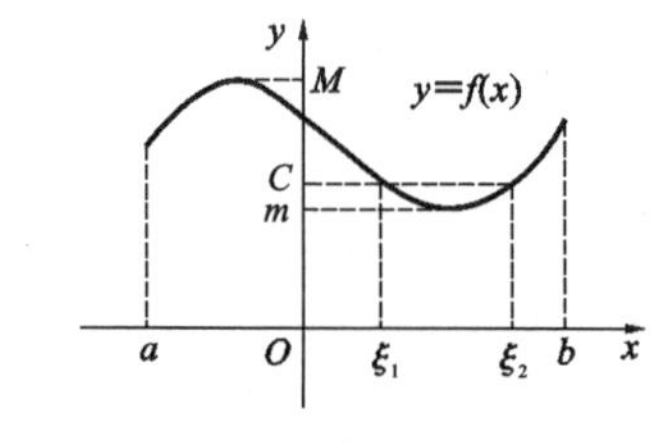

图 1.1.21

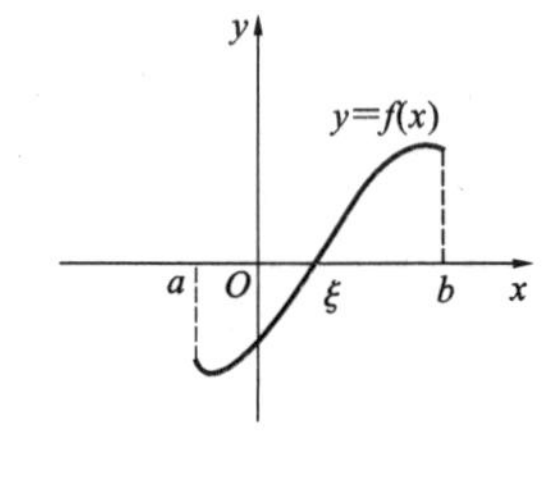

图 1.1.22

练习题

1. 填空题.

(1) $x=0$ 是函数 $y=\dfrac{\sin x}{|x|}$ 的______类__________型间断点.

(2) $x=0$ 是函数 $y=\mathrm{e}^{x+\frac{1}{x}}$ 的______类__________型间断点.

(3) 设 $f(x)=\dfrac{1}{x}\ln(1-x)$，若定义 $f(0)=$______，则 $f(x)$ 在 $x=0$ 处连续.

(4) $f(x)=\dfrac{1}{\ln(x-1)}$ 的连续区间是__________.

2. 选择题.

(1) $f(a+0)=f(a-0)$ 是函数 $f(x)$ 在 $x=a$ 处连续的(　　).

A. 必要条件　　B. 充分条件　　C. 充要条件　　D. 无关条件

(2) 方程 $x^3-3x+1=0$ 在区间(0,1)内(　　).

A. 无实根　　B. 有唯一实根　　C. 有两个实根　　D. 有三个实根

(3) 函数 $f(x)=\begin{cases}x-1,0<x\leqslant 1\\2-x,1<x\leqslant 3\end{cases}$ 在 $x=1$ 处间断是因为(　　).

A. $f(x)$ 在 $x=1$ 处无定义　　B. $\lim\limits_{x\to 1^-}f(x)$ 不存在

C. $\lim\limits_{x\to 1^+}f(x)$ 不存在　　D. $\lim\limits_{x\to 1}f(x)$ 不存在

(4) 函数 $f(x)=\lim\limits_{n\to\infty}\dfrac{x^{2n}-1}{x^{2n}+1}$ 的间断点是(　　).

A. 0和1　　B. 0和 -1　　C. -1 和1　　D. -1

3. 要使 $f(x)$ 连续,常数 a,b 各应取何值?

$$f(x)=\begin{cases}\dfrac{1}{x}\sin x, & x<0\\ a, & x=0.\\ x\sin\dfrac{1}{x}+b, & x>0\end{cases}$$

4. 指出下列函数的间断点,并指明是哪一类型间断点.

(1) $f(x)=\dfrac{1}{x^2-1}$;　　(2) $f(x)=e^{\frac{1}{x}}$;

(3) $f(x)=\begin{cases}e^{\frac{1}{x-1}}, & x>0\\ \ln(x+1), & -1<x<0\end{cases}$;　　(4) $f(x)=\begin{cases}x-1, & x<0\\ 0, & x=0.\\ x+1, & x>0\end{cases}$

5. 求下列极限:

(1) $\lim\limits_{x\to 4}\dfrac{\sqrt{2x+1}-3}{\sqrt{x-2}-\sqrt{2}}$;　　(2) $\lim\limits_{x\to 0}\dfrac{\log_2(1+3x)}{x}$;

(3) $\lim\limits_{x\to\infty}\left(1+\dfrac{1}{x}+\dfrac{1}{x^2}\right)^x$;　　(4) $\lim\limits_{x\to\frac{1}{2}}\arcsin\sqrt{1-x^2}$.

6. 证明方程 $x^5-3x+1=0$ 在(1,2)内至少有一个实根.

1.2 一元函数的微分

微积分是高等数学的重要组成部分之一,导数和微分是微积分学的两个最基本的概念.

通过本节的学习,要求学生在掌握极限的基础上,理解导数、微分的概念,掌握求导数、微分的运算方法.

◈ 1.2.1 导数的概念

在自然科学的许多领域中，当研究运动的各种形式时，都需要从数量上研究函数相对于自变量变化的快慢程度，即函数的变化率.

1.2.1.1 引例

1. 变速直线运动的瞬时速度

一物体沿直线作变速运动，其规律为 $S = S(t)$，其中 S 表示位移，t 表示时间，求物体在运动过程中某时刻 $t = t_0$ 的瞬时速度 $v(t_0)$.

分析：在时刻 $t = t_0$ 时位移为 $S = S(t_0)$，经过 Δt 时间后位移为 $S(t_0 + \Delta t)$，位移的改变量为 $\Delta S = S(t_0 + \Delta t) - S(t_0)$，$\Delta t$ 内的平均速度为 $\bar{v} = \frac{\Delta S}{\Delta t} = \frac{S(t_0 + \Delta t) - S(t_0)}{\Delta t}$，当 Δt 很小时，速度的变化不大，可以匀速代替. Δt 越小，平均速度 $\bar{v}$ 就越接近于时刻 t_0 的瞬时速度，令 $\Delta t \to 0$ 时取极限，得到瞬时速度 $v(t_0)$，即有 $v(t_0) = \lim\limits_{\Delta t \to 0} \bar{v} = \lim\limits_{\Delta t \to 0} \frac{\Delta S}{\Delta t} = \lim\limits_{\Delta t \to 0} \frac{S(t_0 + \Delta t) - S(t_0)}{\Delta t}$.

2. 平面曲线的切线斜率

如图 1.2.1 所示，设曲线 C 及 C 上的一点 P_0，另取 C 上一点 P，作割线 P_0P，当点 P 沿曲线 C 趋向于点 P_0，割线 P_0P 绕点 P_0 旋转到和曲线 C 只有一个交点时，那么直线 P_0T 就称为曲线 C 在点 P_0 处的切线.

图 1.2.1 中曲线 C 为函数 $y = f(x)$ 的图形，点 $P_0(x_0, y_0)$ 是曲线 C 上的点，$P(x_0 + \Delta x, y_0 + \Delta y)$ 为 C 上的另取的一点，割线 P_0P 的斜率为 $k_{割} = \tan\varphi = \frac{f(x_0 + \Delta x) - f(x_0)}{\Delta x}$，其中 φ 为割线 P_0P 的倾角，当动点 P 沿曲线 C 向 P_0 点移动时有 $\Delta x \to 0$，$k_{割} \to k_{切}$.

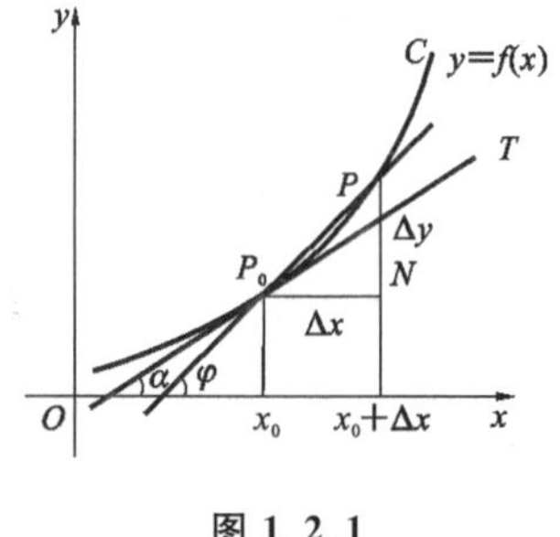

图 1.2.1

如果当 $\Delta x \to 0$ 时，$k_{割} = \tan\varphi = \frac{f(x_0 + \Delta x) - f(x_0)}{\Delta x}$ 极限存在，那么该极限为曲线 C 在 P_0 点处的切线斜率，记作 $k_{切}$. 则有 $k_{切} = \lim\limits_{\Delta x \to 0} \frac{f(x_0 + \Delta x) - f(x_0)}{\Delta x}$. 可见切线的斜率 $k_{切}$ 就是在 $\Delta x \to 0$ 时割线斜率 $k_{割} = \tan\varphi = \frac{f(x_0 + \Delta x) - f(x_0)}{\Delta x}$ 的极限.

1.2.1.2 导数的定义与几何意义

上面两引例所分析的是瞬时速度和切线斜率问题，虽然它们所反映的实际问题不同，但是得到的数学表达式却是完全一样的，即当自变量的改变量趋于零时，函数的改变量与自变量的改变量之比的极限，为此，把这种形式的极限定义为函数的导数.

☞ **定义 1.2.1** 设函数 $y = f(x)$ 在点 x_0 处的某个邻域内有定义，当自变量在点 x_0 处取得改变量 $\Delta x(\neq 0)$ 时，函数 $f(x)$ 取得相应改变量 $\Delta y = f(x_0 + \Delta x) - f(x_0)$，若当 $\Delta x \to 0$

时，$\frac{\Delta y}{\Delta x}$ 的极限存在，即 $\lim\limits_{\Delta x\to 0}\frac{\Delta y}{\Delta x}=\lim\limits_{\Delta x\to 0}\frac{f(x_0+\Delta x)-f(x_0)}{\Delta x}$ 存在，则称函数 $f(x)$ 在点 x_0 处可导，并称此极限为函数 $f(x)$ 在点 x_0 处的导数，记为

$$f'(x_0) \text{ 或 } y'\big|_{x=x_0} \text{ 或} \frac{\mathrm{d}y}{\mathrm{d}x}\bigg|_{x=x_0} \text{ 或} \frac{\mathrm{d}}{\mathrm{d}x}f(x)\bigg|_{x=x_0}.$$

如果 $\lim\limits_{\Delta x\to 0}\frac{\Delta y}{\Delta x}=\lim\limits_{\Delta x\to 0}\frac{f(x_0+\Delta x)-f(x_0)}{\Delta x}$ 不存在，则称函数 $f(x)$ 在点 x_0 不可导. 可见函数在点 x_0 处的导数 $f'(x_0)$ 就是函数 $y=f(x)$ 在点 x_0 处的变化率，它反映了函数相对于自变量快慢的程度.

【例 1.2.1】 用定义求 $f(x)=x^2$，在 $x=0$，$x=1$ 处的导数.

【解】 $f'(0)=\lim\limits_{\Delta x\to 0}\frac{f(0+\Delta x)-f(0)}{\Delta x}=\lim\limits_{\Delta x\to 0}\frac{(\Delta x)^2-0}{\Delta x}=\lim\limits_{\Delta x\to 0}\Delta x=0$；

$$f'(1)=\lim_{\Delta x\to 0}\frac{f(1+\Delta x)-f(1)}{\Delta x}=\lim_{\Delta x\to 0}\frac{(1+\Delta x)^2-1}{\Delta x}=\lim_{\Delta x\to 0}\frac{2\Delta x+(\Delta x)^2}{\Delta x}=2.$$

☞ **定义 1.2.2** 若函数 $y=f(x)$ 在区间 (a,b) 内任意一点处都可导，则称函数 $f(x)$ 在区间 (a,b) 内可导. 若 $x\in(a,b)$，则称 $f'(x)=\lim\limits_{\Delta x\to 0}\frac{f(x_0+\Delta x)-f(x_0)}{\Delta x}$ 为 $y=f(x)$ 在 (a,b) 内的导函数，简称导数. 导函数也可用 $f'(x)$，或 y'，或 $\frac{\mathrm{d}y}{\mathrm{d}x}$，或 $\frac{\mathrm{d}f}{\mathrm{d}x}$ 来表示.

显然，$f'(x_0)=f'(x)\big|_{x=x_0}$，即函数在 x_0 处的导数值等于其导函数在 x_0 处的函数值.

根据导数的定义，求函数 $f(x)$ 的导数的一般步骤如下：

① 写出函数的改变量 $\Delta y=f(x+\Delta x)-f(x)$；

② 计算比值 $\frac{\Delta y}{\Delta x}=\frac{f(x+\Delta x)-f(x)}{\Delta x}$；

③ 求极限 $y'=f'(x)=\lim\limits_{\Delta x\to 0}\frac{f(x+\Delta x)-f(x)}{\Delta x}$.

【例 1.2.2】 求常函数 $y=C$（C 为常数）的导数.

【解】 $\because \Delta y=C-C=0$，于是 $\frac{\Delta y}{\Delta x}=\frac{0}{\Delta x}=0$，$\therefore C'=\lim\limits_{\Delta x\to 0}\frac{\Delta y}{\Delta x}=0$. 即常函数的导数为零.

【例 1.2.3】 求幂函数 $y=x^n$（n 为正整数）的导数.

【解】 $\because \Delta y=(x+\Delta x)^n-x^n$，由二项式定理可得

$$\begin{aligned}\Delta y&=x^n+nx^{n-1}\Delta x+\frac{n(n-1)}{2!}x^{n-2}(\Delta x)^2+\cdots+(\Delta x)^n-x^n\\&=nx^{n-1}\Delta x+\frac{n(n-1)}{2!}x^{n-2}(\Delta x)^2+\cdots+(\Delta x)^n,\end{aligned}$$

于是
$$\frac{\Delta y}{\Delta x}=nx^{n-1}+\frac{n(n-1)}{2!}x^{n-2}\Delta x+\cdots+(\Delta x)^{n-1},$$

所以
$$\lim_{\Delta x\to 0}\frac{\Delta y}{\Delta x}=\lim_{\Delta x\to 0}\left[nx^{n-1}+\frac{n(n-1)}{2!}x^{n-2}\Delta x+\cdots+(\Delta x)^{n-1}\right]=nx^{n-1}.$$

$$\therefore (x^n)'=nx^{n-1}.$$

【例 1.2.4】 设 $y=x^2$，$y=\sqrt{x}$，$y=\frac{1}{x}$，$y=\frac{1}{\sqrt{x^3}}$，求 y'.

【解】 由幂函数的求导公式得

$(x^2)' = 2x$；

$(\sqrt{x})' = (x^{\frac{1}{2}})' = \frac{1}{2}x^{-\frac{1}{2}} = \frac{1}{2\sqrt{x}}$；

$\left(\frac{1}{x}\right)' = (x^{-1})' = (-1)x^{-2} = -\frac{1}{x^2}$；

$\left(\frac{1}{\sqrt{x^3}}\right)' = (x^{-\frac{3}{2}})' = \left(-\frac{3}{2}\right)\cdot x^{-\frac{5}{2}} = -\frac{3}{2\sqrt{x^5}}$.

【例 1.2.5】 求正弦函数 $y = \sin x$ 与余弦函数 $y = \cos x$ 的导数.

【解】 对于 $y = \sin x$，$\Delta y = \sin(x + \Delta x) - \sin x = 2\sin\frac{\Delta x}{2}\cos\left(x + \frac{\Delta x}{2}\right)$，

于是 $$\frac{\Delta y}{\Delta x} = \frac{2\sin\frac{\Delta x}{2}\cos\left(x + \frac{\Delta x}{2}\right)}{\Delta x} = \cos\left(x + \frac{\Delta x}{2}\right)\cdot\frac{\sin\frac{\Delta x}{2}}{\frac{\Delta x}{2}},$$

所以 $$\lim_{\Delta x\to 0}\frac{\Delta y}{\Delta x} = \lim_{\Delta x\to 0}\left[\cos\left(x + \frac{\Delta x}{2}\right)\cdot\frac{\sin\frac{\Delta x}{2}}{\frac{\Delta x}{2}}\right] = \cos x\cdot 1 = \cos x,$$

即 $$(\sin x)' = \cos x.$$

类似地可以得到 $(\cos x)' = -\sin x$.

【例 1.2.6】 求对数函数 $y = \log_a x\,(x > 0, a > 0, a \neq 1)$ 的导数.

【解】 $\Delta y = \log_a(x + \Delta x) - \log_a x = \log_a\frac{x + \Delta x}{x} = \log_a\left(1 + \frac{\Delta x}{x}\right)$，

于是 $$\frac{\Delta y}{\Delta x} = \frac{\log_a\left(1 + \frac{\Delta x}{x}\right)}{\Delta x} = \frac{x}{x\cdot\Delta x}\log_a\left(1 + \frac{\Delta x}{x}\right) = \frac{1}{x}\log_a\left(1 + \frac{\Delta x}{x}\right)^{\frac{x}{\Delta x}},$$

$$\lim_{\Delta x\to 0}\frac{\Delta y}{\Delta x} = \lim_{\Delta x\to 0}\left[\frac{1}{x}\log_a\left(1 + \frac{\Delta x}{x}\right)^{\frac{x}{\Delta x}}\right] = \frac{1}{x}\log_a\lim_{\Delta x\to 0}\left(1 + \frac{\Delta x}{x}\right)^{\frac{x}{\Delta x}} = \frac{1}{x}\log_a \mathrm{e} = \frac{1}{x\ln a},$$

即 $$(\log_a x)' = \frac{1}{x\ln a}.$$

特别地，当 $a = \mathrm{e}$ 时，有 $(\ln x)' = \frac{1}{x}$.

同理，指数函数 $y = a^x\,(a > 0, a \neq 1)$ 的导数 $(a^x)' = a^x\ln a$. 特别地，当 $a = \mathrm{e}$ 时，有 $(\mathrm{e}^x)' = \mathrm{e}^x$.

【例 1.2.7】 设 $y_1 = 2^x$，$y_2 = \frac{3^x}{2^x}$，求 y_1'，y_2'.

【解】 在 y_1 中，因为 $a = 2$，由公式得 $y_1' = (2^x)' = 2^x\ln 2$；而 $y_2 = \frac{3^x}{2^x} = \left(\frac{3}{2}\right)^x$，$a = \frac{3}{2}$，

由公式得 $y_2' = \left[\left(\frac{3}{2}\right)^x\right]' = \left(\frac{3}{2}\right)^x\ln\frac{3}{2}$.

极限有左、右极限之分，而函数 $f(x)$ 在点 x_0 处的导数是用一个极限式来定义的，显然也有左导数和右导数之分.

若以 $f'_-(x_0)$ 和 $f'_+(x_0)$ 分别记作函数 $f(x)$ 在点 x_0 处的左导数和右导数，则有如下定义

左导数 $f'_-(x_0)=\lim\limits_{\Delta x\to 0^-}\dfrac{\Delta y}{\Delta x}=\lim\limits_{\Delta x\to 0^-}\dfrac{f(x_0+\Delta x)-f(x_0)}{\Delta x}$ 或 $f'_-(x_0)=\lim\limits_{x\to x_0^-}\dfrac{f(x)-f(x_0)}{x-x_0}$；

右导数 $f'_+(x_0)=\lim\limits_{\Delta x\to 0^+}\dfrac{\Delta y}{\Delta x}=\lim\limits_{\Delta x\to 0^+}\dfrac{f(x_0+\Delta x)-f(x_0)}{\Delta x}$ 或 $f'_+(x_0)=\lim\limits_{x\to x_0^+}\dfrac{f(x)-f(x_0)}{x-x_0}$.

▲ **定理1.2.1** 函数 $y=f(x)$ 在点 x_0 处的左、右导数存在且相等是 $y=f(x)$ 在点 x_0 处可导的充分必要条件.

如果函数 $y=f(x)$ 在开区间 (a,b) 内可导，且 $f'(a)$ 和 $f'(b)$ 都存在，则称 $y=f(x)$ 在闭区间 $[a,b]$ 上可导.

【例1.2.8】 讨论函数 $f(x)=|x|$ 在点 $x=0$ 处的可导性.

【解】 $\because \lim\limits_{h\to 0}\dfrac{f(0+h)-f(0)}{h}=\lim\limits_{h\to 0}\dfrac{|h|}{h}$,

当 $h>0$ 时，$\lim\limits_{h\to 0^+}\dfrac{f(0+h)-f(0)}{h}=\lim\limits_{h\to 0^+}\dfrac{|h|}{h}=1$；

当 $h<0$ 时，$\lim\limits_{h\to 0^-}\dfrac{f(0+h)-f(0)}{h}=\lim\limits_{h\to 0^-}\dfrac{|h|}{h}=-1$.

$\therefore \lim\limits_{h\to 0}\dfrac{f(0+h)-f(0)}{h}=\lim\limits_{h\to 0}\dfrac{|h|}{h}$，不存在，

即函数 $f(x)$ 在点 $x=0$ 处不可导.

由引例2及导数的定义可知，函数 $y=f(x)$ 在点 $P_0(x_0,y_0)$ 处的导数 $f'(x_0)$ 在几何上表示曲线 $y=f(x)$ 在点 $P_0(x_0,y_0)$ 处切线的斜率.

如果 $y=f(x)$ 在点 $P_0(x_0,y_0)$ 处的导数不存在(或为无穷大)，此时曲线 $y=f(x)$ 在点 $P_0(x_0,y_0)$ 处具有垂直于 x 轴的切线 $x=x_0$.

如果 $y=f(x)$ 在点 $P_0(x_0,y_0)$ 处的导数存在，根据直线的点斜式方程，曲线 $y=f(x)$ 在点 $P_0(x_0,y_0)$ 处的切线方程为 $y-y_0=f'(x_0)(x-x_0)$.

过点 $P_0(x_0,y_0)$ 且垂直于切线的直线叫作曲线 $y=f(x)$ 在点 $P_0(x_0,y_0)$ 的法线，方程为

$$y-y_0=-\frac{1}{f'(x_0)}(x-x_0)\quad [f'(x_0)\neq 0]$$

特别地，当 $f'(x_0)=0$ 时，切线方程为 $y=y_0$，法线方程为 $x=x_0$.

变速直线运动：路程对时间的导数为物体的瞬时速度 $v(t)=\lim\limits_{\Delta t\to 0}\dfrac{\Delta s}{\Delta t}=\dfrac{\mathrm{d}s}{\mathrm{d}t}$.

交流电路：电量对时间的导数为电流强度 $i(t)=\lim\limits_{\Delta t\to 0}\dfrac{\Delta q}{\Delta t}=\dfrac{\mathrm{d}q}{\mathrm{d}t}$.

【例1.2.9】 求曲线 $y=x^3$ 在点 $M_0(1,1)$ 处的切线方程和法线方程.

【解】 $\because (x^3)'=3x^2$，点 $M_0(1,1)$ 的切线斜率 $k_1=(x^3)'|_{x=1}=3$，法线斜率 $k_2=-\dfrac{1}{k_1}=-\dfrac{1}{3}$.

$\therefore$ 点 $M_0(1,1)$ 处的切线方程为 $y-1=3(x-1)$，即 $y=3x-2$.

过 $M_0(1,1)$ 的法线方程为 $y-1=-\dfrac{1}{3}(x-1)$，即 $y=-\dfrac{1}{3}x+\dfrac{4}{3}$.

【例1.2.10】 问曲线 $y=\ln x$ 上何处的切线平行于直线 $y=x+1$?

【解】 设点 (x_0,y_0) 处的切线平行直线 $y=x+1$，根据导数的几何意义，可知

$(\ln x)'|_{x=x_0} = \dfrac{1}{x_0} = 1$. 即 $x_0 = 1$ 代入 $y = \ln x$ 中，得 $y_0 = 0$，
所以曲线在点(1,0)处的切线平行于直线 $y = x + 1$.

1.2.1.3 可导与连续的关系

△ **定理 1.2.2** 如果函数 $y = f(x)$ 在点 (x_0, y_0) 处可导，那么函数 $y = f(x)$ 在该点必连续.

证明：∵ $y = f(x)$ 在点 (x_0, y_0) 处可导，

∴ $f'(x_0) = \lim\limits_{\Delta x \to 0} \dfrac{\Delta y}{\Delta x}$，由极限定理可得 $\dfrac{\Delta y}{\Delta x} = f'(x_0) + \alpha$，其中 $\lim\limits_{\Delta x \to 0} \alpha = 0$.

此时 $\Delta y = f'(x_0) \cdot \Delta x + \alpha \cdot \Delta x$，有 $\lim\limits_{\Delta x \to 0} \Delta y = \lim\limits_{\Delta x \to 0} [f'(x_0) \cdot \Delta x + \alpha \cdot \Delta x] = 0$.
由函数连续的定义可得，函数 $y = f(x)$ 在点 (x_0, y_0) 处连续.

定理说明连续是函数可导的必要条件，即不连续则不可导，连续未必可导.

【例 1.2.11】 设 $f(x) = |x|$，讨论 $f(x)$ 在点 $x = 0$ 处的连续性与可导性.

【解】 因为 $\lim\limits_{x \to 0} f(x) = \lim\limits_{x \to 0} |x| = 0 = f(0)$，
故 $f(x) = |x|$ 在 $x = 0$ 处连续，
由例 1.2.8 可得 $f(x) = |x|$ 在点 $x = 0$ 处不可导.

【例 1.2.12】 设函数 $f(x) = \begin{cases} e^x + a, x \leqslant 0 \\ \sin bx, \ x > 0 \end{cases}$，试取适当的 a, b 值，使函数 $f(x)$ 在 $x = 0$ 处可导.

【解】 要使 $f(x)$ 在 $x = 0$ 处连续，需 $\lim\limits_{x \to 0^-} f(x) = f(0) = 1 + a = \lim\limits_{x \to 0^+} f(x) = 0$，即 $a = -1$.

要使 $f(x)$ 在 $x = 0$ 可导，必须满足 $f(x)$ 在 $x = 0$ 处连续，同时 $f'_+(0)$ 与 $f'_-(0)$ 存在且相等.

由于 $\quad f'_-(0) = \lim\limits_{x \to 0^-} \dfrac{(e^x + a) - (1 + a)}{x} = 1, \quad f'_+(0) = \lim\limits_{x \to 0^+} \dfrac{\sin bx - 0}{x} = b$，

所以 $\quad b = 1$.

即当 $a = -1, b = 1$ 时，$f(x)$ 在 $x = 0$ 处可导，且 $f'(0) = 1$.

练习题

1. 选择题.

(1) $f'(x_0)$ 存在等价于(　　).

A. $\lim\limits_{n \to \infty} n[f(x_0 + \dfrac{1}{n}) - f(x_0)]$ 存在　　B. $\lim\limits_{h \to 0} \dfrac{f(x_0 - h) - f(x_0)}{h}$ 存在

C. $\lim\limits_{\Delta x \to 0} \dfrac{f(x_0 + \Delta x) - f(x_0 - \Delta x)}{\Delta x}$ 存在　　D. $\lim\limits_{\Delta x \to 0} \dfrac{f(x_0 + 3\Delta x) - f(x_0 + \Delta x)}{\Delta x}$ 存在

(2) 设 $f(x) = \begin{cases} x, & x < 0 \\ \ln(1 + x), & x \geqslant 0 \end{cases}$，则 $f(x)$ 在 $x = 0$ 处(　　).

A. 可导　　B. 连续但不可导　　C. 不连续　　D. 无意义

(3) 曲线 $y = \dfrac{1}{\sqrt[3]{x^2}}$ 在 $x = 1$ 处的切线方程是(　　).

A. $3y-2x=5$　　　　B. $-3y+2x=5$

C. $3y+2x=5$　　　　D. $3y+2x=5$

(4) 设函数 $f(x)$ 在 x_0 处可导，则 $\lim\limits_{h\to 0}\dfrac{f(x_0+2h)-f(x_0-2h)}{h}=($　　$)$.

A. $\dfrac{1}{4}f'(x_0)$　　B. $\dfrac{1}{2}f'(x_0)$　　C. $f'(x_0)$　　D. $4f'(x_0)$

2. 填空题.

(1) 设 $f(x)$ 在 x_0 处可导，则 $\lim\limits_{\Delta x\to 0}\dfrac{f(x_0-\Delta x)-f(x_0)}{\Delta x}=$__________.

(2) 若 $f'(0)$ 存在且 $f(0)=0$，则 $\lim\limits_{x\to 0}\dfrac{f(x)}{x}=$__________.

(3) 已知 $f(x)=\begin{cases}x^2, & x\geqslant 0\\ -x^2, & x<0\end{cases}$，则 $f'(0)=$__________.

(4) 当物体的温度高于周围介质的温度时，物体就不断冷却，若物体的温度 T 与时间 t 的函数关系为 $T=T(t)$，则该物体在 t 时刻的冷却速度为__________.

3. 求下列函数的导数：

(1) $y=\dfrac{1}{\sqrt[3]{x}}$；　　(2) $y=\sqrt[3]{x^2}$；

(3) $y=x^3\sqrt[6]{x}$；　　(4) $y=\dfrac{x^2\sqrt{x}}{\sqrt[4]{x}}$；

(5) $y=(\sqrt{5})^x$；　　(6) $y=\sec x$.

4. 设 $\varphi(x)$ 在 $x=a$ 处连续，$f(x)=(x-a)\varphi(x)$，求 $f'(a)$.

5. 已知 $f(x)=\begin{cases}x^2, & x\leqslant 1\\ ax+b, & x>1\end{cases}$，(1) 试确定 a,b 使 $f(x)$ 在实数域内处处可导；(2) 将上一问中求出的 a,b 值代入 $f(x)$，求 $f(x)$ 的导数.

6. 求曲线 $y=x^4-3$ 在点 $(1,-2)$ 处的切线方程和法线方程.

7. 已知函数 $f(x)=\begin{cases}\dfrac{\sqrt{1+x}-1}{\sqrt{x}}, & x>0\\ 0, & x\leqslant 0\end{cases}$，试证明 $f(x)$ 在 $x=0$ 处连续但不可导.

1.2.2　导数的四则运算

上节介绍了导数的概念，根据导数的定义可以求出一些简单函数的导数，然而对于带有四则运算的函数用定义求导就比较复杂了，本节和下节将介绍一些求导法则，来解决初等函数的求导问题. 本节首先介绍函数和、差、积、商的求导法则.

▲ **定理 1.2.3**　设 $u=u(x)$，$v=v(x)$ 可导，则 $u\pm v$ 可导，且有 $(u\pm v)'=u'\pm v'$.

证明：设自变量 x 取得增量 Δx 时，函数 $u=u(x)$，$v=v(x)$ 分别取得增量 Δu、Δv，则

$$\begin{aligned}\Delta(u\pm v)&=[u(x+\Delta x)\pm v(x+\Delta x)]-[u(x)\pm v(x)]\\&=[u(x+\Delta x)-u(x)]\pm[v(x+\Delta x)-v(x)]=\Delta u\pm\Delta v,\end{aligned}$$

$$(u\pm v)'=\lim_{\Delta x\to 0}\frac{\Delta(u\pm v)}{\Delta x}=\lim_{\Delta x\to 0}\frac{\Delta u\pm\Delta v}{\Delta x}=\lim_{\Delta x\to 0}\frac{\Delta u}{\Delta x}\pm\lim_{\Delta x\to 0}\frac{\Delta v}{\Delta x}=u'\pm v'.$$

此定理可以推广到有限个函数相加减的情况. 例如,若 u,v,w 分别可导,则

$$(u+v+w)'=u'+v'+w'.$$

推论 1.2.1 $\left[\sum_{i=1}^{n}f_i(x)\right]'=\sum_{i=1}^{n}f_i'(x).$

定理 1.2.4 设 $u=u(x),v=v(x)$ 可导,则 $u\cdot v$ 可导,且有 $(u\cdot v)'=u'\cdot v+u\cdot v'$.

证明:设自变量 x 取得增量 Δx 时,函数 $u=u(x),v=v(x)$ 分别取得增量 $\Delta u,\Delta v$,则

$$\begin{aligned}\Delta(uv)&=u(x+\Delta x)\cdot v(x+\Delta x)-u(x)v(x)\\&=(u+\Delta u)\cdot(v+\Delta v)-u\cdot v=\Delta u\cdot v+u\cdot\Delta v+\Delta u\cdot\Delta v,\end{aligned}$$

$$\begin{aligned}(uv)'&=\lim_{\Delta x\to0}\frac{\Delta(uv)}{\Delta x}=\lim_{\Delta x\to0}\frac{\Delta u\cdot v+u\cdot\Delta v+\Delta u\cdot\Delta v}{\Delta x}\\&=\lim_{\Delta x\to0}\frac{\Delta u}{\Delta x}\cdot v+u\cdot\lim_{\Delta x\to0}\frac{\Delta v}{\Delta x}+\lim_{\Delta x\to0}\frac{\Delta u}{\Delta x}\cdot\lim_{\Delta x\to0}\Delta v=u'v+uv'.\end{aligned}$$

此定理可以推广到有限个函数相乘的情况. 例如,u,v,w 分别可导,则

$$(uvw)'=u'vw+uv'w+uvw'.$$

推论 1.2.2 $[Cf(x)]'=Cf'(x)$(求导时,常数因子可以提出来).

推论 1.2.3 $\left[\prod_{i=1}^{n}f_i(x)\right]'=\sum_{i=1}^{n}\prod_{\substack{k=1\\k\neq i}}^{n}f_i'(x)f_k(x).$

定理 1.2.5 设 $u=u(x),v=v(x)$ 可导,且 $v(x)\neq0$,则 $\dfrac{u}{v}$ 可导,且有 $\left(\dfrac{u}{v}\right)'=\dfrac{u'v-uv'}{v^2}$.

证明:设自变量 x 取得增量 Δx 时,函数 $u=u(x),v=v(x)$ 分别取得增量 $\Delta u,\Delta v$,则

$$\Delta\left(\frac{u}{v}\right)=\frac{u(x+\Delta x)}{v(x+\Delta x)}-\frac{u(x)}{v(x)}=\frac{u+\Delta u}{v+\Delta v}-\frac{u}{v}=\frac{\Delta u\cdot v-u\cdot\Delta v}{v(v+\Delta v)},$$

$$\left(\frac{u}{v}\right)'=\lim_{\Delta x\to0}\frac{\Delta\left(\frac{u}{v}\right)}{\Delta x}=\lim_{\Delta x\to0}\frac{\Delta u\cdot v-u\cdot\Delta v}{\Delta x\cdot v(v+\Delta v)}=\lim_{\Delta x\to0}\frac{\frac{\Delta u}{\Delta x}v-u\frac{\Delta v}{\Delta x}}{v(v+\Delta v)}=\frac{u'v-uv'}{v^2}.$$

【例 1.2.13】 设 $y=x^3-2x^2+3x-4\ln2$,求 y'.

【解】 $$\begin{aligned}y'&=(x^3-2x^2+3x-4\ln2)'=(x^3)'-2(x^2)'+3(x)'-(4\ln2)'\\&=3x^2-2\cdot2x+3=3x^2-4x+3.\end{aligned}$$

【例 1.2.14】 设 $f(x)=x^3-2x^2+\cos x$,求 $f'(x),f'\left(\dfrac{\pi}{2}\right)$.

【解】 $f'(x)=3x^2-4x-\sin x,\quad f'\left(\dfrac{\pi}{2}\right)=\dfrac{3\pi^2}{4}-2\pi-1.$

【例 1.2.15】 设 $y=e^x(\sin x+\cos x)$,求 y'.

【解】 $$\begin{aligned}y'&=(e^x)'(\sin x+\cos x)+e^x(\sin x+\cos x)'\\&=e^x(\sin x+\cos x)+e^x(\cos x-\sin x)=2e^x\cos x\end{aligned}$$

【例 1.2.16】 设 $y=x\sin x\ln x$,求 y'.

【解】 $$\begin{aligned}y'&=(x)'\sin x\ln x+x(\sin x)'\ln x+x\sin x(\ln x)'\\&=1\cdot\sin x\ln x+x\cos x\ln x+x\sin x\cdot\frac{1}{x}\end{aligned}$$

$$= \sin x \ln x + x\cos x \ln x + \sin x.$$

【例 1.2.17】 设 $y = \dfrac{2x^3 - 3x + 4}{\sqrt{x}}$,求 y'.

【解】 先化简得 $y = 2x^{\frac{5}{2}} - 3x^{\frac{1}{2}} + 4x^{-\frac{1}{2}}$,于是

$$y' = 2 \cdot \frac{5}{2} \cdot x^{\frac{3}{2}} - 3 \cdot \frac{1}{2} \cdot x^{-\frac{1}{2}} + 4 \cdot \left(-\frac{1}{2}\right) \cdot x^{-\frac{3}{2}} = 5x^{\frac{3}{2}} - \frac{3}{2}x^{-\frac{1}{2}} - 2x^{-\frac{3}{2}}.$$

【例 1.2.18】 求 $y = \tan x$ 的导数.

【解】 $y' = (\tan x)' = \left(\dfrac{\sin x}{\cos x}\right)' = \dfrac{(\sin x)'\cos x - \sin x(\cos x)'}{\cos^2 x}$

$$= \frac{\cos^2 x + \sin^2 x}{\cos^2 x} = \frac{1}{\cos^2 x} = \sec^2 x.$$

即 $$(\tan x)' = \sec^2 x.$$

同理可得 $$(\cot x)' = -\csc^2 x.$$

【例 1.2.19】 求 $y = \sec x$ 的导数.

【解】 $y' = (\sec x)' = \left(\dfrac{1}{\cos x}\right)' = \dfrac{-(\cos x)'}{\cos^2 x} = \dfrac{\sin x}{\cos^2 x} = \sec x \tan x.$

同理可得 $$(\csc x)' = -\csc x \cot x.$$

练习题

1. 选择题.

(1) 下列说法正确的是(　　).

A. 若 $f(x), g(x)$ 中至少一个不可导,则 $f(x) + g(x)$ 不可导

B. 若 $f(x), g(x)$ 均不可导,则 $f(x) + g(x)$ 不可导

C. 若 $f(x), g(x)$ 只有其一不可导,则 $f(x)g(x)$ 必不可导

D. 当 $f(x), g(x)$ 均不可导时,$f(x)g(x)$ 有可能可导

(2) 直线 L 与 x 轴平行且与曲线 $y = x - e^x$ 相切,则切点为(　　).

A. $(1,1)$　　B. $(-1,1)$　　C. $(0,1)$　　D. $(0,-1)$

(3) 设 $f(x) = x\log_2 x$ 在 x_0 处可导,且 $f'(x_0) = 2$,则 $f(x_0) = $(　　).

A. 1　　B. $\dfrac{e}{2}$　　C. $\dfrac{2}{e}$　　D. e

2. 求下列函数的导数:

(1) $y = x^2(\sin x + \sqrt{x})$;

(2) $y = \dfrac{1 - \sqrt{x}}{1 + \sqrt{x}}$;

(3) $y = (x-1)(x-2)(x-3)$;

(4) $y = \sqrt{x}\cos x + a^x e^x$;

(5) $y = x\log_2 x + \ln \dfrac{1}{2}$;

(6) $y = \dfrac{1}{1+\sqrt{x}} - \dfrac{1}{1-\sqrt{x}}$;

(7) $y = x^4 + 2x^3 - 4x + 5$;

(8) $y = \dfrac{4}{x^4} + \dfrac{3}{x^3} + \dfrac{2}{x^2} + \dfrac{1}{x} + 2$;

(9) $y = \dfrac{1 + e^x}{1 - e^x}$;

(10) $y = x\ln x \cos x$;

(11) $y=\dfrac{x^3-1}{\sqrt{x}}$；　　　　(12) $y=x^3+2^x+2^2$.

3. 以初速 v_0 上抛的物体，其上升高度 s 与时间 t 的关系为 $s=v_0t-\dfrac{1}{2}gt^2$，求：(1) 该物体的速度 $v(t)$；(2) 该物体达到最高点的时间.

1.2.3 反函数与复合函数的导数

1.2.3.1 反函数的求导法则

上面我们已求出三角形函数 $\sin x,\cos x,\tan x,\cot x$ 及 a^x,e^x 等函数的导数，但与其对应的反函数 $\operatorname{arccot}x,\arccos x,\arctan x,\operatorname{arccot}x$ 及 $\log_a x,\ln x$ 等函数的导数还没有合适方法求得. 下面介绍反函数求导法则.

▲ 定理 1.2.6 设连续函数 $x=\varphi(y)$ 在某区间 I_y 内严格单调、可导，且 $\varphi'(y)\neq 0$，则其反函数 $y=f(x)$ 在相应区间 I_x 内也严格单调且可导，且有 $f'(x)=\dfrac{1}{\varphi'(y)}$ 或 $\dfrac{\mathrm{d}y}{\mathrm{d}x}=\dfrac{1}{\frac{\mathrm{d}x}{\mathrm{d}y}}$.

证明：因为 $x=\varphi(y)$ 在某区间 I_y 内单调连续，故它的反函数 $y=f(x)$ 也在相应区间 I_x 内单调连续，给 x 以增量 $\Delta x\neq 0$，从 $y=f(x)$ 的单调性可知 $\Delta y=f(x+\Delta x)-f(x)\neq 0$. 因而有 $\dfrac{\Delta y}{\Delta x}=\dfrac{1}{\frac{\Delta y}{\Delta x}}$，根据 $y=f(x)$ 的连续性，当 $\Delta x\to 0$ 时，必有 $\Delta y\to 0$，而 $x=\varphi(y)$ 可导，于是

$$f'(x)=\lim_{\Delta x\to 0}\frac{\Delta y}{\Delta x}=\lim_{\Delta x\to 0}\frac{1}{\frac{\Delta x}{\Delta y}}=\frac{1}{\lim\limits_{\Delta x\to 0}\frac{\Delta x}{\Delta y}}=\frac{1}{\varphi'(y)}.$$

所以 $y=f(x)$ 在相应区间内也严格单调且可导.

【例 1.2.20】 求 $\arcsin x$，$\arccos x,\arctan x,\operatorname{arccot}x$ 的导数.

【解】 $\because x=\varphi(y)=\sin y$ 在 $\left(-\dfrac{\pi}{2},\dfrac{\pi}{2}\right)$ 内严格单调、连续，且 $\varphi'(y)\neq 0$，

$\therefore$ 其反函数 $y=f(x)=\arcsin x$ 在 $(-1,1)$ 内严格单调、连续、可导，且有

$$(\arcsin x)'=\frac{1}{\varphi'(y)}=\frac{1}{\cos y}=\frac{1}{\sqrt{1-\sin^2 y}}=\frac{1}{\sqrt{1-x^2}}.$$

同理，$(\arccos x)'=-\dfrac{1}{\sqrt{1-x^2}}$，$(\arctan x)'=\dfrac{1}{1+x^2}$，$(\operatorname{arccot}x)'=-\dfrac{1}{1+x^2}$.

【例 1.2.21】 证明 $(a^x)'=a^x\ln a$.

【证明】 $\because y=a^x$ 与 $x=\log_a y$ 互为反函数，

$\therefore (a^x)'=\dfrac{1}{(\log_a y)'}=\dfrac{1}{\frac{1}{y\ln a}}=y\ln a=a^x\ln a$.

特殊的，$(\mathrm{e}^x)'=\mathrm{e}^x$.

1.2.3.2 基本初等函数的求导公式

通过以上的讲述我们已经得到了所有的基本初等函数求导公式，它们在求导运算中起着

非常重要的作用，必须熟练掌握，现归纳如下：

(1) 常量函数 $C' = 0$（C 为常数）

(2) 幂函数 $(x^a) = ax^{a-1}$ （a 常数）

(3) 指数函数 $(a^x)' = a^x \cdot \ln a (a > 0, a \neq 1)$ $(e^x)' = e^x$

(4) 对数函数 $(\log_a x)' = \frac{1}{x} \cdot \frac{1}{\ln a} (a > 0, a \neq 1)$ $(\ln x)' = \frac{1}{x}$

(5) 三角函数 $(\sin x)' = \cos x$ $(\cos x)' = -\sin x$

$(\tan x)' = \sec^2 x$ $(\cot x)' = -\csc^2 x$

$(\sec x)' = \sec x \cdot \tan x$ $(\csc x)' = -\csc x \cdot \cot x$

(6) 反三角函数 $(\arcsin x)' = \frac{1}{\sqrt{1-x^2}}$ $(\arccos x)' = -\frac{1}{\sqrt{1-x^2}}$

$(\arctan x)' = \frac{1}{1+x^2}$ $(\text{arccot}\, x)' = -\frac{1}{1+x^2}$

1.2.3.3 复合函数的导数

目前，我们已经讨论了基本初等函数和一些简单函数的求导问题，但是实际中会遇到的复合函数，例如 $\sin 2x$，$\ln x^2$，$\cos(x^2+2x+5)$ 等，还不知道它们是否可导及如何求其导数. 为解决这些问题给出复合函数求导法则，运用公式求函数导数的范围得到很大扩充.

▲ **定理 1.2.7** 如果 $u = g(x)$ 在点 x 可导，$y = f(u)$ 在点 $u = g(x)$ 可导，则复合函数 $y = f[g(x)]$ 在点 x 可导，且导数为

$$\frac{dy}{dx} = f'(u) \cdot g'(x) \text{ 或 } \frac{dy}{dx} = \frac{dy}{du} \cdot \frac{du}{dx} \text{ 或 } y'_x = y'_u \cdot u'_x.$$

> **注意：**
> 符号 $\{f[g(x)]\}'$ 表示复合函数 $f[g(x)]$ 对自变量 x 求导数，而符号 $f'[g(x)]$ 表示复合函数 $f[g(x)]$ 对中间变量 $u = g(x)$ 求导数.

证明： 由 $y = f(u)$ 在点 u 可导，得 $\lim\limits_{\Delta u \to 0} \frac{\Delta y}{\Delta u} = f'(u)$

因此
$$\frac{\Delta y}{\Delta u} = f'(u) + \alpha$$

其中 α 为 $\Delta u \to 0$ 时的无穷小量（当 $\Delta u \to 0$ 时，$\alpha \to 0$），于是 $\Delta y = f'(u)\Delta u + \alpha \cdot \Delta u$

用 $\Delta x \neq 0$ 除上式，得

$$\frac{\Delta y}{\Delta x} = f'(u) \cdot \frac{\Delta u}{\Delta x} + \alpha \cdot \frac{\Delta u}{\Delta x}$$

因此 $\lim\limits_{\Delta x \to 0} \frac{\Delta y}{\Delta x} = \lim\limits_{\Delta x \to 0} \left[f'(u) \cdot \frac{\Delta u}{\Delta x} + \alpha \cdot \frac{\Delta u}{\Delta x} \right]$.

注意到当 $\Delta x \to 0$ 时，$\Delta u \to 0$，故 $\lim\limits_{\Delta x \to 0} \alpha = \lim\limits_{\Delta u \to 0} \alpha = 0$，同时 $\lim\limits_{\Delta x \to 0} \frac{\Delta u}{\Delta x} = g'(x)$，因此得

$$\frac{dy}{dx} = \lim_{\Delta x \to 0} \frac{\Delta y}{\Delta x} = f'(u) \cdot g'(x).$$

复合函数的求导法则一般称为链式法则，即因变量对自变量求导，等于因变量对中间变量

求导，乘以中间变量对自变量求导. 它也适用于多层复合的情况. 比如 $y=f(u)$，$u=g(v)$，$v=h(x)$，则只要满足相应的条件，复合函数 $y=f\{g[h(x)]\}$ 就可导，且有 $\frac{dy}{dx}=\frac{dy}{du}\cdot\frac{du}{dv}\cdot\frac{dv}{dx}$ $=f'(u)g'(v)h'(x)$.

应用复合函数求导法则求导时，关键是要能够把所给函数分解为基本初等函数与基本初等函数的和、差、积、商等，便可求其导数.

【例 1.2.22】 已知 $y=\ln\tan x$，求 $\frac{dy}{dx}$.

【解】 ∵ $y=\ln\tan x$ 可看作由 $y=\ln u$，$u=\tan x$ 复合而成，

∴ $\frac{dy}{dx}=\frac{dy}{du}\frac{du}{dx}=\frac{1}{u}\cdot\sec^2 x=\cot x\cdot\sec^2 x=\frac{1}{\sin x\cos x}$.

【例 1.2.23】 已知 $y=e^{x^3}$，求 $\frac{dy}{dx}$.

【解】 ∵ $y=e^{x^3}$ 可看作由 $y=e^u$，$u=x^3$ 复合而成，

∴ $\frac{dy}{dx}=\frac{dy}{du}\frac{du}{dx}=e^u\cdot 3x^2=3x^2e^{x^3}$.

【例 1.2.24】 已知 $y=\sin\frac{2x}{1+x^2}$，求 $\frac{dy}{dx}$.

【解】 ∵ $y=\sin\frac{2x}{1+x^2}$ 可看作由 $y=\sin u$，$u=\frac{2x}{1+x^2}$ 复合而成，且

$$\frac{dy}{du}=\cos u,\quad \frac{du}{dx}=\frac{2(1+x^2)-(2x)^2}{(1+x^2)^2}=\frac{2(1-x^2)}{(1+x^2)^2},$$

∴ $\frac{dy}{dx}=\frac{dy}{du}\frac{du}{dx}=\cos u\frac{2(1-x^2)}{(1+x^2)^2}=\frac{2(1-x^2)}{(1+x^2)^2}\cdot\cos\frac{2x}{1+x^2}$.

【例 1.2.25】 已知 $y=e^{\tan\sqrt{x}}$，求 y'.

【解】 令 $y=e^u$，$u=\tan v$，$v=\sqrt{x}$，则

$$\frac{dy}{dx}=\frac{dy}{du}\frac{du}{dv}\frac{dv}{dx}=e^u\sec^2 v\cdot\frac{1}{2\sqrt{x}}=e^{\tan\sqrt{x}}\cdot\sec^2\sqrt{x}\cdot\frac{1}{2\sqrt{x}}.$$

【例 1.2.26】 求下列函数的导数：

(1) $y=(1+2x)^4$； (2) $y=\frac{1}{1+2x}$； (3) $y=\sqrt{4-3x^2}$.

【解】 (1) 令 $u=1+2x$，$y=u^4$，则 $y'_x=y'_u\cdot u'_x=4u^3\cdot 2=8(1+2x)^3$；

(2) 令 $u=1+2x$，$y=u^{-1}$，则 $y'_x=y'_u\cdot u'_x=(-1)u^{-2}\cdot 2=-\frac{2}{(1+2x)^2}$；

(3) 令 $u=4-3x^2$，$y=u^{\frac{1}{2}}$，则 $y'_x=y'_u\cdot u'_x=\frac{1}{2}u^{-\frac{1}{2}}\cdot(-6x)=-\frac{3x}{\sqrt{4-3x^2}}$

当比较熟悉链式法则后，中间变量在求导过程中无需写出，而直接写出函数对中间变量的求导结果，但是必须清楚每一步对哪个变量求导.

【例 1.2.27】 已知 $y=(x^2+1)^5$，求 $\frac{dy}{dx}$.

【解】 $\frac{dy}{dx}=5(x^2+1)^4\cdot(x^2+1)'=5(x^2+1)^4\cdot 2x=10x(x^2+1)^4$.

【例 1.2.28】 已知 $y=\sqrt[3]{1-2x^2}$，求 $\frac{\mathrm{d}y}{\mathrm{d}x}$.

【解】 $\frac{\mathrm{d}y}{\mathrm{d}x}=[(1-2x^2)^{1/3}]'=\frac{1}{3}(1-2x^2)^{-\frac{2}{3}}\cdot(1-2x^2)'=\frac{-4x}{3\sqrt[3]{(1-2x^2)^2}}$.

【例 1.2.29】 已知 $y=\ln(x+\sqrt{1+x^2})$，求 y'.

【解】
$$y'=\frac{1}{x+\sqrt{1+x^2}}(x+\sqrt{1+x^2})'=\frac{1}{x+\sqrt{1+x^2}}\left[1+\frac{1}{2\sqrt{1+x^2}}(1+x^2)'\right]$$
$$=\frac{1}{x+\sqrt{1+x^2}}\left[1+\frac{2x}{2\sqrt{1+x^2}}\right]=\frac{1}{x+\sqrt{1+x^2}}\frac{\sqrt{1+x^2}+x}{\sqrt{1+x^2}}=\frac{1}{\sqrt{1+x^2}}.$$

【例 1.2.30】 已知 $y=\ln\sqrt{\frac{1+x^2}{1-x^2}}$，求 y'.

【解】 由对数性质，有 $y=\frac{1}{2}[\ln(1+x^2)-\ln(1-x^2)]$，则
$$y'=\frac{1}{2}\{[\ln(1+x^2)]'-\ln[(1-x^2)]'\}=\frac{1}{2}\left(\frac{2x}{1+x^2}-\frac{-2x}{1-x^2}\right)=\frac{2x}{1-x^4}.$$

【例 1.2.31】 已知 $y=\sin nx\cdot\sin^n x$（n 为常数），求 y'.

【解】
$$\begin{aligned}y'&=(\sin nx)'\sin^n x+\sin nx\cdot(\sin^n x)'\\&=n\cos nx\cdot\sin^n x+\sin nx\cdot n\sin^{n-1}x\cdot\cos x\\&=n\sin^{n-1}x(\cos nx\cdot\sin x+\sin nx\cdot\cos x)\\&=n\sin^{n-1}x\cdot\sin(n+1)x\end{aligned}$$

练习题

1. 求下列函数的导数.

(1) $y=\cos\frac{1}{x}$； (2) $y=\ln\left(\frac{1}{x}+\ln\frac{1}{x}\right)$；

(3) $y=\ln(1-x)$； (4) $y=\ln(1+\sqrt{1+x^2})$；

(5) $y=\frac{\sin 2x}{x^2}$； (6) $y=\sin[\cos^2(\tan 3x)]$；

(7) $y=\frac{1}{\sqrt{2x+1}}$； (8) $y=2^{\cos x}+\sin\sqrt{x}$；

(9) $y=\cos^3(x^2+1)$； (10) $y=x\sqrt{1+x^2}$.

2. 在下列各题中，设 $f(u)$ 为可导函数，求 $\frac{\mathrm{d}y}{\mathrm{d}x}$.

(1) $y=f(\sin^2 x)+\sin f^2(x)$； (2) $y=f(\mathrm{e}^x)\mathrm{e}^{f(x)}$； (3) $y=f\{f[f(x)]\}$.

3. 以 $f(u)$ 为可导函数，且 $f(x+3)=x^5$，求 $f'(x+3)$ 和 $f'(x)$.

1.2.4 隐函数与参数方程的导数

1.2.4.1 隐函数的导数

用解析式表示函数通常有 $y=f(x)$ 和 $F(x,y)=0$ 两种形式，由 $y=f(x)$ 形式给出的称

为显函数，由 $F(x,y)=0$ 形式给出的称为隐函数. 例如 $y=\sqrt[3]{x}$ 与 $x-y^3=0$ 表示同一个函数，$y=\sqrt[3]{x}$ 称为显函数，而 $x-y^3=0$ 称为隐函数. 再例如 $x^2+y^2=1$，$\sin(xy)-5x=0$，$e^x+e^y-xy=0$ 等都是隐函数.

由于方程 $F(x,y)=0$ 确定了 y 是 x 的函数，因此对于较简单的隐函数，可以将其化为显函数再求导，然而并不是所有的隐函数都可以化为显函数，所以对于隐函数求导，可以采用这样的方法：首先在等式两边同时对 x 求导，遇到 y 时将其当作中间变量，利用复合函数的求导法则（即先对 y 求导，再乘以 y 对 x 的导数 y'）得到一个含有 y' 的方程式，解出 y' 即可.

【例 1.2.32】 设 $y=y(x)$ 由 $e^x-y^2=xy$ 确定，求 y'.

【解】 两边对 x 求导，得

$$e^x-2y\cdot y'=y+x\cdot y',$$

解方程得

$$y'=\frac{e^x-y}{x+2y}.$$

【例 1.2.33】 求由方程 $y^3+y-2x-x^4=0$ 所确定的隐函数 $y=y(x)$ 在 $x=0$ 处的导数 $\left.\frac{dy}{dx}\right|_{x=0}$.

【解】 方程两边分别对 x 求导，得

$$3y^2\frac{dy}{dx}+\frac{dy}{dx}-2-4x^3=0,$$

则有

$$\frac{dy}{dx}=\frac{2+4x^3}{3y^2+1},$$

由原方程知，当 $x=0$ 时，$y_1=0$，$y_2=-1$，则有

$$\left.\frac{dy}{dx}\right|_{\substack{x=0\\y_1=0}}=2,\quad \left.\frac{dy}{dx}\right|_{\substack{x=0\\y_2=-1}}=\frac{1}{2}.$$

【例 1.2.34】 求椭圆曲线 $\frac{x^2}{2}+\frac{y^2}{4}=1$ 上点 $(1,\sqrt{2})$ 处的切线方程和法线方程.

【解】 方程两边分别对 x 求导，得

$$x+\frac{1}{2}y\cdot y'=0,$$

即

$$y'=-\frac{2x}{y},$$

切线斜率

$$k_1=y'|_{(1,\sqrt{2})}=-\sqrt{2},$$

切线方程为

$$y-\sqrt{2}=-\sqrt{2}(x-1),$$

即

$$-\sqrt{2}x-y+2\sqrt{2}=0;$$

法线斜率

$$k_2=-\frac{1}{k_1}=\frac{\sqrt{2}}{2},$$

法线方程为

$$y-\sqrt{2}=\frac{\sqrt{2}}{2}(x-1),$$

即

$$\frac{\sqrt{2}}{2}x-y+\frac{\sqrt{2}}{2}=0.$$

1.2.4.2 对数求导法则

在求导运算中，常会遇到下列两类函数的求导问题：一类是幂指函数，即形如$[f(x)]^{g(x)}$的函数；另一类是一系列因式的乘、除、乘方、开方所构成的函数.解决这两类函数的求导通常采用对数求导法.即先对等号两边同时取对数，再依据隐函数的求导法则进行求导.

【例 1.2.35】 求 $y=x^{\sin x}(x>0)$ 的导数.

【解】 先等号两边取对数，得 $\ln y=\sin x\cdot\ln x$，再依据隐函数的求导法则求导得

$$\frac{1}{y}\cdot y'=\cos x\cdot\ln x+\sin x\cdot\frac{1}{x}$$

解得
$$y'=y\cdot(\cos x\cdot\ln x+\frac{\sin x}{x})=x^{\sin x}\left(\cos x\cdot\ln x+\frac{\sin x}{x}\right).$$

【例 1.2.36】 求 $y=\sqrt{\frac{(x-1)(x-2)}{(x-3)(x-4)}}(x>4)$ 的导数.

【解】 先等号两边取对数，得

$$\ln y=\frac{1}{2}[\ln(x-1)+\ln(x-2)-\ln(x-3)-\ln(x-4)]$$

再依据隐函数的求导法则得，

$$y'=\frac{y}{2}\left(\frac{1}{x-1}+\frac{1}{x-2}-\frac{1}{x-3}-\frac{1}{x-4}\right),$$

解得
$$y'=\frac{1}{2}\sqrt{\frac{(x-1)(x-2)}{(x-3)(x-4)}}\cdot\left(\frac{1}{x-1}+\frac{1}{x-2}-\frac{1}{x-3}-\frac{1}{x-4}\right).$$

1.2.4.3 由参数方程确定的函数的导数

设参数方程$\begin{cases}x=\varphi(t)\\y=\psi(t)\end{cases}$确定 y 与 x 之间的函数关系，则称由此函数关系所表示的函数为由参数方程所确定的函数.

例如，$\begin{cases}x=a\cos^3 t\\y=a\sin^3 t\end{cases}$，$\begin{cases}x=t\ln t\\y=\ln^2 t\end{cases}$，$\begin{cases}x=e^t\cos t\\y=e^t\sin t\end{cases}$等都是由参数方程所确定的函数.

对于参数方程所确定的函数的求导，通常也并不需要将参数方程消去参数 t 化为 y 与 x 之间的直接函数关系后再求导，可把参数方程$\begin{cases}x=\varphi(t)\\y=\psi(t)\end{cases}$所确定的函数看成复合函数：$x=\varphi(t)$，$t=\varphi^{-1}(x)$，代入 $y=\psi(t)$，得 $y=\psi(t)=\psi[\varphi^{-1}(x)]$，则由复合函数的求导法则和反函数的求导法则，有

$$\frac{dy}{dx}=\frac{dy}{dt}\cdot\frac{dt}{dx}=\frac{dy}{dt}\cdot\frac{1}{\frac{dx}{dt}}=\frac{\psi'(t)}{\varphi'(t)} \text{ 或 } \frac{dy}{dx}=\frac{\frac{dy}{dt}}{\frac{dx}{dt}}$$

这就是由参数方程所确定的函数的求导法则.

【例 1.2.37】 设$\begin{cases}x=a\cos^2 t\\y=a\sin^2 t\end{cases}$，求$\frac{dy}{dx}$.

【解】 $\dfrac{dy}{dx}=\dfrac{\frac{dy}{dt}}{\frac{dx}{dt}}=\dfrac{a\cdot 2\sin t\cdot\cos t}{a\cdot 2\cos t(-\sin t)}=-1.$

【例 1.2.38】 设$\begin{cases}x=e^t\cos t\\ y=e^t\sin t\end{cases}$，求$\dfrac{dy}{dx}$.

【解】 $\dfrac{dy}{dx}=\dfrac{\frac{dy}{dt}}{\frac{dx}{dt}}=\dfrac{e^t\sin t+e^t\cos t}{e^t\cos t+e^t\cdot(-\sin t)}=\dfrac{\sin t+\cos t}{\cos t-\sin t}.$

【例 1.2.39】 已知椭圆的参数方程为$\begin{cases}x=a\cos t\\ y=b\sin t\end{cases}$，求椭圆在 $t=\dfrac{\pi}{4}$ 相应点处的切线方程和法线方程.

【解】 当 $t=\dfrac{\pi}{4}$ 时，

$$x_0=a\cos\frac{\pi}{4}=\frac{a\sqrt{2}}{2},\quad y_0=b\sin\frac{\pi}{4}=\frac{b\sqrt{2}}{2},$$

则曲线在 $M_0\left(\dfrac{a\sqrt{2}}{2},\dfrac{b\sqrt{2}}{2}\right)$点的切线斜率为：

$$k_{切}=\frac{dy}{dx}\bigg|_{t=\frac{\pi}{4}}=\frac{(b\sin t)'}{(a\cos t)'}\bigg|_{t=\frac{\pi}{4}}=\frac{b\cos t}{-a\sin t}\bigg|_{t=\frac{\pi}{4}}=-\frac{b}{a}.$$

切线方程为 $$bx+ay-\sqrt{2}ab=0,$$

法线方程为 $$2ax-2by+b^2\sqrt{2}-a^2\sqrt{2}=0.$$

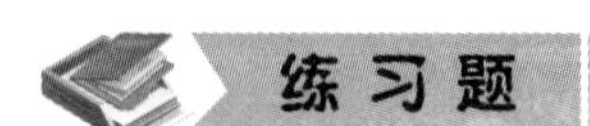

1. 设 $y=y(x)$ 由方程 $e^{xy}+y^3-5x=0$ 所确定，求$\dfrac{dy}{dx}\bigg|_{x=0}$.

2. 求由下列方程所确定的隐函数的导数：

(1) $y^3+2y^2-3bx=0$；　　(2) $\ln x=xy$；

(3) $e^{x+y}+\cos(x-y)=0$；　　(4) $x=\ln(x+y)$；

(5) $\ln\sqrt{x^2+y^2}=\arcsin\dfrac{2}{x}$；　　(6) $\dfrac{x^2}{x+y}=1-y^2$.

3. 利用对数求导法则求导数：

(1) $y=\sqrt{x\sin x\sqrt{1-e^x}}$；　　(2) $y=x^{\ln x}$；

(3) $y=(\cos x)^{\sin x}$；　　(4) $y=\left(\dfrac{1}{x+2}\right)^x$；

(5) $y=\sqrt{\dfrac{x^2(x-1)}{(x-2)(x-3)}}$；　　(6) $y=\dfrac{\sqrt{x-2}(2-x)^3}{(x+1)^4}$.

4. 求由参数方程所确定的函数的导数：

(1) $\begin{cases}x=1-t^2\\ y=t-t^2\end{cases}$；　　(2) $\begin{cases}x=\ln t;\\ y=\sin t\end{cases}$；

(3) $\begin{cases} x = 3e^{-t} \\ y = 4e^{t} \end{cases}$;　　　　(4) $\begin{cases} x = e^{t}\cos t \\ y = e^{t}\sin t \end{cases}$.

1.2.5　高阶导数

1.2.5.1　高阶导数的定义

如果函数 $y = f(x)$ 的导数 $y' = f'(x)$ 仍是 x 的可导函数,就称 $y' = f'(x)$ 的导数为函数 $y = f(x)$ 的二阶导数,记作 y'' 或 $f''(x)$ 或$\frac{d^2 y}{dx^2} = \frac{d}{dx}\left(\frac{dy}{dx}\right)$或$(y')'$.

类似地,二阶导数的导数叫作三阶导数,三阶导数的导数叫作四阶导数……一般地,函数 $y = f(x)$ 的 $n-1$ 阶导数的导数叫作 n 阶导数.分别记作

$$y''', y^{(4)}, \cdots, y^{(n)} \text{ 或 } \frac{d^3 y}{dx^3}, \frac{d^4 y}{dx^4}, \cdots, \frac{d^n y}{dx^n}.$$

且有

$$y^{(n)} = [y^{(n-1)}]' \text{ 或 } \frac{d^n y}{dx^n} = \frac{d}{dx}\left(\frac{d^{(n-1)} y}{dx^{n-1}}\right).$$

$y = f(x)$ 具有 n 阶导数,也就是说 $y = f(x)$ n 阶可导.二阶及二阶以上的导数统称为高阶导数.

1.2.5.2　显函数的高阶导数求法

求高阶导数并不需要新的方法,只要逐阶求导,直到所要求的阶数即可,所以仍可用前面学过的求导方法来计算高阶导数.

【例 1.2.40】　$y = -x + 1$,求 y''.

【解】　$y' = -1$,　　$y'' = 0$.

【例 1.2.41】　已知物体的运动规律为 $s = A\sin(\omega t + \varphi)$,求物体运动的加速度.

【解】　物体运动的速度为　$v = \frac{ds}{dt} = A\omega\cos(\omega t + \varphi)$,

加速度为

$$a = \frac{dv}{dt} = \frac{d^2 s}{dt^2} = -A\omega^2\sin(\omega t + \varphi).$$

【例 1.2.42】　设 $y = a^x$,求 $y^{(n)}$.

【解】　$\because$　$y = a^x$,　$y' = a^x\ln a$,　$y'' = a^x(\ln a)^2, \cdots$

$\therefore$　$y^{(n)} = a^x(\ln a)^n$,　即 $(a^x)^{(n)} = a^x(\ln a)^n$.

特别的,$(e^x)^{(n)} = e^x$.

【例 1.2.43】　设 $y = x^\mu (x > 0)$,μ 为常数,求 $y^{(n)}$.

【解】　$\because$　$y' = \mu x^{\mu-1}$,　$y'' = \mu(\mu-1)x^{\mu-2}$,　$y''' = \mu(\mu-1)(\mu-2)x^{\mu-3}, \cdots$

$\therefore$　$y^{(n)} = \mu(\mu-1)(\mu-2)\cdots(\mu-n+1)x^{\mu-n}$,

即

$$(x^\mu)^{(n)} = \mu(\mu-1)(\mu-2)\cdots(\mu-n+1)x^{\mu-n}$$

当 $\mu = n$ 时,

$$(x^n)^{(n)} = n(n-1)(n-2)\cdots 3 \cdot 2 \cdot 1 = n!$$

显然,$(x^n)^{(n+1)} = 0$.

【例 1.2.44】　求 n 次多项式 $y = a_0 x^n + a_1 x^{n-1} + \cdots + a_n$ 的各阶导数.

【解】　$y' = na_0 x^{n-1} + (n-1)a_1 x^{n-2} + \cdots + a_{n-1}$,

$$y''=n(n-1)a_0x^{n-2}+(n-1)(n-2)a_1x^{n-3}+\cdots+2a_{n-2}.$$

可见每经过一次求导运算，多项式的次数就降低一次，继续求导得 $y^{(n)}=n!a_0$，这是一个常数，因而 $y^{(n+1)}=y^{(n+2)}=\cdots=0$. 这就是说，$n$ 次多项式的一切高于 n 阶的导数都是零.

【例 1.2.45】 求函数 $f(x)=\dfrac{1}{x^2-6x+5}(x\neq 1,5)$ 的 n 阶导数.

【解】 $f(x)=\dfrac{1}{x^2-6x+5}=\dfrac{1}{(x-1)(x-5)}=\dfrac{1}{4}\left[\dfrac{1}{x-5}-\dfrac{1}{x-1}\right]$,

$$f'(x)=\frac{1}{4}\left[-\frac{1}{(x-5)^2}-\frac{-1}{(x-1)^2}\right]=\frac{1}{4}[(-1)(x-5)^{-2}-(-1)(x-1)^{-2}],$$

$$f''(x)=\frac{1}{4}[(-1)(-2)(x-5)^{-3}-(-1)(-2)(x-1)^{-3}],$$

以此类推，可得

$$f^{(n)}(x)=\frac{1}{4}[(-1)^n n!(x-5)^{-(n+1)}-(-1)^n n!(x-1)^{-(n+1)}]$$

$$=\frac{(-1)^n n!}{4}\left(\frac{1}{(x-5)^{(n+1)}}-\frac{1}{(x-1)^{(n+1)}}\right).$$

【例 1.2.46】 求 $y=\sin x$ 与 $y=\cos x$ 的 n 阶导数.

【解】 对于 $y=\sin x$，$y'=\cos x=\sin\left(x+\dfrac{\pi}{2}\right)$,

$$y''=\cos\left(x+\frac{\pi}{2}\right)=\sin\left(x+\frac{\pi}{2}+\frac{\pi}{2}\right)=\sin\left(x+2\cdot\frac{\pi}{2}\right),$$

$$y'''=\cos\left(x+2\,\frac{\pi}{2}\right)=\sin\left(x+3\,\frac{\pi}{2}\right),$$

以此类推，可得 $$(\sin x)^{(n)}=\sin\left(x+n\cdot\frac{\pi}{2}\right).$$

用类似的方法，可得 $$(\cos x)^{(n)}=\cos\left(x+n\cdot\frac{\pi}{2}\right).$$

$(u\pm v)^{(n)}=u^{(n)}\pm v^{(n)}$ 是关于两个函数乘积的 n 阶导数，有莱布尼茨(Leibniz) 公式

$$(uv)^{(n)}=\sum_{k=0}^{n}C_n^k u^{(n-k)}v^{(k)}.$$

这个公式可形象地按二项式定理的展开式来记忆.

【例 1.2.47】 设 $y=e^{2x}x^2$，求 $y^{(20)}$.

【解】 设 $u=e^{2x}$，$v=x^2$，则

$$u^{(k)}=2^k e^{2x}\quad(k=1,2,\cdots,20),$$

$$v'=2x,\quad v''=2,\quad v^{(k)}=0(k=3,4,\cdots,20),$$

$$y^{(20)}=(x^2e^{2x})^{(20)}=2^{20}e^{2x}\cdot x^2+20\cdot 2^{19}e^{2x}\cdot 2x+\frac{20\cdot 19}{2!}2^{18}e^{2x}\cdot 2+0$$

$$=2^{20}e^{2x}(x^2+20x+95).$$

由以上例题可得到常用高阶导数公式如下：

(1) $(a^x)^{(n)}=a^x\cdot\ln^n a(a>0)$， $(e^x)^{(n)}=e^x$；

(2) $(\sin kx)^{(n)}=k^n\sin\left(kx+n\cdot\dfrac{\pi}{2}\right)$；

(3) $(\cos kx)^{(n)} = k^n\cos\left(kx + n\cdot\frac{\pi}{2}\right)$;

(4) $(x^\alpha)^{(n)} = \alpha(\alpha-1)\cdots(\alpha-n+1)x^{\alpha-n}$;

(5) $(\ln x)^{(n)} = (-1)^{n-1}\frac{(n-1)!}{x^n}$, $\left(\frac{1}{x}\right)^{(n)} = (-1)^n\frac{n!}{x^{n+1}}$.

1.2.5.3 隐函数的二阶导数

【例 1.2.48】 求隐函数 $y=\sin(x+y)$ 的二阶导数.

【解】 $y' = \cos(x+y)(x+y)' = \cos(x+y)(1+y')$ (1.2.1)

解得
$$y' = \frac{\cos(x+y)}{1-\cos(x+y)} \tag{1.2.2}$$

由式(1.2.1)两端对 x 求导,得
$$y'' = -\sin(x+y)(1+y')^2 + y''\cos(x+y)$$

解得
$$y'' = \frac{\sin(x+y)}{\cos(x+y)-1}(1+y')^2 \tag{1.2.3}$$

将式(1.2.2)代入式(1.2.3)得
$$y'' = \frac{\sin(x+y)}{\cos(x+y)-1}\cdot\left[1+\frac{\cos(x+y)}{1-\cos(x+y)}\right]^2 = \frac{\sin(x+y)}{[\cos(x+y)-1]^3}.$$

【例 1.2.49】 设 $y=y(x)$ 由方程 $x-y+\frac{1}{2}\sin y=0$ 确定,求 $\frac{\mathrm{d}^2y}{\mathrm{d}x^2}$.

【解】 $\frac{\mathrm{d}y}{\mathrm{d}x} = \frac{2}{2-\cos y}$, $\frac{\mathrm{d}^2y}{\mathrm{d}x^2} = \frac{\mathrm{d}}{\mathrm{d}x}\left(\frac{\mathrm{d}y}{\mathrm{d}x}\right) = \frac{\mathrm{d}}{\mathrm{d}x}\left(\frac{2}{2-\cos y}\right) = \frac{-2\sin y\frac{\mathrm{d}y}{\mathrm{d}x}}{(2-\cos y)^2} = \frac{-4\sin y}{(2-\cos y)^3}$.

由此可见,求隐函数的二阶导数的步骤是首先利用隐函数的求导法求出一阶导数,其次对含有一阶导数的方程(视 y,y' 都为 x 的函数)两边同时再对 x 求一阶导数,便可得到二阶导数,如果整理的 y'' 中含有 y',那么把 y' 的表达式回代入 y'' 中即可.

1.2.5.4 参数方程确定的函数的二阶导数

若参数方程
$$\begin{cases} x=\varphi(t) \\ y=\psi(t)\end{cases} \quad 有 \quad \frac{\mathrm{d}y}{\mathrm{d}x} = \frac{\psi'(t)}{\varphi'(t)},$$

所以
$$\frac{\mathrm{d}^2y}{\mathrm{d}x^2} = \frac{\mathrm{d}}{\mathrm{d}x}\left(\frac{\mathrm{d}y}{\mathrm{d}x}\right) = \frac{\mathrm{d}}{\mathrm{d}t}\left(\frac{\psi'(t)}{\varphi'(t)}\right)\cdot\frac{\mathrm{d}t}{\mathrm{d}x} = \frac{\psi''(t)\varphi'(t)-\psi'(t)\varphi''(t)}{[\varphi'(t)]^2}\cdot\frac{1}{\varphi'(t)}$$
$$= \frac{\psi''(t)\varphi'(t)-\psi'(t)\varphi''(t)}{[\varphi'(t)]^3}.$$

【例 1.2.50】 计算由摆线的参数方程 $\begin{cases} x=a(t-\sin t) \\ y=a(1-\cos t)\end{cases}$ 所确定的函数 $y=y(x)$ 的二阶导数.

【解】 $\frac{\mathrm{d}y}{\mathrm{d}x} = \frac{y'(t)}{x'(t)} = \frac{a\sin t}{a(1-\cos t)} = \frac{\sin t}{1-\cos t} = \cot\frac{t}{2}$ $(t\neq 2n\pi, n\in\mathbf{Z})$

$$\frac{d^2y}{dx^2}=\frac{d}{dx}\left(\frac{dy}{dx}\right)=\frac{d}{dt}\left(\cot\frac{t}{2}\right)\cdot\frac{1}{\frac{dx}{dt}}=-\frac{1}{2\sin^2\frac{t}{2}}\cdot\frac{1}{a(1-\cos t)}=-\frac{1}{a(1-\cos t)^2}.$$

练习题

1. 计算下列各题：

(1) $y=2x^2+\ln x$，求 $y''\big|_{x=1}$；

(2) $y=\frac{1}{1+2x}$，求 $y^{(6)}$；

(3) $y=10^x$，求 $y^{(n)}(0)$；

(4) $y=\sin 2x$，求 $y^{(n)}$；

(5) $y=xe^x$，求 $y^{(n)}$；

(6) $y=x\ln x$，求 $y^{(4)}$；

(7) $y=x^n+e^{ax}$，求 $y^{(n)}$；

(8) $y=3x^2+\cos x$，求 y''；

(9) $y=\frac{\ln x}{x}$，求 $y''(1)$；

(10) $y=xe^x$，求 $y^{(n)}$，$y^{(n)}(0)$.

2. 求由方程 $y\ln y=x+y$ 所确定的隐函数 $y=y(x)$ 的二阶导数 $\frac{d^2y}{dx^2}$ 及 $\frac{d^2y}{dx^2}\bigg|_{x=0}$.

3. 求由参数方程 $\begin{cases}x=1+t^2\\ y=t-\arctan t\end{cases}$ 所确定的函数 $y=y(x)$ 的二阶导数 $\frac{d^2y}{dx^2}$.

4. 已知 $y^{n-2}=2\arcsin x+e^{2x^2+1}$，求 $y^{(n)}$.

1.2.6 微分及其运算

函数的导数表示函数的变化率，它描述了函数变化的快慢程度，在实际问题中，有时还需要讨论当自变量取得一个微小增量时，函数取得相应增量的大小，这就是函数的微分问题. 本节主要学习微分概念及其运算法则与基本公式，掌握微分的计算.

1.2.6.1 微分的定义与几何意义

若给定函数 $y=f(x)$ 在点 x 处可导，根据导数定义有 $\lim\limits_{\Delta x\to 0}\frac{\Delta y}{\Delta x}=f'(x)$，由极限定理知，

$$\frac{\Delta y}{\Delta x}=f'(x)+\alpha. \tag{1.2.4}$$

其中 α 是当 $\Delta x\to 0$ 时的无穷小量，由式(1.2.4)得 $\Delta y=f'(x)\Delta x+\alpha\cdot\Delta x$，表明函数的增量可以表示为两项之和. 第一项 $f'(x)\Delta x$ 是 Δx 的线性函数且 $f'(x)$ 与 Δx 无关，第二项 $\alpha\Delta x$ 是当 $\Delta x\to 0$ 时比 Δx 高阶的无穷小量. 因此，当 Δx 很小时，我们称第一项 $f'(x)\Delta x$ 为 Δy 的线性主部，并叫作函数 $f(x)$ 的微分. 如果函数 $y=f(x)$ 在任意点 x 处都可微分，则 $y=f(x)$ 在任意点 x 处的微分为 $dy=f'(x)\Delta x$.

例如，函数 $y=x^3$ 在点 $x=1$ 处的微分为 $dy=(x^3)'\big|_{x=1}\cdot\Delta x=3x^2\big|_{x=1}\cdot\Delta x=3\Delta x$.

特别地，函数 $y=x$ 的微分为 $dy=dx=\Delta x$. 因此，函数 $y=f(x)$ 的微分为 $dy=f'(x)dx$.

定理 1.2.8 $y=f(x)$ 可微的充分必要条件是 $y=f(x)$ 可导，且有 $dy=f'(x)dx$.

证明：如果函数 $y=f(x)$ 在 x_0 处可微，则有

$$\Delta y=f(x_0+\Delta x)-f(x_0)=A\Delta x+o(\Delta x),$$

从而
$$\frac{\Delta y}{\Delta x}=\frac{f(x_0+\Delta x)-f(x_0)}{\Delta x}=\frac{A\Delta x+o(\Delta x)}{\Delta x}=A+\frac{o(\Delta x)}{\Delta x}$$
因此，
$$\lim_{\Delta x\to 0}\frac{\Delta y}{\Delta x}=\lim_{\Delta x\to 0}\frac{A\Delta x+o(\Delta x)}{\Delta x}=\lim_{\Delta x\to 0}\left[A+\frac{o(\Delta x)}{\Delta x}\right]=A$$
即函数 $y=f(x)$ 在 x_0 处可导,而且 $f'(x_0)=A$.

反之,如果函数 $y=f(x)$ 在 x_0 处可导,即
$$\lim_{\Delta x\to 0}\frac{\Delta y}{\Delta x}=\lim_{\Delta x\to 0}\frac{f(x_0+\Delta x)-f(x_0)}{\Delta x}=f'(x_0),$$
因此得
$$\frac{\Delta y}{\Delta x}=\frac{f(x_0+\Delta x)-f(x_0)}{\Delta x}=f'(x_0)+\alpha,$$
α 为 $\Delta x\to 0$ 时的无穷小量. 即
$$\Delta y=f(x_0+\Delta x)-f(x_0)=f'(x_0)\Delta x+\alpha\cdot\Delta x=f'(x_0)\Delta x+o(\Delta x).$$

综上所述,函数 $y=f(x)$ 在 x_0 处可导等价于函数 $y=f(x)$ 在 x_0 处可微,而且 $\mathrm{d}y=f'(x_0)\Delta x$.

也就是说,函数的微分 $\mathrm{d}y$ 与自变量的微分 $\mathrm{d}x$ 之商等于该函数的导数,因此,导数又叫微商.

微分与导数虽然有着密切的联系,但它们是有区别的,导数是函数在一点处的变化率,而微分是函数在一点处由自变量增量所引起的函数变化量的主要部分;导数的值只与 x 有关,而微分的值与 x 和 Δx 都有关.

【例 1.2.51】 求函数 $y=x^2$ 在 $x=1,\Delta x=0.1$ 时的改变量及微分.

【解】 $\because\quad \Delta y=(x+\Delta x)^2-x^2=(1.1)^2-1^2=0.21,\quad y'|_{x=1}=2x|_{x=1}=2,$

$\therefore\quad \mathrm{d}y=y'\Delta x=2\times 0.1=0.2.$

由导数的几何意义知(图 1.2.2),过曲线 $y=f(x)$ 上的一点 P 的切线 M 的斜率为 $f'(x_0)=\tan\alpha$,当自变量 x 有微小增量 Δx 时,由 $PN=\Delta x,MN=\Delta y,TN=PN\cdot\tan\alpha=f'(x_0)\Delta x$.

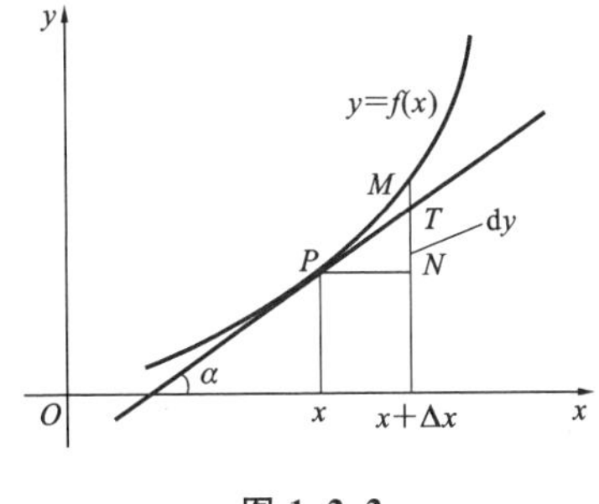

图 1.2.2

由此可见,函数在 P 点的微分 $\mathrm{d}y$ 就是过点 P 的切线的纵坐标的增量(线段 TN). 而线段 MT 是 Δy 与 $\mathrm{d}y$ 之差,它是 $\Delta x\to 0$ 时比 Δx 高阶的无穷小量. 因此在点的附近,可以用切线段来近似代替曲线段.

1.2.6.2 微分运算法则及微分形式的不变性

基本初等函数的微分公式有:

(1) $\mathrm{d}(C)=0$(C 为常数); (2) $\mathrm{d}(x^\mu)=\mu x^{\mu-1}\mathrm{d}x$;

(3) $\mathrm{d}(\sin x)=\cos x\mathrm{d}x$; (4) $\mathrm{d}(\cos x)=-\sin x\mathrm{d}x$;

(5) $\mathrm{d}(\tan x)=\sec^2 x\mathrm{d}x$; (6) $\mathrm{d}(\cot x)=-\csc^2 x\mathrm{d}x$;

(7) $\mathrm{d}(\sec x)=\sec x\tan x\mathrm{d}x$; (8) $\mathrm{d}(\csc x)=-\csc x\cot x\mathrm{d}x$;

(9) $d(a^x)=a^x\ln a\mathrm{d}x$；　　(10) $d(e^x)=e^x\mathrm{d}x$；

(11) $d(\log_a x)=\dfrac{1}{x\ln a}\mathrm{d}x$；　　(12) $d(\ln x)=\dfrac{1}{x}\mathrm{d}x$；

(13) $d(\arcsin x)=\dfrac{1}{\sqrt{1-x^2}}\mathrm{d}x$；　　(14) $d(\arccos x)=-\dfrac{1}{\sqrt{1-x^2}}\mathrm{d}x$；

(15) $d(\arctan x)=\dfrac{1}{1+x^2}\mathrm{d}x$；　　(16) $d(\mathrm{arccot}x)=-\dfrac{1}{1+x^2}\mathrm{d}x$.

函数的和、差、积、商的微分法则为：

(1) $d(u\pm v)=\mathrm{d}u\pm \mathrm{d}v$；　　(2) $d(uv)=v\mathrm{d}u+u\mathrm{d}v$；

(3) $d(C\cdot u)=C\cdot \mathrm{d}u$($C$为常数)；　　(4) $d\left(\dfrac{u}{v}\right)=\dfrac{v\mathrm{d}u-u\mathrm{d}v}{v^2}(v\neq 0)$.

复合函数的微分法则(微分形式的不变性)为：

如果函数 $y=f(u)$ 与 $u=g(x)$ 都可导(可微)，则复合函数 $y=f[g(x)]$ 可微，而且

$$\mathrm{d}y=y'_x\mathrm{d}x=f'(u)g'(x)\mathrm{d}x.$$

由于 $\mathrm{d}u=g'(x)\mathrm{d}x$，因此 $\mathrm{d}y=f'(u)g'(x)\mathrm{d}x=f'(u)\mathrm{d}u$. 即对于函数 $y=f(u)$，无论 u 是自变量还是中间变量，微分形式 $\mathrm{d}y=f'(u)\mathrm{d}u$ 保持不变，这个性质称为微分形式的不变性.

【例 1.2.52】 求下列函数的微分.

(1) $y=-x^3e^{2x}$；　　(2) $y=\arctan\dfrac{1}{x}$；　　(3) $y=\dfrac{x+1}{x^2+1}$.

【解】 (1) $y'=-3x^2e^{2x}-2x^3e^{2x}=-x^2e^{2x}(3+2x)$，$\mathrm{d}y=y'\mathrm{d}x=-x^2e^{2x}(3+2x)\mathrm{d}x$.

(2) $y'=\dfrac{-\dfrac{1}{x^2}}{1+\dfrac{1}{x^2}}=-\dfrac{1}{1+x^2}$，　$\mathrm{d}y=-\dfrac{\mathrm{d}x}{1+x^2}$.

(3) $$\mathrm{d}y=\mathrm{d}\left(\frac{x+1}{x^2+1}\right)=\frac{(x^2+1)\mathrm{d}(x+1)-(x+1)\mathrm{d}(x^2+1)}{(x^2+1)^2}$$
$$=\frac{(x^2+1)\mathrm{d}x-(x+1)\cdot 2x\mathrm{d}x}{(x^2+1)^2}=\frac{1-2x-x^2}{(x^2+1)^2}\mathrm{d}x.$$

【例 1.2.53】 在下列等式的括号内填入适当的函数，使等式成立：

(1) d(　　) $=\cos\omega t\,\mathrm{d}t$；　　(2) $\mathrm{d}(\sin x^2)=($　　$)\mathrm{d}(\sqrt{x})$.

【解】 (1) 因为 $\mathrm{d}(\sin\omega t)=\omega\cos\omega t\,\mathrm{d}t$，

所以 $\cos\omega t\,\mathrm{d}t=\dfrac{1}{\omega}\mathrm{d}(\sin\omega t)=\mathrm{d}\left(\dfrac{1}{\omega}\sin\omega t\right)=\mathrm{d}\left(\dfrac{1}{\omega}\sin\omega t+C\right)=\cos\omega t\,\mathrm{d}t$.

(2) 因为 $\dfrac{\mathrm{d}(\sin x^2)}{\mathrm{d}(\sqrt{x})}=\dfrac{2x\cos x^2\mathrm{d}x}{\dfrac{1}{2\sqrt{x}}\mathrm{d}x}=4x\sqrt{x}\cos x^2$，

所以 $\mathrm{d}(\sin x^2)=(4x\sqrt{x}\cos x^2)\mathrm{d}(\sqrt{x})$.

【例 1.2.54】 设 $y=\cos\sqrt{x}$，求 $\mathrm{d}y$.

【解】 方法一：用公式 $\mathrm{d}y=f'(x)\mathrm{d}x$，得

$$\mathrm{d}y=(\cos\sqrt{x})'\mathrm{d}x=-\frac{1}{2\sqrt{x}}\sin\sqrt{x}\mathrm{d}x.$$

方法二:用一阶微分形式不变性,得

$$dy=d(\cos\sqrt{x})=-\sin\sqrt{x}d\sqrt{x}=-\sin\sqrt{x}\frac{1}{2\sqrt{x}}dx=-\frac{1}{2\sqrt{x}}\sin\sqrt{x}dx.$$

【例 1.2.55】 设 $y=e^{\cos x}$,求 dy.

【解】 方法一:用公式 $dy=f'(x)dx$,得

$$dy=(e^{\cos x})'dx=-e^{\cos x}\sin x dx.$$

方法二:用一阶微分形式不变性,得

$$dy=de^{\cos x}=e^{\cos x}d\cos x=-e^{\cos x}\sin x dx.$$

【例 1.2.56】 求方程 $x^2+2xy-y^2=\ln 2$ 确定的隐函数 $y=f(x)$ 的微分 dy 及导数 $\frac{dy}{dx}$.

【解】 $\because$ 对方程两边求微分,得 $2xdx+2(ydx+xdy)-2ydy=0$,

$$\therefore\ dy=\frac{y+x}{y-x}dx,\quad \frac{dy}{dx}=\frac{y+x}{y-x}.$$

【例 1.2.57】 求方程 $\begin{cases}x=a\cos^3 t\\ y=a\sin^3 t\end{cases}(0\leqslant t\leqslant 2\pi)$ 确定的函数的一阶导数 $\frac{dy}{dx}$ 及二阶导数 $\frac{d^2y}{dx^2}$.

【解】 $\because$ $dx=-3a\cos^2 t\sin t dt, dy=3a\sin^2 t\cos t dt$,利用导数为微分之商,得

$$\frac{dy}{dx}=\frac{3a\sin^2 t\cos t dt}{-3a\cos^2 t\sin t dt}=-\tan t,$$

$$\therefore\ \frac{d^2y}{dx^2}=\frac{d}{dx}\left(\frac{dy}{dx}\right)=\frac{d(-\tan t)}{dx}=\frac{-\sec^2 t dt}{-3a\cos^2 t\sin t dt}=\frac{1}{3a\sin t\cos^4 t}.$$

练习题

1. 填空题.

(1) 设 $y=x^3-x$ 在 $x_0=2$ 处 $\Delta x=0.01$,则 $\Delta y=$ ______,$dy=$ ______.

(2) $x^2dx=d$ ______.

(3) 设 $y=a^x+\arctan x$,则 $dy=$ ______ $dx=$ ______.

(4) d ______ $=\frac{1}{\sqrt{x}}dx$.

(5) 设 $y=e^{\sqrt{\sin 2x}}$,则 $dy=$ ______ $d(\sin 2x)$.

(6) 设 $y=e^x\sin x$,则 $dy=$ ______ $d(e^x)+$ ______ $d(\sin x)$.

2. 计算函数 $y=x^2$ 在点 $x=1$ 处的微分.

(1) $\Delta x=0.1$;　　(2) $\Delta x=-0.1$.

3. 求下列函数的微分.

(1) $y=\sqrt{x}+\frac{1}{x}$;　　(2) $y=\arctan\frac{1-x^2}{1+x^2}$;

(3) $y=\sin 3x$;　　(4) $y=2^{\ln\sin x}$;

(5) $y=e^{-x}\sin(2-x)$;　　(6) $y=[\ln(1-x)]^2$;

(7) $y=\frac{1+x}{1-x}$;　　(8) $y=2^x+xe^x$.

4. 用适当的函数填入下列各括号中，使等式成立.

(1) $2x^3\mathrm{d}x = (\qquad)$；　　(2) $\dfrac{1}{1+x^2}\mathrm{d}x = (\qquad)$；

(3) $3\sin x\mathrm{d}x = (\qquad)$；　　(4) $\dfrac{1}{\sqrt{x+1}}\mathrm{d}x = (\qquad)$；

(5) $\mathrm{e}^{-2x}\mathrm{d}x = (\qquad)$；　　(6) $\sec^2 2x\mathrm{d}x = (\qquad)$.

5. 求下列方程所确定的隐函数 $y = f(x)$ 的微分.

(1) $xy + 1 = \mathrm{e}^{xy}$；　　(2) $x^3 + y^3 = 4$；

(3) $y^2 = x + \arctan y$；　　(4) $y\mathrm{e}^x = 1 + \ln y$；

(5) $y = 1 + y\mathrm{e}^x$；　　(6) $xy^2 - x^2y = 0$.

1.2.7 中值定理

微分中值定理在微积分理论中占有重要地位，它给出了函数在某区间上的整体性质与函数在该区间内某一点的导数之间的关系. 本节首先介绍费马引理，然后研究三个中值定理：罗尔(Rolle)定理、拉格朗日(Lagrange)中值定理、柯西(Cauchy)中值定理.

1.2.7.1 费马引理

设函数 $f(x)$ 在点 x_0 的某个邻域 $U(x_0)$ 内有定义，并且在 x_0 处可导，如果对于 $\forall x \in U(x_0)$，有 $f(x) \leqslant f(x_0)$ [或 $f(x) \geqslant f(x_0)$]，则 $f'(x_0) = 0$.

证明：不妨设 $x \in U(x_0)$ 时，$f(x) \leqslant f(x_0)$. 于是，对于 $x_0 + \Delta x \in U(x_0)$，有

$$f(x_0 + \Delta x) \leqslant f(x_0),$$

从而当 $\Delta x > 0$ 时，

$$\frac{f(x_0 + \Delta x) - f(x_0)}{\Delta x} \leqslant 0,$$

故

$$f'_+(x_0) = \lim_{\Delta x \to 0^+} \frac{f(x_0 + \Delta x) - f(x_0)}{\Delta x} \leqslant 0.$$

当 $\Delta x < 0$ 时，

$$\frac{f(x_0 + \Delta x) - f(x_0)}{\Delta x} \geqslant 0,$$

故

$$f'_-(x_0) = \lim_{\Delta x \to 0^-} \frac{f(x_0 + \Delta x) - f(x_0)}{\Delta x} \geqslant 0.$$

由于 $f(x)$ 在 x_0 处可导，故

$$f'(x_0) = f'_+(x_0) = f'_-(x_0) = 0.$$

1.2.7.2 罗尔定理

如果函数 $f(x)$ 满足如下三个条件：

(1) 在闭区间 $[a,b]$ 上连续；

(2) 在开区间 (a,b) 内可导；

(3) 在闭区间 $[a,b]$ 的端点处函数值相等，即 $f(a) = f(b)$；

则在 (a,b) 内至少存在一点 $\xi \in (a,b)$，使得 $f'(\xi) = 0$.

证明：由于 $f(x)$ 在闭区间 $[a,b]$ 上连续，故 $f(x)$ 在 $[a,b]$ 内取得其最大值 M 和最小值 m.

(1) 如果 $M = m$，则 $f(x)$ 在 $[a,b]$ 上为常数，故 $f'(x) = 0$. 这样，任取 $\xi \in (a,b)$，都有

$f'(\xi)=0$,结论成立.

(2) 如果 $M\neq m$,则最大值 M 与最小值 m 至少有一个不等于 $f(x)$ 在区间端点处的函数值.不妨设 $M\neq f(a)=f(b)$,因此至少存在一点 $\xi\in(a,b)$,使得 $f(\xi)=M$.因此,对于任何 $x\in(a,b)$,都有 $f(x)\leqslant f(\xi)$,由费马引理 $f'(\xi)=0$.

注意:

(1) 罗尔定理的条件有三个,如果缺少其中任何一个条件,定理将不成立.

(2) 罗尔定理的条件是充分条件,不是必要条件,即定理的逆命题不成立.

罗尔定理的几何意义是:如果连续曲线除端点外处处都具有不垂直于 x 轴的切线,且端点处的纵坐标相等,那么其上至少有一条平行于 x 轴的切线(图 1.2.3).

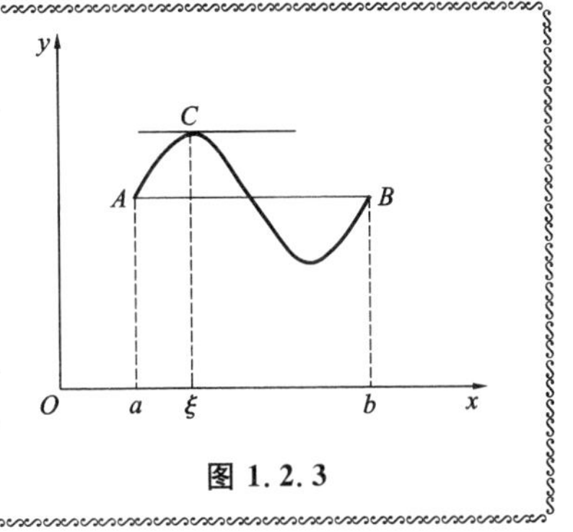

图 1.2.3

【例 1.2.58】 验证函数 $f(x)=x^2-3x-4$ 在$[-1,4]$上是否满足罗尔中值定理的条件.如果满足,求区间$(-1,4)$内满足罗尔中值定理的 ξ 值.

【解】 $\because f(x)=x^2-3x-4=(x+1)(x-4)$ 在$[-1,4]$上连续,在$(-1,4)$内可导,$f(-1)=f(4)=0$,因此满足罗尔中值定理条件.解方程 $f'(x)=2x-3=0$,得 $x=\dfrac{3}{2}\in(-1,4)$,即 $\xi=\dfrac{3}{2}$.

1.2.7.3　拉格朗日中值定理

如果函数 $f(x)$ 满足以下两个条件:

(1) 在闭区间$[a,b]$上连续;

(2) 在开区间(a,b)内可导;

则至少存在一点 $\xi(a,b)$,使得

$$f(b)-f(a)=f'(\xi)(b-a)\text{ 或 }f'(\xi)=\frac{f(b)-f(a)}{b-a}.$$

证明:构造辅助函数 $L(x)=f(a)+\dfrac{f(b)-f(a)}{b-a}(x-a)$,

$$\varphi(x)=f(x)-L(x)=f(x)-f(a)-\frac{f(b)-f(a)}{b-a}(x-a),$$

则 $\varphi(x)$ 在$[a,b]$上满足罗尔定理的条件,故至少存在一点 $\xi\in(a,b)$,使得 $\varphi'(\xi)=0$.又由于

$$\varphi'(x)=f'(x)-\frac{f(b)-f(a)}{b-a}$$

故　$$\varphi'(\xi)=f'(\xi)-\frac{f(b)-f(a)}{b-a}=0,\xi\in(a,b)$$

即　$$f'(\xi)=\frac{f(b)-f(a)}{b-a},\xi\in(a,b).$$

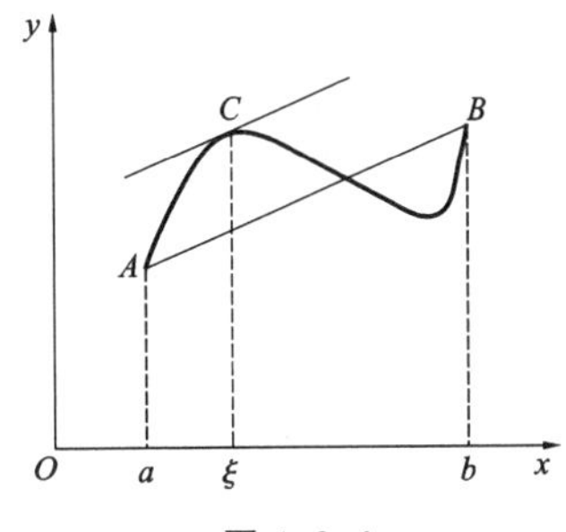

图 1.2.4

如图 1.2.4 所示,拉格朗日中值定理的几何意义是:如

果连续曲线 $y=f(x)$ 的弧 AB 上除了端点外处处具有不垂直于 x 轴的切线，那么这个弧上至少有一点 C，使得曲线在 C 点处的切线平行于弦 $\overline{AB}$.

注意：

(1) 如果 $f(a)=f(b)$，那么 $f'(\xi)=\dfrac{f(b)-f(a)}{b-a}=0$，即罗尔定理是拉格朗日中值定理的特例.

(2) 当 $a>b$ 时，拉格朗日公式 $f'(\xi)=\dfrac{f(b)-f(a)}{b-a}$ 也成立.

(3) 如果 $f(x)$ 在$[a,b]$上满足拉格朗日中值定理条件，且 $x,x+\Delta x\in[a,b]$，则有

$$f(x+\Delta x)-f(x)=f'(\xi)\Delta x(x<\xi<x+\Delta x)$$

或

$$f(x+\Delta x)-f(x)=f'(x+\theta\Delta x)\Delta x(0<\theta<1)$$

推论 1.2.4 如果函数 $f(x)$ 在区间 I 上的导数恒为零，则 $f(x)$ 在区间 I 上是一个常数.

证明：任取 $x_1,x_2\in I$，由拉格朗日中值定理得

$$f(x_2)-f(x_1)=f'(\xi)(x_2-x_1)$$

由于 $f(\xi)\equiv 0$，故 $f(x_2)=f(x_1)$. 由于 x_1,x_2 的任意性，得 $f(x)$ 在区间 I 上是一个常数.

推论 1.2.5 若两个函数 $f(x)$ 与 $g(x)$ 的导数在区间 I 内相等，即 $f'(x)=g'(x),x\in I$，则在 I 内 $f(x)$ 与 $g(x)$ 之差恒为常数，即 $f(x)-g(x)\equiv C,x\in I$.

证明：设 $\varphi(x)=f(x)-g(x),x\in I$，则有 $\varphi'(x)=f'(x)-g'(x)=0$，由推论 1.2.4 知

$$\varphi(x)\equiv C,\quad 即\quad f(x)-g(x)\equiv C,x\in I.$$

【例 1.2.59】 证明当 $x>0$ 时，$\dfrac{x}{1+x}<\ln(1+x)<x$.

【证明】 令 $f(x)=\ln(1+x)$，在$[0,x]$上应用拉格朗日中值定理，得

$$\ln(1+x)=\frac{1}{1+\xi}x,\xi\in(0,x)$$

由于

$$\frac{x}{1+x}<\frac{1}{1+\xi}x<x,$$

故得

$$\frac{x}{1+x}<\ln(1+x)<x.$$

1.2.7.4 柯西中值定理

如果函数 $f(x)$ 及 $F(x)$ 满足以下三个条件：

(1) 在闭区间$[a,b]$上连续；

(2) 在开区间(a,b)内可导；

(3) 对于任何 $x\in(a,b)$，$F'(x)\neq 0$；

则至少存在一点 $\xi\in(a,b)$，使得 $\dfrac{f'(\xi)}{F'(\xi)}=\dfrac{f(b)-f(a)}{F(b)-F(a)}$.

注意：

当 $F(x)=x$ 时，柯西中值定理便转化为拉格朗日中值定理.

【例 1.2.60】 设函数 $f(x)$ 在 $[a,b]$ 上连续，在 (a,b) 内可导 $(a>0)$，证明在 (a,b) 内至少存在一点 ξ，使得 $2\xi[f(b)-f(a)]=(b^2-a^2)f'(\xi)$.

【证明】 要使 $2\xi[f(b)-f(a)]=(b^2-a^2)f'(\xi)$ 成立，即使 $\dfrac{f(b)-f(a)}{b^2-a^2}=\dfrac{f'(\xi)}{2\xi}$ 成立．因而构造函数 $F(x)=x^2$，则 $f(x)$，$F(x)$ 在 $[a,b]$ 上满足柯西中值定理的条件．故由柯西中值定理知，至少有一点 $\xi\in(a,b)$，使

$$\frac{f'(\xi)}{F'(\xi)}=\frac{f(b)-f(a)}{F(b)-F(a)},$$

即

$$\frac{f'(\xi)}{2\xi}=\frac{f(b)-f(a)}{b^2-a^2}\quad(0<a<\xi<b).$$

从而

$$2\xi[f(b)-f(a)]=(b^2-a^2)f'(\xi).$$

罗尔定理、拉格朗日中值定理、柯西中值定理是微分学中的三个中值定理，特别是拉格朗日中值定理是利用导数研究函数的有力工具，所以称拉格朗日中值定理为微分中值定理．

练习题

1．选择题．

(1) 下列函数在给定区间满足拉格朗日中值定理条件的是(　　)．

A. $y=|x|,[-1,1]$　　B. $y=\dfrac{1}{x},[1,2]$

C. $y=\sqrt[3]{x^2},[-1,1]$　　D. $y=\dfrac{x}{1-x^2},[-2,2]$

(2) 在区间 $[-1,1]$ 上，下列函数中不满足罗尔定理的是(　　)．

A. $y=e^{x^2-1}$　　B. $y=\ln(1+x^2)$

C. $y=\sqrt{x}$　　D. $y=\dfrac{1}{1+x^3}$

(3) 函数 $y=x^3+2x$ 在区间 $[0,1]$ 上满足拉格朗日定理的条件，则定理结论中的 $\xi=$ (　　)．

A. $\pm\dfrac{1}{\sqrt{3}}$　　B. $\dfrac{1}{\sqrt{3}}$　　C. $-\dfrac{1}{\sqrt{3}}$　　D. $\sqrt{3}$

2．填空题．

(1) 在 $\left[-\dfrac{\pi}{2},\dfrac{\pi}{2}\right]$ 上，函数 $y=\sin^2x$ 满足罗尔定理中的 $\xi=$ ______．

(2) 若 $f(x)=1-x^{\frac{2}{3}}$，则在 $(-1,1)$ 内，$f'(x)$ 恒不为0，即 $f(x)$ 在 $[-1,1]$ 上不满足罗尔定理的一个条件是______．

(3) 函数 $f(x)=e^x$ 及 $F(x)=x^2$ 在 $[a,b]$ $(b>a>0)$ 上满足柯西中值定理的条件，即存在点 $\xi\in(a,b)$，有______．

3．证明．

(1) $|\sin x_2-\sin x_1|\leqslant|x_2-x_1|$；

(2) 当 $x>1$ 时 $e^x>ex$；

(3) $3\arccos x-\arccos(3x-4x^{3})=\pi,\left(-\frac{1}{2}\leqslant x\leqslant\frac{1}{2}\right)$.

4. 证明方程 $x\cdot 2^{x}=1$ 至少有一个小于 1 的正根.

1.2.8 洛必达法则

在求函数的极限时，常会遇到两个无穷小之比的极限或两个无穷大之比的极限，通常称这种比值的极限为未定式. 它们分别记作“$\frac{0}{0}$”型或“$\frac{\infty}{\infty}$”型. 洛必达法则就是求这种未定式的一个重要且有效的方法，这个方法的理论基础是柯西中值定理.

1.2.8.1 $\frac{0}{0}$ 型未定式极限

▲ 定理 1.2.9 若函数 $f(x)$ 与 $g(x)$ 满足以下三个条件：

(1) 如果当 $x\to x_0$(或 $x\to\infty$) 时，$f(x)$ 与 $g(x)$ 都趋于零，即 $\lim\limits_{x\to x_0}f(x)=0,\lim\limits_{x\to x_0}g(x)=0$；

(2) $f(x)$ 与 $g(x)$ 在点 x_0 的某个邻域内(点 x_0 可除外) 可导，且 $g'(x)\neq 0$；

(3) $\lim\limits_{x\to x_0}\frac{f'(x)}{g'(x)}=A$(或 ∞).

则
$$\lim_{x\to x_0}\frac{f(x)}{g(x)}=\lim_{x\to x_0}\frac{f'(x)}{g'(x)}=A(\text{或}\ \infty).$$

【例 1.2.61】 求 $\lim\limits_{x\to 0}\frac{e^{x}-1}{x^{2}-x}$.

【解】 当 $x\to 0$ 时，有 $e^{x}-1\to 0$ 和 $x^{2}\to 0$，这是 $\frac{0}{0}$ 型未定式.

由洛必达法则得 $\lim\limits_{x\to 0}\frac{e^{x}-1}{x^{2}-x}=\lim\limits_{x\to 0}\frac{e^{x}}{2x-1}=-1$.

【例 1.2.62】 求 $\lim\limits_{x\to 0}\frac{1-\cos x}{x^{3}}$.

【解】 当 $x\to 0$ 时，有 $1-\cos x\to 0$ 和 $x^{3}\to 0$，这是 $\frac{0}{0}$ 型未定式. 由洛必达法则得
$$\lim_{x\to 0}\frac{1-\cos x}{x^{3}}=\lim_{x\to 0}\frac{\sin x}{3x^{2}}.$$
当 $x\to 0$ 时，有 $\sin x\to 0$ 和 $3x^{2}\to 0$，仍是 $\frac{0}{0}$ 型未定式. 再用洛必达法则得
$$\lim_{x\to 0}\frac{\sin x}{3x^{2}}=\lim_{x\to 0}\frac{\cos x}{6x}=\infty.$$

【例 1.2.63】 求 $\lim\limits_{x\to+\infty}\frac{\frac{\pi}{2}-\arctan x}{\frac{1}{x}}$.

【解】 当 $x\to+\infty$ 时，有 $\frac{\pi}{2}-\arctan x\to 0$ 和 $\frac{1}{x}\to 0$，这是 $\frac{0}{0}$ 型未定式. 由洛必达法则得
$$\lim_{x\to+\infty}\frac{\frac{\pi}{2}-\arctan x}{\frac{1}{x}}=\lim_{x\to+\infty}\frac{-\frac{1}{1+x^{2}}}{-\frac{1}{x^{2}}}=\lim_{x\to+\infty}\frac{x^{2}}{1+x^{2}}=1.$$

1.2.8.2 $\frac{\infty}{\infty}$ 型未定式极限

▲ 定理 1.2.10　若函数 $f(x)$ 与 $g(x)$ 满足以下三个条件：

(1) 若 $x \to x_0$（或 $x \to \infty$）时，$f(x)$ 与 $g(x)$ 都趋于无穷大，$\lim\limits_{x \to x_0} f(x) = \infty$，$\lim\limits_{x \to x_0} g(x) = \infty$；

(2) $f(x)$ 与 $g(x)$ 在点 x_0 的某个邻域内（点 x_0 除外）可导，且 $g'(x) \neq 0$；

(3) $\lim\limits_{x \to x_0} \frac{f'(x)}{g'(x)} = A$（或 ∞）.

则
$$\lim_{x \to x_0} \frac{f(x)}{g(x)} = \lim_{x \to x_0} \frac{f'(x)}{g'(x)} = A(\text{或 } \infty).$$

【例 1.2.64】　求 $\lim\limits_{x \to 0^+} \frac{\ln \cot x}{\ln x}$.

【解】　当 $x \to 0^+$ 时，有 $\ln \cot x \to +\infty$ 和 $\ln x \to -\infty$，这是 $\frac{\infty}{\infty}$ 型未定式，由洛必达法则得

$$\lim_{x \to 0^+} \frac{\ln \cot x}{\ln x} = \lim_{x \to 0^+} \frac{\tan x \left(-\frac{1}{\sin^2 x}\right)}{\frac{1}{x}} = -\lim_{x \to 0^+} \frac{x}{\cos x \sin x} = -\lim_{x \to 0^+} \frac{2x}{\sin 2x} = -1.$$

【例 1.2.65】　求 $\lim\limits_{x \to +\infty} \frac{e^x}{x^2}$.

【解】　$\lim\limits_{x \to +\infty} \frac{e^x}{x^2} = \lim\limits_{x \to +\infty} \frac{e^x}{2x} = \lim\limits_{x \to +\infty} \frac{e^x}{2} = +\infty$.

1.2.8.3 其他未定式

除了上述讨论的 $\frac{0}{0}$、$\frac{\infty}{\infty}$ 两种基本未定式外，还有 $0 \cdot \infty$、$\infty - \infty$、0^0、∞^0、1^∞ 型的未定式，可将它们适当地变形转化为 $\frac{0}{0}$ 或 $\frac{\infty}{\infty}$ 未定式，下面举例说明.

【例 1.2.66】　求 $\lim\limits_{x \to 0^+} x \ln x$（$0 \cdot \infty$ 型）.

【解】　$\lim\limits_{x \to 0^+} x \ln x = \lim\limits_{x \to 0^+} \frac{\ln x}{\frac{1}{x}}$（已转化为 $\frac{\infty}{\infty}$ 型）$= \lim\limits_{x \to 0^+} \frac{\frac{1}{x}}{-\frac{1}{x^2}} = \lim\limits_{x \to 0^+} (-x) = 0$.

【例 1.2.67】　求 $\lim\limits_{x \to \frac{\pi}{2}} (\sec x - \tan x)$（$\infty - \infty$ 型）.

【解】　$\lim\limits_{x \to \frac{\pi}{2}} (\sec x - \tan x) = \lim\limits_{x \to \frac{\pi}{2}} \left(\frac{1}{\cos x} - \frac{\sin x}{\cos x}\right) = \lim\limits_{x \to \frac{\pi}{2}} \frac{1 - \sin x}{\cos x}$（已转化为 $\frac{0}{0}$ 型）

$$= \lim_{x \to \frac{\pi}{2}} \frac{-\cos x}{-\sin x} = \frac{0}{1} = 0.$$

【例 1.2.68】　求 $\lim\limits_{x \to 0^+} x^{\sin x}$（$0^0$ 型）.

【解】　令 $y = x^{\sin x}$，等号两边同时取对数得 $\ln y = \sin x \ln x$，

则有 $\lim\limits_{x\to0^+}\ln y=\lim\limits_{x\to0^+}\sin x\ln x=\lim\limits_{x\to0^+}\dfrac{\ln x}{\csc x}$（已转化为 $\dfrac{\infty}{\infty}$ 型），
使用洛必达法则得，

$$\lim_{x\to0^+}\frac{\ln x}{\csc x}=\lim_{x\to0^+}\frac{\frac{1}{x}}{-\csc x\cot x}=\lim_{x\to0^+}-\frac{\sin x}{x}\cdot\tan x=0,$$

即
$$\lim_{x\to0^+}\ln x^{\sin x}=0,$$
故有
$$\lim_{x\to0^+}x^{\sin x}=1.$$

使用洛必达法则求极限时，必须注意以下几点：

(1) 只有当 $\dfrac{0}{0}$ 型、$\dfrac{\infty}{\infty}$ 型未定式符合洛必达法则的三个条件时，才能使用洛必达法则.

(2) 对于 $0\cdot\infty$ 型、$\infty-\infty$ 型等未定式，必须先转化为 $\dfrac{0}{0}$ 型、$\dfrac{\infty}{\infty}$ 型未定式才能使用洛必达法则；对于 0^0、∞^0、1^∞ 型的未定式，通常先取对数，然后再转化为 $\dfrac{0}{0}$ 型、$\dfrac{\infty}{\infty}$ 型未定式.

(3) 使用洛必达法则求极限时应先化简（通过代数、三角恒等变形、约去公因子等），并与其他方法结合使用，如等价无穷小代换、重要极限公式、变量代换等.

(4) 洛必达法则的条件只是充分的，而不是必要的. 因此 $\lim\dfrac{f'(x)}{g'(x)}$ 当不存在且不为 ∞ 时不能得到 $\lim\dfrac{f(x)}{g(x)}$ 也不存在，此时要使用其他方法求极限.

练习题

求下列极限：

1. $\lim\limits_{x\to1}\dfrac{x^3-3x+2}{x^3-x^2-x+1}$；

2. $\lim\limits_{x\to\pi}\dfrac{\sin3x}{\tan5x}$；

3. $\lim\limits_{x\to+\infty}\dfrac{\ln\left(1+\frac{1}{x}\right)}{\operatorname{arccot}x}$；

4. $\lim\limits_{x\to a^+}\dfrac{\ln(x-a)}{\ln(e^x-e^a)}$；

5. $\lim\limits_{x\to1}\left(\dfrac{x}{x-1}-\dfrac{1}{\ln x}\right)$；

6. $\lim\limits_{x\to\infty}x(e^{\frac{1}{x}}-1)$；

7. $\lim\limits_{x\to\infty}(\ln x)^{\frac{1}{x}}$；

8. $\lim\limits_{x\to0}\left(\dfrac{2}{\pi}\arccos x\right)^{\frac{1}{x}}$；

9. $\lim\limits_{x\to0}\dfrac{\sqrt{x+1}-\sqrt{1-x}-2}{x^2}$；

10. $\lim\limits_{x\to0}x^{\frac{1}{100}e^{-\frac{1}{x^2}}}$.

❖ 1.3　一元函数的积分

积分学分为不定积分和定积分两部分. 积分是微分的逆运算. 本节要求理解不定积分和定积分的概念及性质，掌握积分公式，领会积分方法，会求积分.

◈ 1.3.1 不定积分的概念及性质

在前面介绍了一元函数的微分，解决了如何求一个函数导数（微分）的问题，接下来主要解决一元函数积分学的一个基本问题 —— 不定积分.

1.3.1.1 原函数与不定积分的概念

如果已知某个曲线的方程为 $y=f(x)$，则曲线上任意一点 $M(x,y)$ 处的斜率 $k=f'(x)$，反过来，如果已知曲线上任意一点 $M(x,y)$ 处的斜率 $k=f'(x)$，如何求该曲线方程 $y=f(x)$？即已知一个函数的导数，如何求原来函数的问题，这正是微分学的逆问题，为了研究它，先来看看原函数的概念.

☞ **定义 1.3.1** 设函数 $y=f(x)$ 在某区间 I 上有定义，如果存在函数 $F(x)$，对于该区间上任一点 x，使 $F'(x)=f(x)$ 或 $\mathrm{d}F(x)=f(x)\mathrm{d}x$ 成立，则称函数 $F(x)$ 是已知函数 $f(x)$ 在该区间 I 上的一个原函数.

例如，因为 $(\sin x)'=\cos x$，所以 $\sin x$ 是 $\cos x$ 在 $(-\infty,+\infty)$ 上的一个原函数. 因为 $\mathrm{d}\ln x=\frac{1}{x}\mathrm{d}x$，所以 $\ln x$ 是 $\frac{1}{x}$ 在 $(0,+\infty)$ 上的一个原函数.

不难看出，$\sin x+1,\sin x+2,\sin x+3,\cdots,\sin x+C$（$C$ 为常数）都是 $\cos x$ 在 $(-\infty,+\infty)$ 上的原函数，$\ln x+\frac{1}{2},\ln x+\frac{1}{3},\ln x+\frac{1}{4},\cdots,\ln x+C$（$C$ 为常数）都是 $\frac{1}{x}$ 在 $(0,+\infty)$ 上的原函数.

▲ **定理 1.3.1** 若 $F(x)$ 是 $f(x)$ 的一个原函数，则 $F(x)+C$ 是 $f(x)$ 的全部原函数，其中 C 为任意常数.

如果 $F(x)$ 和 $G(x)$ 都是 $f(x)$ 的原函数，即 $F'(x)=G'(x)=f(x)$，则由1.2.7节推论可知，$F(x)$ 和 $G(x)$ 仅差一个常数，即存在常数 C_0，使得 $G(x)=F(x)+C_0$.

是否所有的函数都有原函数？若不是，那么当 $f(x)$ 满足什么条件时，它一定存在原函数？对此有如下的结论：

▲ **定理 1.3.2**（原函数存在定理） 如果函数 $f(x)$ 在区间 I 上连续，则 $f(x)$ 在区间 I 上一定有原函数.

☞ **定义 1.3.2** 在区间 I 上，函数 $f(x)$ 的全体原函数称为 $f(x)$ 在区间 I 上的不定积分，记为 $\int f(x)\mathrm{d}x$. 其中记号 $\int$ 称为积分号，$f(x)$ 称为被积函数，$f(x)\mathrm{d}x$ 称为被积表达式，x 为积分变量，C 称为积分常数.

如果 $F(x)$ 为 $f(x)$ 的一个原函数，则 $\int f(x)\mathrm{d}x=F(x)+C$（$C$ 为任意常数）. 由原函数与不定积分的概念，有下述关系：

(1) $\frac{\mathrm{d}}{\mathrm{d}x}\int f(x)\mathrm{d}x=f(x)$ 或 $\mathrm{d}\int f(x)\mathrm{d}x=f(x)\mathrm{d}x$；

(2) $\int F'(x)\mathrm{d}x=F(x)+C$ 或 $\int \mathrm{d}F(x)=F(x)+C$.

可见,求不定积分与求导数(微分)是互逆运算,要求函数 $f(x)$ 的不定积分,只需求出 $f(x)$ 的一个原函数 $F(x)$,再加上一个任意常数 C 即可.

【例 1.3.1】 求$\int \cos x \mathrm{d}x$.

【解】 因为$(\sin x)' = \cos x$,所以$\int \cos x \mathrm{d}x = \sin x + C$.

【例 1.3.2】 求$\int \frac{1}{x}\mathrm{d}x$.

【解】 当 $x > 0$ 时,由于$(\ln x)' = \frac{1}{x}$,所以 $\ln x$ 是$\frac{1}{x}$ 在$(0, +\infty)$ 内的一个原函数,因此,在$(0, +\infty)$ 内,$\int \frac{1}{x}\mathrm{d}x = \ln x + C$.

当 $x < 0$ 时,由于$[\ln(-x)]' = \frac{1}{-x}(-1) = \frac{1}{x}$,所以 $\ln(-x)$ 是$\frac{1}{x}$ 在内$(-\infty,0)$ 的一个原函数,因此,在$(-\infty,0)$ 内$\int \frac{1}{x}\mathrm{d}x = \ln(-x) + C$.

综上所述,$\int \frac{1}{x}\mathrm{d}x = \ln|x| + C$.

【例 1.3.3】 验证下式成立:$\int x^{\alpha}\mathrm{d}x = \frac{1}{\alpha+1}x^{\alpha+1} + C \quad (\alpha \neq -1)$.

【解】 $\because \left(\frac{1}{\alpha+1}x^{\alpha+1}\right)' = \frac{1}{\alpha+1}(\alpha+1)x^{\alpha} = x^{\alpha} \quad (\alpha \neq -1)$,

$$\therefore \int x^{\alpha}\mathrm{d}x = \frac{1}{\alpha+1}x^{\alpha+1} + C \quad (\alpha \neq -1).$$

【例 1.3.4】 利用例 1.3.3 的结果,计算下列积分.

(1) $\int \sqrt[5]{x}\mathrm{d}x$; (2) $\int \frac{1}{\sqrt{x}}\mathrm{d}x$; (3) $\int \frac{1}{x^2}\mathrm{d}x$.

【解】 (1) $\int \sqrt[5]{x}\mathrm{d}x = \int x^{\frac{1}{5}}\mathrm{d}x = \frac{1}{\frac{1}{5}+1}x^{\frac{1}{5}+1} + C = \frac{5}{6}x^{\frac{6}{5}} + C$;

(2) $\int \frac{1}{\sqrt{x}}\mathrm{d}x = \int x^{-\frac{1}{2}}\mathrm{d}x = \frac{1}{1-\frac{1}{2}}x^{1-\frac{1}{2}} + C = 2\sqrt{x} + C$;

(3) $\int \frac{1}{x^2}\mathrm{d}x = \int x^{-2}\mathrm{d}x = \frac{1}{-2+1}x^{-2+1} + C = -\frac{1}{x} + C$.

若$\int f(x)\mathrm{d}x = F(x) + C$,则函数 $f(x)$ 的一个原函数 $F(x)$ 的图像称为 $f(x)$ 的一条积分曲线,函数族 $F(x) + C$ 的图像表示了 $f(x)$ 的所有积分曲线,称为积分曲线族,$f(x)$ 为积分曲线在 x 处的切线斜率.

【例 1.3.5】 设曲线过点(0,1),且其上任一点的斜率为该点横坐标的两倍,求曲线的方程.

【解】 设曲线方程为 $y = f(x)$,其上任一点(x,y) 处切线的斜率为$\frac{\mathrm{d}y}{\mathrm{d}x} = 2x$,从而 $y = \int 2x\mathrm{d}x = x^2 + C$,由 $y(0) = 1$,得 $C = 1$,因此所求曲线方程为 $y = x^2 + 1$.

1.3.1.2 不定积分公式

由于求不定积分与求导(微分)运算是互逆的,因此利用导数基本公式与不定积分的定义,可导出下列基本积分公式.

1. $\int 0\mathrm{d}x = C$;

2. $\int k\mathrm{d}x = kx + C$ (k 为常数);

3. $\int x^{\mu}\mathrm{d}x = \dfrac{x^{\mu+1}}{\mu+1} + C \quad (\mu \neq -1)$;

4. $\int \dfrac{1}{x}\mathrm{d}x = \ln|x| + C$;

5. $\int a^{x}\mathrm{d}x = \dfrac{a^{x}}{\ln a} + C$;

6. $\int \mathrm{e}^{x}\mathrm{d}x = \mathrm{e}^{x} + C$;

7. $\int \sin x\mathrm{d}x = -\cos x + C$;

8. $\int \cos x\mathrm{d}x = \sin x + C$;

9. $\int \dfrac{1}{\cos^2 x}\mathrm{d}x = \int \sec^2 x\mathrm{d}x = \tan x + C$;

10. $\int \dfrac{1}{\sin^2 x}\mathrm{d}x = \int \csc^2 x\mathrm{d}x = -\cot x + C$;

11. $\int \sec x\tan x\mathrm{d}x = \sec x + C$;

12. $\int \csc x\cot x\mathrm{d}x = -\csc x + C$;

13. $\int \dfrac{1}{\sqrt{1-x^2}}\mathrm{d}x = \arcsin x + C$;

14. $\int \dfrac{1}{1+x^2}\mathrm{d}x = \arctan x + C$.

【例 1.3.6】 求$\int \dfrac{1}{x^3\sqrt{x}}\mathrm{d}x$.

【解】 $\int \dfrac{1}{x^3\sqrt{x}}\mathrm{d}x = \int x^{-\frac{7}{2}}\mathrm{d}x = \dfrac{1}{-\frac{7}{2}+1}x^{-\frac{7}{2}+1} + C = -\dfrac{2}{5}x^{-\frac{5}{2}} + C$.

1.3.1.3 不定积分的性质

◎ 性质 1.3.1 设函数 $f(x)$、$g(x)$ 的原函数都存在,则

$$\int [f(x) \pm g(x)]\mathrm{d}x = \int f(x)\mathrm{d}x \pm \int g(x)\mathrm{d}x.$$

◎ 性质 1.3.2 $\int kf(x)\mathrm{d}x = k\int f(x)\mathrm{d}x$, ($k$ 为常数,$k \neq 0$).

【例 1.3.7】 求$\int \sqrt{x}(x-2)\mathrm{d}x$.

【解】 $\int \sqrt{x}(x-2)\mathrm{d}x = \int (x^{\frac{3}{2}} - 2x^{\frac{1}{2}})\mathrm{d}x = \int x^{\frac{3}{2}}\mathrm{d}x - \int 2x^{\frac{1}{2}}\mathrm{d}x = \dfrac{2}{5}x^{\frac{5}{2}} - \dfrac{4}{3}x^{\frac{3}{2}} + C$.

【例 1.3.8】 求$\int \dfrac{(x-1)^2}{x^2}\mathrm{d}x$.

【解】 $\int \dfrac{(x-1)^2}{x^2}\mathrm{d}x = \int \dfrac{x^2-2x+1}{x^2}\mathrm{d}x = \int \left(1 - \dfrac{2}{x} + \dfrac{1}{x^2}\right)\mathrm{d}x = x - 2\ln|x| - \dfrac{1}{x} + C$.

【例 1.3.9】 求$\int (\mathrm{e}^{x} - 2\sin x + 2^{x}\mathrm{e}^{x})\mathrm{d}x$.

【解】 $\int (\mathrm{e}^{x} - 2\sin x + 2^{x}\mathrm{e}^{x})\mathrm{d}x = \int \mathrm{e}^{x}\mathrm{d}x - 2\int \sin x\mathrm{d}x + \int (2\mathrm{e})^{x}\mathrm{d}x$

$$= e^x + 2\cos x + \frac{(2e)^x}{\ln(2e)} + C$$

$$= e^x + 2\cos x + \frac{(2e)^x}{1+\ln 2} + C.$$

【例 1.3.10】 求$\int \tan^2 x\mathrm{d}x$.

【解】 $\int \tan^2 x\mathrm{d}x = \int (\sec^2 x - 1)\mathrm{d}x = \int \sec^2 x\mathrm{d}x - \int \mathrm{d}x = \tan x - x + C.$

【例 1.3.11】 求$\int \sin^2 \frac{x}{2}\mathrm{d}x$.

【解】 $\int \sin^2 \frac{x}{2}\mathrm{d}x = \int \frac{1-\cos x}{2}\mathrm{d}x = \int \frac{1}{2}\mathrm{d}x - \frac{1}{2}\int \cos x\mathrm{d}x = \frac{1}{2}(x - \sin x) + C.$

【例 1.3.12】 求$\int \frac{1+x+x^2}{x(1+x^2)}\mathrm{d}x$.

【解】 $\int \frac{1+x+x^2}{x(1+x^2)}\mathrm{d}x = \int \frac{(1+x^2)+x}{x(1+x^2)}\mathrm{d}x = \int \frac{1}{x}\mathrm{d}x + \int \frac{1}{1+x^2}\mathrm{d}x$

$$= \ln|x| + \arctan x + C.$$

【例 1.3.13】 求$\int \frac{x^2-1}{1+x^2}\mathrm{d}x$.

【解】 $\int \frac{x^2-1}{1+x^2}\mathrm{d}x = \int \frac{x^2+1-2}{1+x^2}\mathrm{d}x = \int \left(1 - \frac{2}{x^2+1}\right)\mathrm{d}x$

$$= \int \mathrm{d}x - 2\int \frac{1}{x^2+1}\mathrm{d}x = x - 2\arctan x + C.$$

练习题

1. 填空题.

(1) x^2 的一个原函数是________,而________的原函数是 x^2.

(2) 设 $f(x)$ 是连续函数,则 $\mathrm{d}\int f(x)\mathrm{d}x =$ ________;$\int \mathrm{d}f(x)\mathrm{d}x =$ ________;

$\frac{\mathrm{d}}{\mathrm{d}x}\int f(x)\mathrm{d}x =$ ________,$\int f'(x)\mathrm{d}x =$ ________(其中 $f'(x)$ 连续).

(3) 设 $F_1(x), F_2(x)$ 是 $f(x)$ 的两个原函数,且 $f(x) \neq 0$,则 $F_1(x) - F_2(x) =$ ________.

(4) 若 $f(x)$ 的导函数是 $\sin 2x$,则 $f(x)$ 的所有原函数为________.

(5) 若$\int f(x)\mathrm{d}x = e^{3x} + \sqrt{x} + C$,则 $f(x) =$ ________.

2. 求下列不定积分:

(1) $\int (\sqrt{x}-1)\left(x+\frac{1}{\sqrt{x}}\right)\mathrm{d}x$;

(2) $\int \left(\frac{1}{\sqrt{x}} - 2\sin x + \frac{3}{x}\right)\mathrm{d}x$;

(3) $\int \sec x(\sec x - \tan x)\mathrm{d}x$;

(4) $\int \frac{x^2+\sin^2 x}{x^2\sin^2 x}\mathrm{d}x$;

(5) $\int \frac{1}{\sin^2 x\cos^2 x}\mathrm{d}x$;

(6) $\int \frac{2-\sqrt{1-x^2}}{\sqrt{1-x^2}}\mathrm{d}x$;

(7) $\int(2^x+3^x)^2\mathrm{d}x$；　　(8) $\int\left(1-\frac{1}{x^2}\right)\sqrt{x\sqrt{x}}\mathrm{d}x$；

(9) $\int(\sqrt{x}+1)(x-1)\mathrm{d}x$；　　(10) $\int 2^x\mathrm{e}^x\mathrm{d}x$.

3. 证明函数 $\sin^2x$，$-\frac{1}{2}\cos2x$，$-\cos^2x$ 都是 $\sin2x$ 的原函数.

1.3.2　第一类换元积分

思考：$\int\cos x\mathrm{d}x=\sin x+C$，那么$\int\cos2x\mathrm{d}x=\sin2x+C$是否正确？

要判断$\int\cos2x\mathrm{d}x=\sin2x+C$是否正确，需验证$(\sin2x)'=\cos2x$是否正确，然而$(\sin2x)'=2\cos2x$，可见$\int\cos2x\mathrm{d}x=\sin2x+C$不正确. 那么$\int\cos2x\mathrm{d}x=?$由于$\left(\frac{1}{2}\sin2x\right)'=\cos2x$，则$\int\cos2x\mathrm{d}x=\frac{1}{2}\sin2x+C$.

可见利用基本积分公式和不定积分的性质求不定积分是十分有限的，必须进一步研究不定积分的求法.

我们把复合函数的微分法反过来用于求不定积分，利用中间变量的代换，得到复合函数的积分法，称为换元积分法，简称换元法. 换元法通常分成两类，即第一类换元法和第二类换元法. 本节主要介绍第一类换元法.

设 $F(u)$ 为 $f(u)$ 的原函数，即 $F'(u)=f(u)$ 或$\int f(u)\mathrm{d}u=F(u)+C$，如果 $u=\varphi(x)$，且 $\varphi(x)$ 可微，则 $\frac{\mathrm{d}}{\mathrm{d}x}F[\varphi(x)]=F'(u)\varphi'(x)=f(u)\varphi'(x)=f[\varphi(x)]\varphi'(x)$，即 $F[\varphi(x)]$ 为 $f[\varphi(x)]\varphi'(x)$ 的原函数，或 $\int f[\varphi(x)]\varphi'(x)\mathrm{d}x=F[\varphi(x)]+C=[F(u)+C]_{u=\varphi(x)}=[\int f(u)\mathrm{d}u]_{u=\varphi(x)}$.

▲ 定理 1.3.3　设 $F(u)$ 为 $f(u)$ 的一个原函数，$u=\varphi(x)$ 可导，那么 $F[\varphi(x)]$ 是 $f[\varphi(x)]\varphi'(x)$ 的原函数，则

$$\int f[\varphi(x)]\varphi'(x)\mathrm{d}x=F[\varphi(x)]+C=[\int f(u)\mathrm{d}u]_{u=\varphi(x)}.$$

$$\int f[\varphi(x)]\varphi'(x)\mathrm{d}x\xlongequal{\text{凑微分}}\int f[\varphi(x)]\mathrm{d}\varphi(x)\xlongequal{\text{令 } u=\varphi(x)}\int f(u)\mathrm{d}u=F(u)+C\xlongequal{\text{回代}}F[\varphi(x)]+C,$$

这种先“凑”微分式，再作变量置换的方法叫第一类换元积分法，也称凑微分法.

1. 利用 $\mathrm{d}x=\frac{1}{a}\mathrm{d}(ax+b)$ 凑微分，a、b 均为常数，且 $a\neq0$

【例 1.3.14】　求$\int(5x-3)^{11}\mathrm{d}x$.

【解】　$\int(5x-3)^{11}\mathrm{d}x=\frac{1}{5}\int(5x-3)^{11}\mathrm{d}(5x-3)=\frac{1}{60}(5x-3)^{12}+C$.

【例 1.3.15】 求$\int \frac{1}{1+2x}\mathrm{d}x$.

【解】 $\int \frac{1}{1+2x}\mathrm{d}x = \int \frac{1}{1+2x}\frac{1}{2}\mathrm{d}(1+2x) = \frac{1}{2}\ln|1+2x| + C$.

【例 1.3.16】 求$\int \mathrm{e}^{3x}\mathrm{d}x$.

【解】 $\int \mathrm{e}^{3x}\mathrm{d}x = \int \mathrm{e}^{3x}\frac{1}{3}\mathrm{d}(3x) = \frac{1}{3}\int \mathrm{e}^{3x}\mathrm{d}(3x) = \frac{1}{3}\mathrm{e}^{3x} + C$.

【例 1.3.17】 求$\int \frac{\mathrm{d}x}{\sqrt{a^2-x^2}}$($a>0$ 且为常数).

【解】 $\int \frac{\mathrm{d}x}{\sqrt{a^2-x^2}} = \int \frac{\mathrm{d}x}{a\sqrt{1-\left(\frac{x}{a}\right)^2}} = \int \frac{\mathrm{d}\left(\frac{x}{a}\right)}{\sqrt{1-\left(\frac{x}{a}\right)^2}} = \arcsin\frac{x}{a} + C$.

【例 1.3.18】 求$\int \frac{\mathrm{d}x}{a^2+x^2}$($a>0$ 且为常数).

【解】 $\int \frac{\mathrm{d}x}{a^2+x^2} = \int \frac{1}{a^2}\frac{\mathrm{d}x}{1+\left(\frac{x}{a}\right)^2} = \frac{1}{a}\int \frac{\mathrm{d}\frac{x}{a}}{1+\left(\frac{x}{a}\right)^2} = \frac{1}{a}\arctan\frac{x}{a} + C$.

2. 利用 $x\mathrm{d}x = \frac{1}{2}\mathrm{d}(x^2+a)$, $x^2\mathrm{d}x = \frac{1}{3}\mathrm{d}(x^3+a)$, $\frac{1}{x}\mathrm{d}x = \mathrm{d}(\ln|x|)$, $\frac{1}{x^2}\mathrm{d}x = -\mathrm{d}\frac{1}{x}$, $\frac{1}{\sqrt{x}}\mathrm{d}x = 2\mathrm{d}\sqrt{x}$, $\sin x\mathrm{d}x = -\mathrm{d}(\cos x)$, $\cos x\mathrm{d}x = \mathrm{d}(\sin x)$, $\sec^2 x\mathrm{d}x = \mathrm{d}(\tan x)$, $\csc^2 x\mathrm{d}x = -\mathrm{d}(\cot x)$, $\frac{1}{\sqrt{1-x^2}}\mathrm{d}x = \mathrm{d}(\arcsin x)$, $\frac{1}{1+x^2}\mathrm{d}x = \mathrm{d}(\arctan x)$ 等凑微分

【例 1.3.19】 求$\int 2x(x^2+1)^3\mathrm{d}x$.

【解】

$$\begin{aligned}\int 2x(x^2+1)^3\mathrm{d}x &= \int (x^2+1)^3 2x\mathrm{d}x = \int (x^2+1)^3\mathrm{d}(x^2)\\ &= \int (x^2+1)^3\mathrm{d}(x^2+1) = \frac{1}{4}(x^2+1)^4 + C.\end{aligned}$$

【例 1.3.20】 求$\int x^2(x^3-1)\mathrm{d}x$.

【解】

方法一：$\int x^2(x^3-1)\mathrm{d}x = \int (x^5-x^2)\mathrm{d}x = \frac{1}{6}x^6 - \frac{1}{3}x^3 + C$.

方法二：
$$\begin{aligned}\int x^2(x^3-1)\mathrm{d}x &= \int (x^3-1)\frac{1}{3}\mathrm{d}(x^3-1) = \frac{1}{3}\int (x^3-1)\mathrm{d}(x^3-1)\\ &= \frac{1}{6}(x^3-1)^2 + C_1 = \frac{1}{6}x^6 - \frac{1}{3}x^3 + C.\end{aligned}$$

【例 1.3.21】 求$\int \frac{1}{x^2}\sin\frac{1}{x}\mathrm{d}x$.

【解】 $\int \frac{1}{x^2}\sin\frac{1}{x}dx = \int \sin\frac{1}{x}d\left(-\frac{1}{x}\right) = \cos\frac{1}{x} + C.$

【例 1.3.22】 求$\int \frac{\arctan x}{1+x^2}dx.$

【解】 $\int \frac{\arctan x}{1+x^2}dx = \int \arctan x d(\arctan x) = \frac{1}{2}(\arctan x)^2 + C.$

【例 1.3.23】 求$\int \frac{\arcsin x}{\sqrt{1-x^2}}dx.$

【解】 $\int \frac{\arcsin x}{\sqrt{1-x^2}}dx = \int \arcsin x d(\arcsin x) = \frac{1}{2}(\arcsin x)^2 + C.$

3. 利用三角函数的恒等式凑微分

【例 1.3.24】 求$\int \tan x dx.$

【解】 $\int \tan x dx = \int \frac{\sin x}{\cos x}dx = -\int \frac{1}{\cos x}d\cos x = -\ln|\cos x| + C.$

类似可得

$$\int \cot x dx = \ln|\sin x| + C.$$

【例 1.3.25】 求$\int \cos^2 x dx.$

【解】

$$\int \cos^2 x dx = \int \frac{1+\cos 2x}{2}dx = \frac{1}{2}\left(\int dx + \int \cos 2x dx\right)$$
$$= \frac{x}{2} + \frac{1}{4}\int \cos 2x d(2x) = \frac{x}{2} + \frac{1}{4}\sin 2x + C.$$

【例 1.3.26】 求$\int \sin^3 x dx.$

【解】

$$\int \sin^3 x dx = \int \sin^2 x \sin x dx = -\int (1-\cos^2 x) d\cos x$$
$$= -\int d\cos x + \int \cos^2 x dx = -\cos x + \frac{1}{3}\cos^3 x + C.$$

【例 1.3.27】 求$\int \sin^2 x \cos^3 x dx.$

【解】

$$\int \sin^2 x \cos^3 x dx = \int \sin^2 x \cos^2 x \cos x dx = \int \sin^2 x(1-\sin^2 x)d(\sin x)$$
$$= \int (\sin^2 x - \sin^4 x)d(\sin x) = \frac{1}{3}\sin^3 x - \frac{1}{5}\sin^5 x + C.$$

一般的，若积分$\int \sin^m x \cos^n x dx$中的$m,n$至少有一个为奇数，

当$n=2k+1$时，则可以分解出一个$\cos x$来凑微分：

$$\int \sin^m x \cos^{2k+1} x dx = \int \sin^m x(\cos^2 x)^k \cos x dx = \int \sin^m (1-\sin^2 x)^k d(\sin x);$$

当$m=2k+1$时，则可以分解出一个$\sin x$来凑微分：

$$\int \sin^{2k+1} x \cos^n x dx = \int \cos^n x(\sin^2 x)^k \sin x dx = -\int \cos^m (1-\cos^2 x)^k d(\cos x).$$

【例 1.3.28】 求$\int \csc x\mathrm{d}x$.

【解】 $\int \csc x\mathrm{d}x = \int \frac{1}{\sin x}\mathrm{d}x = \int \frac{1}{2\sin\frac{x}{2}\cos\frac{x}{2}}\mathrm{d}x = \int \frac{\mathrm{d}\frac{x}{2}}{\tan\frac{x}{2}\cos^2\frac{x}{2}} = \int \frac{\mathrm{d}\left(\tan\frac{x}{2}\right)}{\tan\frac{x}{2}}$

$$= \ln\left|\tan\frac{x}{2}\right| + C = \ln|\csc x - \cot x| + C.$$

【例 1.3.29】 求$\int \sec x\mathrm{d}x$.

【解】 $\int \sec x\mathrm{d}x = \int \frac{1}{\cos x}\mathrm{d}x = \int \frac{1}{\sin\left(x+\frac{\pi}{2}\right)}\mathrm{d}\left(x+\frac{\pi}{2}\right)$

$$= \ln\left|\cos\left(x+\frac{\pi}{2}\right) - \cot\left(x+\frac{\pi}{2}\right)\right| + C = \ln|\sec x + \tan x| + C.$$

【例 1.3.30】 求$\int \sin^2 x\cos^4 x\mathrm{d}x$.

【解】 $\int \sin^2 x\cos^4 x\mathrm{d}x = \int (\sin x\cos x)^2\cos^2 x\mathrm{d}x = \int \frac{1}{4}\sin^2 2x\,\frac{1+\cos 2x}{2}\mathrm{d}x$

$$= \frac{1}{8}\int(\sin^2 2x + \sin^2 2x\cos 2x)\mathrm{d}x$$

$$= \frac{1}{8}\int\frac{1-\cos 4x}{2}\mathrm{d}x + \frac{1}{16}\int\sin^2 2x\cos 2x\mathrm{d}(2x)$$

$$= \frac{1}{16}x - \frac{1}{64}\int\cos 4x\mathrm{d}(4x) + \frac{1}{16}\int\sin^2 2x\mathrm{d}(\sin 2x)$$

$$= \frac{1}{16}x - \frac{1}{64}\sin 4x + \frac{1}{48}\sin^3 2x + C.$$

一般的，若积分$\int \sin^m x\cos^n x\,\mathrm{d}x$中的$m$，$n$都为偶数时，先用半角公式降低次数，然后再计算积分.

【例 1.3.31】 求$\int \cos 3x\cos 2x\mathrm{d}x$.

【解】 由于

$$\cos Ax\cos Bx = \frac{1}{2}[\cos(A+B)x + \cos(A-B)x]$$

因此

$$\int\cos 3x\cos 2x\mathrm{d}x = \frac{1}{2}\int(\cos 5x + \cos x)\mathrm{d}x = \frac{1}{10}\sin 5x + \frac{1}{2}\sin x + C.$$

【例 1.3.32】 求$\int \tan^5 x\sec^3 x\mathrm{d}x$.

【解】 $\int \tan^5 x\sec^3 x\mathrm{d}x = \int \tan^4 x\sec^2 x\tan x\sec x\mathrm{d}x = \int(\sec^2 x - 1)^2\sec^2 x\mathrm{d}(\sec x)$

$$= \int(\sec^6 x - 2\sec^4 x + \sec^2 x)\mathrm{d}(\sec x)$$

$$= \frac{1}{7}\sec^7 x - \frac{2}{5}\sec^5 x + \frac{1}{3}\sec^3 x + C.$$

【例 1.3.33】　求$\int \sin 2x\mathrm{d}x$.

【解】

方法一：$\int \sin 2x\mathrm{d}x = \frac{1}{2}\int \sin 2x\mathrm{d}(2x) = -\frac{1}{2}\cos 2x + C_1$.

方法二：$\int \sin 2x\mathrm{d}x = 2\int \sin x\cos x\mathrm{d}x = 2\int \sin x\mathrm{d}(\sin x) = \sin^2 x + C_2$.

方法三：$\int \sin 2x\mathrm{d}x = 2\int \sin x\cos x\mathrm{d}x = -2\int \cos x\mathrm{d}(\cos x) = -\cos^2 x + C_3$.

其中$-\frac{1}{2}\cos 2x = -\frac{1}{2}(1-2\sin^2 x) = \sin^2 x - \frac{1}{2} = -\cos^2 x + \frac{1}{2}$，三种解法的原函数仅差一个常数，由此可见，任意常数在不定积分结果中是不可缺少的，并且同一个不定积分，选择不同的积分方法，得到的结果形式不相同，这也是完全正常的.

4. 利用代数恒等式凑微分

【例 1.3.34】　求$\int \frac{1}{x^2-a^2}\mathrm{d}x$.

【解】

$$\begin{aligned}\int \frac{1}{x^2-a^2}\mathrm{d}x &= \frac{1}{2a}\int\left(\frac{1}{x-a}-\frac{1}{x+a}\right)\mathrm{d}x \\ &= \frac{1}{2a}\left[\int \frac{1}{x-a}\mathrm{d}(x-a) - \int \frac{1}{x+a}\mathrm{d}(x+a)\right] \\ &= \frac{1}{2a}(\ln|x-a| - \ln|x+a|) + C = \frac{1}{2a}\ln\left|\frac{x-a}{x+a}\right| + C.\end{aligned}$$

【例 1.3.35】　求$\int \frac{x}{1+x}\mathrm{d}x$.

【解】　$\int \frac{x}{1+x}\mathrm{d}x = \int \frac{1+x-1}{1+x}\mathrm{d}x = \int\left(1-\frac{1}{1+x}\right)\mathrm{d}x = x - \ln|1+x| + C$.

【例 1.3.36】　求$\int \frac{x+1}{x^2+4x+5}\mathrm{d}x$.

【解】

$$\begin{aligned}\int \frac{x+1}{x^2+4x+5}\mathrm{d}x &= \int \frac{\frac{1}{2}(x^2+4x+5)'-1}{x^2+4x+5}\mathrm{d}x \\ &= \frac{1}{2}\int \frac{(x^2+4x+5)'}{x^2+4x+5}\mathrm{d}x - \int \frac{\mathrm{d}x}{(x+2)^2+1} \\ &= \frac{1}{2}\ln(x^2+4x+5) - \arctan(x+2) + C.\end{aligned}$$

用凑微分法计算不定积分时，熟记以下公式是很必要的（式中a，b均为常数，且$a \neq 0$）.

(1) $\mathrm{d}x = \frac{1}{a}\mathrm{d}(ax+b)$；

(2) $x\mathrm{d}x = \frac{1}{2a}\mathrm{d}(ax^2+b)$；

(3) $x^\alpha \mathrm{d}x = \frac{1}{a(\alpha+1)}\mathrm{d}(ax^{\alpha+1}+b)$　$(\alpha \neq -1)$；

(4) $\frac{1}{\sqrt{x}}\mathrm{d}x = \frac{2}{a}\mathrm{d}(a\sqrt{x}+b)$；

(5) $\frac{1}{x^2}\mathrm{d}x = -\frac{1}{a}\mathrm{d}\left(\frac{a}{x}+b\right)$；

(6) $\frac{1}{x}\mathrm{d}x = \mathrm{d}(\ln|x|+b)$；

(7) $e^x dx = d(e^x + b)$;

(8) $\cos x dx = \frac{1}{a} d(a\sin x + b)$;

(9) $\sin x dx = -\frac{1}{a} d(a\cos x + b)$;

(10) $\frac{1}{\sqrt{1-x^2}} dx = d(\arcsin x) = -d(\arccos x)$;

(11) $\frac{1}{1+x^2} dx = d(\arctan x) = -d(\text{arccot} x)$.

本节一些例题的结果,可以当作公式使用.将这些常用的积分公式列举如下:

(1) $\int \tan x dx = -\ln|\cos x| + C$;

(2) $\int \cot x dx = \ln|\sin x| + C$;

(3) $\int \sec x dx = \ln|\sec x + \tan x| + C$;

(4) $\int \csc x dx = \ln|\csc x - \cot x| + C$;

(5) $\int \frac{1}{a^2+x^2} dx = \frac{1}{a}\arctan\frac{x}{a} + C$;

(6) $\int \frac{1}{x^2-a^2} dx = \frac{1}{2a}\ln\left|\frac{x-a}{x+a}\right| + C$;

(7) $\int \frac{1}{a^2-x^2} dx = \frac{1}{2a}\ln\left|\frac{a+x}{a-x}\right| + C$.

练习题

1. 填空题.

(1) $dx =$ ________ $d(1-2x)$;

(2) $x dx =$ ________ $d(2x^2-1)$;

(3) $\frac{1}{x} dx = d$ ________;

(4) $\frac{\ln x}{x} dx = \ln x d$ ________ $= d$ ________;

(5) $\sin\frac{x}{3} dx =$ ________ $d\left(\cos\frac{x}{3}\right)$;

(6) $x e^{-2x^2} dx = d$ ________;

(7) $\frac{1}{1+4x^2} dx =$ ________ $d(\arctan 2x)$;

(8) $\frac{x dx}{\sqrt{1-x^2}} =$ ________ $d(\sqrt{1-x^2})$.

2. 求下列不定积分:

(1) $\int \sin 2x dx$;

(2) $\int e^{3x} dx$;

(3) $\int \sqrt{1-2x} dx$;

(4) $\int (x^2-3x+1)(2x-3) dx$;

(5) $\int \frac{x^2}{(x-1)^{10}} dx$;

(6) $\int \frac{1}{1+5x} dx$;

(7) $\int \frac{1}{x\ln x \ln\ln x} dx$;

(8) $\int \frac{x\tan\sqrt{1+x^2}}{\sqrt{1+x^2}} dx$;

(9) $\int \frac{\sin x + \cos x}{(\sin x - \cos x)^3} dx$;

(10) $\int \sin^3 x \cos^5 x dx$;

(11) $\int e^x \sin e^x dx$;

(12) $\int \frac{\sin x}{1+\cos x} dx$;

(13) $\int \frac{dx}{\sqrt{x}(1+x)}$;

(14) $\int \sin 2x \cos 3x dx$;

(15) $\int \frac{1}{1-\sqrt{2x+1}} dx$.

1.3.3　第二类换元积分

如果不定积分$\int f(x)\mathrm{d}x$不易直接应用基本积分表计算，也可以引入新变量t，并选择代换$x=\varphi(t)$，其中$\varphi(t)$可导，且$\varphi'(t)$连续，将不定积分$\int f(x)\mathrm{d}x$化为$\int f[\varphi(t)]\varphi'(t)\mathrm{d}t$. 如果容易求得$\int f[\varphi(t)]\varphi'(t)\mathrm{d}t=F(x)+C$，而$x=\varphi(t)$的反函数$t=\varphi^{-1}(x)$存在且可导，则

$$\int f(x)\mathrm{d}x=\int f[\varphi(t)]\varphi'(t)\mathrm{d}t=F(t)+C,$$

再将$t=\varphi^{-1}(x)$代入上面的$F(t)$，回到原积分变量，有

$$\int f(x)\mathrm{d}x=\int f[\varphi(t)]\varphi'(t)\mathrm{d}t=F[\varphi^{-1}(x)]+C.$$

这样可得如下定理：

▲ **定理1.3.4**　设$x=\psi(t)$有连续导数，且$\psi'(t)\neq 0$，又设$f[\psi(t)]\psi'(t)$具有原函数，则$\int f(x)\mathrm{d}x=\int f[\psi(t)]\psi'(t)\mathrm{d}t$，此公式称为第二类换元积分公式. 这类求不定积分的方法，称为第二类换元积分法.

1. 被积函数含有根式$\sqrt[n]{ax+b}$（n为正整数，a,b为常数）的情况

【例1.3.37】　求$\int\dfrac{\mathrm{d}x}{1+\sqrt{3-x}}$.

【解】　设$t=\sqrt{3-x}$，则$x=3-t^2$，$\mathrm{d}x=-2t\mathrm{d}t$，

$$\begin{aligned}\int\frac{\mathrm{d}x}{1+\sqrt{3-x}}&=-\int\frac{2t}{1+t}\mathrm{d}t=-2\int\frac{1+t-1}{1+t}\mathrm{d}t\\&=-2\int\left(1-\frac{1}{1+t}\right)\mathrm{d}t=-2(t-\ln|1+t|)+C\\&=-[\sqrt{3-x}-\ln(1+\sqrt{3-x})]+C.\end{aligned}$$

【例1.3.38】　求$\int\sqrt{\mathrm{e}^x+1}\mathrm{d}x$.

【解】　设$t=\sqrt{\mathrm{e}^x+1}$，则

$$\mathrm{e}^x=t^2-1,x=\ln|t^2-1|,\mathrm{d}x=\frac{2t}{t^2-1}\mathrm{d}t,$$

于是

$$\begin{aligned}\int\sqrt{\mathrm{e}^x+1}\mathrm{d}x&=\int t\frac{2t}{t^2-1}\mathrm{d}t=2\int\frac{t^2}{t^2-1}\mathrm{d}t\\&=2\int\left(1+\frac{1}{t^2-1}\right)\mathrm{d}t=2t+\ln\left|\frac{t-1}{t+1}\right|+C\\&=2\sqrt{\mathrm{e}^x+1}+\ln\left|\frac{\sqrt{\mathrm{e}^x+1}-1}{\sqrt{\mathrm{e}^x+1}+1}\right|+C\\&=2\sqrt{\mathrm{e}^x+1}+\ln(\sqrt{\mathrm{e}^x+1}-1)-\ln(\sqrt{\mathrm{e}^x+1}+1)+C.\end{aligned}$$

【例 1.3.39】 求$\int \frac{1}{\sqrt{x}+\sqrt[4]{x}}dx$.

【解】 令$\sqrt[4]{x}=t,x=t^4$,则 $dx=4t^3dt$,于是有

$$\int \frac{1}{\sqrt{x}+\sqrt[4]{x}}dx=\int \frac{4t^3}{t^2+t}dt=4\int \frac{t^2}{t+1}dt$$
$$=4\int \frac{(t^2-1)+1}{t+1}dt=4\int\left(t-1+\frac{1}{t+1}\right)dt$$
$$=4\left(\frac{1}{2}t^2-t+\ln|t+1|\right)+C,$$

回代变量,$t=\sqrt[4]{x}$,得

$$\int \frac{1}{\sqrt{x}+\sqrt[4]{x}}dx=4\left(\frac{1}{2}t^2-t+\ln|t+1|\right)+C$$
$$=2\sqrt{x}-4\sqrt[4]{x}+4\ln(\sqrt[4]{x}+1)+C.$$

2.被积函数含有根式$\sqrt{a^2-x^2}$或$\sqrt{x^2\pm a^2}$的情况

【例 1.3.40】 求$\int \sqrt{a^2-x^2}dx\quad(a>0)$.

【解】 令 $x=a\sin t,|t|\leqslant\frac{\pi}{2}$,则$\sqrt{a^2-x^2}=a\cos t,dx=a\cos tdt$,因此

$$\int \sqrt{a^2-x^2}dx=\int a\cos t\, a\cos tdt$$
$$=a^2\int\cos^2 tdt=a^2\int \frac{1+\cos 2t}{2}dt$$
$$=\frac{a^2}{2}t+\frac{a^2}{4}\sin 2t+C=\frac{a^2}{2}t+\frac{a^2}{2}\sin t\cos t+C$$
$$=\frac{a^2}{2}\arcsin\frac{x}{a}+\frac{a^2}{2}\cdot\frac{x}{a}\cdot\frac{\sqrt{a^2-x^2}}{a}+C$$
$$=\frac{a^2}{2}\arcsin\frac{x}{a}+\frac{1}{2}x\sqrt{a^2-x^2}+C.$$

【例 1.3.41】 求$\int \frac{dx}{\sqrt{a^2+x^2}}(a>0)$.

【解】 令 $x=a\tan t,|t|\leqslant\frac{\pi}{2}$,则$\sqrt{a^2+x^2}=a\sec t,dx=a\sec^2 tdt$,因此

$$\int \frac{dx}{\sqrt{a^2+x^2}}=\int \frac{1}{a\sec t}a\sec^2 tdt$$
$$=\int\sec tdt=\ln|\sec t+\tan t|+C.$$

由 $x=a\tan t$ 作出辅助三角形,得 $\sec t=\frac{a^2+x^2}{a}$,所以

$$\int \frac{dx}{\sqrt{a^2+x^2}}=\ln\left|\frac{\sqrt{a^2+x^2}}{a}+\frac{x}{a}\right|+C=\ln\left|x+\sqrt{x^2+a^2}\right|+C_1.$$

其中 $C_1=C-\ln a$.

【例 1.3.42】 求$\int \frac{dx}{\sqrt{x^2-a^2}}(a>0)$.

【解】 当 $x>a$ 时,设 $x=a\sec t(0<t<\frac{\pi}{2})$,则 $\sqrt{x^2-a^2}=a\tan t, dx=a\sec t\tan t dt$,

$$\int \frac{dx}{\sqrt{x^2-a^2}}=\int \frac{a\sec t\tan t}{a\tan t}dt=\int \sec t dt=\ln(\sec t+\tan t)+C,$$

由 $x=a\sec t$ 作出辅助三角形,得 $\sec t=\frac{x}{a}, \tan t=\frac{\sqrt{x^2-a^2}}{a}$,得.

$$\int \frac{dx}{\sqrt{x^2-a^2}}=\ln\left(\frac{x}{a}+\frac{\sqrt{x^2-a^2}}{a}\right)+C=\ln(x+\sqrt{x^2-a^2})+C_1.$$

其中 $C_1=C-\ln a$.

当 $x<-a$ 时,同理可得

$$\int \frac{dx}{\sqrt{x^2-a^2}}=\ln(-x-\sqrt{x^2-a^2})+C_2.$$

其中 $C_2=C-2\ln a$.

综合得
$$\int \frac{dx}{\sqrt{x^2-a^2}}=\ln|x+\sqrt{x^2-a^2}|+C.$$

第二类换元积分法常常用于被积函数中含有根式的情形,常用的变量替换如下:

(1) 被积函数为 $f(\sqrt[n_1]{x},\sqrt[n_2]{x})$,则令 $t=\sqrt[n]{x}$,其中 n 为 n_1,n_2 的最小公倍数.

(2) 被积函数为 $f(\sqrt[n]{ax+b})$,则令 $t=\sqrt[n]{ax+b}$;

(3) 被积函数为 $f(\sqrt{a^2-x^2})$,则令 $x=a\sin t$;

(4) 被积函数为 $f(\sqrt{x^2+a^2})$,则令 $x=a\tan t$;

(5) 被积函数为 $f(\sqrt{x^2-a^2})$,则令 $x=a\sec t$.

练习题

求下列不定积分:

1. $\int \frac{x^2}{\sqrt{a^2-x^2}}dx$;
2. $\int \frac{dx}{\sqrt{e^x+1}}$;
3. $\int \frac{\sqrt{x^2+a^2}}{x^2}dx$;
4. $\int x(5x-1)^3 dx$;
5. $\int \frac{dx}{\sqrt{16x^2+8x+5}}$;
6. $\int \frac{x+5}{\sqrt{3+2x-x^2}}dx$;
7. $\int \frac{1}{\sqrt{x^2-1}}dx$;
8. $\int \frac{dx}{\sqrt{x^2-2x-3}}$;
9. $\int \frac{\sqrt{x^2-1}}{x}dx$.

1.3.4　分部积分

换元积分法能处理许多不定积分问题,但遇到$\int x\tan x dx$,$\int e^x dx$ 等被积函数为两个函数乘积的不定积分就显得束手无策,本节所介绍的分部积分法则可以解决这类不定积分.

设 $u=u(x), v=v(x)$,具有连续导数,则有

$$(uv)' = u'v + uv' \quad 或 \quad \mathrm{d}(uv) = v\mathrm{d}u + u\mathrm{d}v,$$

两端求不定积分，得

$$\int (uv)'\mathrm{d}x = \int vu'\mathrm{d}x + \int uv'\mathrm{d}x \quad 或 \quad \int \mathrm{d}(uv) = \int v\mathrm{d}u + \int u\mathrm{d}v,$$

即

$$\int u\mathrm{d}v = uv - \int v\mathrm{d}u \quad 或 \quad \int uv'\mathrm{d}x = uv - \int vu'\mathrm{d}x$$

称为不定积分的分部积分公式.

这一公式说明，如果计算积分$\int u\mathrm{d}v$较困难，而积分$\int v\mathrm{d}u$易于计算，则可以使用分部积分法计算.

【例 1.3.43】 求$\int x\sin x\mathrm{d}x$.

【解】 设 $u = x, \mathrm{d}v = \sin x\mathrm{d}x$，则 $\mathrm{d}u = \mathrm{d}x, v = -\cos x$，所以

$$\int x\sin x\mathrm{d}x = -x\cos x - \int -\cos x\mathrm{d}x = -x\cos x + \sin x + C.$$

若设 $u = \sin x, \mathrm{d}v = x\mathrm{d}x$，则

$$\int x\sin x\mathrm{d}x = \frac{1}{2}x^2\sin x - \int \frac{1}{2}x^2\cos x\mathrm{d}x,$$

可见等号右边的积分比左边的积分更复杂，说明 u,v 的选取不合适.

【例 1.3.44】 求$\int x\mathrm{e}^x\mathrm{d}x$.

【解】 $\int x\mathrm{e}^x\mathrm{d}x = \int x\mathrm{d}\mathrm{e}^x = x\mathrm{e}^x - \int \mathrm{e}^x\mathrm{d}x = x\mathrm{e}^x - \mathrm{e}^x + C.$

【例 1.3.45】 求$\int \mathrm{e}^x\sin x\mathrm{d}x$.

【解】

$$\begin{aligned}\int \mathrm{e}^x\sin x\mathrm{d}x &= \int \sin x\mathrm{d}\mathrm{e}^x = \mathrm{e}^x\sin x - \int \mathrm{e}^x\mathrm{d}(\sin x) \\ &= \mathrm{e}^x\sin x - \int \mathrm{e}^x\cos x\mathrm{d}x = \mathrm{e}^x\sin x - \int \cos x\mathrm{d}\mathrm{e}^x \\ &= \mathrm{e}^x\sin x - [\mathrm{e}^x\cos x - \int \mathrm{e}^x\mathrm{d}(\cos x)] = \mathrm{e}^x\sin x - \mathrm{e}^x\cos x - \int \mathrm{e}^x\sin x\mathrm{d}x.\end{aligned}$$

移项同除以 2，再加 C，可得

$$\int \mathrm{e}^x\sin x\mathrm{d}x = \frac{1}{2}\mathrm{e}^x(\sin x - \cos x) + C.$$

由例 1.3.43～例 1.3.45 可以看出，当被积函数是幂函数与正弦(余弦)乘积，或是幂函数与指数函数乘积，或是指数函数与正弦(余弦)乘积做分部积分时，依次遵循三角函数、指数函数、幂函数的顺序，首先与 $\mathrm{d}x$ 相结合，作为 $\mathrm{d}v$，剩余函数作为 u.

由例 1.3.45 可以看出，分部积分公式可以循环使用.

【例 1.3.46】 求$\int x\ln x\mathrm{d}x$.

【解】 $\int x\ln x\mathrm{d}x = \frac{1}{2}\int \ln x\mathrm{d}x^2 = \frac{1}{2}[x^2\ln x - \int x^2\mathrm{d}(\ln x)]$

$$= \frac{1}{2}(x^2 \ln x - \int x \mathrm{d}x) = \frac{1}{2}\left(x^2 \ln x - \frac{1}{2}x^2\right) + C$$

$$= \frac{1}{2}x^2 \ln x - \frac{1}{4}x^2 + C.$$

【例 1.3.47】 求$\int x \arctan x \mathrm{d}x$.

【解】 $\int x \arctan x \mathrm{d}x = \frac{1}{2}\int \arctan x \mathrm{d}x^2 = \frac{1}{2}[x^2 \arctan x - \int x^2 \mathrm{d}(\arctan x)]$

$$= \frac{1}{2}\left(x^2 \arctan x - \int \frac{x^2}{1+x^2}\mathrm{d}x\right)$$

$$= \frac{1}{2}\left[x^2 \arctan x - \int \left(1 - \frac{1}{1+x^2}\right)\mathrm{d}x\right]$$

$$= \frac{1}{2}[x^2 \arctan x - x + \arctan x] + C.$$

由例 1.3.46、例 1.3.47 可以看出,当被积函数是幂函数与对数函数乘积或是幂函数与反三角函数乘积,做分部积分时,取幂函数首先与 $\mathrm{d}x$ 相结合作为 $\mathrm{d}v$,对数函数或反三角函数作为 u.

下面是换元积分法与分部积分法兼用的例子.

【例 1.3.48】 求$\int \sec^3 x \mathrm{d}x$.

【解】 $\int \sec^3 x \mathrm{d}x = \int \sec x \sec^2 x \mathrm{d}x = \int \sec x \mathrm{d}(\tan x)$

$$= \tan x \sec x - \int \tan x \mathrm{d}(\sec x) = \tan x \sec x - \int \tan^2 x \sec x \mathrm{d}x$$

$$= \tan x \sec x - \int (\sec^2 x - 1)\sec x \mathrm{d}x = \tan x \sec x - \int \sec^3 x \mathrm{d}x + \int \sec x \mathrm{d}x$$

$$= \tan x \sec x + \ln|\sec x + \tan x| - \int \sec^3 x \mathrm{d}x,$$

移项同除以 2,再加 C,可得

$$\int \sec^3 x \mathrm{d}x = \frac{1}{2}(\tan x \sec x + \ln|\sec x + \tan x|) + C.$$

【例 1.3.49】 求$\int \frac{\ln x}{x^2}\mathrm{d}x$.

【解】 $\int \frac{\ln x}{x^2}\mathrm{d}x = -\int \ln x \mathrm{d}\left(\frac{1}{x}\right) = -\frac{\ln x}{x} + \int \frac{1}{x^2}\mathrm{d}x = -\frac{\ln x}{x} - \frac{1}{x} + C.$

【例 1.3.50】 求$\int \mathrm{e}^{\sqrt{x}}\mathrm{d}x$.

【解】 令$\sqrt{x} = t$,则 $x = t^2$,$\mathrm{d}x = 2t\mathrm{d}t$,因此

$$\int \mathrm{e}^{\sqrt{x}}\mathrm{d}x = \int \mathrm{e}^t 2t\mathrm{d}t = 2\int t\mathrm{e}^t \mathrm{d}t = 2[t\mathrm{e}^t - \mathrm{e}^t] + C = 2\mathrm{e}^{\sqrt{x}}(\sqrt{x} - 1) + C.$$

【例 1.3.51】 求$\int \arctan\sqrt{x}\mathrm{d}x$.

【解】 设 $t = \sqrt{x}$,则 $x = t^2$,$\mathrm{d}x = 2t\mathrm{d}t$,所以

$$\int \arctan\sqrt{x}dx = 2\int t\arctan t dt = \int \arctan t d(t^2)$$
$$= t^2\arctan t - \int \frac{t^2}{1+t^2}dt = t^2\arctan t - \int\left(1-\frac{1}{1+t^2}\right)dt$$
$$= t^2\arctan t - t + \arctan t + C$$
$$= x\arctan\sqrt{x} - \sqrt{x} + \arctan\sqrt{x} + C.$$

【例 1.3.52】 求$\int \frac{xe^x}{\sqrt{e^x-1}}dx$.

【解】 设$t=\sqrt{e^x-1}$，则$e^x=1+t^2$，$x=\ln(1+t^2)$，$dx=\frac{2t}{1+t^2}dt$，所以

$$\int \frac{xe^x}{\sqrt{e^x-1}}dx = \int \frac{\ln(1+t^2)(1+t^2)}{t}\cdot\frac{2t}{1+t^2}dt$$
$$= 2\int \ln(1+t^2)dt = 2\left[t\ln(1+t^2) - \int\frac{2t^2}{1+t^2}dt\right]$$
$$= 2t\ln(1+t^2) - 4\int\left(1-\frac{1}{1+t^2}\right)dt = 2t\ln(1+t^2) - 4t + 4\arctan t + C$$
$$= 2\sqrt{e^x-1}\ln e^x - 4\sqrt{e^x-1} + 4\arctan\sqrt{e^x-1} + C$$
$$= 2x\sqrt{e^x-1} - 4\sqrt{e^x-1} + 4\arctan\sqrt{e^x-1} + C.$$

【例 1.3.53】 求$I_n = \int\frac{dx}{(x^2+a^2)^n}$，其中$n$为正整数.

【解】 当$n=1$时，$I_1=\int\frac{dx}{x^2+a^2}=\frac{1}{a}\arctan\frac{x}{a}+C$.

当$n>1$时，用分部积分法有

$$I_{n-1} = \int\frac{dx}{(x^2+a^2)^{n-1}} = \frac{x}{(x^2+a^2)^{n-1}} + 2(n-1)\int\frac{x^2}{(x^2+a^2)^n}dx$$
$$= \frac{x}{(x^2+a^2)^{n-1}} + 2(n-1)\int\left[\frac{1}{(x^2+a^2)^{n-1}} - \frac{a^2}{(x^2+a^2)^n}\right]dx$$
$$= \frac{x}{(x^2+a^2)^{n-1}} + 2(n-1)(I_{n-1} - a^2 I_n)$$

即
$$I_n = \frac{1}{2a^2(n-1)}\left[\frac{x}{(x^2+a^2)^{n-1}} + (2n-3)I_{n-1}\right]$$

递推可得

$$I_n = \int\frac{dx}{(x^2+a^2)^n} = \frac{1}{2a^2(n-1)}\left[\frac{x}{(x^2+a^2)^{n-1}} + (2n-3)I_{n-1}\right] \quad (n=2,3,\cdots).$$

练习题

用分部积分法求下列不定积分：

1. $\int x^2\ln x dx$；　2. $\int x\cos 4x dx$；　3. $\int\frac{x\arctan x}{\sqrt{1+x^2}}dx$；

4. $\int \arctan x dx$；　5. $\int x^3 e^{-x^2}dx$；　6. $\int\sin\sqrt{x}dx$；

7. $\int \ln(1-x)\mathrm{d}x$；　　8. $\int x^n \ln x \mathrm{d}x$；　　9. $\int \mathrm{e}^x \cos x \mathrm{d}x$；

10. $\int \arctan\sqrt{x}\mathrm{d}x$；　　11. $\int \arcsin x \mathrm{d}x$；　　12. $\int x \ln x^2 \mathrm{d}x$.

1.3.5 有理函数和可化为有理函数的积分

1.3.5.1 有理函数的概念

定义 1.3.3 两个多项式的商所构成的函数：$R(x)=\dfrac{P(x)}{Q(x)}=\dfrac{a_0x^n+a_1x^{n-1}+\cdots+a_{n-1}x+a_n}{b_0x^m+b_1x^{m-1}+\cdots+b_{m-1}x+a_m}$称为有理函数，其中 m,n 为非负整数，$a_0,a_1,a_2,\cdots,a_{n-1},a_n$ 和 $b_0,b_1,b_2,\cdots,b_{n-1},b_n$ 均为实数，且 $a_0\neq 0,b_0\neq 0$，$P(x)$ 与 $Q(x)$ 不可约. 当 $Q(x)$ 的最高次数高于 $P(x)$ 的最高次数时，$R(x)$ 是真分式，否则 $R(x)$ 为假分式.

为了求得有理函数的不定积分，方便起见需要对有理函数进行分解，将有理函数分解成多项式和部分简单真分式的代数和，下面给出有理函数分解理论.

(1) 任何一个假分式都可以利用多项式的除法，化为一个多项式和一个真分式的和.

(2) 任何一个真分式都可以化为几个部分简单真分式的代数和.

简单真分式是指，其分母只含有一次因式或二次质因式的正整数次幂，即分母只含有因式 $(x-a)^k$ 或$(x^2+px+q)^l$(其中 k,l 为正整数，a,p,q 均为实数，$p^2-4q<0$).

设 $R(x)=\dfrac{P(x)}{Q(x)}$ 为真分式，分解方法如下：

若 $Q(x)$ 含有因式$(x-a)^k$，则 $R(x)$ 的分解式中含有以下 k 个部分简单真分式的和 $\dfrac{A_1}{(x-a)^k}+\dfrac{A_2}{(x-a)^{k-1}}+\cdots+\dfrac{A_k}{x-a}$，其中 $A_i(i=1,2,\cdots,k)$ 为待定常数，可用待定系数法来确定.

若 $Q(x)$ 含有因式$(x^2+px+q)^l$，则 $R(x)$ 的分解式中含有以下 l 个部分简单真分式的和 $\dfrac{M_1x+N_1}{(x^2+px+q)^l}+\dfrac{M_2x+N_2}{(x^2+px+q)^{l-1}}+\cdots+\dfrac{M_lx+N_l}{x^2+px+q}$，其中 $M_i,N_i(i=1,2,\cdots,l)$ 为待定常数，可用待定系数法来确定.

由此可见，任意一个有理函数分解后，总可以化为多项式$\dfrac{A}{(x-a)^k}$、$\dfrac{Mx+N}{(x^2+px+q)^l}$形式函数的代数和.

【例 1.3.54】 将真分式$\dfrac{x+5}{x^2+x-2}$分解成最简公式之和.

【解】 分母 $x^2+x-2=(x-1)(x+2)$，由定理，设$\dfrac{x+5}{(x-1)(x+2)}=\dfrac{A}{x-1}+\dfrac{B}{x+2}$，

去分母，得$\dfrac{x+5}{(x-1)(x+2)}=\dfrac{(A+B)x+2A-B}{(x-1)(x+2)}$，

用待定系数法，解得 $A=2,B=-1$，于是

$$\frac{x+5}{(x-1)(x+2)}=\frac{2}{x-1}+\frac{-1}{x+2}.$$

1.3.5.2 有理函数不定积分的求解

有理函数不定积分的求解步骤为：

(1) 如果有理函数为假分式，则将假分式化为多项式和真分式之和；

(2) 将真分式化为部分简单真分式的代数和；

(3) 求解多项式和部分简单真分式的不定积分，进而求得有理函数的不定积分.

【例 1.3.55】 求$\int\frac{x+3}{x^2-5x+6}\mathrm{d}x$.

【解】 被积函数$\frac{x+3}{x^2-5x+6}$为真分式，则将其化为部分简单真分式的代数和

$$\frac{x+3}{x^2-5x+6}=\frac{x+3}{(x-2)(x-3)}=\frac{-5}{x-2}+\frac{6}{x-3},$$

得

$$\begin{aligned}\int\frac{x+3}{x^2-5x+6}\mathrm{d}x&=\int\left(\frac{-5}{x-2}+\frac{6}{x-3}\right)\mathrm{d}x=-5\int\frac{1}{x-2}\mathrm{d}x+6\int\frac{1}{x-3}\mathrm{d}x\\&=-5\ln|x-2|+6\ln|x-3|+C.\end{aligned}$$

【例 1.3.56】 求$\int\frac{x^3+2x^2+3}{x^2+x-2}\mathrm{d}x$.

【解】
$$\begin{aligned}\int\frac{x^3+2x^2+3}{x^2+x-2}\mathrm{d}x&=\int\left(x+1+\frac{2}{x-1}-\frac{1}{x+2}\right)\mathrm{d}x\\&=\frac{1}{2}x^2+x+2\ln|x-1|-\ln|x+2|+C.\end{aligned}$$

【例 1.3.57】 求$\int\frac{x^2-5x+12}{(x+1)(x-2)^2}\mathrm{d}x$.

【解】 设$\frac{x^2-5x+12}{(x+1)(x-2)^2}=\frac{A}{x+1}+\frac{B}{x-2}+\frac{C}{(x-2)^2}$,

等号右边通分，得

$$x^2-5x+12=A(x-2)^2+B(x+1)(x-2)+C(x+1),$$

令 $x=2$，得 $6=3C$，故 $C=2$；令 $x=-1$，得 $18=9A$，故 $A=2$；令 $x=0$，得 $12=4A-2B+C$，故 $B=-1$，于是

$$\begin{aligned}\int\frac{x^2-5x+12}{(x+1)(x-2)^2}\mathrm{d}x&=\int\left[\frac{2}{x+1}-\frac{1}{x-2}+\frac{2}{(x-2)^2}\right]\mathrm{d}x\\&=2\ln|x+1|-\ln|x-2|-\frac{2}{x-2}+C.\end{aligned}$$

【例 1.3.58】 求$\int\frac{x^2}{(1+2x)(1+x^2)}\mathrm{d}x$.

【解】 被积函数是真分式，分母中 $1+x^2$ 为二次质因式，所以设

$$\frac{x^2}{(1+2x)(1+x^2)}=\frac{A}{1+2x}+\frac{Bx+C}{1+x^2},$$

去分母，得

$$x^2 = A(1+x^2)+(Bx+C)(1+2x),$$

分别令 $x=-\frac{1}{2}$，得 $A=\frac{1}{5}$；令 $x=0$，得 $0=A+C$，即 $C=-A=-\frac{1}{5}$；令 $x=1$，得 $1=2A+3(B+C)$，得 $B=\frac{2}{5}$. 所以

$$\frac{x^2}{(1+2x)(1+x^2)}=\frac{\frac{1}{5}}{1+2x}+\frac{\frac{2}{5}x-\frac{1}{5}}{1+x^2},$$

于是

$$\begin{aligned}\int\frac{x^2}{(1+2x)(1+x^2)}dx &= \frac{1}{5}\int\frac{dx}{1+2x}+\frac{1}{5}\int\frac{2x-1}{1+x^2}dx\\ &= \frac{1}{5}\times\frac{1}{2}\int\frac{d(1+2x)}{1+2x}+\frac{1}{5}\int\frac{d(1+x^2)}{1+x^2}-\frac{1}{5}\int\frac{dx}{1+x^2}\\ &= \frac{1}{10}\ln\left|1+2x\right|+\frac{1}{5}\ln\left|1+x^2\right|-\frac{1}{5}\arctan x+C.\end{aligned}$$

1.3.5.3　三角函数有理式的积分

如果 $R(u,v)$ 为关于 u,v 的有理式，则 $R(\sin x,\cos x)$ 称为三角函数有理式. 我们仅举几个例子说明这类函数的积分方法.

【例 1.3.59】　求 $\int\frac{1+\sin x}{\sin x(1+\cos x)}dx$.

【解】　利用万能变换化为有理函数的积分，作变量代换 $u=\tan\frac{x}{2}$，可得

$$\sin x=\frac{2u}{1+u^2},\cos x=\frac{1-u^2}{1+u^2},dx=\frac{2}{1+u^2}du,$$

因此

$$\begin{aligned}\int\frac{1+\sin x}{\sin x(1+\cos x)}dx &= \int\frac{1+\frac{2u}{1+u^2}}{\frac{2u}{1+u^2}\left(1+\frac{1-u^2}{1+u^2}\right)}\cdot\frac{2}{1+u^2}du\\ &= \frac{1}{2}\int\left(u+2+\frac{1}{u}\right)du=\frac{1}{2}\left(\frac{u^2}{2}+2u+\ln|u|\right)+C\\ &= \frac{1}{4}\tan^2\frac{x}{2}+\tan\frac{x}{2}+\frac{1}{2}\ln\left|\tan\frac{x}{2}\right|+C.\end{aligned}$$

【例 1.3.60】　求 $\int\sin^2x\cos^2x dx$.

【解】

$$\begin{aligned}\int\sin^2x\cos^2xdx &= \int\frac{1-\cos2x}{2}\,\frac{1+\cos2x}{2}dx=\frac{1}{4}\int(1-\cos^2 2x)dx\\ &= \frac{1}{4}\int dx-\frac{1}{4}\int\frac{1+\cos4x}{2}dx=\frac{1}{8}\int dx-\frac{1}{8}\int\cos4xdx\\ &= \frac{1}{8}x-\frac{1}{32}\sin4x+C.\end{aligned}$$

利用倍角公式 $\sin^2 x = \dfrac{1-\cos 2x}{2}, \cos^2 x = \dfrac{1+\cos 2x}{2}$ 达到降低三角函数的幂次以解决积分计算.

1.3.5.4 几类简单无理式的积分

我们已经介绍过 $\int R(x, \sqrt{a^2 \pm x^2})\mathrm{d}x, \int R(x, \sqrt{x^2 - a^2})\mathrm{d}x$ 的积分,其中 $R(x,u)$ 表示 x,u 的有理式,这类积分可通过三角代换消去根号,化为三角函数有理式的积分,接下来讨论形如 $\int R(x, \sqrt[n]{ax+b})\mathrm{d}x, \int R\left(x, \sqrt[n]{\dfrac{ax+b}{cx+d}}\right)\mathrm{d}x$ 的积分.

【例 1.3.61】 求 $\displaystyle\int \frac{\mathrm{d}x}{1+\sqrt[3]{x+2}}$.

【解】 令 $\sqrt[3]{x+2} = u$,得 $x = u^3 - 2, \mathrm{d}x = 3u^2\mathrm{d}u$,代入得

$$\begin{aligned}\int \frac{\mathrm{d}x}{1+\sqrt[3]{x+2}} &= \int \frac{3u^2}{1+u}\mathrm{d}u = 3\int \frac{u^2-1+1}{1+u}\mathrm{d}u \\ &= 3\int\left(u-1+\frac{1}{1+u}\right)\mathrm{d}u = 3\left(\frac{u^2}{2} - u + \ln|1+u|\right) + C \\ &= \frac{3}{2}\sqrt[3]{(x+2)^2} - 3\sqrt[3]{x+2} + 3\ln|1+\sqrt[3]{x+2}| + C.\end{aligned}$$

【例 1.3.62】 求 $\displaystyle\int \frac{\mathrm{d}x}{(1+\sqrt[3]{x})\sqrt{x}}$.

【解】 令 $x = t^6$,得 $\mathrm{d}x = 6t^5\mathrm{d}t$,代入得

$$\begin{aligned}\int \frac{\mathrm{d}x}{(1+\sqrt[3]{x})\sqrt{x}} &= \int \frac{6t^5\mathrm{d}t}{(1+t^2)t^3} = 6\int \frac{t^2}{1+t^2}\mathrm{d}t \\ &= 6\int\left(1-\frac{1}{1+t^2}\right)\mathrm{d}t = 6(t - \arctan t) + C \\ &= 6(\sqrt[6]{x} - \arctan\sqrt[6]{x}) + C.\end{aligned}$$

通过前面的讨论可以看出,求积分要比求导数灵活、烦琐很多,并且在科学计算和工程实践中,经常会遇到很多复杂的不定积分,为了使用方便,本书把常用的积分公式按照被积函数的类型汇集成表,即积分表,供读者查阅(附录 2). 该表使用很简单,即根据被积函数的类型,直接查积分表中相应的积分公式;或对被积函数进行简单的变形,变成积分表中已有的被积函数的类型,再查积分表中相应的积分公式,代入数据,进而求得积分.

练习题

求下列不定积分:

1. $\displaystyle\int \frac{2x+3}{x^2+3x-10}\mathrm{d}x$; 2. $\displaystyle\int \frac{x^3}{1+x^2}\mathrm{d}x$; 3. $\displaystyle\int \frac{x-2}{x^2+2x+3}\mathrm{d}x$;

4. $\displaystyle\int \frac{\mathrm{d}x}{1+\cos x}$; 5. $\displaystyle\int \frac{\mathrm{d}x}{\sqrt{x}+\sqrt[4]{x}}$; 6. $\displaystyle\int \sqrt{\frac{1-x}{1+x}}\frac{\mathrm{d}x}{x}$;

7. $\int \frac{x^4}{1+x^2}\mathrm{d}x$；　　8. $\int \frac{\mathrm{d}x}{\sqrt{1+x-x^2}}$；　　9. $\int \frac{3x+5}{(x^2+2x+2)^2}\mathrm{d}x$；

10. $\int \frac{x^3-1}{4x^3-x}\mathrm{d}x$；　　11. $\int \frac{1}{(x+1)(x+2)(x+3)}\mathrm{d}x$；

12. $\int \frac{1}{(x+1)(x^2+x+1)^2}\mathrm{d}x$.

1.3.6　定积分的概念及性质

1.3.6.1　引例

1. 曲边梯形的面积

初等数学中，我们已经学会了计算多边形及圆形的面积，至于任意曲线所围成的平面图形的面积，就不会计算了.

求图形的面积历来为数学家们所注重. 许多古代数学家都曾用"穷竭法"计算过圆、抛物线、弓形和其他一些图形的面积，并取得了成功. 穷竭法的基本思想就是在要求面积的一个给定的区域内作一内接多边形，使多边形区域近似于给定的区域，并计算出多边形的面积. 然后再作一个边数更多、更近似于给定区域的多边形，并依此类推下去，使多边形的边数愈来愈多，从而穷尽于这个给定的区域.

任意曲线所围成的平面图形的面积计算，依赖于曲边梯形(由区间$[a, b]$上的连续曲线$y=f(x)[f(x)\geqslant 0]$，与直线$x=a$，$x=b$及x轴所围成的平面图形，如图1.3.1所示的面积.

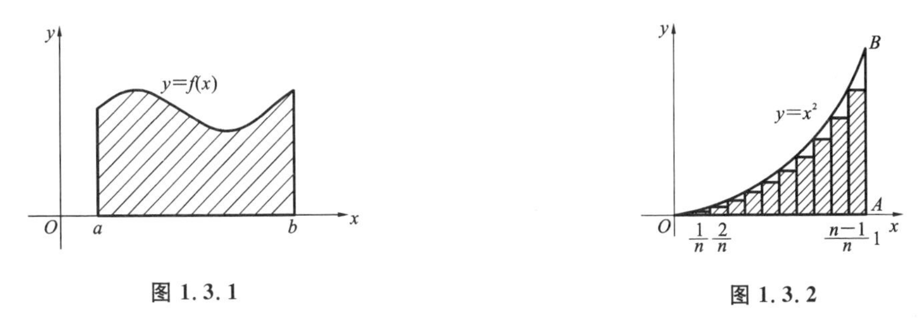

图1.3.1　　　图1.3.2

如图1.3.2所示，计算抛物线$y=x^2$、直线$x=1$和x轴所围成的曲边梯形OAB的面积，可按下述方法进行：

(1) 分割　用分点

$$0,\frac{1}{n},\frac{2}{n},\cdots,\frac{n-1}{n},1$$

把区间$[0,1]$分成n个相等的小区间$\left[\frac{i-1}{n},\frac{i}{n}\right](i=1,2,\cdots,n)$. 过每一个分点作$x$轴的垂线，将曲边梯形分割成$n$个小曲边梯形，面积为$S_i(i=1,2,\cdots,n)$.

(2) 近似　每个小曲边梯形的面积都可以近似地用以$\frac{1}{n}$为底，以每个小区间左端点的函数值为高的小矩形面积代替，即

$$S_i \approx \frac{1}{n} \cdot \left(\frac{i-1}{n}\right)^2 = \frac{1}{n^3}(i-1)^2 \quad (i = 1,2,\cdots,n).$$

(3) 求和　n 个小矩形的面积之和 $S_{左}$，即为整个曲边梯形面积 S 的近似值

$$S \approx S_{左} = \frac{1}{n^3}\sum_{i=1}^{n}(i-1)^2 = \frac{1}{n^3}[0^2+1^2+2^2+\cdots+(n-1)^2] = \frac{1}{3}\left(1-\frac{1}{n}\right)\left(1-\frac{1}{2n}\right).$$

(4) 取极限　分点愈多(即 n 愈大)，近似程度愈好. 若要得到精确值，可以取 $n\to\infty$ 时的极限

$$\lim_{n\to\infty} S_{左} = \lim_{n\to\infty}\frac{1}{3}\left(1-\frac{1}{n}\right)\left(1-\frac{1}{2n}\right) = \frac{1}{3}.$$

若每个小曲边梯形的面积近似地用以 $\frac{1}{n}$ 为底，以每个小区间右端点的函数值为高的小矩形面积代替，则有

$$\lim_{n\to\infty} S_{右} = \lim_{n\to\infty}\frac{1}{3}\left(1+\frac{1}{n}\right)\left(1+\frac{1}{2n}\right) = \frac{1}{3}.$$

由于函数 $y = x^2$ 在区间 $[0,1]$ 上是严格单调递增的，所以 $S_{左} \leqslant S \leqslant S_{右}$，由极限收敛准则，曲边梯形 OAB 的面积 $S = \frac{1}{3}$.

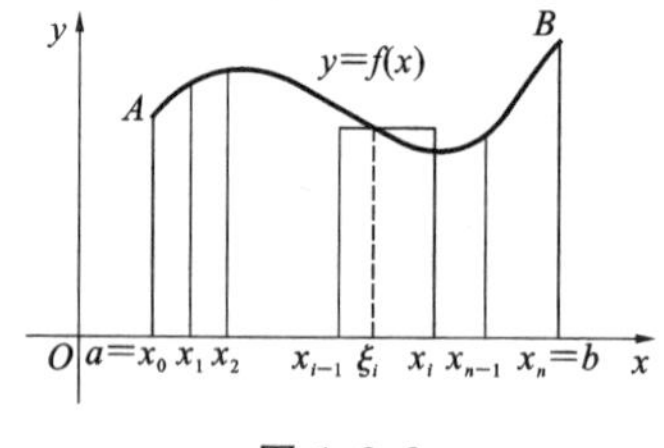

图 1.3.3

现在进一步讨论由 $y = f(x)[f(x) \geqslant 0]$，直线 $x = a$，$x = b$ 以及 x 轴所围成的一般曲边梯形的面积(图 1.3.3).

(1) 分割　用分点

$$a = x_0 < x_1 < x_2 < \cdots < x_{i-1} < x_i < \cdots < x_{n-1} < x_n = b$$

将区间分成 n 个小区间

$$[x_0, x_1], [x_1, x_2], \cdots, [x_{i-1}, x_i], \cdots, [x_{n-1}, x_n],$$

其中第 i 个小区间的长度为

$$\Delta x_i = x_i - x_{i-1} \quad (i = 1,2,\cdots,n).$$

过每一分点 $x_i(i = 1,2,\cdots,n-1)$ 作 x 轴的垂线，把曲边梯形 $AabB$ 分成 n 个小曲边梯形，如图 1.3.3 所示，其中第 i 个小曲边梯形的面积记为 $S_i(i = 1,2,\cdots,n)$.

(2) 近似　在每一小区间 $[x_{i-1}, x_i]$ 内任取一点 $\xi_i(i = 1,2,\cdots,n)$，每个小曲边梯形的面积都可以近似地用以 Δx_i 为底、$f(\xi_i)$ 为高的小矩形面积来代替，即 $S_i \approx f(\xi_i) \cdot \Delta x_i$.

(3) 求和　n 个小矩形的面积之和即为整个曲边梯形面积 S 的近似值

$$S \approx \sum_{i=1}^{n} f(\xi_i) \cdot \Delta x_i.$$

(4) 取极限　如果分点数无限增加(即 $n\to\infty$)，且 $\Delta x = \max\{\Delta x_i\}(1 \leqslant i \leqslant n)$ 趋于零时，上式的极限就是曲边梯形 $AabB$ 的面积 S，即

$$S = \lim_{\Delta x\to 0}\sum_{i=1}^{n} f(\xi_i) \cdot \Delta x_i. \tag{1.3.1}$$

2. 变速直线运动的距离

我们知道，作匀速直线运动的物体在时间 t 中所经过的路程 s 就是它的速度 v 与时间 t 的乘积 $s = vt$.

现在我们要求做变速直线运动的物体在时间间隔$[T_1,T_2]$上所经过的路程s. 设物体的瞬时速度v是时间t的连续函数$v=v(t)$. 既然v不再是常数,就不能直接用速度乘时间来计算路程,但可以用类似于解决曲边梯形面积问题的方法与步骤来解决现在的问题.

(1) 分割　在时间间隔$[T_1,T_2]$内任意插入$n-1$个分点,$T_1=t_0<t_1<t_2<\cdots<t_{i-1}<t_i<\cdots<t_{n-1}<t_n=T_2$,如图1.3.4所示.

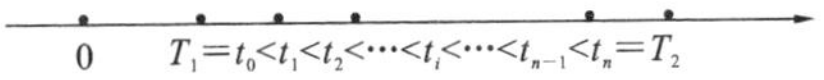

$0\quad T_1=t_0<t_1<t_2<\cdots<t_i<\cdots<t_{n-1}<t_n=T_2$

图 1.3.4

把$[T_1,T_2]$分成n个小区间

$$[t_0,t_1],[t_1,t_2],\cdots,[t_{i-1},t_i],\cdots,[t_{n-1},t_n].$$

这些小区间的长度分别为

$$\Delta t_i=t_i-t_{i-1}(i=1,2,\cdots,n).$$

相应的路程s被分为n段小路程$\Delta s_i(i=1,2,\cdots,n)$.

(2) 近似　在每个小区间上任意取一点$\xi_i(t_{i-1}\leqslant\xi_i\leqslant t_i)$,用$\xi_i$点的速度$v(\xi_i)$近似代替物体在小区间上的平均速度,用$v(\xi_i)\Delta t_i$近似代替物体在小区间$[t_{i-1},t_i]$上所经过的路程$\Delta s_i$,

$$\Delta s_i\approx v(\xi_i)\cdot\Delta t_i\quad(i=1,2,\cdots,n).$$

(3) 求和　物体在时间区间$[T_1,T_2]$内所经过的路程s的近似值为物体在每个时间子区间内所经过的路程的近似值之和,即

$$s=\sum_{i=1}^{n}\Delta s_i\approx\sum_{i=1}^{n}v(\xi_i)\Delta t_i.$$

(4) 取极限　当分点的个数无限地增加,最大子区间的长度趋于零时,即$\Delta t=\max\limits_{1\leqslant i\leqslant n}\{\Delta t_i\}$趋于零时,上式的极限即为物体在区间$[T_1,T_2]$内以速度$v(t)$所经过的路程的精确值,即

$$s=\lim_{\Delta t\to 0}\sum_{i=1}^{n}v(\xi_i)\Delta t_i.$$

由以上两个引例可以看出,虽然两者的性质截然不同,但是它们都取决于某个变量的一个变化区间$[a,b]$以及定义在这个区间上的函数,并且在求所要求的量时所用的数学方法与步骤完全一样,最后都归结为一种具有相同结构和式的极限问题. 其实在自然科学和工程技术中尚有很多问题需要用类似的方法去解决,例如变力沿直线做功,非均匀分布的物质薄板与物质曲线的质量,经济领域中的收益、成本、利润问题等. 因此,从数学的角度专门对这种类型的极限问题加以研究具有非常重要的实际意义.

1.3.6.2　定积分的概念

1. 定积分的定义

☞ **定义 1.3.4**　设函数$y=f(x)$在区间$[a,b]$上有定义,用点$a=x_0<x_1<x_2<\cdots<x_{n-1}<x_n=b$,把区间$[a,b]$分为$n$个小区间

$$[x_0,x_1],[x_1,x_2],\cdots,[x_{i-1},x_i],\cdots,[x_{n-1},x_n],$$

其中第i个小区间的长度为

$$\Delta x_i = x_i - x_{i-1} \quad (i = 1,2,\cdots,n).$$

在每一个小区间$[x_{i-1},x_i]$内任取一点ξ_i作和式(称为积分和)

$$\sum_{i=1}^{n} f(\xi_i) \cdot \Delta x_i.$$

记$\Delta x = \max\{\Delta x_i\}(1 \leqslant i \leqslant n)$,如果对区间$[a,b]$的任意分法和$\xi_i$的任意取法,当$\Delta x \to 0$时,上述和式的极限存在且相等,则称函数$y = f(x)$在区间$[a,b]$上是可积的,并将此极限称为函数$y = f(x)$在区间$[a,b]$上的定积分,记作$\int_a^b f(x) \cdot \mathrm{d}x$,即

$$\int_a^b f(x)\mathrm{d}x = \lim_{\Delta x \to 0} \sum_{i=1}^{n} f(\xi_i) \cdot \Delta x_i. \tag{1.3.2}$$

其中$f(x)$称为被积函数,$f(x)\mathrm{d}x$称为被积表达式,x称为积分变量,a称为积分下限,b称为积分上限,$[a,b]$称为积分区间,$\int$是积分记号,它是拉长了的拉丁字母S.

以上两引例所讨论的问题可以分别用定积分的定义叙述为:

(1) 由抛物线$y = x^2$、直线$x = 1$和x轴所围成的曲边梯形的面积等于函数$y = x^2$在区间$[0,1]$上的定积分,即

$$S = \int_0^1 x^2 \mathrm{d}x = \frac{1}{3}.$$

由$y = f(x)[f(x) \geqslant 0]$,直线$x = a, x = b$,以及$x$轴所围成的曲边梯形的面积$S$等于函数$y = f(x)$在区间$[a,b]$上的定积分,即

$$S = \int_a^b f(x)\mathrm{d}x.$$

(2) 作变速直线运动的物体在时间间隔$[T_1,T_2]$上所经过的路程s等于连续函数$v = v(t)$在区间$[T_1,T_2]$上的定积分,即

$$s = \int_{T_2}^{T_2} v(t)\mathrm{d}t.$$

关于定积分的定义,我们还有下面的几点说明:

(1) 区间$[a,b]$划分的细密程度不能仅由分点个数的多少或n的大小来确定.因为尽管n很大,每一个子区间的长度却不一定都很小.所以在求和式的极限时,必须要求最大子区间的长度$\Delta x \to 0$,这时当然有$n \to \infty$.

(2) 区间$[a,b]$的划分是任意的,对于不同的划分,将有不同的和式,即使对同一个划分,由于ξ_i可在$[x_{i-1},x_i]$上任意选取,也将产生无穷多个和式.定义要求,无论区间怎样划分,怎样选取,当所有的和式都趋于同一个极限时,我们才说定积分存在.

(3) 由定义可知,对于$[a,b]$上的无界函数$f(x)$,其和式显然无极限.因为把$[a,b]$任意划分成n个子区间后,$f(x)$至少在某一个子区间$[x_{i-1},x_i]$上仍旧无界.于是适当选取ξ_i,可使$f(\xi_i)$的绝对值任意大,也就是可使和式的绝对值任意大.由此可知,定积分存在的必要条件是被积函数$f(x)$在区间$[a,b]$上有界,故,此结论可以表述为:如果函数$f(x)$在区间$[a,b]$上无界,则$f(x)$在$[a,b]$上不可积.

注意：

（1）函数 $f(x)$ 在区间 $[a,b]$ 上的定积分是积分和的极限，如果这一极限存在，则它是一个确定的常量. 它只与被积函数 $f(x)$ 和积分区间 $[a,b]$ 有关，而与积分变量字母的选取无关，即有

$$\int_a^b f(x)\mathrm{d}x = \int_a^b f(t)\mathrm{d}t = \int_a^b f(u)\mathrm{d}u. \tag{1.3.3}$$

（2）在定积分的定义，总是假设 $a<b$，为使用方便，如果 $a>b$，我们规定

$$\int_a^b f(x)\mathrm{d}x = -\int_b^a f(x)\mathrm{d}x. \tag{1.3.4}$$

即互换定积分的上、下限，定积分要变号.

特别地，当 $a=b$ 时，有

$$\int_a^b f(x)\mathrm{d}x = 0. \tag{1.3.5}$$

2. 定积分的几何意义

如果在区间 $[a,b]$ 上 $f(x)\geqslant 0$，则定积分 $\int_a^b f(x)\mathrm{d}x$ 在几何上表示由曲线 $y=f(x)$，直线 $x=a$，$x=b$ 以及 x 轴所围成的曲边梯形的面积 S.

如果在区间 $[a,b]$ 上 $f(x)\leqslant 0$，此时 $f(\xi_i)\leqslant 0$，而 $\Delta x_i>0$，由曲线 $y=f(x)$，直线 $x=a$，$x=b$ 以及 x 轴所围成的曲边梯形位于 x 轴的下方，则定积分 $\int_a^b f(x)\mathrm{d}x$ 在几何上表示上述面积 S 的相反数（图 1.3.4）.

如果在区间 $[a,b]$ 上 $f(x)$ 有正有负，定积分 $\int_a^b f(x)\mathrm{d}x$ 的几何意义是 $[a,b]$ 上各个曲边梯形面积的代数和（图 1.3.5），或者说，定积分的值是在 x 轴上方的曲边梯形的面积与在 x 轴下方的曲边梯形的面积之差.

图 1.3.4　　图 1.3.5

1.3.6.3　存在定理

根据定义，函数 $f(x)$ 在区间 $[a,b]$ 上的定积分是下列和式的极限：

$$\int_a^b f(x)\mathrm{d}x = \lim_{\Delta x\to 0}\sum_{i=1}^n f(\xi_i)\cdot\Delta x_i$$

在什么条件下函数 $f(x)$ 在区间上的定积分一定存在？我们有下面的存在定理：

▲ **定理 1.3.5**　若函数 $f(x)$ 在区间 $[a,b]$ 上连续，则函数 $f(x)$ 在区间 $[a,b]$ 上可积.

▲ **定理 1.3.6**　若函数 $f(x)$ 在区间 $[a,b]$ 上有界，且只有有限个第一类间断点，则函数 $f(x)$ 在区间 $[a,b]$ 上可积.

1.3.6.4 定积分的基本性质

由定积分的定义和极限的运算法则，可以得到定积分有以下性质. 为叙述方便，我们总假设函数在所讨论的区间上都是可积的.

◎ **性质 1.3.3** 两个函数代数和的定积分等于各函数定积分的代数和，即

$$\int_a^b [f(x) \pm g(x)]\mathrm{d}x = \int_a^b f(x)\mathrm{d}x \pm \int_a^b g(x)\mathrm{d}x. \tag{1.3.6}$$

证明：
$$\begin{aligned}\int_a^b [f(x) \pm g(x)]\mathrm{d}x &= \lim_{\Delta x \to 0} \sum_{i=1}^n [f(\xi_i) \pm g(\xi_i)] \cdot \Delta x_i \\ &= \lim_{\Delta x \to 0} \Big[\sum_{i=1}^n f(\xi_i) \cdot \Delta x_i \pm \sum_{i=1}^n g(\xi_i) \cdot \Delta x_i\Big] \\ &= \lim_{\Delta x \to 0} \sum_{i=1}^n f(\xi_i) \cdot \Delta x_i \pm \lim_{\Delta x \to 0} \sum_{i=1}^n g(\xi_i) \cdot \Delta x_i \\ &= \int_a^b f(x)\mathrm{d}x \pm \int_a^b g(x)\mathrm{d}x.\end{aligned}$$

◎ **性质 1.3.4** 被积函数的常数因子可以提到积分号前，即

$$\int_a^b kf(x)\mathrm{d}x = k\int_a^b f(x)\mathrm{d}x \quad (k \text{ 为常数}). \tag{1.3.7}$$

推论 1.3.1 有限个函数的代数和的定积分等于各函数定积分的代数和，即

$$\int_a^b [k_1 f_1(x) \pm k_2 f_2(x) \pm \cdots \pm k_n f_n(x)]\mathrm{d}x = k_1\int_a^b f_1(x)\mathrm{d}x \pm k_2\int_a^b f_2(x)\mathrm{d}x \pm \cdots \pm k_n\int_a^b f_n(x)\mathrm{d}x.$$

◎ **性质 1.3.5**(定积分的可加性) 如果积分区间$[a,b]$被分点 c 分成两个区间$[a,c]$与$[c,b]$，则

$$\int_a^b f(x)\mathrm{d}x = \int_a^c f(x)\mathrm{d}x + \int_c^b f(x)\mathrm{d}x \tag{1.3.8}$$

证明：因为函数 $f(x)$ 在区间$[a,b]$上可积，而积分的存在与区间的分法无关，所以我们总可以将点 c 取为区间的一个分点，如 $x_k = c$，如图 1.3.6 所示.

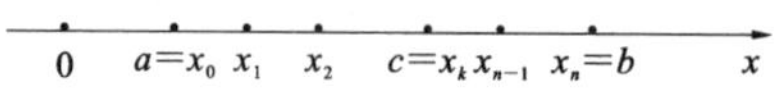

$0 \quad a=x_0 \quad x_1 \quad x_2 \quad c=x_k \quad x_{n-1} \quad x_n=b \quad x$

图 1.3.6

即 $$a = x_0 < x_1 < x_2 < \cdots < x_{k-1} < c = x_k < x_{k+1} < \cdots < x_{n-1} < x_n = b$$

则$[a,b]$上的积分和式等于$[a,c]$上的积分和式再加上$[c,b]$上的积分和式，即

$$\sum_{[a,b]} f(\xi_i) \cdot \Delta x_i = \sum_{[a,c]} f(\xi_i) \cdot \Delta x_i + \sum_{[c,b]} f(\xi_i) \cdot \Delta x_i$$

因为函数 $f(x)$ 在区间$[a,b]$上可积，所以 $f(x)$ 在区间$[a,c]$和$[c,b]$上也可积. 因此，当分点数 $n \to \infty, \Delta x \to 0$ 时，上式两端的极限都存在且相等，即式(1.3.8)成立.

当 c 不介于 a,b 之间时，等式(1.3.8)仍然成立. 如果 $a<b<c$，这时只要 $f(x)$ 在$[a,c]$可积，由式(1.3.8)有

$$\int_a^c f(x)\mathrm{d}x = \int_a^b f(x)\mathrm{d}x + \int_b^c f(x)\mathrm{d}x = \int_a^b f(x)\mathrm{d}x - \int_c^b f(x)\mathrm{d}x,$$

移项后，即得

$$\int_a^b f(x)\mathrm{d}x = \int_a^c f(x)\mathrm{d}x + \int_c^b f(x)\mathrm{d}x$$

同理,当 $c < a < b$ 时,式(1.3.8)也成立.

◎ **性质 1.3.6** 如果在区间 $[a,b]$ 上,恒有 $f(x) \geqslant 0$,则

$$\int_a^b f(x)\mathrm{d}x \geqslant 0 \tag{1.3.9}$$

推论 1.3.2 如果在区间 $[a,b]$ 上,恒有 $f(x) \leqslant g(x)$,则

$$\int_a^b f(x)\mathrm{d}x \leqslant \int_a^b g(x)\mathrm{d}x.$$

推论 1.3.3 如果 $f(x)$ 在 $[a,b]$ 上连续,则

$$\left|\int_a^b f(x)\mathrm{d}x\right| \leqslant \int_a^b |f(x)|\mathrm{d}x.$$

即说明无论 $f(x)$ 在 $[a,b]$ 上是正还是负,曲边梯形的面积都可用上式右端积分表示.

◎ **性质 1.3.7** 如果在区间 $[a,b]$ 上,有 $f(x) \equiv 1$,则

$$\int_a^b \mathrm{d}x = b - a \tag{1.3.10}$$

式(1.3.10)的几何表达就是,函数 $y = 1$ 在区间 $[a,b]$ 上的定积分就是直线 $y = 1$、$x = a$,$x = b$,以及 x 轴所围成的矩形面积.

◎ **性质 1.3.8**(估值定理) 设 M 和 m 分别是函数 $f(x)$ 在区间 $[a,b]$ 上的最大值和最小值,则

$$m(b-a) \leqslant \int_a^b f(x)\mathrm{d}x \leqslant M(b-a) \tag{1.3.11}$$

证明:因为 $m \leqslant f(x) \leqslant M \quad (a \leqslant x \leqslant b)$,由推论 1.3.2 可得

$$\int_a^b m\mathrm{d}x \leqslant \int_a^b f(x)\mathrm{d}x \leqslant \int_a^b M\mathrm{d}x.$$

再由性质 1.3.7 和性质 1.3.4 得到

$$m(b-a) \leqslant \int_a^b f(x)\mathrm{d}x \leqslant M(b-a).$$

其几何意义是:由曲线 $y = f(x)$,直线 $x = a$,$x = b$,以及 x 轴所围成的曲边梯形的面积,介于以区间 $[a,b]$ 为底,以函数最小值 m 和最大值 M 为高的两个矩形面积之间,如图 1.3.7 所示.

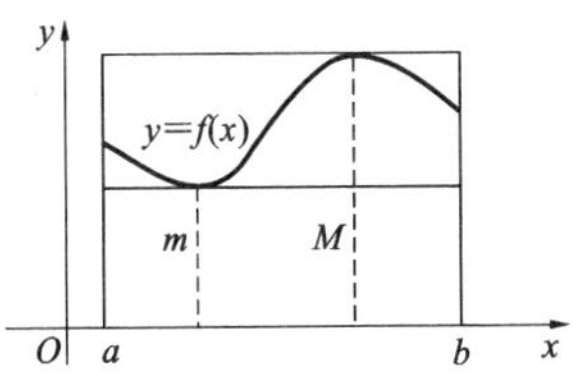

图 1.3.7

【例 1.3.63】 试估计定积分 $\int_0^1 \mathrm{e}^x\mathrm{d}x$ 的值.

【解】 在区间 $[0,1]$ 上,函数 $y = \mathrm{e}^x$ 是增函数,且最大值 $f(1) = \mathrm{e}^1 = \mathrm{e}$,最小值 $f(0) = \mathrm{e}^0 = 1$. 由性质 1.3.8,则有

$$1(1-0) \leqslant \int_0^1 \mathrm{e}^x\mathrm{d}x \leqslant \mathrm{e}(1-0),$$

即

$$1 \leqslant \int_0^1 \mathrm{e}^x\mathrm{d}x \leqslant \mathrm{e}.$$

◎ **性质 1.3.9**(积分第一中值定理) 如果函数 $f(x)$ 在区间 $[a,b]$ 上连续,则在区间 $[a,b]$ 内至少存在一点 ξ 使得下式成立

$$f(\xi) = \frac{1}{b-a}\int_a^b f(x)\mathrm{d}x. \tag{1.3.12}$$

即有

$$\int_a^b f(x)\mathrm{d}x = f(\xi)(b-a) \quad (a \leqslant \xi \leqslant b).$$

证明：以 $b-a$ 除不等式(1.3.11)，得

$$m \leqslant \frac{1}{b-a}\int_a^b f(x)\mathrm{d}x \leqslant M.$$

即 $\frac{1}{b-a}\int_a^b f(x)\mathrm{d}x$ 是介于函数 $f(x)$ 的最大值 M 与最小值 m 之间的一个数，因为函数 $f(x)$ 在区间 $[a,b]$ 上连续，由连续函数的介值定理，至少存在一点 ξ 使得等式(1.3.12)成立.

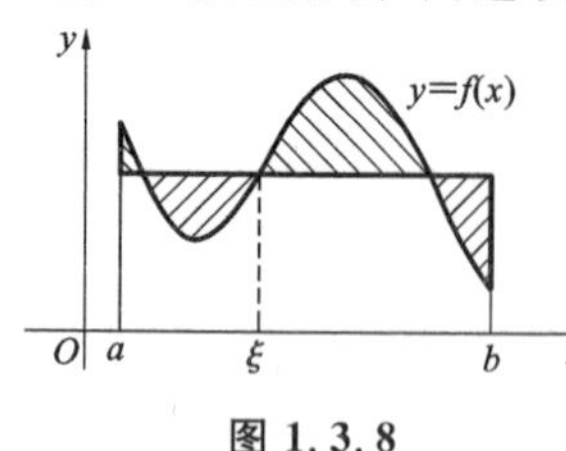

图 1.3.8

等式(1.3.12)的几何意义是：由曲线 $y=f(x)$，直线 $x=a$，$x=b$ 以及 x 轴所围成的曲边梯形的面积，等于以区间 $[a,b]$ 为底，以这个区间内的某一点处曲线的纵坐标 $f(\xi)$ 为高的矩形面积，如图 1.3.8 所示.

$\frac{1}{b-a}\int_a^b f(x)\mathrm{d}x$ 称为函数 $f(x)$ 在区间 $[a,b]$ 上的平均值.

练习题

1. 用定积分的定义表示下列物理量：

(1) 由曲线 $y=\ln x$，直线 $x=1$，$x=\mathrm{e}$ 及 x 轴所围成的曲边梯形的面积 $S=$ ________.

(2) 以速率 $v=t^2+1$ 作直线运动的物体，在时间间隔 $[0,3]$ 上所经过的路程 s 的表达式为 $s=$ ________.

(3) 一个物体在变力 $F=4s+3$ 的作用下沿力的方向作直线运动，则物体从 $s=1$ 移动到 $s=3$ 时，变力对物体所做的功 $W=$ ________.

2. 根据定积分的几何意义计算下列积分的值，并说明理由：

(1) $\int_1^4 (2x+3)\mathrm{d}x$；　(2) $\int_0^2 \sqrt{4-x^2}\mathrm{d}x$；　(3) $\int_{-\pi}^{\pi} \sin x\mathrm{d}x$.

3. 填空题.

(1) $\int_{\frac{1}{\mathrm{e}}}^{\mathrm{e}} |\ln x|\mathrm{d}x$ 用定积分的可加性可表示为________________.

(2) 函数 $f(x)$ 在区间 $[-2,1]$ 上连续且平均值为 3，则 $\int_{-2}^1 f(x)\mathrm{d}x=$ ________.

4. 不计算定积分的值，试比较下列各定积分的大小：

(1) $\int_0^1 x\mathrm{d}x$，$\int_0^1 x^2\mathrm{d}x$；　(2) $\int_0^1 \mathrm{e}^x\mathrm{d}x$，$\int_0^1 x\mathrm{d}x$；

(3) $\int_0^{\frac{\pi}{4}} \sin x\mathrm{d}x$，$\int_0^{\frac{\pi}{4}} \cos x\mathrm{d}x$；　(4) $\int_0^{\frac{\pi}{2}} x\mathrm{d}x$，$\int_0^{\frac{\pi}{2}} \sin x\mathrm{d}x$；

(5) $\int_1^2 \sqrt{x}\ln x\mathrm{d}x$，$\int_1^2 x\ln x\mathrm{d}x$；　(6) $\int_1^{\mathrm{e}} \ln x\mathrm{d}x$，$\int_1^{\mathrm{e}} \ln^2 x\mathrm{d}x$.

5. 利用定积分的性质 1.3.8，估计下列定积分的值：

(1) $\int_{-1}^1 \frac{\mathrm{d}x}{8+x^3}$；　(2) $\int_{-1}^2 \mathrm{e}^{x^2}\mathrm{d}x$.

◈ 1.3.7　微积分学基本定理

在上一节中，我们介绍了定积分的概念，定积分其实是积分和式的极限. 但通过定义计算定积分时，难度较大，有时会很复杂. 不定积分是通过原函数概念引入的，它与定积分从两个完

全不同角度引进的概念有什么关系呢?本节探讨这两个概念之间的关系,并通过这个关系得出利用原函数计算定积分的公式.在数学史上,这一探讨过程经历了漫长的岁月,终于在17世纪由牛顿和莱布尼兹找到了答案,他们证明了微积分基本定理,揭示了不定积分与定积分的内在联系,建立了牛顿-莱布尼兹公式,解决了定积分的计算问题.

1.3.7.1 变上限积分

定义1.3.5 设函数 $f(x)$ 在区间 $[a,b]$ 上连续,对于任意的 $x\in[a,b]$, $f(x)$ 在区间 $[a,x]$ 上也连续,由定积分存在定理可知,定积分 $\int_a^x f(x)\mathrm{d}x$ 存在,由于积分上限 x 是变量,故称为变上限积分.要注意的是,积分上限 x 与被积表达式 $f(x)\mathrm{d}x$ 中的积分变量 x 是两个不同的概念,为了区分它们,根据定积分与积分变量记号无关的性质,另用字母 t 表示积分变量,于是变上限积分可以记为 $\int_a^x f(t)\mathrm{d}t$.

从几何上看,对于任意的 $x\in[a,b]$,变上限积分 $\int_a^x f(t)\mathrm{d}t$ 表示图1.3.9中阴影部分的面积,这个面积随 x 的变化而变化.对于 x 的每一个数值,变上限积分都有一个确定的数值与之对应,所以它是上限 x 的函数,记为 $\Phi(x)$,即 $\Phi(x)=\int_a^x f(t)\mathrm{d}t$.

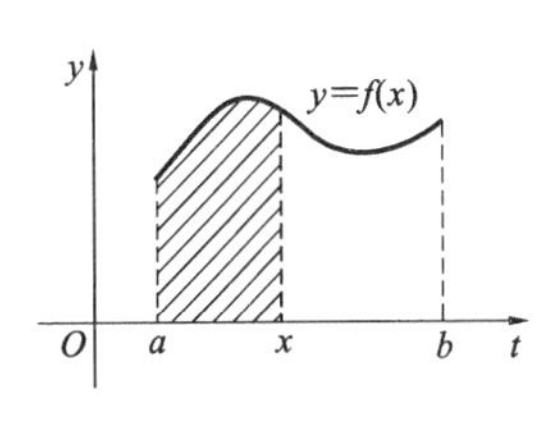

图1.3.9

关于 $\Phi(x)$,有下面的重要定理:

▲ **定理1.3.7** 如果函数 $f(x)$ 在区间 $[a,b]$ 上连续,则变上限积分 $\Phi(x)=\int_a^x f(t)\mathrm{d}t$ 对积分上限 x 的导数等于被积函数在积分上限 x 处的函数值,即

$$\Phi'(x)=\left[\int_a^x f(t)\mathrm{d}t\right]'=f(x). \tag{1.3.13}$$

证明:给 x 以增量 $\Delta x(\Delta x>0)$,则

$$\begin{aligned}\Delta\Phi(x)&=\Phi(x+\Delta x)-\Phi(x)=\int_a^{x+\Delta x}f(t)\mathrm{d}t-\int_a^x f(t)\mathrm{d}t\\&=\int_a^x f(t)\mathrm{d}t+\int_x^{x+\Delta x}f(t)\mathrm{d}t-\int_a^x f(t)\mathrm{d}t=\int_x^{x+\Delta x}f(t)\mathrm{d}t.\end{aligned}$$

由积分第一中值定理可知,至少存在一点 $\xi\in[\Delta x,x+\Delta x]$,使得

$$\frac{\Delta\Phi}{\Delta x}=\frac{1}{\Delta x}\int_x^{x+\Delta x}f(t)\mathrm{d}t=f(\xi).$$

当 $\Delta x\to0$ 时, $\xi\to x$,于是

$$\Phi'(x)=\lim_{\Delta x\to0}\frac{\Delta\Phi}{\Delta x}=\lim_{\xi\to x}f(\xi)=f(x)$$

即

$$\Phi'(x)=\left[\int_a^x f(t)\mathrm{d}t\right]'=f(x).$$

▲ **定理1.3.8**(原函数存在定理) 如果函数 $f(x)$ 在区间 $[a,b]$ 上连续,则

$$\Phi(x)=\int_a^x f(t)\mathrm{d}t$$

是 $f(x)$ 在区间 $[a,b]$ 上的一个原函数.

这个定理说明，只要函数 $f(x)$ 在区间$[a,b]$上连续，则它的原函数一定存在.

【例 1.3.64】 求$\frac{d}{dx}\left[\int_0^x e^{2t}dt\right]$.

【解】 $\frac{d}{dx}\left[\int_0^x e^{2t}dt\right]=e^{2x}$.

【例 1.3.65】 求$\frac{d}{dx}\left[\int_x^{-1}\cos t^2 dt\right]$.

【解】 $\frac{d}{dx}\left[\int_x^{-1}\cos t^2 dt\right]=\frac{d}{dx}\left[-\int_{-1}^x\cos t^2 dt\right]=-\frac{d}{dx}\left[\int_{-1}^x\cos t^2 dt\right]=-\cos x^2$

【例 1.3.66】 求$\frac{d}{dx}\left[\int_0^{x^2}\sin t dt\right]$.

【解】 因为$\int_0^{x^2}\sin t dt$ 是 x 的复合函数，根据复合函数求导公式可得

$$\frac{d}{dx}\left[\int_0^{x^2}\sin t dt\right]=\frac{d}{dx^2}\left[\int_0^{x^2}\sin t dt\right]\cdot\frac{dx^2}{dx}=\sin x^2\cdot 2x=2x\sin x^2.$$

【例 1.3.67】 求$\frac{d}{dx}\left[\int_{x^2}^{x^3}\sin t dt\right]$.

【解】 $\frac{d}{dx}\left[\int_{x^2}^{x^3}\sin t dt\right]=\frac{d}{dx}\left[\int_{x^2}^{0}\sin t dt+\int_0^{x^3}\sin t dt\right]$

$$=-\sin x^2\cdot 2x+\sin x^3\cdot 3x^2=3x^2\sin x^3-2x\sin x^2.$$

一般地，如果 $g(x)$ 可导，则

$$\frac{d}{dx}\left[\int_a^{g(x)}f(t)dt\right]=f[g(x)]\cdot g'(x).$$

【例 1.3.68】 求$\lim\limits_{x\to 0}\frac{\int_0^x\ln(1+t)dt}{x^2}$.

【解】 这是$\frac{0}{0}$型未定式极限，使用洛必达法则，分子求导时用到定理 1.3.7.

$$\lim_{x\to 0}\frac{\int_0^x\ln(1+t)dt}{x^2}\left(\frac{0}{0}\text{型}\right)=\lim_{x\to 0}\frac{\ln(1+x)}{2x}\left(\frac{0}{0}\text{型}\right)=\lim_{x\to 0}\frac{1}{2(1+x)}=\frac{1}{2}.$$

1.3.7.2 微积分学基本定理

▲ 定理 1.3.9 设函数 $f(x)$ 在区间$[a,b]$上连续，且 $F(x)$ 是 $f(x)$ 的一个原函数，则

$$\int_a^b f(x)dx=F(b)-F(a). \tag{1.3.14}$$

证明：由定理 1.3.8 可知，函数 $\Phi(x)=\int_a^x f(t)dt$ 是 $f(x)$ 的一个原函数，而 $F(x)$ 也是 $f(x)$ 的一个原函数，所以 $\Phi(x)$ 与 $F(x)$ 在$[a,b]$上仅相差一个常数 C，
即

$$\Phi(x)=F(x)+C \tag{1.3.15}$$

令式(1.3.15)中 $x=a$，得

$$\Phi(a)=\int_a^a f(t)dt=0.$$

所以 $F(a)+C=0$，解得 $C=-F(a)$，故有 $\Phi(x)=F(x)-F(a)$.
令式(1.3.15)中 $x=b$，得

$$\Phi(b)=\int_a^b f(t)\mathrm{d}t=F(b)-F(a).$$

即
$$\int_a^b f(x)\mathrm{d}x=F(b)-F(a).$$

通常以 $F(x)\Big|_a^b$ 表示 $F(b)-F(a)$，即

$$\int_a^b f(x)\mathrm{d}x=F(x)\Big|_a^b=F(b)-F(a).$$

定理1.3.9的意义不仅在于它解决了定积分的计算问题，实际上，它在整个微积分学理论中占有相当重要的地位，它通过对定积分与不定积分的内在关系的揭示，建立起了微分学与积分学的联系，因此它被称为微积分学基本定理. 由于这个定理几乎是牛顿(Newton)和莱布尼兹(Leibniz)同时发现的，所以式(1.3.14)通常也被称为牛顿-莱布尼兹公式.

由牛顿-莱布尼兹公式可知，求 $f(x)$ 在区间 $[a,b]$ 上的定积分，只需求出 $f(x)$ 在区间 $[a,b]$ 上的一个原函数 $F(x)$，然后计算它在两个端点的改变量 $F(b)-F(a)$ 即可.

【例1.3.69】 求 $\int_0^1 x^2\mathrm{d}x$.

【解】 因为 $\left(\frac{x^3}{3}\right)'=x^2$，所以 $\frac{x^3}{3}$ 是 x^2 的一个原函数，由牛顿-莱布尼兹公式可得

$$\int_0^1 x^2\mathrm{d}x=\frac{x^3}{3}\Big|_0^1=\frac{1}{3}(1-0)=\frac{1}{3}.$$

【例1.3.70】 求 $\int_{-1}^1 \frac{1}{\sqrt{1-x^2}}\mathrm{d}x$.

【解】 因为 $\arcsin x$ 是 $\frac{1}{\sqrt{1-x^2}}$ 的一个原函数，由牛顿-莱布尼兹公式可得

$$\int_{-1}^1 \frac{1}{\sqrt{1-x^2}}\mathrm{d}x=\arctan x\Big|_{-1}^1=\arctan 1-\arctan(-1)=\frac{\pi}{2}.$$

注意：

如果函数在所讨论的区间上不满足可积条件(即被积函数在积分区间上连续)，则定理1.3.9不能使用. 例如

$$\int_{-1}^1 \frac{1}{x^2}\mathrm{d}x=-\frac{1}{x}\Big|_{-1}^1=-[1-(-1)]=-2.$$

显然是错误的，因为被积函数在区间 $[-1,1]$ 上不连续，点 $x=0$ 是其无穷间断点.

【例1.3.71】 求 $\int_{-1}^3 |2-x|\mathrm{d}x$.

【解】 由于被积函数 $f(x)=|2-x|=\begin{cases}2-x, & x\leqslant 2\\ x-2, & x>2\end{cases}$ 是分段函数，根据定积分的可加性可得

$$\int_{-1}^3 |2-x|\mathrm{d}x=\int_{-1}^2(2-x)\mathrm{d}x+\int_2^3(x-2)\mathrm{d}x=\left(2x-\frac{x^2}{2}\right)\Big|_{-1}^2+\left(\frac{x^2}{2}-2x\right)\Big|_2^3$$

$$=2[2-(-1)]-\frac{1}{2}(4-1)+\frac{1}{2}(9-4)-2(3-2)=5.$$

练习题

1. 选择题.

(1) 变上限积分 $\int_a^x f(t)\mathrm{d}t$ 是(　　).

A. $f'(x)$ 的一个原函数　　B. $f'(x)$ 的全体原函数

C. $f(x)$ 的一个原函数　　D. $f(x)$ 的全体原函数

(2) 下列各式不正确的是(　　).

A. $\frac{\mathrm{d}}{\mathrm{d}x}\int_0^b f(x)\mathrm{d}x=f(x)$　　B. $\frac{\mathrm{d}}{\mathrm{d}x}\int_0^x F'(x)\mathrm{d}x=F'(x)$

C. $\int f'(x)\mathrm{d}x=f(x)+C$　　D. $\frac{\mathrm{d}}{\mathrm{d}x}\int f(x)\mathrm{d}x=f(x)$

(3) 设 $F(x)=\int_x^1 \mathrm{e}^{2t+1}\mathrm{d}t$,则 $F'(1)=$(　　).

A. 0　　B. e^3　　C. $-\mathrm{e}^3$　　D. e^{-3}

(4) 设 $f(x)=\int_0^x (t-1)\mathrm{d}t$,则 $f(x)$ 有(　　).

A. 极小值 2　　B. 极小值 -2　　C. 极大值 2　　D. 极大值 -2

(5) 若 $\int_0^k (2x-3x^2)\mathrm{d}x=0$,则 $k=$(　　).

A. -1　　B. 2　　C. $\frac{3}{2}$　　D. 1 或 0

(6) 若 $\int_0^1 (3x-k)\mathrm{d}x=\frac{5}{2}$,则 $k=$(　　).

A. 0　　B. -1　　C. 1　　D. -2

2. 求下列各函数的导数:

(1) $\Phi(x)=\int_0^x \sqrt{1+t}\,\mathrm{d}t$;　　(2) $\Phi(x)=\int_x^{-1} t\mathrm{e}^{-1}\mathrm{d}t$;

(3) $\Phi(x)=\int_0^{x^2} \sin t^2\mathrm{d}t$;　　(4) $\Phi(x)=\int_{x^3}^{2x} \cos t\mathrm{d}t$.

3. 求下列极限:

(1) $\lim\limits_{x\to 0}\frac{\int_0^x \arctan t\mathrm{d}t}{x^2}$;　　(2) $\lim\limits_{x\to 0^+}\frac{\int_0^{x^2} \arcsin 2\sqrt{t}\mathrm{d}t}{x^3}$

4. 求下列定积分:

(1) $\int_0^2 (3x^2-2x+1)\mathrm{d}x$;　　(2) $\int_1^2 \left(x+\frac{1}{x}\right)^2\mathrm{d}x$;

(3) $\int_0^a (\sqrt{a}-\sqrt{x})^2\mathrm{d}x$;　　(4) $\int_{-1}^2 |2x|\mathrm{d}x$;

(5) $\int_0^\pi \cos^2\frac{x}{2}\mathrm{d}x$;　　(6) $\int_0^{\sqrt{3}} \frac{x^2}{x^2+1}\mathrm{d}x$;

(7) $\int_0^{\frac{\pi}{4}} \tan^2\theta \mathrm{d}\theta$；　　(8) $\int_0^{2\pi} |\sin x| \mathrm{d}x$.

5. 设 $f(x)$ 为连续函数，$f(x)=\ln x-\int_1^{\mathrm{e}} f(x)\mathrm{d}x$，证明：$\int_1^{\mathrm{e}} f(x)\mathrm{d}x=\frac{1}{\mathrm{e}}$.

1.3.8　定积分的换元积分与分部积分法

1.3.8.1　定积分的换元积分法

定理 1.3.10　设函数 $f(x)$ 在区间 $[a,b]$ 上连续，作变换 $x=\varphi(t)$，且满足以下条件：

(1) 当 t 在 $[\alpha,\beta]$ 上变化时，$x=\varphi(t)$ 在 $[a,b]$ 上单调地变化；

(2) $\varphi(t)$ 在区间上有连续的导数 $\varphi'(t)$；

(3) $\varphi(\alpha)=a,\varphi(\beta)=b$.

则有定积分的换元公式

$$\int_a^b f(x)\mathrm{d}x=\int_\alpha^\beta f[\varphi(t)]\varphi'(t)\mathrm{d}t. \tag{1.3.16}$$

证明：函数 $f(x)$ 在区间 $[a,b]$ 上连续，所以 $f(x)$ 在区间 $[a,b]$ 上可积，由原函数存在定理，$f(x)$ 存在原函数，记为 $F(x)$，由牛顿-莱布尼兹公式，有

$$\int_a^b f(x)\mathrm{d}x=F(b)-F(a).$$

因为 $\int f(x)\mathrm{d}x=F(x)+C$，令 $x=\varphi(t)$，由不定积分的换元积分公式，有

$$\int f[\varphi(t)]\varphi'(t)\mathrm{d}t=F[\varphi(t)]+C,$$

由牛顿-莱布尼兹公式得

$$\int_a^b f(x)\mathrm{d}x=F(x)\Big|_a^b=F(b)-F(a)$$

$$=F[\varphi(\beta)]-F[\varphi(\alpha)]=\int_\alpha^\beta f[\varphi(t)]\varphi'(t)\mathrm{d}t.$$

在式(1.3.16)中，从右至左，可以认为是把 $\varphi(t)$ 换成 x，等同于不定积分的第一类换元积分法，积分完毕后，上下限可以不作变换；从左至右可以认为是第二类换元积分法，换元后，上下限也要作相应的变换，此时按新的积分变量进行定积分的运算，不用再还原为原变量.

【例 1.3.72】　求 $\int_0^{\frac{\pi}{2}} \sin^3 x\cos x\mathrm{d}x$.

【解】　用凑微分法求解得

$$\int_0^{\frac{\pi}{2}} \sin^3 x\cos x\mathrm{d}x=\int_0^{\frac{\pi}{2}} \sin^3 x\mathrm{d}(\sin x)=\frac{1}{4}\sin^4 x\Big|_0^{\frac{\pi}{2}}=\frac{1}{4}.$$

【例 1.3.73】　求 $\int_1^{\mathrm{e}} \frac{1+\ln x}{x}\mathrm{d}x$.

【解】　$\int_1^{\mathrm{e}} \frac{1+\ln x}{x}\mathrm{d}x=\int_1^{\mathrm{e}}(1+\ln x)\mathrm{d}(\ln x)=\left(\ln x+\frac{1}{2}\ln^2 x\right)\Big|_1^{\mathrm{e}}$

$$=\left(\ln \mathrm{e}+\frac{1}{2}\ln^2 \mathrm{e}\right)-\left(\ln 1+\frac{1}{2}\ln^2 1\right)=\frac{3}{2}$$

【例 1.3.74】 求积分$\int_0^8 \frac{\mathrm{d}x}{1+\sqrt[3]{x}}$.

【解】 令 $x=t^3$,则 $\mathrm{d}x=3t^2\mathrm{d}t$,当 x 从 0 变到 8 时,t 从 0 变到 2,所以

$$\int_0^8 \frac{\mathrm{d}x}{1+\sqrt[3]{x}}=\int_0^2 \frac{3t^2}{1+t}\mathrm{d}t=3\int_0^2 \frac{t^2-1+1}{1+t}\mathrm{d}t$$

$$=3\int_0^2\left(t-1+\frac{1}{1+t}\right)\mathrm{d}t$$

$$=3\left[\frac{t^2}{2}-t+\ln(1+t)\right]\Bigg|_0^2=3\ln 3.$$

【例 1.3.75】 求积分$\int_0^a \sqrt{a^2-x^2}\,\mathrm{d}x \quad (a>0)$.

【解】 令 $x=a\sin t(0\leqslant x\leqslant a)$,则 $\mathrm{d}x=a\cos t\mathrm{d}t$,当 x 从 0 变到 a 时,t 从 0 变到$\frac{\pi}{2}$,故

$$\int_0^a \sqrt{a^2-x^2}\,\mathrm{d}x=\int_0^{\frac{\pi}{2}} a\cos t\cdot a\cos t\mathrm{d}t=a^2\int_0^{\frac{\pi}{2}}\frac{1+\cos 2t}{2}\mathrm{d}t$$

$$=\frac{a^2}{2}\left(t+\frac{\sin 2t}{2}\right)\Bigg|_0^{\frac{\pi}{2}}=\frac{1}{4}\pi a^2.$$

在区间[0,a]上,曲线 $y=\sqrt{a^2-x^2}$ 是圆周 $x^2+y^2=a^2$ 的$\frac{1}{4}$,故所求定积分就是半径为 a 的圆面积的$\frac{1}{4}$.

【例 1.3.76】 求积分$\int_1^{\sqrt{3}} \frac{1}{x^2\sqrt{1+x^2}}\mathrm{d}x$.

【解】 令 $x=\tan t(0\leqslant x\leqslant a)$,则 $\mathrm{d}x=\sec^2 t\mathrm{d}t$,当 x 从 1 变到$\sqrt{3}$时,t 从$\frac{\pi}{4}$ 变到$\frac{\pi}{3}$,

$$\int_1^{\sqrt{3}} \frac{1}{x^2\sqrt{1+x^2}}\mathrm{d}x=\int_{\frac{\pi}{4}}^{\frac{\pi}{3}}\frac{1}{\tan^2 t\cdot\sec t}\cdot\sec^2 t\mathrm{d}t=\int_{\frac{\pi}{4}}^{\frac{\pi}{3}}\cot t\cdot\csc t\mathrm{d}t$$

$$=-\csc t\Bigg|_{\frac{\pi}{4}}^{\frac{\pi}{3}}=\sqrt{2}-\frac{2}{3}\sqrt{3}.$$

此题也可用凑微分法求解:

$$\int_1^{\sqrt{3}} \frac{1}{x^2\sqrt{1+x^2}}\mathrm{d}x=\int_1^{\sqrt{3}}\frac{1}{x^2\cdot x\sqrt{\frac{1}{x^2}+1}}\mathrm{d}x=-\frac{1}{2}\int_1^{\sqrt{3}}\frac{1}{\sqrt{\frac{1}{x^2}+1}}\mathrm{d}\left(\frac{1}{x^2}+1\right)$$

$$=-\sqrt{\frac{1}{x^2}+1}\Bigg|_1^{\sqrt{3}}=\sqrt{2}-\frac{2}{3}\sqrt{3}.$$

【例 1.3.77】 试证明:

(1) 若 $f(x)$ 在区间[$-a,a$]上连续,且为偶函数,则

$$\int_{-a}^a f(x)\mathrm{d}x=2\int_0^a f(x)\mathrm{d}x.$$

(2) 若 $f(x)$ 在区间[$-a,a$]上连续,且为奇函数,则

$$\int_{-a}^a f(x)\mathrm{d}x=0.$$

【证明】 由定积分的可加性

$$\int_{-a}^{a} f(x)\mathrm{d}x = \int_{-a}^{0} f(x)\mathrm{d}x + \int_{0}^{a} f(x)\mathrm{d}x.$$

对于定积分$\int_{-a}^{0} f(x)\mathrm{d}x$,作变量代换.令 $x=-t$,则 $\mathrm{d}x=-\mathrm{d}t$,当 x 从 $-a$ 变到 0 时,t 从 a 变到 0,故有

$$\int_{-a}^{0} f(x)\mathrm{d}x = -\int_{a}^{0} f(-t)\mathrm{d}t = \int_{0}^{a} f(-t)\mathrm{d}t = \int_{0}^{a} f(-x)\mathrm{d}x,$$

所以

$$\int_{-a}^{a} f(x)\mathrm{d}x = \int_{-a}^{0} f(x)\mathrm{d}x + \int_{0}^{a} f(x)\mathrm{d}x = \int_{0}^{a} f(-x)\mathrm{d}x + \int_{0}^{a} f(x)\mathrm{d}x.$$

(1) 若 $f(x)$ 在区间$[-a,a]$上连续,且为偶函数,则 $f(-x)=f(x)$,

$$\int_{-a}^{a} f(x)\mathrm{d}x = \int_{0}^{a} f(x)\mathrm{d}x + \int_{0}^{a} f(x)\mathrm{d}x = 2\int_{0}^{a} f(x)\mathrm{d}x.$$

(2) 若 $f(x)$ 在区间$[-a,a]$上连续,且为奇函数,则 $f(-x)=-f(x)$,

$$\int_{-a}^{a} f(x)\mathrm{d}x = -\int_{0}^{a} f(x)\mathrm{d}x + \int_{0}^{a} f(x)\mathrm{d}x = 0.$$

例 1.3.77 说明,偶函数在对称区间$[-a,a]$上的积分等于区间$[0,a]$上积分的两倍,奇函数在对称区间$[-a,a]$上的积分等于零.

【例 1.3.78】 求积分$\int_{-2}^{2} \frac{x+|x|}{2+x^2}\mathrm{d}x$.

【解】 $\int_{-2}^{2} \frac{x+|x|}{2+x^2}\mathrm{d}x = \int_{-2}^{2} \frac{x}{2+x^2}\mathrm{d}x + \int_{-2}^{2} \frac{|x|}{2+x^2}\mathrm{d}x = 0 + 2\int_{0}^{2} \frac{x}{2+x^2}\mathrm{d}x$

$$= \int_{0}^{2} \frac{1}{2+x^2}\mathrm{d}(2+x^2) = \ln(2+x^2)\Big|_{0}^{2} = \ln 3.$$

1.3.8.2 定积分的分部积分法

设函数 $u=u(x)$ 与 $v=v(x)$ 在区间$[a,b]$上有连续的导数,则有$(uv)'=u'v+uv'$,移项可得 $uv'=(uv)'-u'v$,等式两端取$[a,b]$上的定积分得

$$\int_{a}^{b} uv'\mathrm{d}x = \int_{a}^{b} (uv)'\mathrm{d}x - \int_{a}^{b} u'v\mathrm{d}x,$$

即

$$\int_{a}^{b} u\mathrm{d}v = uv\Big|_{a}^{b} - \int_{a}^{b} v\mathrm{d}u. \tag{1.3.17}$$

式(1.3.17)称为定积分的分部积分公式.

【例 1.3.79】 求积分$\int_{1}^{\mathrm{e}} \ln x\mathrm{d}x$.

【解】 令 $u=\ln x,\mathrm{d}v=\mathrm{d}x$,则 $\mathrm{d}u=\frac{1}{x}\mathrm{d}x, v=x$,所以

$$\int_{1}^{\mathrm{e}} \ln x\mathrm{d}x = x\ln x\Big|_{1}^{\mathrm{e}} - \int_{1}^{\mathrm{e}} x\cdot\frac{1}{x}\mathrm{d}x = \mathrm{e} - x\Big|_{1}^{\mathrm{e}} = 1.$$

【例 1.3.80】 求积分$\int_{0}^{1} x\mathrm{e}^x\mathrm{d}x$.

【解】 $\int_{0}^{1} x\mathrm{e}^x\mathrm{d}x = \int_{0}^{1} x\mathrm{d}\mathrm{e}^x = x\mathrm{e}^x\Big|_{0}^{1} - \int_{0}^{1} \mathrm{e}^x\mathrm{d}x = (x-1)\mathrm{e}^x\Big|_{0}^{1} = 1.$

【例 1.3.81】 求积分$\int_0^{\frac{\sqrt{3}}{2}}\arcsin x\mathrm{d}x$.

【解】 $\int_0^{\frac{\sqrt{3}}{2}}\arcsin x\mathrm{d}x = x\arcsin x\Big|_0^{\frac{\sqrt{3}}{2}} - \int_0^{\frac{\sqrt{3}}{2}}x\mathrm{d}(\arcsin x) = \frac{\sqrt{3}\pi}{6} - \int_0^{\frac{\sqrt{3}}{2}}\frac{x}{\sqrt{1-x^2}}\mathrm{d}x.$

$$= \frac{\sqrt{3}\pi}{6} + \frac{1}{2}\int_0^{\frac{\sqrt{3}}{2}}\frac{1}{\sqrt{1-x^2}}\mathrm{d}(1-x^2)$$

$$= \frac{\sqrt{3}\pi}{6} + \sqrt{1-x^2}\Big|_0^{\frac{\sqrt{3}}{2}} = \frac{\sqrt{3}\pi}{6} - \frac{1}{2}.$$

练习题

1. 计算下列定积分：

(1) $\int_0^1\frac{x^3}{x^2+1}$；　　(2) $\int_0^1\frac{1}{\sqrt{4-x^2}}\mathrm{d}x$；

(3) $\int_0^{\frac{\pi}{4}}\sin^2 x\mathrm{d}x$；　　(4) $\int_{\mathrm{e}}^{\mathrm{e}^3}\frac{\sqrt{1+\ln x}}{x}\mathrm{d}x$；

(5) $\int_0^1\frac{1}{\mathrm{e}^x+\mathrm{e}^{-x}}\mathrm{d}x$；　　(6) $\int_0^1\frac{1}{1+\mathrm{e}^x}\mathrm{d}x$.

2. 计算下列定积分：

(1) $\int_0^1\frac{1}{1+\sqrt{x}}\mathrm{d}x$；　　(2) $\int_1^{64}\frac{1}{\sqrt[3]{x}+\sqrt[3]{x^2}}\mathrm{d}x$；

(3) $\int_{-\frac{\pi}{2}}^{\frac{\pi}{2}}\sqrt{\cos x-\cos^3 x}\mathrm{d}x$；　　(4) $\int_0^{2\pi}|\sin 2x|\mathrm{d}x$；

(5) $\int_0^1(1+x^2)^{-\frac{3}{2}}\mathrm{d}x$；　　(6) $\int_1^2\frac{\sqrt{x^2-1}}{x}\mathrm{d}x$；

(7) $\int_0^2\sqrt{4-x^2}\mathrm{d}x$；　　(8) $\int_0^1\frac{x^2}{(1+x^2)^2}\mathrm{d}x$.

3. 计算下列定积分：

(1) $\int_0^{\frac{\pi}{2}}x\sin 2x\mathrm{d}x$；　　(2) $\int_0^{\frac{\sqrt{3}}{2}}\arcsin x\mathrm{d}x$；

(3) $\int_0^1\mathrm{e}^{\sqrt{x}}\mathrm{d}x$；　　(4) $\int_{\frac{1}{\mathrm{e}}}^{\mathrm{e}}|\ln x|\mathrm{d}x$；

(5) $\int_0^{\frac{\pi}{2}}\mathrm{e}^x\sin x\mathrm{d}x$；　　(6) $\int_0^{\sqrt{\ln 2}}x^3\mathrm{e}^{x^2}\mathrm{d}x$.

4. 已知 $f(x)$ 在$[a,b]$上连续，求证：$\int_0^a f(x)\mathrm{d}x = \int_0^a f(a-x)\mathrm{d}x$.

5. 求证：$\int_0^1\frac{\mathrm{d}x}{\arccos x} = \int_0^{\frac{\pi}{2}}\frac{\sin x}{x}\mathrm{d}x$.

6. 设 $f''(x)$ 在$[a,b]$上连续，且 $xf'(x) = f(x)+x$，求证：$\int_a^b xf''(x)\mathrm{d}x = b-a$.

1.3.9　广义积分

1.3.9.1　问题的提出

以前讨论定积分时，是以有限积分区间与有界函数（特别是连续函数）为前提的，但为了解决实际问题，有时需要考察无限区间上的积分或无界函数的积分.

【例 1.3.82】 在地球表面垂直发射火箭（图 1.3.10），要使火箭克服地球引力无限远离地球，试问初速度 v_0 至少要有多大？

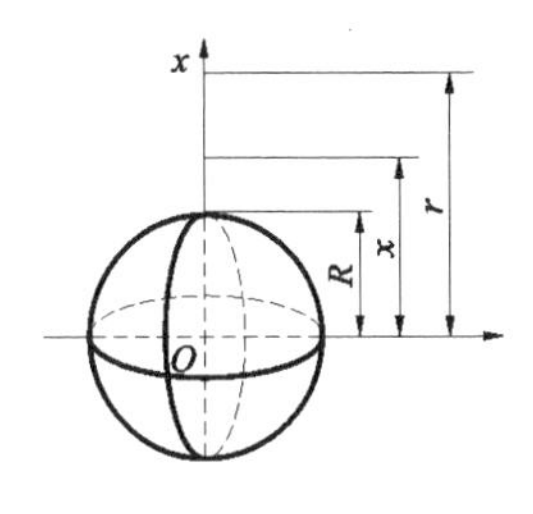

图 1-3-10

【解】 设地球半径为 R，火箭质量为 M，地面上的重力加速度为 g，按万有引力定律，在距地心 $x(x \geqslant R)$ 处火箭所受的引力为 $\frac{MgR^2}{x^2}$，从而火箭在地球引力场中从地面上升到距离地心为 $r(r > R)$ 处所做的功为

$$\int_R^r \frac{MgR^2}{x^2}\mathrm{d}x = MgR^2\left(\frac{1}{R} - \frac{1}{r}\right).$$

当 $r \to +\infty$ 时，其极限 MgR 就是火箭无限远离地球所做的功，这时自然会把这个极限写作上限为 $+\infty$ 的积分：

$$\int_R^{+\infty} \frac{MgR^2}{x^2}\mathrm{d}x = \lim_{r\to+\infty}\int_R^r \frac{MgR^2}{x^2}\mathrm{d}x = \lim_{r\to+\infty} MgR^2\left(\frac{1}{R} - \frac{1}{r}\right) = MgR.$$

由能量守恒定律可求得初速度 v_0 至少要求能使 $\frac{1}{2}Mv_0^2 = MgR$，用 $g = 9.8\ \mathrm{m/s^2}$，$R = 6.371 \times 10^6\ \mathrm{m}$ 代入，便求得 $v_0 = \sqrt{2gR} \approx 11.2\mathrm{km/s}$.

【例 1.3.83】 圆柱形小桶，内壁高为 h，内半径为 R，桶底有一小洞半径为 r（图 1.3.11），试问在盛满水的情况下，从把小洞开放起直至水流完为止，共需多少时间？

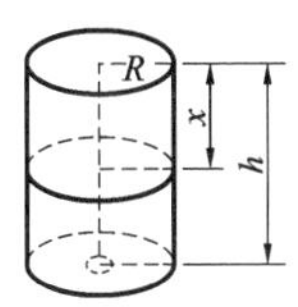

图 1.3.11

【解】 在不考虑摩擦力的情况下，当水面下降距离为 x 时，水在洞口的流速（单位时间经过单位面积的流量）为 $v = \sqrt{2g(h-x)}$，其中 g 为重力加速度，由于单位时间内减少的水量等于流出的水量，所以有 $\pi R^2\mathrm{d}x = v\pi r^2\mathrm{d}t$，即

$$\frac{\mathrm{d}t}{\mathrm{d}x} = \frac{R^2}{r^2\sqrt{2g(h-x)}},$$

从而所需时间在形式上可写成积分

$$t = \int_0^h \frac{R^2}{r^2\sqrt{2g(h-x)}}\mathrm{d}x.$$

这里，被积函数 $x \to h^-$ 时是无界的，而 t 的值很自然的认为可由下述极限得到：

$$t = \lim_{u\to h^-}\int_0^u \frac{R^2}{r^2\sqrt{2g(h-x)}}\mathrm{d}x = \lim_{u\to h^-}\sqrt{\frac{2}{g}}\frac{R^2}{r^2}(\sqrt{h} - \sqrt{h-u}) = \sqrt{\frac{2h}{g}}\frac{R^2}{r^2}.$$

例 1.3.82 和例 1.3.83 分别提出了积分区间为无穷和被积函数无界这两类积分，我们统称它们为广义积分（或反常积分、非正常积分），这是相对前面所讲的定积分而言的.

1.3.9.2 无限区间上的广义积分

【例 1.3.84】 求曲线 $y=\frac{1}{x^2}$，直线 $x=1$ 及 x 轴为边界的开口图形(或区域)的面积.

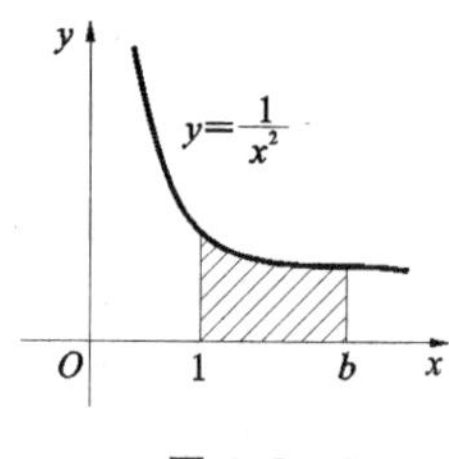

图 1.3.12

【解】 由曲线 $y=\frac{1}{x^2}$，直线 $x=1, x=b(b>1)$ 及 x 轴所围成的曲边梯形 A 的面积如图 1.3.12 所示. 由图显然可知，当 $b\to+\infty$ 时，曲边梯形 A 的面积也愈来愈接近我们所求的开口区域的面积，因此把 $b\to+\infty$ 时曲边梯形 A 的面积的极限值定义为开口区域的面积，并称定积分的极限值为函数 $y=\frac{1}{x^2}$ 在区间 $[1,+\infty)$ 上的广义积分.

☞ **定义 1.3.6** 设函数 $f(x)$ 在区间 $[a,+\infty)$ 上连续，对任意实数 $b(b>a)$，如果极限

$$\lim_{b\to+\infty}\int_a^b f(x)\mathrm{d}x$$

存在，则称此极限值为 $f(x)$ 在无限区间 $[a,+\infty)$ 上的广义积分. 记作

$$\int_a^{+\infty} f(x)\mathrm{d}x=\lim_{b\to+\infty}\int_a^b f(x)\mathrm{d}x. \tag{1.3.18}$$

称广义积分 $\int_a^{+\infty} f(x)\mathrm{d}x$ 存在或收敛；如果上述极限不存在，则称广义积分 $\int_a^{+\infty} f(x)\mathrm{d}x$ 发散.

类似地，无限区间 $(-\infty,b]$ 上的广义积分可以定义为

$$\int_{-\infty}^b f(x)\mathrm{d}x=\lim_{a\to-\infty}\int_a^b f(x)\mathrm{d}x \quad (b>a).$$

类似地，无限区间 $(-\infty,+\infty)$ 上的广义积分可以定义为

$$\int_{-\infty}^{+\infty} f(x)\mathrm{d}x=\int_{-\infty}^c f(x)\mathrm{d}x+\int_c^{+\infty} f(x)\mathrm{d}x \quad [\text{其中 } c\in(-\infty,+\infty)].$$

如果上式右端的两个极限都存在，则称广义积分 $\int_{-\infty}^{+\infty} f(x)\mathrm{d}x$ 收敛；否则，就是发散的.

上述三种广义积分统称为无限区间上的广义积分.

【例 1.3.85】 求积分 $\int_0^{+\infty}\mathrm{e}^{-2x}\mathrm{d}x$.

【解】 $\int_0^{+\infty}\mathrm{e}^{-2x}\mathrm{d}x=\lim\limits_{b\to+\infty}\int_0^b\mathrm{e}^{-2x}\mathrm{d}x=\lim\limits_{b\to+\infty}\left(-\frac{1}{2}\mathrm{e}^{-2x}\right)\Big|_0^b=\lim\limits_{b\to+\infty}\left(-\frac{1}{2}\mathrm{e}^{-2b}+\frac{1}{2}\right)=\frac{1}{2}$.

为了方便，在计算过程中可以省去极限符号，如

$$\int_0^{+\infty}\mathrm{e}^{-2x}\mathrm{d}x=\left(-\frac{1}{2}\mathrm{e}^{-2x}\right)\Big|_0^{+\infty}=\lim_{b\to+\infty}\left(-\frac{1}{2}\mathrm{e}^{-2b}\right)+\frac{1}{2}=\frac{1}{2}.$$

即

$$\int_a^{+\infty} f(x)\mathrm{d}x=F(x)\Big|_a^{+\infty}=\lim_{b\to+\infty}F(b)-F(a);$$

$$\int_{-\infty}^b f(x)\mathrm{d}x=F(x)\Big|_{-\infty}^b=F(b)-\lim_{a\to-\infty}F(a).$$

【例 1.3.86】 试确定广义积分 $\int_1^{+\infty}\frac{1}{x^\alpha}\mathrm{d}x$ 在 α 取何值时收敛，取何值时发散(图 1.3.13).

【解】 (1) 当 $\alpha\neq1$ 时，

$$\int_1^{+\infty}\frac{1}{x^\alpha}dx=\lim_{b\to+\infty}\int_1^b\frac{1}{x^\alpha}dx=\lim_{b\to+\infty}\frac{1}{1-\alpha}x^{1-\alpha}\Big|_1^b=\lim_{b\to+\infty}\frac{1}{1-\alpha}(b^{1-\alpha}-1).$$

① 当 $\alpha>1$ 时，则 $\int_1^{+\infty}\frac{1}{x^\alpha}dx=\frac{1}{\alpha-1}$，即积分收敛. 特别地，当 $\alpha=2$ 时，$\int_1^{+\infty}\frac{1}{x^2}dx=\frac{1}{2-1}=1$.

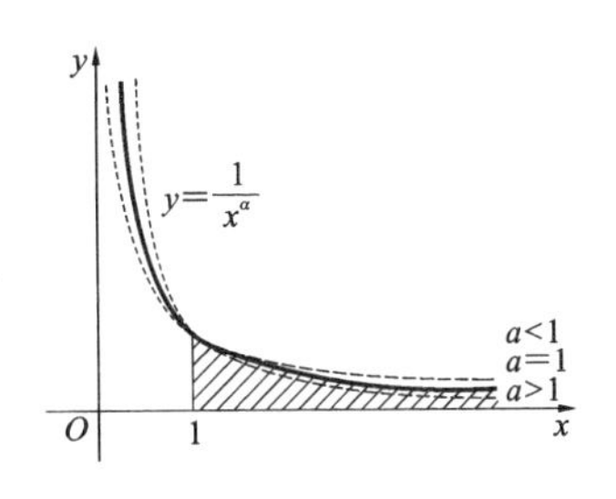

图 1.3.13

② 当 $\alpha<1$ 时，则 $\int_1^{+\infty}\frac{1}{x^\alpha}dx=+\infty$，积分发散.

(2) 当 $\alpha=1$ 时，$\int_1^{+\infty}\frac{1}{x}dx=\ln x\Big|_1^{+\infty}=+\infty$，积分发散.

所以，$\int_1^{+\infty}\frac{1}{x^\alpha}dx$ 在 $\alpha>1$ 时收敛，在 $\alpha\leqslant 1$ 时发散.

1.3.9.3 无界函数的广义积分

☞ **定义 1.3.7** 设函数 $f(x)$ 在区间 $(a,b]$ 上连续，且 $\lim\limits_{x\to a^+}f(x)=\infty$，对于任意 $\varepsilon>0$，若极限

$$\lim_{\varepsilon\to0^+}\int_{a+\varepsilon}^b f(x)dx$$

存在，则称此极限值为无界函数 $f(x)$ 在 $(a,b]$ 上的广义积分. 记作

$$\int_a^b f(x)dx=\lim_{\varepsilon\to0^+}\int_{a+\varepsilon}^b f(x)dx \tag{1.3.19}$$

此时称广义积分 $\lim\limits_{\varepsilon\to0^+}\int_{a+\varepsilon}^b f(x)dx$ 存在或收敛；如果上述极限不存在，则称广义积分 $\lim\limits_{\varepsilon\to0^+}\int_{a+\varepsilon}^b f(x)dx$ 发散.

类似地，函数 $f(x)$ 在区间 $[a,b)$ 上连续，且 $\lim\limits_{x\to b^-}f(x)=\infty$，广义积分可以定义为

$$\int_a^b f(x)dx=\lim_{\varepsilon\to0^+}\int_a^{b-\varepsilon}f(x)dx\quad(b>a).$$

如果函数 $f(x)$ 在区间 $[a,b]$ 上除点 $c\in(a,b)$ 外都是连续的，且 $\lim\limits_{x\to c}f(x)=\infty$，广义积分可以定义为

$$\int_a^b f(x)dx=\int_a^c f(x)dx+\int_c^b f(x)dx.$$

如果上式右端的两个积分都收敛，则称广义积分 $\int_a^b f(x)dx$ 收敛；否则，就是发散的.

上述三种广义积分统称为无界函数的广义积分.

【例 1.3.87】 求 $\int_0^1\ln x dx$.

【解】 因为被积函数 $\ln x$ 在 $x\to0^+$ 时无界，所以这是无界函数的广义积分，故

$$\int_0^1\ln x dx=\lim_{\varepsilon\to0^+}\int_\varepsilon^1\ln x dx=\lim_{\varepsilon\to0^+}\left[x\ln x\Big|_\varepsilon^1-\int_\varepsilon^1 x\cdot\frac{1}{x}dx\right]$$
$$=\lim_{\varepsilon\to0^+}\left(-\varepsilon\ln\varepsilon-x\Big|_\varepsilon^1\right)=-1.$$

【例 1.3.88】 计算广义积分$\int_{-1}^{1}\frac{1}{x^2}\mathrm{d}x$.

【解】 因为被积函数在$[-1,1]$内有一点$x=0$是无穷间断,所以按通常的牛顿-莱布尼兹公式计算的结果-2是错误的,应当按广义积分来计算,故

$$\begin{aligned}\int_{-1}^{1}\frac{1}{x^2}\mathrm{d}x&=\int_{-1}^{0}\frac{1}{x^2}\mathrm{d}x+\int_{0}^{1}\frac{1}{x^2}\mathrm{d}x=\lim_{\varepsilon_1\to0^+}\int_{-1}^{-\varepsilon_1}\frac{1}{x^2}\mathrm{d}x+\lim_{\varepsilon_2\to0^+}\int_{\varepsilon_2}^{1}\frac{1}{x^2}\mathrm{d}x\\&=-\left(\lim_{\varepsilon_1\to0^+}\frac{1}{x}\Big|_{-1}^{-\varepsilon_1}+\lim_{\varepsilon_2\to0^+}\frac{1}{x}\Big|_{\varepsilon_2}^{1}\right)\\&=-\left[\lim_{\varepsilon_1\to0^+}\left(-\frac{1}{\varepsilon_1}+1\right)+\lim_{\varepsilon_2\to0^+}\left(1-\frac{1}{\varepsilon_2}\right)\right]=+\infty.\end{aligned}$$

所以,广义积分$\int_{-1}^{1}\frac{1}{x^2}\mathrm{d}x$是发散的.

可以证明广义积分$\int_{0}^{1}\frac{1}{x^{\alpha}}\mathrm{d}x$在$\alpha<1$时收敛,且其值为$\frac{1}{1-\alpha}$;在$\alpha\geqslant1$时发散.

练习题

1. 判断下列广义积分的敛散性,如果收敛,计算其值:

(1) $\int_{1}^{+\infty}\frac{1}{x^3}\mathrm{d}x$;　　(2) $\int_{0}^{+\infty}\mathrm{e}^{-2x}\mathrm{d}x$;

(3) $\int_{0}^{+\infty}x\mathrm{e}^{-x}\mathrm{d}x$;　　(4) $\int_{0}^{+\infty}\frac{\mathrm{d}x}{4+x^2}$.

2. 判断下列广义积分的敛散性,如果收敛,计算其值:

(1) $\int_{0}^{1}x\ln x\mathrm{d}x$;　　(2) $\int_{0}^{1}\frac{1}{\sqrt{1-x}}\mathrm{d}x$;

(3) $\int_{0}^{1}\frac{1}{(x-1)^2}\mathrm{d}x$;　　(4) $\int_{-1}^{1}\frac{1}{\sqrt{1-x^2}}\mathrm{d}x$.

模块 2　多元函数微积分

❖ 2.1　多元函数的极限及连续性

❖ 2.1.1　空间直角坐标系简介

为了研究二元函数，就需要引入空间直角坐标系.

过空间中的一个定点 O，作三条相互垂直的数轴 Ox，Oy，Oz（图 2.1.1），规定 O 为原点，并按下述方法规定三条数轴的正向：将右手伸直，拇指向上的方向为 Oz 轴的正向，其余四指的指向为 Ox 轴的正向，四指弯曲 $90°$ 后的指向为 Oy 轴的正向. 这样建立的空间直角坐标系称为右手系. 三条数轴分别称为 x 轴（横轴）、y 轴（纵轴）和 z 轴（立轴）.

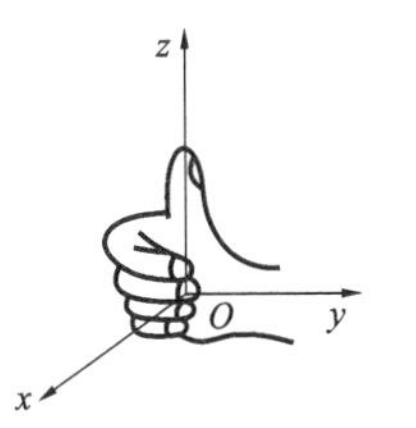

图 2.1.1

三条坐标轴中的任意两条所确定的平面，称为坐标平面. 由 x 轴和 y 轴确定的平面称为 xOy 平面；由 x 轴和 z 轴确定的平面称为 xOz 平面；由 y 轴和 z 轴确定的平面称为 yOz 平面. 三个坐标平面将空间分为 8 个部分，每一部分称为一个卦限（图 2.1.2）.

设 M 是空间中的一个已知点，过点 M 作三个平面，分别与 x 轴、y 轴和 z 轴垂直. 三个平面与三条轴的交点（垂足）分别记为 P，Q，R（图 2.1.3）.

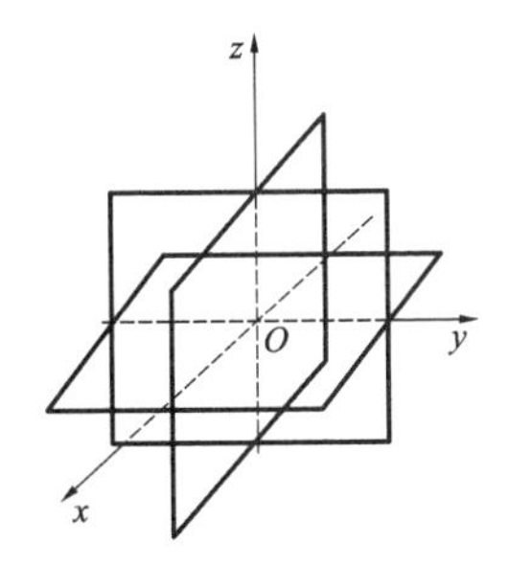

图 2.1.2

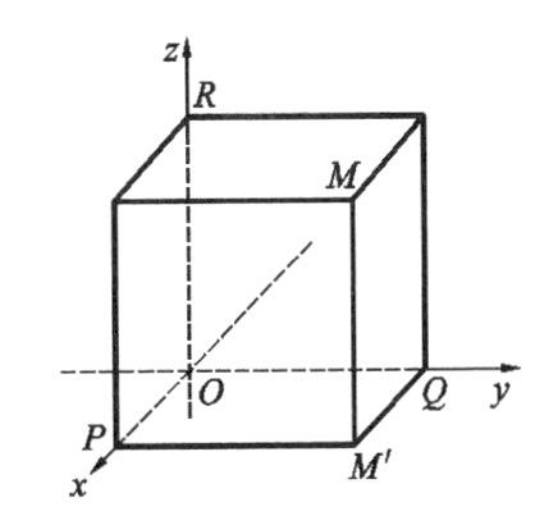

图 2.1.3

设 $OP=a$，$OQ=b$，$OR=c$，则点 M 唯一确定了一个三元有序数组 (a,b,c)；反之，如果给定一个三元有序数组 (a,b,c)，则分别在 x 轴、y 轴、z 轴上取坐标为 a，b，c 的点 P，Q，R，然后过点 P，Q，R 分别作与 x 轴、y 轴、z 轴的垂直平面，三个平面的交点 M 就是有序数组 (a,b,c) 所确定的唯一的点. 于是空间中的一点 M 与有序数组建立了一一对应关系. 有序数组 (a,b,c) 称为点 M 的坐标；a，b，c 分别称为点 M 的横坐标、纵坐标和立坐标.

坐标原点 O 的坐标为 $(0,0,0)$；x 轴上点的坐标为 $(x,0,0)$；y 轴上点的坐标为 $(0,y,0)$；z 轴上点的坐标为 $(0,0,z)$.

如果设 $M(x_1,y_1,z_1)$ 和 $N(x_2,y_2,z_2)$ 为空间中的两点，则这两点间的距离为

$$|MN| = \sqrt{(x_2 - x_1)^2 + (y_2 - y_1)^2 + (z_2 - z_1)^2}.$$

特别地，点 $M(x,y,z)$ 与原点 $O(0,0,0)$ 的距离为 $|OM| = \sqrt{x^2 + y^2 + z^2}$.

设 $P_0(x_0,y_0)$ 是 xOy 面上一点，称点集 $\left\{(x_0,y_0) \middle| \sqrt{(x-x_0)^2+(y-y_0)^2} < \delta, \delta > 0\right\}$ 为点 P_0 的 δ 邻域，记作 $U(P_0,\delta)$，或简记为 $U(P_0)$. 几何上，点 P_0 的邻域，就是以 P_0 为圆心，δ 为半径的圆的内部.

区域：由一条或几条光滑曲线所围成的具有连通性(如果一块部分平面内任意两点均可用完全属于此部分平面的折线连接起来，这样的部分平面称为具有连通性)的部分平面，称为区域.

边界：围成区域的曲线称为区域的边界，边界上的点称为边界点.

闭区域：包括边界在内的区域称为闭区域.

开区域：不包括边界在内的区域称为开区域.

有界与无界区域：如果一个区域 D 内任意两点之间的距离都不超过某一常数 M，则称 D 为有界区域；否则称 D 为无界区域. 常见的区域见图 2.1.4 及图 2.1.5.

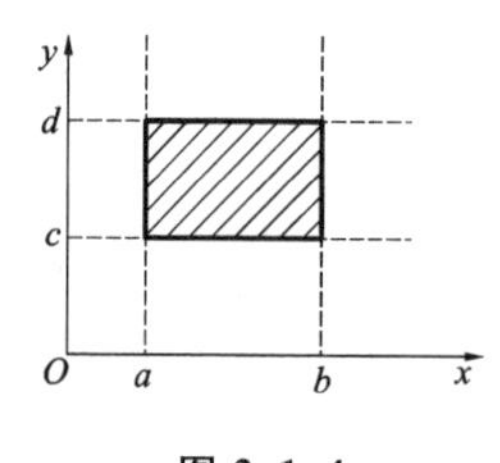

图 2.1.4

矩形区域：$a < x < b, c < y < d$

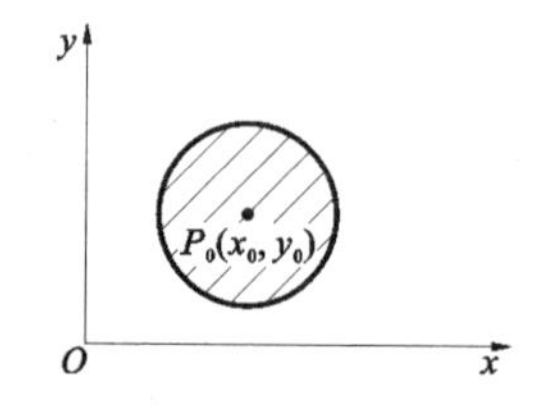

图 2.1.5

圆区域：$(x-x_0)^2 + (y-y_0)^2 < \delta^2 (\delta > 0)$

圆区域 $\{(x_0,y_0)\ \sqrt{(x-x_0)^2+(y-y_0)^2} < \delta\}$ 一般称为平面上点 $P_0(x_0,y_0)$ 的 δ 邻域，而称不包含点 P_0 的邻域为去心邻域.

2.1.2 曲面与方程

在空间直角坐标系中，可以建立空间曲面与含有三个变量的方程 $F(x,y,z)=0$ 的对应关系.

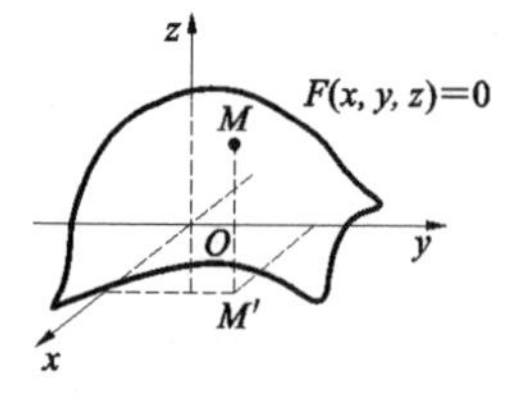

图 2.1.6

定义 2.1.1 如果曲面 S 上任意一点的坐标都满足方程 $F(x,y,z)=0$，而不在曲面 S 上的点的坐标都不满足方程 $F(x,y,z)=0$，则方程 $F(x,y,z)$ 称为曲面 S 的方程，而曲面 S 称为方程 $F(x,y,z)=0$ 所对应的图形(图 2.1.6).

【例 2.1.1】 设一个球面的球心为 $M_0(x_0,y_0,z_0)$，半径为 R，求此球面的方程.

【解】 设球面上任意一点为 $M(x,y,z)$，$|MM_0| = R$.

$$\sqrt{(x-x_0)^2+(y-y_0)^2+(z-z_0)^2} = R$$

化简得球面方程

$$(x-x_0)^2+(y-y_0)^2+(z-z_0)^2 = R^2.$$

特别地,以原点 $O(0,0,0)$ 为球心,R 为半径的球面方程为

$$x^2+y^2+z^2=R^2.$$

【例2.1.2】 求与坐标平面 xOy 距离恒等于 $c(x>0)$ 的平面方程.

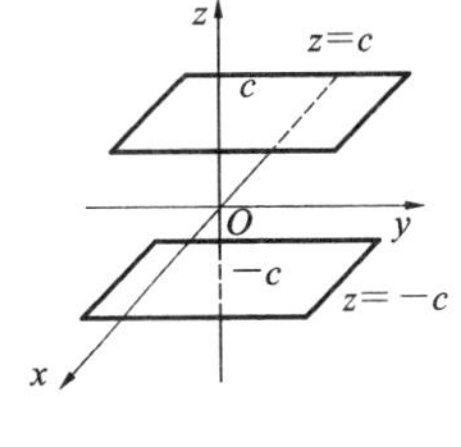

图 2.1.7

【解】 设平面上的任意一点为 $M(x,y,z)$,则点 M 到 xOy 平面的距离为 c,所以 $z=\pm c$,而 x,y 可取任意实数. 于是所求平面方程为 $z=c$ 和 $z=-c$(图2.1.7).

类似地分析可知:$x=\pm a$, $y=\pm b$ 分别表示与 yOz 平面,xOz 平面平行的平面.

◈ 2.1.3　二元函数的概念

☞ **定义 2.1.2**　设有三个变量 x、y 和 z. 如果当变量 x、y 在一定范围内任意取定一对数值时,变量 z 按照一定的法则 f 总有确定的数值与它们对应,则称 z 是 x、y 的二元函数,记为 $z=f(x,y)$ 或 $z=z(x,y)$,其中 x、y 称为自变量,z 为因变量. 自变量 x、y 的取值范围称为函数的定义域,常用字母 D 来表示. 二元函数在点(x_0,y_0) 处的函数值,记为

$$z\Big|_{\substack{x=x_0\\y=y_0}} \quad 或\ z\Big|_{(x_0,y_0)} \quad 或\ f(x_0,y_0).$$

对应的函数值的集合 $Z=\{z\mid z=f(x,y),(x,y)\in D\}$ 称为该函数的值域.

类似地,可以定义三元函数 $u=f(x,y,z)$ 以及三元以上的函数. 我们把多于一个自变量的函数统称为多元函数.

设函数 $z=f(x,y)$ 的定义域为 D,对于任意取定的 $P(x,y)\in D$,对应的函数值为 $z=f(x,y)$,这样以 x 为横坐标、y 为纵坐标、z 为竖坐标在空间就确定一点 $M(x,y,z)$,当 P 点在 D 中变动时,对应的点 M 的轨迹就是二元函数 $z=f(x,y)$ 的几何图形(图2.1.8).

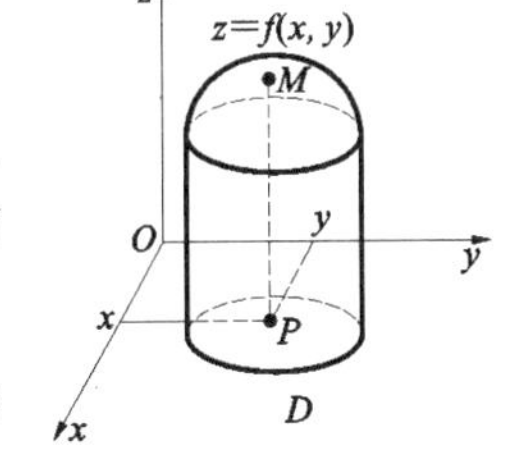

图 2.1.8

可见,二元函数 $z=f(x,y)$ 表示空间中的一张曲面,其定义域 D 就是此曲面在 xOy 平面上的投影. 一元函数 $y=f(x)$ 表示平面上一条曲线,二元函数 $z=f(x,y)$ 表示空间中的一张曲面.

二元函数定义域的求法与一元函数类似,就是找使函数有意义的自变量的范围,二元函数的定义域通常是由平面上一条或几条光滑曲线所围成的平面区域. 一元函数的定义域一般来说是一个或几个区间,区间可以用一元不等式表示;二元函数的定义域一般来说是平面区域,平面区域可以用二元不等式或不等式组表示.

【例2.1.3】 求函数 $z=\dfrac{\ln(y-x)}{\sqrt{1-x^2-y^2}}$ 的定义域.

【解】 要使函数有意义,必须满足

$$\begin{cases}y-x>0\\1-x^2-y^2>0\end{cases},\quad 即\quad \begin{cases}y>x\\x^2+y^2<1\end{cases}.$$

所以定义域为$\{(x,y)\mid x^2+y^2<1,y>x\}$(图2.1.9).

【例 2.1.4】 求函数 $z=\sqrt{4-x^2-y^2}+\ln(x^2+y^2-1)$ 的定义域，并画出定义域的图形.

【解】 要使函数有意义，必须满足

$$\begin{cases}4-x^2-y^2\geqslant 0\\ x^2+y^2-1>0\end{cases},\quad 即\quad 1<x^2+y^2\leqslant 4,$$

故定义域为 $D=\{(x,y)\mid 1<x^2+y^2\leqslant 4\}$(图 2.1.10).

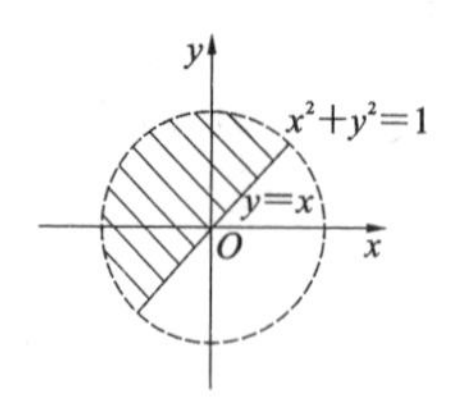

图 2.1.9

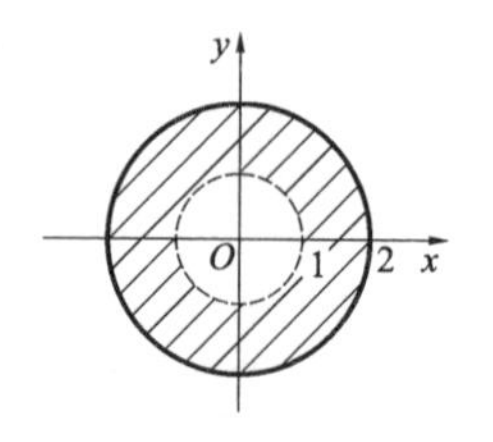

图 2.1.10

【例 2.1.5】 设 $f(x,y)=e^x\sin y$，求 $f(xy,x+y)$.

【解】 设 $u=xy,v=x+y$，则 $f(xy,x+y)$ 是由 $f(u,v),u=xy,v=x+y$ 复合而成，而

$$f(u,v)=e^u\sin v\quad [f(u,v)\ 与\ f(x,y)\ 是同一函数]$$

所以

$$f(xy,x+y)=e^{xy}\sin(x+y).$$

❖ 2.1.4 二元函数的极限

在一元函数中，我们讨论了当自变量趋向于有限值时函数的极限. 对于二元函数 $z=f(x,y)$，同样可以讨论当自变量 x 与 y 趋向于有限值 x_0 与 y_0 时，对应的函数值的变化趋势，这就是二元函数的极限问题.

☞ **定义 2.1.3** 设二元函数 $z=f(x,y)$ 在点 $P_0(x_0,y_0)$ 的附近有定义(点 P_0 可以除外). 如果当点 $P(x,y)$ 无限地趋向于点 $P_0(x_0,y_0)$ 时，函数值 $f(x,y)$ 总趋向于一个确定的常数 A，则称 A 为函数 $z=f(x,y)$ 当 $(x,y)\to(x_0,y_0)$ 时的极限，记为

$$\lim_{\substack{x\to x_0\\ y\to y_0}}f(x,y)=A\quad 或\quad \lim_{(x,y)\to(x_0,y_0)}f(x,y)=A\quad 或\quad \lim_{P\to P_0}f(P)=A.$$

注意：

(1) 二元函数极限存在是指 P 以任何方式趋于 P_0 时，函数都无限接近于 A；

(2) 如果当 P 以两种不同方式趋于 P_0 时，函数趋于不同的值，则函数的极限不存在.

【例 2.1.6】 考察函数 $f(x,y)=\begin{cases}\dfrac{xy}{x^2+y^2}, & x^2+y^2\neq 0\\ 0, & x^2+y^2=0\end{cases}$，当 $(x,y)\to(0,0)$ 时的极限.

【解】 当 $P(x,y)$ 沿 x 轴趋于点 $O(0,0)$ 时，即 $y=0,f(x,y)=f(x,0)=0(x\neq 0)$，$\lim\limits_{x\to 0}f(x,0)=0$.

当 $P(x,y)$ 沿 y 轴趋于点 $O(0,0)$ 时，即 $x=0,f(x,y)=f(0,y)=0(y\neq 0)$，

$$\lim_{y\to 0} f(0,y)=0.$$

当 $P(x,y)$ 沿直线 $y=kx$ 轴趋于点 $O(0,0)$ 时，即 $f(x,y)=f(x,kx)=\dfrac{k}{1+k^2}(x\neq 0)$，

$$\lim_{\substack{y=kx\\x\to 0}} f(x,y)=\lim_{x\to 0}\frac{k}{1+k^2}=\frac{k}{1+k^2}.$$

虽然点 $P(x,y)$ 以两种特殊方式（沿 x 轴或沿 y 轴）趋于原点时函数的极限存在并且相等，但是 $\lim\limits_{\substack{x\to 0\\y\to 0}} f(x,y)$ 并不存在. 这是因为当点 $P(x,y)$ 沿着直线 $y=kx$ 趋于点 $O(0,0)$ 时，其极限值随直线斜率 k 的不同而不同，因此 $\lim\limits_{\substack{x\to 0\\y\to 0}} f(x,y)$ 不存在.

一元函数求极限的运算法则（如：运用重要极限、无穷小性质、夹逼法则等求极限的各种方法）在求二元函数的极限中均可使用，在解题过程中需灵活运用各种方法进行运算.

【例 2.1.7】 求 $\lim\limits_{\substack{x\to 0\\y\to 2}}\dfrac{\sin(xy)}{x}$.

【解】 原式 $=\lim\limits_{\substack{x\to 0\\y\to 2}}\dfrac{\sin(xy)}{x}=\lim\limits_{xy\to 0}\dfrac{\sin(xy)}{xy}\cdot\lim\limits_{y\to 2} y=1\cdot 2=2.$

【例 2.1.8】 $\lim\limits_{\substack{x\to\infty\\y\to 0}}\left(1+\dfrac{1}{x}\right)^{\frac{x^2}{x+y}}$.

【解】 原式 $=\lim\limits_{\substack{x\to\infty\\y\to 0}}\left[\left(1+\dfrac{1}{x}\right)^{x}\right]^{\frac{x}{x+y}}=\lim\limits_{\substack{x\to\infty\\y\to 0}}\left[\left(1+\dfrac{1}{x}\right)^{x}\right]^{\frac{1}{1+\frac{y}{x}}}=\mathrm{e}^1=\mathrm{e}.$

【例 2.1.9】 求 $\lim\limits_{\substack{x\to 0\\y\to 0}}\dfrac{1-\sqrt{xy+1}}{xy}$.

【解】 这是 $\dfrac{0}{0}$ 型的极限，将分子有理化可去掉零因子，即可求解.

$$\lim_{\substack{x\to 0\\y\to 0}}\frac{1-\sqrt{xy+1}}{xy}=\lim_{\substack{x\to 0\\y\to 0}}\frac{1-(xy+1)}{xy(1+\sqrt{xy+1})}=\lim_{\substack{x\to 0\\y\to 0}}\frac{-xy}{xy(1+\sqrt{xy+1})}=\lim_{\substack{x\to 0\\y\to 0}}\frac{-1}{1+\sqrt{xy+1}}=-\frac{1}{2}.$$

2.1.5　二元函数的连续

与一元函数连续的定义类似，下面我们给出二元函数连续的定义.

定义 2.1.4　设函数 $z=f(x,y)$ 在点 $P_0(x_0,y_0)$ 及其附近有定义，如果当点 $P(x,y)$ 趋向于点 $P_0(x_0,y_0)$ 时，函数 $z=f(x,y)$ 的极限存在，且等于它在点 $P_0(x_0,y_0)$ 处的函数值，即

$$\lim_{\substack{x\to x_0\\y\to y_0}} f(x,y)=f(x_0,y_0)$$

则称函数 $z=f(x,y)$ 在点 $P_0(x_0,y_0)$ 处连续.

若令 $x=x_0+\Delta x, y=y_0+\Delta y, \Delta z=f(x_0+\Delta x,y_0+\Delta y)-f(x_0,y_0)$，称 Δz 为函数的全增量. 极限 $\lim\limits_{\substack{x\to x_0\\y\to y_0}} f(x,y)=f(x_0,y_0)$ 可以改写成 $\lim\limits_{\substack{\Delta x\to 0\\\Delta y\to 0}}\Delta z=0$.

因此，二元函数连续的定义又可表述为：

☞ **定义 2.1.5** 设函数 $z=f(x,y)$ 在点 $P_0(x_0,y_0)$ 及其附近有定义，若当自变量 x、y 的增量 Δx、Δy 趋向于零时，对应的函数的全增量 Δz 也趋向于零，即 $\lim\limits_{\substack{\Delta x\to 0\\ \Delta y\to 0}}\Delta z=0$，则称函数 $z=f(x,y)$ 在点 $P_0(x_0,y_0)$ 处连续.

以上关于二元函数极限与连续的讨论完全可以推广到三元及三元以上的函数. 例如，根据前面讨论，函数 $f(x,y)=\begin{cases}\dfrac{xy}{x^2+y^2}, & x^2+y^2\neq 0\\ 0, & x^2+y^2=0\end{cases}$ 的极限不存在，所以在 $O(0,0)$ 不连续，$O(0,0)$ 是函数 $f(x,y)$ 的一个间断点.

与一元初等函数类似，多元初等函数是指可用一个式子所表示的多元函数，这个式子是由常数及具有不同自变量的一元基本初等函数经过有限次的四则运算和复合运算而得到的.

例如，$z=\dfrac{x+x^2-y^2}{1+y^2}$，$z=\sin(x+y)$，$z=e^{x^2+y^2+z^2}$ 都是多元初等函数.

一切多元初等函数在其定义区域内是连续的.

【例 2.1.10】 求 $\lim\limits_{(x,y)\to(1,2)}\dfrac{x+y}{xy}$.

【解】 函数 $f(x,y)=\dfrac{x+y}{xy}$ 是初等函数，因此 $\lim\limits_{(x,y)\to(1,2)}f(x,y)=f(1,2)=\dfrac{3}{2}$.

与闭区间上一元连续函数的性质类似，在有界闭区域上连续的多元函数具有如下性质：

◎ **性质 2.1.1**（有界性） 在有界闭区域 D 上连续的多元函数必定在 D 上有界.

◎ **性质 2.1.2**（最值性） 在有界闭区域 D 上连续的多元函数必定在 D 上取得它的最大值和最小值.

◎ **性质 2.1.3**（介值性） 在有界闭区域 D 上连续的多元函数必取得介于最大值和最小值之间的任何一个值.

练习题

1. 计算题.

(1) 已知 $f(x,y)=x^y+2xy$，求 $f(2,-1)$ 和 $f(u+2v,uv)$；

(2) 已知 $f(x,y)=x^2+y^2-xy\tan\dfrac{x}{y}$，求 $f(tx,ty)$；

(3) 已知 $f(x,y)=\dfrac{x-3y}{2x^2+y}$，求 $f(-1,2)$，$f(2,-1)$ 和 $f(\sqrt{xy},x-y)$.

2. 求下列函数的定义域，并画出其草图：

(1) $z=1-x-y$；

(2) $z=\dfrac{1}{\sqrt{x^2+y^2-1}}$；

(2) $z=\dfrac{1}{x^2+y^2}$；

(4) $z=\dfrac{1}{\sqrt{x-y^2}}$.

3. 求下列极限：

(1) $\lim\limits_{\substack{x\to 0\\ y\to 1}}\dfrac{1-(xy)^2+e^x}{x^2+y^2}$；

(2) $\lim\limits_{\substack{x\to 1\\ y\to 0}}\dfrac{\ln(x+e^y)}{\sqrt{x^2+y^2}}$

(3) $\lim\limits_{\substack{x\to+\infty\\y\to+\infty}}\left(1+\dfrac{1}{xy}\right)^{xy}$；　(4) $\lim\limits_{\substack{x\to0\\y\to0}}(1-2xy)^{\frac{1}{xy}}$；

(5) $\lim\limits_{\substack{x\to0\\y\to0}}(x+y)\ln(x^2+y^2)$；　(6) $\lim\limits_{\substack{x\to0\\y\to0}}\dfrac{\sin xy}{y}$.

4. 求下列函数的不连续点：

(1) $z=\dfrac{y^2+2x}{y^2-2x}$；　(2) $z=\ln(1-x^2-y^2)$.

5. 证明极限 $\lim\limits_{\substack{x\to0\\y\to0}}\dfrac{x^2y^2}{x^2y^2+(x-y)^2}$ 不存在.

6. 设函数 $f(x,y)=\begin{cases}\dfrac{x}{x+y}, & x+y\neq0\\ 0, & x+y=0\end{cases}$，证明：$f(x,y)$ 在点(0,0) 不连续.

2.2　偏导数

2.2.1　偏导数的定义与计算

对于二元函数 $z=f(x,y)$，有两个自变量 x,y. 如果只有自变量 x 变化，而自变量 y 固定，这时它就是 x 的一元函数，这时函数对 x 的导数，就称为二元函数 $z=f(x,y)$ 对于 x 的偏导数. 我们可用讨论一元函数的方法来讨论它的导数.

定义 2.2.1　设函数 $z=f(x,y)$ 在点 (x_0,y_0) 的某一邻域内有定义，当 y 固定在 y_0 而 x 在 x_0 处有增量 Δx 时，相应地函数有增量 $f(x_0+\Delta x,y_0)-f(x_0,y_0)$. 如果

$$\lim_{\Delta x\to0}\frac{f(x_0+\Delta x,y_0)-f(x_0,y_0)}{\Delta x}$$

存在，则称此极限为函数 $z=f(x,y)$ 在点 (x_0,y_0) 处对 x 的偏导数，记为

$$\left.\frac{\partial z}{\partial x}\right|_{\substack{x=x_0\\y=y_0}},\quad \left.\frac{\partial f}{\partial x}\right|_{\substack{x=x_0\\y=y_0}},\quad \left.z_x\right|_{\substack{x=x_0\\y=y_0}}\text{ 或 }f_x(x_0,y_0)$$

即

$$f_x(x_0,y_0)=\lim_{\Delta x\to0}\frac{f(x_0+\Delta x,y_0)-f(x_0,y_0)}{\Delta x}.$$

类似地，函数 $z=f(x,y)$ 在点 (x_0,y_0) 处对 y 的偏导数记为

$$\left.\frac{\partial z}{\partial y}\right|_{\substack{x=x_0\\y=y_0}},\quad \left.\frac{\partial f}{\partial y}\right|_{\substack{x=x_0\\y=y_0}},\quad \left.z_y\right|_{\substack{x=x_0\\y=y_0}}\text{ 或 }f_y(x_0,y_0)$$

即

$$f_y(x_0,y_0)=\lim_{\Delta y\to0}\frac{f(x_0,y_0+\Delta y)-f(x_0,y_0)}{\Delta y}.$$

偏导函数：如果函数 $z=f(x,y)$ 在区域 D 内每一点 (x,y) 处对 x 的偏导数都存在，那么这个偏导数就是 x,y 的函数，它就称为函数 $z=f(x,y)$ 对自变量 x 的偏导函数，记作

$$\frac{\partial z}{\partial x},\quad \frac{\partial f}{\partial x},\quad z_x\text{ 或 }f_x(x,y)$$

偏导函数的定义式： $f_x(x,y)=\lim\limits_{\Delta x\to 0}\dfrac{f(x+\Delta x,y)-f(x,y)}{\Delta x}$.

类似地，可定义函数 $z=f(x,y)$ 对 y 的偏导函数 $f_y(x,y)$. 偏导函数简称为偏导数.

偏导数的概念可推广到二元以上的函数.

例如，三元函数 $u=f(x,y,z)$ 在 (x,y,z) 处对 x 的偏导数定义为

$$f_x(x,y,z)=\lim_{\Delta x\to 0}\frac{f(x+\Delta x,y,z)-f(x,y,z)}{\Delta x}$$

类似地可定义 $f_y(x,y,z)$ 和 $f_z(x,y,z)$.

至于实际求 $z=f(x,y)$ 的偏导数，并不需要用新的方法，因为这里只有一个自变量在变动，另一个自变量是看作固定的，所以仍然是一元函数的微分法问题. 求 $\dfrac{\partial f}{\partial x}$ 时，只要把 y 暂时看作常量而对 x 求导数；求 $\dfrac{\partial f}{\partial y}$ 时，则只要把 x 暂时看作常量而对 y 求导数.

【例 2.2.1】 求 $z=x^2\sin 2y$ 的偏导数.

【解】 把 y 看作常量，得 $\dfrac{\partial z}{\partial x}=2x\sin 2y$；把 x 看作常量，得 $\dfrac{\partial z}{\partial y}=x^2\cos 2y\cdot 2=2x^2\cos 2y$.

【例 2.2.2】 求 $z=x^2+3xy+y^2$ 在点 $(1,2)$ 处的偏导数.

【解】 $\dfrac{\partial z}{\partial x}=2x+3y$， $\dfrac{\partial z}{\partial y}=3x+2y$；

$\left.\dfrac{\partial z}{\partial x}\right|_{\substack{x=1\\y=2}}=2\times 1+3\times 2=8$， $\left.\dfrac{\partial z}{\partial y}\right|_{\substack{x=1\\y=2}}=3\times 1+2\times 2=7$.

【例 2.2.3】 求 $z=\mathrm{e}^{\arctan\frac{y}{x}}$ 的偏导数.

【解】 $z=\mathrm{e}^{\arctan\frac{y}{x}}$ 可看成是由 $z=\mathrm{e}^u, u=\arctan v, v=\dfrac{y}{x}$ 复合而成，按一元函数复合函数求导法则有：

$$\frac{\partial z}{\partial x}=(\mathrm{e}^u)'(\arctan v)'\left(\frac{y}{x}\right)'_x=\mathrm{e}^u\frac{1}{1+v^2}\left(-\frac{y}{x^2}\right)=\mathrm{e}^{\arctan\frac{y}{x}}\frac{-y}{x^2+y^2}$$

把 y 看作常数，直接求导数得：

$$\frac{\partial z}{\partial x}=\mathrm{e}^{\arctan\frac{y}{x}}\left(\arctan\frac{y}{x}\right)'_x=\mathrm{e}^{\arctan\frac{y}{x}}\cdot\frac{1}{1+\left(\frac{y}{x}\right)^2}\cdot\left(\frac{y}{x}\right)'$$

$$=\mathrm{e}^{\arctan\frac{y}{x}}\cdot\frac{x^2}{x^2+y^2}\cdot\left(-\frac{y}{x^2}\right)=\mathrm{e}^{\arctan\frac{y}{x}}\cdot\frac{-y}{x^2+y^2}.$$

【例 2.2.4】 $u=\mathrm{e}^x\sin xy$，求 $\left.\dfrac{\partial u}{\partial x}\right|_{(0,1)}$，$\left.\dfrac{\partial u}{\partial y}\right|_{(1,0)}$.

【解】 $\dfrac{\partial u}{\partial x}=\mathrm{e}^x\sin xy+\mathrm{e}^x\cos xy\cdot y=\mathrm{e}^x(\sin xy+y\cos xy)$，$\dfrac{\partial u}{\partial y}=\mathrm{e}^x\cos xy\cdot x$；

$\left.\dfrac{\partial u}{\partial x}\right|_{(0,1)}=\mathrm{e}^0(\sin 0+\cos 0)=1$，$\left.\dfrac{\partial u}{\partial y}\right|_{(1,0)}=\mathrm{e}(\cos 0\times 1)=\mathrm{e}$.

【例 2.2.5】 求 $u=z^{xy}$ 的偏导数.

【解】 $\dfrac{\partial u}{\partial x}=z^{xy}(\ln z)y$； $\dfrac{\partial u}{\partial y}=z^{xy}(\ln z)x$； $\dfrac{\partial u}{\partial z}=xyz^{xy-1}$.

【例 2.2.6】　考察函数 $z=f(x,y)=\begin{cases}\dfrac{xy}{x^2+y^2}, & x^2+y^2\neq 0\\ 0, & x^2+y^2=0\end{cases}$ 在点(0,0)处的偏导数.

【解】　$f_x(0,0)=\lim\limits_{\Delta x\to 0}\dfrac{f(0+\Delta x,0)-f(0,0)}{\Delta x}=\lim\limits_{\Delta x\to 0}\dfrac{0-0}{\Delta x}=0$,

同样 $f_y(0,0)=\lim\limits_{\Delta y\to 0}\dfrac{f(0,0+\Delta y)-f(0,0)}{\Delta y}=\lim\limits_{\Delta y\to 0}\dfrac{0-0}{\Delta y}=0$.

即函数在点(0,0)处的两个偏导数都存在.但由 2.1 节讨论知道,该函数在点(0,0)处是不连续的.

偏导数与连续性:对于多元函数来说,即使各偏导数在某点都存在,也不能保证函数在该点连续.

如图 2.2.1 所示,$f_x(x_0,y_0)$ 可看成函数 $z=f(x,y_0)$ 在 x_0 处的导数,根据导数的几何意义,$f_x(x_0,y_0)$ 是曲线 $\begin{cases}z=f(x,y)\\ y=y_0\end{cases}$ 在 $M_0(x_0,y_0)$ 处的切线对 x 轴的斜率.同理,

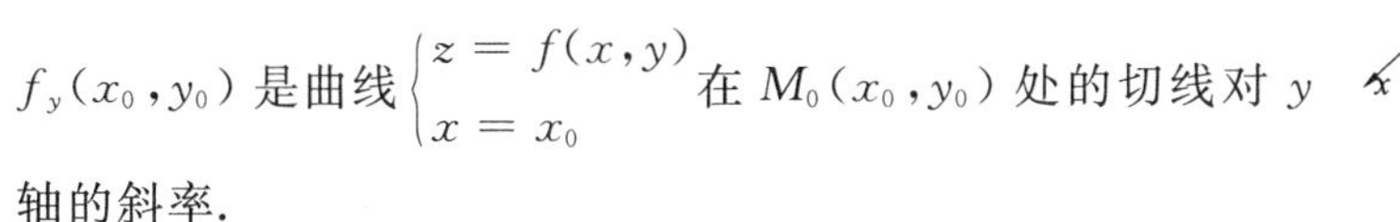
$f_y(x_0,y_0)$ 是曲线 $\begin{cases}z=f(x,y)\\ x=x_0\end{cases}$ 在 $M_0(x_0,y_0)$ 处的切线对 y 轴的斜率.

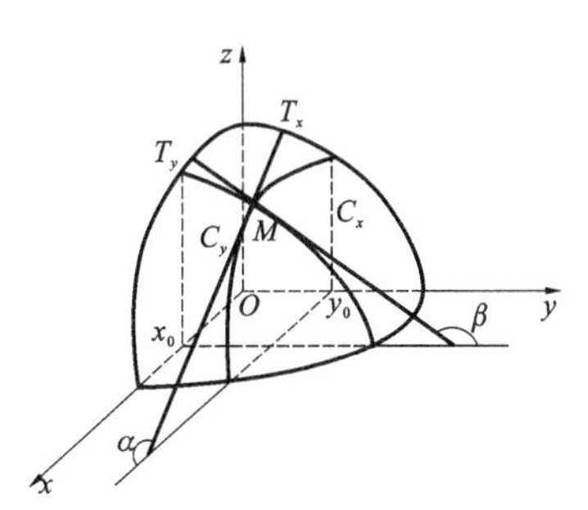

图 2.2.1

◈ 2.2.2　高阶偏导数

一般情况,函数 $z=f(x,y)$ 的两个偏导数 $f_x(x,y)$ 和 $f_y(x,y)$ 仍然是 x,y 的函数.因此,可以考虑 $f_x(x,y)$ 和 $f_y(x,y)$ 的偏导数,即二阶偏导数.按照对变量求导次序的不同有下列四个二阶偏导数,依次记为:

$$\frac{\partial}{\partial x}\left(\frac{\partial z}{\partial x}\right)=\frac{\partial^2 z}{\partial x^2}=f_{xx}(x,y),\qquad \frac{\partial}{\partial y}\left(\frac{\partial z}{\partial x}\right)=\frac{\partial^2 z}{\partial x\partial y}=f_{xy}(x,y),$$

$$\frac{\partial}{\partial x}\left(\frac{\partial z}{\partial y}\right)=\frac{\partial^2 z}{\partial y\partial x}=f_{yx}(x,y),\qquad \frac{\partial}{\partial y}\left(\frac{\partial z}{\partial y}\right)=\frac{\partial^2 z}{\partial y^2}=f_{yy}(x,y).$$

要说明的是,$f_{xy}(x,y)$ 是先对 x 求偏导,然后将所得的偏导函数再对 y 求偏导;$f_{yx}(x,y)$ 是先对 y 求偏导,再对 x 求偏导。

同样可得三阶、四阶以及 n 阶偏导数,二阶及二阶以上的偏导数统称为高阶偏导数.

【例 2.2.7】　验证函数 $z=\ln\sqrt{x^2+y^2}$ 满足方程 $\dfrac{\partial^2 z}{\partial x^2}+\dfrac{\partial^2 z}{\partial y^2}=0$.

【证明】　因为 $z=\ln\sqrt{x^2+y^2}=\dfrac{1}{2}\ln(x^2+y^2)$

所以　$\dfrac{\partial z}{\partial x}=\dfrac{x}{x^2+y^2}$,　$\dfrac{\partial z}{\partial y}=\dfrac{y}{x^2+y^2}$,

$$\frac{\partial^2 z}{\partial x^2}=\frac{(x^2+y^2)-x\cdot 2x}{(x^2+y^2)^2}=\frac{y^2-x^2}{(x^2+y^2)^2},\ \frac{\partial^2 z}{\partial y^2}=\frac{(x^2+y^2)-y\cdot 2y}{(x^2+y^2)^2}=\frac{x^2-y^2}{(x^2+y^2)^2}.$$

因此　$\dfrac{\partial^2 z}{\partial x^2}+\dfrac{\partial^2 z}{\partial y^2}=\dfrac{y^2-x^2}{(x^2+y^2)^2}+\dfrac{x^2-y^2}{(x^2+y^2)^2}=0$.

【例 2.2.8】　设 $z=x^3y^2-3xy^3-xy+1$,求 $\dfrac{\partial^2 z}{\partial x^2}$、$\dfrac{\partial^2 z}{\partial y\partial x}$、$\dfrac{\partial^2 z}{\partial x\partial y}$、$\dfrac{\partial^2 z}{\partial x^2}$ 及 $\dfrac{\partial^3 z}{\partial x^3}$.

【解】 $\dfrac{\partial z}{\partial x}=3x^2y^2-3y^3-y,\dfrac{\partial z}{\partial y}=2x^3y-9xy^2-x,\dfrac{\partial^2 z}{\partial x^2}=6xy^2,\dfrac{\partial^3 z}{\partial x^3}=6y^2,$

$$\frac{\partial^2 z}{\partial y^2}=2x^3-18xy,\frac{\partial^2 z}{\partial x\partial y}=6x^2y-9y^2-1,\frac{\partial^2 z}{\partial y\partial x}=6x^2y-9y^2-1.$$

可以看到这里$\dfrac{\partial^2 z}{\partial y\partial x}=\dfrac{\partial^2 z}{\partial x\partial y}$.

问题 2.2.1 混合偏导数都相等吗?

【例 2.2.9】 $f(x,y)=\begin{cases}\dfrac{x^3y}{x^2+y^2} & (x,y)\neq(0,0)\\ 0 & (x,y)=(0,0)\end{cases}$,求 $f(x,y)$ 的二阶混合偏导数.

【解】 当$(x,y)\neq(0,0)$时,

$$f_x(x,y)=\frac{3x^2y(x^2+y^2)-2x\cdot x^3y}{(x^2+y^2)^2}=\frac{3x^2y}{x^2+y^2}-\frac{2x^4y}{(x^2+y^2)^2},$$

$$f_y(x,y)=\frac{x^3}{x^2+y^2}-\frac{2x^3y^2}{(x^2+y^2)^2}.$$

当$(x,y)=(0,0)$时,按定义可知:

$$f_x(0,0)=\lim_{\Delta x\to 0}\frac{f(\Delta x,0)-f(0,0)}{\Delta x}=0,\qquad f_y(0,0)=\lim_{\Delta y\to 0}\frac{f(0,\Delta y)-f(0,0)}{\Delta y}=0,$$

$$f_{xy}(0,0)=\lim_{\Delta y\to 0}\frac{f_x(0,\Delta y)-f_x(0,0)}{\Delta y}=0,\qquad f_{yx}(0,0)=\lim_{\Delta x\to 0}\frac{f_y(\Delta x,0)-f_y(0,0)}{\Delta x}=1,$$

显然 $f_{xy}(0,0)\neq f_{yx}(0,0)$.

问题 2.2.2 具备怎样的条件才能使混合偏导数相等?

▲ **定理 2.2.1** 如果函数 $z=f(x,y)$ 的两个二阶混合偏导数$\dfrac{\partial^2 z}{\partial y\partial x}$及$\dfrac{\partial^2 z}{\partial x\partial y}$在区域 D 内连续,那么在该区域内这两个二阶混合偏导数必相等.

因为初等函数在定义域内都是连续的,所以一般情况下总有$\dfrac{\partial^2 z}{\partial y\partial x}=\dfrac{\partial^2 z}{\partial x\partial y}$.

【例 2.2.10】 $u=\mathrm{e}^{ax}\cos by$,求二阶偏导数.

【解】 $\dfrac{\partial u}{\partial x}=a\mathrm{e}^{ax}\cos by,\dfrac{\partial u}{\partial y}=-b\mathrm{e}^{ax}\sin by,$

$$\frac{\partial^2 u}{\partial x^2}=a^2\mathrm{e}^{ax}\cos by,\frac{\partial^2 u}{\partial y^2}=-b^2\mathrm{e}^{ax}\cos by,\frac{\partial^2 u}{\partial x\partial y}=-ab\mathrm{e}^{ax}\sin by=\frac{\partial^2 u}{\partial y\partial x}.$$

练习题

计算下列导数:

1. $f(x,y)=x+2y$,求 $f_x(1,0)$.
2. $f(x,y)=x^2y^3$,求 $f_x(1,0),f_y(1,1)$.
3. $z=y^x$,求$\dfrac{\partial z}{\partial x},\dfrac{\partial z}{\partial y}$.
4. $z=\ln xy$,求$\dfrac{\partial z}{\partial x},\dfrac{\partial z}{\partial y}$.
5. $z=x^2\mathrm{e}^y$,求$\dfrac{\partial z}{\partial x},\dfrac{\partial^2 z}{\partial x^2},\dfrac{\partial z}{\partial y}$.

6. $u = e^{x}\sin xy$，求$\left.\frac{\partial u}{\partial x}\right|_{(0,1)}$，$\left.\frac{\partial u}{\partial y}\right|_{(1,0)}$.

7. $w = (x + 2y + 3z)^2$，求$\frac{\partial w}{\partial x}$，$\frac{\partial w}{\partial y}$，$\frac{\partial w}{\partial z}$.

8. $z = \sin(x - y)$，求 z_x，z_y，z_{xx}，z_{yy}，z_{xy}.

9. $f(x,y) = x + (y - 1)\ln\left(\cos\sqrt{\frac{x}{y}}\right)$，求 $f_x(x,1)$.

10. $z = e^{xy}\sin xy$，求$\frac{\partial z}{\partial x}$，$\frac{\partial z}{\partial y}$.

2.3　全微分

二元函数对某个自变量的偏导数表示当另一个自变量固定时，因变量相对于该自变量的变化率. 根据一元函数微分学中增量与微分的关系，可得

$$f(x+\Delta x,y) - f(x,y) \approx f_x(x,y)\Delta x,\quad f(x,y+\Delta y) - f(x,y) \approx f_y(x,y)\Delta y.$$

上面两式的左端分别叫作二元函数对 x 和对 y 的偏增量，而右端分别叫作二元函数对 x 和对 y 的偏微分. 下面我们来看两个自变量都变化的情况：

定义 2.3.1　设函数 $z = f(x,y)$ 在点 $P_0(x_0,y_0)$ 的某邻域 $U(P_0)$ 内有定义，对于 $U(P_0)$ 中的点 $P(x,y) = (x_0 + \Delta x, y_0 + \Delta y)$，若函数 f 在点 P_0 处的全增量 Δz 可表示为：

$$\Delta z = f(x_0 + \Delta x, y_0 + \Delta y) - f(x,y) = A\Delta x + B\Delta y + o(\rho)$$

其中 A,B 是仅与点 P_0 有关的常数，$\rho = \sqrt{(\Delta x)^2 + (\Delta y)^2}$，$o(\rho)$ 是较 ρ 高阶的无穷小量，则称函数 f 在点 P_0 可微，并称关于 Δx，Δy 的线性函数 $A\Delta x + B\Delta y$ 为函数 f 在点 P_0 的全微分，记作 $dz|_{P_0} = df(x_0,y_0) = A\Delta x + B\Delta y$.

如果函数 $z = f(x,y)$ 在点(x_0,y_0)处可微，则有

$$f(x_0 + \Delta x, y_0 + \Delta y) - f(x_0,y_0) = A\Delta x + B\Delta y + o(\rho)$$

即

$$f(x_0 + \Delta x, y_0 + \Delta y) = f(x_0,y_0) + A\Delta x + B\Delta y + o(\rho)$$

因此 $\lim\limits_{\substack{\Delta x\to 0\\ \Delta y\to 0}} f(x_0 + \Delta x, y_0 + \Delta y) = \lim\limits_{\substack{\Delta x\to 0\\ \Delta y\to 0}}[f(x_0,y_0) + A\Delta x + B\Delta y + o(\rho)] = f(x_0,y_0)$.

这说明函数 $z = f(x,y)$ 在点(x_0,y_0)处连续. 于是有以下定理：

▲ **定理 2.3.1**(可微的必要条件)　如果函数 $z = f(x,y)$ 在点(x_0,y_0)处可微，则函数 $z = f(x,y)$ 在点(x_0,y_0)处连续.

若二元函数 $z = f(x,y)$ 在其定义域内一点(x_0,y_0)处可微，则 $z = f(x,y)$ 在点(x_0,y_0)的偏导数$\frac{\partial z}{\partial x}$，$\frac{\partial z}{\partial y}$都存在，并且有 $A = f_x(x_0,y_0)$，$B = f_y(x_0,y_0)$，因此函数 f 在点(x_0,y_0)的全微分可唯一表示为 $df|_{(x_0,y_0)} = f_x(x_0,y_0)\cdot\Delta x + f_y(x_0,y_0)\cdot\Delta y$. 由于自变量的增量等于自变量的微分，即 $\Delta x = dx$，$\Delta y = dy$. 全微分又可写成为 $dz = f_x(x_0,y_0)dx + f_y(x_0,y_0)dy$.

若函数 f 在区域 D 上每一点(x,y)都可微，则称函数 f 在区域 D 上可微，且 f 在 D 上的全微分为 $df(x,y) = f_x(x,y)dx + f_y(x,y)dy$.

由可微的必要条件知道了若二元函数的全微分存在，二元函数的各偏导数一定存在.那么则反过来是否成立呢？

考察函数 $f(x,y)=\begin{cases}\dfrac{xy}{\sqrt{x^2+y^2}}, & x^2+y^2\neq 0\\ 0, & x^2+y^2=0\end{cases}$ 在点(0,0)处的偏导数和全微分.该函数在点(0,0)处有 $f_x(0,0)=f_y(0,0)=0$，$\Delta z-[f_x(0,0)\cdot\Delta x+f_y(0,0)\cdot\Delta y]=\dfrac{\Delta x\Delta y}{\sqrt{(\Delta x)^2+(\Delta y)^2}}$.

如果考虑点 $P'(\Delta x,\Delta y)$ 沿着直线 $y=x$ 趋近于(0,0)，则

$$\frac{\dfrac{\Delta x\Delta y}{\sqrt{(\Delta x)^2+(\Delta y)^2}}}{\rho}=\frac{\Delta x\Delta x}{(\Delta x)^2+(\Delta x)^2}=\frac{1}{2},$$

说明随着 $\rho\to 0$ 而 $\dfrac{\Delta x\Delta y}{\sqrt{\Delta x^2+\Delta y^2}}$ 不趋于0，故函数在点(0,0)处不可微.

说明：二元函数的各偏导数存在并不能保证全微分存在，即在二元函数中可导与可微并不是等价的，偏导数存在只是多元函数可微的必要条件.一元函数中可导与可微是等价的.

△ **定理2.3.2**(可微的充分条件)　如果函数 $z=f(x,y)$ 的偏导数 $\dfrac{\partial z}{\partial x}$，$\dfrac{\partial z}{\partial y}$ 在点 $P(x,y)$ 处连续，则函数在该点可微分.

以上关于二元函数全微分的定义及微分的必要条件和充分条件，可以完全类似地推广到三元和三元以上的多元函数.

例如，如果三元函数 $u=\varphi(x,y,z)$ 可以微分，那么它的全微分就等于它的三个偏微分之和，即 $\mathrm{d}u=\dfrac{\partial u}{\partial x}\mathrm{d}x+\dfrac{\partial u}{\partial y}\mathrm{d}y+\dfrac{\partial u}{\partial z}\mathrm{d}z$.

【例2.3.1】　计算函数 $z=x^2+y^2$ 的全微分.

【解】　$\because\ \dfrac{\partial z}{\partial x}=2x,\quad \dfrac{\partial z}{\partial y}=2y,$

$\therefore\ \mathrm{d}z=2x\mathrm{d}x+2y\mathrm{d}y.$

【例2.3.2】　计算函数 $z=\mathrm{e}^{xy}$ 在点(2,1)处的全微分.

【解】　$\because\ \dfrac{\partial z}{\partial x}=y\mathrm{e}^{xy},\quad \dfrac{\partial z}{\partial y}=x\mathrm{e}^{xy},$

$\therefore\ \left.\dfrac{\partial z}{\partial x}\right|_{\substack{x=2\\y=1}}=\mathrm{e}^2,\quad \left.\dfrac{\partial z}{\partial y}\right|_{\substack{x=2\\y=1}}=2\mathrm{e}^2,\quad \mathrm{d}z=\mathrm{e}^2\mathrm{d}x+2\mathrm{e}^2\mathrm{d}y.$

【例2.3.3】　计算函数 $u=x+\sin\dfrac{y}{2}+\mathrm{e}^{yz}$ 的全微分.

【解】　$\because\ \dfrac{\partial u}{\partial x}=1,\quad \dfrac{\partial u}{\partial y}=\dfrac{1}{2}\cos\dfrac{y}{2}+z\mathrm{e}^{yz},\quad \dfrac{\partial u}{\partial z}=y\mathrm{e}^{yz},$

$\therefore\ \mathrm{d}u=\mathrm{d}x+\left(\dfrac{1}{2}\cos\dfrac{y}{2}+z\mathrm{e}^{yz}\right)\mathrm{d}y+y\mathrm{e}^{yz}\mathrm{d}z.$

【例2.3.4】　求函数 $z=y\cos(x-2y)$，当 $x=\dfrac{\pi}{4}$，$y=\pi$，$\mathrm{d}x=\dfrac{\pi}{4}$，$\mathrm{d}y=\pi$ 时的全微分.

【解】 $\dfrac{\partial z}{\partial x}=-y\sin(x-2y)$， $\dfrac{\partial z}{\partial y}=\cos(x-2y)+2y\sin(x-2y)$

$$\mathrm{d}z\Big|_{(\frac{\pi}{4},\pi)}=\frac{\partial z}{\partial x}\Big|_{(\frac{\pi}{4},\pi)}\mathrm{d}x+\frac{\partial z}{\partial y}\Big|_{(\frac{\pi}{4},\pi)}\mathrm{d}y=\frac{\sqrt{2}}{8}\pi(4-7\pi).$$

如果函数 $z=f(x,y)$ 在点(x,y) 处可微分，则 $\Delta z\approx \mathrm{d}z=f_x(x,y)\Delta x+f_y(x,y)\Delta y$

或
$$f(x+\Delta x,y+\Delta y)\approx f(x,y)+f_x(x,y)\Delta x+f_y(x,y)\Delta y,$$

或
$$f(x,y)\approx f(x_0,y_0)+f_x(x_0,y_0)(x-x_0)+f_y(x_0,y_0)(y-y_0).$$

【例 2.3.5】 计算$(1.04)^{2.02}$ 的近似值.

【解】 设 $f(x,y)=x^y$，则$(1.04)^{2.02}=f(1.04,2.02)$，取 $x=1,y=2,\Delta x=0.04$，$\Delta y=0.02$.

由于 $f(1,2)=1,f_x(1,2)=2,f_y(1,2)=0$ 得

$$(1.04)^{2.02}=f(1.04,2.02)\approx 1+2\times 0.04+0\times 0.02=1.08.$$

练习题

1. 求下列函数的全微分：

(1) $z=x^2y+y^2$；　(2) $z=\mathrm{e}^x\sin(x+y)$；

(3) $u=\sin(xyz)$；　(4) $z=xy\mathrm{e}^{xy}+x^2y^3$；

(5) $u=\ln(2x+3y+4z^2)$；　(6) $z=x^2y+x^3$；

(7) $z=\dfrac{x}{\sqrt{x^2+y^2}}$；　(8) $z=\arcsin\dfrac{x}{y}$.

2. 设 $z=\dfrac{y}{x}$，当 $x=1,y=1,\Delta x=0.1,\Delta y=-0.2$，求 Δz 及 $\mathrm{d}z$.

3. 利用全微分求$(1.97)^{1.05}$ 的近似值($\ln 2\approx 0.693$).

2.4　多元复合函数的求导法则

2.4.1　复合函数的中间变量均为一元函数的情形

定理 2.4.1　如果函数 $u=\phi(t)$ 及 $v=\varphi(t)$ 都在点 t 处可导，函数 $z=f(u,v)$ 在对应点(u,v) 具有连续偏导数，则复合函数 $z=f[\phi(t),\varphi(t)]$ 在对应点 t 处可导，且其导数可用下列公式计算：

$$\frac{\mathrm{d}z}{\mathrm{d}t}=\frac{\partial z}{\partial u}\frac{\mathrm{d}u}{\mathrm{d}t}+\frac{\partial z}{\partial v}\frac{\mathrm{d}v}{\mathrm{d}t}.$$

证明：因为 $z=f(u,v)$ 具有连续的偏导数，所以它是可微的，即有

$$\mathrm{d}z=\frac{\partial z}{\partial u}\mathrm{d}u+\frac{\partial z}{\partial v}\mathrm{d}v,$$

又因为 $\mathrm{d}u=\dfrac{\mathrm{d}u}{\mathrm{d}t}\mathrm{d}t,\mathrm{d}v=\dfrac{\mathrm{d}v}{\mathrm{d}t}\mathrm{d}t$，代入上式，得

$$\mathrm{d}z=\frac{\partial z}{\partial u}\cdot\frac{\mathrm{d}u}{\mathrm{d}t}\mathrm{d}t+\frac{\partial z}{\partial v}\frac{\mathrm{d}v}{\mathrm{d}t}\mathrm{d}t=\left(\frac{\partial z}{\partial u}\cdot\frac{\mathrm{d}u}{\mathrm{d}t}+\frac{\partial z}{\partial v}\cdot\frac{\mathrm{d}v}{\mathrm{d}t}\right)\mathrm{d}t,$$

从而

$$\frac{\mathrm{d}z}{\mathrm{d}t}=\frac{\partial z}{\partial u}\cdot\frac{\mathrm{d}u}{\mathrm{d}t}+\frac{\partial z}{\partial v}\cdot\frac{\mathrm{d}v}{\mathrm{d}t}.$$

上述定理的结论可推广到中间变量多于两个的情况，如

$$\frac{\mathrm{d}z}{\mathrm{d}t}=\frac{\partial z}{\partial u}\cdot\frac{\mathrm{d}u}{\mathrm{d}t}+\frac{\partial z}{\partial v}\cdot\frac{\mathrm{d}v}{\mathrm{d}t}+\frac{\partial z}{\partial w}\cdot\frac{\mathrm{d}w}{\mathrm{d}t}.$$

上式可用链式法则表示，如图 2.4.1 所示.

以上公式中的导数$\frac{\mathrm{d}z}{\mathrm{d}t}$称为全导数.

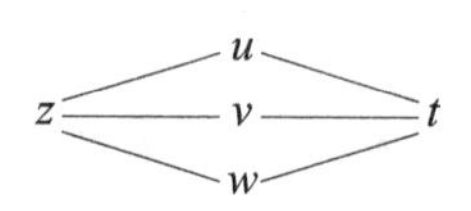

图 2.4.1　链式法则

【例 2.4.1】　设 $z=uv+\sin t$，而 $u=\mathrm{e}^t$，$v=\cos t$，求全导数$\frac{\mathrm{d}z}{\mathrm{d}t}$.

【解】　$\frac{\mathrm{d}z}{\mathrm{d}t}=\frac{\partial z}{\partial u}\cdot\frac{\mathrm{d}u}{\mathrm{d}t}+\frac{\partial z}{\partial v}\cdot\frac{\mathrm{d}v}{\mathrm{d}t}+\frac{\partial z}{\partial t}=v\mathrm{e}^t-u\sin t+\cos t=\mathrm{e}^t(\cos t-\sin t)+\cos t.$

【例 2.4.2】　设 $z=\arcsin(x-y)$，而 $x=3t$，$y=4t^3$，求$\frac{\mathrm{d}z}{\mathrm{d}t}$.

【解】

$$\frac{\mathrm{d}z}{\mathrm{d}t}=\frac{\partial z}{\partial x}\cdot\frac{\mathrm{d}x}{\mathrm{d}t}+\frac{\partial z}{\partial y}\cdot\frac{\mathrm{d}y}{\mathrm{d}t}=\frac{1}{\sqrt{1-(x-y)^2}}\cdot 3+\frac{1}{\sqrt{1-(x-y)^2}}\cdot(-1)\cdot 12t^2$$

$$=\frac{1}{\sqrt{1-(x-y)^2}}(3-12t^2).$$

2.4.2　复合函数的中间变量均为多元函数的情形

定理 2.4.1 还可推广到中间变量不是一元函数而是多元函数的情况 $z=f[\varphi(x,y),\psi(x,y)]$.

如果 $u=\varphi(x,y)$ 及 $v=\psi(x,y)$ 都在点(x,y)具有对 x 和 y 的偏导数，且函数 $z=f(u,v)$ 在对应点(u,v)具有连续偏导数，则复合函数 $z=f[\varphi(x,y),\psi(x,y)]$ 在对应点(x,y)的两个偏导数存在，且可用下列公式计算

$$\frac{\partial z}{\partial x}=\frac{\partial z}{\partial u}\frac{\partial u}{\partial x}+\frac{\partial z}{\partial v}\frac{\partial v}{\partial x},\quad \frac{\partial z}{\partial y}=\frac{\partial z}{\partial u}\frac{\partial u}{\partial y}+\frac{\partial z}{\partial v}\frac{\partial v}{\partial y}.$$

其链式法则如图 2.4.2 所示.

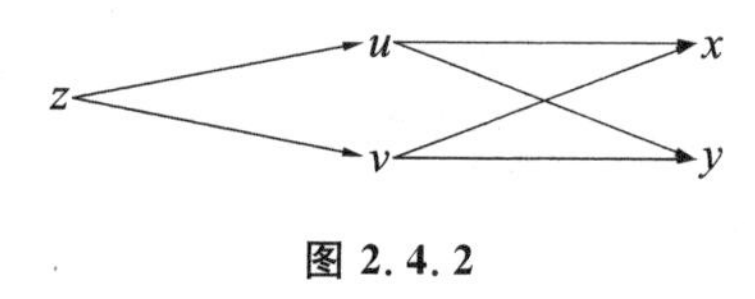

图 2.4.2

类似地，设 $u=\varphi(x,y)$、$v=\psi(x,y)$ 及 $w=\omega(x,y)$ 都在点(x,y)具有对 x 和 y 的偏导数，函数 $z=f(u,v,w)$ 在对应点(u,v,w)具有连续偏导数，则复合函数 $z=f[\varphi(x,y),\psi(x,y),\omega(x,y)]$ 在点(x,y)的两个偏导数都存在，且可用下列公式计算：

$$\frac{\partial z}{\partial x}=\frac{\partial z}{\partial u}\frac{\partial u}{\partial x}+\frac{\partial z}{\partial v}\frac{\partial v}{\partial x}+\frac{\partial z}{\partial w}\frac{\partial w}{\partial x},\quad \frac{\partial z}{\partial y}=\frac{\partial z}{\partial u}\frac{\partial u}{\partial y}+\frac{\partial z}{\partial v}\frac{\partial v}{\partial y}+\frac{\partial z}{\partial w}\frac{\partial w}{\partial y}.$$

【例 2.4.3】　设 $z=\mathrm{e}^u\sin v$，而 $u=xy$，$v=x+y$，求$\frac{\partial z}{\partial x}$和$\frac{\partial z}{\partial y}$.

【解】　$\frac{\partial z}{\partial x}=\frac{\partial z}{\partial u}\frac{\partial u}{\partial x}+\frac{\partial z}{\partial v}\frac{\partial v}{\partial x}=\mathrm{e}^u\sin v\cdot y+\mathrm{e}^u\cos v\cdot 1=\mathrm{e}^{xy}[y\sin(xy)+\cos(x+y)].$

$$\frac{\partial z}{\partial y}=\frac{\partial z}{\partial u}\frac{\partial u}{\partial y}+\frac{\partial z}{\partial v}\frac{\partial v}{\partial y}=\mathrm{e}^{u}\sin v\cdot x+\mathrm{e}^{u}\cos v\cdot 1=\mathrm{e}^{xy}[x\sin(xy)+\cos(x+y)].$$

【例 2.4.4】　设 $w=f(x+y+z,xyz)$，f 具有二阶连续偏导数，求 $\frac{\partial w}{\partial x}$ 和 $\frac{\partial^2 w}{\partial x\partial y}$.

【解】　令 $u=x+y+z,v=xyz$；记 $f_1'=\frac{\partial f(u,v)}{\partial u}$，$f_{12}''=\frac{\partial^2 f(u,v)}{\partial u\partial v}$，同理有 f_2'，f_{11}''，f_{22}''.

$$\frac{\partial w}{\partial x}=\frac{\partial f}{\partial u}\frac{\partial u}{\partial x}+\frac{\partial f}{\partial v}\frac{\partial v}{\partial x}=f_1'+yzf_2',$$

$$\frac{\partial^2 w}{\partial x\partial z}=\frac{\partial}{\partial z}(f_1'+yzf_2')=\frac{\partial f_1'}{\partial z}+yf_2'+yz\frac{\partial f_2'}{\partial z},$$

$$\frac{\partial f_1'}{\partial z}=\frac{\partial f_1'}{\partial u}\cdot\frac{\partial u}{\partial z}+\frac{\partial f_1'}{\partial v}\frac{\partial v}{\partial z}=f_{11}''+yzf_{12}'',$$

$$\frac{\partial f_2'}{\partial z}=\frac{\partial f_2'}{\partial u}\cdot\frac{\partial u}{\partial z}+\frac{\partial f_2'}{\partial v}\frac{\partial v}{\partial z}=f_{21}''+xyf_{22}''.$$

于是

$$\frac{\partial^2 w}{\partial x\partial y}=f_{11}''+xyf_{12}''+yf_2'+yz(f_{21}''+xyf_{22}'')$$
$$=f_{11}''+y(x+z)f_{12}''=xy^2zf_{22}''+yf_2'.$$

特殊地，$z=f(u,x,y)$，其中 $u=\varphi(x,y)$，即 $z=f[\varphi(x,y),x,y]$. 可看作上述情形中当 $v=x,w=y$ 的特殊情形，因此 $\frac{\partial v}{\partial x}=1,\frac{\partial w}{\partial x}=0,\frac{\partial v}{\partial y}=0,\frac{\partial w}{\partial y}=1$，

于是由公式得　$$\frac{\partial z}{\partial x}=\frac{\partial f}{\partial u}\frac{\partial u}{\partial x}+\frac{\partial f}{\partial x},\qquad \frac{\partial z}{\partial y}=\frac{\partial f}{\partial u}\frac{\partial u}{\partial y}+\frac{\partial f}{\partial y}.$$

【例 2.4.5】　设 $u=f(x,y,z)=\mathrm{e}^{x^2+y^2+z^2}$，而 $z=x^2\sin y$，求 $\frac{\partial u}{\partial x}$ 和 $\frac{\partial u}{\partial y}$.

【解】　$$\frac{\partial u}{\partial x}=\frac{\partial f}{\partial x}+\frac{\partial f}{\partial z}\cdot\frac{\partial z}{\partial x}=2x\mathrm{e}^{x^2+y^2+z^2}+2z\mathrm{e}^{x^2+y^2+z^2}\cdot 2x\sin y$$
$$=2x(1+2x^2\sin^2 y)\mathrm{e}^{x^2+y^2+x^4\sin^2 y},$$

$$\frac{\partial u}{\partial y}=\frac{\partial f}{\partial y}+\frac{\partial f}{\partial z}\cdot\frac{\partial z}{\partial y}=2y\mathrm{e}^{x^2+y^2+z^2}+2z\mathrm{e}^{x^2+y^2+z^2}\cdot x^2\cos y$$
$$=2(y+x^4\sin y\cos y)\mathrm{e}^{x^2+y^2+x^4\sin^2 y}.$$

2.4.3　全微分形式不变性

设 $z=f(u,v)$ 具有连续偏导数，则有全微分 $\mathrm{d}z=\frac{\partial z}{\partial u}\mathrm{d}u+\frac{\partial z}{\partial v}\mathrm{d}v$. 如果 $z=f(u,v)$ 具有连续偏导数，而 $u=\varphi(x,y)$、$v=\psi(x,y)$ 也具有连续偏导数，则

$$\mathrm{d}z=\frac{\partial z}{\partial x}\mathrm{d}x+\frac{\partial z}{\partial y}\mathrm{d}y=\left(\frac{\partial z}{\partial u}\frac{\partial u}{\partial x}+\frac{\partial z}{\partial v}\frac{\partial v}{\partial x}\right)\mathrm{d}x+\left(\frac{\partial z}{\partial u}\frac{\partial u}{\partial y}+\frac{\partial z}{\partial v}\frac{\partial v}{\partial y}\right)\mathrm{d}y$$
$$=\frac{\partial z}{\partial u}\left(\frac{\partial u}{\partial x}\mathrm{d}x+\frac{\partial u}{\partial y}\mathrm{d}y\right)+\frac{\partial z}{\partial v}\left(\frac{\partial v}{\partial x}\mathrm{d}x+\frac{\partial v}{\partial y}\mathrm{d}y\right)$$
$$=\frac{\partial z}{\partial u}\mathrm{d}u+\frac{\partial z}{\partial v}\mathrm{d}v.$$

由此可见，无论 z 是自变量 u,v 的函数还是中间变量 u,v 的函数，它的全微分形式是一样的. 这个性质叫作全微分形式不变性.

【例 2.4.6】 已知 $e^{-xy}-2z+e^z=0$，求全微分.

【解】 $\because d(e^{-xy}-2z+e^z)=0$，

$\therefore e^{-xy}d(-xy)-2dz+e^zdz=0$，

$\therefore (e^z-2)dz=e^{-xy}(xdy+ydx)$，

$$dz=\frac{ye^{-xy}}{(e^z-2)}dx+\frac{xe^{-xy}}{(e^z-2)}dy.$$

练习题

1. 设 $z=\arcsin(x+y)$，$x=2t$，$y=3t^2$，求 $\frac{dz}{dt}$.

2. 设 $z=ye^{\frac{x}{y}}$，$x=\sin t$，$y=e^{2t}$，求 $\frac{dz}{dt}$.

3. 已知 $z=ue^v+ve^u$，$u=xy$，$v=\frac{x}{y}$，求 $\frac{\partial z}{\partial x}$ 和 $\frac{\partial z}{\partial y}$.

4. 设 $z=\arctan(uv)$，$u=x^2$，$v=xe^y$，求 z 关于 x,y 的偏导数.

5. 设 $z=u^2v$，$u=\cos x$，$v=\sin x$，求 $\frac{dz}{dx}$.

6. 求函数 $z=\ln[e^{x+y}+(x^2+y^2)]$ 的一阶偏导数.

7. 设 $z=\arctan\frac{x}{y}$，而 $x=u+v$，$y=u-v$，验证 $\frac{\partial z}{\partial u}+\frac{\partial z}{\partial v}=\frac{u-v}{u^2+v^2}$.

2.5 隐函数的求导法则

2.5.1 一元隐函数 $F(x,y)=0$ 的求导公式

定理 2.5.1 设函数 $F(x,y)$ 在点 $P(x_0,y_0)$ 的某一邻域内具有连续偏导数，且 $F(x_0,y_0)=0$，$F_y(x_0,y_0)\neq 0$，则方程 $F(x,y)=0$ 在点 (x_0,y_0) 的某一邻域内恒能唯一确定一个连续且具有连续导数的函数 $y=f(x)$，满足条件 $y_0=f(x_0)$，并有 $\frac{dy}{dx}=-\frac{F_x}{F_y}$.

证明：设函数 $y=f(x)$ 由方程 $F(x,y)=0$ 确定，得 $F[x,f(x)]\equiv 0$.

两边对 x 求导数，得 $F_x+F_y\cdot\frac{dy}{dx}=0$，因此得 $\frac{dy}{dx}=-\frac{F_x}{F_y}$. 这就是由方程 $F(x,y)=0$ 确定的隐函数 $y=f(x)$ 的导数公式.

对于函数 $y=f(x)$ 求二阶导数，得

$$\frac{d^2y}{dx^2}=\frac{\partial}{\partial x}\left(-\frac{F_x}{F_y}\right)+\frac{\partial}{\partial y}\left(-\frac{F_x}{F_y}\right)\cdot\frac{dy}{dx}=-\frac{F_yF_{xx}-F_xF_{yx}}{F_y^2}-\frac{F_yF_{xy}-F_xF_{yy}}{F_y^2}\cdot\left(-\frac{F_x}{F_y}\right)$$

$$=\frac{F_{xx}F_y^2-2F_{xy}F_xF_y+F_{yy}F_x^2}{F_y^3}.$$

【例 2.5.1】　设 $x\sin y+ye^x=0$，求$\dfrac{dz}{dx}$.

【解】　令 $F(x,y)=x\sin y+ye^x$，则有

$$F_x=\sin y+ye^x,\quad F_y=x\cos y+e^x,$$

代入公式，得

$$\frac{dy}{dx}=-\frac{F_x}{F_y}=-\frac{\sin y+ye^x}{x\cos y+e^x}.$$

【例 2.5.2】　设已知 $\ln\sqrt{x^2+y^2}=\arctan\dfrac{y}{x}$，求$\dfrac{dy}{dx}$.

【解】　令 $F(x,y)=\ln\sqrt{x^2+y^2}-\arctan\dfrac{y}{x}$，则

$$F_x(x,y)=\frac{x+y}{x^2+y^2},\quad F_y(x,y)=\frac{y-x}{x^2+y^2},\quad \frac{dy}{dx}=-\frac{F_x}{F_y}=-\frac{x+y}{y-x}.$$

【例 2.5.3】　设方程 $x^2+y^2-1=0$ 在点(0,1)的某邻域内确定 $y=y(x)$，求$\left.\dfrac{d^2y}{dx^2}\right|_{x=0}$.

【解】　由于 $F(x,y)=x^2+y^2-1$，故$\dfrac{dy}{dx}=-\dfrac{2x}{2y}=-\dfrac{x}{y}$，

$$\frac{d^2y}{dx^2}=\frac{d}{dx}\left(-\frac{x}{y}\right)=-\frac{y-x\cdot\frac{dy}{dx}}{y^2}=-\frac{y-x\cdot\left(-\frac{x}{y}\right)}{y^2}=-\frac{y^2+x^2}{y^3}=-\frac{1}{y^3}.$$

由于是在点(0,1)的某邻域内，故 $x=0$ 时，$y=1$，因此$\left.\dfrac{d^2y}{dx^2}\right|_{x=0}=-1$.

隐函数存在定理还可以推广到多元函数. 既然一个二元方程 $F(x,y)=0$ 可以确定一个一元隐函数，那么一个三元方程 $F(x,y,z)=0$ 就有可能确定一个二元隐函数.

◈ 2.5.2　二元隐函数 $F(x,y,z)=0$ 的求导法

▲ **定理 2.5.2**　设函数 $F(x,y,z)$ 在点 $P(x_0,y_0,z_0)$ 的某一邻域内具有连续的偏导数，且 $F(x_0,y_0,z_0)=0$，$F_z(x_0,y_0,z_0)\neq 0$，则方程 $F(x,y,z)$ 在点(x_0,y_0,z_0)的某一邻域内恒能唯一确定一个单值连续且具有连续偏导数的函数 $z=f(x,y)$，它满足条件 $z_0=f(x_0,y_0)$，并有 $\dfrac{\partial z}{\partial x}=-\dfrac{F_x}{F_z}$，$\dfrac{\partial z}{\partial y}=-\dfrac{F_y}{F_z}$.

证明：将 $z=f(x,y)$ 代入 $F(x,y,z)=0$，得

$$F(x,y,f(x,y))=0.$$

将上式两端分别对 x 和 y 求导，得

$$F_x+F_z\cdot\frac{\partial z}{\partial x}=0,\quad F_y+F_z\cdot\frac{\partial z}{\partial y}=0,$$

因为 F_z 连续且 $F_z(x_0,y_0,z_0)\neq 0$，所以存在点(x_0,y_0,z_0)的一个邻域使 $F_z\neq 0$，于是得

$$\frac{\partial z}{\partial x}=-\frac{F_x}{F_z},\quad \frac{\partial z}{\partial y}=-\frac{F_y}{F_z}.$$

【例 2.5.4】　设 $x^2+y^2+z^2=2Rx$，求$\dfrac{\partial z}{\partial x}$，$\dfrac{\partial z}{\partial y}$（$R$ 为常数）.

【解】　将方程写成 $x^2+y^2+z^2-2Rx=0$，令 $F(x,y,z)=x^2+y^2+z^2-2Rx$，得

$$F_x = 2x - 2R,\quad F_y = 2y,\quad F_z = 2z.$$

若 $F_z = 2z \neq 0$,方程 $F(x,y,z) = 0$ 确定了函数 $z = z(x,y)$,由公式得

$$\frac{\partial z}{\partial x} = -\frac{F_x}{F_z} = \frac{R-x}{z},\quad \frac{\partial z}{\partial y} = -\frac{F_y}{F_z} = -\frac{y}{z}.$$

【例 2.5.5】 设方程 $e^z = xyz$ 确定隐函数 $z = f(x,y)$,求$\frac{\partial z}{\partial x}$和$\frac{\partial z}{\partial y}$.

【解】 设 $F(x,y,z) = e^z - xyz$,则

$$\frac{\partial F}{\partial x} = -yz,\quad \frac{\partial F}{\partial y} = -xz,\quad \frac{\partial F}{\partial z} = e^z - xy.$$

于是

$$\frac{\partial z}{\partial x} = -\frac{\dfrac{\partial F}{\partial x}}{\dfrac{\partial F}{\partial z}} = \frac{yz}{e^z - xy},\quad \frac{\partial z}{\partial y} = -\frac{\dfrac{\partial F}{\partial y}}{\dfrac{\partial F}{\partial z}} = \frac{xz}{e^z - xy}.$$

2.5.3 方程组$\begin{cases}F(x,y,u,v) = 0\\G(x,y,u,v) = 0\end{cases}$的情形

定理 2.5.3 设函数 $F(x,y,u,v)$、$G(x,y,u,v)$ 在点 $P_0(x_0,y_0,u_0,v_0)$ 的某一邻域内具有对各个变量的连续偏导数,又 $F(x_0,y_0,u_0,v_0) = 0$,$G(x_0,y_0,u_0,v_0) = 0$,且偏导数所组成的函数行列式[或称雅可比(Jacobi) 式]:$J = \frac{\partial(F,G)}{\partial(u,v)} = \begin{vmatrix}\frac{\partial F}{\partial u} & \frac{\partial F}{\partial v}\\ \frac{\partial G}{\partial u} & \frac{\partial G}{\partial v}\end{vmatrix}$.

在点 $P_0(x_0,y_0,u_0,v_0)$ 不等于零,则方程组 $F(x,y,u,v) = 0$,$G(x,y,u,v) = 0$ 在点 $P_0(x_0,y_0,u_0,v_0)$ 的某一邻域内恒能唯一确定一组单值连续且具有连续偏导数的函数 $u = u(x,y)$,$v = v(x,y)$,它满足条件 $u_0 = u(x_0,y_0)$,$v_0 = v(x_0,u_0)$,并有

$$\frac{\partial u}{\partial x} = -\frac{1}{J}\frac{\partial(F,G)}{\partial(x,v)} = -\frac{\begin{vmatrix}F_x & F_v\\ G_x & G_v\end{vmatrix}}{\begin{vmatrix}F_u & F_v\\ G_u & G_v\end{vmatrix}},\quad \frac{\partial v}{\partial x} = -\frac{1}{J}\frac{\partial(F,G)}{\partial(u,x)} = -\frac{\begin{vmatrix}F_u & F_x\\ G_u & G_x\end{vmatrix}}{\begin{vmatrix}F_u & F_v\\ G_u & G_v\end{vmatrix}},$$

$$\frac{\partial u}{\partial y} = -\frac{1}{J}\frac{\partial(F,G)}{\partial(y,v)} = -\frac{\begin{vmatrix}F_y & F_v\\ G_y & G_v\end{vmatrix}}{\begin{vmatrix}F_u & F_v\\ G_u & G_v\end{vmatrix}},\quad \frac{\partial v}{\partial y} = -\frac{1}{J}\frac{\partial(F,G)}{\partial(u,y)} = -\frac{\begin{vmatrix}F_u & F_y\\ G_u & G_y\end{vmatrix}}{\begin{vmatrix}F_u & F_v\\ G_u & G_v\end{vmatrix}}.$$

【例 2.5.6】 设 $xu - yv = 0$,$yu + xv = 1$,求$\frac{\partial u}{\partial x}$,$\frac{\partial u}{\partial y}$,$\frac{\partial v}{\partial x}$和$\frac{\partial v}{\partial y}$.

【解】 将所给方程的两边对 x 求导并移项,得

$$\begin{cases}x\frac{\partial u}{\partial x} - y\frac{\partial v}{\partial x} = -u\\ y\frac{\partial u}{\partial x} + x\frac{\partial v}{\partial x} = -v\end{cases},$$

在 $J=\begin{vmatrix} x & -y \\ y & x \end{vmatrix}=x^2+y^2\neq 0$ 的条件下，

$$\frac{\partial u}{\partial x}=\frac{\begin{vmatrix} -u & -y \\ -v & x \end{vmatrix}}{\begin{vmatrix} x & -y \\ y & x \end{vmatrix}}=-\frac{xu+yv}{x^2+y^2},\quad \frac{\partial v}{\partial x}=\frac{\begin{vmatrix} x & -u \\ y & -v \end{vmatrix}}{\begin{vmatrix} x & -y \\ y & x \end{vmatrix}}=\frac{yu-xv}{x^2+y^2}.$$

将所给方程的两边对 y 求导，用同样方法在 $J=x^2+y^2\neq 0$ 的条件下可得

$$\frac{\partial u}{\partial y}=\frac{xv-yu}{x^2+y^2},\quad \frac{\partial v}{\partial y}=-\frac{xu+yv}{x^2+y^2}.$$

【例 2.5.7】 $\begin{cases} u^2-v+x=0 \\ u+v^2-y=0 \end{cases}$，求 $\frac{\partial u}{\partial x},\frac{\partial u}{\partial y},\frac{\partial v}{\partial x},\frac{\partial v}{\partial y}$.

【解】 各方程两边对 x 求偏导得 $\begin{cases} 2u\frac{\partial u}{\partial x}-\frac{\partial v}{\partial x}+1=0 \\ \frac{\partial u}{\partial x}+2v\frac{\partial v}{\partial x}=0 \end{cases}$，解方程组有

$$\frac{\partial u}{\partial x}=\frac{-2v}{4uv+1},\quad \frac{\partial v}{\partial x}=\frac{1}{4uv+1}\quad (4uv+1\neq 0),$$

同理，各方程两边对 y 求偏导得

$$\frac{\partial u}{\partial y}=\frac{1}{4uv+1},\quad \frac{\partial v}{\partial y}=\frac{2u}{4uv+1}\quad (4uv+1\neq 0).$$

练习题

1. 设 $x=y-\frac{1}{2}\cos y$，求 $\frac{\mathrm{d}y}{\mathrm{d}x}$.

2. 设函数 $y=f(x)$ 由方程 $\sin xy+\mathrm{e}^y-xy^2=0$ 确定，求 $\frac{\mathrm{d}y}{\mathrm{d}x}$.

3. 设 $x^2+y^2+z^2-4z=0$，求 $\frac{\partial^2 z}{\partial x^2}$.

4. 设方程 $\mathrm{e}^{-xy}+\mathrm{e}^{-z}=z$ 确定隐函数 $z=z(x,y)$，求 $\frac{\partial z}{\partial x},\frac{\partial^2 z}{\partial x^2}$.

5. 求由方程 $x^3+y^3+z^3=2xyz$ 所确定的隐函数 $z=f(x,y)$ 的偏导数 $\frac{\partial z}{\partial x}$ 和 $\frac{\partial z}{\partial y}$.

6. 设 $\begin{cases} z=x^2+y^2 \\ x^2+2y^2+3z^2=20 \end{cases}$，求 $\frac{\mathrm{d}y}{\mathrm{d}x},\frac{\mathrm{d}z}{\mathrm{d}x}$.

2.6　多元函数的极值

如果在 (x_0,y_0) 的某一去心邻域内的所有点 (x,y) 恒有等式

$$f(x,y)\leqslant f(x_0,y_0)\quad [f(x,y)\geqslant f(x_0,y_0)]$$

成立，那么就称函数 $f(x,y)$ 在点 (x_0,y_0) 处取得极大值（极小值）$f(x_0,y_0)$.

极大值与极小值统称极值，使函数取得极值的点称为极值点.

【例 2.6.1】 函数 $z=x^2+y^2$ 在点 $(0,0)$ 处有极小值. 因为对于点 $(0,0)$ 的任一邻域内异

于(0,0)的点,函数值都为正,而在点(0,0)处的函数值为零.

【例2.6.2】 函数$z=-\sqrt{x^2+y^2}$在点(0,0)处有极大值.因为在点(0,0)处函数值为零,而对于点(0,0)的任一邻域内异于(0,0)的点,函数值都为负.

【例2.6.3】 函数$z=xy$在点(0,0)处既不取得极大值也不取得极小值.因为在点(0,0)处的函数值为零,而在点(0,0)的任一邻域内,总有使函数值为正的点,也有使函数值为负的点.

关于二元函数的极值概念,可推广到n元函数.设n元函数$y=f(P)$在点P_0的某邻域内有定义,如果对于该邻域内异于P_0的任何点都适合不等式$f(P)<f(P_0)$[或$f(P)>f(P_0)$],则称函数$f(P)$在点P_0有极大值(极小值)$f(P_0)$.

△ 定理2.6.1(必要条件) 设函数$z=f(x,y)$在点(x_0,y_0)具有偏导数,且在点(x_0,y_0)处有极值,则它在该点的偏导数必然为零:$f_x(x_0,y_0)=0,f_y(x_0,y_0)=0$.

类似地,如果三元函数$u=(x,y,z)$在点(x_0,y_0,z_0)具有偏导数,则它在点(x_0,y_0,z_0)具有极值的必要条件为$f_x(x_0,y_0,z_0)=0,f_y(x_0,y_0,z_0)=0,f_z(x_0,y_0,z_0)=0$.

凡是能使$f_x(x,y)=0,f_y(x,y)=0$同时成立的点称为函数$z=f(x,y)$的驻点,从定理2.6.1可知,具有偏导数的函数的极值点必定是驻点,但是函数的驻点不一定是极值点.

怎样判定一个驻点是否是极值点呢?下面的定理回答了这个问题.

△ 定理2.6.2(充分条件) 设函数$z=f(x,y)$在点(x_0,y_0)的某邻域内连续且有一阶及二阶连续偏导数,又$f_x(x_0,y_0)=0,f_y(x_0,y_0)=0$,令$f_{xx}(x_0,y_0)=A,f_{xy}(x_0,y_0)=B,f_{yy}(x_0,y_0)=C$.则$f(x,y)$在$(x_0,y_0)$处是否取得极值的条件如下:

(1) $AC-B^2>0$时具有极值,且当$A<0$时有极大值,当$A>0$时有极小值;

(2) $AC-B^2<0$时没有极值;

(3) $AC-B^2=0$时可能有极值,也可能没有极值,还需另作讨论.

利用定理2.6.1、定理2.6.2,我们把具有二阶连续偏导数的函数$z=f(x,y)$的极值的求法叙述如下:

第一步 解方程组$f_x(x,y)=0,f_y(x,y)=0$求得一切实数解,即可以得到一切驻点.

第二步 对于每一个驻点(x_0,y_0),求出二阶偏导数的值A,B和C.

第三步 定出$AC-B^2$的符号,按定理2.6.2的结论判定(x_0,y_0)是否是极值,是极大值还是极小值.

【例2.6.4】 求函数$f(x,y)=x^3-y^3+3x^2+3y^2-9x$的极值.

【解】 先解方程组$\begin{cases}f_x(x,y)=3x^2+6x-9=0\\ f_y(x,y)=-3y^2+6y=0\end{cases}$,求得驻点为(1,0),(1,2),(-3,0),(-3,2).

再求出二阶偏导数$f_{xx}(x,y)=6x+6,f_{xy}(x,y)=0,f_{yy}(x,y)=-6y+6$.

在点(1,0)处,$AC-B^2=12\times6>0$又$A>0$,所以函数在(1,0)处有极小值;

在点(1,2)处,$AC-B^2=12\times(-6)<0$,所以(1,2)不是极值;

在点(-3,0)处,$AC-B^2=-12\times6<0$,所以(-3,0)不是极值;

在点(-3,2)处,$AC-B^2=-12\times(-6)>0$又$A<0$,所以函数在(-3,2)处有极大值.

【例2.6.5】 求由方程$x^2+y^2+z^2-2x-2y-2z=6$确定的函数$z=f(x,y)$的极值.

【分析】 本题为隐函数形式的无条件极值问题,求解方法是直接利用二元函数极值存在的必要条件和充分条件求驻点并判定是否取极值及极值类型.

【解】 将方程两端分别对 x 和 y 求偏导数，得

$$\begin{cases} 2x + 2z\dfrac{\partial z}{\partial x} - 2 - 2\dfrac{\partial z}{\partial x} = 0 \\ 2y + 2z\dfrac{\partial z}{\partial y} - 2 - 2\dfrac{\partial z}{\partial y} = 0 \end{cases}$$

解得

$$\frac{\partial z}{\partial x} = \frac{1-x}{z-1}, \quad \frac{\partial z}{\partial y} = \frac{1-y}{z-1}.$$

令 $\dfrac{\partial z}{\partial x} = 0, \dfrac{\partial z}{\partial y} = 0$，得驻点 $P(1,1)$. 在驻点 $P(1,1)$ 处，曲面上有对应点 $M_1(1,1,-2)$ 和 $M_2(1,1,4)$. 为判断驻点是否为极值点，再求二阶偏导数

$$\begin{cases} 2 + 2\left(\dfrac{\partial z}{\partial x}\right)^2 + 2z\dfrac{\partial^2 z}{\partial x^2} - 2\dfrac{\partial^2 z}{\partial x^2} = 0 \\ 2 + 2\left(\dfrac{\partial z}{\partial y}\right)^2 + 2z\dfrac{\partial^2 z}{\partial y^2} - 2\dfrac{\partial^2 z}{\partial y^2} = 0 \\ 2\dfrac{\partial z}{\partial y}\dfrac{\partial z}{\partial x} + 2z\dfrac{\partial^2 z}{\partial x \partial y} - 2\dfrac{\partial^2 z}{\partial x \partial y} = 0 \end{cases}$$

解得

$$\frac{\partial^2 z}{\partial x^2} = \frac{(z-1)^2 + (1-x)^2}{-(z-1)^3}, \quad \frac{\partial^2 z}{\partial y^2} = \frac{(z-1)^2 + (1-y)^2}{-(z-1)^3}, \quad \frac{\partial^2 z}{\partial x \partial y} = \frac{(1-x)(1-y)}{-(z-1)^3}.$$

于是在点 M_1 处有 $A = \dfrac{1}{3} > 0, AC - B^2 > 0$，由极值存在的充分条件知 $f(1,1) = -2$ 为极小值. 在点 $M_2(1,1,4)$ 处有 $A = -\dfrac{1}{3} < 0, AC - B^2 > 0$，故 $f(1,1) = 4$ 为所求极大值.

将函数在 D 内的所有驻点处的函数值及在 D 的边界上的最大值和最小值相互比较，其中最大者即为最大值，最小者即为最小值.

【例 2.6.6】 求二元函数 $z = f(x,y) = x^2y(4-x-y)$，在直线 $x+y=6$，x 轴和 y 轴所围成的闭区域 D 上的最大值与最小值(图 2.6.1).

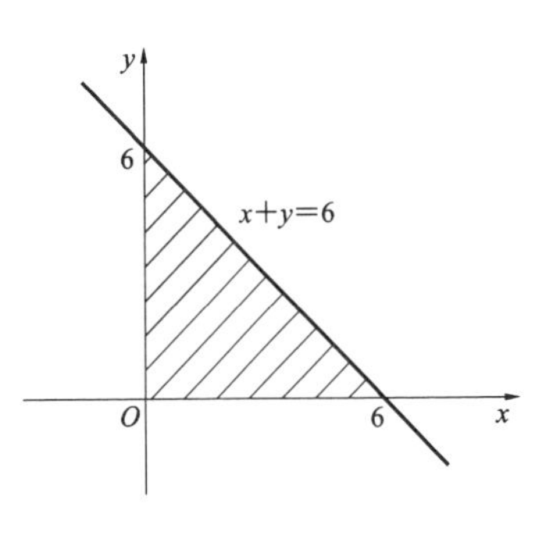

图 2.6.1

【解】 先求函数在 D 内的驻点，解方程组

$$\begin{cases} f_x'(x,y) = 2xy(4-x-y) - x^2y = 0 \\ f_y'(x,y) = x^2(4-x-y) - x^2y = 0 \end{cases},$$

得区域 D 内唯一驻点 $(2,1)$，且 $f(2,1) = 4$.

再求 $f(x,y)$ 在 D 边界上的最值. 在边界 $x=0$ 和 $y=0$ 上 $f(x,y)=0$，在边界 $x+y=6$ 上，$y = 6-x$，于是 $f(x,y) = x^2(6-x)(-2)$，由 $f_x' = 4x(x-6) + 2x^2 = 0$，得 $x_1 = 0, x_2 = 4$；则 $y_1 = 6, y_2 = 6 - x\,|_{x=4} = 2$，比较后可知 $f(2,1) = 4$ 为最大值，$f(4,2) = -64$ 为最小值.

对于实际问题，如果根据问题的本身，知道函数 $f(x,y)$ 的最大值(最小值)一定在区域 D 的内部取得，而函数 $f(x,y)$ 在 D 的内部只有一个驻点，则驻点处的函数值就是 $f(x,y)$ 在 D 上的最大值(最小值).

练习题

1. 求函数 $z = x^2 + xy - y^2 + 2x - y$ 的极值.

2. 求函数 $f(x,y) = \mathrm{e}^{x+y}(x^2 - y^2)$ 的极值.

3. 求函数 $z = x^3 + y^3 + 2xy$ 的极值.

4. 设 $z = 1 + x - y^2$. (1) 求 $z = 1 + x^2 - y^2$ 的极值;(2) 求 $z = 1 + x^2 - y^2$ 在条件 $y = 1$ 下的极值.

2.7　二重积分的概念及性质

2.7.1　引例

2.7.1.1　曲顶柱体的体积

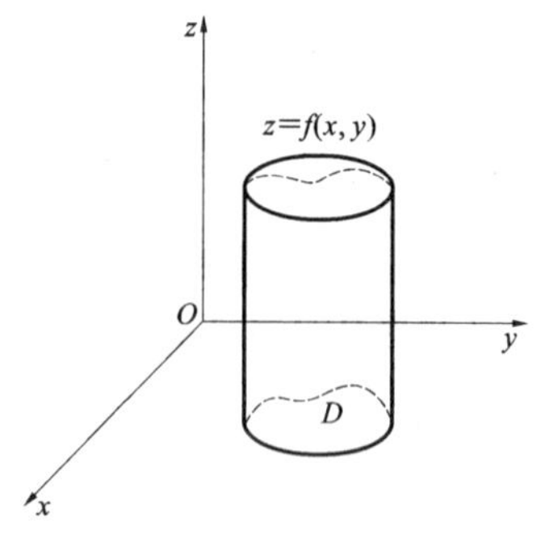

图 2.7.1

设有一以 xOy 平面上的有界闭区域 D 为底、以 D 的边界曲线为准线而母线平行于 z 轴的柱面为侧面和以在 D 上连续且大于等于零的曲面 $z = f(x,y)$ 为顶的曲顶柱体(图 2.7.1). 现在我们仿照定义曲边梯形面积的方法定义曲顶柱体的体积.

(1) 分割　用一组曲线网把 D 分成 n 个小区域

$$\sigma_1, \sigma_2, \cdots, \sigma_n.$$

分别以这些小闭区域的边界曲线为准线,作母线平行于 z 轴的柱面,这些柱面把原来的曲顶柱体分为 n 个小曲顶柱体,体积为 $V_i (i = 1, 2, \cdots, n)$(图 2.7.2).

(2) 近似　在每个 σ_i 中任取一点 $P_i(\xi_i, \eta_i)$,则每个小曲顶柱体的体积都可以近似由以 $f(\xi_i, \eta_i)$ 为高,以 σ_i 为底的平顶柱体的体积来代替($\Delta\sigma_i$ 表示小区域 σ_i 的面积,图 2.7.3).

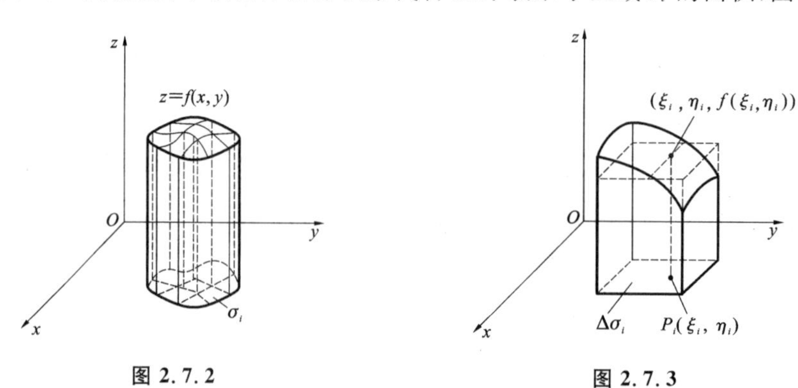

图 2.7.2　　　　图 2.7.3

$$V_i \approx f(\xi_i, \eta_i)\Delta\sigma_i \quad (i = 1, 2, \cdots, n).$$

(3) 求和　n 个小平顶柱体的体积之和,即为整个曲顶柱体的体积 V 的近似值

$$V \approx \sum_{i=1}^{n} f(\xi_i, \eta_i)\Delta\sigma_i.$$

(4) 取极限　为求得曲顶柱体体积的精确值，将分割加密，记$\lambda_i(1 \leqslant i \leqslant n)$为$\sigma_i$的直径(即$\sigma_i$中任意两点间距离的最大值)，则当$n \to \infty$且$\lambda = \max\limits_{1 \leqslant i \leqslant n}\{\lambda_i\} \to 0$时，如果上式的极限存在，则此极限值就是所求曲顶柱体的体积，即

$$V = \lim_{\lambda \to 0} \sum_{i=1}^{n} f(\xi_i, \eta_i) \Delta\sigma_i.$$

2.7.1.2　平面薄片的质量

设有一质量非均匀分布的平面薄片，在xOy平面上占有的位置为闭区域D，它在点(x,y)处的面密度为$\rho(x,y)$，这里$\rho(x,y)$在D上连续且大于零，现在要计算该薄片的质量M.

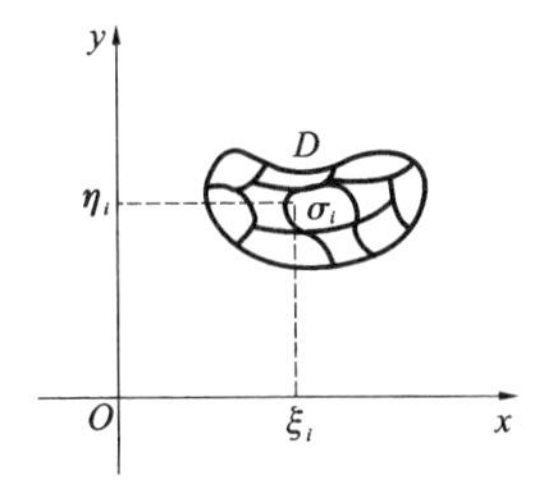

图 2.7.4

(1) 分割　用一组曲线网把D分成n个小区域(图 2.7.4)

$$\sigma_1, \sigma_2, \cdots, \sigma_n.$$

(2) 近似　把各小块的质量近似地用均匀薄片的质量来代替

$$m_i = \rho(\xi_i, \eta_i) \Delta\sigma_i$$

(3) 求和　各小块均匀薄片质量的和作为平面薄片的质量的近似值

$$M \approx \sum_{i=1}^{n} \rho(\xi_i, \eta_i) \Delta\sigma_i$$

(4) 取极限　将分割加密，取极限，得到平面薄片的质量

$$M = \lim_{\lambda \to 0} \sum_{i=1}^{n} \rho(\xi_i, \eta_i) \Delta\sigma_i$$

其中λ是各小区域直径中的最大值.

2.7.2　二重积分的概念

定义 2.7.1　设D是xOy平面上的有界闭区域，$f(x,y)$是定义在区域D上的二元函数.

首先，将闭区域D任意地分割成n个小闭区域，并以$\Delta\sigma_i(i = 1,2,\cdots,n)$表示它们的面积，而以$\lambda_i(i = 1,2,\cdots,n)$表示它们的直径(一区域边界上任意两点间距离的最大值叫作该区域的直径).

其次，在每个小区域σ_i上任取一点$P_i(\xi_i, \eta_i)$，把函数$f(x,y)$在P_i点的值与该点所在小区域的面积相乘再求和，得到函数$f(x,y)$在区域D上的积分和

$$\sum_{i=1}^{n} f(\xi_i, \eta_i) \Delta\sigma_i.$$

最后，当分割中各小区域的直径中的最大值$\lambda = \max\limits_{1 \leqslant i \leqslant n}\{\lambda_i\} \to 0$时，积分和的极限总存在，则称此极限为函数$f(x,y)$在闭区域$D$上的二重积分，记作$\iint\limits_D f(x,y)\mathrm{d}\sigma$，即

$$\iint\limits_D f(x,y)\mathrm{d}\sigma = \lim_{\lambda \to 0} \sum_{i=1}^{n} f(\xi_i, \eta_i) \Delta\sigma_i. \tag{2.7.1}$$

上式中，$f(x,y)$为被积函数，$f(x,y)\mathrm{d}\sigma$为被积表达式，$\mathrm{d}\sigma$为面积元素，x与y为积分变量，D为

积分区域.

二重积分的存在性:如果二元函数 $f(x,y)$ 在闭区域 D 上连续,则积分和的极限是存在的,并且不依赖于区域 D 分割为小区域的方式和点 P_i 的选择.

二重积分的几何意义:如果在区域 D 上二元函数 $f(x,y)\geqslant 0$,则二重积分 $\iint\limits_D f(x,y)\mathrm{d}\sigma$ 等于上由曲面 $z=f(x,y)$,下由 xOy 平面的区域 D 所围成的曲顶柱体的体积(D 的准线,柱面的母线平行于 Oz 轴).被积函数 $f(x,y)$ 可解释为曲顶柱体的在点 (x,y) 处的竖坐标,所以二重积分的几何意义就是柱体的体积;如果 $f(x,y)$ 是负的,柱体就在 xOy 平面的下方,二重积分的绝对值仍等于柱体的体积,但二重积分的值是负的.

2.7.3 二重积分的性质

性质 2.7.1 两个函数代数和的积分等于各函数积分的代数和,即

$$\iint\limits_D [f(x,y)\pm g(x,y)]\mathrm{d}\sigma=\iint\limits_D f(x,y)\mathrm{d}\sigma\pm\iint\limits_D g(x,y)\mathrm{d}\sigma. \tag{2.7.2}$$

性质 2.7.2 被积函数中的常数因子可以提到积分号的前面,即

$$\iint\limits_D kf(x,y)\mathrm{d}\sigma=k\iint\limits_D f(x,y)\mathrm{d}\sigma \quad (\text{其中 } k \text{ 为常数}). \tag{2.7.3}$$

推论 2.7.1 有限个可积函数的代数和仍然可积,且函数的代数和的积分等于各函数积分的代数和,即

$$\iint\limits_D [c_1f(x,y)+c_2g(x,y)]\mathrm{d}\sigma=c_1\iint\limits_D f(x,y)\mathrm{d}\sigma+c_2\iint\limits_D g(x,y)\mathrm{d}\sigma \quad (\text{其中 } c_1\text{、}c_2 \text{ 为常数}) \tag{2.7.4}$$

性质 2.7.3 如果闭区域 D 被有限条曲线分为有限个小闭区域,则在 D 上的二重积分等于在各小闭区域上的二重积分的和.例如 D 分为两个闭区域 D_1 与 D_2,则

$$\iint\limits_D f(x,y)\mathrm{d}\sigma=\iint\limits_{D_1} f(x,y)\mathrm{d}\sigma+\iint\limits_{D_2} f(x,y)\mathrm{d}\sigma. \tag{2.7.5}$$

性质 2.7.4 如果在区域 D 上,恒有 $f(x,y)\equiv 1$,则

$$\iint\limits_D \mathrm{d}\sigma=\sigma \quad (\sigma \text{ 为 } D \text{ 的面积}). \tag{2.7.6}$$

其几何意义是:以 1 为高、以 D 为底的曲顶柱体的体积,在数值上等于该柱体底面积.

性质 2.7.5 如果在区域 D 上,恒有 $f(x,y)\leqslant g(x,y)$,则有不等式

$$\iint\limits_D f(x,y)\mathrm{d}\sigma\leqslant\iint\limits_D g(x,y)\mathrm{d}\sigma. \tag{2.7.7}$$

推论 2.7.2 函数在 D 上的二重积分的绝对值不大于函数的绝对值在 D 上的二重积分

$$\left|\iint\limits_D f(x,y)\mathrm{d}\sigma\right|\leqslant\iint\limits_D |f(x,y)|\mathrm{d}\sigma.$$

性质 2.7.6 设 M、m 分别是 $f(x,y)$ 在闭区域 D 上的最大值和最小值,σ 为 D 的面积,则

$$m\sigma\leqslant\iint\limits_D f(x,y)\mathrm{d}\sigma\leqslant M\sigma. \tag{2.7.8}$$

其几何意义是：曲顶柱体的体积数值上介于分别以被积函数在 D 上的最小值 m 和最大值 M 为高，以 D 为底的两个平顶柱体的体积数值之间.

◎ **性质 2.7.7**(二重积分的中值定理)　设函数 $f(x,y)$ 在闭区域 D 上连续，σ 为 D 的面积，则在 D 上至少存在一点 (ξ,η) 使得

$$\iint_D f(x,y)\mathrm{d}\sigma = f(\xi,\eta)\sigma. \tag{2.7.9}$$

其几何意义是：在区域 D 上以曲面 $f(x,y)$ 为顶的曲顶柱体的体积等于以被积函数在 D 上的某一点 (ξ,η) 的函数值 $f(\xi,\eta)$ 为高，以 D 为底的平顶柱体的体积.

【例 2.7.1】　试比较积分 $\iint_D \ln(x+y)\mathrm{d}\sigma$ 与 $\iint_D \ln^2(x+y)\mathrm{d}\sigma$ 的大小，其中 D 是顶点为 $A(1,0)$，$B(1,1)$，$C(2,0)$ 的三角区域.

【解】　由于区域 D 在直线 $x=1$ 的右边，且在直线 $x+y=2$ 的左下方(图 2.7.5)，可知 D 上任意一点 (x,y) 都满足

$$1 \leqslant x+y \leqslant 2 < \mathrm{e},$$

因而

$$0 \leqslant \ln(x+y) < 1,$$

于是

$$\ln(x+y) \geqslant \ln^2(x+y),$$

由性质 2.7.5 可得

$$\iint_D \ln(x+y)\mathrm{d}\sigma \geqslant \iint_D \ln^2(x+y)\mathrm{d}\sigma.$$

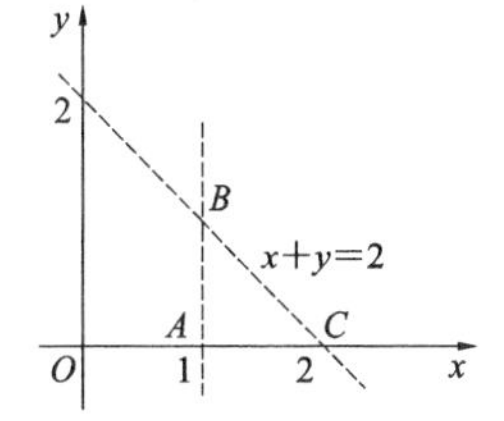

图 2.7.5

【例 2.7.2】　利用积分中值定理，估计二重积分 $I=\iint_D(\sin^2 x+3\cos^2 y)\mathrm{d}\sigma$ 的值，其中 D 为直线 $y=0$，$x=0$，$x+y=2$ 所围成的区域.

【解】　显然 $f(x,y)=\sin^2 x+3\cos^2 y$ 在 D 上连续，D 的面积为 2，由积分中值定理可知，存在点 $(\xi,\eta)\in D$，使得

$$I = 2f(\xi,\eta)$$

又因为 $0 \leqslant f(\xi,\eta) \leqslant 4$，故

$$0 \leqslant I \leqslant 8$$

由 $f(0,0)=3$ 知，$f(x,y)\neq 0$，$f(x,y)\neq 4$，故有

$$0 < I < 8.$$

练习题

1. 试比较下列各对积分的大小：

(1) $\iint_D (x+y)\mathrm{d}\sigma$ 与 $\iint_D (x+y)^3\mathrm{d}\sigma$，其中 D 是由 x 轴、y 轴与直线 $x+y=1$ 所围成的三角区域；

(2) $\iint_D \mathrm{e}^{x^2+y^2}\mathrm{d}\sigma$ 与 $\iint_D \mathrm{e}^{\sqrt{x^2+y^2}}\mathrm{d}\sigma$，其中 D 是由 $x^2+y^2\leqslant 1$ 所确定的圆形闭区域.

2. 利用积分中值定理，估计下列二重积分的值.

(1) $I=\iint\limits_D (x^2+2y^2+3)\mathrm{d}\sigma$,其中 D 是由 $x^2+y^2\leqslant 3$ 所确定的圆形闭区域;

(2) $I=\iint\limits_D \ln(x^2+y^2)\mathrm{d}\sigma$,其中 D 是由不等式 $1\leqslant x^2+y^2\leqslant \mathrm{e}$ 所确定的区域.

2.8 二重积分的计算

下面就两种不同基本形状的积分区域分别说明二重积分的计算.

2.8.1 直角坐标系下二重积分的计算

如果在直角坐标系中用平行于坐标轴的直线网来划分积分区域 D,那么除了包含边界点的一些小闭区域外,其余的小闭区域都是矩形闭区域.设矩形闭区域 $\Delta\sigma_i$ 的边长为 Δx_i 和 Δy_i,则 $\Delta\sigma_i=\Delta x_i\Delta y_i$,因此在直角坐标系中,有时也把面积元素 $\mathrm{d}\sigma$ 记作 $\mathrm{d}x\mathrm{d}y$,而把二重积分记作

$$\iint\limits_D f(x,y)\mathrm{d}x\mathrm{d}y,$$

其中 $\mathrm{d}x\mathrm{d}y$ 叫作直角坐标系中的面积元素.

在计算二重积分时,我们要将积分区域用一种典型的不等式来表示:

(1) 积分区域 D 的左右边界分别为直线 $x=a$ 和 $x=b(a<b)$,而上下边界分别为曲线 $y=y_1(x)$ 和 $y=y_2(x)$[$y=y_1(x)$ 和 $y=y_2(x)$ 是连续函数],每一条平行于 Oy 轴的直线与每条曲线至多有两个交点,并且 $y_1(x)\leqslant y_2(x)$,$a\leqslant x\leqslant b$(图 2.8.1).故区域 D 可以表示为平面点集

$$D=\{(x,y)\mid y_1(x)\leqslant y\leqslant y_2(x),a\leqslant x\leqslant b\}$$

称其为 x 型区域.

(2) 积分区域 D 的下侧和上侧边界分别为直线 $y=c$ 和 $y=d(c<d)$,左右边界分别为曲线 $x=x_1(y)$ 和 $x=x_2(y)$[$x=x_1(y)$ 和 $x=x_2(y)$ 是连续函数],每一条平行于 Ox 轴的直线与每条曲线至多有两个交点,并且 $x_1(y)\leqslant x_2(y)$,$c\leqslant y\leqslant d$(图 2.8.2).故区域 D 可以表示为平面点集

$$D=\{(x,y)\mid x_1(y)\leqslant x\leqslant x_2(y),c\leqslant y\leqslant d\}$$

称其为 y 型区域.

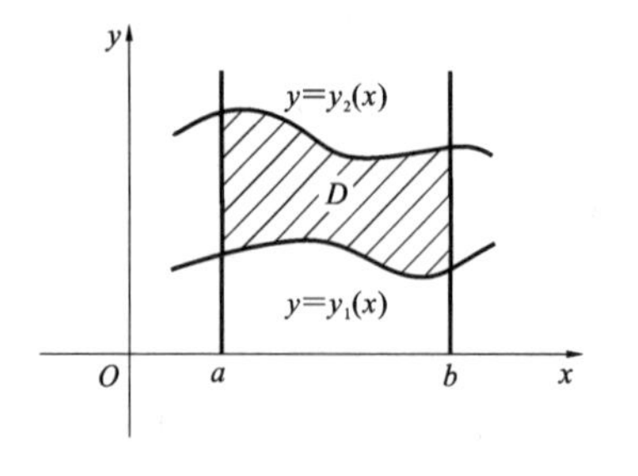

图 2.8.1

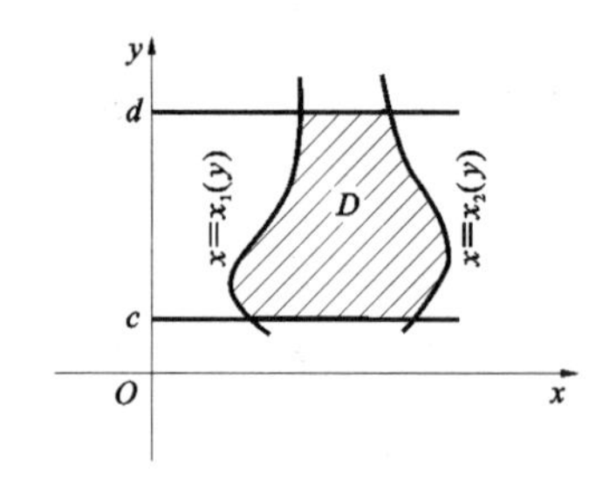

图 2.8.2

若区域 D 是 x 型区域,为了确定曲顶柱体的体积,可以在 x 处用平行于 yOz 平面的平面去截曲顶柱体,设截面面积为 $S(x)$,则由下篇模块 7 定积分的应用可知,平行截面面积为 $S(x)$

的立体体积

$$V=\int_a^b S(x)\mathrm{d}x,$$

于是有

$$\iint_D f(x,y)\mathrm{d}x\mathrm{d}y=\int_a^b S(x)\mathrm{d}x. \tag{2.8.1}$$

由图2.8.3可知，$S(x)$是一个曲边梯形的面积，对固定的x，此曲边梯形的曲边是由方程$z=f(x,y)$确定的y的一元函数的曲线，而底边沿着y轴方向从$y_1(x)$变到$y_2(x)$. 因此，由曲边梯形的面积公式得

$$S(x)=\int_{y_1(x)}^{y_2(x)} f(x,y)\mathrm{d}y,$$

代入式(2.8.1)得

$$\iint_D f(x,y)\mathrm{d}x\mathrm{d}y=\int_a^b\left[\int_{y_1(x)}^{y_2(x)} f(x,y)\mathrm{d}y\right]\mathrm{d}x. \tag{2.8.2}$$

通常写成

$$\iint_D f(x,y)\mathrm{d}x\mathrm{d}y=\int_a^b\mathrm{d}x\int_{y_1(x)}^{y_2(x)} f(x,y)\mathrm{d}y. \tag{2.8.3}$$

右端的积分叫作累次积分.

于是二重积分就化为计算两次定积分，第一次计算单积分$S(x)=\int_{y_1(x)}^{y_2(x)} f(x,y)\mathrm{d}y$时，$x$应看成常量，此时$y$是积分变量，第二次积分时，$x$是积分变量.

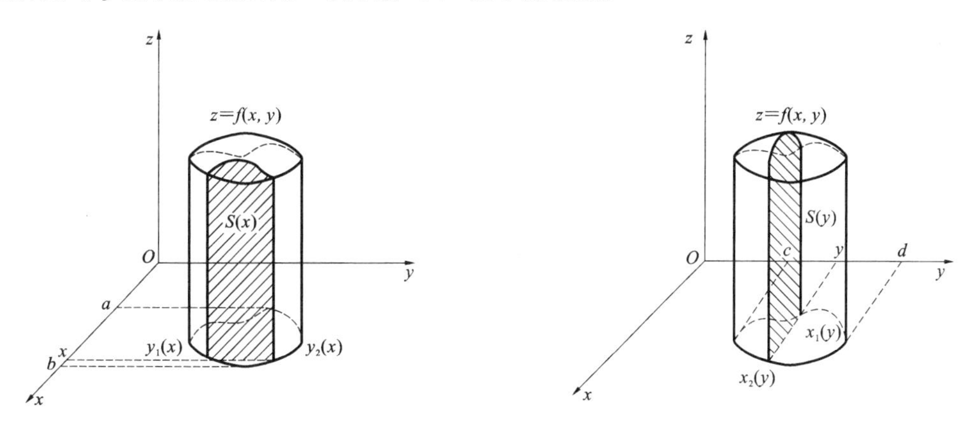

图2.8.3　　　　图2.8.4

类似地，如果区域D为y型区域，在y处用平行于xOz平面的平面去截曲顶柱体(图2.8.4)，则可以得到

$$\iint_D f(x,y)\mathrm{d}x\mathrm{d}y=\int_c^d\mathrm{d}y\int_{y_1(x)}^{y_2(x)} f(x,y)\mathrm{d}x \tag{2.8.4}$$

即将二重积分化为先对x后对y的累次积分.

【例2.8.1】 设$f(x,y)$在区域D上连续，试将二重积分$\iint_D f(x,y)\mathrm{d}x\mathrm{d}y$化为不同顺序的累次积分.

(1) D是由直线$y=x$，$x=1$及x轴所围成的区域；

(2) D是由抛物线$y^2=x$，直线$x+y=6$，$x=0$，$y=4$所围成的区域.

【解】 (1) 区域 D 如图2.8.5所示,易知交点坐标 $A(1,1)$,若将 D 视为 x 型区域,$D=\{(x,y)\mid 0\leqslant y\leqslant x,0\leqslant x\leqslant 1\}$,则

$$\iint_D f(x,y)\mathrm{d}x\mathrm{d}y=\int_0^1\mathrm{d}x\int_0^x f(x,y)\mathrm{d}y.$$

若将 D 视为 y 型区域,$D=\{(x,y)\mid y\leqslant x\leqslant 1,0\leqslant y\leqslant 1\}$,则

$$\iint_D f(x,y)\mathrm{d}x\mathrm{d}y=\int_0^1\mathrm{d}y\int_y^1 f(x,y)\mathrm{d}x.$$

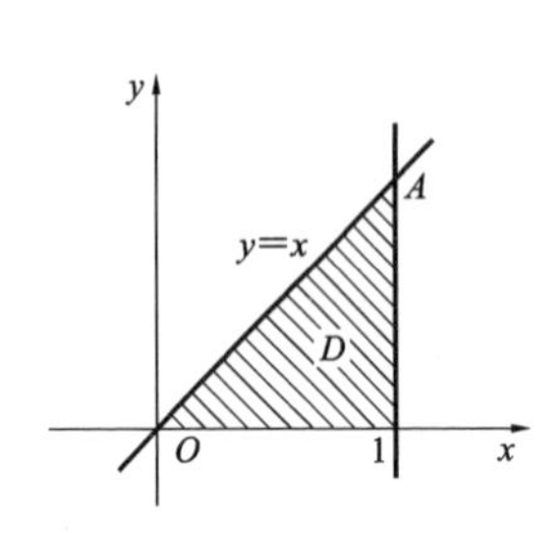

图 2.8.5

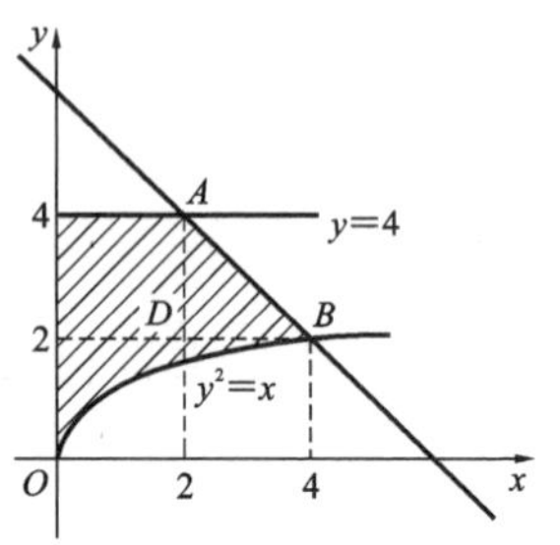

图 2.8.6

(2) 区域 D 如图2.8.6所示,易知交点坐标 $A(2,4)$,$B(4,2)$.若将 D 视为 x 型区域,作平行于 y 轴的直线 $x=2$,可得 $D=\{(x,y)\mid 0\leqslant x\leqslant 2,\sqrt{x}\leqslant y\leqslant 4\}\cup\{(x,y)\mid 2\leqslant x\leqslant 4,\sqrt{x}\leqslant y\leqslant 6-x\}$,

$$\iint_D f(x,y)\mathrm{d}x\mathrm{d}y=\int_0^2\mathrm{d}x\int_{\sqrt{x}}^4 f(x,y)\mathrm{d}y+\int_2^4\mathrm{d}x\int_{\sqrt{x}}^{6-x} f(x,y)\mathrm{d}y$$

若将 D 视为 y 型区域,作平行于 x 轴的直线 $y=2$,将 D 分成两个小区域,可得 $D=\{(x,y)\mid 0\leqslant y\leqslant 2,0\leqslant x\leqslant y^2\}\cup\{(x,y)\mid 2\leqslant y\leqslant 4,0\leqslant x\leqslant 6-y\}$,则

$$\iint_D f(x,y)\mathrm{d}x\mathrm{d}y=\int_0^2\mathrm{d}y\int_0^{y^2} f(x,y)\mathrm{d}x+\int_2^4\mathrm{d}y\int_0^{6-y} f(x,y)\mathrm{d}x.$$

注意:

① 若区域 D 是一矩形,即 $D=\{(x,y)\mid a\leqslant x\leqslant b,c\leqslant y\leqslant d\}$,则式(2.8.2)与(2.8.3)可变为

$$\iint_D f(x,y)\mathrm{d}x\mathrm{d}y=\int_a^b\mathrm{d}x\int_c^d f(x,y)\mathrm{d}y=\int_c^d\mathrm{d}y\int_a^b f(x,y)\mathrm{d}x. \tag{2.8.5}$$

或

$$\iint_D f(x,y)\mathrm{d}x\mathrm{d}y=\int_a^b\int_c^d f(x,y)\mathrm{d}y\mathrm{d}x=\int_c^d\int_a^b f(x,y)\mathrm{d}x\mathrm{d}y. \tag{2.8.6}$$

② 若函数 $f(x,y)=f_1(x)\cdot f_2(y)$ 可积,且区域 $D=\{(x,y)\mid a\leqslant x\leqslant b,c\leqslant y\leqslant d\}$,则

$$\iint_D f(x,y)\mathrm{d}x\mathrm{d}y=\int_a^b f_1(x)\mathrm{d}x\cdot\int_c^d f_2(y)\mathrm{d}y. \tag{2.8.7}$$

③ 如果平行于坐标轴的直线与区域 D 的边界交点多于两点(图2.8.7),则要将 D 分成几个小区域,使每个小区域的边界与平行于坐标轴的直线交点不多于两个,然后利用积分的可加性进行计算.

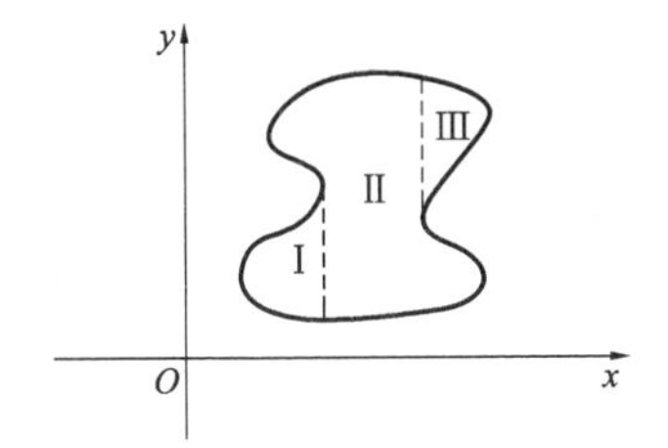

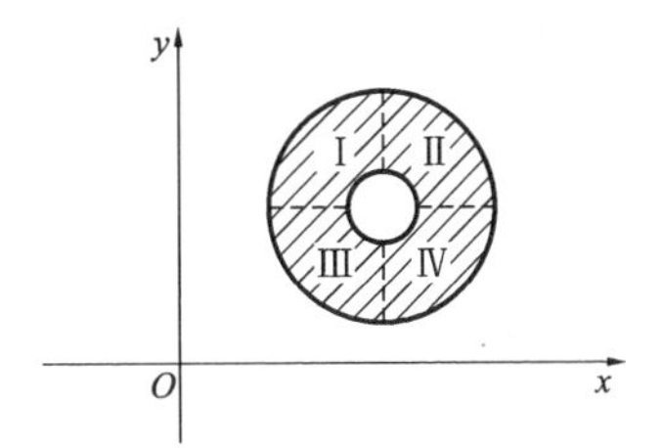

图 2.8.7

【例 2.8.2】 计算二重积分$\iint\limits_D (x+y)^2\mathrm{d}x\mathrm{d}y$,其中 $D=\{(x,y)\mid 0\leqslant x\leqslant 1,0\leqslant y\leqslant 1\}$.

【解】 由式(2.8.5)可得

$$\iint\limits_D (x+y)^2\mathrm{d}x\mathrm{d}y=\int_0^1\mathrm{d}x\int_0^1(x+y)^2\mathrm{d}y=\int_0^1\left[\frac{(x+1)^3}{3}-\frac{x^3}{3}\right]\mathrm{d}x=\frac{7}{6}.$$

【例 2.8.3】 计算二重积分$\iint\limits_D y\mathrm{d}x\mathrm{d}y$,其中 D 是由抛物线 $y^2=2x$ 与直线 $y=x-4$ 所围成的区域.

【解】 作 D 的图形(图 2.8.8),并求出 D 的两条边界曲线的交点坐标 $A(8,4)$、$B(2,-2)$,将 D 看成 y 型区域,则

$$D=\left\{(x,y)\mid -2\leqslant y\leqslant 4,\frac{y^2}{2}\leqslant x\leqslant y+4\right\}$$

所以$\iint\limits_D y\mathrm{d}x\mathrm{d}y=\int_{-2}^4\mathrm{d}y\int_{\frac{y^2}{2}}^{y+4}y\mathrm{d}x=\int_{-2}^4 y\left(y+4-\frac{y^2}{2}\right)\mathrm{d}y=28.$

如果将 D 看成 x 型区域,则需将 D 分成两个 x 型区域 D_1 和 D_2.

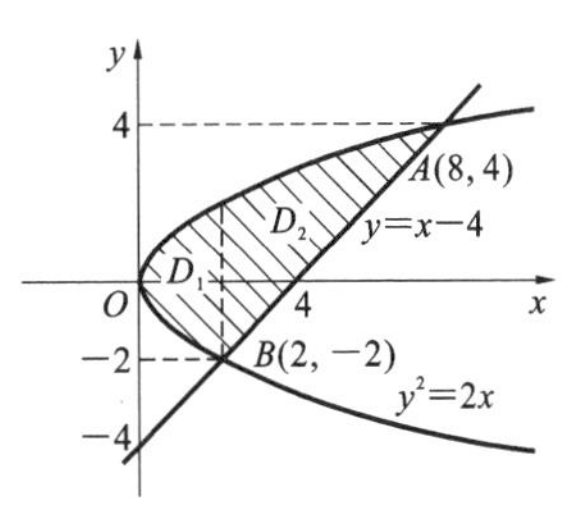

图 2.8.8

【例 2.8.4】 计算二重积分$\iint\limits_D \mathrm{d}x\mathrm{d}y$,其中 D 是由直线 $y=2x$,$x=2y$ 和 $x+y=3$ 所围成的三角形区域(图 2.8.9).

【解】 当把 D 看作 x 型区域时,按二重积分的性质 2.7.3,二重积分可以看成是两个闭区域 D_1 与 D_2 上的积分,且

$$D_1=\left\{(x,y)\mid 0\leqslant x\leqslant 1,\frac{x}{2}\leqslant y\leqslant 2x\right\},$$

$$D_2=\left\{(x,y)\mid 1\leqslant x\leqslant 2,\frac{x}{2}\leqslant y\leqslant 3-x\right\},$$

$$\iint\limits_D \mathrm{d}x\mathrm{d}y=\iint\limits_{D_1}\mathrm{d}x\mathrm{d}y+\iint\limits_{D_2}\mathrm{d}x\mathrm{d}y=\int_0^1\mathrm{d}x\int_{\frac{x}{2}}^{2x}\mathrm{d}y+\int_1^2\mathrm{d}x\int_{\frac{x}{2}}^{3-x}\mathrm{d}y$$

$$=\int_0^1\left(2x-\frac{x}{2}\right)\mathrm{d}x+\int_1^2\left(3-x-\frac{x}{2}\right)\mathrm{d}x$$

$$=\frac{3}{4}x^2\Big|_0^1+\left(3x-\frac{3}{4}x^2\right)\Big|_1^2=\frac{3}{2}.$$

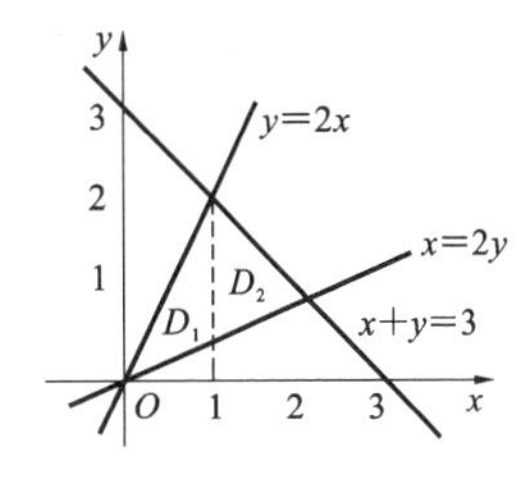

图 2.8.9

【例 2.8.5】 设 D 是由曲线 $y=2-x^2$ 和直线 $y=2x-1$ 所围区域(图 2.8.10),求$\iint\limits_D (x-y)\mathrm{d}x\mathrm{d}y$.

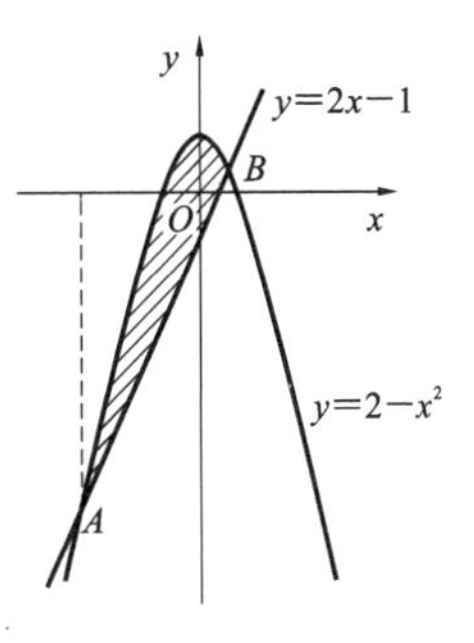

图 2.8.10

【解】 求出曲线与直线的交点坐标 $A(-3,-7)$ 和 $B(1,1)$，则

$$D=\{(x,y)\mid -3\leqslant x\leqslant 1,2x-1\leqslant y\leqslant 2-x^2\},$$

$$\iint\limits_D(x-y)\mathrm{d}x\mathrm{d}y=\int_{-3}^{1}\mathrm{d}x\int_{2x-1}^{2-x^2}(x-y)\mathrm{d}y$$

$$=\int_{-3}^{1}\left(-\frac{1}{2}x^4-x^3+2x^2+x-\frac{3}{2}\right)\mathrm{d}x$$

$$=\frac{64}{15}.$$

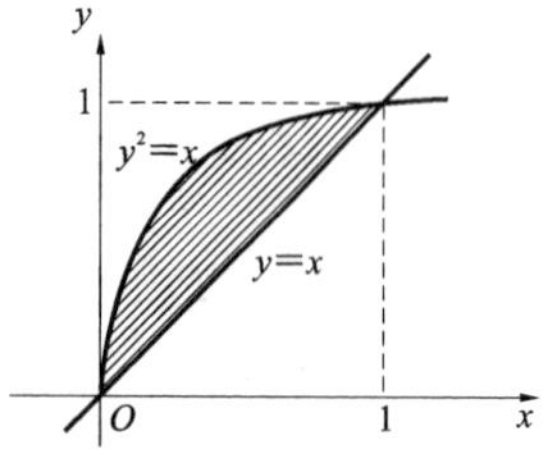

【例 2.8.6】 计算二次积分 $\int_0^1\mathrm{d}x\int_x^{\sqrt{x}}\frac{\sin y}{y}\mathrm{d}y$.

图 2.8.11

【解】 由题意给定的积分上下限可知积分区域 $D=\{(x,y)\mid 0\leqslant x\leqslant 1,x\leqslant y\leqslant\sqrt{x}\}$，此区域为 x 型区域，需先对 y 积分，但是被积函数的原函数不易求得，因此可以改变积分次序，将其变为 y 型区域，如图 2.8.11 所示，区域 D 可表达为

$$D=\{(x,y)\mid 0\leqslant y\leqslant 1,y^2\leqslant x\leqslant y\},$$

$$\int_0^1\mathrm{d}x\int_x^{\sqrt{x}}\frac{\sin y}{y}\mathrm{d}y=\int_0^1\mathrm{d}y\int_{y^2}^{y}\frac{\sin y}{y}\mathrm{d}x=\int_0^1\frac{\sin y}{y}(y-y^2)\mathrm{d}y$$

$$=\int_0^1(\sin y-y\sin y)\mathrm{d}y$$

$$=(-\cos y+y\cos y-\sin y)\Big|_0^1=1-\sin 1.$$

2.8.2 利用极坐标计算二重积分

通过平面解析几何的学习知道，平面上任意一点的极坐标 (r,θ) 与它的直角坐标 (x,y) 的变换公式为 $x=r\cos\theta,y=r\sin\theta$.

设通过原点的射线与区域 D 边界的交点不多于两点，如图 2.8.12 所示，我们可以用一组同心圆（r 为常数）和一组通过极点的射线（θ 为常数）构成的网线将区域 D 分为 n 个小闭区域，则由极角为 θ 与 $\theta+\Delta\theta$ 的两条射线和半径分别为 r 与 $r+\Delta r$ 的两条圆弧所围成小区域的面积为

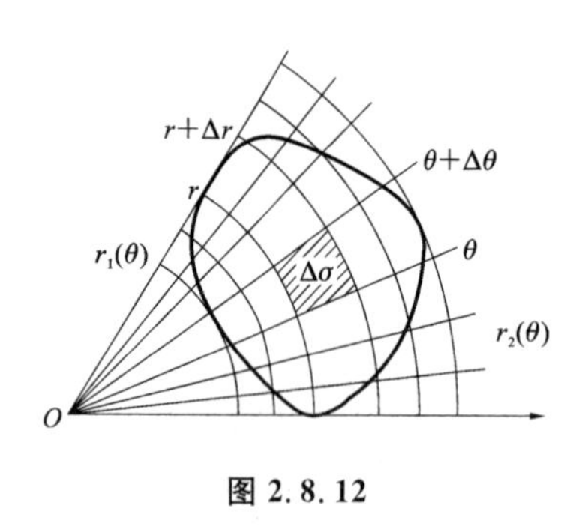

图 2.8.12

$$\Delta\sigma=\frac{1}{2}(r+\Delta r)^2\Delta\theta-\frac{1}{2}r^2\Delta\theta=r\Delta r\Delta\theta+\frac{1}{2}(\Delta r)^2\Delta\theta.$$

略去较高阶无穷小量得 $\Delta\sigma\approx r\Delta r\Delta\theta$，因此，在极坐标系中的面积元素为 $\mathrm{d}\sigma=r\mathrm{d}r\mathrm{d}\theta$. 于是二重积分在极坐标系中的表达式为

$$\iint\limits_D f(x,y)\mathrm{d}\sigma=\iint\limits_D f(r\cos\theta,r\sin\theta)r\mathrm{d}r\mathrm{d}\theta. \tag{2.8.8}$$

有时式(2.8.8)也写成

$$\iint\limits_D f(x,y)\mathrm{d}x\mathrm{d}y=\iint\limits_D f(r\cos\theta,r\sin\theta)r\mathrm{d}r\mathrm{d}\theta. \tag{2.8.9}$$

式(2.8.9)左端区域 D 的边界曲线方程应利用直角坐标来表示，而右端区域 D 的边界曲

线方程应利用极坐标来表示，这也是二重积分的换元积分的表达式.

计算极坐标系下的二重积分，也要将它化为累次积分，主要有以下几种情况：

(1) 极点 O 在区域 D 之外.

① 若区域 $D=\{(r,\theta)\mid \alpha\leqslant\theta\leqslant\beta, r_1(\theta)\leqslant r\leqslant r_2(\theta)\}$，其中 $r_1(\theta), r_2(\theta)$ 为 $[\theta_1,\theta_2]$ 上的连续函数，则称它为 θ 型区域(图 2.8.13)，式(2.8.9)可化为先对 r 后对 θ 的累次积分

$$\iint_D f(r\cos\theta, r\sin\theta)r\mathrm{d}r\mathrm{d}\theta=\int_{\theta_1}^{\theta_2}\mathrm{d}\theta\int_{r_1(\theta)}^{r_2(\theta)}f(r\cos\theta, r\sin\theta)r\mathrm{d}r. \tag{2.8.10}$$

② 若区域 $D=\{(r,\theta)\mid \theta_1(r)\leqslant\theta\leqslant\theta_2(r), r_1\leqslant r\leqslant r_2\}$，其中 $\theta_1(r),\theta_2(r)$ 为 $[r_1,r_2]$ 上的连续函数，则称它为 r 型区域(图 2.8.14)，式(2.8.9)可化为先对 θ 后对 r 的累次积分

$$\iint_D f(r\cos\theta, r\sin\theta)r\mathrm{d}r\mathrm{d}\theta=\int_{r_1}^{r_2}r\mathrm{d}r\int_{\theta_1(r)}^{\theta_2(r)}f(r\cos\theta, r\sin\theta)\mathrm{d}\theta. \tag{2.8.11}$$

(2) 极点 O 在区域 D 的边界上，如图 2.8.15 所示. 若区域 D 的边界曲线方程为 $r=r(\theta)$，则

$$D=\{(r,\theta)\mid \alpha\leqslant\theta\leqslant\beta, 0\leqslant r\leqslant r(\theta)\}$$

于是

$$\iint_D f(r\cos\theta, r\sin\theta)r\mathrm{d}r\mathrm{d}\theta=\int_{\alpha}^{\beta}\mathrm{d}\theta\int_{0}^{r(\theta)}f(r\cos\theta, r\sin\theta)r\mathrm{d}r. \tag{2.8.12}$$

(3) 极点 O 在区域 D 的内部，如图 2.8.16 所示. 若区域 D 的边界曲线方程为 $r=r(\theta)$，则

$$D=\{(r,\theta)\mid 0\leqslant\theta\leqslant 2\pi, 0\leqslant r\leqslant r(\theta)\}$$

于是

$$\iint_D f(r\cos\theta, r\sin\theta)r\mathrm{d}r\mathrm{d}\theta=\int_{0}^{2\pi}\mathrm{d}\theta\int_{0}^{r(\theta)}f(r\cos\theta, r\sin\theta)r\mathrm{d}r. \tag{2.8.13}$$

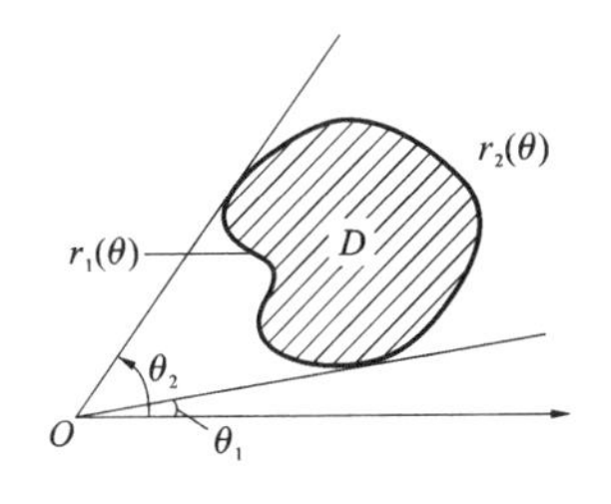

图 2.8.13

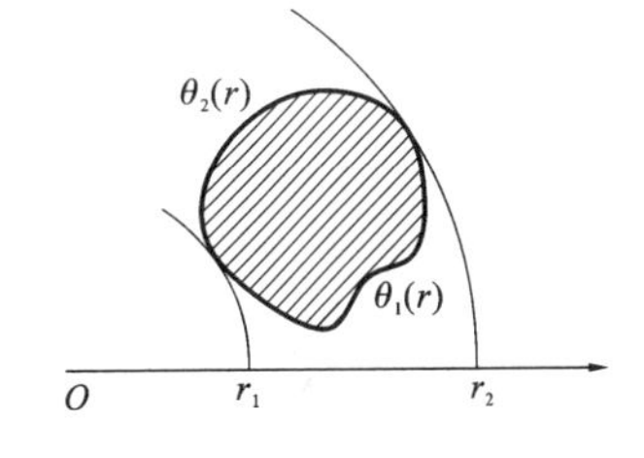

图 2.8.14

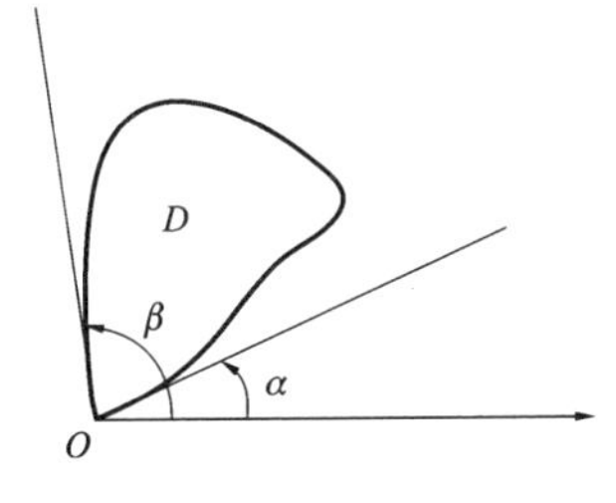

图 2.8.15

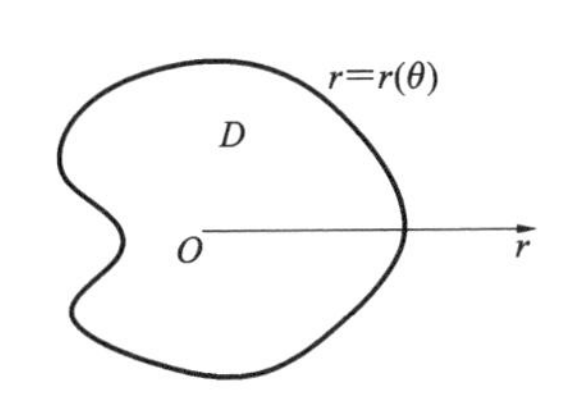

图 2.8.16

【例 2.8.7】 计算二重积分 $\iint_D \dfrac{\mathrm{d}x\mathrm{d}y}{\sqrt{1-x^2-y^2}}$，其中区域 D 为圆域：$\{(x,y)\mid x^2+y^2\leqslant 1/4\}$.

【解】 区域 D 按极坐标变换后可表示为 $D=\{(r,\theta)\mid 0\leqslant r\leqslant 1/2,0\leqslant\theta\leqslant 2\pi\}$.

$$\iint\limits_D \frac{\mathrm{d}x\mathrm{d}y}{\sqrt{1-x^2-y^2}}=\iint\limits_D \frac{r}{\sqrt{1-r^2}}\mathrm{d}r\mathrm{d}\theta=\int_0^{2\pi}\mathrm{d}\theta\int_0^{\frac{1}{2}}\frac{r}{\sqrt{1-r^2}}\mathrm{d}r$$

$$=\int_0^{2\pi}(-\sqrt{1-r^2})\Big|_0^{\frac{1}{2}}\mathrm{d}\theta=\int_0^{2\pi}\left(1-\frac{\sqrt{3}}{2}\right)\mathrm{d}\theta=(2-\sqrt{3})\pi.$$

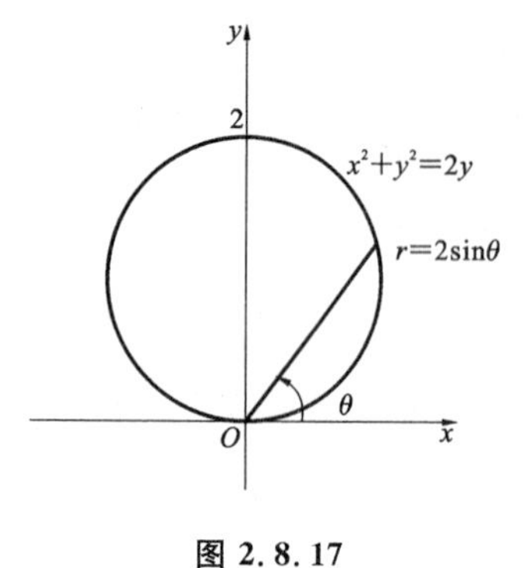

图 2.8.17

【例 2.8.8】 计算二重积分 $\iint\limits_D \sqrt{x^2+y^2}\mathrm{d}x\mathrm{d}y$,其中区域 D 为圆 $x^2+y^2=2y$ 所围成的区域(图 2.8.17).

【解】 圆的极坐标方程为 $r=2\sin\theta,0\leqslant\theta\leqslant\pi$. 因此区域 $D=\{(r,\theta)\mid 0\leqslant r\leqslant 2\sin\theta,0\leqslant\theta\leqslant\pi\}$.

$$\iint\limits_D \sqrt{x^2+y^2}\mathrm{d}x\mathrm{d}y=\iint\limits_D r\cdot r\mathrm{d}r\mathrm{d}\theta=\int_0^{\pi}\mathrm{d}\theta\int_0^{2\sin\theta}r^2\mathrm{d}r$$

$$=\int_0^{\pi}\frac{8}{3}\sin^3\theta\mathrm{d}\theta=\frac{8}{3}\int_0^{\pi}(\cos^2\theta-1)\mathrm{d}(\cos\theta)$$

$$=\frac{8}{3}\left(\frac{1}{3}\cos^3\theta-\cos\theta\right)\Big|_0^{\pi}=\frac{32}{9}.$$

若将例 2.8.8 区域 D 视为 r 型区域,则 $D=\{(r,\theta)\mid \arcsin\frac{r}{2}\leqslant\theta\leqslant\pi-\arcsin\frac{r}{2},0\leqslant r\leqslant 2\}$,其计算过程显然比上面的计算过程复杂. 由此可以看出,二重积分的计算,应选择适当的积分顺序,以便使计算更简单. 一般情况下,积分顺序的选择应从两方面考虑,一是积分区域 D 分成子区域的个数要尽量少,并且子区域的边界曲线方程要简单;二是在积分过程中被积函数的原函数要容易求出.

【例 2.8.9】 计算二重积分 $\iint\limits_D \mathrm{e}^{-x^2-y^2}\mathrm{d}x\mathrm{d}y$,并利用其结论计算反常积分 $\int_0^{+\infty}\mathrm{e}^{x^2}\mathrm{d}x$. 其中区域 D 是由中心在原点、半径为 a 的圆周所围成的闭区域.

【解】 在极坐标系中,闭区域可表示为 $D=\{(r,\theta)\mid 0\leqslant r\leqslant a,0\leqslant\theta\leqslant 2\pi\}$.

$$\iint\limits_D \mathrm{e}^{-x^2-y^2}\mathrm{d}x\mathrm{d}y=\iint\limits_D \mathrm{e}^{-r^2}\cdot r\mathrm{d}r\mathrm{d}\theta=\int_0^{2\pi}\mathrm{d}\theta\int_0^a\mathrm{e}^{-r^2}r\mathrm{d}r=\pi(1-\mathrm{e}^{-a^2}).$$

由于反常积分的被积函数 e^{x^2} 的原函数不是初等函数,故不能用直角坐标计算.

设 $D_1=\{(x,y)\mid x^2+y^2\leqslant R^2,x\geqslant 0,y\geqslant 0\}$,$D_2=\{(x,y)\mid x^2+y^2\leqslant 2R^2,x\geqslant 0,y\geqslant 0\}$,

$S=\{(x,y)\mid 0\leqslant x\leqslant R,0\leqslant y\leqslant R\}$. 显然 $D_1\subset S\subset D_2$,且都在第一象限,由于 $\mathrm{e}^{-x^2-y^2}>0$,则在这些闭区域上的二重积分之间有如下不等式成立

$$\iint\limits_{D_1}\mathrm{e}^{-x^2-y^2}\mathrm{d}x\mathrm{d}y<\iint\limits_S\mathrm{e}^{-x^2-y^2}\mathrm{d}x\mathrm{d}y<\iint\limits_{D_2}\mathrm{e}^{-x^2-y^2}\mathrm{d}x\mathrm{d}y.$$

因为 $\iint\limits_S\mathrm{e}^{-x^2-y^2}\mathrm{d}x\mathrm{d}y=\int_0^R\mathrm{e}^{-x^2}\mathrm{d}x\cdot\int_0^R\mathrm{e}^{-y^2}\mathrm{d}y=(\int_0^R\mathrm{e}^{-x^2}\mathrm{d}x)^2$,

根据被积函数的对称性,利用本题已得结果,有

$$\iint\limits_{D_1}\mathrm{e}^{-x^2-y^2}\mathrm{d}x\mathrm{d}y=\frac{\pi}{4}(1-\mathrm{e}^{-R^2}),\quad \iint\limits_{D_2}\mathrm{e}^{-x^2-y^2}\mathrm{d}x\mathrm{d}y=\frac{\pi}{4}(1-\mathrm{e}^{-2R^2}),$$

因此

$$\frac{\pi}{4}(1-\mathrm{e}^{-R^2})<\left(\int_0^R \mathrm{e}^{-x^2}\mathrm{d}x\right)^2<\frac{\pi}{4}(1-\mathrm{e}^{-2R^2}).$$

由于

$$\lim_{R\to+\infty}\frac{\pi}{4}(1-\mathrm{e}^{-R^2})=\lim_{R\to+\infty}\frac{\pi}{4}(1-\mathrm{e}^{-2R^2})=\frac{\pi}{4},$$

根据极限收敛准则,从而$\int_0^{+\infty}\mathrm{e}^{x^2}\mathrm{d}x=\lim\limits_{R\to+\infty}\int_0^R \mathrm{e}^{x^2}\mathrm{d}x=\frac{\sqrt{\pi}}{2}$.

【例 2.8.10】 计算二重积分$\iint\limits_D(x^2+y^2)\mathrm{d}x\mathrm{d}y$,其中区域 D 是由圆 $x^2+y^2=2y$,$x^2+y^2=4y$ 及直线 $x-\sqrt{3}y=0$,$y-\sqrt{3}x=0$ 所围成的平面闭区域(图 2.8.18).

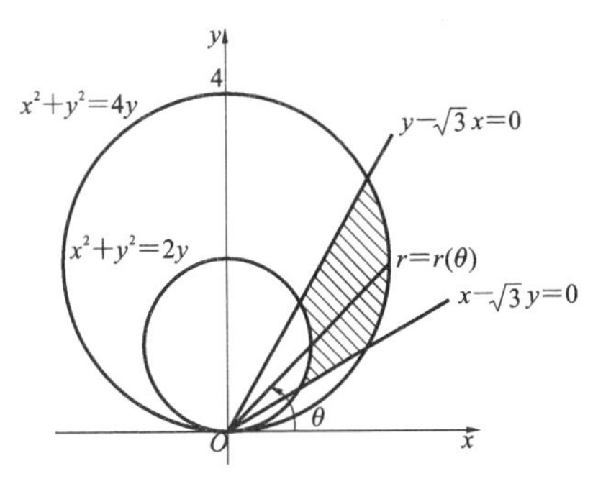

图 2.8.18

【解】 圆 $x^2+y^2=2y$ 用极坐标表示为 $r=2\sin\theta$,

圆 $x^2+y^2=4y$ 用极坐标表示为 $r=4\sin\theta$,

直线 $x-\sqrt{3}y=0$ 用极坐标表示为 $\theta=\frac{\pi}{6}$,

直线 $y-\sqrt{3}x=0$ 用极坐标表示为 $\theta=\frac{\pi}{3}$.

因此区域 $D=\{(r,\theta)\mid\frac{\pi}{6}\leqslant\theta\leqslant\frac{\pi}{3},2\sin\theta\leqslant r\leqslant 4\sin\theta\}$,

$$\iint\limits_D(x^2+y^2)\mathrm{d}x\mathrm{d}y=\iint\limits^{D}r^2\cdot r\mathrm{d}r\mathrm{d}\theta=\int_{\frac{\pi}{6}}^{\frac{\pi}{3}}\mathrm{d}\theta\int_{2\sin\theta}^{4\sin\theta}r^3\mathrm{d}r=60\int_{\frac{\pi}{6}}^{\frac{\pi}{3}}\sin^4\theta\mathrm{d}\theta$$

$$=15\int_{\frac{\pi}{6}}^{\frac{\pi}{3}}(1-\cos2\theta)^2\mathrm{d}\theta=15\int_{\frac{\pi}{6}}^{\frac{\pi}{3}}\left(\frac{3}{2}-2\cos2\theta+\frac{1}{2}\cos4\theta\right)\mathrm{d}\theta$$

$$=15\left(\frac{3}{2}\theta-\sin2\theta+\frac{1}{8}\sin4\theta\right)\Bigg|_{\frac{\pi}{6}}^{\frac{\pi}{3}}=15\left(\frac{\pi}{4}-\frac{\sqrt{3}}{8}\right).$$

练习题

1. 化二重积分$\iint\limits_D f(x,y)\mathrm{d}x\mathrm{d}y$为二次积分(写出两种积分次序).

(1) 区域 $D=\{(x,y)\mid|x|\leqslant1,|y|\leqslant1\}$;

(2) 区域 D 是由直线 $y=x$,$y=1$ 及 y 轴所围成的区域;

(3) 区域 D 是由直线 $y=x$,$x-2y=0$ 及 $y=2$ 所围成的区域;

(4) 区域 D 是由抛物线 $y=x^2$ 与直线 $y=2x+3$ 所围成的区域;

(5) 区域 D 是由 x 轴,圆 $x^2+y^2-2x=0$ 在第一象限的部分及直线 $x+y=2$ 围成的区域.

2. 试改变下列积分为另一顺序的累次积分.

(1) $\int_1^2\mathrm{d}x\int_{\frac{1}{x}}^{x}f(x,y)\mathrm{d}y$;

(2) $\int_{-1}^0\mathrm{d}y\int_0^{2-y}f(x,y)\mathrm{d}x+\int_0^1\mathrm{d}y\int_{\sqrt{y}}^{2-y}f(x,y)\mathrm{d}x$;

(3) $\int_1^2 \mathrm{d}x \int_x^{x^2} f(x,y)\mathrm{d}y + \int_2^8 \mathrm{d}x \int_x^8 f(x,y)\mathrm{d}y$;

(4) $\int_0^1 \mathrm{d}y \int_0^y f(x,y)\mathrm{d}x + \int_1^2 \mathrm{d}y \int_0^{2-y} f(x,y)\mathrm{d}x$.

3. 计算二重积分$\iint\limits_D (x^2+y^2)\mathrm{d}x\mathrm{d}y$，其中区域$D$是由直线$y=x$，$x=0$，$y=1$，$y=2$所围成的区域.

4. 计算二重积分$\iint\limits_D (\cos 2x+\sin y)\mathrm{d}x\mathrm{d}y$，其中区域$D$是由直线$4x+y-\pi=0$与$x$轴、$y$轴所围成的区域.

5. 计算二重积分$\iint\limits_D \ln(x^2+y^2)\mathrm{d}x\mathrm{d}y$，其中区域$D$是由圆$x^2+y^2=\mathrm{e}^2$和$x^2+y^2=\mathrm{e}^4$所夹的圆环.

6. 计算二重积分$\iint\limits_D (4-x-y)\mathrm{d}x\mathrm{d}y$，其中区域$D$是圆域$x^2+y^2\leqslant 2y$.

* 模块 3　常微分方程

◈ 3.1　微分方程的一般概念

◈ 3.1.1　引例

1. 在几何学中的问题

求曲线,使它在每点处的切线斜率等于该点的横坐标的 2 倍,并求出过点(1,1) 的那一条曲线.

解:设所求曲线方程为 $y=y(x)$,由导数的几何意义可知

$$\frac{\mathrm{d}y}{\mathrm{d}x}=2x \tag{3.1.1}$$

即

$$\mathrm{d}y=2x\mathrm{d}x.$$

满足式(3.1.1) 的函数 $y(x)$ 就是我们所求的曲线方程.

对上式两端取不定积分得

$$y=x^2+C\ (\text{其中 } C \text{ 是任意常数}).$$

由上式可知,满足要求的曲线是抛物线,当 C 任意取值时,就可得到一个抛物线族. 由题意,将"过点(1,1)"这个条件代入 $y=x^2+C$ 中,得 $1=1^2+C$,求出 $C=0$,故我们所求的过点(1,1) 的那一条曲线为

$$y=x^2.$$

从式(3.1.1) 可以看出,它是一个关于未知数函数和未知数函数的导数的关系式,这就是我们所说的微分方程.

2. 在电学中的问题

在闭合电路中,电阻 R、电感 L 是串联的(图 3.1.1),R、L 是常数,电源供给电动势 $E=E(t)$,电路中的电流 $i=i(t)$,t 是时间,试求电流的变化规律.

解:因为在电学中线圈的感应电动势为 $-L\frac{\mathrm{d}i}{\mathrm{d}t}$,故电路中总电动势为 $E-L\frac{\mathrm{d}i}{\mathrm{d}t}$,又知电流通过电阻时产生的电压降为 iR,由于电路中的总电动势等于整个电路中的电压降,故有

$$E-L\frac{\mathrm{d}i}{\mathrm{d}t}=Ri$$

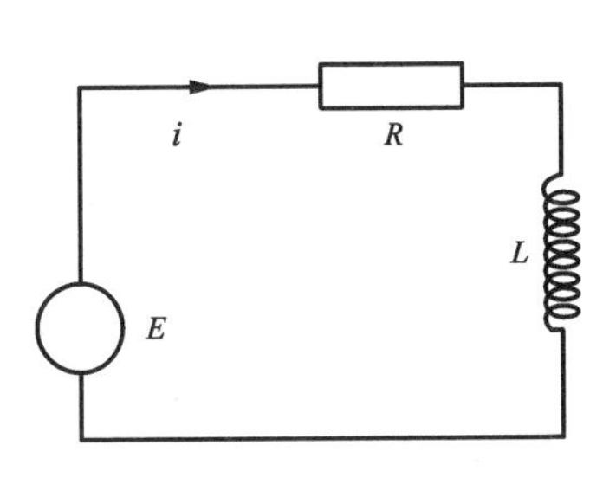

图 3.1.1

或

$$L\frac{\mathrm{d}i}{\mathrm{d}t}+Ri=E. \tag{3.1.2}$$

我们所求的电流变化规律，是一个特定的规律，它需要满足 $i(0)=i_0$（i_0 是一个常数）.

3. 在动力学中的问题

设有一质量为 m 的物体，在空中由静止自由下落，设空气阻力与运动速度成正比，试求物体运动速度的变化规律.

解：所求物体运动速度的变化规律是时间 t 的未知函数，我们用 $v=v(t)$ 表示. 物体下落时，受到重力和空气阻力的影响，重力 mg 与运动方向一致，阻力 kv（k 是比例系数）与运动方向相反，运动所受的合力为

$$F=mg-kv.$$

由牛顿第二定律，即 $F=ma$（a 是加速度），得到关系式

$$m\frac{\mathrm{d}v}{\mathrm{d}t}=mg-kv$$

或

$$m\frac{\mathrm{d}v}{\mathrm{d}t}+kv=mg. \tag{3.1.3}$$

满足式(3.1.3) 的函数 $v(t)$，就是所求的物体运动速度的变化规律.

要注意的是，这个变化规律还要满足一个特定条件，即“物体由静止自由下落”，也就是当 $t=0$ 时，$v=0$. 求满足这个条件的一个确定的变化规律，最后得到的一定是一个确定的函数 $v(t)$.

从引例 2 和引例 3 中得到的两个微分方程

$$L\frac{\mathrm{d}i}{\mathrm{d}t}+Ri=E$$

和

$$m\frac{\mathrm{d}v}{\mathrm{d}t}+kv=mg$$

只是字母用得不同，所代表的物理意义不同，但从微分方程的形式上看是完全相同的，也就是说，讨论不同的物理现象，可以得到相同的微分方程；反过来，研究一种类型的微分方程可以解决具有同样规律的问题.

4. 在引例 3 条件下求物体运动的变化规律

解：物体运动的变化规律是位移与时间的关系，用 $s=s(t)$ 表示，则

$$m\frac{\mathrm{d}^2s}{\mathrm{d}t^2}=mg-k\frac{\mathrm{d}s}{\mathrm{d}t}$$

或

$$m\frac{\mathrm{d}^2s}{\mathrm{d}t^2}+k\frac{\mathrm{d}s}{\mathrm{d}t}=mg. \tag{3.1.4}$$

所求的变化规律，需要满足条件 $s(0)=0, s'(0)=0$.

可以看出在此例中，不仅出现了未知函数的一阶导数，也出现了未知函数的二阶导数.

上述的微分方程可以叫作实际问题的数学模型，我们可以将微分方程归类，然后对同一类

型的微分方程进行研究,从而解决一大批同类性质的实际问题.

数学模型是在对实际问题认真分析的基础上建立起来的,要抓住主要因素,忽略次要因素,这样得到的微分方程才能做到与实际问题比较接近.当然,数学模型正确与否还需要用实践检验.

3.1.2　微分方程的概念

1. 微分方程的定义

定义 3.1.1　凡含有未知函数的导数或微分的方程叫作微分方程.

例如　(1) $y' = xy$;　　(2) $y'' + 2y' - 3y = e^x$;

(3) $\left(\frac{dy}{dx}\right)^2 + 2y = \sin x$;　　(4) $\frac{\partial z}{\partial x} = x + y$.

2. 常微分方程的定义

定义 3.1.2　如果在微分方程中,未知函数是一个自变量的函数,这种微分方程叫作常微分方程.

定义 3.1.3　如果在微分方程中,未知函数是两个或两个以上自变量的函数,这种微分方程叫作偏微分方程.

3. 微分方程的阶数

定义 3.1.4　在微分方程中出现的未知函数的最高阶导数的阶数叫作微分方程的阶数.

4. n 阶微分方程的一般形式

一般的 n 阶微分方程为

$$F\left(x, y, \frac{dy}{dx}, \cdots, \frac{d^n y}{dx^n}\right) = 0 \tag{3.1.5}$$

其中 $F\left(x, y, \frac{dy}{dx}, \cdots, \frac{d^n y}{dx^n}\right)$ 是 $x, y, \frac{dy}{dx}, \cdots, \frac{d^n y}{dx^n}$ 的已知函数,且一定要有 $\frac{d^n y}{dx^n}$,x 是自变量,y 是函数.

如果式(3.1.5)能够解出

$$\frac{d^n y}{dx^n} = f\left(x, y, \frac{dy}{dx}, \cdots, \frac{d^{n-1} y}{dx^{n-1}}\right) \tag{3.1.6}$$

这种最高阶导数解出的方程,称为显式微分方程,式(3.1.7)称为隐式微分方程.

5. 线性微分方程与非线性微分方程

定义 3.1.5　如果式(3.1.5)的左端是 y 及 $y', y'', \cdots, y^{(n)}$ 的一次有理整式,则称式(3.1.5)为线性微分方程;否则,称为非线性微分方程.

如式(3.1.1)和式(3.1.2)是一阶线性微分方程,式(3.1.4)是二阶线性微分方程.

3.1.3 微分方程的解

1. 微分方程的解

定义 3.1.6 如果函数 $y=\varphi(x)$ 代入微分方程(3.1.5)后,能使式(3.1.5)成为恒等式,则函数 $y=\varphi(x)$ 叫作方程(3.1.5)的解.

如对于一阶线性微分方程(3.1.1)可知 $y=x^2+C$ 能够使得 $\dfrac{dy}{dx}=\dfrac{d(x^2+C)}{dx}\equiv 2x$,这时,函数 $y=x^2+C$ 叫作微分方程的解.

2. 微分方程的通解和特解

定义 3.1.7 把含有 n 个独立的任意常数 $C_1,C_2,\cdots,C_n$ 的解,叫作 n 阶微分方程(3.1.5)的通解.形式为

$$y=\varphi(x,C_1,C_2,\cdots,C_n) \tag{3.1.7}$$

定义 3.1.8 在通解表达式(3.1.7)中,将 $C_1,C_2,\cdots,C_n$ 取一组定值所得到的解叫作 n 阶微分方程(3.1.5)的一个特解.

如 $y=x^2+C$ 是微分方程(3.1.1)的通解,任意给定 C 的值,如 $y=x^2-5$,$y=x^2+1$,都是微分方程(3.1.1)的特解.

3. 初值条件和初值问题

引例1中的"过点(1,1)"、引例3中的"物体由静止自由下落"等都是给出的变化规律在开始时的具体情况,这种条件我们叫作初值条件,求满足初值条件的解,叫作初值问题.

一阶微分方程中给的是一个初值条件,其通解中含有一个任意常数,正好一个条件确定一个常数,从而得到一个特解.而二阶微分方程中给出两个初值条件,其通解中含有两个任意常数,正好两个条件确定两个常数,从而得到两个特解.

若 n 阶微分方程(3.1.5)的初值条件为

当 $x=x_0$ 时,$y=y_0,y'=y_0',y''=y_0'',\cdots,y^{(n-1)}=y_0^{(n-1)}$. (3.1.8)

这里 $x_0,y_0,y_0',y_0'',\cdots,y_0^{(n-1)}$ 是给定的 $n+1$ 个常数,这是 n 个已知条件,可以确定 n 阶微分方程的一个特解.故可以将特解定义为:满足初值条件的解叫作微分方程的特解.

同样,可以将通解定义为:形如式(3.1.7)的解,如果在一定范围内对任意给定的初值条件(3.1.8),都可以找到一组确定的常数 $C_1,C_2,\cdots,C_n$ 使得式(3.1.7)所对应的特解满足所给的初值条件(3.1.8),则式(3.1.7)称为微分方程(3.1.5)的通解.

【例 3.1.1】 验证:函数 $x=C_1\cos kt+C_2\sin kt$ 是微分方程 $\dfrac{d^2x}{dt^2}+k^2x=0$ 的解,并求满足初始条件 $x\Big|_{t=0}=A,\dfrac{dx}{dt}\Big|_{t=0}=0$ 的特解.

【解】 $\because \dfrac{dx}{dt}=-kC_1\sin kt+kC_2\cos kt,\dfrac{d^2x}{dt^2}=-k^2C_1\cos kt-k^2C_2\sin kt$,将 $\dfrac{d^2x}{dt^2}$ 和 x 代入原方程得

$$-k^2(C_1\cos kt+C_2\sin kt)+k^2(C_1\cos kt+C_2\sin kt)\equiv 0.$$

故 $x=C_1\cos kt+C_2\sin kt$ 是原方程的解.

$$\because x\Big|_{t=0}=A,\frac{dx}{dt}\Big|_{t=0}=0,\therefore C_1=A,C_2=0,$$

故所求特解为 $x=A\cos kt$.

【例 3.1.2】 已知积分曲线族,求相应的微分方程.

(1) $(x-C)^2+y^2=1$;　　(2) $y=C_1x+C_2x^2$;　　(3) $xy=C_1e^x+C_2e^{-x}$.

【解】 (1) 等式两端同时对 x 求导有 $2(x-C)+2yy'=0$,代入原方程有

$$(yy')^2+y^2=1,即\ y^2(y'^2+1)=1.$$

(2) $\because y'=C_1+2C_2x,y''=2C_2$,即 $C_1=y'-y''x,C_2=\frac{1}{2}y''$,

$$\therefore y=(y'-y''x)x+\frac{1}{2}y''x^2,即\ y=y'x-\frac{1}{2}y''x^2.$$

(3) $\because y+xy'=C_1e^x-C_2e^{-x},2y'+xy''=C_1e^x+C_2e^{-x}$,

$$C_1=\frac{y+xy'+2y'+xy''}{2e^x},C_2=\frac{y+xy'-2y'-xy''}{-2e^{-x}}$$

$$\therefore xy=2y'+xy''.$$

练习题

1. 指出下列微分方程的阶,并说明方程是线性的还是非线性的.

(1) $\frac{dy}{dx}=x^2+y$;

(2) $x\left(\frac{dy}{dx}\right)^2-2\frac{dy}{dx}+4x=0$;

(3) $x\frac{d^2y}{dx^2}-2\left(\frac{dy}{dx}\right)^3+5xy=0$;

(4) $\cos\frac{dy}{dx}+x\frac{dy}{dx}-y=0$;

(5) $x^2\frac{d^2y}{dx^2}+2x\frac{dy}{dx}+7y=0$.

2. 求方程 $\frac{dy}{dx}=e^x$ 的通解及过点 $M(0,2)$ 的特解.

3.2　几种一阶方程的初等解法

一阶微分方程的一般形式为

$$F(x,y,y')=0\quad 或\quad y'=f(x,y)\tag{3.2.1}$$

F,f 是变量的已知函数.

一阶微分方程的初值条件是

$$当\ x=x_0\ 时,y=y_0\ 或\ y(x_0)=y_0.\tag{3.2.2}$$

◈ 3.2.1 可分离变量的微分方程

形如

$$\frac{\mathrm{d}y}{\mathrm{d}x}=f(x)\cdot g(y) \tag{3.2.3}$$

的方程叫作可分离变量的微分方程.等式右端的函数是 x 的函数与 y 的函数的乘积.

若 $g(y)\neq 0$,则式(3.2.3)可以化为

$$\frac{\mathrm{d}y}{g(y)}=f(x)\mathrm{d}x \tag{3.2.4}$$

等式两边同时积分可以得到

$$\int\frac{\mathrm{d}y}{g(y)}=\int f(x)\mathrm{d}x+C. \tag{3.2.5}$$

有时也可写成

$$\int_{y_0}^{y}\frac{\mathrm{d}y}{g(y)}=\int_{x_0}^{x}f(x)\mathrm{d}x+C. \tag{3.2.6}$$

用初值条件(3.2.2)可以确定 $C=0$,故满足初值条件的特解为

$$\int_{y_0}^{y}\frac{\mathrm{d}y}{g(y)}=\int_{x_0}^{x}f(x)\mathrm{d}x \tag{3.2.7}$$

将变量分到等号的两边,使得每一边的函数仅与一个变量有关,然后积分便得到方程的通解,这种方法叫作分离变量法.

【例 3.2.1】 解方程 $\frac{\mathrm{d}y}{\mathrm{d}x}=2xy$,并求满足初值条件 $x=0,y=1$ 的特解.

【解】 当 $y\neq 0$ 时,将变量分离得 $\frac{\mathrm{d}y}{y}=2x\mathrm{d}x$,积分得

$$\ln|y|=x^2+C \quad 即 \quad y=\pm \mathrm{e}^{C_1}\cdot \mathrm{e}^{x^2}$$

因为 C_1 是任意常数,$\pm\mathrm{e}^{C_1}$ 也是任意常数,用 C 表示 $\pm\mathrm{e}^{C_1}$,可知 $C\neq 0$,故方程的通解为

$$y=C\mathrm{e}^{x^2}.$$

为了防止丢解,注意到 $y=0$ 也是原方程的解,故在此通解中允许 $C=0$.将初值条件 $x=0,y=1$ 代入通解中确定常数 $C=1$,即得特解为 $y=\mathrm{e}^{x^2}$.也可由式(3.2.7)直接求出特解.

【例 3.2.2】 求方程 $\frac{\mathrm{d}y}{\mathrm{d}x}+p(x)y=0$ 的通解,$p(x)$ 是 x 的连续函数.

【解】 当 $y\neq 0$ 时,将变量分离得 $\frac{\mathrm{d}y}{y}=-p(x)\mathrm{d}x$,积分得

$$\ln|y|=-\int p(x)\mathrm{d}x+C_1 \quad 即 \quad y=\pm\mathrm{e}^{C_1}\cdot \mathrm{e}^{-\int p(x)\mathrm{d}x}.$$

由于 $\pm\mathrm{e}^{C_1}$ 是任意常数,用 C 表示 $\pm\mathrm{e}^{C_1}$,则 $C\neq 0$,故通解为

$$y=C\mathrm{e}^{-\int p(x)\mathrm{d}x}$$

注意到 $y=0$ 也是原方程的解,故通解中允许 $C=0$,它包含在通解中,所以 $y=0$ 是特解.

我们可以把变量分离方程写成一种对称形式,即

$$M_1(x)M_2(y)+N_1(x)N_2(y)=0 \tag{3.2.8}$$

变形可得

$$\frac{M_1(x)}{N_1(x)}dx+\frac{N_2(y)}{M_2(y)}dy=0$$

积分得通解

$$\int\frac{M_1(x)}{N_1(x)}dx+\int\frac{N_2(y)}{M_2(y)}dy=C. \tag{3.2.9}$$

这里可能失去 $M_2(y)N_1(x)=0$ 的解；$y=y_0, x=x_0$ 也是方程的解.

【例 3.2.3】 解方程 $x\sqrt{1-y^2}dx+y\sqrt{1-x^2}dy=0$.

【解】 变量分离得

$$\frac{xdx}{\sqrt{1-x^2}}+\frac{ydy}{\sqrt{1-y^2}}=0$$

积分得通解

$$\sqrt{1-x^2}+\sqrt{1-y^2}=C$$

根据函数关系可知 $0<C<2$.

方程还有其他解，即使得 $\sqrt{1-x^2}\cdot\sqrt{1-y^2}=0$ 的值，解得

$y=1,-1<x<1$； $y=-1,-1<x<1$； $x=1,-1<y<1$； $x=-1,-1<y<1$.

这些解都不在通解之中，故不是特解，它们刚好围成一个正方形，其他解都在其中.

3.2.2　可化为变量分离的微分方程

1. 齐次方程

形如

$$\frac{dy}{dx}=f\left(\frac{y}{x}\right) \tag{3.2.10}$$

的微分方程，叫作一阶齐次微分方程，简称为齐次方程.

例如，$(x^2+y^2)dx+(xy-y^2)dy=0$ 化为 $\frac{dy}{dx}=\frac{-\left[1+\left(\frac{y}{x}\right)^2\right]}{\frac{y}{x}-\left(\frac{y}{x}\right)^2}$ 就是齐次方程的形式.

齐次方程的解法就是用一个变换把齐次方程化为变量分离方程.

令 $u=\frac{y}{x}$，即 $y=u\cdot x$，则有 $\frac{dy}{dx}=x\frac{du}{dx}+u$，代入式(3.2.10)得

$$x\frac{du}{dx}+u=f(u),$$

整理得

$$\frac{du}{dx}=\frac{f(u)-u}{x}. \tag{3.2.11}$$

这是变量为 x、u 的变量分离方程，其中 u 是未知函数，x 是自变量. 但解方程时我们丢掉了使 $f(u)-u=0$ 的解. 若 $f(u)-u\equiv0$，则 $f(u)=u$，方程(3.2.10)变为 $\frac{dy}{dx}=\frac{y}{x}$，其通解为 $y=C$；若有 u_0 使得 $f(u_0)-u_0=0$，则 $u=u_0$，$y=u_0x$ 是方程(3.2.10)的解.

【例 3.2.4】 解微分方程 $\left(x-y\cos\frac{y}{x}\right)dx+x\cos\frac{y}{x}dy=0$.

【解】 令 $u=\frac{y}{x}$,$\mathrm{d}y=x\mathrm{d}u+u\mathrm{d}x$,原方程化为 $\cos u\mathrm{d}u=-\frac{\mathrm{d}x}{x}$,解得

$$\sin u=-\ln x+C$$

故微分方程的通解为

$$\sin\frac{y}{x}=-\ln x+C.$$

【例 3.2.5】 解微分方程 $(x^2-y^2)\mathrm{d}y-2xy\mathrm{d}x=0$.

【解】 方程可化为 $\frac{\mathrm{d}y}{\mathrm{d}x}=\frac{2\frac{y}{x}}{1-\left(\frac{y}{x}\right)^2}$,令 $u=\frac{y}{x}$,则 $\frac{\mathrm{d}y}{\mathrm{d}x}=x\frac{\mathrm{d}u}{\mathrm{d}x}+u$,代入得

$$x\frac{\mathrm{d}u}{\mathrm{d}x}+u=\frac{2u}{1-u^2}$$

分离变量得

$$\frac{1-u^2}{u(1+u^2)}\mathrm{d}u=\frac{\mathrm{d}x}{x}$$

化简为

$$\left(\frac{1}{u}-\frac{2u}{1+u^2}\right)\mathrm{d}u=\frac{\mathrm{d}x}{x}$$

积分得到

$$x(1+u^2)=Cu.$$

即方程的通解为 $$x^2+y^2=Cy.$$

这是圆心在 y 轴上,而切于 x 轴的一族圆.

对于丢失的解,由 $u(1+u^2)=0$ 可知,$u=0$ 即 $y=0$ 是解,这个解可看作是在通解之中当 $C=\infty$ 时的情况,故 $y=0$ 是方程的特解.

【例 3.2.6】 解方程 $\frac{\mathrm{d}y}{\mathrm{d}x}=\sqrt{1-\left(\frac{y}{x}\right)^2}+\frac{y}{x}$.

【解】 令 $u=\frac{y}{x}$,则 $\frac{\mathrm{d}y}{\mathrm{d}x}=x\frac{\mathrm{d}u}{\mathrm{d}x}+u$,代入方程得

$$x\frac{\mathrm{d}u}{\mathrm{d}x}+u=\sqrt{1-u^2}+u$$

分离变量得

$$\frac{\mathrm{d}u}{\sqrt{1-u^2}}=\frac{\mathrm{d}x}{x}$$

解得

$$Cx=\mathrm{e}^{\arcsin u},\text{即 } Cx=\mathrm{e}^{\arcsin\frac{y}{x}}$$

是方程的通解.对于丢失的解,是由 $1-u^2=0$ 引起的,它所确定的解为 $u=1,u=-1$,即 $y=x,y=-x$.

2. 可化为齐次的方程

形如
$$\frac{\mathrm{d}y}{\mathrm{d}x}=\frac{a_1x+b_1y+c_1}{a_2x+b_2y+c_2}\tag{3.2.12}$$

的微分方程,是可化为齐次的方程,从而可通过变换将它变量分离.

(1) 当 $c_1=c_2=0$ 的情况,式(3.2.12)就变为

$$\frac{\mathrm{d}y}{\mathrm{d}x}=\frac{a_1x+b_1y}{a_2x+b_2y}=\frac{a_1+b_1\dfrac{y}{x}}{a_2+b_2\dfrac{y}{x}}=f\left(\frac{y}{x}\right)$$

是齐次方程,可按前面方法求解.

(2) 当 c_1、c_2 不全为零,而 $\Delta=\begin{vmatrix}a_1 & b_1\\ a_2 & b_2\end{vmatrix}=0$ 的情况.可知 $\dfrac{a_1}{a_2}=\dfrac{b_1}{b_2}=\lambda$,这时原方程化为 $\dfrac{\mathrm{d}y}{\mathrm{d}x}=\dfrac{\lambda(a_2x+b_2y)+c_1}{a_2x+b_2y+c_2}$,令 $u=a_2x+b_2y$,则 $\dfrac{\mathrm{d}u}{\mathrm{d}x}=a_2+b_2\dfrac{\mathrm{d}y}{\mathrm{d}x}$,方程变为

$$\frac{\mathrm{d}u}{\mathrm{d}x}=a_2+b_2\frac{\lambda u+c_1}{u+c_2},$$

这是变量分离方程,可以按前面方法求解.

(3) 当 c_1、c_2 不全为零,而 $\Delta=\begin{vmatrix}a_1 & b_1\\ a_2 & b_2\end{vmatrix}\neq 0$ 的情况.作变换 $\begin{cases}x=X+x_0\\ y=Y+y_0\end{cases}$,$x_0$,$y_0$ 是特定的常数,代入方程得

$$\frac{\mathrm{d}Y}{\mathrm{d}X}=\frac{a_1X+b_1Y+a_1x_0+b_1y_0+c_1}{a_2X+b_2Y+a_2x_0+b_2y_0+c_2},$$

令

$$\begin{cases}a_1x_0+b_1y_0+c_1=0\\ a_2x_0+b_2y_0+c_2=0\end{cases}$$

方程可仿照(1)的情形化为齐次方程求解.

【例 3.2.7】 解方程 $\dfrac{\mathrm{d}y}{\mathrm{d}x}=\dfrac{x-y}{x+y}$.

【解】 $c_1=c_2=0$,是第一种情况,就是齐次方程.

令 $u=\dfrac{y}{x}$,则 $\dfrac{\mathrm{d}y}{\mathrm{d}x}=x\dfrac{\mathrm{d}u}{\mathrm{d}x}+u$,代入方程得

$$x\frac{\mathrm{d}u}{\mathrm{d}x}+u=\frac{1-u}{1+u}$$

分离变量得

$$\frac{(1+u)\mathrm{d}u}{1-2u-u^2}=\frac{\mathrm{d}x}{x}$$

积分得

$$(1-2u-u^2)x^2=C$$

方程通解为

$$x^2-2xy-y^2=C$$

由 $1-2u-u^2=0$,即 $x^2-2xy-y^2=0$ 知丢失的解在通解之中($C=0$).

【例 3.2.8】 求方程 $\dfrac{\mathrm{d}y}{\mathrm{d}x}=\dfrac{y-x+1}{y-x+5}$ 的通解.

【解】 $\because\Delta=\begin{vmatrix}-1 & 1\\ -1 & 1\end{vmatrix}=0$ 是第二种情况.设 $u=y-x$,$y=u+x$,则 $\dfrac{\mathrm{d}y}{\mathrm{d}x}=\dfrac{\mathrm{d}u}{\mathrm{d}x}+1$,代

入方程得$\frac{du}{dx}+1=\frac{u+1}{u+5}$，分离变量得$(u+5)du=-4dx$，积分得$u^2+10u+8x=C$，故方程的通解为

$$(y-x)^2+10(y-x)+8x=C.$$

【例 3.2.9】 求方程$\frac{dy}{dx}=\frac{x-y+1}{x+y-3}$的通解.

【解】 $\because \Delta=\begin{vmatrix}1 & -1\\ 1 & 1\end{vmatrix}=2\neq 0$，是第三种情况. 由方程组$\begin{cases}x-y+1=0\\ x+y-3=0\end{cases}$，解得$x_0=1$，$y_0=2$. 作变换$\begin{cases}x=X+1\\ y=Y+2\end{cases}$，则$\frac{dY}{dX}=\frac{X-Y}{X+Y}$，同例 3.2.7，通解为$X^2-2XY-Y^2=C$，代回原来变量得原方程的通解为$(x-1)^2-2(x-1)(y-2)-(y-2)^2=C$，即$x^2-2xy+2x+6y-y^2=C$.

练习题

1. 求方程$y\sin x+\cos x\frac{dy}{dx}=0$的通解.

2. 求方程$x\frac{dy}{dx}-y\ln y=0$的通解.

3. 求方程$x\sqrt{1+y^2}+yy'\sqrt{1+x^2}=0$的通解.

4. 求方程$\frac{dy}{dx}=\frac{2x^3y-y^4}{x^4-2xy^3}$的通解.

5. 求方程$\frac{dy}{dx}=\frac{3y^2+2xy}{2xy+x^2}$的通解.

6. 求方程$\frac{dy}{dx}=\frac{2x-y+1}{x-2y+1}$的通解.

3.3 一阶线性微分方程

3.3.1 线性方程

形如

$$\frac{dy}{dx}+P(x)y=Q(x) \tag{3.3.1}$$

的微分方程，叫作一阶线性微分方程，$P(x)$，$Q(x)$是x的连续函数，y和y'都是一次的.

若$Q(x)\equiv 0$，方程

$$\frac{dy}{dx}+P(x)y=0 \tag{3.3.2}$$

叫作一阶齐次线性微分方程.

若$Q(x)\neq 0$，方程(3.3.1)叫作一阶非齐次线性微分方程.

1. 一阶齐次线性微分方程的解法

一阶齐次线性微分方程(3.3.2)可以进行变量分离化为$\frac{dy}{y}=-P(x)dx$，其通解为$y=$

$Ce^{-\int P(x)\mathrm{d}x}$，满足初值条件：当 $x=x_0$ 时，$y=y_0$ 的特解为 $y=y_0e^{-\int_{x_0}^{x}P(x)\mathrm{d}x}$.

2. 一阶非齐次线性微分方程的解法

我们将方程(3.3.2)叫作方程(3.3.1)所对应的齐次线性方程. 可以肯定的是方程(3.3.2)的通解中，不论取任何常数 C，都不会是方程(3.3.1)的解，因此想到把方程(3.3.2)通解中的任意常数 C 换成 x 的某个函数，是否能成为方程(3.3.1)的解，即设

$$y=C(x)e^{-\int P(x)\mathrm{d}x} \tag{3.3.3}$$

$C(x)$ 是一个待定的函数，可以令式(3.3.3)是方程(3.3.1)的解，代入方程(3.3.1)中，若 $C(x)$ 可以求出来，再代回式(3.3.3)，则方程(3.3.3)的解就求出来了.

先求对应的齐次线性方程的通解，然后将通解中的任意常数换成待定的函数，代入方程求出此函数，从而得到非齐次线性方程的解，这种方法叫作常数变易法.

对式(3.3.3)求导，得

$$\frac{\mathrm{d}y}{\mathrm{d}x}=\frac{\mathrm{d}C(x)}{\mathrm{d}x}\cdot e^{-\int P(x)\mathrm{d}x}-C(x)P(x)e^{-\int P(x)\mathrm{d}x}$$

代入方程(3.3.1)，得

$$\frac{\mathrm{d}C(x)}{\mathrm{d}x}\cdot e^{-\int P(x)\mathrm{d}x}-C(x)P(x)e^{-\int P(x)\mathrm{d}x}+P(x)C(x)e^{-\int P(x)\mathrm{d}x}=Q(x),$$

化简得

$$\frac{\mathrm{d}C(x)}{\mathrm{d}x}=Q(x)e^{\int P(x)\mathrm{d}x},$$

积分得

$$C(x)=\int Q(x)e^{\int P(x)\mathrm{d}x}\mathrm{d}x+C.$$

将 $C(x)$ 代入式(3.3.3)，得

$$y=e^{-\int P(x)\mathrm{d}x}\left[\int Q(x)e^{-\int P(x)\mathrm{d}x}\mathrm{d}x+C\right] \tag{3.3.4}$$

这里的 C 与齐次线性方程通解中的 C 都是指任意常数.

若取 $C=0$，就得到方程(3.3.1)的一个特解

$$\bar{y}=e^{-\int P(x)\mathrm{d}x}\cdot\int Q(x)e^{\int P(x)\mathrm{d}x}\mathrm{d}x.$$

解一阶非齐次线性方程的步骤：

(1) 求对应的齐次线性方程的通解 $y=Ce^{-\int P(x)\mathrm{d}x}$；

(2) 令 $y=C(x)e^{-\int P(x)\mathrm{d}x}$，代入非齐次线性方程(3.3.1)中，确定 $C(x)$；

(3) 求出 $C(x)$ 后，再代入到齐次线性方程的通解中，就得到非齐次线性方程的通解.

【例 3.3.1】 求方程 $y'-2xy=e^{x^2}\cos x$ 的通解.

【解】 (1) 求 $y'-2xy=0$ 的通解. 将其分离变量后积分得 $y=Ce^{x^2}$；

(2) 令 $y=C(x)e^{x^2}$，对 x 求导，代入原方程中得

$$C'(x)e^{x^2}+C(x)\cdot 2x\cdot e^{x^2}-2xC(x)e^{x^2}=e^{x^2}\cos x$$

即 $C'(x)=\cos x$，积分得

$$C(x)=\int\cos x\mathrm{d}x=\sin x+C;$$

(3) 所求方程的通解为 $y=(\sin x+C)e^{x^2}$.

【例 3.3.2】 求方程 $y'+xy=x$ 的通解.

【解】 (1) 由 $y'+xy=0$,分离变量后积分得其通解 $y=Ce^{-\frac{1}{2}x^2}$;

(2) 令 $y=C(x)e^{-\frac{1}{2}x^2}$ 为原方程通解,则

$$y'=C'(x)e^{-\frac{1}{2}x^2}-xC(x)e^{-\frac{1}{2}x^2}$$

代入原方程有

$$C'(x)e^{-\frac{1}{2}x^2}=x$$

即 $C'(x)=xe^{\frac{1}{2}x^2}$,积分得

$$C(x)=\int xe^{\frac{1}{2}x^2}\mathrm{d}x=e^{\frac{1}{2}x^2}+C;$$

(3) 所求方程的通解为 $y=Ce^{-\frac{1}{2}x^2}+1$.

此题也可先将方程化为 $y'+x(y-1)=0$,再分离变量 $\frac{\mathrm{d}y}{1-y}=x\mathrm{d}x$,积分可得上述通解.

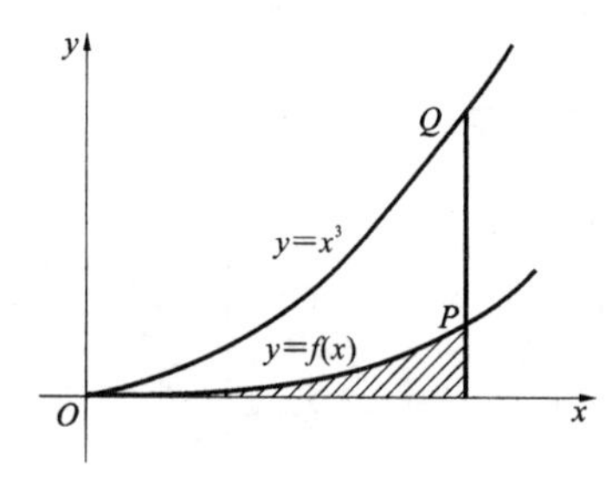

图 3.3.1

【例 3.3.3】 如图 3.3.1 所示,平行于 y 轴的动直线被曲线 $y=f(x)$ 与 $y=x^3(x\geqslant 0)$ 截下的线段 PQ 之长在数值上等于阴影部分的面积,求曲线 $f(x)$.

【解】 由题意有 $\int_0^x y\mathrm{d}x=x^3-y$,

两边求导得 $y'+y=3x^2$

解此微分方程得

$$\begin{aligned}y&=e^{-\int\mathrm{d}x}\left(\int 3x^2e^{\int\mathrm{d}x}\mathrm{d}x+C\right)\\&=Ce^{-x}+3(x^2-2x+2),\end{aligned}$$

由 $y(0)=0$,得 $C=-6$,所求曲线方程为 $y=3(-2e^{-x}+x^2-2x+2)$.

◈ 3.3.2 全微分方程

一阶方程

$$\frac{\mathrm{d}y}{\mathrm{d}x}=f(x,y) \tag{3.3.5}$$

也可以写成对称形式

$$M(x,y)\mathrm{d}x+N(x,y)\mathrm{d}y=0 \tag{3.3.6}$$

其中 $M(x,y)$,$N(x,y)$ 是 x,y 的连续函数,有连续的一阶偏导数.

如果方程(3.3.6)的左端恰好是某二元函数 $u(x,y)$ 的全微分,即

$$\mathrm{d}u(x,y)=M(x,y)\mathrm{d}x+N(x,y)\mathrm{d}y$$

则方程(3.3.6)叫作全微分方程.

这时,方程(3.3.6)化为

$$\mathrm{d}u(x,y)=0$$

积分得通解

$$u(x,y)=C.$$

【例 3.3.5】 解方程 $y\mathrm{d}x+x\mathrm{d}y=0$.

【解】 由微分公式易知 $\mathrm{d}(xy)=y\mathrm{d}x+x\mathrm{d}y$,故方程是全微分方程,即 $\mathrm{d}u(x,y)=0$,积分得通解 $xy=C$.

【例 3.3.6】 解方程 $(x^3+y)\mathrm{d}x+(x-y)\mathrm{d}y=0$.

【解】 可以将方程各项重新组合为

$$x^3\mathrm{d}x-y\mathrm{d}y+(y\mathrm{d}x+x\mathrm{d}y)=0$$

由微分公式,易知

$$\mathrm{d}\left(\frac{1}{4}x^4\right)-\mathrm{d}\left(\frac{1}{2}y^2\right)+\mathrm{d}(xy)=0,$$

积分得通解

$$\frac{1}{4}x^4-\frac{1}{2}y^2+xy=C.$$

方程比较简单时,由微分公式对比就可以知道是否为全微分方程,如果 $M(x,y)$,$N(x,y)$ 比较复杂,我们首先要知道如何判断方程(3.3.6)是全微分方程;其次,如果方程(3.3.6)是全微分方程,要知道如何求 $u(x,y)$.

这里只给出判定方法及 $u(x,y)$ 的求解步骤,具体的分析不再说明.

若方程(3.3.6)是全微分方程,显然

$$\mathrm{d}u(x,y)=\frac{\partial u}{\partial x}\mathrm{d}x+\frac{\partial u}{\partial y}\mathrm{d}y=M(x,y)\mathrm{d}x+N(x,y)\mathrm{d}y$$

即有

$$\frac{\partial u}{\partial x}=M(x,y),\quad \frac{\partial u}{\partial y}=N(x,y).$$

(1) 若 $\frac{\partial M}{\partial y}=\frac{\partial N}{\partial x}$,则方程(3.3.6)是全微分方程;

(2) 求 $u(x,y)$ 的步骤:

① 将 $\frac{\partial u}{\partial x}=M(x,y)$ 对 x 积分得 $u(x,y)=\int_{x_0}^{x}M(x,y)\mathrm{d}x+C(y)$;

② 上式对 y 求偏导数,然后令其等于 $N(x,y)$,可得 $C'(y)=N(x_0,y)$;

③ 积分得 $C(y)=\int_{y_0}^{y}N(x_0,y)\mathrm{d}y+C_1$,$C_1$ 是任意常数;

④ 将 $C(y)$ 代入 ① 中,则有

$$u(x,y)=\int_{x_0}^{x}M(x,y)\mathrm{d}x+\int_{y_0}^{y}N(x_0,y)\mathrm{d}y+C_1 \tag{3.3.7}$$

其中(x_0,y_0)可以任意选取.

(3) 所求方程(3.3.6)的通解为 $u(x,y)=C$,即

$$\int_{x_0}^{x}M(x,y)\mathrm{d}x+\int_{y_0}^{y}N(x_0,y)\mathrm{d}y=C.$$

【例 3.3.7】 解方程 $(x+y+1)\mathrm{d}x+(x-y^2+3)\mathrm{d}y=0$.

【解】 由题意 $M(x,y)=x+y+1$,$N(x,y)=x-y^2+3$,

可以验证 $\frac{\partial M(x,y)}{\partial y}=\frac{\partial N(x,y)}{\partial x}=1$,故此方程是全微分方程.

可以将方程各项重新组合,化成

$$x\mathrm{d}x+(y\mathrm{d}x+x\mathrm{d}y)+\mathrm{d}x-y^2\mathrm{d}y+3\mathrm{d}y=0$$

积分可得通解为
$$\frac{1}{2}x^2+xy+x-\frac{1}{3}y^2+3y=C.$$

练习题

1. 求方程$\frac{\mathrm{d}y}{\mathrm{d}x}=x+y+1$的通解.
2. 求方程$(x+1)\frac{\mathrm{d}y}{\mathrm{d}x}-ny=\mathrm{e}^x(1+x)^{n+1}$（$n$为常数）的通解.
3. 求方程$y'-y\cot x=2x\sin x$的通解.
4. 求方程$2y'-(x+1)y=x^2-x^3$的通解.
5. 求方程$\frac{\mathrm{d}y}{\mathrm{d}x}+\frac{1}{x}y=\frac{\sin x}{x}$的通解.
6. 求方程$x\mathrm{d}x+y\mathrm{d}y=0$的通解.
7. 求方程$\mathrm{e}^y\mathrm{d}x+(x\mathrm{e}^y-2y)\mathrm{d}y=0$的通解.

3.4 可降阶的高阶微分方程

n阶微分方程的一般形式为
$$F(x,y,y',y'',\cdots,y^{(n)})=0 \tag{3.4.1}$$
或为最高阶导数解出的，形如
$$y^{(n)}=f(x,y,y',y'',\cdots,y^{(n-1)}). \tag{3.4.2}$$

下面看几种可解高阶微分方程的类型，这几种方程的解法主要是将高阶方程化为低阶方程，最后化到一阶方程，用一阶方程方法求解，或直接化成积分问题来解，我们将这个方法统称为降阶法.

3.4.1 形如 $y^{(n)}=f(x)$ 的方程

此种方程的特点是不显含未知函数y及$y',y'',\cdots,y^{(n-1)}$. 只要逐次积分n次就可以得到通解，每积分一次增加一个任意常数，在通解中含有n个任意常数.

【例 3.4.1】 解方程 $y''=\sin x+\cos x$.

【解】 积分两次就可以得到通解
$$y'=-\cos x+\sin x+C_1,\quad y=-\sin x-\cos x+C_1x+C_2.$$

【例 3.4.2】 解方程$(y'')^2+y''-x^2-x=0$.

【解】 方程可以因式分解化为$(y''-x)(y''+x+1)=0$，于是有
$$y''=x \quad 或 \quad y''=-(x+1)$$
积分两次得
$$y=\frac{1}{6}x^3+C_1x+C_2 \quad 或 \quad y=-\frac{1}{6}(x+1)^3+C_3x+C_4$$

3.4.2 形如 $y^{(n)}=f(x,y^{(k)},y^{(k+1)},\cdots,y^{(n-1)})$ 的方程

此种方程的特点是不显含未知函数y及y的低阶导数$y',y'',\cdots,y^{(k-1)}$. 具体解法是：

设 $p = y^{(k)}, p' = y^{(k+1)}, \cdots, p^{(n-k)} = y^{(n)}$ 在此变换下,原方程化为

$$p^{(n-k)} = f[x, p(x), \cdots, p^{(n-k-1)}(x)]. \tag{3.4.3}$$

它是 $n-k$ 阶方程.方程(3.4.3)的阶数降低了 k 阶,其解 $p(x)$ 中含有 $n-k$ 个任意常数,如 $p = \varphi(x, C_1, C_2, \cdots, C_{n-k})$.由于 $p = y^{(k)}$,积分 k 次,得原方程的通解为

$$y = \Phi(x, C_1, C_2, \cdots, C_{n-k}, \cdots, C_n).$$

如果方程是二阶微分方程 $y'' = f(x, y')$,用变换 $p = y', p' = y''$,代入方程化为 $p' = f[x, p(x)]$,是未知函数 p 的一阶方程,可用 3.2 节方法求解.

【例 3.4.3】 解方程 $xy'' - y' = x^2$.

【解】 设 $y' = p(x)$,则 $y'' = p'$,代入原方程得 $xp' - p = x^2$(一阶非齐次线性方程),解之有 $p = x^2 + C_1 x$,则 $y' = x^2 + C_1 x$,所以有 $y = \frac{1}{3}x^3 + \frac{1}{2}C_1 x^2 + C_2$.

3.4.3　形如 $y^{(n)} = f(y, y^{(k)}, y^{(k+1)}, \cdots, y^{(n-1)})$ 的方程

此种方程的特点是右端不显含自变量 x.

设 $p = y'$,这时可以将 y 作为自变量,p 作为 y 的未知函数,则有

$$y'' = \frac{dp}{dx} = \frac{dp}{dy} \cdot \frac{dy}{dx} = p\frac{dp}{dy}, \quad y''' = \frac{d}{dx}\left(p\frac{dp}{dy}\right) = \frac{d}{dy}\left(p \cdot \frac{dp}{dy}\right) \cdot \frac{dy}{dx} = p^2\frac{d^2 p}{dy^2} + p\left(\frac{dp}{dy}\right)^2 \cdots\cdots$$

$$y^{(n)} = \frac{d}{dx}(y^{(n-1)}) = \frac{d}{dy}(y^{(n-1)}) \cdot \frac{dy}{dx} = \varphi\left(p, \frac{dp}{dy}, \frac{d^2 p}{dy^2}, \cdots, \frac{d^{(n-1)} p}{dy^{(n-1)}}\right).$$

从以上可以看出,所有 $y^{(k)}$ 都可以用 p 对 y 的 $k-1$ 阶导数表示,故方程可以降一阶,成为 y, p 的 $n-1$ 阶方程,其通解为 $\Phi(y, p, C_1, C_2, \cdots, C_{n-1}) = 0$,即 $\Phi(y, y', C_1, C_2, \cdots, C_{n-1}) = 0$,再积分一次得方程的通解为 $\psi(x, y, C_1, C_2, \cdots, C_{n-1}, C_n) = 0$.

【例 3.4.4】 求方程 $yy'' - y'^2 = 0$ 的通解,并求满足初值条件 $y(x)|_{x=0} = 1, y'(x)|_{x=0} = 2$ 的特解.

【解】 设 $p = y'$,有 $y'' = p\frac{dp}{dy}$,代入原方程化为

$$yp\frac{dp}{dy} - p^2 = 0, \text{即 } p\left(y\frac{dp}{dy} - p\right) = 0$$

可得

$$p = 0, \text{或 } y\frac{dp}{dy} - p = 0.$$

对后者分离变量再积分得

$$p = C_1 y,$$

即 $y' = C_1 y$,积分得方程通解为

$$y = C_2 e^{C_1 x}.$$

将初值条件 $y(x)|_{x=0} = 1, y'(x)|_{x=0} = 2$ 代入 $y = C_2 e^{C_1 x}$ 和 $y' = C_1 C_2 e^{C_1 x}$ 中,解出 $C_1 = 2, C_2 = 1$,故方程的特解为 $y = e^{2x}$.

【例 3.4.5】 求方程 $y'' + \sqrt{1-(y')^2} = 0$ 的通解.

【解】方法一　若将此方程看作是 $y'' = f(y, y')$ 型.

设 $p = y', y'' = \frac{dp}{dx} = \frac{dp}{dy} \cdot \frac{dy}{dx} = p\frac{dp}{dy}$,代入原方程得

$$p\frac{\mathrm{d}p}{\mathrm{d}y}+\sqrt{1-p^2}=0$$

分离变量,积分得

$$p=\pm\sqrt{1-(y-C_1)^2} \quad 即 \quad \frac{\mathrm{d}y}{\mathrm{d}x}=\pm\sqrt{1-(y-C_1)^2}$$

再分离变量,积分得方程通解为

$$y=\sin(x+C_1)+C_2.$$

方法二　若将此方程看作是 $y''=f(x,y')$ 型.

令 $y'=p(x)$,则 $y''=p'$,代入原方程得 $p'+\sqrt{1-p^2}=0$,解之有 $p=\cos(x+C_1)$,即 $y'=\cos(x+C_1)$,再次积分得方程通解为 $y=\sin(x+C_1)+C_2$.

3.4.4　n 阶线性微分方程的定义

形如

$$y^{(n)}=a_1(x)y^{(n-1)}+\cdots+a_{n-1}(x)y'+a_n(x)y=f(x). \tag{3.4.4}$$

的方程叫作 n 阶线性微分方程,其中 $a_1(x),a_2(x),\cdots,a_n(x),f(x)$ 都是 x 的已知函数,$y,y',\cdots,y^{(n)}$ 都是一次的.

如果 $f(x)=0$,方程(3.4.4)叫作 n 阶齐次线性方程;如果 $f(x)\neq 0$,方程(3.4.4)叫作 n 阶非齐次线性方程.

一阶非齐次线性方程 $\frac{\mathrm{d}y}{\mathrm{d}x}+P(x)y=Q(x)$ 的通解是由对应的齐次线性方程的通解和非齐次线性方程的一个特解组成.那么,n 阶非齐次线性微分方程的通解是否也是这样组成?

3.4.5　高阶线性微分方程的解的结构

1. 齐次线性方程解的结构

对于方程

$$y^{(n)}+a_1(x)y^{(n-1)}+\cdots+a_{n-1}(x)y'+a_n(x)y=0. \tag{3.4.5}$$

很容易看出方程(3.4.5)有零解,即 $y=0$,它是满足初值条件为零的解,而其他非零解的性质,由如下定理给出.

定理 3.4.1　如果 y_1 是方程(3.4.5)的解,则 Cy_1 也是方程(3.4.5)的解(C 是任意常数).

定理 3.4.2　如果 y_1 和 y_2 都是方程(3.4.5)的解,则 y_1+y_2 也是方程(3.4.5)的解.

推论 3.4.1(叠加原理)　若 $y_1,y_2,\cdots,y_k$ 都是方程(3.4.5)的解,则 $\sum_{i=1}^{k}C_iy_i$ 也是方程(3.4.5)的解,$C_i(i=1,2,\cdots,k)$ 是任意常数.

定义 3.4.1　设 $y_1(x),y_2(x),\cdots,y_n(x)$ 是定义在区间 I 上的 n 个函数,如果存在 n 个不全为零的常数 $k_1,k_2,\cdots,k_n$,对区间 I 上任意的 x,使得等式 $k_1y_1(x)+k_2y_2(x)+\cdots+k_ny_n(x)=0$ 恒成立,则称函数 $y_1(x),y_2(x),\cdots,y_n(x)$ 在区间 I 上是线性相关的.

如果仅当 $k_1,k_2,\cdots,k_n$ 全为零时,等式 $k_1y_1(x)+k_2y_2(x)+\cdots+k_ny_n(x)=0$ 才成立,则称函数 $y_1(x),y_2(x),\cdots,y_n(x)$ 在区间 I 上是线性无关的.

例如：$\sin x$ 和 $\cos x$ 在任意区间上都是线性无关的，因为只有 $k_1 = k_2 = 0$ 时才能使 $k_1 \sin x + k_2 \cos x = 0$ 对任意 x 都成立.

而 $1, \cos^2 x, \sin^2 x$ 是线性相关的；e^x, e^{-x}, e^{2x} 则是线性无关的.

△ 定理3.4.3（通解结构定理）　如果函数 $y_1, y_2, \cdots, y_n$ 是方程(3.4.5)的 n 个线性无关的特解，那么 $y = \sum_{i=1}^{n} C_i y_i$ 就是方程(3.4.5)的通解，其中 $C_i (i = 1, 2, \cdots, n)$ 是任意常数.

组成方程(3.4.5)的通解的 n 个线性无关的特解，叫作方程(3.4.5)的基本解组.

△ 定理3.4.4　齐次线性方程的线性无关解的最大个数等于方程的阶数.

2. 非齐次线性方程的解的结构

方程

$$y^{(n)} + a_1(x) y^{(n-1)} + \cdots + a_{n-1}(x) y' + a_n(x) y = f(x) \tag{3.4.6}$$

是非齐次线性方程. 方程(3.4.5)叫作方程(3.4.6)所对应的齐次线性方程.

△ 定理3.4.5　如果 $\bar{y}$ 是方程(3.4.6)的解，y_1 是方程(3.4.5)的解，则 $\bar{y} + y_1$ 是方程(3.4.6)的解.

△ 定理3.4.6　如果 $\bar{y}_i$ 是方程

$$y^{(n)} + a_1(x) y^{(n-1)} + \cdots + a_{n-1}(x) y' + a_n(x) y = f_i(x) \tag{3.4.7}$$

的解($i = 1, 2, \cdots, n$)，则 $y = \sum_{i=1}^{n} C_i \bar{y}_i$ 是方程

$$y^{(n)} + a_1(x) y^{(n-1)} + \cdots + a_{n-1}(x) y' + a_n(x) y = \sum_{i=1}^{n} C_i f_i(x) \tag{3.4.8}$$

的解.

△ 定理3.4.7　如果 $y_1, y_2, \cdots, y_n$ 是方程(3.4.5)的基本解组，而 $\bar{y}$ 是方程(3.4.6)的一个解，则 $y = \sum_{i=1}^{n} C_i y_i + \bar{y}$ 是方程(3.4.6)的通解，C_i 是任意常数.

对于二阶方程，仿照定理3.4.5和定理3.4.6，有：

△ 定理3.4.8　设 y^* 是二阶非齐次线性方程

$$y'' + P(x) y' + Q(x) y = f(x). \tag{3.4.9}$$

的一个特解，y_1 是与之对应的齐次方程的通解，那么 $y = y_1 + y^*$ 是方程(3.4.9)的通解.

△ 定理3.4.9　设非齐次方程(3.4.9)的右端 $f(x)$ 是几个函数之和，如

$$y'' + P(x) y' + Q(x) y = f_1(x) + f_2(x) \tag{3.4.10}$$

而 y_1^* 与 y_2^* 分别是方程 $y'' + P(x) y' + Q(x) y = f_1(x)$ 和 $y'' + P(x) y' + Q(x) y = f_2(x)$ 的特解，那么 $y = y_1^* + y_2^*$ 就是方程(3.4.10)的特解.

3.4.6　高阶线性微分方程的解法

1. 齐次线性方程求线性无关特解——降阶法

下面以二阶方程为例说明如何求齐次线性方程的通解.

设 y_1 是方程

$$y'' + P(x) y' + Q(x) y = 0 \tag{3.4.11}$$

的一非零特解，作变换 $y = y_1\int u\mathrm{d}x$，其中 u 是新的未知函数. 对上式求一阶、二阶导数，有

$$y' = y_1'\int u\mathrm{d}x + y_1 u,\quad y'' = y_1''\int u\mathrm{d}x + 2y_1'u + y_1 u'$$

代入式(3.4.11)有

$$(y_1''\int u\mathrm{d}x + 2y_1'u + y_1u') + P(x)(y_1'\int u\mathrm{d}x + y_1u) + Q(x)y_1\int u\mathrm{d}x = 0$$

或

$$y_1u' + [2y_1' + P(x)y_1]u + [y_1'' + P(x)y_1' + Q(x)y_1]\int u\mathrm{d}x = 0$$

由于 y_1 是方程(3.4.11)的解，所以

$$y_1u' + [2y_1' + P(x)y_1]u = 0 \tag{3.4.12}$$

可见方程(3.4.12)是 u 的一阶方程，用一阶方程的解法求出 u，代入变换可求得第二个特解 $y_2 = y_1\int u\mathrm{d}x$，可知 y_1,y_2 是线性无关的，方程的通解为 $y = C_1y_1 + C_2y_2$.

如 $xy'' - xy' + y = 0$ 显然有一个特解 $y_1 = x$，作变换 $y = x\int u\mathrm{d}x$，求两次导数代入原方程得 $x^2u' + (2-x)xu = 0$，分离变量再积分可得 $u = \frac{\mathrm{e}^x}{x^2}$，代入变换得第二个特解 $y_2 = x\int\frac{\mathrm{e}^x}{x^2}\mathrm{d}x$，因此方程的通解为 $y = C_1x + C_2x\int\frac{\mathrm{e}^x}{x^2}\mathrm{d}x = x\left(C_2\int\frac{\mathrm{e}^x}{x^2}\mathrm{d}x + C_1\right)$.

2. 非齐次线性方程通解求法——常数变易法

设方程(3.4.11)的通解为 $y = C_1y_1 + C_2y_2$，令方程(3.4.9)的通解为 $y = c_1(x)y_1 + c_2(x)y_2$. 两边同时对 x 求导数，得 $y' = c_1'(x)y_1 + c_2'(x)y_2 + c_1(x)y_1' + c_2(x)y_2'$，设 $c_1'(x)y_1 + c_2'(x)y_2 = 0$，则

$y'' = c_1'(x)y_1' + c_2'(x)y_2' + c_1(x)y_1'' + c_2(x)y_2''$，将 y,y',y'' 代入方程(3.4.9)有

$$\begin{aligned}c_1'(x)y_1' + c_2'(x)y_2' + c_1(x)[y_1'' + P(x)y_1' + Q(x)y_1]\\ + c_2(x)[y_2'' + P(x)y_2' + Q(x)y_2] = f(x).\end{aligned}$$

由于 y_1,y_2 是方程(3.4.11)的解，所以 $c_1'(x)y_1' + c_2'(x)y_2' = f(x)$.

联立方程组 $\begin{cases}c_1'(x)y_1 + c_2'(x)y_2 = 0\\ c_1'(x)y_1' + c_2'(x)y_2' = f(x)\end{cases}$，因为系数行列式 $W(x) = \begin{vmatrix}y_1 & y_2\\ y_1' & y_2'\end{vmatrix} \neq 0$，所以

$$c_1'(x) = -\frac{y_2f(x)}{W(x)},\quad c_2'(x) = \frac{y_1f(x)}{W(x)}.$$

积分可得

$$c_1(x) = C_1 + \int -\frac{y_2f(x)}{w(x)}\mathrm{d}x,\quad c_2(x) = C_2 + \int\frac{y_1f(x)}{w(x)}\mathrm{d}x$$

则非齐次方程(3.4.9)的通解为

$$y = C_1y_1 + C_2y_2 - y_1\int\frac{y_2f(x)}{w(x)}\mathrm{d}x + y_2\int\frac{y_1f(x)}{w(x)}\mathrm{d}x.$$

练习题

1. 求方程 $y''=xe^x$ 的通解.
2. 求方程 $y''=e^{2x}-\cos x$ 的通解.
3. 求方程 $(1+x^2)y''+y'=0$ 的通解.
4. 求方程 $y''-(y')^2=0$ 的通解.
5. 求方程 $yy''-(y')^2=0$ 的通解.
6. 求方程 $yy''=y^2y'+(y')^2$ 的通解.

3.5　二阶常系数线性微分方程

形如

$$y^{(n)}+a_1y^{(n-1)}+\cdots+a_{n-1}y'+a_ny=f(x) \tag{3.5.1}$$

的方程叫作常系数线性微分方程,其中 $a_i(i=1,2,\cdots,n)$ 是常数.

二阶常系数齐次线性微分方程的标准形式为

$$y''+Py'+Qy=0. \tag{3.5.2}$$

二阶常系数非齐次线性微分方程的标准形式为

$$y''+Py'+Qy=f(x). \tag{3.5.3}$$

3.5.1　二阶常系数齐次线性微分方程的解法

设 $y=e^{\lambda x}$,将其代入方程(3.5.2),得

$$(\lambda^2+P\lambda+Q)e^{\lambda x}=0$$

由于 $e^{\lambda x}\neq 0$,故有

$$\lambda^2+P\lambda+Q=0 \tag{3.5.4}$$

此方程叫作方程(3.5.2) 的特征方程.

可知,$y=e^{\lambda x}$ 是解的充要条件为 λ 一定是特征方程(3.5.4) 的根,这些根叫作特征根.

1. 特征根 λ_1,λ_2 是两个互不相等的实根($\Delta>0$)

这时得到方程(3.5.2) 的两个线性无关的特解为 $e^{\lambda_1 x},e^{\lambda_2 x}$. 则方程(3.5.2) 的通解为

$$y=C_1e^{\lambda_1 x}+C_2e^{\lambda_2 x}$$

【例 3.5.1】　解方程 $y''-3y'+2y=0$.

【解】　设方程有 $y=e^{\lambda x}$ 的形式解,特征方程为 $\lambda^2-3\lambda+2=0$,解得 $\lambda_1=1,\lambda_2=2$,故方程的通解为

$$y=C_1e^x+C_2e^{2x}.$$

2. 特征根 λ_1,λ_2 是两个相等的实根($\Delta=0$).

由于特征根有重根,设为 λ,则特解为 $y_1=e^{\lambda x}$,所以对应的线性无关的解就少一个. 容易验证 $y_2=xe^{\lambda x}$ 为另一个特解,且 y_1,y_2 线性无关. 故方程(3.5.2) 的通解为

$$y=(C_1+C_2x)e^{\lambda x}.$$

【例 3.5.2】　求方程 $y''-6y'+9y=0$ 的通解.

【解】 特征方程为 $\lambda^2-6\lambda+9=0$，解得特征值为 $\lambda_1=\lambda_2=3$，故所求通解为

$$y=(C_1+C_2x)e^{3x}.$$

3. 特征根 λ_1,λ_2 是一对共轭复根($\Delta<0$)

设特征根为 $\lambda_1=\alpha+i\beta,\lambda_2=\alpha-i\beta$，则对应的线性无关的特解分别为 $y_1=e^{(\alpha+i\beta)x},y_2=e^{(\alpha-i\beta)x}$.

令 $\bar{y}_1=\frac{1}{2i}(y_1+y_2),\bar{y}_2=\frac{1}{2i}(y_1-y_2)$，由欧拉公式得，$\bar{y}_1=e^{\alpha x}\cos\beta x,\bar{y}_2=e^{\alpha x}\sin\beta x$. 故方程(3.5.2)的通解为

$$y=e^{\alpha x}(C_1\cos\beta x+C_2\sin\beta x).$$

【例 3.5.3】 求方程 $y''+y'+y=0$ 的通解.

【解】 特征方程为 $\lambda^2+\lambda+1=0$，解得特征值为 $\lambda_1=-1+\sqrt{3}i,\lambda_2=-1-\sqrt{3}i$，故所求方程的通解为

$$y=e^{-x}(C_1\cos\sqrt{3}x+C_2\sin\sqrt{3}x).$$

综合以上情况，根据特征根的情形，二阶常系数齐次线性微分方程的通解如表 3.5.1 所示.

表 3.5.1

特征方程的根	通解形式
两个不等实根 $\lambda_1\neq\lambda_2$	$y=C_1e^{\lambda_1x}+C_2e^{\lambda_2x}$
两个相等实根 $\lambda_1=\lambda_2=\lambda$	$y=(C_1+C_2x)e^{\lambda x}$
一对共轭复根 $\lambda_{1,2}=\alpha\pm i\beta$	$y=e^{\alpha x}(C_1\cos\beta x+C_2\sin\beta x)$

3.5.2 二阶常系数非齐次线性微分方程的解法

由定理 3.4.5 可知，求非齐次方程(3.5.3)的通解，可先求出其对应的齐次方程(3.5.2)的通解，再用常数变易法求出方程(3.5.3)的一个特解，二者之和就是方程(3.5.3)的通解.

1. $f(x)=e^{\lambda x}P_n(x)$ 型

式中 λ 为常数，$P_n(x)=A_0x^n+A_1x^{n-1}+\cdots+A_n$ 是 x 的 n 次多项式. 设非齐次方程(3.5.3)的特解为 $\bar{y}=u(x)e^{\lambda x}$ 代入原方程，得 $u''(x)+(2\lambda+P)u'(x)+(\lambda^2+P\lambda+Q)u(x)=P_n(x)$.

(1) 若 λ 不是特征方程的根，$\lambda^2+P\lambda+Q\neq0$，可设 $u(x)=u_n(x)$，则 $\bar{y}=u_n(x)e^{\lambda x}$；

(2) 若 λ 是特征方程的单根，$\lambda^2+P\lambda+Q=0,2\lambda+P\neq0$，可设 $u(x)=xu_n(x)$，则 $\bar{y}=xu_n(x)e^{\lambda x}$；

(3) 若 λ 是特征方程的重根，$\lambda^2+P\lambda+Q=0$，则 $\bar{y}=x^2u_n(x)e^{\lambda x}$.

若设 $\bar{y}=x^ke^{\lambda x}u_n(x)$，则 $k=0,1,2$ 分别是上述三种情形非齐次方程(3.5.3)的特解.

【例 3.5.4】 求方程 $y''-3y'+2y=2x^2-6x+3$ 的通解.

【解】 特征方程 $\lambda^2-3\lambda+2=0$，特征值为 $\lambda_1=1,\lambda_2=2$，故对应的齐次方程的通解为

$$y^*=C_1e^x+C_2e^{2x}.$$

设非齐次方程的特解 $\bar{y}=ax^2+bx+c$，求导后代入原方程，得

$$2ax^2+(2b-6a)x+(2a-3b+2c)=2x^2-6x+3$$

对比同次项系数，解得 $a=1,b=0,c=\frac{1}{2}$，于是 $\bar{y}=x^2+\frac{1}{2}$，所以原方程通解为

$$y=y^*+\bar{y}=C_1e^x+C_2e^{2x}+x^2+\frac{1}{2}.$$

【例 3.5.5】 求方程 $y''-y'-6y=xe^{3x}$ 的通解.

【解】 原方程对应的齐次方程为 $y''-y'-6y=0$，特征方程为 $\lambda^2-\lambda-6=0$，特征值为 $\lambda_1=-2,\lambda_2=3$，故对应的齐次方程的通解为 $y^*=C_1e^{-2x}+C_2e^{3x}$.

由于 $\lambda=3$ 是特征方程的单根，设非齐次方程的特解 $\bar{y}=x(ax+b)e^{3x}$，代入方程，得 $10ax+2a-3b=x$，解得 $a=\frac{1}{10},b=-\frac{1}{25}$，于是 $\bar{y}=x\left(\frac{1}{10}x-\frac{1}{25}\right)e^{3x}$，所以原方程通解为

$$y=y^*+\bar{y}=C_1e^{-2x}+C_2e^{3x}+x\left(\frac{1}{10}x-\frac{1}{25}\right)e^{3x}.$$

2. $f(x)=e^{\alpha x}[P_m(x)\cos\beta x+P_n(x)\sin\beta x]$ 型

(1) 若 $\alpha\pm i\beta$ 不是特征方程的根，则特解的形式为

$$\bar{y}=e^{\alpha x}[R_l(x)\cos\beta x+T_l(x)\sin\beta x],$$

其中 R_l,T_l 都是 l 次多项式，$l=\max\{m,n\}$；

(2) 若 $\alpha\pm i\beta$ 是特征方程的单根，则特解的形式为

$$\bar{y}=xe^{\alpha x}[R_l(x)\cos\beta x+T_l(x)\sin\beta x].$$

【例 3.5.6】 求方程 $y''+2y'+y=\cos x$ 的通解.

【解】 因为 $\alpha\pm i\beta=0\pm i=\pm i$ 不是特征方程的 $\lambda^2+2\lambda+1=0$ 根，故特解应设为

$$\bar{y}=A\cos x+B\sin x.$$

求导后代入原方程比较同类项的系数，可得 $A=0,B=\frac{1}{2}$，故原方程的特解为

$$\bar{y}=\frac{1}{2}\sin x.$$

由于特征根 $\lambda=-1$ 是重根，所以原方程对应的齐次方程的通解为

$$y^*=(C_1+C_2x)e^{-x}.$$

因此原方程的通解为

$$y=y^*+\bar{y}=(C_1+C_2x)e^{-x}+\frac{1}{2}\sin x.$$

【例 3.5.7】 求方程 $y''+4y=\cos 2x-4\sin 2x$ 的通解.

【解】 因为 $\alpha\pm i\beta=0\pm 2i=\pm 2i$ 是特征方程 $\lambda^2+4=0$ 的单根，故特解应设为

$$\bar{y}=x(A\cos 2x+B\sin 2x)$$

求导后代入原方程比较同类项的系数，可得 $A=1,B=\frac{1}{4}$，故原方程的特解为

$$\bar{y}=x\left(\cos 2x+\frac{1}{4}\sin 2x\right).$$

由于特征根 $\lambda=\pm 2i$ 是一对共轭复根，所以原方程对应的齐次方程的通解为

$$y^*=C_1\cos 2x+C_2\sin 2x.$$

因此原方程的通解为

$$y = y^* + \bar{y} = C_1\cos 2x + C_2\sin 2x + x\left(\cos 2x + \frac{1}{4}\sin 2x\right)$$
$$= (C_1 + x)\cos 2x + \left(C_2 + \frac{1}{4}x\right)\sin 2x.$$

练习题

1. 求方程 $y'' - 4y' + 4 = 0$ 的通解.
2. 求方程 $y'' - 5y' - 6 = 0$ 的通解.
3. 求方程 $y'' + 2y' + 5 = 0$ 的通解.
4. 求方程 $y'' + y' = 2x^2 + 1$ 的通解.
5. 求方程 $y'' - 4y' + 4y = 2xe^{2x}$ 的通解.
6. 求方程 $y'' - 2y' - 3y = 3xe^{2x}$ 的一个特解.
7. 求方程 $y'' + 4y = 2\cos 2x + 4\sin 2x$ 的通解.

* 模块 4　线性代数

解方程是读者所熟悉的一个问题，在中学代数中，我们解过一元、二元、三元一次方程组. 在科学研究和实际生产中，常常会遇到含有多个变量的一次方程组，即线性方程组. 线性代数就是研究含有任意个未知量的线性方程组的解，其中所用的基本工具就是行列式和矩阵.

◈ 4.1　行列式的概念和性质

◈ 4.1.1　行列式的概念

1. 二、三阶行列式的定义

☞ **定义 4.1.1**　用个 2^2 数组成的记号 $\begin{vmatrix} a_{11} & a_{12} \\ a_{21} & a_{22} \end{vmatrix}$，表示数值 $a_{11}a_{22}-a_{12}a_{21}$，称为二阶行列式，即

$$\begin{vmatrix} a_{11} & a_{12} \\ a_{21} & a_{22} \end{vmatrix} = a_{11}a_{22}-a_{12}a_{21}.$$

$a_{11}, a_{12}, a_{21}, a_{22}$ 称为行列式的元素，其中第一个下标数字表示该元素所在的行，称为行标，第二个下标数字表示该元素所在的列，称为列标. 横排称行，竖排称列.

从左上角到右下角的对角线称为行列式的主对角线，从右上角到左下角的对角线称为行列式的次对角线.

二阶行列式的定义可以用对角线法则来记忆. 二阶行列式等于主对角线上两元素的乘积减去次对角线上两元素的乘积.

类似地有三阶行列式的定义：

☞ **定义 4.1.2**　用 3^2 个数组成的记号 $\begin{vmatrix} a_{11} & a_{12} & a_{13} \\ a_{21} & a_{22} & a_{23} \\ a_{31} & a_{32} & a_{33} \end{vmatrix}$，表示数值 $a_{11}a_{22}a_{33}+a_{12}a_{23}a_{31}+a_{13}a_{21}a_{32}-a_{13}a_{22}a_{31}-a_{12}a_{21}a_{33}-a_{11}a_{23}a_{32}$ 称为三阶行列式，即

$$\begin{vmatrix} a_{11} & a_{12} & a_{13} \\ a_{21} & a_{22} & a_{23} \\ a_{31} & a_{32} & a_{33} \end{vmatrix} = a_{11}a_{22}a_{33}+a_{12}a_{23}a_{31}+a_{13}a_{21}a_{32}-a_{13}a_{22}a_{31}-a_{12}a_{21}a_{33}-a_{11}a_{23}a_{32}.$$

它由 3 行 3 列共 9 个元素构成，是 6 项代数和. 上式也可以用对角线法则记忆，如图 4.1.1 所示. 实线上三个元素的乘积取正号，虚线上三个元素的乘积取负号.

【例 4.1.1】　计算三阶行列式 $\begin{vmatrix} 3 & 1 & 2 \\ 2 & 0 & -3 \\ -1 & 5 & 4 \end{vmatrix}$.

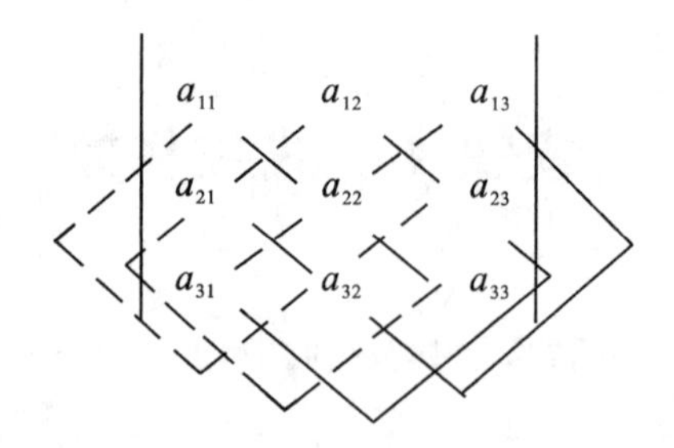

图 4.1.1　对角线法则

【解】　原式 $=3\times0\times4+1\times(-3)\times(-1)+2\times5\times2-2\times0\times(-1)-1\times2\times4-(-3)\times5\times3=60$.

2. n 阶行列式的定义

定义 4.1.3　由 n^2 个数组成的一个算式

$$D=\begin{vmatrix} a_{11} & a_{12} & \cdots & a_{1n} \\ a_{21} & a_{22} & \cdots & a_{2n} \\ \vdots & \vdots & & \vdots \\ a_{n1} & a_{n2} & \cdots & a_{nn} \end{vmatrix}$$

称为 n 阶行列式,其中 a_{ij} 称为 D 的第 i 行第 j 列的元素($i,j=1,2,\cdots,n$). n 阶行列式简记为 $|a_{ij}|$(注:不是表示绝对值).

当 $n=1$ 时,规定 $D=|a_{11}|=a_{11}$.

定义 4.1.4　在一个 n 阶行列式 D 中任意选定 k 行 k 列,位于这些行列相交处的元素所构成的 k 阶行列式叫作行列式 D 的一个 k 阶子式.

定义 4.1.5　在 n 阶行列式 D 中去掉元素 a_{ij} 所在的第 i 行和第 j 列后,余下的 $n-1$ 阶行列式称为元素 a_{ij} 的余子式,记为 M_{ij}.

将 $(-1)^{i+j}M_{ij}$ 叫作元素 a_{ij} 的代数余子式,记为 A_{ij},即有 $A_{ij}=(-1)^{i+j}M_{ij}$.

▲ **定理 4.1.1**　n 阶行列式 $D=|a_{ij}|$ 等于它的任意一行(或列)的各元素与其对应代数余子式的乘积之和,即

$$D=a_{i1}A_{i1}+a_{i2}A_{i2}+\cdots+a_{in}A_{in}=\sum_{k=1}^{n}a_{ik}A_{ik}\quad(i=1,2,3,\cdots,n),$$

或

$$D=a_{1j}A_{1j}+a_{2j}A_{2j}+\cdots+a_{nj}A_{nj}=\sum_{k=1}^{n}a_{kj}A_{kj}\quad(j=1,2,3,\cdots,n).$$

【例 4.1.2】　设三阶行列式 $D=\begin{vmatrix} 3 & 1 & 3 \\ -5 & 3 & 2 \\ 2 & 5 & 1 \end{vmatrix}$,按第二行展开,并求其值.

【解】　因为

$$A_{21}=(-1)^{2+1}M_{21}=-\begin{vmatrix} 1 & 3 \\ 5 & 1 \end{vmatrix}=-(1-15)=14,$$

$$A_{22}=(-1)^{2+2}M_{22}=\begin{vmatrix} 3 & 3 \\ 2 & 1 \end{vmatrix}=-3,$$

$$A_{23}=(-1)^{2+3}M_{23}=-\begin{vmatrix}3&1\\2&5\end{vmatrix}=-13.$$

所以　$D=a_{21}A_{21}+a_{22}A_{22}+a_{23}A_{23}=-5\times14+3\times(-3)+2\times(-13)=-105.$

形如下列形式的行列式分别称为 n 阶对角行列式、n 阶下三角行列式和 n 阶上三角行列式，它们的值都是主对角线上元素的乘积.

$$\begin{vmatrix}a_{11}&0&\cdots&0\\0&a_{22}&\cdots&0\\\vdots&\vdots&&\vdots\\0&0&\cdots&a_{nn}\end{vmatrix}=\begin{vmatrix}a_{11}&0&\cdots&0\\a_{21}&a_{22}&\cdots&0\\\vdots&\vdots&&\vdots\\a_{n1}&a_{n2}&\cdots&a_{nn}\end{vmatrix}=\begin{vmatrix}a_{11}&a_{12}&\cdots&a_{1n}\\0&a_{22}&\cdots&a_{2n}\\\vdots&\vdots&&\vdots\\0&0&\cdots&a_{nn}\end{vmatrix}=a_{11}a_{22}\cdots a_{nn}.$$

4.1.2　行列式的性质

若把 n 阶行列式 $D=\begin{vmatrix}a_{11}&a_{12}&\cdots&a_{1n}\\a_{21}&a_{22}&\cdots&a_{2n}\\\vdots&\vdots&&\vdots\\a_{n1}&a_{n2}&\cdots&a_{nn}\end{vmatrix}$ 中的行与列按顺序互换，得到一个新的行列式

$$D^{\mathrm{T}}=\begin{vmatrix}a_{11}&a_{21}&\cdots&a_{n1}\\a_{12}&a_{22}&\cdots&a_{n2}\\\vdots&\vdots&&\vdots\\a_{1n}&a_{2n}&\cdots&a_{nn}\end{vmatrix}$$

D^{T} 称为行列式 D 的转置行列式，显然，D 也是 D^{T} 的转置行列式.

◎ **性质 4.1.1**　行列式 D 与它的转置行列式 D^{T} 的值相等，即 $D=D^{\mathrm{T}}$.

注：行列式中“行”与“列”的地位是相同的，所以凡是对行成立的性质，对列也同样成立.

◎ **性质 4.1.2**　互换行列式的其中两行（或列）位置，行列式值改变符号. 互换两行（或列）记作 $r_i\leftrightarrow r_j$（或 $c_i\leftrightarrow c_j$）.

◘ **推论 4.1.1**　如果行列式其中有两行（或列）完全相同，那么行列式的值为零.

◎ **性质 4.1.3**　行列式的某一行（列）中所有元素都乘以同一数 k，等于用数 k 乘此行列式. 第 i 行（或列）乘以 k，记作 $r_i\times k$（或 $c_i\times k$），即

$$\begin{vmatrix}a_{11}&a_{12}&\cdots&a_{1n}\\\vdots&\vdots&&\vdots\\ka_{i1}&ka_{i2}&\cdots&ka_{in}\\\vdots&\vdots&&\vdots\\a_{n1}&a_{n2}&\cdots&a_{nn}\end{vmatrix}=k\begin{vmatrix}a_{11}&a_{12}&\cdots&a_{1n}\\\vdots&\vdots&&\vdots\\a_{i1}&a_{i2}&\cdots&a_{in}\\\vdots&\vdots&&\vdots\\a_{n1}&a_{n2}&\cdots&a_{nn}\end{vmatrix}.$$

◘ **推论 4.1.2**　行列式中某一行（列）的所有元素的公因子可以提到行列式符号的外面. 第 i 行（或 i 列）提出公因子 k，记作 $r_i\div k$（或 $c_i\div k$）.

◘ **推论 4.1.3**　如果行列式中有一行（或列）的元素全为零，那么此行列式的值为零.

◘ **推论 4.1.4**　如果行列式其中有两行（或列）元素对应成比例，那么行列式等于零.

◎ **性质 4.1.4**　如果行列式的某一行（或列）元素可以写成两数之和，那么可以把行列式表示成两个行列式的和，即

$$\begin{vmatrix} a_{11} & a_{12} & \cdots & a_{1n} \\ \vdots & \vdots & & \vdots \\ b_{i1}+c_{i1} & b_{i2}+c_{i2} & \cdots & b_{in}+c_{in} \\ \vdots & \vdots & & \vdots \\ a_{n1} & a_{n2} & \cdots & a_{nn} \end{vmatrix} = \begin{vmatrix} a_{11} & a_{12} & \cdots & a_{1n} \\ \vdots & \vdots & & \vdots \\ b_{i1} & b_{i2} & \cdots & b_{in} \\ \vdots & \vdots & & \vdots \\ a_{n1} & a_{n2} & \cdots & a_{nn} \end{vmatrix} + \begin{vmatrix} a_{11} & a_{12} & \cdots & a_{1n} \\ \vdots & \vdots & & \vdots \\ c_{i1} & c_{i2} & \cdots & c_{in} \\ \vdots & \vdots & & \vdots \\ a_{n1} & a_{n2} & \cdots & a_{nn} \end{vmatrix}$$

◎ **性质 4.1.5** 把行列式某一行(或列)的元素同乘以数 k,加到另一行(或列)对应的元素上去,行列式的值不变,即

$$\begin{vmatrix} a_{11} & a_{12} & \cdots & a_{1n} \\ \vdots & \vdots & & \vdots \\ a_{i1} & a_{i2} & \cdots & a_{in} \\ \vdots & \vdots & & \vdots \\ a_{j1} & a_{j2} & \cdots & a_{jn} \\ \vdots & \vdots & & \vdots \\ a_{n1} & a_{n2} & \cdots & a_{nn} \end{vmatrix} = \begin{vmatrix} a_{11} & a_{12} & \cdots & a_{1n} \\ \vdots & \vdots & & \vdots \\ a_{i1}+ka_{j1} & a_{i2}+ka_{j2} & \cdots & a_{in}+ka_{jn} \\ \vdots & \vdots & & \vdots \\ a_{j1} & a_{j2} & \cdots & a_{jn} \\ \vdots & \vdots & & \vdots \\ a_{n1} & a_{n2} & \cdots & a_{nn} \end{vmatrix}.$$

计算行列式的一种基本方法是先利用性质把某一行(或列)的元素化为仅有一个非零元素,再按这一行(或列)展开,这种方法称为降阶法.

【例 4.1.3】 计算

$$D = \begin{vmatrix} 2 & -1 & 1 & 6 \\ 4 & -1 & 5 & 0 \\ -1 & 2 & 0 & -5 \\ 1 & 4 & -2 & -2 \end{vmatrix}.$$

【解】
$$D = \begin{vmatrix} 2 & -1 & 1 & 6 \\ 4 & -1 & 5 & 0 \\ -1 & 2 & 0 & -5 \\ 1 & 4 & -2 & -2 \end{vmatrix} \xlongequal[c_4-5c_1]{c_2+2c_1} \begin{vmatrix} 2 & 3 & 1 & -4 \\ 4 & 7 & 5 & -20 \\ -1 & 0 & 0 & 0 \\ 1 & 6 & -2 & -7 \end{vmatrix} = (-1)\times$$

$$(-1)^{3+1}\begin{vmatrix} 3 & 1 & -4 \\ 7 & 5 & -20 \\ 6 & -2 & -7 \end{vmatrix} \xlongequal{r_2-5r_1} -\begin{vmatrix} 3 & 1 & -4 \\ -8 & 0 & 0 \\ 6 & -2 & -7 \end{vmatrix} = -(-8)\times(-1)^{2+1}\begin{vmatrix} 1 & -4 \\ -2 & -7 \end{vmatrix} = 120.$$

4.1.3 克莱姆法则

用加减消元法求解二元一次方程组

$$\begin{cases} a_{11}x_1 + a_{12}x_2 = b_1 \\ a_{21}x_1 + a_{22}x_2 = b_2 \end{cases},$$

如果 $a_{11}a_{22} - a_{12}a_{21} \neq 0$,方程组的解为

$$\begin{cases} x_1 = \dfrac{b_1a_{22} - b_2a_{12}}{a_{11}a_{22} - a_{12}a_{21}} \\ x_2 = \dfrac{b_2a_{11} - b_1a_{21}}{a_{11}a_{22} - a_{12}a_{21}} \end{cases}.$$

容易看出,它的解可以用行列式表示为

$$x_1=\frac{\begin{vmatrix} b_1 & a_{12} \\ b_2 & a_{22} \end{vmatrix}}{\begin{vmatrix} a_{11} & a_{12} \\ a_{21} & a_{22} \end{vmatrix}},\quad x_2=\frac{\begin{vmatrix} a_{11} & b_1 \\ a_{21} & b_2 \end{vmatrix}}{\begin{vmatrix} a_{11} & a_{12} \\ a_{21} & a_{22} \end{vmatrix}}$$

我们知道,二元线性方程组的解可以用行列式表示,此结论可推广至三元及以上线性方程组的情况.

线性方程组

$$\begin{cases} a_{11}x_1+a_{12}x_2+\cdots+a_{1n}x_n=b_1 \\ a_{21}x_1+a_{22}x_2+\cdots+a_{2n}x_n=b_2 \\ \cdots\cdots \\ a_{n1}x_1+a_{n2}x_2+\cdots+a_{nn}x_n=b_n \end{cases}$$

当 $b_1,b_2,\cdots,b_n$ 都不为零时,称为非齐次线性方程组.

那么含有 n 个未知数 $x_1,x_2,\cdots,x_n$,n 个方程的非齐次线性方程组的解能否用行列式来表示?

△ **定理 4.1.2**(克莱姆法则)　如果线性方程组的系数行列式不等于零,即

$$D=\begin{vmatrix} a_{11} & \cdots & a_{1n} \\ \vdots & & \vdots \\ a_{n1} & \cdots & a_{nn} \end{vmatrix}\neq 0$$

那么,方程组有唯一解

$$x_1=\frac{D_1}{D},\quad x_2=\frac{D_2}{D},\quad \cdots,\quad x_n=\frac{D_n}{D}$$

其中 $D_j(j=1,2,\cdots,n)$ 是把系数行列式 D 中的 j 列的元素用方程组右端的常数项代替后所得到的 n 阶行列式,即

$$D_j=\begin{vmatrix} a_{11} & \cdots & a_{1,j-1} & b_1 & a_{1,j+1} & \cdots & a_{1n} \\ \vdots & & \vdots & \vdots & \vdots & & \vdots \\ a_{n1} & \cdots & a_{n,j-1} & b_n & a_{n,j+1} & \cdots & a_{nn} \end{vmatrix},\quad j=1,2,\cdots,n.$$

【例 4.1.4】　解线性方程组

$$\begin{cases} x_1+x_2+x_3=5 \\ 2x_1+x_2-x_3+x_4=1 \\ x_1+2x_2-x_3+x_4=2 \\ x_2+2x_3+3x_4=3 \end{cases}$$

【解】　该方程组的系数行列式

$$D=\begin{vmatrix} 1 & 1 & 1 & 0 \\ 2 & 1 & -1 & 1 \\ 1 & 2 & -1 & 1 \\ 0 & 1 & 2 & 3 \end{vmatrix}=18\neq 0.$$

因此,由克莱姆法则知,此方程组有唯一解.经计算

$$D_1=\begin{vmatrix}5&1&1&0\\1&1&-1&1\\2&2&-1&1\\3&1&2&3\end{vmatrix}=18,\quad D_2=\begin{vmatrix}1&5&1&0\\2&1&-1&1\\1&2&-1&1\\0&3&2&3\end{vmatrix}=36,$$

$$D_3=\begin{vmatrix}1&1&5&0\\2&1&1&1\\1&2&2&1\\0&1&3&3\end{vmatrix}=36,\quad D_4=\begin{vmatrix}1&1&1&5\\2&1&-1&1\\1&2&-1&2\\0&1&2&3\end{vmatrix}=-18.$$

由公式，得 $x_1=\frac{18}{18}=1, x_2=\frac{36}{18}=2, x_3=\frac{36}{18}=2, x_4=\frac{-18}{18}=-1$.

非齐次线性方程组中 $b_1,b_2,\cdots,b_m$ 都等于零时，称为齐次线性方程组，下面来看齐次线性方程组的解的情况.

对于方程个数等于未知数个数的齐次线性方程组

$$\begin{cases}a_{11}x_1+a_{12}x_2+\cdots+a_{1n}x_n=0\\a_{21}x_1+a_{22}x_2+\cdots+a_{2n}x_n=0\\\quad\cdots\cdots\\a_{n1}x_1+a_{n2}x_2+\cdots+a_{nn}x_n=0\end{cases}$$

显然 $x_1=x_2=\cdots x_n=0$ 一定是它的一组解，这个解叫作齐次线性方程组的零解. 如果有一组不全为零的数是它的解，则它叫作齐次线性方程组的非零解.

△ 定理 4.1.3 若齐次线性方程组的系数行列式 $D\neq 0$，则方程组只有零解，即若有非零解，则必有 $D=0$.

【例 4.1.5】 问 λ 取何值时，齐次线性方程组

$$\begin{cases}(\lambda+3)x_1+x_2+2x_3=0\\\lambda x_1+x_3=0\\2\lambda x_2+(\lambda+3)x_3=0\end{cases}$$

有非零解?

【解】 若方程组存在非零解，则由定理 4.1.3 知，它的系数行列式

$$D=\begin{vmatrix}\lambda+3&1&2\\\lambda&0&1\\0&2\lambda&\lambda+3\end{vmatrix}=0,$$

即 $\lambda(\lambda-9)=0$. 解得 $\lambda=0$ 或 $\lambda=9$. 故 $\lambda=0$ 或 $\lambda=9$ 时方程组有非零解.

注意：用克莱姆法则解线性方程组，要满足两个前提条件：

(1) 方程的个数与未知数的个数相等；

(2) 系数行列式不为零.

用克莱姆法则解线性方程组，要计算 $n+1$ 个 n 阶行列式，计算量很大，一般不用这种方法，但其理论意义相当重要，体现了其解与其系数和常数项的依赖关系.

1. 已知 $\begin{vmatrix} 1 & a & -2 \\ 8 & 3 & 5 \\ -1 & 4 & 6 \end{vmatrix}$ 的代数余子式 $A_{21}=4$，计算 a 的值.

2. 分别按第一行与第二列展开行列式 $D=\begin{vmatrix} 1 & 0 & -2 \\ 1 & 1 & 3 \\ -2 & 3 & 1 \end{vmatrix}$.

3. 计算下列行列式：

(1) $\begin{vmatrix} x & 2 & 3 \\ 3 & x & 1 \\ 2 & 1 & x \end{vmatrix}$；　(2) $\begin{vmatrix} 1 & 2 & -3 \\ 0 & 1 & 1 \\ 51 & 52 & 47 \end{vmatrix}$；　(3) $\begin{vmatrix} 1 & 1 & 1 & 0 \\ 1 & 1 & 0 & 1 \\ 1 & 0 & 1 & 1 \\ 0 & 1 & 1 & 1 \end{vmatrix}$；

(4) $\begin{vmatrix} x & -1 & 0 & 0 \\ 0 & x & -1 & 0 \\ 0 & 0 & 0 & -1 \\ a_0 & a_1 & a_2 & a_3 \end{vmatrix}$；　(5) $\begin{vmatrix} 0 & 1 & 2 & 3 & 4 \\ -1 & 0 & 3 & -2 & 0 \\ -2 & -3 & 0 & -2 & 1 \\ -3 & 2 & 2 & 0 & -5 \\ -4 & 0 & -1 & 5 & 0 \end{vmatrix}$.

4. 齐次线性方程组 $\begin{cases} \lambda x_1 + x_2 + x_3 = 0 \\ x_1 + x_2 + x_3 = 0 \\ x_1 + \lambda x_2 + x_3 = 0 \end{cases}$ 只有零解，计算 λ 的值.

5. 若方程组 $\begin{cases} tx_1 + x_2 + x_3 = 0 \\ x_1 + tx_2 + x_3 = 0 \\ x_1 + x_2 + tx_3 = 0 \end{cases}$ 有非零解，计算 t 的值.

4.2　矩阵的概念和运算

4.2.1　矩阵的概念

定义 4.2.1　由 $m \times n$ 个数 $a_{ij}(i=1,2,\cdots,m, j=1,2,\cdots,n)$ 排列成一个 m 行 n 列的数表

$$\begin{matrix} a_{11} & a_{12} & \cdots & a_{1n} \\ a_{21} & a_{22} & \cdots & a_{2n} \\ \vdots & \vdots & & \vdots \\ a_{m1} & a_{m2} & \cdots & a_{mn} \end{matrix}$$

称为 m 行 n 列矩阵，简称为 $m \times n$ 矩阵. 为表示它是一个整体，总是加一个括号，并用大写字母 $\boldsymbol{A}, \boldsymbol{B}, \boldsymbol{C}$ 表示它，记作

$$A=\begin{pmatrix} a_{11} & a_{12} & \cdots & a_{1n} \\ a_{21} & a_{22} & \cdots & a_{2n} \\ \vdots & \vdots & & \vdots \\ a_{m1} & a_{m2} & \cdots & a_{mn} \end{pmatrix},$$

其中 a_{ij} 是位于矩阵 $\boldsymbol{A}$ 的第 i 行第 j 列的元素. 以 a_{ij} 为元素的矩阵可简记作 (a_{ij}) 或 $(a_{ij})_{m\times n}$.

在 n 阶矩阵中,从左上角到右下角的对角线称为主对角线,从右上角到左下角的对角线称为次对角线.

如果两个矩阵 $\boldsymbol{A},\boldsymbol{B}$ 行数和列数分别相同,且它们对应位置上的元素也相等,即 $a_{ij}=b_{ij}(i=1,2,\cdots,m;j=1,2,\cdots,n)$,则称矩阵 $\boldsymbol{A},\boldsymbol{B}$ 相等,记作 $\boldsymbol{A}=\boldsymbol{B}$.

几类特殊的矩阵:

(1) 方阵:矩阵 $\boldsymbol{A}$ 的行数与列数相等,即 $m=n$,称为 n 阶矩阵或 n 阶方阵,记作 $\boldsymbol{A}_n$.

(2) 行矩阵(列矩阵):当 $m=1$(或 $n=1$) 时,只有一行(或一列) 元素的矩阵称为行矩阵(或列矩阵),记作

$$\begin{pmatrix} a_1 & a_2 & a_3 & a_4 \end{pmatrix} \text{或} \begin{pmatrix} b_1 \\ b_2 \\ b_3 \\ b_4 \end{pmatrix}.$$

(3) 零矩阵:所有元素全为零的矩阵称为零矩阵. 记作 $\boldsymbol{O}_{m\times n}$ 或 $\boldsymbol{O}$.

注意:不同阶数的零矩阵是不相等的,如

$$\begin{pmatrix} 0 & 0 & 0 & 0 \\ 0 & 0 & 0 & 0 \\ 0 & 0 & 0 & 0 \\ 0 & 0 & 0 & 0 \end{pmatrix} \neq \begin{pmatrix} 0 & 0 \\ 0 & 0 \end{pmatrix}.$$

(4) 负矩阵:在矩阵 $\boldsymbol{A}=(a_{ij})_{m\times n}$ 中的各个元素的前面都添加上负号(即取相反数) 得到的矩阵,称为 $\boldsymbol{A}$ 的负矩阵,记为 $-\boldsymbol{A}$,即 $-\boldsymbol{A}=(-a_{ij})_{m\times n}$.

(5) 三角矩阵:主对角线以下(上) 的元素全为零的方阵称为上(下) 三角矩阵,如

$$A=\begin{pmatrix} a_{11} & a_{12} & \cdots & a_{1n} \\ 0 & a_{22} & \cdots & a_{2n} \\ 0 & 0 & & \vdots \\ 0 & 0 & 0 & a_{nn} \end{pmatrix}, \quad B=\begin{pmatrix} a_{11} & 0 & 0 & 0 \\ a_{21} & a_{22} & 0 & 0 \\ \vdots & \vdots & & 0 \\ a_{n1} & a_{n2} & \cdots & a_{nn} \end{pmatrix}.$$

(6) 对角矩阵:除对角线上的元素以外,其余元素全为零的 n 阶方阵,即

$$\begin{pmatrix} \lambda_1 & 0 & \cdots & 0 \\ 0 & \lambda_2 & \cdots & 0 \\ \vdots & \vdots & & \vdots \\ 0 & 0 & \cdots & \lambda_n \end{pmatrix}$$

称为 n 阶对角矩阵.

(7) 数量矩阵：主对角线上元素都是非零常数 a，其余元素全都是零的 n 阶方阵，称为 n 阶数量矩阵，如

$$\boldsymbol{A}=\begin{pmatrix} a & 0 \\ 0 & a \end{pmatrix},\quad \boldsymbol{B}=\begin{pmatrix} b & 0 & 0 \\ 0 & b & 0 \\ 0 & 0 & b \end{pmatrix}\quad (a,b\neq 0)$$

分别是二阶、三阶数量矩阵.

(8) 单位矩阵：在数量矩阵中，如果 $a=1$，即

$$\begin{pmatrix} 1 & 0 & \cdots & 0 \\ 0 & 1 & \cdots & 0 \\ \vdots & \vdots & & \vdots \\ 0 & 0 & \cdots & 1 \end{pmatrix}$$

称为 n 阶单位阵，记作 $\boldsymbol{E}$ 或 $\boldsymbol{E}_n$.

行列式与矩阵的区别：

(1) 行列式是算式，矩阵是数表；

(2) 行列式的行列数一定相同，矩阵的行列数可不同；

(3) 对 n 阶方阵可求它的行列式，记为 $|\boldsymbol{A}|$ 或 $\det\boldsymbol{A}$.

4.2.2 矩阵的运算

1. 矩阵的加法

定义 4.2.2 设 $\boldsymbol{A}=(a_{ij})_{m\times n}$，$\boldsymbol{B}=(b_{ij})_{m\times n}$ 是两个 $m\times n$ 矩阵，规定

$$\boldsymbol{A}+\boldsymbol{B}=(a_{ij}+b_{ij})_{m\times n}=\begin{pmatrix} a_{11}+b_{11} & a_{12}+b_{12} & \cdots & a_{1n}+b_{1n} \\ a_{21}+b_{21} & a_{22}+b_{22} & \cdots & a_{2n}+b_{2n} \\ \vdots & \vdots & & \vdots \\ a_{m1}+b_{m1} & a_{m2}+b_{m2} & \cdots & a_{mn}+b_{mn} \end{pmatrix}$$

称矩阵 $\boldsymbol{A}+\boldsymbol{B}$ 为 $\boldsymbol{A}$ 与 $\boldsymbol{B}$ 的和.

由矩阵加法运算和负矩阵的概念，我们规定

$$\boldsymbol{A}-\boldsymbol{B}=\boldsymbol{A}+(-\boldsymbol{B})=(a_{ij})_{m\times n}+(-b_{ij})_{m\times n}=(a_{ij}-b_{ij})_{m\times n},$$

称矩阵 $\boldsymbol{A}-\boldsymbol{B}$ 为 $\boldsymbol{A}$ 与 $\boldsymbol{B}$ 的差.

矩阵的加法满足以下运算规律(设 $\boldsymbol{A},\boldsymbol{B},\boldsymbol{C},\boldsymbol{O}$ 都是 $m\times n$ 矩阵)：

(1) 加法交换律：$\boldsymbol{A}+\boldsymbol{B}=\boldsymbol{B}+\boldsymbol{A}$；

(2) 加法结合律：$(\boldsymbol{A}+\boldsymbol{B})+\boldsymbol{C}=\boldsymbol{A}+(\boldsymbol{B}+\boldsymbol{C})$；

(3) 零矩阵满足：$\boldsymbol{A}+\boldsymbol{O}=\boldsymbol{A}$；

(4) 存在矩阵 $-\boldsymbol{A}$，满足 $\boldsymbol{A}-\boldsymbol{A}=\boldsymbol{A}+(-\boldsymbol{A})=\boldsymbol{O}$.

2. 矩阵的数乘

定义 4.2.3 设 k 是任意一个实数，$\boldsymbol{A}$ 是一个 $m\times n$ 矩阵，k 与 $\boldsymbol{A}$ 的乘积为

$$kA = (ka_{ij})_{m\times n} = \begin{pmatrix} ka_{11} & ka_{12} & \cdots & ka_{1n} \\ ka_{21} & ka_{22} & \cdots & ka_{2n} \\ \vdots & \vdots & & \vdots \\ ka_{m1} & ka_{m2} & \cdots & ka_{mn} \end{pmatrix}$$

特别地,当时 $k=-1$,$kA=-A$,得到 A 的负矩阵.

对于数 k,l 和矩阵 $A=(a_{ij})_{m\times n}$,$B=(b_{ij})_{m\times n}$ 满足以下运算规则:

(1) 数对矩阵的分配律 $k(A+B)=kA+kB$;

(2) 矩阵对数的分配律$(k+l)A=kA+lA$;

(3) 数与矩阵的结合律$(kl)A=k(lA)=l(kA)$.

3. 矩阵的乘积

☞ **定义 4.2.4** 设 A 是一个 $m\times s$ 矩阵,B 是一个 $s\times n$ 矩阵,

$$A=\begin{pmatrix} a_{11} & a_{12} & \cdots & a_{1s} \\ a_{21} & a_{22} & \cdots & a_{2s} \\ \vdots & \vdots & & \vdots \\ a_{m1} & a_{m2} & \cdots & a_{ms} \end{pmatrix},\quad B=\begin{pmatrix} b_{11} & b_{12} & \cdots & b_{1n} \\ b_{21} & b_{22} & \cdots & b_{2n} \\ \vdots & \vdots & & \vdots \\ b_{s1} & b_{s2} & \cdots & b_{sn} \end{pmatrix}$$

则称 $m\times n$ 矩阵 $C=(c_{ij})$ 为矩阵 A 与 B 的乘积,记作 $C=AB$,其中

$$c_{ij}=a_{i1}b_{1j}+a_{i2}b_{2j}+\cdots+a_{is}b_{sj}=\sum_{k=1}^{s}a_{ik}b_{kj}\quad(i=1,2,\cdots,m;j=1,2,\cdots,n).$$

注意:

(1) 只有当左矩阵 A 的列数等于右矩阵 B 的行数时,A,B 才能作乘法运算 $C=AB$;

(2) 两个矩阵的乘积 $C=BA$ 亦是矩阵,它的行数等于左矩阵 A 的行数,它的列数等于右矩阵 B 的列数;

(3) 乘积矩阵 $C=AB$ 中的第 i 行第 j 列的元素等于 A 的第 i 行元素与 B 的第 j 列对应元素的乘积之和,故简称行乘列法则.

【例 4.2.1】 设矩阵 $A=\begin{pmatrix} 2 & -1 \\ -4 & 0 \\ 3 & 5 \end{pmatrix}$,$B=\begin{pmatrix} 9 & -8 \\ -7 & 10 \end{pmatrix}$,求 AB.

【解】
$$AB=\begin{pmatrix} 2 & -1 \\ -4 & 0 \\ 3 & 5 \end{pmatrix}\begin{pmatrix} 9 & -8 \\ -7 & 10 \end{pmatrix}$$
$$=\begin{pmatrix} 2\times 9+(-1)\times(-7) & 2\times(-8)+(-1)\times 10 \\ -4\times 9+0\times(-7) & -4\times(-8)+0\times 10 \\ 3\times 9+5\times(-7) & 3\times(-8)+5\times 10 \end{pmatrix}=\begin{pmatrix} 25 & -26 \\ -36 & 32 \\ -8 & 26 \end{pmatrix}$$

矩阵乘法满足下列运算规律:

(1) 结合律:$(AB)C=A(BC)$;

(2) 分配律:$A(B+C)=AB+AC$,$(A+B)C=AC+BC$;

(3) 数乘矩阵的结合律：$(k\boldsymbol{A})\boldsymbol{B}=\boldsymbol{A}(k\boldsymbol{B})=k(\boldsymbol{AB})$.

注意：

(1) 矩阵乘法一般不满足交换律，因此，矩阵相乘时必须注意顺序，$\boldsymbol{AB}$ 叫作(用) $\boldsymbol{A}$ 左乘 $\boldsymbol{B}$，$\boldsymbol{BA}$ 叫作(用) $\boldsymbol{A}$ 右乘 $\boldsymbol{B}$，一般 $\boldsymbol{AB}\neq\boldsymbol{BA}$.

(2) 两个非零矩阵的乘积可能是零矩阵.

(3) 矩阵乘法不满足消去律，即当 $\boldsymbol{AB}=\boldsymbol{AC}$ 且 $\boldsymbol{A}\neq\boldsymbol{O}$ 时，不能消去矩阵 $\boldsymbol{A}$，得到 $\boldsymbol{B}=\boldsymbol{C}$.

(4) 同阶方阵 $\boldsymbol{A}$ 与 $\boldsymbol{B}$ 的乘积的行列式，等于矩阵 $\boldsymbol{A}$ 的行列式与矩阵 $\boldsymbol{B}$ 的行列式的乘积. 即 $|\boldsymbol{AB}|=|\boldsymbol{A}|\cdot|\boldsymbol{B}|$ (方阵 $\boldsymbol{A}$ 的行列式记作 $|\boldsymbol{A}|$).

(5) 若 $\boldsymbol{A}$ 是一个 n 阶方阵，则 $\boldsymbol{A}^m=\underbrace{\boldsymbol{AA}\cdots\boldsymbol{A}}_{m\text{个}A}$ 称为 $\boldsymbol{A}$ 的 m 次幂.

4. 矩阵的转置

☞ **定义 4.2.5**　将一个 $m\times n$ 矩阵

$$\boldsymbol{A}=\begin{pmatrix}a_{11}&a_{12}&\cdots&a_{1n}\\a_{21}&a_{22}&\cdots&a_{2n}\\\vdots&\vdots&&\vdots\\a_{m1}&a_{m2}&\cdots&a_{mn}\end{pmatrix}$$

的行和列按顺序互换得到的 $n\times m$ 矩阵，称为 $\boldsymbol{A}$ 的转置矩阵，记作 $\boldsymbol{A}^{\mathrm{T}}$ 或 $\boldsymbol{A}'$，即如果

$$\boldsymbol{A}=\begin{pmatrix}a_{11}&a_{12}&\cdots&a_{1n}\\a_{21}&a_{22}&\cdots&a_{2n}\\\vdots&\vdots&&\vdots\\a_{m1}&a_{m2}&\cdots&a_{mn}\end{pmatrix}，\text{则 }\boldsymbol{A}^{\mathrm{T}}=\begin{pmatrix}a_{11}&a_{21}&\cdots&a_{m1}\\a_{12}&a_{22}&\cdots&a_{m2}\\\vdots&\vdots&&\vdots\\a_{1n}&a_{2n}&\cdots&a_{mn}\end{pmatrix}$$

转置矩阵具有下列性质：

(1) $(\boldsymbol{A}^{\mathrm{T}})^{\mathrm{T}}=\boldsymbol{A}$；　　(2) $(k\boldsymbol{A}^{\mathrm{T}})=k\boldsymbol{A}^{\mathrm{T}}$；

(3) $(\boldsymbol{A}+\boldsymbol{B})^{\mathrm{T}}=\boldsymbol{A}^{\mathrm{T}}+\boldsymbol{B}^{\mathrm{T}}$；　　(4) $(\boldsymbol{AB})^{\mathrm{T}}=\boldsymbol{B}^{\mathrm{T}}\boldsymbol{A}^{\mathrm{T}}$.

【例 4.2.2】　若

$$\boldsymbol{A}=\begin{pmatrix}1&-1&3\\2&0&1\end{pmatrix},\quad\boldsymbol{B}=\begin{pmatrix}-1&3\\2&1\\0&2\end{pmatrix},$$

求 $\boldsymbol{A}^{\mathrm{T}}$，$\boldsymbol{B}^{\mathrm{T}}$.

【解】　由转置矩阵的定义，有 $\boldsymbol{A}^{\mathrm{T}}=\begin{pmatrix}1&2\\-1&0\\3&1\end{pmatrix}$，　$\boldsymbol{B}^{\mathrm{T}}=\begin{pmatrix}-1&2&0\\3&1&2\end{pmatrix}$.

练习题

1. 设 $\boldsymbol{A}=\begin{pmatrix}1&2\\-1&0\end{pmatrix}$，又 $f(x)=x^2-3x+2$，求 $f(\boldsymbol{A})$.

2. 设 $\boldsymbol{A}=\begin{pmatrix}1 & 2\\0 & 1\\3 & 0\\-1 & 2\end{pmatrix}$，$\boldsymbol{B}=\begin{pmatrix}4 & 1 & 0\\-1 & 1 & 3\\2 & 0 & 1\\1 & 3 & 4\end{pmatrix}$，计算 $\boldsymbol{A}^{\mathrm{T}}\boldsymbol{B}$.

3. 设 $\boldsymbol{A},\boldsymbol{B}$ 均为 3 阶方阵，且 $|\boldsymbol{A}|=4$，$|\boldsymbol{B}|=2$，计算 $||\boldsymbol{B}|\boldsymbol{A}|+|\boldsymbol{A}^2||$.

4. 已知 $\boldsymbol{AX}+\boldsymbol{B}=\boldsymbol{X}$，其中 $\boldsymbol{A}=\begin{pmatrix}0 & 1 & 0\\-1 & 1 & 1\\-1 & 0 & -1\end{pmatrix}$，$\boldsymbol{B}=\begin{pmatrix}1 & -1\\2 & 0\\5 & -3\end{pmatrix}$，求矩阵 $\boldsymbol{X}$.

4.3 矩阵的初等变换和秩

4.3.1 矩阵的初等变换

定义 4.3.1 对矩阵进行下列三种变换，称为矩阵的初等行变换：

(1) 对换变换：对换矩阵两行的位置，表示为 $r_i \leftrightarrow r_j$；

(2) 倍乘变换：用一个非零的数 k 遍乘矩阵的某一行元素，表示为 $kr_i(k\neq 0)$；

(3) 倍加变换：将矩阵某一行的 k 倍数加到另一行上，表示为 r_j+kr_i.

在定义中，将定义中所有的“行”字改为“列”字（所用记号“r”换成“c”），就得到矩阵的初等列变换的定义. 矩阵的初等行变换和初等列变换统称为初等变换.

定义 4.3.2 如果矩阵 $\boldsymbol{A}$ 经有限次初等变换变成矩阵 $\boldsymbol{B}$，则称 $\boldsymbol{A}$ 与 $\boldsymbol{B}$ 等价，通常记作 $\boldsymbol{A}\rightarrow\boldsymbol{B}$.

定义 4.3.3 满足下列条件的矩阵称为阶梯形矩阵.

(1) 矩阵若有零行（元素全部为零的行），零行全部在下方；

(2) 各非零行第一个不为零的元素（称为首非零元）的列标随着行标的递增而严格增大.

例如，下面两个矩阵都是阶梯形矩阵

$$\boldsymbol{A}=\begin{pmatrix}1 & 2 & 0 & 0 & 2\\0 & 0 & 1 & 0 & -1\\0 & 0 & 0 & 1 & 0\end{pmatrix},\quad \boldsymbol{B}=\begin{pmatrix}1 & 3 & 0 & -1\\0 & 2 & 1 & 0\\0 & 0 & 0 & 1\end{pmatrix}.$$

阶梯形矩阵的一般形式为

$$\boldsymbol{A}_{m\times n}=\begin{pmatrix}a_{1j_1} & a_{12} & \cdots & a_{1r} & \cdots & a_{1n}\\0 & a_{2j_2} & \cdots & a_{2r} & \cdots & a_{2n}\\\vdots & \vdots & & \vdots & & \vdots\\0 & 0 & \cdots & a_{rj_r} & \cdots & a_{rn}\\0 & 0 & 0 & 0 & 0 & 0\\\vdots & \vdots & & \vdots & & \vdots\\0 & 0 & 0 & 0 & 0 & 0\end{pmatrix}$$

其中，$a_{ij_r} \neq 0(i = 1,2,\cdots,r)$，而下方 $m-r$ 行的元素全为 0.

注意：如果阶梯形矩阵的非零行的首非零元素都是 1，且所有首非零元素所在的列的其余元素都是零，则称此矩阵为行简化阶梯形矩阵. 上例中 $\boldsymbol{A}$ 为行简化阶梯形矩阵，而 $\boldsymbol{B}$ 不是行简化阶梯形矩阵.

△ **定理 4.3.1**　对于任意一个非零矩阵，都可以通过初等变换把它化成阶梯形矩阵.

【例 4.3.1】　将矩阵 $\boldsymbol{A} = \begin{pmatrix} 1 & 2 & 3 & 2 & -1 \\ -1 & -2 & -3 & 1 & 2 \\ 2 & 4 & 8 & 12 & 4 \end{pmatrix}$ 化为阶梯形矩阵和行简化阶梯形矩阵.

【解】　先把 $\boldsymbol{A}$ 化为阶梯形矩阵

$$\boldsymbol{A} = \begin{pmatrix} 1 & 2 & 3 & 2 & -1 \\ -1 & -2 & -2 & 1 & 2 \\ 2 & 4 & 8 & 12 & 4 \end{pmatrix} \xrightarrow[r_3 - 2r_1]{r_2 + r_1} \begin{pmatrix} 1 & 2 & 3 & 2 & -1 \\ 0 & 0 & 1 & 3 & 1 \\ 0 & 0 & 2 & 8 & 6 \end{pmatrix} \xrightarrow{r_3 - 2r_2} \begin{pmatrix} 1 & 2 & 3 & 2 & -1 \\ 0 & 0 & 1 & 3 & 1 \\ 0 & 0 & 0 & 2 & 4 \end{pmatrix}.$$

再化为行简化阶梯形矩阵，即

$$\boldsymbol{A} \xrightarrow{\substack{r_1 - 3r_2 \\ \frac{1}{2}r_3}} \begin{pmatrix} 1 & 2 & 0 & -7 & -4 \\ 0 & 0 & 1 & 3 & 1 \\ 0 & 0 & 0 & 1 & 2 \end{pmatrix} \xrightarrow[r_2 - 3r_3]{r_1 + 7r_3} \begin{pmatrix} 1 & 2 & 0 & 0 & 10 \\ 0 & 0 & 1 & 0 & -5 \\ 0 & 0 & 0 & 1 & 2 \end{pmatrix}$$

由此例可看到，矩阵 $\boldsymbol{A}$ 的阶梯形矩阵不是唯一的，但是一个矩阵的阶梯形矩阵中所含非零行的行数是唯一的，行简化阶梯形矩阵是唯一的.

4.3.2　矩阵的秩

1. 秩的概念

定义 4.3.4　设 $\boldsymbol{A}$ 是 $m \times n$ 矩阵，在 $\boldsymbol{A}$ 中位于任意选定的 k 行 k 列交点上的 k^2 个元素，按原来次序组成的 k 阶行列式，称为 $\boldsymbol{A}$ 的一个 k 阶子式，其中 $k \leqslant \min(m,n)$.

例如，矩阵 $\boldsymbol{A} = \begin{pmatrix} 1 & 2 & 3 \\ 2 & 4 & 1 \\ 0 & 0 & 1 \end{pmatrix}$，取 $\boldsymbol{A}$ 的第一、二行，第一、三列的相交元素，排成的行列式 $\begin{vmatrix} 1 & 3 \\ 2 & 1 \end{vmatrix}$ 为 A 的一个二阶子式.

由子式的定义知：子式的行、列是以在原行列式的行、列中任取的，所以三阶方阵可以组成 $C_3^2 C_3^2 = 9$ 个二阶子式. 对一般情况，共有 $C_m^k C_n^k$ 个 k 阶子式.

定义 4.3.5　如果矩阵 $\boldsymbol{A}$ 中存在一个 r 阶非零子式，而任一 $r+1$ 阶子式（如果存在的话）的值全为零，即矩阵 $\boldsymbol{A}$ 的非零子式的最高阶数是 r，则称 r 为 $\boldsymbol{A}$ 的秩，记作 $r(\boldsymbol{A}) = r$.

规定：零矩阵 $\boldsymbol{O}$ 的秩为零，即 $r(\boldsymbol{O}) = 0$.

【例 4.3.2】 求矩阵 $\boldsymbol{A}=\begin{pmatrix}1 & 2 & 2 & 11\\ 1 & -3 & -3 & -14\\ 3 & 1 & 1 & 8\end{pmatrix}$ 的秩.

【解】 因为 $\boldsymbol{A}$ 的一个二阶子式 $\begin{vmatrix}1 & 2\\ 1 & -3\end{vmatrix}=-5\neq 0$,所以 $\boldsymbol{A}$ 的非零子式的最高阶数至少是 2,即 $r(\boldsymbol{A})\geqslant 2$. $\boldsymbol{A}$ 的所有三阶子式有 $C_3^3C_4^3=4$ 个,即

$$\begin{vmatrix}1 & 2 & 2\\ 1 & -3 & -3\\ 3 & 1 & 1\end{vmatrix}=0,\quad \begin{vmatrix}1 & 2 & 11\\ 1 & -3 & -14\\ 3 & 1 & 8\end{vmatrix}=0,\quad \begin{vmatrix}1 & 2 & 11\\ 1 & -3 & -14\\ 3 & 1 & 8\end{vmatrix}=0,\quad \begin{vmatrix}2 & 2 & 11\\ -3 & -3 & -14\\ 1 & 1 & 8\end{vmatrix}=0.$$

所有的三阶子式均为零,故 $r(\boldsymbol{A})=2$.

2. 初等变换求矩阵的秩

△ 定理 4.3.2 矩阵的初等变换不改变矩阵的秩.

由此得到求矩阵秩的有效方法:通过初等变换把矩阵化为阶梯形矩阵,其非零行的行数就是矩阵的秩.

【例 4.3.3】 求矩阵 $\boldsymbol{A}=\begin{pmatrix}-2 & 1 & 1\\ 1 & -2 & 1\\ 1 & 1 & -2\end{pmatrix}$ 的秩.

【解】 $\boldsymbol{A}=\begin{pmatrix}-2 & 1 & 1\\ 1 & -2 & 1\\ 1 & 1 & -2\end{pmatrix}\xrightarrow{r_1\leftrightarrow r_2}\begin{pmatrix}1 & -2 & 1\\ -2 & 1 & 1\\ 1 & 1 & -2\end{pmatrix}\xrightarrow[r_2+2r_1]{r_3-r_1}\begin{pmatrix}1 & -2 & 1\\ 0 & -3 & 3\\ 0 & 3 & -3\end{pmatrix}\xrightarrow{r_3+r_2}$

$\begin{pmatrix}1 & -2 & 1\\ 0 & -3 & 3\\ 0 & 0 & 0\end{pmatrix}$. 所以,矩阵 $\boldsymbol{A}$ 的秩为 2,即 $r(\boldsymbol{A})=2$.

△ 定理 4.3.3 设 $\boldsymbol{A}$ 为任意一个矩阵 $m\times n$,则

(1) $r(\boldsymbol{A})=r(\boldsymbol{A}^{\mathrm{T}})$;

(2) $0\leqslant r(\boldsymbol{A})\leqslant \min\{m,n\}$.

3. 满秩矩阵

△ 定理 4.3.4 设 $\boldsymbol{A}$ 是 n 阶矩阵,若 $r(\boldsymbol{A})=n$,则称 $\boldsymbol{A}$ 为满秩矩阵,或称 $\boldsymbol{A}$ 为非奇异的.

例如,矩阵 $\boldsymbol{A}=\begin{pmatrix}-1 & 3 & 5\\ 0 & 4 & -1\\ 0 & 0 & 2\end{pmatrix}$, $\boldsymbol{E}_n=\begin{pmatrix}1 & 0 & \cdots & 0\\ 0 & 1 & \cdots & 0\\ \vdots & \vdots & & \vdots\\ 0 & 0 & \cdots & 1\end{pmatrix}$ 因为 $r(\boldsymbol{A})=3$, $r(\boldsymbol{E}_n)=n$,所以它们都是满秩矩阵.

练习题

1. 将矩阵 $\boldsymbol{A}=\begin{pmatrix}1 & 2 & 3 & 5\\ -1 & 0 & 1 & 0\\ 2 & 1 & 0 & 1\end{pmatrix}$ 化为阶梯形矩阵.

2. 求下列矩阵的秩：

(1) $A=\begin{pmatrix}1&-2&3&5\\0&1&2&1\\1&-1&5&6\end{pmatrix}$；　(2) $A=\begin{pmatrix}1&0&-1&-1&2\\0&-1&2&3&1\\1&-1&1&2&3\\1&2&-5&-7&0\end{pmatrix}$；

(3) $A=\begin{pmatrix}2&-4&4&10&-4\\0&1&-4&3&1\\1&-2&1&-4&2\\4&-7&4&-4&5\end{pmatrix}$；　(4) $A=\begin{pmatrix}1&1&2&2&1\\0&2&1&5&-1\\2&0&3&-1&3\\1&1&0&4&-1\end{pmatrix}$.

3. 设矩阵 $A=\begin{pmatrix}1&2&-2\\4&t&3\\3&-1&1\end{pmatrix}$，求 t 取多少时，$r(A)=2$.

4. 设矩阵 $A=\begin{pmatrix}2&0&0\\3&4&-1\\2&4&5\end{pmatrix}$，$B=\begin{pmatrix}-1&2&3\\2&-4&-6\\-3&6&9\end{pmatrix}$，求 $r(AB-B)$.

4.4　逆矩阵

4.4.1　逆矩阵的概念

定义 4.4.1　对于 n 阶方阵 A，如果存在一个 n 阶方阵 B，使

$$AB=BA=E$$

则称矩阵 A 是可逆矩阵，简称 A 可逆，并把方阵 B 称为 A 的逆矩阵，记为 A^{-1}，即 $B=A^{-1}$. 也可以称 B 为可逆矩阵，称 A 为 B 的逆矩阵，即 $A=B^{-1}$.

注意：

(1) 单位矩阵 E 的逆矩阵就是它本身，因为 $EE=E$.

(2) 零矩阵是不可逆的. 因为对任何与 n 阶方阵 B，都有 $OB=BO=O\neq E$.

定理 4.4.1　如果方阵 A 是可逆的，那么 A 的逆矩阵是唯一的.

证明：设矩阵 B_1,B_2 都是 A 的逆矩阵，$B_1A=E$，$AB_2=E$，那么

$$B_1=B_1E=B_1(AB_2)=(B_1A)B_2=EB_2=B_2.$$

逆矩阵的基本性质：

性质 4.4.1　若 A 可逆，则 A^{-1} 也可逆，且 $(A^{-1})^{-1}=A$.

性质 4.4.2　若 A,B 为同阶方阵且均可逆，则 AB 也可逆，且 $(AB)^{-1}=B^{-1}A^{-1}$.

此性质可以推广到多个 n 阶矩阵相乘的情形，$(A_1A_2\cdots A_m)^{-1}=A_m^{-1}\cdots A_2^{-1}A_1^{-1}$.

性质 4.4.3　若 A 可逆，则 A^{T} 也可逆，且 $(A^{T})^{-1}=(A^{-1})^{T}$.

事实上，由于 A 可逆，则 $AA^{-1}=E$，所以 $(AA^{-1})^{T}=E^{T}=E$，即

$$(\boldsymbol{A}^{-1})^{\mathrm{T}}\boldsymbol{A}^{\mathrm{T}} = \boldsymbol{E}, \text{得} (\boldsymbol{A}^{\mathrm{T}})^{-1} = (\boldsymbol{A}^{-1})^{\mathrm{T}}.$$

◎ **性质 4.4.4** 若矩阵 $\boldsymbol{A}$ 可逆,数 $k \neq 0$,则 $k\boldsymbol{A}$ 也可逆,且 $(k\boldsymbol{A})^{-1} = k^{-1}\boldsymbol{A}^{-1}$.

◎ **性质 4.4.5** 如果矩阵 $\boldsymbol{A}$ 可逆,则 $\det\boldsymbol{A}^{-1} = (\det\boldsymbol{A})^{-1}$.

4.4.2 逆矩阵的求法

对矩阵 $\boldsymbol{A}$,何时可逆?若 $\boldsymbol{A}$ 可逆,又如何求 $\boldsymbol{A}^{-1}$ 呢?

1. 伴随矩阵法

☞ **定义 4.4.2** $\boldsymbol{A}_{ij}$ 是矩阵 $\boldsymbol{A} = \begin{pmatrix} a_{11} & a_{12} & \cdots & a_{1n} \\ a_{21} & a_{22} & \cdots & a_{2n} \\ \vdots & \vdots & & \vdots \\ a_{m1} & a_{m2} & \cdots & a_{mn} \end{pmatrix}$ 中元素 a_{ij} 的代数余子式,矩阵

$$\boldsymbol{A}^{*} = \begin{pmatrix} A_{11} & A_{12} & \cdots & A_{1n} \\ A_{21} & A_{22} & \cdots & A_{2n} \\ \vdots & \vdots & & \vdots \\ A_{m1} & \boldsymbol{A}_{m2} & \cdots & \boldsymbol{A}_{mn} \end{pmatrix}$$

称为 $\boldsymbol{A}$ 的伴随矩阵.

△ **定理 4.4.2** n 阶方阵 $\boldsymbol{A}$ 为可逆矩阵的充分必要条件是 $|\boldsymbol{A}| \neq 0$,且当 $\boldsymbol{A}$ 可逆时,$\boldsymbol{A}^{-1} = \dfrac{1}{|\boldsymbol{A}|}\boldsymbol{A}^{*}$.

【例 4.4.1】 求矩阵 $\boldsymbol{A} = \begin{pmatrix} 1 & 0 & 1 \\ 2 & 1 & 0 \\ -3 & 2 & -5 \end{pmatrix}$ 的逆矩阵.

【解】 因为 $|\boldsymbol{A}| = \begin{vmatrix} 1 & 0 & 1 \\ 2 & 1 & 0 \\ -3 & 2 & -5 \end{vmatrix} = 2 \neq 0$,所以 $\boldsymbol{A}$ 可逆.

于是得

$$A_{11} = \begin{vmatrix} 1 & 0 \\ 2 & -5 \end{vmatrix} = -5, \quad A_{12} = -\begin{vmatrix} 2 & 0 \\ -3 & -5 \end{vmatrix} = 10, \quad A_{13} = \begin{vmatrix} 2 & 1 \\ -3 & 2 \end{vmatrix} = 7,$$

$$A_{21} = -\begin{vmatrix} 0 & 1 \\ 2 & -5 \end{vmatrix} = 2, \quad A_{22} = \begin{vmatrix} 1 & 1 \\ -3 & -5 \end{vmatrix} = -2, \quad A_{23} = -\begin{vmatrix} 1 & 0 \\ -3 & 2 \end{vmatrix} = -2,$$

$$A_{31} = \begin{vmatrix} 0 & 1 \\ 1 & 0 \end{vmatrix} = -1, \quad A_{32} = -\begin{vmatrix} 1 & 1 \\ 2 & 0 \end{vmatrix} = 2, \quad A_{33} = \begin{vmatrix} 1 & 0 \\ 2 & 1 \end{vmatrix} = 1,$$

$$\boldsymbol{A}^{-1} = \frac{1}{|\boldsymbol{A}|}\boldsymbol{A}^{*} = \frac{1}{|\boldsymbol{A}|}\begin{pmatrix} A_{11} & A_{21} & A_{31} \\ A_{12} & A_{22} & A_{32} \\ A_{13} & A_{23} & A_{33} \end{pmatrix} = \frac{1}{2}\begin{pmatrix} -5 & 2 & -1 \\ 10 & -2 & 2 \\ 7 & -2 & 1 \end{pmatrix} = \begin{pmatrix} -\frac{5}{2} & 1 & -\frac{1}{2} \\ 5 & -1 & 1 \\ \frac{7}{2} & -1 & \frac{1}{2} \end{pmatrix}.$$

注意：利用伴随矩阵法求逆矩阵的主要步骤为：

(1) 求矩阵 $\boldsymbol{A}$ 的行列式 $|\boldsymbol{A}|$，判断 $\boldsymbol{A}$ 是否可逆；

(2) 若 $\boldsymbol{A}^{-1}$ 存在，求 $\boldsymbol{A}$ 的伴随矩阵 $\boldsymbol{A}^*$；

(3) 利用公式 $\boldsymbol{A}^{-1}=\frac{1}{|\boldsymbol{A}|}\boldsymbol{A}^*$，求 $\boldsymbol{A}^{-1}$.

2. 用矩阵初等行变换求逆矩阵

可以证明：由方阵$\boldsymbol{A}$作矩阵$(\boldsymbol{A} \vdots \boldsymbol{E})$，用矩阵的初等行变换将$(\boldsymbol{A} \vdots \boldsymbol{E})$化为$(\boldsymbol{E} \vdots \boldsymbol{C})$，$\boldsymbol{C}$即为$\boldsymbol{A}$的逆矩阵 $\boldsymbol{A}^{-1}$，即

$$(\boldsymbol{A} \vdots \boldsymbol{E}) \xrightarrow{\text{初等变称}} (\boldsymbol{E} \vdots \boldsymbol{A}^{-1}).$$

【例 4.4.2】 矩阵 $\boldsymbol{A}=\begin{pmatrix}1&2&3\\2&1&2\\1&3&4\end{pmatrix}$，求逆矩阵 $\boldsymbol{A}^{-1}$.

【解】
$$(\boldsymbol{A} \vdots \boldsymbol{E})=\left(\begin{array}{ccc:ccc}1&2&3&1&0&0\\2&1&2&0&1&0\\1&3&4&0&0&1\end{array}\right)\xrightarrow[r_3-r_1]{r_2-2r_1}\left(\begin{array}{ccc:ccc}1&2&3&1&0&0\\0&-3&-4&-2&1&0\\0&1&1&-1&0&1\end{array}\right)\xrightarrow{r_2\leftrightarrow r_3}$$

$$\left(\begin{array}{ccc:ccc}1&2&3&1&0&0\\0&1&1&-1&0&1\\0&-3&-4&-2&1&0\end{array}\right)\xrightarrow[r_3+3r_2]{r_1-2r_2}\left(\begin{array}{ccc:ccc}1&0&1&3&0&-2\\0&1&1&-1&0&1\\0&0&-1&-5&1&3\end{array}\right)\xrightarrow{-r_3}$$

$$\left(\begin{array}{ccc:ccc}1&0&1&3&0&-2\\0&1&1&-1&0&1\\0&0&1&5&-1&-3\end{array}\right)\xrightarrow[r_2-r_3]{r_1-r_3}\left(\begin{array}{ccc:ccc}1&0&0&-2&1&1\\0&1&0&-6&1&4\\0&0&1&5&-1&-3\end{array}\right)$$

所以
$$\boldsymbol{A}^{-1}=\begin{pmatrix}-2&1&1\\-6&1&4\\5&-1&-3\end{pmatrix}$$

值得注意的是，用初等行变换求逆矩阵时，必须始终用初等行变换，其间不能作任何初等列变换.且在求一个矩阵的逆矩阵时，不必考虑这个矩阵是否可逆，只要在用初等行变换的过程中，发现这个矩阵不能化成单位矩阵，则它就没有逆矩阵.

【例 4.4.3】 解矩阵方程 $\boldsymbol{X}-\boldsymbol{XA}=\boldsymbol{B}$，其中 $\boldsymbol{A}=\begin{pmatrix}1&0&1\\2&1&0\\-3&2&-3\end{pmatrix}$，$\boldsymbol{B}=\begin{pmatrix}1&-2&1\\-3&4&1\end{pmatrix}$.

【解】 由矩阵方程 $\boldsymbol{X}-\boldsymbol{XA}=\boldsymbol{B}$，得 $\boldsymbol{X}(\boldsymbol{E}-\boldsymbol{A})=\boldsymbol{B}$.

因为
$$(\boldsymbol{E}-\boldsymbol{A} \vdots \boldsymbol{E})=\left(\begin{array}{ccc:ccc}0&0&-1&1&0&0\\-2&0&0&0&1&0\\3&-2&4&0&0&1\end{array}\right)\to\left(\begin{array}{ccc:ccc}-2&0&0&0&1&0\\3&-2&4&0&0&1\\0&0&-1&1&0&0\end{array}\right)$$

$$\to\left(\begin{array}{ccc:ccc}1&0&0&0&-\frac{1}{2}&0\\3&-2&4&0&0&1\\0&0&1&-1&0&0\end{array}\right)\to\left(\begin{array}{ccc:ccc}1&0&0&0&-\frac{1}{2}&0\\0&-2&4&0&\frac{3}{2}&1\\0&0&1&-1&0&0\end{array}\right)$$

$$\to\begin{pmatrix}1&0&0&\vdots&0&-\frac{1}{2}&0\\0&-2&0&\vdots&4&\frac{3}{2}&1\\0&0&1&\vdots&-1&0&0\end{pmatrix}\to\begin{pmatrix}1&0&0&\vdots&0&-\frac{1}{2}&0\\0&1&0&\vdots&-2&-\frac{3}{4}&-\frac{1}{2}\\0&0&1&\vdots&-1&0&0\end{pmatrix}$$

所以

$$(\boldsymbol{E}-\boldsymbol{A})^{-1}=\begin{pmatrix}0&-\frac{1}{2}&0\\-2&-\frac{3}{4}&-\frac{1}{2}\\-1&0&0\end{pmatrix}$$

则

$$\boldsymbol{X}=\boldsymbol{B}(\boldsymbol{E}-\boldsymbol{A})^{-1}=\begin{pmatrix}1&-2&1\\-3&4&1\end{pmatrix}\begin{pmatrix}0&-\frac{1}{2}&0\\-2&-\frac{3}{4}&-\frac{1}{2}\\-1&0&0\end{pmatrix}=\begin{pmatrix}3&1&1\\-9&-\frac{3}{2}&-2\end{pmatrix}$$

练习题

1. 已知三阶矩阵 $\boldsymbol{A}=\begin{pmatrix}1&0&0\\2&2&0\\3&3&3\end{pmatrix}$，$\boldsymbol{A}^*$ 为 $\boldsymbol{A}$ 的伴随矩阵，计算 $\boldsymbol{A}^*\boldsymbol{A}$.

2. 设矩阵 $\boldsymbol{A}=\begin{pmatrix}1&2&0\\2&5&0\\0&0&3\end{pmatrix}$，计算 $\boldsymbol{A}^{-1}$.

3. 设矩阵 $\boldsymbol{A}=\begin{pmatrix}1&1&-1\\0&1&1\\0&0&-1\end{pmatrix}$，则 $(\boldsymbol{A}^*)^{-1}$ 的值是多少.

4. 已知矩阵 $\boldsymbol{A}=\begin{pmatrix}1&0&0\\1&1&0\\1&1&1\end{pmatrix}$，$\boldsymbol{B}=\begin{pmatrix}0&1&1\\1&0&1\\1&1&0\end{pmatrix}$，且矩阵 $\boldsymbol{X}$ 满足 $\boldsymbol{AX}=\boldsymbol{BA}$，求 $\boldsymbol{X}$.

5. 设 n 阶方阵 $\boldsymbol{A}$ 满足 $\boldsymbol{A}^2-\boldsymbol{A}-7\boldsymbol{E}=\boldsymbol{O}$，证明 $\boldsymbol{A}$ 和 $\boldsymbol{A}-3\boldsymbol{E}$ 可逆.

4.5 n 维向量及其线性相关性

4.5.1 n 维向量

定义 4.5.1 由 n 个数 $a_1,a_2,\cdots,a_n$ 组成的 n 元有序数组 $(a_1,a_2,\cdots,a_n)$ 称为一个 n 维向量，其中 $a_i(i=1,2,\cdots,n)$ 称为该向量的第 i 个分量.

向量一般用黑体小写希腊字母 $\boldsymbol{\alpha},\boldsymbol{\beta},\boldsymbol{\gamma}$ 等表示.

n 维向量一般写成一列，如 $\boldsymbol{\alpha}=\begin{pmatrix}a_1\\a_2\\\vdots\\a_n\end{pmatrix}$，此向量称为列向量；

也可以写成一行，称为行向量，记作 $\boldsymbol{\alpha}^{\mathrm{T}}$，即 $\boldsymbol{\alpha}^{\mathrm{T}}=(a_1,a_2,\cdots,a_n)$.

一个 3×4 矩阵

$$\boldsymbol{A}=\begin{pmatrix}1&2&1&3\\1&3&-4&4\\2&5&-3&7\end{pmatrix}$$

中的每一列都是由三个有序数组成，因此每一列都可以看作一个三维向量. 我们把这四个三维向量

$$\begin{pmatrix}1\\1\\2\end{pmatrix},\quad\begin{pmatrix}2\\3\\5\end{pmatrix},\quad\begin{pmatrix}1\\-4\\-3\end{pmatrix},\quad\begin{pmatrix}3\\4\\7\end{pmatrix}$$

称为矩阵 $\boldsymbol{A}$ 的列向量. 同样 $\boldsymbol{A}$ 中的每一行都是由四个有序数组成的，因此亦都可以看作四维向量. 我们把这三个四维向量 $(1,2,1,3)$，$(1,3,-4,4)$，$(2,5,-3,7)$ 称为矩阵 $\boldsymbol{A}$ 的行向量.

矩阵的列向量组和行向量组都是只含有限个向量的向量组(同维数的向量组成的集合)，反之，一个含有限个向量的向量组总可以构成一个矩阵. 总之，含有限个向量的向量组可以与矩阵一一对应.

4.5.2　向量的线性组合

定义 4.5.2　设 $\boldsymbol{\alpha}_1,\boldsymbol{\alpha}_2,\cdots,\boldsymbol{\alpha}_m$ 为 m 个 n 维向量，若有 m 个数 $k_1,k_2,\cdots,k_m$，使得

$$\boldsymbol{\beta}=k_1\boldsymbol{\alpha}_1+k_2\boldsymbol{\alpha}_2+k_m\boldsymbol{\alpha}_m$$

则称 $\boldsymbol{\beta}$ 为 $\boldsymbol{\alpha}_1,\boldsymbol{\alpha}_2,\cdots,\boldsymbol{\alpha}_m$ 的线性组合，或者称 $\boldsymbol{\beta}$ 可由 $\boldsymbol{\alpha}_1,\boldsymbol{\alpha}_2,\cdots,\boldsymbol{\alpha}_m$ 线性表示.

例如，向量 $\begin{pmatrix}1\\-1\end{pmatrix}$ 不是向量 $\begin{pmatrix}-2\\0\end{pmatrix}$ 和 $\begin{pmatrix}3\\0\end{pmatrix}$ 的线性组合. 因为对于任意的一组数 k_1,k_2，

$$k_1\begin{pmatrix}-2\\0\end{pmatrix}+k_2\begin{pmatrix}3\\0\end{pmatrix}=\begin{pmatrix}-2k_1+3k_2\\0\end{pmatrix}\neq\begin{pmatrix}1\\-1\end{pmatrix}.$$

非齐次线性方程组

$$\begin{cases}a_{11}x_1+a_{12}x_2+\cdots+a_{1n}x_n=b_1\\a_{21}x_1+a_{22}x_2+\cdots+a_{2n}x_n=b_2\\\qquad\qquad\cdots\cdots\\a_{m1}x_1+a_{m2}x_2+\cdots+a_{mn}x_n=b_m\end{cases}$$

其向量形式为 $\boldsymbol{\beta}=k_1\boldsymbol{\alpha}_1+k_2\boldsymbol{\alpha}_2+\cdots+k_m\boldsymbol{\alpha}_m$，其中

$$\boldsymbol{\alpha}_1=\begin{pmatrix}a_{11}\\a_{21}\\\vdots\\a_{m1}\end{pmatrix},\quad\boldsymbol{\alpha}_2=\begin{pmatrix}a_{12}\\a_{22}\\\vdots\\a_{m2}\end{pmatrix}\cdots,\quad\boldsymbol{\alpha}_n=\begin{pmatrix}a_{1n}\\a_{2n}\\\vdots\\a_{mn}\end{pmatrix},\quad\boldsymbol{\beta}=\begin{pmatrix}b_1\\b_2\\\vdots\\b_m\end{pmatrix}.$$

$\boldsymbol{\beta}$能否由向量组$\boldsymbol{\alpha}_1,\boldsymbol{\alpha}_2,\cdots,\boldsymbol{\alpha}_m$线性表示就是看其对应的线性方程组是否有解，于是有下面的定理.

▲ **定理 4.5.1** 向量$\boldsymbol{\beta}$可由向量组$\boldsymbol{\alpha}_1,\boldsymbol{\alpha}_2,\cdots,\boldsymbol{\alpha}_m$线性表示的充要条件是以$\boldsymbol{\alpha}_1,\boldsymbol{\alpha}_2,\cdots,\boldsymbol{\alpha}_m$为系数的列向量和以$\boldsymbol{\beta}$为常数项向量的线性方程组有解.

4.5.3 向量的线性相关性

定义 4.5.3 设$\boldsymbol{\alpha}_1,\boldsymbol{\alpha}_2,\cdots,\boldsymbol{\alpha}_m$为$m$个$n$维向量，若有不全为零的$m$个数$k_1,k_2,\cdots,k_m$，使得

$$k_1\boldsymbol{\alpha}_1+k_2\boldsymbol{\alpha}_2+\cdots+k_m\boldsymbol{\alpha}_m=0$$

成立，则称向量组$\boldsymbol{\alpha}_1,\boldsymbol{\alpha}_2,\cdots,\boldsymbol{\alpha}_m$线性相关；否则，称向量组$\boldsymbol{\alpha}_1,\boldsymbol{\alpha}_2,\cdots,\boldsymbol{\alpha}_m$线性无关. 也就是说，若仅当$k_1,k_2,\cdots,k_m$都等于零时，才能使上式成立，则称$\boldsymbol{\alpha}_1,\boldsymbol{\alpha}_2,\cdots,\boldsymbol{\alpha}_m$线性无关.

注意：

(1) 单独一个零向量构成的向量组必定线性相关；

(2) 任一个含零向量的非零向量组必为线性相关组；

(3) 仅含两个向量的向量组线性相关的充要条件是这两个向量的对应分量成比例.

【例 4.5.1】 设有 3 个列向量：

$$\boldsymbol{\alpha}_1=\begin{pmatrix}1\\0\\1\end{pmatrix},\quad \boldsymbol{\alpha}_2=\begin{pmatrix}-1\\2\\2\end{pmatrix},\quad \boldsymbol{\alpha}_3=\begin{pmatrix}1\\2\\4\end{pmatrix}.$$

不难验证$2\boldsymbol{\alpha}_1+\boldsymbol{\alpha}_2-\boldsymbol{\alpha}_3=0$，因此$\boldsymbol{\alpha}_1,\boldsymbol{\alpha}_2,\boldsymbol{\alpha}_3$是 3 个线性相关的三维向量.

【例 4.5.2】 证明单位向量组$\boldsymbol{e}_1=(1,0,0,0)^{\mathrm{T}},\boldsymbol{e}_2=(0,1,0,0)^{\mathrm{T}},\boldsymbol{e}_3=(0,0,1,0)^{\mathrm{T}},\boldsymbol{e}_4=(0,0,0,1)^{\mathrm{T}}$是线性无关的.

【证明】 设$k_1\boldsymbol{e}_1+k_2\boldsymbol{e}_2+k_3\boldsymbol{e}_3+k_4\boldsymbol{e}_4=\boldsymbol{0}$，即

$$k_1(1,0,0,0)^{\mathrm{T}}+k_2(0,1,0,0)^{\mathrm{T}}+k_3(0,0,1,0)^{\mathrm{T}}+k_4(0,0,0,1)^{\mathrm{T}}=\boldsymbol{0},$$

由上式得唯一解$k_1=0,k_2=0,k_3=0,k_4=0$.

所以$\boldsymbol{e}_1,\boldsymbol{e}_2,\boldsymbol{e}_3,\boldsymbol{e}_4$线性无关.

n维向量组$\boldsymbol{e}_1,\boldsymbol{e}_2,\cdots,\boldsymbol{e}_n$都是线性无关的，其中$\boldsymbol{e}_i(i=1,2,\cdots,n)$表示第$i$个分量为 1 其余分量为 0 的向量. 称$\boldsymbol{e}_1,\boldsymbol{e}_2,\cdots,\boldsymbol{e}_n$为$n$维单位向量组.

4.5.4 线性相关性的判定

齐次线性方程组

$$\begin{cases}a_{11}x_1+a_{12}x_2+\cdots+a_{1n}x_n=0\\a_{21}x_1+a_{22}x_2+\cdots+a_{2n}x_n=0\\\cdots\cdots\\a_{m1}x_1+a_{m2}x_2+\cdots+a_{mn}x_n=0\end{cases}$$

其向量形式为$x_1\boldsymbol{\alpha}_1+x_2\boldsymbol{\alpha}_2+\cdots+x_n\boldsymbol{\alpha}_n=0$，其中

$$\boldsymbol{\alpha}_1=\begin{pmatrix}a_{11}\\a_{21}\\\vdots\\a_{m1}\end{pmatrix},\quad \boldsymbol{\alpha}_2=\begin{pmatrix}a_{12}\\a_{22}\\\vdots\\a_{m2}\end{pmatrix},\quad \cdots,\quad \boldsymbol{\alpha}_n=\begin{pmatrix}a_{1n}\\a_{2n}\\\vdots\\a_{mn}\end{pmatrix},$$

向量组 $\boldsymbol{\alpha}_1,\boldsymbol{\alpha}_2,\cdots,\boldsymbol{\alpha}_m$ 是否线性相关就是看其对应的齐次线性方程组是否有非零解.

△ **定理 4.5.2**　关于向量组 $\boldsymbol{\alpha}_1,\boldsymbol{\alpha}_2,\cdots,\boldsymbol{\alpha}_m$，若齐次线性方程组

$$k_1\boldsymbol{\alpha}_1+k_2\boldsymbol{\alpha}_2+\cdots+k_m\boldsymbol{\alpha}_m=0$$

有非零解，则向量组 $\boldsymbol{\alpha}_1,\boldsymbol{\alpha}_2,\cdots,\boldsymbol{\alpha}_m$ 线性相关；若齐次线性方程组只有唯一的零解，则向量组 $\boldsymbol{\alpha}_1,\boldsymbol{\alpha}_2,\cdots,\boldsymbol{\alpha}_m$ 线性无关.

△ **定理 4.5.3**　m 个 n 维向量 $\boldsymbol{\alpha}_1,\boldsymbol{\alpha}_2,\cdots,\boldsymbol{\alpha}_m$ 线性相关的充分必要条件是矩阵 $\boldsymbol{A}=(\boldsymbol{\alpha}_1,\boldsymbol{\alpha}_2,\cdots,\boldsymbol{\alpha}_m)$ 的行列式 $|\boldsymbol{A}|\neq 0$.

△ **定理 4.5.4**　关于列(行) 向量组 $\boldsymbol{\alpha}_1,\boldsymbol{\alpha}_2,\cdots,\boldsymbol{\alpha}_m$，设矩阵

$$\boldsymbol{A}=(\boldsymbol{\alpha}_1,\boldsymbol{\alpha}_2,\cdots,\boldsymbol{\alpha}_m)\text{ 或 }\boldsymbol{A}=(\boldsymbol{\alpha}_1,\boldsymbol{\alpha}_2,\cdots,\boldsymbol{\alpha}_m)^{\mathrm{T}},$$

若 $r(\boldsymbol{A})<m$，则向量组 $\boldsymbol{\alpha}_1,\boldsymbol{\alpha}_2,\cdots,\boldsymbol{\alpha}_m$ 线性相关；若 $r(\boldsymbol{A})=m$，则向量组 $\boldsymbol{\alpha}_1,\boldsymbol{\alpha}_2,\cdots,\boldsymbol{\alpha}_m$ 线性无关.

◇ **推论 4.5.1**　任意 $n+1$ 个 n 维向量一定线性相关.

【例 4.5.3】　判断下列向量组的相关性.

$$\boldsymbol{\alpha}_1=(1,-1,2),\quad \boldsymbol{\alpha}_2=(0,2,1),\quad \boldsymbol{\alpha}_3=(1,1,1)$$

【解】　(1) 因为

$$\boldsymbol{A}=\begin{pmatrix}1&-1&2\\0&2&1\\1&1&1\end{pmatrix}\to\begin{pmatrix}1&-1&2\\0&2&1\\0&0&-2\end{pmatrix},r(\boldsymbol{A})=3=m,$$

所以向量组 $\boldsymbol{\alpha}_1,\boldsymbol{\alpha}_2,\boldsymbol{\alpha}_3$ 线性无关.

△ **定理 4.5.5**　向量组 $\boldsymbol{\alpha}_1,\boldsymbol{\alpha}_2,\cdots,\boldsymbol{\alpha}_m(m\geqslant 2)$ 线性相关的充分必要条件是：其中至少有一个向量可以由其余向量线性表示. 向量组 $\boldsymbol{\alpha}_1,\boldsymbol{\alpha}_2,\cdots,\boldsymbol{\alpha}_m(m\geqslant 2)$ 线性无关的充分必要条件是：其中每一个向量都不能由其余向量线性表示.

△ **定理 4.5.6**　若一个向量组中的部分向量线性相关，则整个向量组也线性相关.

◇ **推论 4.5.2**　若一个向量组线性无关，则它的任意一个部分向量组也线性无关.

△ **定理 4.5.7**　向量组 $\boldsymbol{\alpha}_1,\boldsymbol{\alpha}_2,\cdots,\boldsymbol{\alpha}_m$ 线性无关，而向量组 $\boldsymbol{\alpha}_1,\boldsymbol{\alpha}_2,\cdots,\boldsymbol{\alpha}_m,\boldsymbol{\beta}$ 线性相关，则 $\boldsymbol{\beta}$ 一定可以由 $\boldsymbol{\alpha}_1,\boldsymbol{\alpha}_2,\cdots,\boldsymbol{\alpha}_m$ 线性表示，且表示是唯一的.

练习题

1. 设 $\boldsymbol{\alpha},\boldsymbol{\beta},\boldsymbol{\gamma}$ 是三个同维向量，若 $\boldsymbol{\alpha}$、$\boldsymbol{\beta}$ 线性无关，$\boldsymbol{\beta}$、$\boldsymbol{\gamma}$ 线性无关，$\boldsymbol{\alpha}$、$\boldsymbol{\gamma}$ 也线性无关，问 $\boldsymbol{\alpha},\boldsymbol{\beta},\boldsymbol{\gamma}$ 是否一定线性无关？如果不一定，请举例说明.

2. $\boldsymbol{\alpha}_1=(1,-t,3)^{\mathrm{T}},\boldsymbol{\alpha}_2=(0,t,-5)^{\mathrm{T}},\boldsymbol{\alpha}_3=(-1,0,t)^{\mathrm{T}}$，$t$ 等于多少时，向量组 $\boldsymbol{\alpha}_1,\boldsymbol{\alpha}_2,\boldsymbol{\alpha}_3$ 线性无关.

3. 设向量组 $\boldsymbol{\alpha}_1=(1,-1,0),\boldsymbol{\alpha}_2=(2,4,1),\boldsymbol{\alpha}_3=(1,5,1),\boldsymbol{\alpha}_4=(0,0,1)$，判断其线性相关性.

4. 设向量 $\boldsymbol{\alpha}_1=(1,2,0)^{\mathrm{T}}$, $\boldsymbol{\alpha}_2=(2,3,1)^{\mathrm{T}}$, $\boldsymbol{\alpha}_3=(0,1,-1)^{\mathrm{T}}$, $\boldsymbol{\beta}=(3,5,k)^{\mathrm{T}}$,若 $\boldsymbol{\beta}$ 可由向量组 $\boldsymbol{\alpha}_1,\boldsymbol{\alpha}_2,\boldsymbol{\alpha}_3$ 线性表示,则 k 等于多少.

5. 若向量 $\boldsymbol{\beta}=(0,k,k^2)$ 能由向量 $\boldsymbol{\alpha}_1=(1,1,1+k)$, $\boldsymbol{\alpha}_2=(1,1+k,1)$, $\boldsymbol{\alpha}_3=(1+k,1,1)$ 唯一线性表示,则 k 应满足什么条件?

4.6 线性方程组的解

在 4.1 节我们研究了方程的个数 m 与未知量的个数 n 相等,且系数行列式不等于零的线性方程组可以构成一个行列式,利用克莱姆法则来求解,但方程的个数与未知量的个数不相等或系数行列式的值为零时,克莱姆法则失效,如何求解这类方程组是本节研究的问题.

4.6.1 线性方程组有解的条件

若 m 个方程,n 个未知量的线性方程组

$$\begin{cases} a_{11}x_1+a_{12}x_2+\cdots+a_{1n}x_n=b_1 \\ a_{21}x_1+a_{22}x_2+\cdots+a_{2n}x_n=b_2 \\ \qquad\cdots\cdots \\ a_{m1}x_1+a_{m2}x_2+\cdots+a_{mn}x_n=b_m \end{cases}$$

当 $b_1,b_2,\cdots,b_m$ 不全为 0 时,非齐次线性方程组可以用矩阵表示为 $\boldsymbol{AX}=\boldsymbol{B}$,其中

$$\boldsymbol{A}=\begin{pmatrix} a_{11} & a_{12} & \cdots & a_{1n} \\ a_{21} & a_{22} & \cdots & a_{2n} \\ \vdots & \vdots & & \vdots \\ a_{m1} & a_{m2} & \cdots & a_{mn} \end{pmatrix};\quad \boldsymbol{B}=\begin{pmatrix} b_1 \\ b_2 \\ \vdots \\ b_m \end{pmatrix};\quad \boldsymbol{X}=\begin{pmatrix} x_1 \\ x_2 \\ \vdots \\ x_n \end{pmatrix}$$

分别称为方程组的系数矩阵、常数项矩阵和未知量矩阵.

并且将系数矩阵 $\boldsymbol{A}$ 和常数矩阵 $\boldsymbol{B}$ 放在一起构成的矩阵

$$(\boldsymbol{A}\,\vdots\,\boldsymbol{B})=\begin{pmatrix} a_{11} & a_{12} & \cdots & a_{1n} & b_1 \\ a_{21} & a_{22} & \cdots & a_{2n} & b_2 \\ \vdots & \vdots & & \vdots & \vdots \\ a_{m1} & a_{m2} & \cdots & a_{mn} & b_m \end{pmatrix}$$

称为方程组的增广矩阵,可以看出线性方程组由其增广矩阵唯一确定,增广矩阵可以清楚地表示线性方程组 $\boldsymbol{AX}=\boldsymbol{B}$.

中学所学的解线性方程组的消元法在求解方程组过程中对方程组进行了三种变换:

(1) 用一个非零的数乘某个方程;

(2) 把一个方程的某倍数加到另一个方程;

(3) 交换两个方程的位置.

这三种变换我们就称之为线性方程组的初等变换. 利用上述三种初等变换,总可以把一个方程组变成阶梯形方程

$$\begin{cases} c_{11}x_1 + c_{12}x_2 + \cdots + c_{1r}x_r + \cdots + c_{1n}x_n = d_1 \\ \qquad c_{22}x_2 + \cdots + c_{2r}x_r + \cdots + c_{2n}x_n = d_2 \\ \qquad\qquad \cdots\cdots \\ \qquad\qquad c_{rr}x_r + \cdots + c_{rn}x_n = d_r \\ \qquad\qquad\qquad 0 = d_{r+1} \\ \qquad\qquad\qquad 0 = 0 \\ \qquad\qquad\qquad \cdots\cdots \\ \qquad\qquad\qquad 0 = 0 \end{cases}$$

其中：$c_{ii} \neq 0, i = 1,2,\cdots,r.$

初等行变换将方程组转化为同解的阶梯形方程组，相当于对其增广矩阵施行相应的初等行变换化为等价的阶梯形矩阵，即

$$(\boldsymbol{A} \vdots \boldsymbol{B}) = \begin{pmatrix} a_{11} & a_{12} & \cdots & a_{1n} & b_1 \\ a_{21} & a_{22} & \cdots & a_{2n} & b_2 \\ \vdots & \vdots & & \vdots & \vdots \\ a_{m1} & a_{m2} & \cdots & a_{mn} & b_m \end{pmatrix} \xrightarrow{\text{初等行变换}} \begin{pmatrix} c_{11} & c_{12} & \cdots & c_{1r} & \cdots & c_{1n} & d_1 \\ 0 & c_{22} & \cdots & c_{2r} & \cdots & c_{2n} & d_2 \\ \vdots & \vdots & & \vdots & & \vdots & \vdots \\ 0 & 0 & \cdots & c_{rr} & \cdots & c_{rn} & d_r \\ 0 & 0 & \cdots & 0 & \cdots & 0 & d_{r+1} \\ \vdots & \vdots & & \vdots & & \vdots & \vdots \\ 0 & 0 & \cdots & 0 & \cdots & 0 & 0 \end{pmatrix}$$

讨论解的情况：

1. 可以看出 $d_{r+1} \neq 0$ 时，第 $r+1$ 个方程“$0 = d_{r+1}$”是一个矛盾方程，方程组无解．用矩阵来表示即 $r(\boldsymbol{A}) \neq r(\boldsymbol{A} \vdots \boldsymbol{B})$ 时，方程组无解．

2. 当 $d_{r+1} = 0$ 时，方程组有解．用矩阵来表示即 $r(\boldsymbol{A}) = r(\boldsymbol{A} \vdots \boldsymbol{B})$ 时，方程组有解．

(1) 当 $r = n$ 时，方程组变成

$$\begin{cases} c_{11}x_1 + c_{12}x_2 + \cdots + c_{1n}x_n = d_1 \\ \qquad c_{22}x_2 + \cdots + c_{2n}x_n = d_2 \\ \qquad\qquad \cdots\cdots \\ \qquad\qquad c_{nn}x_n = d_n \end{cases},$$

此时 $x_n = \dfrac{d_n}{c_{nn}}$，依次代入可得 $x_{n-1}, x_{n-2}, \cdots, x_2, x_1$．即 $r(\boldsymbol{A}) = r(\boldsymbol{A} \vdots \boldsymbol{B}) = n$ 时，方程组有唯一解．

(2) $r < n$ 时，方程组可化为

$$\begin{cases} c_{11}x_1 + c_{12}x_2 + \cdots + c_{1r}x_r = d_1 - c_{1,r+1}x_{r+1} - \cdots - c_{1n}x_n \\ \qquad c_{22}x_2 + \cdots + c_{2r}x_r = d_2 - c_{2,r+1}x_{r+1} - \cdots - c_{2n}x_n \\ \qquad\qquad \cdots\cdots \\ \qquad\qquad x_{rr}x_r = d_r - c_{r,r+1}x_{r+1} - \cdots - c_{rn}x_n \end{cases},$$

$x_{r+1}, x_{r+2}, \cdots, x_n$ 可以取任意实数，称为一组自由未知量，$x_1, x_2, \cdots, x_r$ 可由它们确定(线性表示)，称为方程组的一般解．

这种利用初等变换解方程组的方法称为消元法.

△ **定理 4.6.1** 若线性方程组 $\boldsymbol{AX}=\boldsymbol{B}$ 有解,即 $r(\boldsymbol{A})=r(\boldsymbol{A}\mid\boldsymbol{B})$,则

(1) 若 $r(\boldsymbol{A})=r(\boldsymbol{A}\mid\boldsymbol{B})=n$,方程组有唯一解;

(2) 若 $r(\boldsymbol{A})=r(\boldsymbol{A}\mid\boldsymbol{B})<n$,方程组有无穷多个解.

当 $b_1=b_2=\cdots=b_m=0$ 时,齐次线性方程的矩阵表示形式为 $\boldsymbol{AX}=\boldsymbol{O}$,其中 $\boldsymbol{O}=(0,0,\cdots,0)^{\mathrm{T}}$.

显然由 $x_1=0,x_2=0,\cdots,x_n=0$ 组成的有序数组 $(0,0,\cdots,0)$ 是齐次线性方程组 $\boldsymbol{AX}=\boldsymbol{O}$ 的一个解,称之为齐次线性方程组的零解,而当齐次线性方程组的未知量取值不全为零时,称之为非零解.

推论 4.6.1 对于齐次线性方程组,

(1) 若 $r(\boldsymbol{A})=n$,则方程组有唯一的零解;

(2) 若 $r(\boldsymbol{A})=r<n$,则方程组有无穷多个解.

【例 4.6.1】 讨论线性方程组

$$\begin{cases}x_1-3x_2+2x_3+x_4=0\\2x_1+4x_2-x_3-3x_4=0\\-x_1-7x_2+3x_3+4x_4=0\\3x_1+x_2+x_3-2x_4=0\end{cases}$$

的解的情况,并解出方程组.

【解】 因为

$$(\boldsymbol{A}\mid\boldsymbol{B})=\begin{pmatrix}1&-3&2&1\\2&4&-1&-3\\-1&-7&3&4\\3&1&1&-2\end{pmatrix}\to\begin{pmatrix}1&-3&2&1\\0&10&-5&-5\\0&-10&5&5\\0&10&-5&-5\end{pmatrix}$$

$$\to\begin{pmatrix}1&-3&2&1\\0&10&-5&-5\\0&0&0&0\\0&0&0&0\end{pmatrix}\to\begin{pmatrix}1&0&0.5&-0.5\\0&1&-0.5&-0.5\\0&0&0&0\\0&0&0&0\end{pmatrix},$$

$r(\boldsymbol{A}\mid\boldsymbol{B})=r(\boldsymbol{A})=2<n(n=4)$,所以方程组有无穷多解.且方程可化为

$$\begin{cases}x_1=-0.5x_3+0.5x_4\\x_2=0.5x_3+0.5x_4\end{cases}$$

其中称 x_3,x_4 是自由未知量.

用消元法解线性方程组 $\boldsymbol{AX}=\boldsymbol{B}$(或 $\boldsymbol{AX}=\boldsymbol{O}$) 的具体步骤为:

首先写出增广矩阵$(\boldsymbol{A}\mid\boldsymbol{B})$(或系数矩阵 $\boldsymbol{A}$),并用初等行变换将其化成阶梯形矩阵;然后判断方程组是否有解;在有解的情况下,继续用初等行变换将阶梯形矩阵化成行简化阶梯形矩阵,再写出方程组的一般解.

4.6.2 齐次线性方程组解的结构

下面用向量组的线性相关性理论来讨论线性方程组的解,先讨论齐次线性方程组

$$\begin{cases} a_{11}x_1 + a_{12}x_2 + \cdots + a_{1n}x_n = 0 \\ a_{21}x_1 + a_{22}x_2 + \cdots + a_{2n}x_n = 0 \\ \cdots\cdots \\ a_{m1}x_1 + a_{m2}x_2 + \cdots + a_{mn}x_n = 0 \end{cases}$$

$$\boldsymbol{A} = (a_{ij})_{m\times n} = \begin{pmatrix} a_{11} & a_{12} & \cdots & a_{1n} \\ a_{21} & a_{22} & \cdots & a_{2n} \\ \vdots & \vdots & & \vdots \\ a_{m1} & a_{m2} & \cdots & a_{mn} \end{pmatrix}, \quad \boldsymbol{X} = \begin{pmatrix} x_1 \\ x_2 \\ \vdots \\ x_n \end{pmatrix}$$

其矩阵形式为 $\boldsymbol{AX} = \boldsymbol{O}$,则其向量形式为 $x_1\boldsymbol{\alpha}_1 + x_2\boldsymbol{\alpha}_2 + \cdots + x_n\boldsymbol{\alpha}_n = 0$.

若令 $x_1 = \xi_{11}, x_2 = \xi_{21}, \cdots, x_n = \xi_{n1}$ 为 $\boldsymbol{AX} = \boldsymbol{O}$ 的解,则

$$\boldsymbol{x} = \boldsymbol{\xi}_1 = \begin{pmatrix} \xi_{11} \\ \xi_{21} \\ \vdots \\ \xi_{n1} \end{pmatrix}$$

称为方程组 $\boldsymbol{AX} = \boldsymbol{O}$ 的解向量.

◎ **性质 4.6.1**　若 $\boldsymbol{x} = \boldsymbol{\xi}_1$ 是 $\boldsymbol{AX} = \boldsymbol{O}$ 的解,k 是实数,则 $x = k\xi_1$ 也是 $\boldsymbol{AX} = \boldsymbol{O}$ 的解.

☞ **定义 4.6.1**　$\{\boldsymbol{\xi}_1, \boldsymbol{\xi}_2, \cdots, \boldsymbol{\xi}_{n-r}\}$ 是齐次线性方程组 $\boldsymbol{AX} = \boldsymbol{O}$ 的一个解向量集.如果它满足以下两个条件:

(1) $\{\boldsymbol{\xi}_1, \boldsymbol{\xi}_2, \cdots, \boldsymbol{\xi}_{n-r}\}$ 是线性无关的向量组;

(2) $\boldsymbol{AX} = \boldsymbol{O}$ 的任意一个解 $\boldsymbol{\xi}$ 都可以表示为 $\boldsymbol{\xi}_1, \boldsymbol{\xi}_2, \cdots, \boldsymbol{\xi}_{n-r}$ 的线性组合,即

$$\boldsymbol{x} = k_1\boldsymbol{\xi}_1 + k_2\boldsymbol{\xi}_2 + \cdots + k_{n-r}\boldsymbol{\xi}_{n-r},$$

其中 $k_1, k_2, \cdots, k_{n-r}$ 为任意实数,则称 $\{\xi_1, \xi_2, \cdots, \xi_{n-r}\}$ 是方程组 $\boldsymbol{AX} = \boldsymbol{O}$ 的一个基础解系.

▲ **定理 4.6.2**　设齐次线性方程组 $\boldsymbol{AX} = \boldsymbol{O}$ 的系数矩阵的秩 $r(\boldsymbol{A}) = r$,则

(1) 当 $r = n$ 时,方程组 $\boldsymbol{AX} = \boldsymbol{O}$ 只有零解,从而方程组 $\boldsymbol{AX} = \boldsymbol{O}$ 无基础解系;

(2) 当 $r < n$ 时,方程组 $\boldsymbol{AX} = \boldsymbol{O}$ 除零解外,还有非零解,从而方程组 $\boldsymbol{AX} = \boldsymbol{O}$ 有基础解系,且基础解系包含 $n - r$ 个解向量.

根据上述分析可知,$\{\boldsymbol{\xi}_1, \boldsymbol{\xi}_2, \cdots, \boldsymbol{\xi}_{n-r}\}$ 是方程组 $\boldsymbol{AX} = \boldsymbol{O}$ 的任意一个基础解系,则 $\boldsymbol{AX} = \boldsymbol{O}$ 的解可表示为

$$\boldsymbol{x} = k_1\boldsymbol{\xi}_1 + k_2\boldsymbol{\xi}_2 + \cdots + k_{n-r}\boldsymbol{\xi}_{n-r},$$

其中 $k_1, k_2, \cdots, k_{n-r}$ 为任意实数,称此式为方程组 $\boldsymbol{AX} = \boldsymbol{O}$ 的通解.

【例 4.6.2】　求齐次线性方程组

$$\begin{cases} x_1 + 2x_2 + 2x_3 + x_4 = 0 \\ 2x_1 + x_2 - 2x_3 - 2x_4 = 0 \\ x_1 - x_2 - 4x_3 - 3x_4 = 0 \end{cases}$$

的基础解系与通解.

【解】　对系数矩阵 $\boldsymbol{A}$ 作初等行变换,变为行简化梯形矩阵.

$$A=\begin{pmatrix}1&2&2&1\\2&1&-2&-2\\1&-1&-4&-3\end{pmatrix}\to\begin{pmatrix}1&2&2&1\\0&-3&-6&-4\\0&-3&-6&-4\end{pmatrix}\to\begin{pmatrix}1&2&2&1\\0&1&2&\frac{4}{3}\\0&0&0&0\end{pmatrix}\to\begin{pmatrix}1&0&-2&-\frac{5}{3}\\0&1&2&\frac{4}{3}\\0&0&0&0\end{pmatrix}$$

即

$$\begin{cases}x_1=2x_3+\dfrac{5}{3}x_4\\x_2=-2x_3-\dfrac{4}{3}x_4\end{cases}$$

令 $\begin{pmatrix}x_3\\x_4\end{pmatrix}=\begin{pmatrix}1\\0\end{pmatrix}$和$\begin{pmatrix}0\\1\end{pmatrix}$，则可得基础解系

$$\boldsymbol{\xi}_1=\begin{pmatrix}2\\-2\\1\\0\end{pmatrix},\quad\boldsymbol{\xi}_2=\begin{pmatrix}\frac{5}{3}\\-\frac{4}{3}\\0\\1\end{pmatrix},$$

由此可得通解为

$$\boldsymbol{x}=c_1\boldsymbol{\xi}_1+c_2\boldsymbol{\xi}_2=c_1\begin{pmatrix}2\\-2\\1\\0\end{pmatrix}+c_2\begin{pmatrix}\frac{5}{3}\\-\frac{4}{3}\\0\\1\end{pmatrix}\quad(c_1,c_2\in\mathbf{R}).$$

◈ 4.6.3 非齐次线性方程组解的结构

◎ 性质 4.6.2 设 $x=\eta_1$ 与 $x=\eta_2$ 都是方程组 $\boldsymbol{AX}=\boldsymbol{B}$ 的解，则 $x=\eta_2-\eta_1$ 为对应的齐次线性方程组 $\boldsymbol{AX}=\boldsymbol{O}$ 的解.

▲ 定理 4.6.3 设方程组 $\boldsymbol{AX}=\boldsymbol{B}$ 的某一特解为 $\boldsymbol{\xi}_0$，$\boldsymbol{\xi}$ 是对应齐次方程组 $\boldsymbol{AX}=\boldsymbol{O}$ 的通解，则方程组 $\boldsymbol{AX}=\boldsymbol{B}$ 的任意一个解 $\boldsymbol{x}$（即通解）可以表示成：$\boldsymbol{x}=\boldsymbol{\xi}+\boldsymbol{\xi}_0$

即非齐次线性方程组 $\boldsymbol{AX}=\boldsymbol{B}$ 的通解为：

$$\boldsymbol{x}=\boldsymbol{\xi}_0+k_1\boldsymbol{\xi}_1+k_2\boldsymbol{\xi}_2+\cdots+k_{n-r}\boldsymbol{\xi}_{n-r}.$$

其中 $\{\boldsymbol{\xi}_1,\boldsymbol{\xi}_2,\cdots,\boldsymbol{\xi}_{n-r}\}$ 是对应齐次方程组 $\boldsymbol{AX}=\boldsymbol{O}$ 的一个基础解系.

【例 4.6.3】 求方程组

$$\begin{cases}x_1+x_2-2x_4+x_5=-1\\-2x_1-x_2+x_3-4x_4+2x_5=1\\-x_1+x_2-x_3-2x_4+x_5=2\end{cases}$$

的通解.

【解】 对增广矩阵 $(\boldsymbol{A}\,\vdots\,\boldsymbol{B})$ 实施初等行变换

$$(\boldsymbol{A}\,\vdots\,\boldsymbol{B})=\begin{pmatrix}1&1&0&-2&1&-1\\-2&-1&1&-4&2&1\\-1&1&-1&-2&1&2\end{pmatrix}\to\begin{pmatrix}1&1&0&-2&1&-1\\0&1&1&-8&4&-1\\0&2&-1&-4&2&1\end{pmatrix}$$

$$\to\begin{pmatrix}1&1&0&-2&1&-1\\0&1&1&-8&4&-1\\0&0&-3&12&-6&3\end{pmatrix}\to\begin{pmatrix}1&0&0&2&-1&-1\\0&1&0&-4&2&0\\0&0&1&-4&2&-1\end{pmatrix}$$

所以 $r(\boldsymbol{A})=r(\boldsymbol{A}\,\vdots\,\boldsymbol{B})=3<5$,所以方程组有无穷多解,并有

$$\begin{cases}x_1=-2x_4+x_5-1\\x_2=4x_4-2x_5\\x_3=4x_4-2x_5-1\end{cases},$$

令 $\begin{pmatrix}x_4\\x_5\end{pmatrix}=\begin{pmatrix}0\\0\end{pmatrix}$,则 $\begin{pmatrix}x_1\\x_2\\x_3\end{pmatrix}=\begin{pmatrix}-1\\0\\-1\end{pmatrix}$,即得方程组的一个特解

$$\boldsymbol{\xi}_0=\begin{pmatrix}-1\\0\\-1\\0\\0\end{pmatrix}.$$

原方程组对应的齐次线性方程组为

$$\begin{cases}x_1=-2x_4+x_5\\x_2=4x_4-2x_5\\x_3=4x_4-2x_5\end{cases},$$

令其中 $\begin{pmatrix}x_4\\x_5\end{pmatrix}=\begin{pmatrix}1\\0\end{pmatrix}$和$\begin{pmatrix}0\\1\end{pmatrix}$即得对应的齐次线性方程组的基础解系

$$\boldsymbol{\xi}_1=\begin{pmatrix}-2\\4\\4\\1\\0\end{pmatrix},\quad\boldsymbol{\xi}_2=\begin{pmatrix}1\\-2\\-2\\0\\1\end{pmatrix}.$$

所以所求方程组的通解为

$$\begin{pmatrix}x_1\\x_2\\x_3\\x_4\\x_5\end{pmatrix}=c_1\begin{pmatrix}-2\\4\\4\\1\\0\end{pmatrix}+c_2\begin{pmatrix}1\\-2\\-2\\0\\1\end{pmatrix}+\begin{pmatrix}-1\\0\\-1\\0\\0\end{pmatrix}\quad(c_1,c_2\in\mathbf{R}).$$

练习题

1. 设一线性方程组的增广矩阵为

$$\left(\begin{array}{ccc|c} 1 & 2 & 1 & 1 \\ -1 & 4 & 3 & 2 \\ 2 & -2 & a & 3 \end{array}\right).$$

求 a 分别为何值时，使得此方程组有唯一解和无解？

2. 解线性方程组

(1) $\begin{cases} 2x_1 + x_2 - x_3 + x_4 = 1 \\ x_1 + \dfrac{1}{2}x_2 - \dfrac{1}{2}x_3 - \dfrac{1}{2}x_4 = \dfrac{1}{2}; \\ 4x_1 + 2x_2 - 2x_3 + 2x_4 = 2 \end{cases}$　　(2) $\begin{cases} -3x_1 - 3x_2 + 14x_3 + 29x_4 = -16 \\ x_1 + x_2 + 4x_3 - x_4 = 1 \\ -x_1 - x_2 + 2x_3 + 7x_4 = -4 \end{cases}.$

3. 求 λ 的值使得下述方程组有非零解.

$$\begin{cases} (\lambda - 2)x + y = 0 \\ -x + (\lambda - 2)y = 0 \end{cases}.$$

4. 设线性方程组

$$\begin{cases} x_1 + x_2 + \lambda x_3 = 4 \\ -x_1 + \lambda x_2 + x_3 = \lambda^2, \\ x_1 - x_2 + 2x_3 = -4 \end{cases}$$

当 λ 等于何值时，方程组(1) 无解；(2) 有唯一解；(3) 有无穷多解，并求出此时方程组的通解.

* 模块 5　概率论与数理统计

在自然界和人的实践活动中经常遇到各种各样的现象，这些现象大体可分为两类：

一类现象称为确定性现象，这类现象的特点是：在一定条件下，其结果完全被确定，即或者完全肯定，或者完全否定，不存在其他的可能性. 例如“在一个标准大气压下，纯水加热到100℃时必然沸腾”，“向上抛一枚硬币必然下落”，“同性电荷相斥，异性电荷相吸”等. 确定性现象在试验中必然发生，故这种现象常称为必然现象.

另一类现象称为非确定性现象，这类现象的特点是：条件不能完全决定结果，即在一定条件下，进行一系列观测或试验，可能出现各种不同的结果. 例如：在相同的条件下，向上抛一枚质地均匀的硬币，其结果可能是正面朝上，也可能是反面朝上；学生参加一次考试，事先不能确定得多少分；同一门大炮对同一目标进行多次射击(同一型号的炮弹)，各次弹着点可能不尽相同，并且每次射击之前无法确定弹着点的精确位置. 由上可知，非确定性现象实际上就是事前不能预言结果的现象，这类现象只有事后才能确切知道结果，在概率论中，这类现象常称为随机现象.

虽然在一次试验中，随机现象发生哪一种结果是偶然的，但通过对这种现象的大量观察，会发现其结果在数量上呈现出一定的规律性，我们把随机现象的这种规律称为统计规律性. 概率论与数理统计就是要揭示随机现象内部存在的统计规律性的一门数学学科.

◈ 5.1　随机事件、概率的统计定义及古典概型

◈ 5.1.1　随机事件及其运算

1. 随机事件

(1)随机试验　为了研究随机现象的统计规律性，我们将具有如下基本特点的试验称为随机试验：

①试验可以在相同的条件下重复进行；

②试验的可能结果不止一个，但明确知道其所有可能出现的结果；

③在每次试验前，不能确知这次试验的结果，但可以肯定试验的结果必是所有可能结果中的一个.

(2)事件　把试验结果中发生的现象称为事件.

(3)必然事件　在每次试验的结果中，如果事件一定发生，则称为必然事件.

(4)不可能事件　在每次试验的结果中，如果事件一定不发生，则称为不可能事件.

(5)随机事件　在试验的结果中，可能发生，也可能不发生的事件称为随机事件，通常用 A、B、C 等表示.

2. 样本空间

(1)样本点　随机试验的每一个可能结果称为该试验的一个样本点,常用 ω 表示.

(2)样本空间　随机试验的所有可能结果(样本点)的集合称为该试验的样本空间,常用 Ω 表示,即 $\Omega=\{\omega_1,\omega_2,\omega_3,\cdots\}$.

(3)事件的集合论定义　任一随机事件都是样本空间 Ω 中的一部分样本点构成的集合,就是说,随机事件是样本空间 Ω 的子集.因为必然事件在每次试验中一定发生,表明在试验的结果中任一样本点发生时,必然事件都发生,所以必然事件是所有样本点的集合,即必然事件就等于样本空间 Ω;因为不可能事件在每次试验中一定不发生,表明在试验的结果中任一样本点发生时,不可能事件都不发生,所以不可能事件是不包含任何样本点的空集,记为 $\varnothing$;试验的单个样本点称为基本事件,即仅包含单个样本点的子集.

由上所述可知,所谓在一次试验中事件 A 发生,当且仅当试验中出现的样本点 $\omega\in A$;所谓在一次试验中事件 A 不发生,当且仅当试验中出现的样本点 $\omega\notin A$.

3. 事件的关系及其运算

对于随机试验而言,它的样本空间可以包含很多随机事件.概率论的任务之一就是研究随机事件的规律,通过对较简单事件规律的研究再掌握更复杂事件的规律,为此需要研究事件和事件之间的关系与运算.

(1)事件的包含

如果事件 A 发生,必然导致事件 B 发生,则称事件 B 包含事件 A,或称事件 A 包含于事件 B,记作

$$B\supset A \quad 或 \quad A\subset B$$

这时,集合 A 中的样本点一定属于集合 B,但集合 B 中的样本点不一定属于集合 A.包含关系如图 5.1.1 所示.由事件包含关系的定义直接得到如下性质:

① 每个事件 A 都包含其自身,即 $A\subset A$;

② 包含关系具有传递性,若 $A\subset B$,$B\subset C$,则 $A\subset C$;

③ 每个事件都必然导致必然事件 Ω 的发生,即 $A\subset\Omega$;

④ 对任意事件 A,有 $\varnothing\subset A\subset\Omega$.

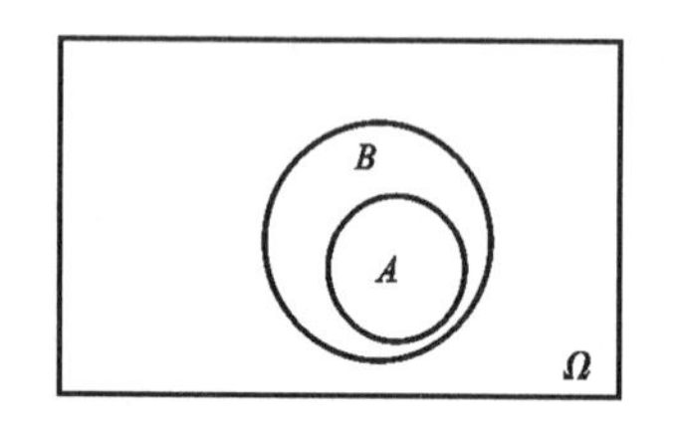

图 5.1.1　$A\subset B$

(2)事件的相等

如果 $A\subset B$ 和 $B\subset A$ 同时成立,则称事件 A 与 B 相等,记作 $A=B$.

这时,集合 A 与集合 B 中的样本点是相同的.其概率含义是:A、B 中一个发生,另一个必然发生.

由事件相等的定义,有性质:

① 反身性:$A=A$;

② 传递性:若 $A=B$ 且 $B=C$,则 $A=C$;

③ 对称性:若 $A=B$,则 $B=A$.

(3)事件的并(和)

事件 A 与事件 B 至少有一个发生的事件,称之为事件 A 与 B 的并(或和),记作

$$A\cup B(或\ A+B).$$

显然,这个事件是由两个集合 A 与 B 中所有样本点组成的集合,如图 5.1.2 所示斜线部分.

n 个事件 $A_1,A_2,\cdots,A_n$ 中至少有一个发生的事件,称为这 n 个事件 $A_1,A_2,\cdots,A_n$ 的并,记为 $A_1\cup A_2\cup\cdots\cup A_n$ 或 $\bigcup\limits_{i=1}^{n}A_i$,它是由至少属于 $A_1,A_2,\cdots,A_n$ 之一的样本点全体组成的集合.

由事件的并定义,有性质:

① $A\cup\varnothing=A,A\cup\Omega=\Omega,A\cup A=A$;

② 若 $A\subset B$,则 $A\cup B=B,A\subset A\cup B,B\subset A\cup B$.

(4)事件的交(积)

事件 A 与事件 B 同时发生的事件,称之为事件 A 与 B 的交(或积),记作

$$A\cap B(\text{或 }AB).$$

显然,这个事件是由两个集合 A 与 B 中公共样本点组成的集合,如图 5.1.3 所示斜线部分.

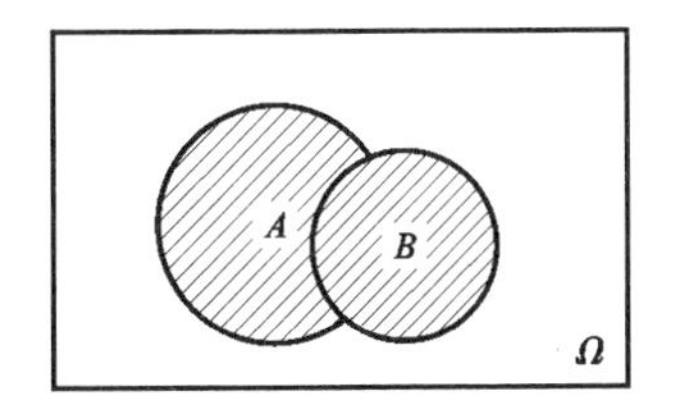

图 5.1.2 $A\cup B$

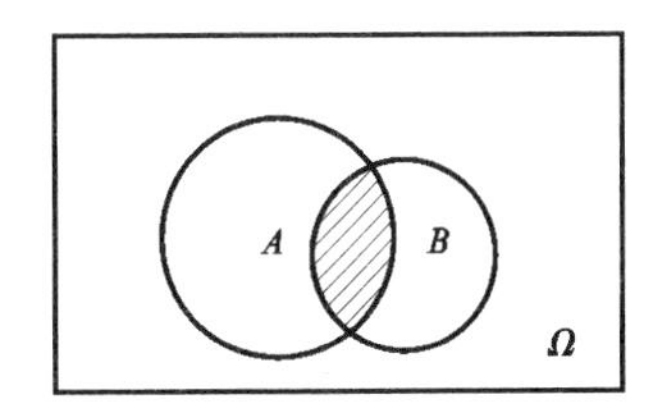

图 5.1.3 $A\cap B$

n 个事件 $A_1,A_2,\cdots,A_n$ 中同时发生的事件,称为这 n 个事件 $A_1,A_2,\cdots,A_n$ 的交,记为 $A_1\cap A_2\cap\cdots\cap A_n$ 或 $\bigcap\limits_{i=1}^{n}A_i$.

由事件的交定义,有性质:

①若 $A\subset B$,则 $A\cap B=A$;

②$A\cap\varnothing=\varnothing,A\cap\Omega=A,A\cap A=A,A\cap B\subset A,A\cap B\subset B$.

(5)事件的差

事件 A 发生而事件 B 不发生,这一事件称为事件 A 与事件 B 的差,记作

$$A-B(\text{或 }A\backslash B).$$

显然,这个事件是由属于事件 A 而不属于事件 B 的全体样本点组成的集合,如图 5.1.4 所示斜线部分.

由事件的差的定义,有性质:

①$A-A=\varnothing$;

②$A-\varnothing=A$;

③$A-\Omega=\varnothing$.

(6)互不相容事件(或互斥事件)

若两个事件 A 与 B 不可能同时发生,即满足

$$AB=\varnothing$$

则称事件 A 与 B 是互不相容的(或互斥的).

这时,两个集合 A 与 B 没有公共的样本点,如图 5.1.5 所示. 两个事件 A 与 B 不可能同

时发生,也可以说成两个事件 A 与 B 同时发生是不可能的.同一试验中各基本事件是互斥的.

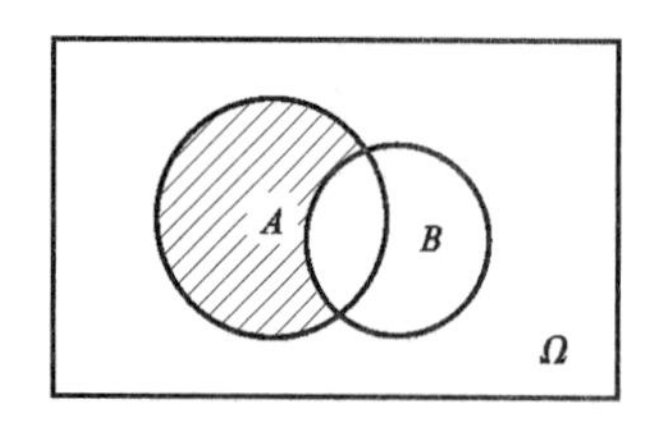

图 5.1.4　$A-B$

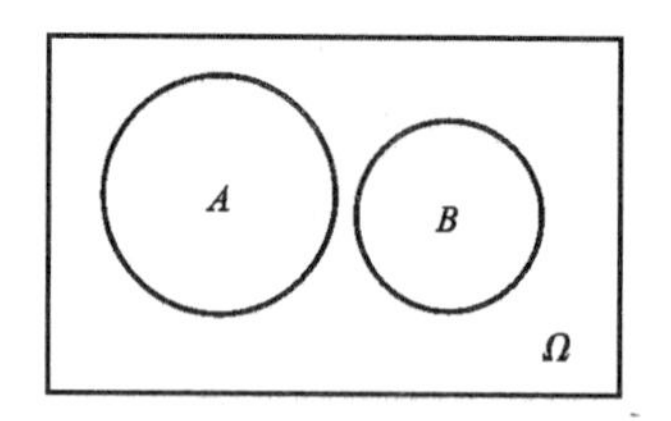

图 5.1.5　$AB=\varnothing$

设 n 个事件 $A_1,A_2,\cdots,A_n$ 中的任意两个事件是互不相容的,即当 $i\neq j$ 时,$A_iA_j=\varnothing$,则称事件 $A_1,A_2,\cdots,A_n$ 两两互不相容.

(7)对立事件(或事件的逆)

若在随机试验中,事件 A 与 B 中必有一个事件且仅有一个事件发生,则称事件 A 与 B 是对立事件,也称 A 是 B 的逆事件,同时 B 也是 A 的逆事件,记作

$$A=\overline{B} \quad 或 \quad B=\overline{A}.$$

由对立事件的定义,事件 A 与 B 应满足

$$AB=\varnothing \quad 且 \quad A+B=\Omega,$$

故定义可以表述为两个互不相容事件 A 与 B 中必有一个发生.

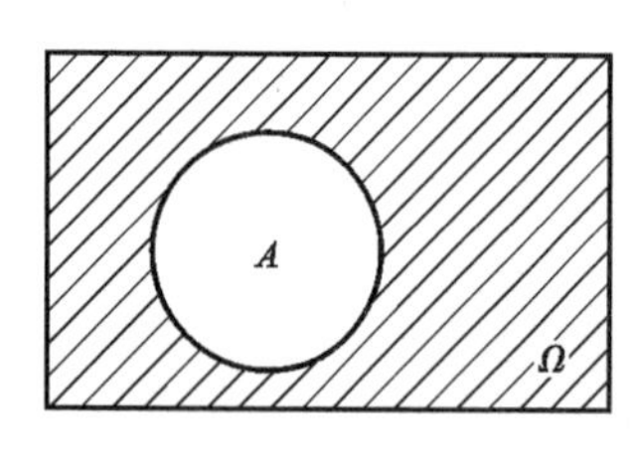

图 5.1.6　$\overline{A}$

对于一个事件 A 而言,我们有时也将事件 A 不发生的事件称为事件 A 的对立事件,记作 $\overline{A}$.它是由属于样本空间而不属于事件 A 的全体样本点组成的集合,即 $\overline{A}=\Omega-A$,如图 5.1.6 所示斜线部分.

注意:

互逆与互斥是两个不同的概念,互逆必互斥,但互斥不一定互逆.

由对立事件的定义,有性质:

①$A\cup\overline{A}=\Omega$;

②$A\overline{A}=\varnothing$;

③$\overline{\overline{A}}=A$;

④$A-B=A\overline{B}$.

(8)事件的运算

与集合的运算的性质类似,事件的运算有下列性质:

①交换律:$A\cup B=B\cup A,AB=BA$;

②结合律:$(A\cup B)\cup C=A\cup(B\cup C),(AB)C=A(BC)$;

③分配律:$A(B\cup C)=AB\cup AC,A\cup(BC)=(A\cup B)(A\cup C)$;

④德·摩根定律:$\overline{A\cup B}=\overline{A}\,\overline{B},\overline{AB}=\overline{A}\cup\overline{B}$;

对任意有限个事件,有 $\overline{\bigcup\limits_{i=1}^{n}A_i}=\bigcap\limits_{i=1}^{n}\overline{A_i},\overline{\bigcap\limits_{i=1}^{n}A_i}=\bigcup\limits_{i=1}^{n}\overline{A_i}$.

为了便于比较事件的直观意义和集合论定义,把各符号的两种解释列入表 5.1.1 中。

表 5.1.1

符号	集合论解释	概率论解释	概率含义
Ω	空间	必然事件、样本空间	
$\varnothing$	空集	不可能事件	
ω	点(元素)	基本事件、样本点	
A	Ω 的子集 A	事件 A	
$\omega \in A$	ω 是 A 中的点	事件 A 发生	
$\omega \notin A$	ω 不是 A 中的点	事件 A 不发生	
$A \subset B$	A 是 B 的子集	A 是 B 的子事件	事件 A 发生则事件 B 必发生
$A=B$	集合 A 与 B 相等	事件 A 与 B 相等	事件 A、B 中一个发生另一个也发生
$A \cup B$	集合 A 与 B 的并集	事件 A 与 B 的并	事件 A 与 B 至少有一个发生
AB	集合 A 与 B 的交集	事件 A 与 B 的交	事件 A 与 B 同时发生
$A-B$	集合 A 与 B 的差集	事件 A 与 B 的差	事件 A 发生而事件 B 不发生
$\bar{A}$	集合 A 的补集	事件 A 的对立事件	事件 A、$\bar{A}$ 中有且仅有一个发生
$AB=\varnothing$	集合 A 与 B 无公共元素	事件 A 与 B 互不相容	事件 A 与 B 不可能同时发生

5.1.2　概率的统计定义及古典概型

1. 概率的统计定义

(1)随机事件的频率

设事件 A 在 n 次重复进行的试验中发生了 μ_n 次，则称

$$f_n(A)=\frac{\mu_n}{n}$$

为事件 A 发生的频率，其中 μ_n 称为事件 A 发生的频数.

由频率的定义，易知频率具有下列性质：

① 非负性：$0 \leqslant f_n(A) \leqslant 1$；

② 规范性：$f_n(\Omega)=1$；

③ 可加性：若 $AB=\varnothing$，则 $f_n(A \cup B)=f_n(A)+f_n(B)$.

一般地，对于任意有限多个两两互不相容的事件 $A_1, A_2, \cdots, A_n$，有

$$f_n\left(\bigcup_{i=1}^{n} A_i\right)=\sum_{i=1}^{n} f_n(A_i)$$

称之为有限可加性.

尽管事件 A 在一次试验中发生与否是偶然的，但在大量的试验中，事件 A 发生的频率却随着试验次数的增大总在某一确定的数值附近摆动.

历史上有许多著名的统计学家进行了抛掷硬币的试验，有表 5.1.2 所示结果。

表 5.1.2

试验者	抛掷硬币次数 n	正面朝上次数 μ_n	正面朝上的频率 $f_n(A)$
德·摩根	2048	1039	0.5073
蒲丰	4040	2048	0.5069
德·摩根	4092	2048	0.5005
费歇尔	10000	4979	0.4979
皮尔逊	12000	6019	0.5016
皮尔逊	24000	12012	0.5005
罗曼诺夫斯基	80640	39699	0.4923

结果表明，当抛掷次数很大时，"正面朝上"这一随机事件的频率稳定在 0.5 的附近.

(2)概率的统计定义

在一个随机试验中，如果随着试验次数的增大，事件 A 出现的频率 $f_n(A)$稳定在 0 到 1 之间的某个常数 p 附近，那么定义事件 A 的概率为

$$P(A) = p.$$

由于数字 p 是在大量重复试验中通过统计显示出来的，所以我们把这个定义称为概率的统计定义.

概率的统计定义实际上给出了一个近似计算随机事件 A 的概率的方法：当试验次数 n 充分大时，可以取频率 $f_n(A)$作为 $P(A)$的近似值，即

$$P(A) = f_n(A) = \frac{\mu_n}{n}.$$

(3)概率的性质

由概率的定义，易知概率具有下列性质：

① 非负性：$0 \leqslant P(A) \leqslant 1$.

② 规范性：$P(\Omega)=1$.

③ 可加性：若 $AB=\varnothing$，则 $P(A \cup B)=P(A)+P(B)$.

一般地，对于任意有限多个两两互不相容的事件 $A_1, A_2, \cdots, A_n$，有

$$P\left(\bigcup_{i=1}^{n} A_i\right) = \sum_{i=1}^{n} P(A_i),$$

称之为有限可加性.

④ 不可能事件的概率等于零，即 $P(\varnothing)=0$.

⑤ 对于对立事件 A 与 $\overline{A}$，有 $P(A)=1-P(\overline{A})$.

⑥ 若 $A \subset B$，则 $P(A) \leqslant P(B)$.

2. 概率的古典定义

(1)等可能

如果在试验中，由于某种对称性条件，使得某些随机事件中各个事件发生的可能性在客观上是完全相同的，则称这些事件是等可能的.

(2)有限等可能概型——古典概型

如果随机试验 E 具有下列两个特征：

① 试验的样本空间 Ω 只有有限个基本事件，即 $\Omega=\{\omega_1,\omega_2,\omega_3,\cdots,\omega_n\}$；

② 各个基本事件是等可能的.

则称试验 E 为古典型随机试验，简称古典概型.

(3)概率的古典定义

设在古典概型中，试验的样本空间共有 n 个等可能的基本事件，其中有且仅有 $m(m\leqslant n)$ 个基本事件是包含于随机事件 A 的，则随机事件 A 所包含的基本事件数 m 与基本事件的总数 n 的比值称为随机事件的概率，记作

$$P(A)=\frac{m}{n}$$

这个定义称为概率的古典定义.

(4)古典概率的计算

① 两种抽样方法

在古典概率的计算中，将涉及两种不同的抽取方法，以下例来说明：设袋内装有 n 个不同的小球，先从中依次摸球，每次摸一个，就产生两种摸球的方法.

A. 有放回的抽样　每次摸出一个后，仍放回原袋中，然后再摸下一个. 显然，对于有放回的抽样，依次摸出的球可以重复，且摸球可无限进行下去.

B. 无放回的抽样　每次摸出一个后，不放回原袋中，在剩下的球中再摸一个. 显然，对于无放回的抽样，依次摸出的球不出现重复，且摸球只能进行有限次.

② 计算古典概率的要点

对于古典概率的计算，最主要的是分清问题是否与顺序有关？是否允许重复？根据排列组合的知识，我们用表 5.1.3 说明计算古典概率的要点.

表 5.1.3

工具 \ 抽样方法 / 顺序	无放回的抽样（元素不重复）	有放回的抽样（元素可重复）
考虑顺序	排列（全排列、选排列）	有重复的排列
不考虑顺序	组合	有重复的组合

③ 实例

【例 5.1.1】 两封信随机地向标号为Ⅰ、Ⅱ、Ⅲ、Ⅳ的 4 个邮筒投寄，求第二个邮筒恰好被投入一封信的概率.

【解】 设事件 A 表示第二个邮筒只投入 1 封信，两封信随机地投入 4 个邮筒，每封信各有 4 种投法，即 C_4^1；两封信共有 4^2 种等可能投法，所以

$$P(A)=\frac{C_2^1C_3^1}{4^2}=\frac{3}{8}=0.375.$$

【例 5.1.2】 a, b, c, d, e 五位学生在一张课桌上按任意次序就座，试求下列事件的概率：

(1)a 坐在边上；　(2)a 和 b 都坐在边上；　(3) a 或 b 坐在边上；

(4)a 和 b 都不坐在边上；　(5)a 正好坐在中间.

【解】 (1)$P(A)=\dfrac{P_2^1P_4^4}{P_5^5}=\dfrac{2}{5}=0.4$；(2)$P(B)=\dfrac{P_2^2P_3^3}{P_5^5}=0.1$；(3)$P(C)=\dfrac{P_2^1P_2^1P_3^1 3!}{5!}=$

0.6;(4)$P(D)=\frac{P_3^2 3!}{5!}=0.3$;(5)$P(E)=\frac{P_1^1 4!}{5!}=0.2$.

【例 5.1.3】 某人有5把钥匙，其中两把能打开门，现随机地取一把钥匙试着开门，不能开门就扔掉，问第3次才能打开门的概率是多少？如果试过的钥匙不扔掉，这个概率又是多少？

【解】 (1)无放回的取 $P(A)=\frac{P_3^2 P_2^1}{P_5^3}=0.2$;

(2)有放回的取，有重复的排列，每次有5种取法 $P(B)=\frac{3^2 P_2^1}{5^3}=\frac{18}{25}=0.144$.

【例 5.1.4】 柜子里有10双鞋，现随机地取8只，试求下列事件的概率.

(1) 取出的鞋都不成双； (2) 取出的鞋恰好有两只成双；

(3) 取出的鞋至少有两只成双；(3) 取出的鞋全部成双.

【解】 要想取出的鞋不成双，只需从10双鞋中取出8双，这8双鞋每双取一只，自然取出的鞋都不成双，所以

(1)$P(A)=\frac{C_{10}^8 C_2^1 C_2^1 \cdots C_2^1}{C_{20}^8}=\frac{C_{10}^8 2^8}{C_{20}^8}$; (2)$P(B)=\frac{C_{10}^6 \cdot 2^6 \cdot C_4^1}{C_{20}^8}=\frac{C_{10}^1 \cdot C_9^6 \cdot 2^6}{C_{20}^8}$;

(3)$P(C)=1-\frac{C_{10}^8 \cdot 2^8}{C_{20}^8}$; (4)$P(D)=\frac{C_{10}^4}{C_{20}^8}$.

【例 5.1.5】 20个乒乓球，其中10个贴5分标签，10个贴10分标签，先从中任取10个，求取得总分为50,55,60,…,95,100分的概率各是多少？

【解】 每个分数可以由若干个5分和10分组合，但球的个数不是任意数，必须10个，且有几个5分，几个10分是固定的.

$A_0=50=0\times⑩+10\times⑤$ $P(A_0)=C_{10}^0 \cdot C_{10}^{10}/C_{20}^{10}=(C_{10}^0)^2/C_{20}^{10}=0.00054\%$

$A_1=55=1\times⑩+9\times⑤$ $P(A_1)=C_{10}^1 \cdot C_{10}^9/C_{20}^{10}=(C_{10}^1)^2/C_{20}^{10}=0.05412\%$

…… ……

$A_5=75=5\times⑩+5\times⑤$ $P(A_5)=C_{10}^5 \cdot C_{10}^5/C_{20}^{10}=(C_{10}^5)^2/C_{20}^{10}=37.3718\%$

…… ……

$A_{10}=100=10\times⑩+0\times⑤$ $P(A_{10})=C_{10}^{10} \cdot C_{10}^0/C_{20}^{10}=(C_{10}^{10})^2/C_{20}^{10}=0.00054\%$

可见取得总分为75分的概率最大，占到约三分之一，而总分为50和100的概率相等，而且很小.

(5)小概率事件

概率很小(通常认为小于5%)的事件称为小概率事件，可以认为在正常情况下，在一次试验中一般不会发生.如果小概率事件在一次试验中发生了，就说明这纯属偶然，或应该考虑是否存在某些不正常的情况.如例5.1.5中分数为50和100的情况就属于小概率事件.

练习题

1.设A,B,C表示三个事件，试用A,B,C表达下列事件：

(1)A发生，B,C都不发生；

(2)A,B都发生，C不发生；

(3)A,B,C都不发生；

(4)三个事件中恰有一个发生；

(5)三个事件中至少有一个发生；

(6)三个事件中至少两个发生；

(7)三个事件中最多两个发生；

(8)三个事件中不多于一个事件发生.

2.判断下列说法是否正确：

(1)如果事件 A 与 B 互不相容，则 A 与 B 互为对立事件；

(2)如果事件 A 与 B 互不相容，事件 B 与 C 互不相容，则事件 A 与 C 互不相容；

(3)“事件 A 与 B 中至少有一个发生”的对立事件是“A 与 B 都不发生”；

(4)三个事件 A,B,C 互不相容可以用等式 $ABC=\varnothing$ 表示.

3.一部五卷文集任意地排列到书架上，求各卷自左向右或自右向左的卷号顺序恰好为 1，2，3，4，5 的概率.

4.20 名运动员中有两名是种子选手，现将运动员任意分成两组，每组 10 名，求：

(1)两名种子选手被分在同一组的概率；

(2)两名种子选手被分在不同组的概率.

5.根据以往的统计，某厂某种产品的次品率为 0.05.在某段时间生产的 100 件产品中任抽 5 件进行检验，求恰有 1 件次品的概率.

6.一批产品由 8 件正品和 2 件次品组成，从中任取 3 件，求：

(1)这 3 件产品全是正品的概率；

(2)这 3 件产品中恰有 1 件次品的概率；

(3)这 3 件产品中至少有 1 件次品的概率.

5.2　概率的加法公式、条件概率和事件的独立性

5.2.1　概率的加法公式

【例 5.2.1】　若 100 个产品中有 60 个一等品，30 个二等品，10 个废品.规定一、二等品为合格品，考虑这批产品的合格率与一、二等品之间的关系.

【解】　设事件 A、B 分别表示产品为一、二等品，显然 A 与 B 互不相容，且事件 $A+B$ 表示产品为合格品.

$$P(A)=\frac{60}{100}=0.6,\quad P(B)=\frac{30}{100}=0.3,\quad P(A+B)=\frac{60+30}{100}=0.9,$$

可见

$$P(A+B)=P(A)+P(B).$$

△定理 5.2.1　两个互不相容事件 A 与 B 的并的概率等于这两个事件概率之和，即

$$\text{若 } AB=\varnothing,\text{则 } P(A+B)=P(A)+P(B).$$

△定理 5.2.2　n 个两两互不相容事件 $A_1,A_2,\cdots,A_n$ 的并的概率等于这 n 个事件的概率之和，即当 $A_iA_j=\varnothing(1\leqslant i<j\leqslant n)$ 时，有

$$P(A_1+A_2+\cdots+A_n)=P(A_1)+P(A_2)+P(A_n)\text{ 或 }P\left(\sum_{i=1}^{n}A_i\right)=\sum_{i=1}^{n}P(A_i).$$

【例 5.2.2】 一批产品共有 50 个，其中 46 个合格品，4 个废品，从中一次抽取 3 个，求其中有废品的概率.

【解】

方法一：设事件 A=“取出的 3 个产品中有废品.”A_i=“取出的 3 个产品中有 i 个废品.”($i=0,1,2,3$). 显然 A_1、A_2、A_3 互不相容，且 $A=A_1+A_2+A_3$，于是

$$P(A_1)=\frac{C_4^1\cdot C_{46}^2}{C_{50}^3},\quad P(A_2)=\frac{C_4^2\cdot C_{46}^1}{C_{50}^3},\quad P(A_3)=\frac{C_4^3}{C_{50}^3},$$

$$P(A)=P(A_1)+P(A_2)+P(A_3)\approx 0.2255.$$

方法二：由于事件 $\overline{A}$=“取出的 3 个产品中没有废品”，故

$$P(A)=1-P(\overline{A})=1-\frac{C_{46}^3}{C_{50}^3}\approx 0.2255.$$

▲定理 5.2.3 任意两个事件 A 与 B 的并的概率等于这两个事件的概率的和减去两个事件的交的概率，即

$$P(A+B)=P(A)+P(B)-P(AB)$$

此式常称为广义概率加法公式.

对于任意三个事件 A、B、C 有

$$P(A+B+C)=P(A)+P(B)+P(C)-P(AB)-P(AC)-P(BC)+P(ABC).$$

【例 5.2.3】 设有事件 A、B、C，已知 $P(A)=P(B)=P(C)=1/4$，$P(AB)=P(BC)=0$，且 $P(AC)=1/8$，求至少有一个发生的概率.

【解】 由 $P(AB)=P(BC)=0$，可得 A、B、C 不能同时发生，故 $P(ABC)=0$. 所以

$$\begin{aligned}P(A+B+C)&=P(A)+P(B)+P(C)-P(AB)-P(AC)-P(BC)+P(ABC)\\&=\frac{1}{4}+\frac{1}{4}+\frac{1}{4}-0-\frac{1}{8}-0+0=\frac{5}{8}.\end{aligned}$$

【例 5.2.4】 由所有的两位数(10～99)中任取一个数，求这个数能被 2 或 3 整除的概率.

【解】 设 A=“取出的数能被 2 整除”，B=“取出的数能被 3 整除”，则 AB=“取出的数能被 6 整除”. 因此

$$P(A+B)=P(A)+P(B)-P(AB)=\frac{45}{90}+\frac{30}{90}-\frac{15}{90}=\frac{2}{3}\approx 0.667.$$

❖ 5.2.2 条件概率

1. 条件概率的概念

在事件 B 已经发生的条件，事件 A 发生的概率称为事件 A 在给定条件 B 下的条件概率，简称为 A 对 B 的条件概率，记为 $P(A|B)$，且

$$P(A\mid B)=\frac{P(AB)}{P(B)}.$$

【例 5.2.5】 掷两颗骰子，记 A=“出现点数之和≤4”，B=“出现成对偶数点”. 试求：(1)事件 A 的概率；(2)在事件 B 发生的条件下，A 发生的概率.

【解】 (1)$A=\{(1,1),(1,2),(1,3),(2,1),(2,2),(3,1)\}$，故 $P(A)=6/6^2=1/6$；(2)$B=\{(2,2),(4,4),(6,6)\}$，其中满足 A 的只有(2 ,2)一种. 在事件 B 发生的条件

下,A 发生的概率为$\frac{1}{3}$,不等于事件 A 的概率.但是可以发现

$$\frac{P(AB)}{P(B)}=\frac{1/36}{3/36}=\frac{1}{3}.$$

【例 5.2.6】 一只盒子中有 3 只坏晶体管和 7 只好晶体管,不放回地连续取两次,每次取一只,发现第一只是好的,问另一只也是好的概率是多少?

【解】

方法一:在 A 已发生的条件下,盒中只剩下 9 只,其中 6 只好.故

$$P(B\mid A)=6/9=2/3.$$

方法二:$P(A)=\frac{P_7^1\cdot P_9^1}{P_{10}^2}=\frac{7}{10}$,$P(AB)=\frac{P_7^2}{P_{10}^2}=\frac{7}{15}$,故 $P(B|A)=\frac{P(AB)}{P(A)}=\frac{2}{3}$.

2. 乘法公式

设 A、B 为两个随机事件,如果 $P(B)>0$,根据条件概率,则事件 A 与 B 交的概率为

$$P(AB)=P(B)P(A\mid B).$$

上式称为概率的乘法公式.

若 $P(A)>0$,则有 $P(AB)=P(A)P(B|A)$.一般有:

$$P(A_1A_2\cdots A_n)=P(A_1)P(A_2\mid A_1)P(A_3\mid A_1A_2)\cdots P(A_n\mid A_1A_2\cdots A_{n-1}).$$

【例 5.2.7】 袋中有 5 个球:3 个红球,2 个白球.每次取 1 个,取后放回,再放入与取出的球颜色相同的球两个,求连续三次取得白球的概率.

【解】 设 A=“第一次取得白球”,B=“第二次取得白球”,C=“第三次取得白球”.则

$$P(ABC)=P(A)P(B\mid A)P(C\mid AB)=\frac{2}{5}\times\frac{4}{7}\times\frac{6}{9}=0.152.$$

3. 全概率公式

设 $A_1,A_2,\cdots,A_n$ 是样本空间 Ω 中 n 个事件,且满足

(1)完全性:$\sum_{i=1}^{n}A_i=\Omega$;

(2)互不相容性:$A_iA_j=\varnothing,i\neq j,i,j=0,1,2,\cdots,n$;

(3)$P(A_i)>0.i=0,1,2,\cdots,n$.即 $A_1,A_2,\cdots,A_n$ 构成一完备事件组,则对任意事件 B 有

$$P(B)=\sum_{i=1}^{n}P(A_i)P(B\mid A_i).$$

上式称为全概率公式.

【例 5.2.8】 某厂有四条流水线生产同一产品,该四条流水线的产量分别占总产量的 15%,20%,30%,35%,各流水线的次品率分别为 0.05,0.04,0.03,0.02.从出厂产品中随机抽取一件,求此产品为次品的概率是多少?

【解】 设 B 表示“任取一件产品是次品”,A_i 表示“第 i 条流水线生产的产品”($i=1,2,3,4$),

$$P(A_1)=15\%,P(A_2)=20\%,P(A_3)=30\%,P(A_4)=35\%;$$

$$P(B\mid A_1)=0.05,P(B\mid A_2)=0.04,P(B\mid A_3)=0.03,P(B\mid A_4)=0.02.$$

于是　$P(B)=\sum_{i=1}^{4}P(A_i)P(B\mid A_i)$

$=P(A_1)P(B|A_1)+P(A_2)P(B|A_2)+P(A_3)P(B|A_3)+P(A_4)P(B|A_4)$

$=15\%\times 0.05+20\%\times 0.04+30\%\times 0.03+35\%\times 0.02=0.0315.$

4. 贝叶斯公式

设 $A_1,A_2,\cdots,A_n$ 构成一完备事件组，且 $P(A_i)>0,i=0,1,2,\cdots,n$，则对任何概率不为零的事件 B 都有

$$P(A_i \mid B)=\frac{P(BA_i)}{P(B)}=\frac{P(A_i)P(B \mid A_i)}{\sum_{i=1}^{n}P(A_i)P(B \mid A_i)}.$$

上式称为贝叶斯公式.

在试验之前产生的概率称为“先验概率”，它反映了“各种原因发生的可能性大小”；而贝叶斯公式反映的是“已知出现了结果 B，问哪一种原因(A_i)产生结果 B 的可能性最大”，称为“后验概率”.

【例 5.2.9】 在例 5.2.8 中，该厂规定，出现次品要追究相关流水线的责任，现从待出厂的产品中任取一件，结果为次品，但该件产品是哪条流水线生产的标识已经脱落，问厂方如何处理这件次品比较合理？换句话，就是该件次品最有可能是哪条流水线生产的？

【解】 可以通过 $P(A_i|B)$ 的大小来确定每条流水线的责任，根据例 5.2.8 的结果，由贝叶斯公式，有

$$P(A_1 \mid B)=\frac{P(BA_1)}{P(B)}=\frac{P(A_1)P(B \mid A_1)}{\sum_{i}^{n}P(A_i)P(B \mid A_i)}=\frac{15\% \times 0.05}{0.0315}=0.238,$$

同理可得 $P(A_2|B)=0.254,P(A_3|B)=0.286,P(A_4|B)=0.222.$

容易看出，该件次品最有可能是第三条流水线生产的.

◈ 5.2.3 事件的独立性

1. 事件的独立性的概念

(1)两个事件的独立性

如果事件 A 发生的可能性不受事件 B 发生与否的影响，即 $P(A|B)=P(A)$，则称事件 A 对于 B 是独立的，同样 B 对于 A 也独立，即 A 与 B 相互独立.

如果对于任意两个事件 A 与 B，有

$$P(AB)=P(A)P(B)$$

则称事件 A 与 B 是相互独立.

如果事件 A 与 B 相互独立，则 A 与 $\overline{B}$，$\overline{A}$ 与 B，$\overline{A}$ 与 $\overline{B}$ 也相互独立.

(2)n 个事件的独立性

设有 n 个事件 $A_1,A_2,\cdots,A_n(n\geqslant 3)$，如果对于其中任意 k 个事件 $A_{i_1},A_{i_2},\cdots,A_{i_k}(2\leqslant k\leqslant n)$，有

$$P(A_{i_1}A_{i_2}\cdots A_{i_k})=P(A_{i_1})P(A_{i_2})\cdots P(A_{i_k}),$$

则称这 n 个事件是相互独立的.

n 个相互独立的事件 $A_1,A_2,\cdots,A_n$ 的交的概率等于这 n 个事件的概率的积，即

$$P(A_1A_2\cdots A_n)=P(A_1)P(A_2)\cdots P(A_n).$$

【例 5.2.10】 甲、乙两人独立地射击同一目标，已知甲击中目标的概率为 0.7，乙击中目标的概率为 0.6，求：

(1)甲、乙两人都击中目标的概率；

(2)甲、乙两人中至少有一人击中目标的概率；

(3)甲、乙两人中恰有一人击中目标的概率.

【解】 设 A=“甲击中目标”，B=“乙击中目标”；显然，A 与 B 相互独立，且 $P(A)=0.7$，$P(B)=0.6$.

(1)$P(AB)=P(A)\cdot P(B)=0.7\times0.6=0.42$；

(2)$P(A+B)=P(A)+P(B)-P(AB)=0.7+0.6-0.42=0.88$；

(3)$P(A\bar{B}+\bar{A}B)=P(A\bar{B})+P(\bar{A}B)=P(A)P(\bar{B})+P(\bar{A})P(B)$

$$=0.7\times(1-0.6)+(1-0.7)\times0.6=0.46.$$

或 $P(A\bar{B}+\bar{A}B)=P(A+B)-P(AB)=0.88-0.42=0.46.$

2. 伯努利概型

(1)n 重独立试验

随机试验 E 重复进行 n 次，如果各次试验的结果互不影响，即每次试验结果出现的概率都不依赖于其他各次试验的结果，这样的试验称为 n 重独立试验.

(2)伯努利概型的概念

如果在 n 重独立试验中，每次试验的结果只有两个：A 发生或 A 不发生，且 $P(A)=p$，这样的试验称为 n 重伯努利试验(或概型).

在 n 重伯努利概型中，设事件 A 在各次试验中发生的概率 $P(A)=p(0<p<1)$，则在 n 次独立试验中，事件 A 恰好发生 k 次的概率

$$P_n(k)=C_n^k p^k q^{n-k},$$

其中 $q=1-p$，$k=0,1,2,\cdots,n$. 由于上式右端正好是二项式 $(p+q)^n$ 展开式中的第 $k+1$ 项，故又把此式称为二项概率公式，上式满足恒等式

$$\sum_{k=0}^{n} C_n^k p^k q^{n-k}=(p+q)^n=1^n=1.$$

【例 5.2.11】 某车间有 12 台车床，每台车床由于各种原因，时常需要停车，各台车床是否停车是相互独立的. 如果每台车床在任一时刻处于停车状态的概率为 0.3，求任一时刻车间恰有 4 台车床处于停车状态的概率.

【解】 任一时刻对一台车床的观察可以看作是一次试验，试验结果只有两种，开动或停车. 各台车床是否停车是相互独立的，所以可以用伯努利概型来进行计算

$$P_{12}(4)=C_{12}^4\times0.3^4\times0.7^8=0.231.$$

练习题

1. 设 $P(A)=0.5$，$P(B)=0.3$，$P(AB)=0.2$，计算下列事件：

(1)$P(\bar{A}\cup\bar{B})$；(2)$P(A\bar{B})$；(3)$P(A\cup\bar{B})$.

2. 向三个相邻的军火库投掷一枚炸弹，炸中第一军火库的概率为 0.05，炸中其余两个的概率各为 0.1，只要炸中一个，另两个也要发生爆炸. 求军火库发生爆炸的概率.

3. 甲、乙两地都位于长江下游，根据一百多年来的气象记录知道，一年中雨天的比例甲地占20%，乙地占14%，两地同时下雨占12%，试求：

(1)甲地下雨的条件下，乙地出现雨天的概率；

(2)乙地下雨的条件下，甲地出现雨天的概率；

(3)甲地或乙地出现雨天的概率.

4. 有三个形状相同的罐，在第一个罐中有2个白色球和1个黑色球，在第二个罐中有3个白色球和1个黑色球，在第三个罐中有2个白色球和2个黑色球. 某人随机地选取一罐，再从该罐中任取一球，试问这球是白色球的概率有多大？

5. 某仓库有同样规格的产品6箱，其中有3箱，2箱和1箱依次是由甲、乙、丙三个厂生产的，且三个厂的次品率分别为$\frac{1}{10}$，$\frac{1}{15}$和$\frac{1}{20}$，现从这6箱任取1箱，再从取得的1箱中任取1件，试求：

(1)取得的1件是次品的概率；

(2)若已知取得的1件是次品，试求所取得的产品是丙厂生产的概率.

6. 对某一目标进行三次独立的射击，它们命中目标的概率分别是：$P_1=0.2$，$P_2=0.5$，$P_3=0.3$. 求：

(1) 三次同时命中目标的概率；

(2) 三次射击中恰有一次命中目标的概率.

7. 在图书馆中只存放技术书和数学书，任一读者借技术书的概率为0.2，而借数学书的概率为0.8. 设每人只借一本书，有5名读者依次借书，求至多有2人借数学书的概率.

5.3 随机变量及其分布

5.3.1 随机变量

1. 随机变量的概念

掷两颗质量均匀的骰子，样本空间Ω由36个样本点ω_{ij}组成，其中i,j分别表示第一、二颗骰子出现的点数($i=1,2,\cdots,6;j=1,2,\cdots,6$). 易知$P(\omega_{ij})=1/36$，如果我们感兴趣的是两颗骰子出现的点数之和，设为$X$，则$X$可能取得的数值为$2,3,\cdots,12$. 例如，当样本点$\omega_{11}$发生时，有$X=2$；当样本点$\omega_{12}$或$\omega_{21}$发生时，有$X=3$等. 对于样本空间$\Omega$中的每一个样本点$\omega_{ij}$都对应一个确定的实数值$X=x$. 因此，$X$可以看作是定义在样本空间$\Omega$上的函数，即$X=X(\omega_{ij})$，并且当$X$取任一可能值$x$时，事件$X=x$有确定的概率. 例如：

$$P(X=2)=P(\omega_{11})=\frac{1}{36},\quad P(X=3)=P(\omega_{12})+P(\omega_{21})=\frac{2}{36}=\frac{1}{18},$$

$$P(X=4)=P(\omega_{13})+P(\omega_{31})+P(\omega_{22})=\frac{3}{36}=\frac{1}{12}.$$

设随机试验E的样本空间为$\Omega=\{\omega\}$，如果对于每一个样本点$\omega\in\Omega$，变量X都有确定的数值x与之对应，则X是定义在Ω上的实值函数，即$X=X(\omega)$，并且当X取得任一可能值x时，事件$X=x$有确定的概率，我们称这样的变量X为随机变量，通常用大写英文字母X,Y，

$Z,\cdots$表示.

可见,随机变量 X 就是由样本空间 Ω 到实数轴的单值映射.如果映射的范围只有有限个或可列无穷多个值,则称随机变量 X 为离散性的;如果映射的范围是某个实数区间(有界的或无界的),则称随机变量 X 为非离散的(也称为连续的).

2. 随机变量的分布函数

设 X 为一随机变量,对于任意实数 x,事件"$X\leqslant x$"的概率 $P(X\leqslant x)$ 称为随机变量 X 的分布函数,记作 $F(x)$,即

$$F(x)=P(X\leqslant x).$$

由定义可知,分布函数具有如下性质:

(1)单调非降性:若 $x_1<x_2$,则 $F(x_1)\leqslant F(x_2)$;

(2)右连续性:对任意实数 x,恒有 $F(x_0+0)=F(x_0)$;

(3)$F(-\infty)=\lim\limits_{x\to-\infty}F(x)=0,F(+\infty)=\lim\limits_{x\to+\infty}F(x)=1$;

(4)$0\leqslant F(x)\leqslant 1$.

由分布函数,随机变量取某些值的概率就能方便地算出,如

$P(a<X\leqslant b)=P(X\leqslant b)-P(X\leqslant a)=F(b)-F(a)$,

$P(X>a)=1-P(X\leqslant a)=1-F(a)$.

5.3.2　离散型随机变量及其常见分布

1. 离散型随机变量

如果随机变量 X 只能取有限个数值 $x_1,x_2,\cdots,x_n$ 或可列无穷多个数值 $x_1,x_2,\cdots,x_n,\cdots$,则称 X 为离散随机变量.离散随机变量 X 取得任一可能值 x_i 的概率 $P(X=x_i)$ 记作

$$p(x_i)=P(X=x_i)\quad(i=1,2,\cdots,n,\cdots)$$

称为随机变量 X 的概率函数.或记为(表 5.3.1)

表 5.3.1

X	X_1	X_2	$\cdots$	X_n	$\cdots$
$p(x_i)$	$p(x_1)$	$p(x_2)$	$\cdots$	$p(x_n)$	$\cdots$

称为离散随机变量 X 的概率分布列.

概率函数 $p(x_i)$ 具有下列性质:

(1)$p(x_i)\geqslant 0$,其中 $i=1,2,\cdots,n,\cdots$;

(2)$\sum\limits_i p(x_i)=1$.

【例 5.3.1】　一批产品共 10 件,其中有 4 件一等品,从这批产品中任取 3 件样品,求取出的 3 件样品中一等品件数的概率分布.

【解】　设随机变量 X 表示取出的 3 件样品中一等品的件数 X,则 X 的可能值为 0,1,2,3.由题意样本空间 Ω 共有 $C_{10}^3=120$ 个样本点.所以

$$P(X=0)=\frac{C_4^0C_6^3}{C_{10}^3}=\frac{1}{6},\quad P(X=1)=\frac{C_4^1C_6^2}{C_{10}^3}=\frac{1}{2},$$

$$P(X=2)=\frac{C_4^2C_6^1}{C_{10}^3}=\frac{3}{10},\quad P(X=3)=\frac{C_4^3C_6^0}{C_{10}^3}=\frac{1}{30}.$$

所以随机变量 X 的概率分布列为(表 5.4.2)

表 5.4.2

X	0	1	2	3
$p(x_i)$	1/6	1/2	3/10	1/30

2.离散型随机变量的分布函数

若 X 是离散型随机变量,其概率函数 $p(x_i)$,$i=1,2,\cdots,n,\cdots$,由分布函数的定义则有

$$F(x)=\sum_{x_i\leqslant x}p(x_i).$$

【例 5.3.2】 求例 5.3.1 中随机变量 X 的分布函数.

【解】 由定义,可得 X 的分布函数为

$$F(x)=\begin{cases}0, & -\infty<x<0\\ \dfrac{1}{6}, & 0\leqslant x<1\\ \dfrac{2}{3}, & 1\leqslant x<2\\ \dfrac{29}{30}, & 2\leqslant x<3\\ 1, & 3\leqslant x<+\infty\end{cases}.$$

3.常见的离散型随机变量的分布

(1)超几何分布

设随机变量 X 的概率函数为

$$P(X=x)=\frac{C_M^x C_{N-M}^{n-x}}{C_N^n},\quad x=0,1,2,\cdots,n$$

其中 n,M,N 都是正整数,且 $n\leqslant N,M\leqslant N$;则称随机变量 X 服从超几何分布,记作 $X\sim H(n,M,N)$,其中 n,M,N 是分布的三个参数.由组合数的性质,易知 $\sum\limits_{x=0}^{n}P(X=x)=1$.

【例 5.3.3】 某班有学生 20 名,其中 5 名女同学,从班上选 4 名学生去参观展览,被选上的女同学数 X 是一随机变量,求 X 的分布.

【解】 由题意随机变量 X 的可能取值为 0, 1, 2, 3, 4 这五个值,相应的概率为

$$P(X=x)=\frac{C_5^x C_{20-5}^{4-x}}{C_{20}^4}=\frac{C_5^x C_{15}^{4-x}}{C_{20}^4},\quad x=0,1,2,3,4$$

(2)二项分布

设随机变量 X 的概率函数为

$$P(X=x)=C_n^x p^x q^{n-x},\quad x=0,1,2,\cdots,n$$

其中 n 为正整数,$0<p<1$,$p+q=1$,则称随机变量 X 服从二项分布,记作 $X\sim B(n,p)$,其中 n 及 p 是二项分布的两个参数.由二项式展开式易知

$$\sum_{x=0}^{n}P_n(x)=\sum_{x=0}^{n}C_n^x p^x q^{n-x}=(p+q)^n=1.$$

特别地，当 $n=1$ 时，二项分布 $B(1,p)$ 称为"0－1"分布，或两点分布．这时，随机变量 X 只可能取两个数值 0 或 1，且概率函数

$$P(X=x)=p^x q^{n-x},\quad x=0,1$$

【例 5.3.4】 一批产品废品率 $p=0.03$，进行 20 次重复抽样，每次抽取一个，观察后放回再抽下一个，求出现废品的频率为 0.1 的概率．

【解】 令 X 表示废品出现的次数，则 $X\sim B(20,\ 0.03)$，则

$$P\left(\frac{X}{20}=0.1\right)=P(X=2)=C_{20}^{2}\times 0.03^2\times 0.97^{18}\approx 0.0988.$$

(3)泊松分布

设随机变量 X 的概率函数为

$$P(X=x)=\frac{\lambda^x}{x!}e^{-\lambda},\quad x=0,1,2,\cdots,n,\cdots$$

其中 $\lambda>0$，则称随机变量 X 服从泊松(Possion)分布，记作 $X\sim P(\lambda)$，其中 λ 是泊松分布的参数．由 e^x 的幂级数展开式易知

$$\sum_{x=0}^{\infty}P(X=x)=\sum_{x=0}^{\infty}\frac{\lambda^x}{x!}e^{-\lambda}=e^{-\lambda}\sum_{x=0}^{\infty}\frac{\lambda^x}{x!}=e^{-\lambda}\cdot e^{\lambda}=1.$$

生产实践中的不放回抽样与有放回抽样问题就分别是超几何分布与二项分布问题．设一批产品共有 N 件，其中有 M 件次品，$N-M$ 件合格品，从这批产品中任取 n 件样品，则

①在不放回抽样的情况下，n 件样品中恰有 k 件次品的概率为

$$P(X=k)=\frac{C_M^k C_{N-M}^{n-k}}{C_N^n},\quad k=0,1,2,\cdots,n.$$

②在有放回抽样的情况下，n 件样品中恰有 k 件次品的概率为

$$P(X=k)=C_n^k\left(\frac{M}{N}\right)^k\left(\frac{N-M}{N}\right)^{n-k},\quad k=0,1,2,\cdots,n.$$

当 N 很大时，超几何分布趋于二项分布，即

$$\lim_{N\to\infty}\frac{C_M^k C_{N-M}^{n-k}}{C_N^n}=C_n^k p^k(1-p)^{n-k},\quad p=\frac{M}{N}.$$

当 n 很大，p 很小，且 $np=\lambda$ 时，二项分布趋于泊松分布，即

$$\lim_{n\to\infty}C_n^k p^k(1-p)^{n-k}=\frac{\lambda^k}{k!}e^{-\lambda},\quad \lambda=np.$$

【例 5.3.5】 已知一大批产品的废品率 $p=0.015$，求任取一箱(有 100 个产品)，箱中恰有一个废品的概率．

【解】 所取一箱中的废品个数 X 服从超几何分布，由于产品数 N 很大，可按二项分布公式计算，其中 $n=100,p=0.015$．

$$P(X=1)=C_{100}^{1}\times 0.015\times 0.985^{99}\approx 0.335953$$

但由于 n 较大而 p 很小，可用泊松分布近似代替二项分布，其中 $\lambda=np=1.5$，查附录 3 泊松分布表得

$$P_{1.5}(1)=0.334695.$$

❖ 5.3.3 连续型随机变量及其常见分布

1. 连续型随机变量

若随机变量 X 的取值范围是某个实数区间 I，且存在非负可积函数 $f(x)$，使得对于任意区间 $(a,b]\subset I$，有

$$P(a<X\leqslant b)=\int_a^b f(x)\mathrm{d}x.$$

则称 X 为连续型随机变量，函数 $f(x)$ 称为连续型随机变量 X 的概率密度函数.

概率密度函数 $f(x)$ 具有如下性质：

(1) 非负性：$f(x)\geqslant 0$；

(2) 规范性：$\int_{-\infty}^{+\infty} f(x)\mathrm{d}x=1$.

在连续型随机变量的定义中，若令 $a=b=x_0$，则有

$$P(X=x_0)=\int_{x_0}^{x_0} f(x)\mathrm{d}x=0,$$

即连续型随机变量 X 在任意一点处的概率为 0，故连续型随机变量落在某一区间上的概率

$$P(a<X<b)=P(a<X\leqslant b)=P(a\leqslant X<b)=P(a\leqslant X\leqslant b)=\int_a^b f(x)\mathrm{d}x.$$

【例 5.3.6】 设随机变量 X 的概率密度函数是

$$f(x)=\begin{cases}\dfrac{A}{\sqrt{1-x^2}}, & |x|<1\\ 0, & \text{其他}\end{cases}.$$

试求：(1) 系数 A；(2) X 落在区间 $\left(-\frac{1}{2},\frac{1}{2}\right)$，$\left(-\frac{1}{2},1\right)$ 内的概率.

【解】 (1) 根据概率密度函数的性质，可得

$$\int_{-\infty}^{+\infty} f(x)\mathrm{d}x=\int_{-1}^{1}\frac{A}{\sqrt{1-x^2}}\mathrm{d}x=A\arcsin x\Big|_{-1}^{1}=A\pi=1,\text{所以 } A=\frac{1}{\pi};$$

$$(2)P\left(-\frac{1}{2}<x<\frac{1}{2}\right)=\int_{-\frac{1}{2}}^{\frac{1}{2}}\frac{1}{\pi\sqrt{1-x^2}}\mathrm{d}x=\frac{1}{\pi}\arcsin x\Big|_{-\frac{1}{2}}^{\frac{1}{2}}=\frac{1}{3},$$

$$P\left(-\frac{1}{2}<x<1\right)=\int_{-\frac{1}{2}}^{1}\frac{1}{\pi\sqrt{1-x^2}}\mathrm{d}x=\int_{-\frac{1}{2}}^{1}\frac{1}{\pi\sqrt{1-x^2}}\mathrm{d}x=\frac{1}{\pi}\arcsin x\Big|_{-\frac{1}{2}}^{1}=\frac{2}{3}.$$

2. 连续型随机变量的分布函数

若 X 是连续型随机变量，其概率密度函数为 $f(x)$，由分布函数的定义则有

$$F(x)=\int_{-\infty}^{x} f(t)\mathrm{d}t,$$

且在 $f(x)$ 的连续点 x 处，有 $f(x)=F'(x)$.

【例 5.3.7】 已知连续型随机变量 X 的概率密度函数为

$$f(x)=\begin{cases}-\dfrac{1}{2}x+1, & 0\leqslant x\leqslant 2\\ 0, & \text{其他}\end{cases}.$$

试求:(1)X 的分布函数 $F(x)$;(2)计算 $P(1.5<X<2.5)$.

【解】　(1) 当 $x<0$ 时,$F(x)=\int_{-\infty}^{x}f(x)\mathrm{d}x=\int_{-\infty}^{x}0\mathrm{d}x=0$;

当 $0\leqslant x\leqslant 2$ 时,$F(x)=\int_{-\infty}^{x}f(x)\mathrm{d}x=\int_{-\infty}^{0}0\mathrm{d}x+\int_{0}^{x}(-\frac{1}{2}x+1)\mathrm{d}x=(-\frac{1}{4}x^2+x)\Big|_0^x$

$=-\frac{1}{4}x^2+x$;

当 $x>2$ 时,$F(x)=\int_{-\infty}^{x}f(x)\mathrm{d}x=\int_{-\infty}^{0}0\mathrm{d}x+\int_{0}^{2}(-\frac{1}{2}x+1)\mathrm{d}x+\int_{2}^{x}0\mathrm{d}x=1$;

所以,X 的分布函数

$$F(x)=\begin{cases}0, & -\infty<x<0\\ -\frac{1}{4}x^2+x, & 0\leqslant x\leqslant 2\\ 1, & 2<x<+\infty\end{cases}.$$

(2)$P(1.5<x<2.5)=F(2.5)-F(1.5)=0.0625$.

3. 常见的连续型随机变量的分布

(1)均匀分布

如果随机变量 X 的概率密度函数(图 5.3.1)为

$$f(x)=\begin{cases}\frac{1}{b-a}, & a\leqslant x\leqslant b\\ 0, & \text{其他}\end{cases}$$

则称随机变量 X 服从$[a,b]$上的均匀分布,记作 $x\sim U(a,b)$,其中 a,b 是分布的参数.

如果 X 在$[a,b]$上服从均匀分布,则对于长度为 k 的任何子区间$[c,c+k]\subset[a,b]$,有

$$P(c\leqslant X\leqslant c+k)=\int_{c}^{c+k}\frac{1}{b-a}\mathrm{d}x=\frac{k}{b-a}$$

均匀分布常应用于随机误差中.

易得均匀分布的分布函数(图 5.3.2)为 $F(x)=\begin{cases}0, & -\infty<x\leqslant a\\ \frac{x-a}{b-a}, & a<x<b\\ 1, & b\leqslant x<+\infty\end{cases}$.

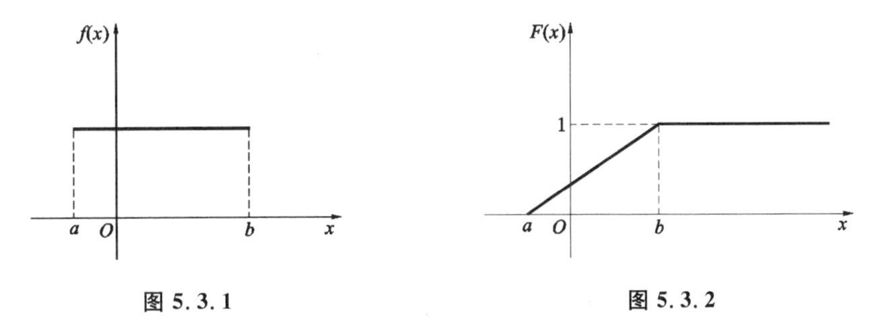

图 5.3.1　　图 5.3.2

【例 5.3.8】　秒表刻度的分划值为 0.2 秒,如果计时的精度取到邻近的刻度整数,求使用该秒表的误差的绝对值大于 0.06 的概率.

【解】 设 X 为使用该秒表的误差，则 X 在 $[-0.1,0.1]$ 上服从均匀分布，其概率密度函数为

$$f(x)=\begin{cases}\dfrac{1}{0.2}, & -0.1<x<0.1\\ 0, & \text{其他}\end{cases}$$

误差的绝对值大于 0.06 秒的概率为

$$P(|X|>0.06)=\int_{-0.1}^{-0.06}\frac{1}{0.2}\mathrm{d}x+\int_{0.06}^{0.1}\frac{1}{0.2}\mathrm{d}x=0.4.$$

(2)指数分布

如果随机变量 X 的概率密度函数为

$$f(x)=\begin{cases}\dfrac{1}{\lambda}\mathrm{e}^{-\frac{x}{\lambda}}, & x>0\\ 0, & \text{其他}\end{cases}$$

其中 $\lambda>0$，为常数，则称随机变量 X 服从指数分布，记为 $X\sim E(\lambda)$，其中 λ 是分布的参数.

易得指数分布的分布函数为

$$F(x)=\begin{cases}1-\mathrm{e}^{-\frac{x}{\lambda}}, & x>0\\ 0, & \text{其他}\end{cases}.$$

指数分布常见于电子元件的寿命、电话的通话时间等.

【例 5.3.9】 某元件寿命服从参数为 $\lambda(\lambda=1000$ 小时$)$的指数分布，试求该元件使用 1000 小时后没有损坏的概率？

【解】 设该元件寿命为 X，则 $X\sim E(1000)$，由题意，X 的分布函数为

$$F(x)=\begin{cases}1-\mathrm{e}^{-\frac{x}{1000}}, & x>0\\ 0, & \text{其他}\end{cases}$$

所以 $P(X>1000)=1-P(X\leqslant 1000)=1-F(1000)=1-(1-\mathrm{e}^{-1})=\mathrm{e}^{-1}$.

即该元件使用 1000 小时后没有损坏的概率为 e^{-1}.

(3)正态分布

设随机变量 X 的概率密度函数为

$$f(x)=\frac{1}{\sqrt{2\pi}\sigma}\mathrm{e}^{-\frac{(x-\mu)^2}{2\sigma^2}},\quad -\infty<x<+\infty$$

则称随机变量 X 服从正态分布，记作 $X\sim N(\mu,\sigma^2)$，其中 μ 及 $\sigma>0$ 是分布的参数，正态分布也称高斯分布、误差分布(图 5.3.3 及图 5.3.4).

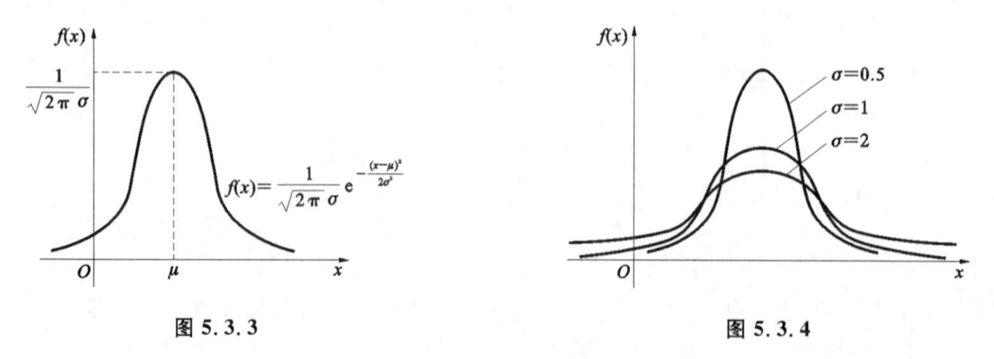

图 5.3.3　　图 5.3.4

特别地，当 $\mu=0,\sigma=1$ 时的正态分布 $N(0,1)$，称为标准正态分布，其概率密度函数记为

$$\varphi(x)=\frac{1}{\sqrt{2\pi}}e^{-\frac{x^2}{2}}.$$

正态分布 $N(\mu,\sigma^2)$ 的分布曲线关于直线 $x=\mu$ 对称，并在 $x=\mu$ 处达到最大值 $\frac{1}{\sqrt{2\pi}\sigma}$；在 $x=\mu\pm\sigma$ 处有拐点；当 $x\to\pm\infty$ 时，x 轴为其渐近线.

标准正态分布的分布函数记作 $\Phi(x)$，有

$$\Phi(x)=P(X\leqslant x)=\frac{1}{\sqrt{2\pi}}\int_{-\infty}^{x}e^{-\frac{t^2}{2}}dt.$$

性质：

① $\Phi(+\infty)=1$；

② $\Phi(0)=0.5$；

③ $\Phi(-x)=1-\Phi(x)$.

【例 5.3.10】 设随机变量 $X\sim N(0,1)$，求下列概率：

(1) $P(X\leqslant -1.96)$；(2) $P(|X|\leqslant 2.58)$；

(3) $P(|X|>3)$.

【解】 查附录 4 有

(1) $P(X\leqslant -1.96)=\Phi(-1.96)=1-\Phi(1.96)=1-0.9750=0.0250$；

(2) $P(|X|\leqslant 2.58)=P(-2.58\leqslant X\leqslant 2.58)=\Phi(2.58)-\Phi(-2.58)$

$=\Phi(2.58)-[1-\Phi(2.58)]=2\Phi(2.58)-1$

$=2\times 0.9951-1=0.9902$；

(3) $P(|X|>3)=1-P(|X|\leqslant 3)=1-[2\Phi(3)-1]=2[1-\Phi(3)]$

$=2(1-0.99865)=0.0027$.

为了计算方便，对于服从非标准正态分布 $N(\mu,\sigma^2)$ 的随机变量 X 落在区间 $(x_1,x_2]$ 内的概率，通常要将其化为标准正态分布来进行计算.

$$F(x)=\int_{-\infty}^{x}f(t)dt=\frac{1}{\sqrt{2\pi}\sigma}\int_{-\infty}^{x}e^{-\frac{(t-\mu)^2}{2\sigma^2}}dt\left(\text{令 } t_1=\frac{t-\mu}{\sigma}\right)=\frac{1}{\sqrt{2\pi}}\int_{-\infty}^{\frac{x-\mu}{\sigma}}e^{-\frac{t_1^2}{2}}dt_1=\Phi\left(\frac{x-\mu}{\sigma}\right)$$

$$P(x_1\leqslant X\leqslant x_2)=F(x_2)-F(x_1)=\Phi\left(\frac{x_2-\mu}{\sigma}\right)-\Phi\left(\frac{x_1-\mu}{\sigma}\right).$$

【例 5.3.11】 设随机变量 $X\sim N(3,3^2)$，求下列概率：

(1) $P(2<X<5)$；(2) $P(X>0)$；(3) $P(|X-3|>6)$.

【解】 查附录 4 有

(1) $P(2<X<5)=P\left(\frac{2-3}{3}<\frac{X-3}{3}<\frac{5-3}{3}\right)=P\left(-\frac{1}{3}<\frac{X-3}{3}<\frac{2}{3}\right)$

$=\Phi\left(\frac{2}{3}\right)-\Phi\left(-\frac{1}{3}\right)=\Phi\left(\frac{2}{3}\right)-\left[1-\Phi\left(\frac{1}{3}\right)\right]$

$=\Phi\left(\frac{2}{3}\right)+\Phi\left(\frac{1}{3}\right)-1\approx 0.3747$；

(2) $P(X>0)=1-P(X\leqslant 0)=1-P\left(\frac{X-3}{3}\leqslant -1\right)=1-\Phi(-1)=\Phi(1)=0.8413$；

$$(3)P(|X-3|>6)=P(X>9)+P(X<-3)=1-P(X\leqslant 9)+P(X<-3)$$

$$=1-P(\frac{X-3}{3}\leqslant\frac{9-3}{3})+P(\frac{X-3}{3}<\frac{-3-3}{3})$$

$$=1-\Phi(2)+\Phi(-2)=2[1-\Phi(2)]\approx 0.0456.$$

或 $P(|X-3|>6)=1-P(|X-3|<6)=1-P\left(\left|\frac{X-3}{3}\right|<2\right)$

$$=1-[2\Phi(2)-1]=2[1-\Phi(2)]\approx 0.0456.$$

【例 5.3.12】 设随机变量 $X\sim N(\mu,\sigma^2)$，求 X 落在 $(\mu-3\sigma,\mu+3\sigma)$ 内的概率.

【解】 $P(\mu-3\sigma<X<\mu+3\sigma)=P(-3<\frac{X-\mu}{\sigma}<3)=\Phi(3)-\Phi(-3)$

$$=2\Phi(3)-1\approx 0.9973.$$

由此可知，X 落在 $(\mu-3\sigma,\mu+3\sigma)$ 之外的概率小于 0.003，根据小概率事件的不可能原理，可以将区间 $(\mu-3\sigma,\mu+3\sigma)$ 看作是随机变量 X 的实际取值区间.

练习题

1. 一袋装有 5 个球，编号为 1,2,3,4,5. 在袋中同时取出 3 个球，以 X 表示取出的 3 个球的最小号码，写出随机变量 X 的一切可能取值 x 以及事件 $X=x$ 的概率.

2. 在区间 $[0,1]$ 中随机取一数 X，求 X 的分布函数 $F(x)$.

3. 一批晶体管中有 10% 是次品，现从中抽取 10 个，试求内含的次品数的分布列，并计算其中至少有 2 件次品的概率.

4. 已知一批产品共 20 个，其中 4 个次品，按两种方式抽样：

(1) 不放回抽样，抽取 6 个产品，求抽得次品数 X 的概率分布；

(2) 有放回抽样，抽取 6 个产品，求抽得次品数 Y 的概率分布.

5. 已知某电话交换台每分钟接到呼唤的次数 X 服从参数 $\lambda=4$ 的泊松分布，分别求：

(1) 每分钟内恰好接到 3 次呼唤的概率；

(2) 每分钟内接到呼唤次数不超过 4 次的概率.

6. 设随机变量 X 具有概率密度函数为

$$f(x)=\begin{cases}ax, & 0<x<1\\ 0, & \text{其他}\end{cases}$$

试求：(1) 系数 a；(2) X 的分布函数 $F(x)$；(3) $P(0.3<X\leqslant 0.5)$.

7. 设随机变量 X 的分布函数为

$$F(x)=\begin{cases}0, & x\leqslant 0\\ Ax^2, & 0<x<\frac{1}{4}\\ 1, & \frac{1}{4}\leqslant x\end{cases}.$$

求：(1) 系数 A；(2) X 落在 $(-0.5, 0.1)$ 内的概率.

8. 若电视机使用的年数服从参数 $\lambda=0.125$ 的指数分布，如果某人买了一台电视机，问它能使用 8 年以上的概率有多大？

9. 设随机变量 $X\sim N(1.5,4)$，求下列概率：

(1)$P(X<3.5)$;(2)$P(X<-4)$;(3)$P(X>2)$;(4)$P(|X|<3)$.

10. 已知某地区 5000 名高一学生的数学统考成绩 X 服从正态分布 $N(65,15^2)$，求 50 分至 80 分之间的学生人数.

5.4　数学期望、方差及其简单性质

通常把表示随机变量的平均状况和偏离程度等这样一些量，称作随机变量的数字特征.

5.4.1　数学期望

1. 离散型随机变量的数学期望

设离散型随机变量 X 的概率函数为 $p(x_i)$，$i=1,2,\cdots$，即(表 5.4.1)

表 5.4.1

X	X_1	X_2	$\cdots$	X_n	$\cdots$
$p(x_i)$	$p(x_1)$	$p(x_2)$	$\cdots$	$p(x_n)$	$\cdots$

如果级数 $\sum_i x_i p(x_i)$ 绝对收敛，即 $\sum_i x_i p(x_i)<+\infty$，则称 $\sum_i x_i p(x_i)$ 为随机变量 X 的数学期望，简称期望或均值. 记作 $E(X)$，即 $E(X)=\sum_i x_i p(x_i)$.

【例 5.4.1】 甲、乙两个射手，他们射击命中环数的分布规律分别见表 5.4.2、表 5.4.3.

表 5.4.2

甲击中环数	8	9	10
概率	0.3	0.1	0.6

表 5.4.3

乙击中环数	8	9	10
概率	0.2	0.5	0.3

试问哪个射手的技术较好?

【解】 设甲、乙两个射手击中的环数分别为 X_1，X_2，则

$E(X_1)=8\times0.3+9\times0.1+10\times0.6=9.3$(环);

$E(X_2)=8\times0.2+9\times0.5+10\times0.3=9.1$(环);

故甲射手的技术较好.

2. 连续型随机变量的数学期望

设连续型随机变量 X 的概率密度函数是 $f(x)$，若积分 $\int_{-\infty}^{+\infty}|x|f(x)\mathrm{d}x$ 收敛，则称积分 $\int_{-\infty}^{+\infty}xf(x)\mathrm{d}x$ 为随机变量 X 的数学期望，记作 $E(X)$，即 $E(X)=\int_{-\infty}^{+\infty}xf(x)\mathrm{d}x$.

【例 5.4.2】 设随机变量 X 服从分布 $f(x)=\begin{cases}2x-1, & 0<x<2\\ 0, & \text{其他}\end{cases}$，求 X 的数学期望.

【解】 $E(X)=\int_{-\infty}^{+\infty}xf(x)\mathrm{d}x=\int_0^2 x(2x-1)\mathrm{d}x=\dfrac{10}{3}$.

3. 期望的性质

◎**性质 5.4.1**　$E(C)=C$(C 为任意常数).

◎**性质 5.4.2**　设 k 为常数，则 $E(kX)=kE(X)$.

◎**性质 5.4.3** 对于任意两个随机变量 X,Y，有 $E(X\pm Y)=E(X)\pm E(Y)$.

◎**推论 5.4.1** 对于任意常数 $k_i(i=1,2,\cdots,n)$，有 $E(\sum_{i=1}^{n}k_iX_i)=\sum_{i=1}^{n}k_iE(X_i)$.

◎**性质 5.4.4** $E(aX+b)=aE(X)+b$.

◎**性质 5.4.5** 设随机变量 X 与 Y 相互独立，且数学期望都存在，则 $E(XY)=E(X)E(Y)$.

5.4.2 方差

1. 方差的定义

设随机变量 X 的数学期望为 $E(X)$，则随机变量函数 $[X-E(X)]^2$ 的数学期望称为 X 的方差，记作 $D(X)$，即 $D(X)=E\{[X-E(X)]^2\}$.

设 X 是离散型随机变量，其概率函数为 $p(x_i)$，则 X 的方差为

$$D(X)=\sum_{i}[x_i-E(x_i)]^2p(x_i).$$

设 X 是连续型随机变量，其概率密度函数为 $f(x)$，则 X 的方差为

$$D(X)=\int_{-\infty}^{+\infty}[x-E(X)^2]^2f(x)\mathrm{d}x.$$

随机变量 X 的方差的平方根 $\sqrt{D(X)}$ 称为 X 的标准差(或均方差)，记作 $\sigma(X)$，则

$$\sigma(X)=\sqrt{D(X)} \quad 或 \quad D(X)=\sigma^2(X).$$

随机变量 X 的方差等于 X^2 的数学期望减去 X 的数学期望的平方，即

$$D(X)=E(X^2)-[E(X)]^2.$$

【例 5.4.2】 有甲、乙两个射手，他们每次射击命中的环数分别用 X、Y 表示，已知 X、Y 的概率分布见表 5.4.4 及表 5.4.5，试问哪一人的技术水平更高明些？

表 5.4.4

X	8	9	10
$P(x_i)$	0.2	0.6	0.2

表 5.4.5

Y	8	9	10
$P(y_j)$	0.1	0.8	0.1

【解】 $E(X)=8\times0.2+9\times0.6+10\times0.2=9$;

$E(Y)=8\times0.1+9\times0.8+10\times0.1=9$;

$E\{[X-E(X)]^2\}=(8-9)^2\times0.2+(9-9)^2\times0.6+(10-9)^2\times0.2=0.4$;

$E\{[Y-E(Y)]^2\}=(8-9)^2\times0.1+(9-9)^2\times0.8+(10-9)^2\times0.1=0.2$.

由于 $E\{[X-E(X)]^2\}>E\{[Y-E(Y)]^2\}$，所以乙的技术水平更高明些.

2. 方差的性质

◎**性质 5.4.6** 常量的方差等于零，即设 C 为常量，则 $D(C)=0$.

◎**性质 5.4.7** 设随机变量的方差存在，k 为常数，则 $D(kX)=k^2D(X)$.

◎**性质 5.4.8** 设随机变量 X 与 Y 相互独立，且方差都存在，则 $D(X+Y)=D(X)+D(Y)$.

◎**推论 5.4.2** 设随机变量 $X_1,X_2,\cdots,X_n$ 相互独立，且方差都存在，$k_i(i=1,2,\cdots,n)$ 为常数，则

$$D(\sum_{i=1}^{n}k_iX_i)=\sum_{i=1}^{n}k_i^2D(X_i).$$

3. 常见分布的期望与方差

若随机变量 X 服从“0－1”分布(或两点分布)，则 $E(X)=p,D(X)=pq$.

若随机变量 $X\sim B(n,p)$，则 $E(X)=np,D(X)=npq$.

若随机变量 $X\sim P(\lambda)$，则 $E(X)=\lambda,D(X)=\lambda$.

若随机变量 $X\sim U(a,b)$，则 $E(X)=\frac{a+b}{2},D(X)=\frac{(b-a)^2}{12}$.

若随机变量 $X\sim E(\lambda)$，则 $E(X)=\lambda,D(X)=\lambda^2$.

若随机变量 $X\sim N(\mu,\sigma^2)$，则 $E(X)=\mu,D(X)=\sigma^2$.

【5.4.3】 若连续型随机变量 X 的概率密度函数为

$$f(x)=\begin{cases}ax^2+bx+c, & 0<x<1\\ 0. & \text{其他}\end{cases},$$

已知 $E(X)=0.5,D(X)=0.15$，求：a、b、c.

【解】 $\int_{-\infty}^{+\infty}f(x)\mathrm{d}x=\int_0^1(ax^2+bx+c)\mathrm{d}x=\frac{1}{3}a+\frac{1}{2}b+c=1$

$$E(X)=\int_0^1 x(ax^2+bx+c)\mathrm{d}x=\frac{1}{4}a+\frac{1}{3}b+\frac{1}{2}c=0.5$$

$\because$ $D(X)=E(X^2)-[E(X)]^2$,

$\therefore$ $E(X^2)=D(X)+[E(X)]^2=0.4$

$$E(X^2)=\int_0^1 x^2(ax^2+bx+c)\mathrm{d}x=\frac{1}{5}a+\frac{1}{4}b+\frac{1}{3}c=0.4$$

解方程组得　$a=12,b=-12,c=3$.

5.4.3　原点矩与中心矩

1. 原点矩

设随机变量 X 的 k 次幂 X^k(k 为正整数)的数学期望 $E(X^k)$存在，则称 $E(X^k)$为 X 的 k 阶原点矩，记作 $v_k(X)$，即

$$v_k(X)=E(X^k),$$

X 的一阶原点矩就是 X 的数学期望，即 $v_1(X)=E(X)$.

2. 中心矩

设随机变量 X 的函数$[X-E(X)]^k$(k 为正整数)的数学期望 $E([X-E(X)]^k)$存在，则称 $E([X-E(X)]^k)$为 X 的 k 阶中心矩，记作 $\mu_k(X)$，即

$$\mu_k(X)=E\{[X-E(X)]^k\},$$

当 $k=1$ 时，有 $\mu_1(X)=E[X-E(X)]=E(X)-E(X)=0$,

当 $k=2$ 时，有 $\mu_2(X)=E\{[X-E(X)]^2\}=D(X)=v_2(X)-v_1^2(X)$.

5.4.4　切比雪夫不等式

设随机变量 X 的数学期望 $E(X)$及方差 $D(X)$存在，则对于任意给定的正数 ε，下列不等式成立：

$$P[|X-E(X)|\geqslant\varepsilon]\leqslant\frac{D(X)}{\varepsilon^2}\quad 或\quad P[|X-E(X)|<\varepsilon]\geqslant 1-\frac{D(X)}{\varepsilon^2}.$$

上述不等式称为切比雪夫不等式.

【例 5.4.4】 设电站供电网有 10000 盏电灯,夜晚每盏灯开灯的概率都是 0.7,假设开关时间彼此独立,估计夜晚同时开着的灯数在 6800 盏至 7200 盏之间的概率.

【解】 令 X 表示夜晚同时开着的灯数,则 $X\sim B(10000,0.7)$

$$P(6800<X<7200)=\sum_{k=6801}^{7199}C_{10000}^{k}\times 0.7^k\times 0.3^{10000-k},$$

计算量较大,可利用切比雪夫不等式

$$E(X)=np=10000\times 0.7=7000, D(X)=npq=10000\times 0.7\times 0.3=2100,$$

$$P(6800<X<7200)=P(|X-7000|<200)\geqslant 1-\frac{2100}{200^2}\approx 0.95.$$

可见,虽然有 10000 盏灯,但只要供应 7200 盏灯的电力就能以相当大的概率保证够用.

练习题

1. 甲、乙两台机器一天中出现次品数 X、Y 的概率分布分别见表 5.4.6、表 5.4.7.

表 5.4.6

X	0	1	2	3
$p(x_i)$	0.4	0.3	0.2	0.1

表 5.4.7

Y	0	1	2	3
$p(y_j)$	0.3	0.5	0.2	0

如果两台机器的日产量相同,问哪台机器的性能较好?

2. 设盒中有 5 个球,其中 2 个白色球,3 个黑色球.从中任意抽取 3 个球,求取得白球数 X 的数学期望与方差.

3. 设随机变量 X 的概率密度函数为

$$f(x)=\begin{cases}\dfrac{1}{\pi\sqrt{1-x^2}}, & |x|<1\\ 0, & |x|\geqslant 1\end{cases},$$

求 X 的数学期望与方差.

5.5 总体与样本、统计量及参数的点估计

5.5.1 总体与样本

总体:把所研究对象的全体称为总体(或母体).

个体:组成总体的各个元素称为个体.

总体容量:总体中所包含的个体数目.

有限总体:一个总体的容量是有限的.

无限总体:一个总体的容量是无限的.

总体的分布函数 $F(x)=P(X\leqslant x)$ 称为总体分布函数,总体 X 的概率分布及数字特征分别称为总体的分布及总体的数字特征.如 $X\sim N(\mu,\sigma^2)$,则称 X 是正态总体 $N(\mu,\sigma^2)$,其中 μ

及 σ^2 分别是总体均值及总体方差.

抽样:从总体中抽取若干个个体的过程称为抽样.

样本(或子样):抽样结果得到的一组试验数据(或观测值)称为样本.

样本容量:样本中所含个体的数量称为样本容量.

简单随机抽样:随机的、独立的抽样方法.

5.5.2　统计量

1. 样本函数

从总体 X 中抽取一组样本 $X_1,X_2,\cdots,X_n$,相应的观测值为 $x_1,x_2,\cdots,x_n$,通过它计算得到的函数值 $g(x_1,x_2,\cdots,x_n)$ 就是样本函数 $g(X_1,X_2,\cdots,X_n)$ 的观测值.

2. 统计量

如果样本函数 $g(X_1,X_2,\cdots,X_n)$ 中不含任何未知数,则这样的样本函数称为统计量.

3. 常用的统计量及观测值

样本均值:$\overline{X}=\dfrac{1}{n}\sum\limits_{i=1}^{n}X_i$,

观测值:$\overline{x}=\dfrac{1}{n}\sum\limits_{i=1}^{n}x_i$;

样本方差:$S^2=\dfrac{1}{n-1}\sum\limits_{i=1}^{n}(X_i-\overline{X})^2=\dfrac{1}{n-1}\sum\limits_{i=1}^{n}(X_i^2-n\overline{X}^2)$,

观测值:$s^2=\dfrac{1}{n-1}\sum\limits_{i=1}^{n}(x_i-\overline{x})^2=\dfrac{1}{n-1}\sum\limits_{i=1}^{n}(x_i^2-n\overline{x}^2)$;

样本 k 阶原点矩:$V_k=\dfrac{1}{n}\sum\limits_{i=1}^{n}X_i^k,k=1,2,3,\cdots$,

观测值:$v_k=\dfrac{1}{n}\sum\limits_{i=1}^{n}x_i^k,k=1,2,3,\cdots$,显然 $V_1=\overline{X}$;

样本 k 阶中心矩:$U_k=\dfrac{1}{n}\sum\limits_{i=1}^{n}(X_i-\overline{X})^k,k=1,2,3,\cdots$,

观测值:$\mu_k=\dfrac{1}{n}\sum\limits_{i=1}^{n}(x_i-\overline{x})^k,k=1,2,3,\cdots$,显然 $U_1=0$.

4. 正态总体统计量的分布

设总体 $X\sim N(\mu,\sigma^2)$,从总体 X 中抽取容量为 n 的样本 $X_1,X_2,\cdots,X_n$,样本均值与样本方差分别为 $\overline{X}=\dfrac{1}{n}\sum\limits_{i=1}^{n}X_i,S^2=\dfrac{1}{n-1}\sum\limits_{i=1}^{n}(X_i-\overline{X})^2$,则

(1)样本均值 $\overline{X}\sim N(\mu,\dfrac{\sigma^2}{n})$;

(2)统计量 $u=\dfrac{\overline{X}-\mu}{\sigma/\sqrt{n}}\sim N(0,1)$.

【例 5.5.1】 设总体 $X\sim N(\mu,4^2)$,其中总体均值 μ 是未知的.

(1)从总体中抽取容量为 25 的样本,求样本均值 $\overline{X}$ 与总体均值 μ 之差的绝对值小于 1 的概率,即 $P(|\overline{X}-\mu|<1)$;

(2)从总体中抽取多大容量的样本,才能使上述概率 $P(|\overline{X}-\mu|<1)$ 不小于 0.95?

【解】 (1)已知总体标准差 $\sigma=4$,样本容量 $n=25$,可知 $\dfrac{\overline{X}-\mu}{4/\sqrt{25}}\sim N(0,1)$,故

$$P(|\overline{X}-\mu|<1)=P\left(\left|\frac{\overline{X}-\mu}{4/\sqrt{25}}\right|<\frac{1}{4/5}\right)=P(|u|<1.25)=P(-1.25<u<1.25)$$
$$=\Phi(1.25)-\Phi(-1.25)=2\Phi(1.25)-1=0.7888$$

(2)已知总体标准差 $\sigma=4$,设样本容量为 n,同(1)有 $\dfrac{\overline{X}-\mu}{4/\sqrt{n}}\sim N(0,1)$,为使

$$P(|\overline{X}-\mu|<1)=P\left(\left|\frac{\overline{X}-\mu}{4/\sqrt{n}}\right|<\frac{1}{4/\sqrt{n}}\right)=P\left(|u|<\frac{\sqrt{n}}{4}\right)=2\Phi\left(\frac{\sqrt{n}}{4}\right)-1\geqslant 0.95,$$

即 $\Phi(\frac{\sqrt{n}}{4})\geqslant 0.975$,查附录 4 得 $\Phi(1.96)=0.975$,由于 $\Phi(x)$ 是非减函数,所以有 $\frac{\sqrt{n}}{4}\geqslant 1.96$,即 $n\geqslant 61.4656$,由此可知应抽取的样本容量 $n\geqslant 62$.

5.5.3 参数的点估计

1. 参数的点估计

设总体 X 的分布中含有未知参数 θ,从总体 X 中抽取样本 $X_1,X_2,\cdots,X_n$,相应的观测值是 $x_1,x_n,\cdots,x_n$,构造适当的统计量 $\hat{\theta}(X_1,X_2,\cdots,X_n)$ 作为参数 θ 的估计,则称 $\hat{\theta}(X_1,X_2,\cdots,X_n)$ 为参数 θ 的点估计量,称 $\hat{\theta}(x_1,x_2,\cdots,x_n)$ 为参数 θ 的点估计值.

2. 矩估计法

设总体 X 的分布中含有 m 个未知参数 $\theta_1,\theta_2,\cdots,\theta_m$,假设总体 X 的 $1,2,\cdots,m$ 阶原点矩都存在,则说它们都是 $\theta_1,\theta_2,\cdots,\theta_m$ 的函数,即

$$v_k(X)=E(X^k)=v_k(\theta_1,\theta_2,\cdots,\theta_m),\quad k=1,2,\cdots,m.$$

从总体 X 中抽取样本 $X_1,X_2,\cdots,X_n$,取样本 k 阶原点矩 $V_k=\dfrac{1}{n}\sum\limits_{i=1}^{n}X_i^k$ 作为总体的 k 阶原点矩 $v_k(X)$ 的估计量,即 $\hat{v}_k(X)=\dfrac{1}{n}\sum\limits_{i=1}^{n}X_i^k,k=1,2,\cdots,m.$

利用方程组

$$\begin{cases}v_1(\theta_1,\theta_2,\cdots,\theta_m)=\dfrac{1}{n}\sum\limits_{i=1}^{n}X_i\\ v_2(\theta_1,\theta_2,\cdots,\theta_m)=\dfrac{1}{n}\sum\limits_{i=1}^{n}X_i^2\\ \cdots\cdots\\ v_m(\theta_1,\theta_2,\cdots,\theta_m)=\dfrac{1}{n}\sum\limits_{i=1}^{n}X_i^m\end{cases},$$

解得 $\hat{\theta}_1=\hat{\theta}_1(X_1,X_2,\cdots,X_n),\hat{\theta}_2=\hat{\theta}_2(X_1,X_2,\cdots,X_n),\cdots,\hat{\theta}_m=\hat{\theta}_m(X_1,X_2,\cdots,X_n)$,就分别

是参数 $\theta_1,\theta_2,\cdots,\theta_m$ 的矩估计量.

【例 5.5.2】 设总体 X 的概率密度函数为

$$f(x,\theta)=\begin{cases}\theta x^{\theta-1}, & 0<x<1\\ 0, & \text{其他}\end{cases}$$

其中 $\theta>0$ 为未知参数.从总体 X 中抽取样本 $X_1,X_2,\cdots,X_n$,求未知参数 θ 的矩估计量.

【解】 因为总体 X 的概率密度函数中只有一个未知参数 θ,故只需考虑总体 X 的一阶原点矩

$$v_1(X)=E(X)=\int_0^1\theta x^{\theta}\mathrm{d}x=\frac{\theta}{\theta+1}$$

用样本一阶原点矩 $V_1(X)=\frac{1}{n}\sum_{i=1}^{n}X_i=\overline{X}$ 作为 $v_1(X)$ 的估计量,即有

$$\frac{\theta}{\theta+1}=\frac{1}{n}\sum_{i=1}^{n}X_i=\overline{X},$$

解得 θ 的矩估计量为

$$\hat{\theta}=\frac{\overline{X}}{1-\overline{X}}.$$

同理,正态总体的两个参数 μ 和 σ^2 的矩估计量分别为

$$\hat{\mu}=\overline{X} \quad 和 \quad \hat{\sigma}^2=S^2.$$

3.最大似然估计法

设总体 X 是离散型(或连续型)随机变量,概率函数[或密度]为 $p(x,\theta)$[或 $f(x,\theta)$],其中 θ 是未知参数.如果从总体 X 中抽取样本 $X_1,X_2,\cdots,X_n$,相应的观测值为 $x_1,x_2,\cdots,x_n$,则称

$$L(\theta)=P(X_1=x_1,X_2=x_1,\cdots,X_n=x_n)=\prod_{i=1}^{n}p(x_i,\theta)\quad[或\prod_{i=1}^{n}f(x,\theta)]$$

为似然函数.

我们选取似然函数 $L(\theta)$的最大值,即使样本观测值 $x_1,x_2,\cdots,x_n$ 出现的概率最大的 $\hat{\theta}$ 作为未知参数 θ 的点估计值,并把 $\hat{\theta}$ 称为 θ 的最大似然估计值,且这种总体概率函数中未知参数的点估计量的方法称为最大似然估计法.

【例 5.5.3】 从一大批产品中随机抽取 n 件样品,发现其中有 k 件次品,用最大似然估计法估计这批产品的次品率 p.

【解】 设随机变量 X 表示随机抽取一件样品中的次品数,则

$$X=\begin{cases}0,样品是合格品\\ 1,样品是次品\end{cases}$$

因此,X 服从"0—1"分布,概率函数为 $p(x,p)=p^x(1-p)^{1-x},x=0,1$.

设 n 次抽取得到的样本观测值为 $x_1,x_2,\cdots,x_n$,则似然函数为

$$L(p)=\prod_{i=1}^{n}p^{x_i}(1-p)^{1-x_i}=p^{\sum\limits_{i=1}^{n}x_i}(1-p)^{n-\sum\limits_{i=1}^{n}x_i}.$$

取自然对数,得

$$\ln L(p)=(\sum_{i=1}^{n}x_i)\ln p+(n-\sum_{i=1}^{n}x_i)\ln(1-p).$$

由似然方程

$$\frac{\mathrm{d}\ln L(p)}{\mathrm{d}p}=\frac{1}{p}\sum_{i=1}^{n}x_i-\frac{1}{1-p}(n-\sum_{i=1}^{n}x_i)=0$$

解得 p 的最大似然估计值为 $\hat{p}=\frac{1}{n}\sum_{i=1}^{n}x_i=\bar{x}$，

因为 $\sum_{i=1}^{n}x_i=k$，故这批产品的次品率 p 的最大似然估计值为 $\hat{p}=\frac{k}{n}$.

【例 5.5.4】 设总体 X 的概率密度函数为

$$f(x,\theta)=\begin{cases}\theta x^{\theta-1}, & 0<x<1\\ 0, & \text{其他}\end{cases}$$

其中 $\theta>0$ 为未知参数.从总体 X 中抽取样本 $X_1,X_2,\cdots,X_n$，求未知参数 θ 的最大似然估计值.

【解】 设样本 $X_1,X_2,\cdots,X_n$ 的观测值为 $x_1,x_2,\cdots,x_n$，则似然函数为

$$L(\theta)=\begin{cases}\theta^n\prod_{i=1}^{n}x_i^{\theta-1}, & 0<x_i<1(i=1,2,\cdots,n)\\ 0, & \text{其他}\end{cases}$$

可知 $L(\theta)>0$，对其取自然对数，得 $\ln L(\theta)=n\ln\theta+(\theta-1)\sum_{i=1}^{n}\ln x_i$.

由似然方程 $$\frac{\mathrm{d}\ln L(\theta)}{\mathrm{d}\theta}=\frac{n}{\theta}+\sum_{i=1}^{n}\ln x_i=0$$

解得 θ 的最大似然估计值为 $\hat{\theta}=-\frac{n}{\sum_{i=1}^{n}\ln x_i}$.

4. 评选估计量的标准

(1)无偏性

设参数 θ 的估计量 $\hat{\theta}=\hat{\theta}(X_1,X_2,\cdots,X_n)$ 的数学期望存在且等于 θ，即 $E(\hat{\theta})=\theta$，则称 $\hat{\theta}$ 为 θ 的无偏估计量.则

样本均值 $\bar{X}$ 是总体均值 μ 的无偏估计量，即 $E(\bar{X})=\mu$；

样本方差 S^2 是总体方差 σ^2 的无偏估计量，即 $E(S^2)=\sigma^2$.

(2)有效性

设 $\hat{\theta}_1=\hat{\theta}_1(X_1,X_2,\cdots,X_n)$ 与 $\hat{\theta}_2=\hat{\theta}_2(X_2,X_2,\cdots,X_n)$ 都是未知参数 θ 的无偏估计量，如果 $D(\hat{\theta}_1)<D(\hat{\theta}_2)$，则称 $\hat{\theta}_1$ 比 $\hat{\theta}_2$ 有效.

【例 5.5.5】 设总体 X 的均值 $E(X)=\mu$ 为未知参数，从总体 X 中抽取样本 X_1,X_2,X_3，选取 μ 的三个不同的估计量

$$\hat{\mu}_1=X_1,\hat{\mu}_2=\frac{1}{2}X_1+\frac{1}{6}X_2+\frac{1}{3}X_3,\hat{\mu}_3=\bar{X}$$

判断这三个估计量是否是 μ 的无偏估计量，如果是，哪一个更有效？

【解】 $\because X_1,X_2,X_3$ 与总体 X 服从统一分布，故 $E(X_i)=E(X)=\mu,i=1,2,3$

$\therefore E(\hat{\mu}_1)=E(X_1)=\mu$,

$E(\hat{\mu}_2)=E(\frac{1}{2}X_1+\frac{1}{6}X_2+\frac{1}{3}X_3)=\frac{1}{2}E(X_1)+\frac{1}{6}E(X_2)+\frac{1}{3}E(X_3)=\mu$,

$E(\hat{\mu}_3)=E(\bar{X})=E[\frac{1}{3}(X_1+X_2+X_3)]=\frac{1}{3}[E(X_1)+E(X_2)+E(X_3)]=\mu$.

故 $\hat{\mu}_1,\hat{\mu}_2,\hat{\mu}_3$ 这三个估计量都是 μ 的无偏估计量.

设总体方差 $D(X)=\sigma^2$，则有 $D(X_i)=\sigma^2$.

$D(\hat{\mu}_1)=D(X_1)=\sigma^2$，

$D(\hat{\mu}_2)=D(\frac{1}{2}X_1+\frac{1}{6}X_2+\frac{1}{3}X_3)=\frac{1}{4}D(X_1)+\frac{1}{36}D(X_2)+\frac{1}{9}D(X_3)=\frac{7}{18}\sigma^2$，

$D(\hat{\mu}_3)=D(\overline{X})=D[\frac{1}{3}(X_1+X_2+X_3)]=\frac{1}{9}[D(X_1)+D(X_2)+D(X_3)]=\frac{1}{3}\sigma^2$，

故 $D(\hat{\mu}_1)<D(\hat{\mu}_2)<D(\hat{\mu}_3)$，所以 $\hat{\mu}_3$ 比 $\hat{\mu}_1$ 和 $\hat{\mu}_2$ 更有效.

(3)一致性

设 $\hat{\theta}_n=\hat{\theta}_n(X_1,X_2,\cdots,X_n)$是未知参数 θ 的估计量，如果当 $n\to\infty$时，$\hat{\theta}_n$ 依概率收敛于 θ，即对于任意给定的正数 ε，有

$$\lim_{n\to\infty}P(|\hat{\theta}_n-\theta|<\varepsilon)=1$$

则称 $\hat{\theta}_n=\hat{\theta}_n(X_1,X_2,\cdots,X_n)$为未知参数 θ 的一致估计量.

可得，样本均值 $\overline{X}$ 不但是总体均值 μ 的无偏估计量，而且比其他无偏估计量更有效，同时也是总体均值 μ 唯一的一致估计量.

练习题

1. 从总体中抽取容量为 60 的样本，它的频数分布见表 5.5.1，

表 5.5.1

x_i	1	3	6	26
F_i	8	40	10	2

求样本平均数与样本方差.

2. 分别求出下列分布中未知参数的矩估计量和极大似然估计量：

(1)$P(X=k)=pq^{k-1}$，$k=1,2,\cdots$，其中 p 是未知参数，$q=1-p$，$0<p<1$；

(2)$f(x)=\begin{cases}\lambda e^{-\lambda x}, & x>0\\ 0, & x\leqslant 0\end{cases}$，其中 λ 是未知参数，$\lambda>0$.

3. 设总体 $X\sim N(\mu,5^2)$，其中总体均值 μ 是未知的.

(1)从总体中抽取容量为 64 的样本，求样本均值 $\overline{X}$ 与总体均值 μ 之差的绝对值小于 1 的概率，即 $P(|\overline{X}-\mu|<1)$；

(2)从总体中抽取多大容量的样本，才能使上述概率 $P(|\overline{X}-\mu|<1)$不小于 0.95?

4. 设 $X\sim N(\alpha,1)$，其中 α 是未知参数，(X_1,X_2)为取自 X 的一个样本，试验证：

$$\hat{\alpha}_1=\frac{2}{3}X_1+\frac{1}{3}X_2,\ \hat{\alpha}_2=\frac{1}{4}X_1+\frac{3}{4}X_2,\ \hat{\alpha}_3=\frac{1}{2}X_1+\frac{1}{2}X_2$$

都是 α 的无偏估计量，并指出其中哪一个更为有效.

下篇　应用知识

模块 6　导数的应用

本模块主要介绍一阶导数、高阶导数在几何、物理及经济领域的一些应用，我们不仅要掌握一些具体的求导运算，更重要的是树立学会用“微分法”分析解决实际问题的数学思想.

❖ 6.1　导数在几何上的应用

我们已经学习了导数的概念和基本运算，本节将讨论导数在几何上的应用，即用导数来研究函数的某些性质，例如函数的单调性、凸凹性、极值、最值和拐点等.

❖ 6.1.1　函数单调性的判定法

单调性是函数的一个重要特性. 图 6.1.1 所示是观察区间$[a,b]$上的单调递增函数 $f(x)$ 的图像，当 x 增大时，曲线上任一点处的切线与 x 轴正向夹角为锐角，即 $f'(x)>0$[个别点处 $f'(x)=0$]；图 6.1.2 所示是观察区间$[a,b]$上的单调递减函数 $f(x)$的图像，当 x 增大时，曲线上任一点处的切线与 x 轴正向夹角为钝角，即 $f'(x)<0$[个别点处 $f'(x)=0$]，由此可见，可导函数的单调性与导数的符号有着密切的联系. 那么，能否用导数在一个区间上的正、负来判别函数在该区间上的单调性呢?

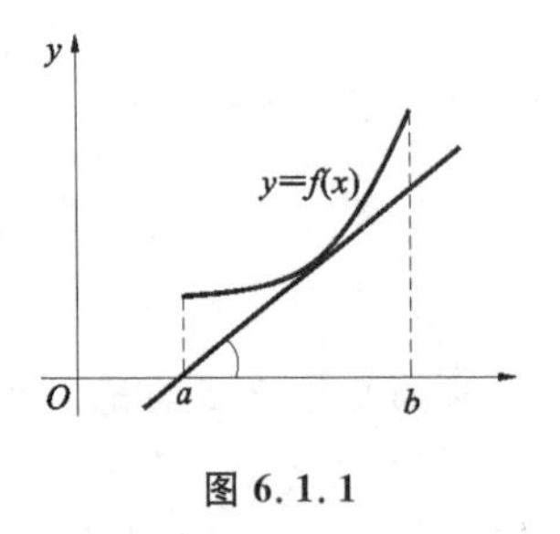

图 6.1.1

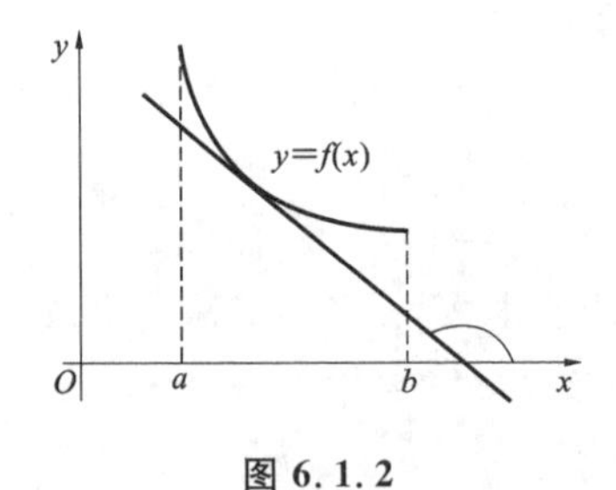

图 6.1.2

拉格朗日中值定理建立了函数与导数之间的联系，利用中值定理可以得出函数单调性的判别法.

△定理 6.1.1　设函数 $f(x)$在$[a,b]$上连续，在(a,b)内可导，则有

(1)如果在(a,b)内 $f'(x)>0$，则函数 $f(x)$在$[a,b]$上单调增加；

(2)如果在(a,b)内 $f'(x)<0$，则函数 $f(x)$在$[a,b]$上单调减少.

证明：设 x_1,x_2 是$[a,b]$上任意两点，且 $x_1<x_2$，由拉格朗日中值定理得

$$f(x_2)-f(x_1)=f'(\xi)(x_2-x_1)(x_1<\xi<x_2)$$

如果 $f'(x)>0$，必有 $f'(\xi)>0$，又 $x_2-x_1>0$，于是有 $f(x_2)-f(x_1)>0$，即 $f(x_2)>f(x_1)$，由于 $x_1,x_2(x_1<x_2)$是$[a,b]$上任意两点，所以函数 $f(x)$在$[a,b]$上单调增加.

同理可证，如果 $f'(x)<0$，则函数 $f(x)$ 在 $[a,b]$ 上单调减少.

【例 6.1.1】 讨论函数 $f(x)=x^3-3x^2+2$ 的增减性.

【解】 函数 $f(x)$ 的定义域为 $(-\infty,+\infty)$，令 $f'(x)=3x^2-6x=3x(x-2)=0$，得 $x_1=0$，$x_2=2$，这两点 $x_1=0$，$x_2=2$ 将定义域分成三个区间 $(\infty,0]$，$[0,2]$，$[2,+\infty)$. 见表 6.1.1.

表 6.1.1

x	$(-\infty,0]$	0	$[0,2]$	2	$[2,+\infty)$
$f'(x)$	+	0	−	0	+
$f(x)$	增		减		增

所以 $(-\infty,0]$、$[2,+\infty)$ 为 $f(x)$ 的单调递增区间，$[0,2]$ 为 $f(x)$ 的单调递减区间；$x_1=0$，$x_2=2$ 使 $f'(x)=0$，则为单调递增区间与单调递减区间的分界点.

【例 6.1.2】 判别函数 $f(x)=x^{\frac{2}{3}}$ 的增减性.

【解】 函数的定义域为 $(-\infty,+\infty)$，$f'(x)=\dfrac{2}{3\sqrt[3]{x}}$，在点 $x=0$ 处导数不存在，点 $x=0$ 将 $(-\infty,+\infty)$ 分成两个区间 $(-\infty,0]$ 及 $[0,+\infty)$. 见表 6.1.2.

表 6.1.2

x	$(-\infty,0]$	0	$[0,+\infty)$
$f'(x)$	−	不存在	+
$f(x)$	减	0	增

所以 $(-\infty,0]$ 为 $f(x)$ 的单调递减区间，$[0,+\infty)$ 为 $f(x)$ 的单调递增区间. $f'(x)$ 不存在的点 $x=0$ 是函数 $f(x)$ 单调递增区间和单调递减区间的分界点.

从上两例可得讨论函数 $f(x)$ 的增减性的一般步骤：

(1)先给出函数的定义域；

(2)求函数的导数 $f'(x)$；

(3)求得函数在定义域内的使 $f'(x)=0$ 的根或不可导点；

(4)用 $f'(x)=0$ 的根及不可导点将函数的定义域划分为若干个部分区间；

(5)列出表格，在各个部分区间内观察 $f'(x)$ 的正、负号，从而利用判别函数单调性的方法，确定 $f(x)$ 在这些区间上的增减性.

通常用导数的符号还可以证明不等式、确定方程的根等问题.

【例 6.1.3】 证明：当 $x>1$ 时，不等式 $\ln x>\dfrac{2(x-1)}{x+1}$ 恒成立.

【证明】 设函数 $f(x)=\ln x-\dfrac{2(x-1)}{x+1}$，$x>1$，则

$$f'(x)=\frac{1}{x}-2\frac{2}{(x+1)^2}=\frac{(x-1)^2}{x(x+1)^2}$$

当 $x>1$ 时，$f'(x)>0$，则 $f(x)$ 在 $[1,+\infty)$ 上单调增加，故当 $x>1$ 时，$f(x)>f(1)=0$.

所以，当 $x>1$ 时，$\ln x>\dfrac{2(x-1)}{x+1}$ 恒成立.

【例 6.1.4】 证明：方程 $2x-\sin x=5$ 在 $[0,4]$ 上只有一个根.

【证明】 设 $f(x)=2x-\sin x-5$,可见 $f(x)$ 在 $[0,4]$ 上连续,且 $f(0)=-5<0,f(4)=3-\sin4>0$,由闭区间上连续函数的零点定理可知,至少存在一点 $\xi\in(0,4)$,使得 $f(\xi)=0$,即方程 $2x-\sin x=5$ 在 $(0,4)$ 至少有一根.由于 $f'(x)=x-\cos x>0$,则 $f(x)=2x-\sin x-5$ 在 $[0,4]$ 上严格单调增加,所以方程 $2x-\sin x=5$ 在 $[0,4]$ 上只有一个根.

6.1.2 函数的极值及其求法

定义 6.1.1 设函数 $f(x)$ 在点 x_0 的某邻域内有定义,且对此邻域内任一点 $x(x\neq x_0)$,恒有

(1) $f(x)<f(x_0)$,则称 $f(x_0)$ 是 $f(x)$ 的一个极大值,称点 x_0 为 $f(x)$ 的一个极大值点;

(2) $f(x)>f(x_0)$,则称 $f(x_0)$ 是 $f(x)$ 的一个极小值,称点 x_0 为 $f(x)$ 的一个极小值点.

函数的极大值与极小值统称为函数的极值,使函数取得极值的点 x_0,称为极值点.可见,极大值与极小值是一个局部概念,它只与极值点邻域的其他点的函数值相比较.即 $f(x_0)$ 是 $f(x)$ 的极值是仅就 x_0 的邻域而言的.因此函数 $f(x)$ 的极大(小)值就整个定义域来讲未必是函数的最大(小)值.

▲定理 6.1.2(必要条件) 若函数 $f(x)$ 在点 x_0 处可导,且 $f(x)$ 在 x_0 处取得极值,则必有 $f'(x)=0$.

证明:(1)设 $f(x_0)$ 为极大值,则由定义 6.1.1 可知,必存在 x_0 的一个邻域 $U(x_0,\delta)$,使

$$f(x_0+\Delta x)-f(x_0)<0[\Delta x\neq 0,\text{且 } x_0+\Delta x\in U(x_0,\delta)],$$

因此,当 $\Delta x<0$ 时

$$\frac{f(x_0+\Delta x)-f(x_0)}{\Delta x}>0$$

当 $\Delta x>0$ 时

$$\frac{f(x_0+\Delta x)-f(x_0)}{\Delta x}<0$$

因为 $f(x)$ 在 x_0 处可微,所以 $f(x)$ 在该点处的左、右导数存在且相等,即 $f_-'(x_0)=f_+'(x_0)$,由于

$$f_-'(x_0)=\lim_{\Delta x\to 0^-}\frac{f(x_0+\Delta x)-f(x_0)}{\Delta x}\geqslant 0,f_+'(x_0)=\lim_{\Delta x\to 0^+}\frac{f(x_0+\Delta x)-f(x_0)}{\Delta x}\leqslant 0$$

因此

$$f'(x)=0.$$

(2) $f(x_0)$ 为极小值情形的证明是类似的,从略.

定理 6.1.2 表明,可导函数 $f(x)$ 的极值点 x_0 一定是 $f(x)$ 的驻点,但驻点却不一定是极值点.可以看出,当驻点为函数单调递增与单调递减区间的分界点时,驻点才是函数的极值点.

▲定理 6.1.3(极值的第一充分条件) 若函数 $f(x)$ 在点 x_0 的某个去心邻域内可导,$f'(x)=0$,点 x_0 为 $f(x)$ 的驻点或不可导点,如果在点 x_0 的此去心邻域内有:

(1)当 $x<x_0$ 时 $f'(x)>0$,当 $x>x_0$ 时 $f'(x)<0$,则 $f(x_0)$ 为极大值,点 x_0 为极大值点;

(2)当 $x<x_0$ 时 $f'(x)<0$,当 $x>x_0$ 时 $f'(x)>0$,则 $f(x_0)$ 为极小值,点 x_0 为极小值点;

(3)若在 x_0 的邻域内,除点 x_0 外 $f'(x)$ 恒为正或恒为负,则 $f(x_0)$ 不是极值.

▲定理 6.1.4(极值的第二充分条件) 设函数 $f(x)$ 在 x_0 处的二阶导数存在,若 $f'(x_0)$

$=0$，且$f''(x_0)\neq0$，则x_0是函数的极值点，$f(x_0)$为函数的极值，并且

(1)当$f''(x_0)>0$时，则x_0为极小值点，$f(x_0)$为极小值；

(2)当$f''(x_0)<0$时，则x_0为极大值点，$f(x_0)$为极大值.

根据以上定理，一般地可按下列步骤来求函数的极值：

(1) 确定定义域，并求出所给函数的全部驻点及不可导点；

(2) 考察上述点两侧导数的符号，确定极值点；或考察函数的二阶导数在驻点处的符号，确定极值点；

(3) 求出极值点处的函数值，得到极值.

【例6.1.5】 讨论函数$f(x)=x^3-3x^2+2$的极值.

【解】 方法一：函数$f(x)$的定义域为$(-\infty,+\infty)$，令$f'(x)=3x^2-6x=3x(x-2)=0$，得$x_1=0,x_2=2$，这两点将定义域分成三个区间$(\infty,0]$，$[0,2]$，$[2,+\infty)$，见表6.1.3。

表6.1.3

x	$(-\infty,0]$	0	$[0,2]$	2	$[2,+\infty)$
$f'(x)$	+	0	−	0	+
$f(x)$	增	$f(0)=2$为极大值	减	$f(2)=-2$为极小值	增

故$f(0)$为极大值，$x=0$为极大值点；$f(2)=-2$为极小值，$x=2$为极小值点.

方法二：函数$f(x)$的定义域为$(-\infty,+\infty)$，$f'(x)=3x^2-6x=3x(x-2)=0$，得$x_1=0,x_2=2$为$f(x)$的驻点. 因为$f''(x)=6x-6$，$f''(0)=-6<0$，$f''(2)=6>0$，所以$f(0)=2$为极大值，$x=0$为极大值点；$f(2)=-2$为极小值，$x=2$为极小值点.

【例6.1.6】 讨论函数$f(x)=x^{\frac{2}{3}}$的极值.

【解】 函数的定义域为$(-\infty,+\infty)$，$f'(x)=\dfrac{2}{3\sqrt[3]{x}}$，在点$x=0$处导数不存在，点$x=0$将$(-\infty,+\infty)$分成两个区间$(-\infty,0]$及$[0,+\infty)$. 见表6.1.4.

表6.1.4

x	$(-\infty,0]$	0	$[0,+\infty)$
$f'(x)$	−	不存在	+
$f(x)$	减	$f(0)=0$为极小值，$x=0$为极小值点	增

故$f(0)=0$为极小值，$x=0$为极小值点，无极大值.

6.1.3　函数的最值及其求法

极值反映的是函数的局部性质，描述的是函数在一点邻域内的性态，而最值是函数在区间上讨论的全部函数值，是全局性态. 对于闭区间$[a,b]$上的连续函数$f(x)$由最值存在定理可知一定存在着最大值和最小值. 显然，函数在闭区间$[a,b]$上的最大值和最小值只能在区间$[a,b]$内的极值点和区间端点处取到. 因此可得求闭区间$[a,b]$上的连续函数$f(x)$的最值步骤为：

(1)求出一切可能的极值点(包括驻点和不可导点)和端点处的函数值；

(2)比较这些函数值的大小，最大的值为函数的最大值，最小的值为函数的最小值.

【例 6.1.7】 试求函数 $f(x)=3x^4-16x^3+30x^2-24x+4$ 在区间$[0,3]$上的最大值和最小值.

【解】 令 $f'(x)=12x^3-48x^2+60x-24=12(x-1)^2(x-2)=0$，得驻点 $x_1=1,x_2=2$，它们为 $f(x)$可能的极值点，算出这些点及区间端点处的函数值得

$$f(0)=4,f(1)=-3,f(2)=-4,f(3)=13,$$

比较上述值可知在区间$[0,3]$上 $f(x)$的最大值为 $f(3)=13$，最小值为 $f(2)=-4$.

6.1.4 函数曲线的凸凹性、拐点

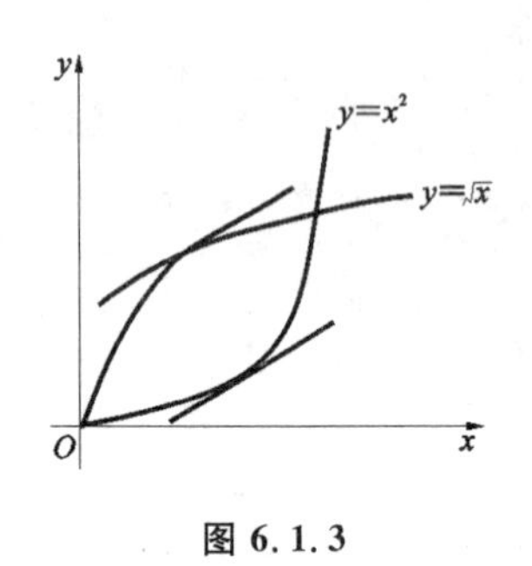

图 6.1.3

讨论函数的图形时，只知道它的增减性是不够的，在图 6.1.3中，函数 $y=x^2$ 与 $y=\sqrt{x}$，当 $x>0$ 时都是单调增加的，但它们曲线的弯曲方向是不同的，因此有必要讨论曲线的凹凸性.

定义 6.1.2 若在某区间(a,b)内曲线段总位于其上任意一点处切线的上方，则称曲线段在(a,b)内是向上凹的(简称上凹，也称凹的)；若曲线段总位于其上任一点处切线的下方，则称该曲线段在(a,b)内是向下凹的(简称下凹，也称凸的).

由定义知，曲线 $y=x^2$ 是凹的，曲线 $y=\sqrt{x}$是凸的.

如果 $f(x)$在区间(a,b)内具有二阶导数，可利用 $f''(x)$的符号来判定曲线的凹凸性.

定理 6.1.5(曲线凸凹性的判定法) 设函数 $f(x)$在区间$[a,b]$上连续，在区间(a,b)上具有二阶导数.

(1)如果在(a,b)上 $f''(x)>0$，则曲线 $y=f(x)$在(a,b)上是凹的；

(2)如果在(a,b)上 $f''(x)<0$，则曲线 $y=f(x)$在(a,b)上是凸的.

【例 6.1.8】 判定曲线 $y=\ln x$ 的凹凸性.

【解】 函数 $y=\ln x$ 的定义域为$(0,+\infty)$，$y'=\dfrac{1}{x}$，$y''=\dfrac{1}{-x^2}$，当 $x>0$ 时，$y''<0$，故曲线 $y=\ln x$ 在$(0,+\infty)$内是凸的.

定义 6.1.3 连续曲线弧上的凹弧与凸弧的分界点，称为该曲线弧的拐点.

通常情况下求曲线拐点的步骤如下：

(1)在 $f(x)$所定义的区间内，求出二阶导数 $f''(x)=0$ 的点；

(2)求出二阶导数 $f''(x)$不存在的点.

(3)判定上述点两侧 $f''(x)$是否异号，如果 $f''(x)$在 x_i 的两侧异号，则$(x_i,f(x_i))$为曲线弧 $y=f(x)$的拐点；如果 $f''(x)$在 x_i 的两侧同号，则$(x_i,f(x_i))$不是曲线弧 $y=f(x)$的拐点.

【例 6.1.9】 讨论曲线 $f(x)=x^3-6x^2+9x+1$ 的凹凸区间与拐点.

【解】 定义域为$(-\infty,+\infty)$，令 $f'(x)=3x^2-12x+9=3(x^2-4x+3)=3(x-1)(x-3)=0$，得驻点 $x_1=1,x_2=3$；令 $f''(x)=6x-12=0$，得 $x=2$. 这些点把$(-\infty,+\infty)$分成了$(-\infty,1)$，$[1,2)$，$[2,3)$，$[3,\infty)$，见表 6.1.5.

表 6.1.5

x	$(-\infty,1)$	1	$[1,2)$	2	$[2,3)$	3	$[3,+\infty)$
$f'(x)$	+	0	−		−	0	+
$f''(x)$	−	−	−	0	+	+	+
$f(x)$	增、凸	$f(1)$为极大值	减、凸	$(2,f(2))$为拐点	减、凹	$f(3)$为极小值	增、凹

故$(-\infty,2)$为凸区间，$[2,+\infty)$为凹区间．$(2,f(2))$即$(2,3)$为拐点．

6.1.5　函数图像的描绘

知道了函数的单调性、极值、最值、曲线的凸凹性、拐点等性质，我们就可以大致描绘出函数的图像，从而能直接地看到函数的变化规律，方便对其进行分析和计算．下面先介绍曲线的渐近线，再给出描绘函数图像的一般步骤．

定义 6.1.4　若曲线 $f(x)$ 上的动点 $P(x,y)$ 沿着曲线无限远离坐标原点时，它与某固定直线 l 的距离趋向于零，则称 l 为该曲线的渐近线．

1. 水平渐近线

若 $\lim\limits_{x\to-\infty}f(x)=b$，或 $\lim\limits_{x\to+\infty}f(x)=b$，或$\lim\limits_{x\to\infty}f(x)=b$，则称直线 $y=b$ 为曲线 $y=f(x)$的水平渐近线．

2. 垂直渐近线

若 $\lim\limits_{x\to x_0^-}f(x)=\infty$，或 $\lim\limits_{x\to x_0^+}f(x)=\infty$，或$\lim\limits_{x\to x_0}f(x)=\infty$，则称直线 $x=x_0$ 为曲线 $y=f(x)$的垂直渐近线．

3. 斜渐近线

如果函数 $f(x)$满足：$\lim\limits_{x\to\infty}\dfrac{f(x)}{x}=k(k\neq0)$，$\lim\limits_{x\to\infty}[f(x)-kx]=b$，则直线 $y=kx+b$ 是曲线 $y=f(x)$的斜渐近线．

【例 6.1.10】　求曲线 $y=\dfrac{1}{x-1}$的渐近线．

【解】　因为$\lim\limits_{x\to\infty}\dfrac{1}{x-1}=0$，所以直线 $y=0$ 是曲线 $y=\dfrac{1}{x-1}$的水平渐近线；

因为$\lim\limits_{x\to1}\dfrac{1}{x-1}=\infty$，所以直线 $x=1$ 是曲线 $y=\dfrac{1}{x-1}$的垂直渐近线．

描绘函数的图像，其一般步骤是：

(1)确定函数的定义域，并讨论其奇偶性和周期性；

(2)求出 $f'(x)$，利用 $f'(x)=0$ 及 $f'(x)$不存在的点将定义域划分为若干区间，判断每个区间上 $f(x)$的单调性并确定函数的极值；

(3)求出 $f''(x)$，利用 $f''(x)=0$ 及 $f''(x)$不存在的点将定义域划分为若干区间，在每个区间上判断曲线的凹凸性并确定曲线的拐点；

(4)求出曲线的水平渐近线与垂直渐近线；

(5)将以上的结果归纳列表,以便直观反映出图像的特点;

(6)求出 $f'(x)=0$,$f''(x)=0$ 的根所对应的函数值,点出图像上相应的点(为了较准确地描出图像,还可以再找出一些点,例如曲线与坐标轴的交点等),描图.

【例 6.1.11】 描绘函数 $y=e^{-x^2}$ 的图像.

【解】 (1) 该函数的定义域为$(-\infty,+\infty)$.该函数为偶函数,关于 y 轴对称,因此,只要作出它在$(0,+\infty)$内的图形,即可根据其对称性得到它的全部图形.

(2)令 $y'=-2xe^{-x^2}=0$ 得驻点 $x=0$.

(3)令 $y''=2e^{-x^2}(2x^2-1)=0$ 得 $x=\pm\frac{\sqrt{2}}{2}$.

将上述结果归纳至表 6.1.6,并确定函数 $y=e^{-x^2}$ 的增减区间和极值,凹凸区间和拐点.

表 6.1.6

x	0	$(0,\frac{\sqrt{2}}{2})$	$\frac{\sqrt{2}}{2}$	$(\frac{\sqrt{2}}{2},+\infty)$
y'	0	$-$		$-$
y''	$-$	$-$	0	$+$
y	极大值 $f(0)=1$	凸、减	拐点$(\frac{\sqrt{2}}{2},e^{-\frac{1}{2}})$	凹、减

当 $x\to\infty$ 时 $y\to 0$,所以 $y=0$ 为该函数图像的水平渐近线.

根据以上讨论,即可描绘所给函数的图像如图 6.1.4 所示.

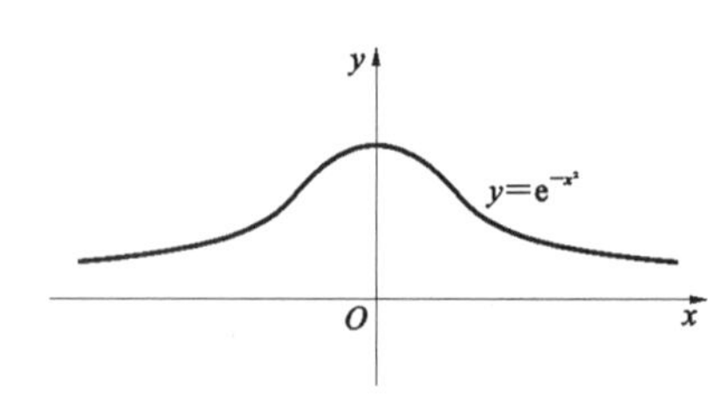

图 6.1.4

练习题

1.填空题.

(1)曲线 $y=x^4$ 的拐点是__________.

(2)曲线 $y=\frac{3x^2-4x+5}{(x+3)^2}$的垂直渐近线的方程为__________.

(3)曲线 $y=x\ln(e+\frac{1}{x})(x>0)$的斜渐近线的方程为__________.

(4)已知 $f(x)$在 x_0 处二阶可导,$f''(x_0)=0$ 是曲线 $y=f(x)$上点$(x_0,f(x_0))$为拐点的__________条件.

(5)已知点(1,3)为曲线 $y=ax^3+bx^2$ 的拐点,则 $a=$________,$b=$________.该曲线的凹区间为__________,凸区间为__________.

(6)曲线 $y=e^{\frac{1}{x}}-1$ 的水平渐近线的方程为______________.

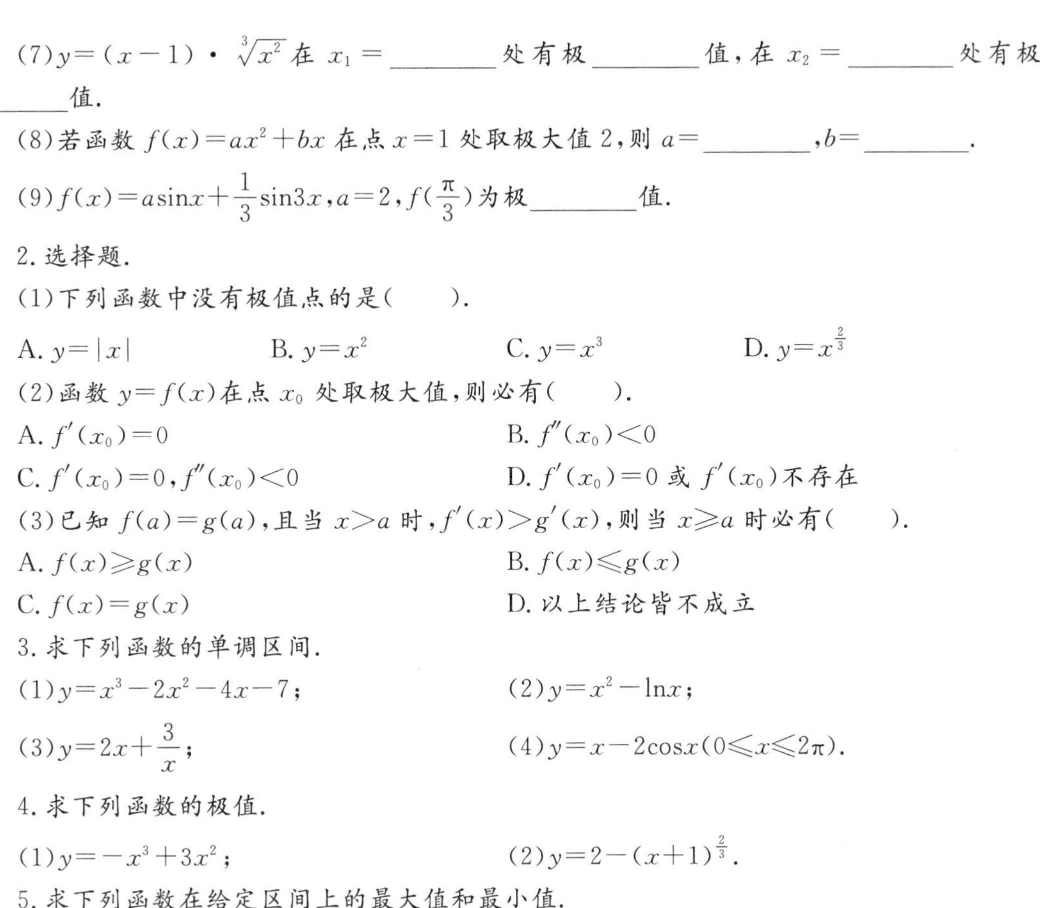

(7)$y=(x-1)\cdot\sqrt[3]{x^2}$在$x_1=$________处有极________值，在$x_2=$________处有极________值.

(8)若函数$f(x)=ax^2+bx$在点$x=1$处取极大值2，则$a=$________，$b=$________.

(9)$f(x)=a\sin x+\frac{1}{3}\sin 3x$，$a=2$，$f(\frac{\pi}{3})$为极________值.

2. 选择题.

(1)下列函数中没有极值点的是(　　).

A. $y=|x|$　　B. $y=x^2$　　C. $y=x^3$　　D. $y=x^{\frac{2}{3}}$

(2)函数$y=f(x)$在点x_0处取极大值，则必有(　　).

A. $f'(x_0)=0$　　B. $f''(x_0)<0$

C. $f'(x_0)=0$，$f''(x_0)<0$　　D. $f'(x_0)=0$或$f'(x_0)$不存在

(3)已知$f(a)=g(a)$，且当$x>a$时，$f'(x)>g'(x)$，则当$x\geqslant a$时必有(　　).

A. $f(x)\geqslant g(x)$　　B. $f(x)\leqslant g(x)$

C. $f(x)=g(x)$　　D. 以上结论皆不成立

3. 求下列函数的单调区间.

(1)$y=x^3-2x^2-4x-7$；　　(2)$y=x^2-\ln x$；

(3)$y=2x+\frac{3}{x}$；　　(4)$y=x-2\cos x(0\leqslant x\leqslant 2\pi)$.

4. 求下列函数的极值.

(1)$y=-x^3+3x^2$；　　(2)$y=2-(x+1)^{\frac{2}{3}}$.

5. 求下列函数在给定区间上的最大值和最小值.

(1)$y=x^4-2x^2+5,[-2,2]$；　　(2)$y=x^3-x,[-2,2]$.

6. 求下列函数的凹凸区间和拐点.

(1)$y=x^4-2x^3+1$；　　(2)$y=x(2\ln x-1)$.

7. 作出$y=x+\frac{1}{x}$的图像.

6.2 导数在物理上的应用

导数在几何上表示曲线上某点切线的斜率，在物理上我们可以通过导数来求出速度、加速度、电流强度、功率等物理量.

【例6.2.1】 电路中某点处的电流I是通过该点处的电量Q关于时间t的瞬时变化率，如果一电路中的电量为$Q(t)=t^3+t$. 求：

(1)电流函数$I(t)$；(2)$t=2$时的电流是多少？(3)什么时候电流为13.

【解】 (1)$I(t)=\frac{\mathrm{d}Q}{\mathrm{d}t}=(t^3)'+(t)'=3t^2+1$；

(2)$I(2)=3t^2+1|_{t=2}=3\times 2^2+1=13$；

(3)令$I(t)=3t^2+1=13$，得$t=\pm 2$(舍去负值)，即当$t=2$时，电流为13.

【例6.2.2】 具有PN节的半导体器件，其电流微变和引起这个变化的电压微变之比称

为低频跨导.一种 PN 节的半导体器件,其转移特性曲线方程为 $I=5U^2$,求电压 $U=-2\text{V}$ 时的低频跨导.

【解】 低频跨导是电流微变和引起这个变化的电压微变之比,它在 $U=-2\text{V}$ 时有

$$I=\lim_{\Delta U\to 0}\frac{\Delta I}{\Delta U}=\lim_{\Delta U\to 0}\frac{5(-2+\Delta U)^2-5(-2)^2}{\Delta U}=-20.$$

【例 6.2.3】 在一个含有电阻 3Ω,可变电阻 R 的电路中,电压 $U=\dfrac{2R+1}{R+3}$,求在 $R=3\Omega$ 时电压关于可变电阻 R 的变化率.

【解】 电压 U 关于可变电阻 R 的变化率为

$$U'=(\frac{2R+1}{R+3})'=\frac{2(R+3)-(2R+1)}{(R+3)^2}=\frac{5}{(R+3)^2},$$

在 $R=3\Omega$ 时电压 U 关于可变电阻 R 的变化率为

$$U'\big|_{R=3}=\frac{5}{6^2}=\frac{5}{36}$$

【例 6.2.4】 当电流通过两个并联电阻 r_1,r_2 时,总电阻由式 $\dfrac{1}{R}=\dfrac{1}{r_1}+\dfrac{1}{r_2}$ 给出,求 R 对 r_1 的变化率(假定 r_2 是常量).

【解】 $\because r_2$ 是常量,$\dfrac{1}{R}=\dfrac{1}{r_1}+\dfrac{1}{r_2}=\dfrac{r_1+r_2}{r_1r_2}$,$R=\dfrac{r_1r_2}{r_1+r_2}$.

$$\therefore \frac{dR}{dr_1}=\frac{r_2(r_1+r_2)-r_1r_2}{(r_1+r_2)^2}=\frac{r_2^2}{(r_1+r_2)^2}.$$

【例 6.2.5】 对电容器充电的过程中,电容器充电的电压为 $U_c=E(1-e^{-\frac{t}{R_c}})$,求电容器的充电速度 $\dfrac{dU_c}{dt}$.

【解】 利用复合函数的求导法则,有

$$\frac{dU_c}{dt}=[E(1-e^{-\frac{t}{R_c}})]'=E(1-e^{-\frac{t}{R_c}})'=E[0-e^{-\frac{t}{R_c}}(-\frac{1}{R_c})]=\frac{E}{R_c}e^{-\frac{t}{R_c}}.$$

【例 6.2.6】 有一电阻负载 $R=36\Omega$,现负载功率 P 从 400W 变化到 401W,求负载两端电压 U 的增量.

【解】 由负载功率 $P=\dfrac{U^2}{R}$ 得

$$U=\sqrt{RP},dU=(\sqrt{RP})'dP=\sqrt{R}\frac{1}{2\sqrt{P}}dP=\frac{1}{2}\sqrt{\frac{R}{P}}dP.$$

所以,电压 U 的增量为 $\Delta U\approx dU=\dfrac{\sqrt{36}}{2\sqrt{400}}\times 1=0.15\text{V}$.

【例 6.2.7】 某一负反馈放大电路,记其开环电路的放大倍数为 A,闭环电路的放大倍数为 A_f,则它们二者有函数关系 $A_f=\dfrac{A}{1+0.01A}$.当 $A=10^4$ 时,由于受环境温度变化的影响,A 变化了 10%,求 A_f 的变化量是多少?A_f 的相对变化量又为多少?

【解】 由于 $A=10^4$ 时,$A_f\approx 100$,用 dA_f 近似计算 ΔA_f,得

$$\Delta A_f\approx dA_f=(A_f)'\Delta A,$$

其中

$$(A_f)' = \left(\frac{A}{1+0.01A}\right)' = \frac{1}{(1+0.01A)^2}$$

A_f 的变化量约为

$$\Delta A_f = \frac{1}{(1+0.01A)^2}\Delta A\Bigg|_{\substack{A=10^4\\ \Delta A=0.1A}} = \frac{0.1\times 10^4}{(1+0.01\times 10^4)^2} \approx 0.098$$

A_f 的相对变化量约为

$$\frac{\Delta A_f}{A_f} \approx \frac{0.098}{100} = 9.8\times 10^{-4}.$$

【例 6.2.8】 设有电动势 E、内电阻 r 与外电阻 R 构成的闭合电路，当 E 与 r 为已知时，R 等于多少才有最大电功率？

【解】 根据欧姆定律 $I=\frac{E}{R+r}$，通过 R 的电功率为

$$P = I^2R = \frac{E^2R}{(R+r)^2}(R\geqslant 0),$$

求导数得

$$P' = \frac{E^2(r-R)}{(R+r)^3}.$$

令 $P'=0$ 得驻点 $R=r$，故当 $R=r$ 时才有最大电功率.

【例 6.2.9】 已知在时刻 t 时通过导体的电量为 $Q(t)=t^3-2t^2+6t+2$，问在什么时刻电流最低？

【解】 因为 $i(t)=Q'(t)=3t^2-4t+6$，所以

$$i'(t) = 6t-4$$

令 $i'(t)=0$ 得 $t=\frac{2}{3}$. 因为函数 $i(t)$ 在区间 $(0,+\infty)$ 内只有一个驻点，且电流的最小值一定存在，所以当 $t=\frac{2}{3}$ 时电流最低.

【例 6.2.10】 在电容器两端加正弦交流电压 $u_c=U_m\sin(\omega t+\varphi)$，求电流 i.

【解】 在含有电容的电路中，因电容上电压 u_c 与电量 Q 的关系为 $Q=Cu_c$，故有

$$i = C\frac{du_c}{dt} = C[U_m\sin(\omega t+\varphi)]' = C[U_m\omega\cos(\omega t+\varphi)]$$

$$= C\omega U_m\sin\left(\omega t+\varphi+\frac{\pi}{2}\right) = I_m\sin(\omega t+\theta),\quad \theta=\varphi+\frac{\pi}{2}.$$

【例 6.2.11】 一汽车厂家正在测试新开发的汽车发动机的效率，发动机的效率 P(单位:%)与汽车的速度 v(单位:km/h)之间的关系为 $P=0.768v-0.00004v^3$. 问发动机的最大效率是多少？

【解】 求发动机的最大效率，即求函数 $P=0.768v-0.00004v^3$ 的最大值，令

$$\frac{dP}{dv} = (0.768v-0.00004v^3)' = 0.768-0.00012v^2 = 0$$

得 $v=80$ km/h，由实际问题可知，此时发动机的效率最大，最大效率为 $P(80)\approx 41\%$.

6.3 导数在经济学中的应用

在经济活动中常常要考虑产量、成本、利润、收益、需求、供给等问题，一个企业的经营自然要追求成本最低、利润最大等，这就需利用导数研究函数的最大值与最小值问题.本节主要介绍导数在经济分析中的应用.

6.3.1 成本函数与收入函数

生产某种产品需投入设备、原料、劳力等资源，这些资源投入的价格或费用总额称为总成本，以 C 表示.总成本由固定成本 C_1 和可变成本 C_2 组成，可变成本一般来讲是产量 q 的函数，故总成本是产量 q 的函数，称为成本函数，记作 $C(q)=C_1+C_2(q)$，$C(q)$是单增函数.单位产品的成本称为平均成本(也称为平均成本函数)，记作 $\overline{C}(q)$.

$$\overline{C}(q)=\frac{C(q)}{q}=\frac{C_1}{q}+\frac{C_2(q)}{q}$$

总成本对产量的变化率 $C'(q)$称为边际成本函数.

一般来说，成本函数最初一段时间增长速度很快，然后逐渐慢下来[即成本函数 $C=C(q)$的曲线的斜率由大到小变化，曲线凸]，因为生产产品数量较大时要比数量较小时的效率高——这称为经济规模.当产品保持较高水平时，随着资源的逐渐匮乏，成本函数再次开始较快增长，当不得不更新厂房等设备时，成本函数就会急速增长.因此，曲线 $C=C(q)$开始时是凸的，后来是凹的(图 6.3.1).

收入函数 $R(q)$表示企业售出数量为 q 的某种产品所获得的总收入，由于售出量 q 越多，收入 $R(q)$越大，所以 $R(q)$是单增函数.

若价格 p 是常数，那么收入=价格×数量，即 $R(q)=pq$.且 $R(q)$的图像是通过原点的直线(图 6.3.2)，实际上，当产量 q 的值增大时，产品可能充斥市场，从而造成价格下落，如图 6.3.3所示.

利润函数为 L，因为利润=收入−成本，所以 $L=R-C$.

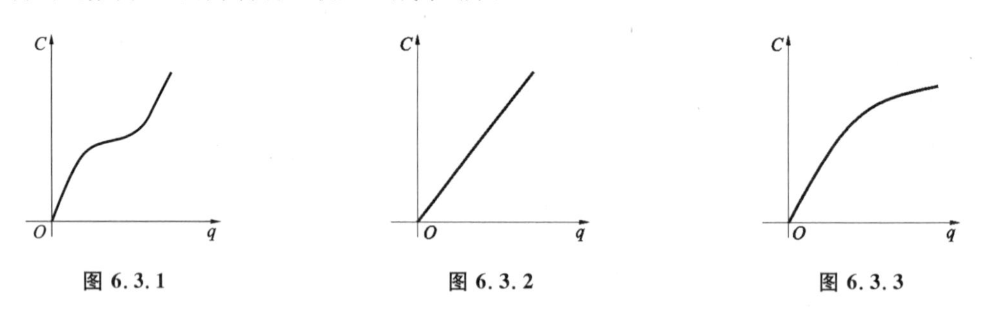

图 6.3.1　　图 6.3.2　　图 6.3.3

6.3.2 边际分析

边际通常指经济变化的变化率.利用导数研究经济变量的边际变化方法，即边际分析法，是经济理论中的一个重要方法.

设函数 $f(x)$可导，导函数 $f'(x)$在经济中称为边际函数，$f'(x_0)$称为 $f(x)$在点 x_0 处的边际函数值，它描述了 $f(x)$在点 x_0 处的变化速度.

在经济学中，边际成本定义为产量增加一个单位时总成本的一个增量，即总成本对产量的变化率. 于是，若 $C(q)$ 可导，则当产量 $q=q_0$ 时，边际成本

$$C^* = C'(q_0) \text{ 或 } C^* = \lim_{\Delta q \to 0} \frac{C(q_0+\Delta q)-C(q_0)}{\Delta q} = \left.\frac{\mathrm{d}C}{\mathrm{d}q}\right|_{q=q_0}.$$

产量为 q_0 时，边际成本 $C^*=C'(q_0)$，即边际成本是总成本函数关于产量的导数，因为 $C(q+1)-C(q)=\Delta C(q)\approx C'(q)$，所以其经济意义是：$C'(q_0)$ 近似等于产量为 q 再增加一个单位产品所需增加的成本.

在经济学中，边际收入定义为多销售一个单位产品时总收入的增量，即边际收入为总收入关于产品销售量 q 的变化率.

设某产品的销售量为 q 时，总收入 $R=R(q)$，于是，当 $R(q)$ 可导时，边际收入

$$R^* = R'(q) = \lim_{\Delta q \to 0} \frac{R(q+\Delta q)-R(q)}{\Delta q}.$$

因为 $R(q+1)-R(q)=\Delta R(q)\approx R'(q)$，所以其经济意义为：$R'(q)$ 近似等于当销售量为 q 时，再多销售一个单位产品所增加的收入.

设某产品销售量为 q 时的总利润为 $L=L(q)$，称 $L(q)$ 为总利润函数. 当 $L(q)$ 可导时，称 $L'(q)$ 为销售量为 q 时的边际利润，它近似等于销售量为 q 时再多销售一个单位产品所增加的利润. 由于总利润为总收入与总成本之差，即有

$$L(q)=R(q)-C(q).$$

上式两边求导，得 $$L'(q)=R'(q)-C'(q),$$

即边际利润等于边际收入与边际成本之差.

已知总收入函数 $R=R(q)$ 及总成本函数 $C=C(q)$，如何求出最大利润，这对生产者来说，显然是最基本的问题，要解决这一问题，只需对利润函数 $L=R-C$ 在给定区间上求最值即可.

【例 6.3.1】 设某厂每月生产的产品固定成本为 1000 元，生产 x 个单位产品的可变成本为 $0.01x^2+10x$ 元，如果每单位产品的销售价格为 30 元，试求：总成本函数、总收入函数、总利润函数、边际成本、边际收入及边际利润为零时的产量.

【解】 总成本为可变成本与固定成本之和，依题意，总成本函数为

$$C(x) = 0.01x^2 + 10x + 1000.$$

总收入函数为

$$R(x) = px = 30x.$$

总利润函数为

$$L(x) = R(x) - C(x) = 30x - 0.01x^2 - 10x - 1000.$$

边际成本为

$$C'(x) = 0.02x + 10.$$

边际收入为

$$R'(x) = 30.$$

边际利润为

$$L'(x) = -0.02x + 20.$$

令 $L'(x)=0$，得 $-0.02x+20=0$，$x=1000$. 即每月产量为 1000 个单位时，边际利润为零. 这说明，当月产量为 1000 个单位时，再多生产一个单位产品不会增加利润.

【例 6.3.2】 设工厂生产某种产品,固定成本为 10000 元,每多生产一单位产品成本增加 100 元,该产品的需求函数 $Q=500-2P$,求工厂日产量 Q 为多少时,总利润 L 最大.

【解】 总成本函数为

$$C(Q)=10000+100Q.$$

总收益函数为

$$R(Q)=Q\cdot P=Q\frac{500-Q}{2}=250Q-\frac{Q^2}{2}.$$

总利润函数为

$$L(Q)=R(Q)-C(Q)=150Q-\frac{Q^2}{2}-10000.$$

边际利润函数为

$$L'(Q)=150-Q.$$

令 $L'(Q)=0$,得 $Q=150$,且 $L''(Q)=-1<0$,故当 $Q=150$ 时利润最大.

6.3.3 函数的弹性

边际函数描述了函数的变化率,为定义变化率引入了变量的改变量概念.在经济问题中有时仅仅考虑变量的改变量还不够,还需考虑相对改变量及相对变化率.

定义 6.3.1 设函数 $y=f(x)$ 在点 x_0 的邻域内有定义,当 x 取改变量 Δx 时,y 取得改变量 Δy,称 $\frac{\Delta x}{x_0}$ 为 x 在点 x_0 的相对改变量,称 $\frac{\Delta y}{y_0}=\frac{f(x_0+\Delta x)-f(x_0)}{f(x_0)}$ 为函数 y 在点 x_0 的相对改变量.

定义 6.3.2 设函数 $y=f(x)$ 在点 x_0 的某邻域内有定义,且 $f(x_0)\neq 0$,如果极限 $\lim\limits_{\Delta x\to 0}\frac{\Delta y/y_0}{\Delta x/x_0}=\lim\limits_{\Delta x\to 0}\frac{[f(x_0+\Delta x)-f(x_0)]/f(x_0)}{\Delta x/x_0}$ 存在,则称此极限值为函数 $y=f(x)$ 在点 x_0 处的点弹性,记为 $\left.\frac{Ey}{Ex}\right|_{x=x_0}$;而称比值 $\frac{\Delta y/y_0}{\Delta x/x_0}=\frac{[f(x_0+\Delta x)-f(x_0)]/f(x_0)}{\Delta x/x_0}$ 为函数 $y=f(x)$ 在点 x_0 与点 $x_0+\Delta x$ 之间的弧弹性.

定义 6.3.3 如果函数 $y=f(x)$ 在区间 (a,b) 内可导,且 $f(x)\neq 0$,则称 $\frac{Ey}{Ex}=\frac{x}{f(x)}f'(x)$ 为函数 $y=f(x)$ 在区间 (a,b) 内的点弹性函数,简称为弹性函数.

定义 6.3.4 若 Q 表示某商品的市场需求量,价格为 P,若需求函数可导,则称 $\frac{EQ}{EP}=\frac{P}{Q(P)}\frac{\mathrm{d}Q}{\mathrm{d}P}$ 为商品的需求价格弹性,简称为需求弹性,常记为 ε_P.

需求弹性 ε_P 表示某商品需求量 Q 对价格 P 的变动的反应程度.由于需求函数为价格的减函数,故需求弹性为负值,从而当 $\Delta P\to 0$ 时,需求弹性的极限一般也为负值,即需求价格弹性 ε_P 一般也为负值.称商品的需求价格弹性大时,是指其绝对值大.

【例 6.3.3】 设某商品的需求函数为 $Q=8P-3P^2$,求:

(1)需求弹性$\frac{EQ}{EP}$;(2) 当商品价格 $P=2$ 时的需求弹性,并解释其经济含义.

【解】 (1)$\frac{EQ}{EP}=\frac{P}{Q}\frac{dQ}{dP}=\frac{P}{8P-3P^2}(8-6P)=\frac{8-6P}{8-3P}$;

(2)$\left.\frac{EQ}{EP}\right|_{P=2}=-2$.

其经济含义为:当价格为 $P=2$ 时,若价格提高(或降低)1%,则需求量由 $Q|_{P=2}=8P-3P^2|_{P=2}=4$ 减少(或增加)2%.

【例 6.3.4】 设某商品的供给函数为 $Q=e^{2P}$,求:

(1)需求弹性$\frac{EQ}{EP}$;(2) 求当商品价格 $P=3$ 时的需求弹性,并解释其经济含义.

【解】 (1)$\frac{EQ}{EP}=\frac{P}{Q}\frac{dQ}{dP}=\frac{P}{e^{2P}}e^{2P}\times 2=2P$;

(2)$\left.\frac{EQ}{EP}\right|_{P=3}=6$.

其经济含义为:当价格为 $P=3$ 时,若价格提高(或降低)1%,则供给量由 $Q|_{P=3}=e^{2P}|_{P=3}\approx 19.7$ 增加(或减少)6%.

练习题

1. 求下列函数的边际函数与弹性函数:(1)x^2e^{-x};(2)$\frac{e^x}{x}$.

2. 设某商品的供给函数为 $Q=P^2+4P-12$,(1)求需求弹性$\frac{EQ}{EP}$;(2)求当商品价格 $P=3$ 时的需求弹性,并解释其经济含义.

3. 设某商品的需求函数为 $Q=e^{\frac{P}{4}}$,(1)求需求弹性$\frac{EQ}{EP}$;(2)求当商品价格 $P=2$ 时的需求弹性,并解释其经济含义.

4. 每批生产 x 单位某种产品的费用为 $C(x)=200+4x$,得到的收益为 $R(x)=10-\frac{x^2}{100}$. 问每批生产多少单位产品时才能使利益最大,最大利益为多少?

6.4 导数在曲率计算上的应用

6.4.1 弧微分

在工程技术与生产实践中,常常要考虑曲线的弯曲程度. 例如,路面的弯道,轴或梁在载荷作用下产生的弯曲变形. 在设计时对它们的弯曲程度都要有一定的要求,因此要讨论如何定量地描述曲线的弯曲程度,这就引出了曲率的概念. 为此,先介绍弧微分的概念.

设函数 $y=f(x)$在区间(a,b)内 $f'(x)$连续. 我们在该曲线上取定点 $M_0(x_0,y_0)$作为计算曲线弧长的起点,点 $M(x,y)$是其上任意一点,并规定:

(1)以 x 增大的方向作为曲线的正方向,简称曲线 $y=f(x)$为有向曲线,$\overset{\frown}{M_0M}$为有向弧段.

(2)记有向弧段$\overset{\frown}{M_0M}$的长度为s,当$\overset{\frown}{M_0M}$的方向与曲线的正向一致时s取正号;当$\overset{\frown}{M_0M}$的方向与曲线的正向相反时s取负号.显然,s为x的函数且是x的单调递增函数,记为$s(x)$,称$s(x)$的微分$\mathrm{d}s$为弧微分.

当自变量在点x取得增量Δx时,设$x+\Delta x$对应于曲线弧上点N,则在点M取得弧长增量为$\Delta s=\overset{\frown}{M_0N}-\overset{\frown}{M_0M}=\overset{\frown}{MN}$,当$\Delta x>0$时,$\Delta s>0$;当$\Delta x<0$时,$\Delta s<0$.则

$$\frac{\Delta s}{\Delta x}=\frac{\overset{\frown}{MN}}{\Delta x}=\frac{\overset{\frown}{MN}}{|\overline{MN}|}\cdot\frac{|\overline{MN}|}{\Delta x}=\frac{\overset{\frown}{MN}}{|\overline{MN}|}\cdot\frac{\sqrt{(\Delta x)^2+(\Delta y)^2}}{\Delta x}=\frac{MN}{|\overline{MN}|}\sqrt{1+\left(\frac{\Delta y}{\Delta x}\right)^2}$$

其中$|\overline{MN}|$为弦MN的长(弦长$|MN|$与弧长$\overset{\frown}{MN}$有相同的正负号).设函数$y=f(x)$具有一阶连续导数,注意到当$\Delta x\to 0$时,N沿曲线趋于M.可以证明$\lim\limits_{\Delta x\to 0}\frac{\overset{\frown}{MN}}{|\overline{MN}|}=1$.于是,对上式两端取$\Delta x\to 0$时的极限,即得

$$\frac{\mathrm{d}s}{\mathrm{d}x}=\lim_{\Delta x\to 0}\frac{\Delta s}{\Delta x}=\lim_{\Delta x\to 0}\frac{MN}{|\overline{MN}|}\sqrt{1+\left(\frac{\Delta y}{\Delta x}\right)^2}=\sqrt{1+\left(\frac{\mathrm{d}y}{\mathrm{d}x}\right)^2}=\sqrt{1+y'^2}.$$

从而$\mathrm{d}s=\sqrt{1+y'^2}\,\mathrm{d}x$或$\mathrm{d}s=\sqrt{\mathrm{d}x^2+\mathrm{d}y^2}$,我们称$\mathrm{d}s$为弧长$s$的微分,简称弧微分.

若曲线方程为$\begin{cases}x=\varphi(t),\\ y=\psi(t),\end{cases}$ $\alpha\leqslant t\leqslant\beta$,$\mathrm{d}x=\varphi'(t)\mathrm{d}t$,$\mathrm{d}y=\psi'(t)\mathrm{d}t$,则

$$\mathrm{d}s=\sqrt{\varphi'^2(t)+\psi'^2(t)}\,\mathrm{d}t.$$

【例 6.4.1】 求曲线$y=\sqrt{4-x^2}$的弧微分.

【解】 当$x\neq\pm 2$时,有$y'=\frac{-x}{\sqrt{4-x^2}}$,则

$$\mathrm{d}s=\sqrt{1+y'^2}\,\mathrm{d}x=\sqrt{1+\left(\frac{-x}{\sqrt{4-x^2}}\right)^2}\,\mathrm{d}x=\frac{2}{\sqrt{4-x^2}}\mathrm{d}x.$$

6.4.2 曲率及其计算

几何图像直观上容易看出,直线不弯曲,圆上各点处的弯曲程度是相同的,旋转相同的弧长,半径愈小、弯曲越大,因此可用单位弧长上曲线的转动角来描述曲线的弯曲程度,称为曲线的曲率.

设曲线C的方程为$y=f(x)$,且是光滑的,在C上任取一点$M_0(x_0,y_0)$作为度量弧长的基点.设曲线C上点$M(x,y)$对应弧s,点M处曲线的切线倾斜角为α.点$M_1(x+\Delta x,y+\Delta y)$是曲线$C$上邻近点$M$的另一点,对应弧$s+\Delta s$,点$M_1$处曲线的切线倾斜角为$\alpha+\Delta\alpha$.当动点由点$M$沿$C$移动到点$M_1$时,切线转过的角度为$|\Delta\alpha|$,比值$\frac{|\Delta\alpha|}{|\Delta s|}$称为弧段$\overset{\frown}{MM_1}$的平均曲率,记作$\overline{K}$.即$\overline{K}=\left|\frac{\Delta\alpha}{\Delta s}\right|$.

当$M_1\to M$时,$\Delta s\to 0$,将平均曲率取极限(若极限存在),称该极限值为曲线C在点M处的曲率,记作K,且

$$K=\lim_{M_1\to M}\overline{K}=\lim_{\Delta s\to 0}\left|\frac{\Delta\alpha}{\Delta s}\right|=\left|\frac{\mathrm{d}\alpha}{\mathrm{d}s}\right|=\frac{|y''|}{(1+y'^2)^{\frac{3}{2}}}.$$

若曲线由参数方程$\begin{cases}x=\varphi(t),\\ y=\psi(t),\end{cases}$ $\alpha<t<\beta$确定，则因为

$$\frac{\mathrm{d}y}{\mathrm{d}x}=\frac{\psi'(t)}{\varphi'(t)},\quad \frac{\mathrm{d}^2y}{\mathrm{d}x^2}=\frac{|\varphi'(t)\psi''(t)-\varphi''(t)\psi'(t)|}{\varphi'^3(t)},$$

所以其曲率公式为

$$K(t)=\frac{|\varphi'(t)\psi''(t)-\varphi''(t)\psi'(t)|}{[\varphi'^2(t)+\psi'^2(t)]^{3/2}}=\frac{|x'y''-x''y'|}{(x'^2+y'^2)^{\frac{3}{2}}}.$$

【例 6.4.2】 求曲线$\begin{cases}x=2(t-\sin t)\\ y=2(1-\cos t)\end{cases}$在 $t=\pi$ 处的曲率.

【解】 因为 $x'=2(1-\cos t)$，$x''=2\sin t$，$y'=2\sin t$，$y''=2\cos t$. 所以，曲率

$$K(t)=\frac{|x'y''-x''y'|}{[x'^2+y'^2]^{3/2}}=\frac{|4(1-\cos t)\cos t-4\sin^2 t|}{[4(1-\cos t)^2+4\sin^2 t]^{3/2}}=\frac{1}{8}\cdot\frac{1}{\left|\sin\frac{t}{2}\right|}.$$

将 $t=\pi$ 代入上式，即可得所求的曲率为 $K(\pi)=\frac{1}{8}$.

【例 6.4.3】 若某一桥梁的桥面设计为抛物线，其方程为 $y=x^2$，求它在点 $M(1,1)$处的曲率.

【解】 $y'=2x$，$y''=2$，代入曲率公式得

$$K=\left|\frac{y''}{(1+y'^2)^{\frac{3}{2}}}\right|_{(1,1)}=\left|\frac{2}{(1+4x^2)^{\frac{3}{2}}}\right|_{(1,1)}=\left|\frac{2}{5^{\frac{3}{2}}}\right|=\frac{2\sqrt{5}}{25}.$$

【例 6.4.4】 设有两个弧形工件 A，B，工件 A 满足曲线方程 $y=x^3$，工件 B 满足曲线方程 $y=x^2$，试比较这两个工件在 $x=1$ 处的弯曲程度.

【解】 工件 A 在 $x=1$ 处，$y'|_{x=1}=3x^2|_{x=1}=3$，$y''|_{x=1}=6x|_{x=1}=6$，其曲率为

$$K_1=\left|\frac{y''}{(1+y'^2)^{\frac{3}{2}}}\right|_{(1,1)}=\left|\frac{6}{10^{\frac{3}{2}}}\right|=\frac{3\sqrt{10}}{50}\approx 0.1897$$

工件 B 在 $x=1$ 处，$y'|_{x=1}=2x|_{x=1}=2$，$y''|_{x=1}=2$，其曲率为

$$K_2=\left|\frac{y''}{(1+y'^2)^{\frac{3}{2}}}\right|_{(1,1)}=\left|\frac{2}{5^{\frac{3}{2}}}\right|\approx 0.1789$$

所以，在 $x=1$ 处工件 A 的弯曲程度大些.

【例 6.4.5】 求圆周$(x-a)^2+(y-b)^2=R^2$ 上任意一点处的曲率.

【解】 设 $M(x,y)$为圆周的任意一点，则由平面几何知识可知 $\Delta s=R\Delta\alpha$，因此有

$$K=\lim_{\Delta s\to 0}\left|\frac{\Delta\alpha}{\Delta s}\right|=\lim_{\Delta x\to 0}\frac{1}{R}=\frac{1}{R}.$$

即圆周上各点处的曲率相同，皆等于该圆半径的倒数.

6.4.3　曲率半径和曲率圆

设曲线 $y=f(x)$在某点 $M(x,y)$的曲率为 $K\neq 0$，则其倒数$\frac{1}{K}$为该曲线在 $M(x,y)$处的曲率半径，记为 R，即 $R=\frac{1}{K}$或$R=\frac{(1+y'^2)^{3/2}}{|y''|}$.

如图 6.4.1 所示，若在曲线 $y=f(x)$上的点 M 处，沿其凹向一侧的法线上取线段 MC，其

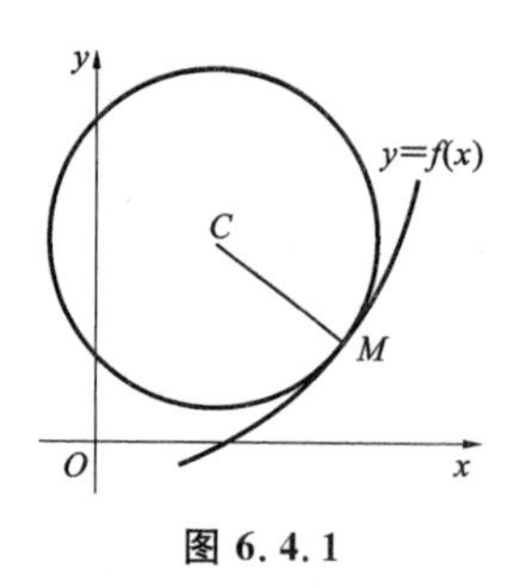

图 6.4.1

长等于曲率半径 R，则点 C 称为该曲线在点 M 处的曲率中心.

以 C 为中心，以曲率半径 R 为半径的圆，叫作该曲线在点 M 处的曲率圆.

由上述定义可知曲率圆有如下性质：

(1)它与曲线 $y=f(x)$ 在点 M 处相切；

(2)在点 M 处，曲率圆与曲线 $y=f(x)$ 有相同的曲率；

(3)在点 M 处，曲率圆与曲线 $y=f(x)$ 的凹向相同.

练习题

1. 圆周 $(x-1)^2+(y-2)^2=9$ 上任一点的曲率为________，直线 $y=kx+b$ 上任一点的曲率为________；
2. 抛物线 $y=4x-x^2$ 在其顶点处的曲率为________，曲率半径为________.
3. 曲线 $y=\sin x+e^x$ 的弧微分为 $ds=$____________.
4. 对数曲线 $y=\ln x$ 上哪一点处的曲率半径最小？并求出该点处的曲率半径.

模块 7　积分的应用

本模块主要介绍定积分、二重积分在几何、工程技术及经济领域的一些应用，我们不仅要掌握一些具体的计算公式，更重要的是树立学会用“微元法”分析解决实际问题的数学思想．

❖ 7.1　积分在几何上的应用

从 1.3.6 节引入定积分定义的曲边梯形的面积和变速直线运动的距离两个例子可以看出，我们需要度量的量 I 取决于其自变量 x 的变化区间 $[a, b]$ 和定义在该区间上的一个连续函数 $f(x)$. 解决具体问题时，要先选取积分变量 x 并确定积分区间 $[a, b]$，其次在此区间内取一个典型区间 $[x, x+\Delta x]$，求出对应于这个小区间上的部分量 ΔI 的近似值（I 的微元）

$$\Delta I = \mathrm{d}I = f(x)\mathrm{d}x,$$

由定积分定义可得

$$I = \int_a^b f(x)\mathrm{d}x.$$

这种方法称为定积分的微元法．

❖ 7.1.1　平面图形的面积

1. 由定积分计算直角坐标系下平面图形的面积

由定积分的几何意义可知：如果在区间 $[a, b]$ 上 $f(x) \geqslant 0$，则定积分 $\int_a^b f(x)\mathrm{d}x$ 在几何上表示由连续曲线 $y = f(x)$，直线 $x = a$，$x = b$ 以及 x 轴所围成的曲边梯形的面积 S；如果在区间 $[a, b]$ 上 $f(x) \leqslant 0$，则定积分 $\int_a^b f(x)\mathrm{d}x$ 在几何上表示上述面积 S 的相反数；如果在区间 $[a, b]$ 上 $f(x)$ 有正有负，定积分 $\int_a^b f(x)\mathrm{d}x$ 的几何意义是 $[a, b]$ 上各个曲边梯形面积的代数和．综合可得

$$S = \int_a^b |f(x)| \mathrm{d}x.$$

类似地，由连续曲线 $x=\varphi(y)$，直线 $y=c$，$y=d$ 以及 y 轴所围成的曲边梯形的面积为

$$S = \int_c^d |\varphi(y)| \mathrm{d}y.$$

如果在区间 $[a, b]$ 上总有 $0 \leqslant g(x) \leqslant f(x)$，则曲线 $f(x)$ 与 $g(x)$ 所围图形面积（图 7.1.1）为

$$S = \int_a^b [f(x) - g(x)]\mathrm{d}x.$$

这一公式也适用于曲线 $f(x)$，$g(x)$ 不全在 x 轴上方的情形．

一般地，由曲线 $y=f(x)$，$y=g(x)$ 与直线 $x=a$，$x=b$ 围成的平面图形面积（图 7.1.1）为

$$S=\int_a^b |f(x)-g(x)|\,\mathrm{d}x.$$

类似可以得到：由连续曲线 $x=\varphi(y)$，$x=\psi(y)$ $[\varphi(y)\geqslant\psi(y)]$ 所围成平面图形的面积（图 7.1.2）为

$$S=\int_c^d |\varphi(y)-\psi(y)|\,\mathrm{d}y.$$

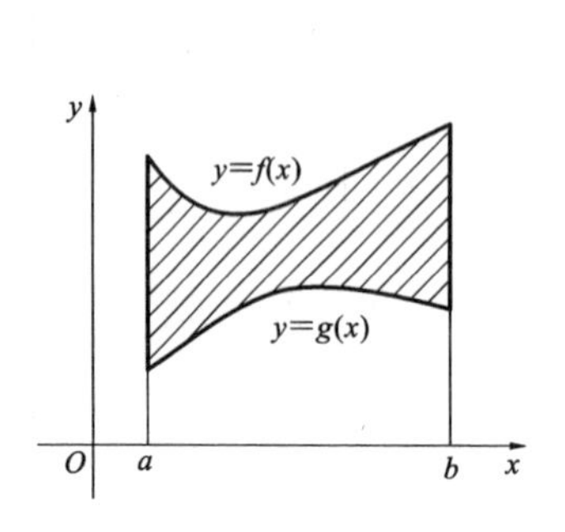

图 7.1.1

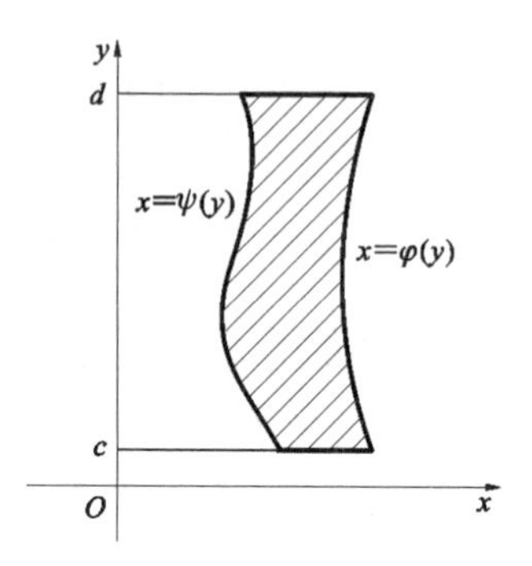

图 7.1.2

【例 7.1.1】 求曲线 $y=x^3$，$y=\sqrt[3]{x}$ 所围成平面图形的面积．

【解】 两曲线交点的横坐标为 $x=-1$，$x=0$，$x=1$，如图 7.1.3 所示阴影，由于曲线关于原点对称，故所围平面图形的面积是第一象限图形面积的 2 倍，

$$S=2\int_0^1(\sqrt[3]{x}-x^3)\mathrm{d}x=2\left(\frac{3}{4}x^{\frac{4}{3}}-\frac{1}{4}x^4\right)\bigg|_0^1=1.$$

【例 7.1.2】 求曲线 $y=x^2+1$，直线 $x+y=3$ 及两坐标轴所围成平面图形的面积．

【解】 曲线 $y=x^2+1$ 与直线 $x+y=3$（即 $y=3-x$）交点的横坐标为 $x=-2$，$x=1$，所围平面图形如图 7.1.4 所示阴影，故所求面积为

$$\begin{aligned}S&=\int_0^1(x^2+1)\mathrm{d}x+\int_1^3(3-x)\mathrm{d}x\\&=\left(\frac{1}{3}x^3+x\right)\bigg|_0^1+\left(3x-\frac{1}{2}x^2\right)\bigg|_1^3=\frac{10}{3}.\end{aligned}$$

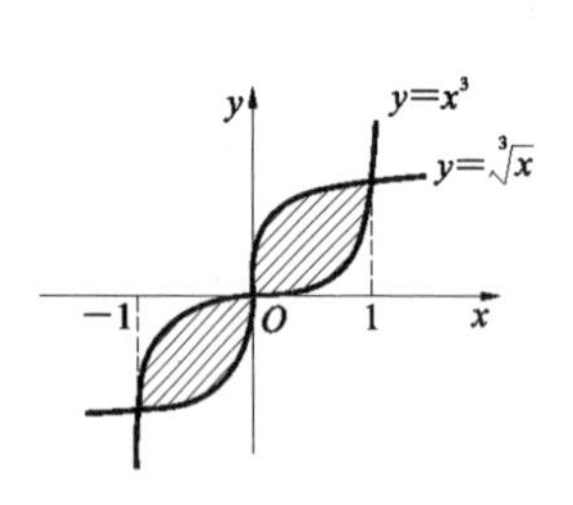

图 7.1.3

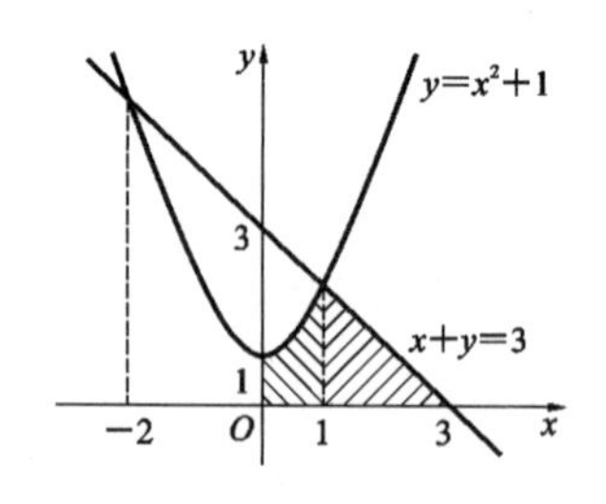

图 7.1.4

注意：$\int_1^3(3-x)\mathrm{d}x$ 即直线 $x+y=3$ 与直线 $x=1$ 及 x 轴所围三角形面积 $S_\Delta=\frac{1}{2}\times2\times2=2$.

【例 7.1.3】 求抛物线 $y^2=2x$ 与直线 $y=x-4$ 所围成平面图形的面积（图 7.1.5）.

【解】 抛物线与直线交点的坐标为 $A(8,4)$，$B(2,-2)$.

方法一：可以将 x 轴看作曲边梯形的底，则所围成的图形的面积可分为两部分：

$$S=2\int_0^2\sqrt{2x}\mathrm{d}x+\int_2^8[\sqrt{2x}-(x-4)]\mathrm{d}x=18.$$

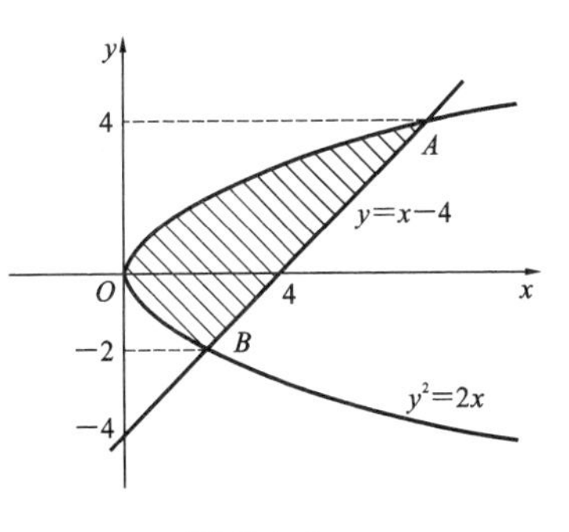

图 7.1.5

方法二：可以将 y 轴看作曲边梯形的底，所求平面图形的面积是直线 $x=y+4$ 和抛物线 $x=\frac{y^2}{2}$ 分别与直线 $y=-2$，$y=4$ 所围成平面图形的面积之差．

$$S=\int_{-2}^{4}\left(y+4-\frac{y^2}{2}\right)\mathrm{d}y=\left(\frac{y^2}{2}+4y-\frac{y^3}{6}\right)\Bigg|_{-2}^{4}=18.$$

注意：直线 $x=y+4$ 与直线 $y=-2$，$y=4$ 及 y 轴所围平面图形为梯形，因此所求平面图形面积可以表示为

$$S=S_{梯形}-\int_{-2}^{4}\frac{y^2}{2}\mathrm{d}y=\frac{1}{2}(2+8)\cdot 6-\frac{y^3}{6}\Bigg|_{-2}^{4}=30-12=18.$$

由上面的例题可总结出求若干条曲线围成的平面图形面积的步骤：

(1)画草图：在平面直角坐标系中，画出有关曲线，确定各曲线所围成的平面区域；

(2)求各曲线交点的坐标：求解每两条曲线方程所构成的方程组，得到各交点的坐标；

(3)求面积：利用定积分的几何意义，适当地选择积分变量，确定积分的上、下限，列式计算出平面图形面积．

2.由定积分计算极坐标系下平面图形的面积

设曲线的极坐标方程为 $r=r(\theta)$，已知 $r(\theta)$ 在区间 $[\alpha,\beta]$ 上连续，且 $r(\theta)>0$，则由曲线 $r=r(\theta)$ 及两条射线 $\theta=a$，$\theta=b(a<b)$ 所围成的曲边扇形的面积可由微元法得到．

任取一小区间 $[\theta,\theta+\mathrm{d}\theta]\subset[\alpha,\beta]$，则在此小区间上可以以 $r(\theta)$ 为半径、$\mathrm{d}\theta$ 为中心角的圆扇形面积近似代替小曲边扇形的面积(图 7.1.6)，于是面积微元为

$$\mathrm{d}A=\frac{1}{2}r^2(\theta)\mathrm{d}\theta.$$

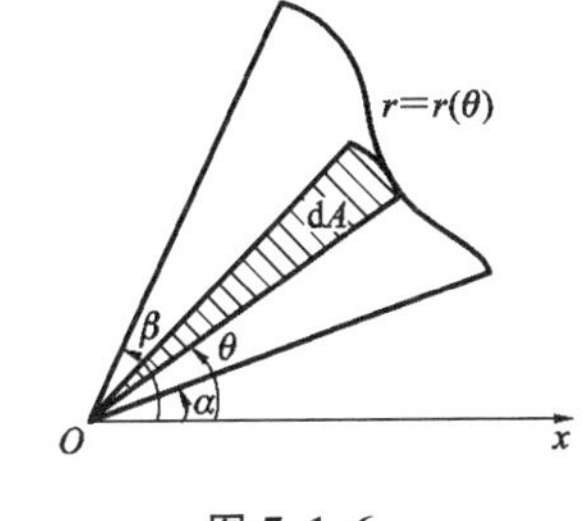

图 7.1.6

将 $\mathrm{d}A$ 在 $[\alpha,\beta]$ 上积分，得曲边扇形的面积为

$$A=\frac{1}{2}\int_\alpha^\beta r^2(\theta)\mathrm{d}\theta.$$

【例 7.1.4】 求由两条曲线 $r=3\cos\theta$ 和 $r=1+\cos\theta$ 所围成的公共部分的面积．

【解】 两曲线的交点为 $A\left(\frac{3}{2},-\frac{\pi}{3}\right)$ 和 $B\left(\frac{3}{2},\frac{\pi}{3}\right)$，考虑到图形的对称性，由图 7.1.7 得面积

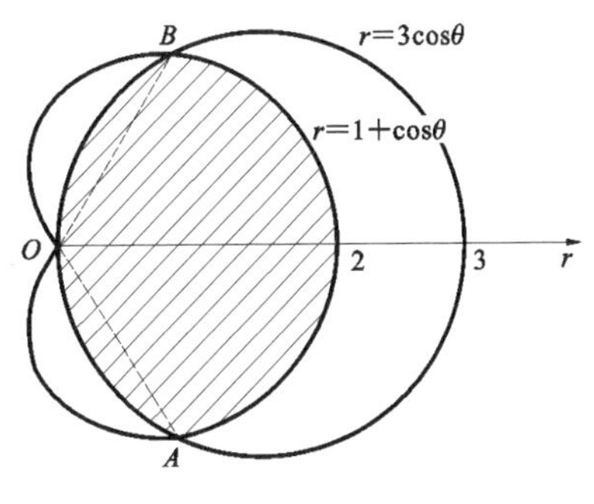

图 7.1.7

$$\begin{aligned}A&=2\int_0^{\frac{\pi}{3}}\frac{1}{2}(1+\cos\theta)^2\mathrm{d}\theta+2\int_{\frac{\pi}{3}}^{\frac{\pi}{2}}\frac{1}{2}(3\cos\theta)^2\mathrm{d}\theta\\&=\int_0^{\frac{\pi}{3}}(1+2\cos\theta+\cos^2\theta)\mathrm{d}\theta+9\int_{\frac{\pi}{3}}^{\frac{\pi}{2}}\cos^2\theta\mathrm{d}\theta\\&=\left(\frac{3}{2}\theta+2\sin\theta+\frac{1}{4}\sin 2\theta\right)\Bigg|_0^{\frac{\pi}{3}}+\left(\frac{9}{2}\theta+\frac{9}{4}\sin 2\theta\right)\Bigg|_{\frac{\pi}{3}}^{\frac{\pi}{2}}\\&=\frac{5}{4}\pi.\end{aligned}$$

7.1.2 立体的体积

1. 平面图形绕坐标轴旋转而成的旋转体的体积

设一立体是由连续曲线 $y=f(x)$ 和直线 $x=a,x=b$ 以及 x 轴所围成的曲边梯形绕 x 轴旋转而成的旋转体(图 7.1.8),求它的体积 V.

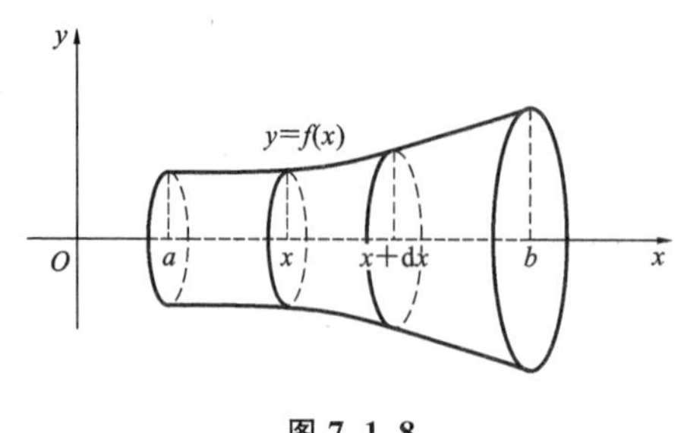

图 7.1.8

任取一小区间 $[x,x+\mathrm{d}x]\subset[a,b]$,则与此小区间对应的那部分旋转体的体积可以用以 $f(x)$ 为底半径、$\mathrm{d}x$ 为高的圆柱体体积近似代替,于是体积微元为

$$\mathrm{d}V=\pi[f(x)]^2\mathrm{d}x$$

将 $\mathrm{d}V$ 在 $[a,b]$ 上积分,得旋转体的体积为

$$V_x=\pi\int_a^b[f(x)]^2\mathrm{d}x.$$

同理可得由曲线 $x=\varphi(y)$,直线 $y=c,y=d$ 以及 y 轴所围成的曲边梯形绕 y 轴所得旋转体体积为

$$V_y=\pi\int_c^d[\varphi(y)]^2\mathrm{d}y.$$

【例 7.1.5】 求椭圆 $\frac{x^2}{a^2}+\frac{y^2}{b^2}=1$ 分别绕 x 轴与 y 轴旋转产生的旋转体体积.

【解】 作椭圆图形,由于图形关于坐标轴对称,所以只需考虑第一象限内的曲边梯形绕 x 轴旋转所产生的旋转体的体积,见图 7.1.9(a).

$$V_x=2\pi\int_0^a y^2\mathrm{d}x=2\pi\int_0^a\frac{b^2}{a^2}(a^2-x^2)\mathrm{d}x=2\pi\frac{b^2}{a^2}\left(a^2x-\frac{1}{3}x^3\right)\Big|_0^a=2\pi\frac{b^2}{a^2}\left(a^3-\frac{a^3}{3}\right)=\frac{4}{3}\pi ab^2.$$

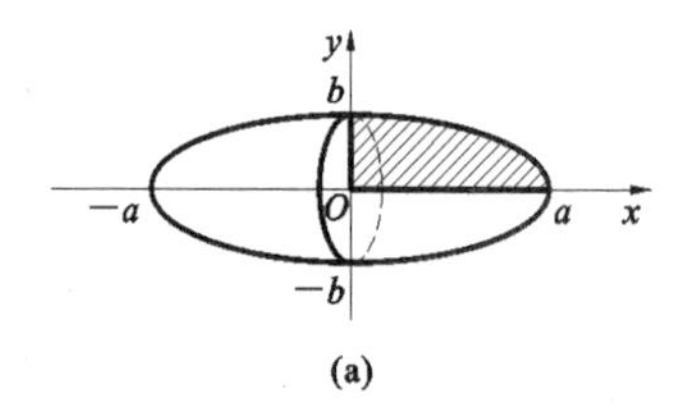

(a)

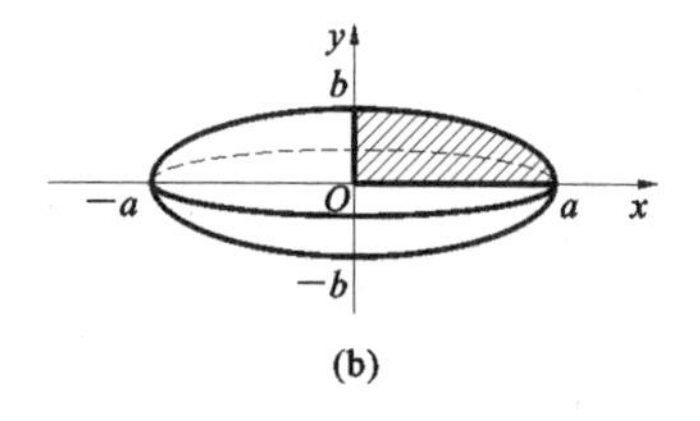

(b)

图 7.1.9

同理可得椭圆绕 y 轴旋转产生的旋转体[图 7.1.9(b)]体积为 $V_y=\frac{4}{3}\pi a^2b$.

当 $a>b$ 时,$V_y>V_x$;当 $a=b$ 时,得球体体积 $V=\frac{4}{3}\pi a^3$.

2. 已知平行截面面积的立体的体积

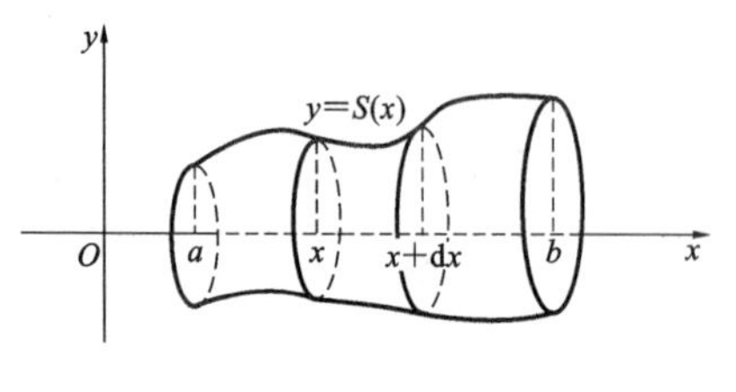

图 7.1.10

设一立体,它被垂直于某直线(设为 x 轴)的截面所截得面积 $S(x)$ 是 x 的连续函数,此立体的位置介于平面 $x=a$ 和 $x=b(a<b)$ 之间,求此立体体积(图 7.1.10).

在 $[a,b]$ 上任取一小区间 $[x,x+\mathrm{d}x]$,则与此小区间对应的那部分立体体积可以用以 $S(x)$ 为底面、$\mathrm{d}x$ 为高的圆柱体体积近似代替,于是体积微元为

$$\mathrm{d}V = S(x)\mathrm{d}x,$$

将 $\mathrm{d}V$ 在$[a,b]$上积分，得立体的体积为

$$V_x = \int_a^b S(x)\mathrm{d}x.$$

同理可得介于平面 $y=c, y=d(c<d)$之间的立体，被垂直于某直线(设为 y 轴)的截面所截得面积 $S(y)$是 y 的连续函数，其体积为

$$V_y = \int_c^d S(y)\mathrm{d}y.$$

【例 7.1.6】 设有底圆半径为 R 的圆柱，被一与圆柱面交成 α 角且过底圆直径的平面所截，求截下的楔形体积(图 7.1.11).

【解】 取坐标系如图 7.1.11 所示，则底圆方程为 $x^2+y^2=R^2$，在 x 处垂直于 x 轴作立体的截面，得一直角三角形，两条直角边分别为 $\sqrt{R^2-x^2}$ 及 $\sqrt{R^2-x^2}\tan\alpha$，其面积为 $A(x)=\frac{1}{2}(R^2-x^2)\tan\alpha$，从而得楔形体积为

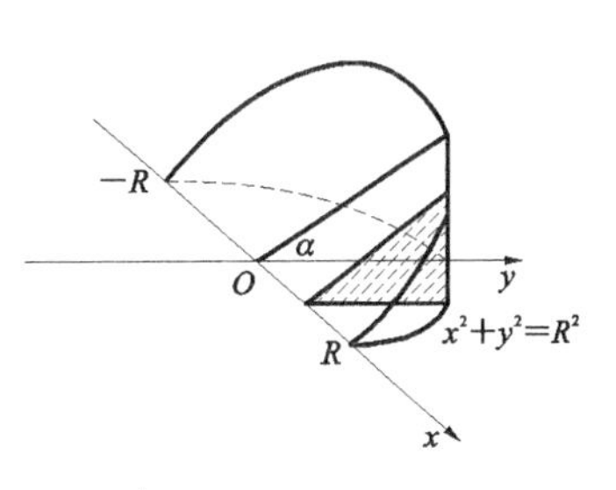

图 7.1.11

$$V=\int_{-R}^{R}\frac{1}{2}(R^2-x^2)\tan\alpha\mathrm{d}x = \tan\alpha\int_0^R(R^2-x^2)\mathrm{d}x$$

$$=\tan\alpha\left(R^2x-\frac{x^3}{3}\right)\Bigg|_0^R = \frac{2}{3}R^3\tan\alpha.$$

3. 二重积分求空间立体的体积

由二重积分的几何意义知道：以曲面 $z=f(x,y)$为顶，以 xOy 平面的区域 D 为底的曲顶柱体(D 的准线，柱面的母线平行于 Oz 轴)的体积为

$$V=\iint_D |f(x,y)|\mathrm{d}x\mathrm{d}y.$$

【例 7.1.7】 求球面 $x^2+y^2+z^2=R^2$ 被柱面 $x^2+y^2=Rx$ 所割下的立体[称为维维安妮(Viviani)体]的体积．

【解】 由于所求立体有对称性(图 7.1.12)，我们只要求出第Ⅰ卦限内的部分体积后乘以 4，即得所求立体体积．在第Ⅰ卦限内的立体是一个以 $D=\{(x,y)\mid y\geqslant 0, x^2+y^2\leqslant Rx\}$为底，以 $z=\sqrt{R^2-x^2-y^2}$为顶的曲顶柱体，所以 $V=4\iint_D\sqrt{R^2-x^2-y^2}\mathrm{d}x\mathrm{d}y$. 用极坐标变换，得

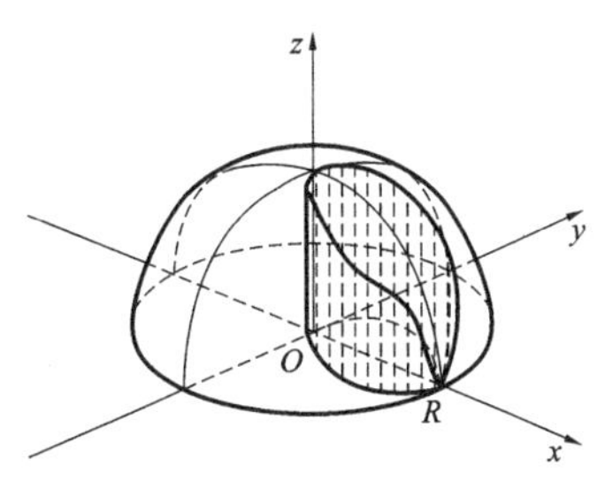

图 7.1.12

$$V=4\iint_D\sqrt{R^2-r^2}\,r\mathrm{d}r\mathrm{d}\theta = 4\int_0^{\frac{\pi}{2}}\mathrm{d}\theta\int_0^{R\cos\theta}\sqrt{R^2-r^2}\,r\mathrm{d}r$$

$$=\frac{4}{3}R^3\int_0^{\frac{\pi}{2}}(1-\sin^3\theta)\mathrm{d}\theta = \frac{4}{3}R^3\left(\frac{\pi}{2}-\frac{2}{3}\right).$$

【例 7.1.8】 求两个底圆半径都等于 R 的直交圆柱面所围成的立体的体积．

【解】 设这两个圆柱面的方程分别为 $x^2+y^2=R^2$ 和 $x^2+z^2=R^2$，利用立体关于坐标平面的对称性(图 7.1.13)，只要算出它在第Ⅰ卦限部分的体积，然后再乘以 8 就可得所求立体

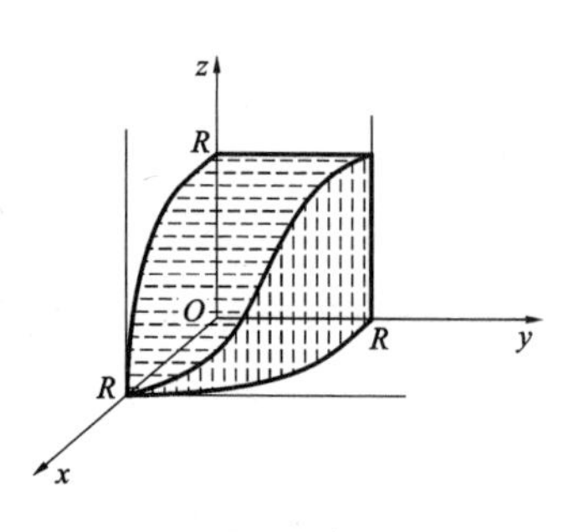

图 7.1.13

的体积．第Ⅰ卦限部分是以 $D=\{(x,y)\mid 0\leqslant y\leqslant \sqrt{R^2-x^2}, 0\leqslant x\leqslant R\}$ 为底，以 $z=\sqrt{R^2-x^2}$ 为顶的曲顶柱体．故

$$V=8\iint_D \sqrt{R^2-x^2}\,\mathrm{d}\sigma$$

$$=8\int_0^R \mathrm{d}x\int_0^{\sqrt{R^2-x^2}} \sqrt{R^2-x^2}\,\mathrm{d}y$$

$$=8\int_0^R (R^2-x^2)\,\mathrm{d}x=\frac{16}{3}R^3.$$

【例 7.1.9】 求抛物线 $y^2=2x$ 与直线 $y=x-4$ 所围成平面图形的面积．

【解】 抛物线与直线交点的横坐标 $A(8,4)$，$B(2,-2)$，如图 7.1.14 所示．因而

$$S=\iint_D \mathrm{d}x\mathrm{d}y=\int_{-2}^4 \mathrm{d}y\int_{\frac{y^2}{2}}^{y+4}\mathrm{d}x=\int_{-2}^4\left(-\frac{y^2}{2}+y+4\right)\mathrm{d}x=18.$$

【例 7.1.10】 圆 $\rho=1$ 之外和圆 $\rho=\frac{2}{\sqrt{3}}\cos\theta$ 之内的公共部分的面积.

【解】 先求出两圆交点坐标 $A\left(1,\frac{\pi}{6}\right)$，$B\left(1,-\frac{\pi}{6}\right)$，由图形的对称性(图 7.1.15)，得

$$S=\iint_D \rho\,\mathrm{d}\rho\mathrm{d}\theta=2\int_0^{\frac{\pi}{6}}\mathrm{d}\theta\int_1^{\frac{2}{\sqrt{3}}\cos\theta}\rho\,\mathrm{d}\rho=\int_0^{\frac{\pi}{6}}\left(\frac{4}{3}\cos^2\theta-1\right)\mathrm{d}\theta$$

$$=\frac{1}{3}\int_0^{\frac{\pi}{6}}(2\cos 2\theta-1)\,\mathrm{d}\theta=\frac{1}{18}(3\sqrt{3}-\pi).$$

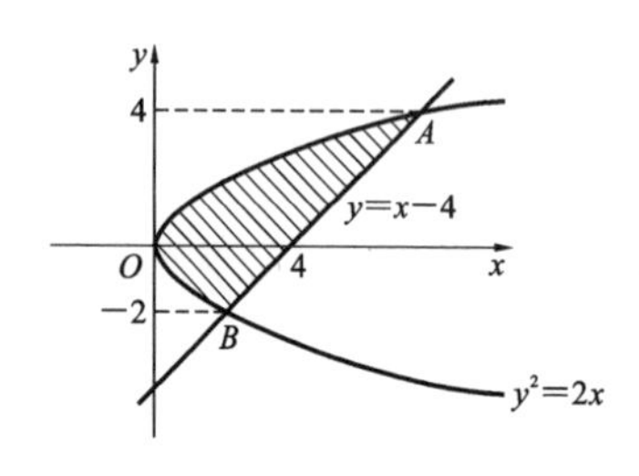

图 7.1.14

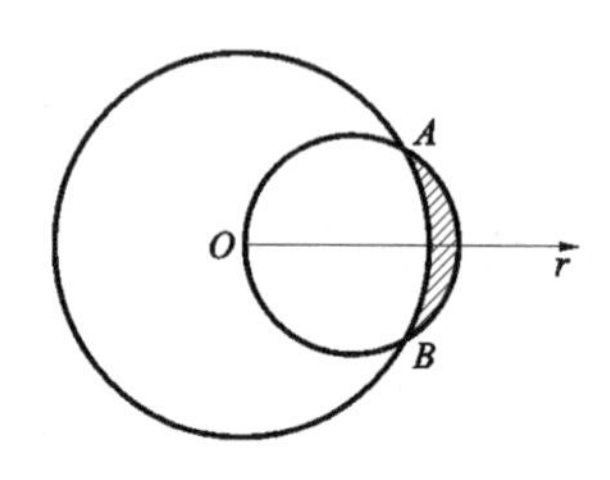

图 7.1.15

❖ 7.1.3 平面曲线的弧长

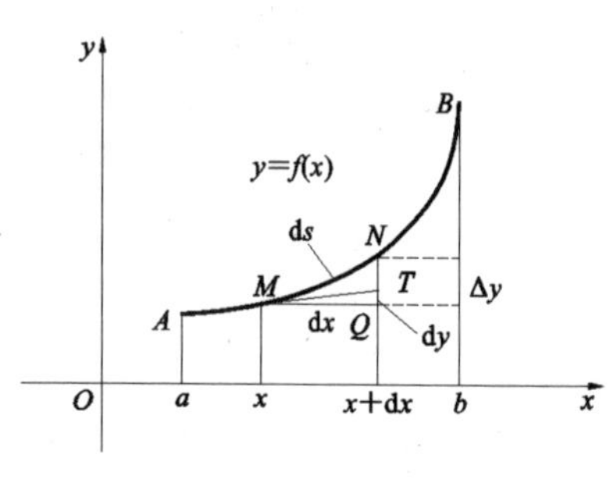

图 7.1.16

计算曲线 $y=f(x)$[其一阶导数 $f'(x)$连续]从 $x=a$ 到 $x=b$ 的一段弧长的长度 s(图 7.1.16).

取 x 为积分变量，在$[a,b]$上任取一小区间$[x,x+\mathrm{d}x]$，用切线段 MT 来近似代替小弧段，得弧长微元为

$$\mathrm{d}s=MT=\sqrt{MQ^2+QT^2}$$

$$=\sqrt{(\mathrm{d}x)^2+(\mathrm{d}y)^2}=\sqrt{1+y'^2}\,\mathrm{d}x.$$

这也称为弧微分公式.将 $\mathrm{d}s$ 在$[a,b]$上积分，得弧长为

$$s=\int_a^b \sqrt{1+y'^2}\,\mathrm{d}x=\int_a^b \sqrt{1+[f'(x)]^2}\,\mathrm{d}x.$$

若曲线由参数方程$\begin{cases}x=\varphi(t)\\y=\psi(t)\end{cases}$，$(\alpha\leqslant t\leqslant\beta)$给出，其中$\varphi(t),\psi(t)$在区间$[\alpha,\beta]$上具有连续的一阶导数，这时弧长微元为

$$\mathrm{d}s=\sqrt{(\mathrm{d}x)^2+(\mathrm{d}y)^2}=\sqrt{[\varphi'(t)]^2+[\psi'(t)]^2}\mathrm{d}t.$$

于是所求平面曲线的弧长为

$$s=\int_\alpha^\beta\sqrt{[\varphi'(t)]+[\psi'(t)]^2}\mathrm{d}t.$$

【例 7.1.11】 求摆线$\begin{cases}x=a(t-\sin t)\\y=a(1-\cos t)\end{cases}$，$(a>0)$在$0\leqslant t\leqslant 2\pi$的一段长(图 7.1.17).

【解】 建立如图 7.1.17 所示的坐标系，则$x'(t)=a(1-\cos t)$，$y'(t)=a\sin t$，于是

$$\begin{aligned}\mathrm{d}s&=\sqrt{[x'(t)]^2+[y'(t)]^2}\mathrm{d}t\\&=a\sqrt{2(1-\cos t)}\mathrm{d}t=2a\left|\sin\frac{t}{2}\right|\mathrm{d}t,\end{aligned}$$

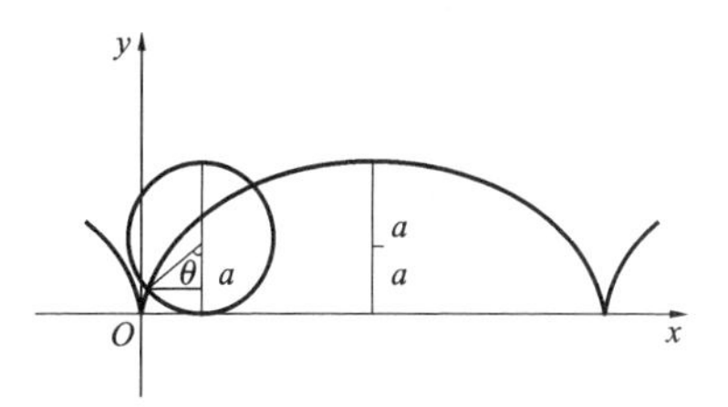

图 7.1.17

由于在$[0,2\pi]$上，$\sin\frac{t}{2}\geqslant 0$，故这一拱摆线长为

$$s=\int_0^{2\pi}2a\sin\frac{t}{2}\mathrm{d}t=4a\left(-\cos\frac{t}{2}\right)\Big|_0^{2\pi}=8a.$$

它的长度等于旋转圆直径的 4 倍，且是一个不依赖于π的有理数.

7.1.4　曲面的面积

1. 由定积分计算旋转曲面的面积

设平面光滑曲线C的方程为$y=f(x)$，$x\in[a,b]$，这里$f(x)\geqslant 0$. 这条曲线段AB绕x轴旋转一周得到旋转曲面S(图 7.1.18)，求旋转曲面S的面积.

在$[a,b]$上任意取一小区间$[x,x+\Delta x]$，过点x与$x+\Delta x$分别作垂直于x轴的平面，这两个平面在旋转曲面上截下一条狭带(图 7.1.19). 当Δx很小时，此狭带的面积近似于一个圆台的侧面积，即

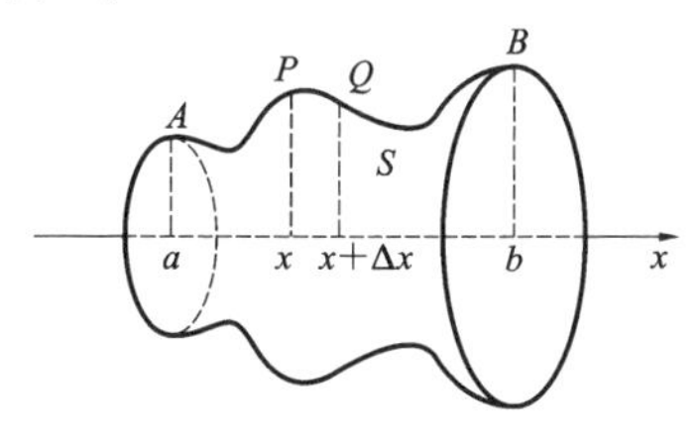

图 7.1.18

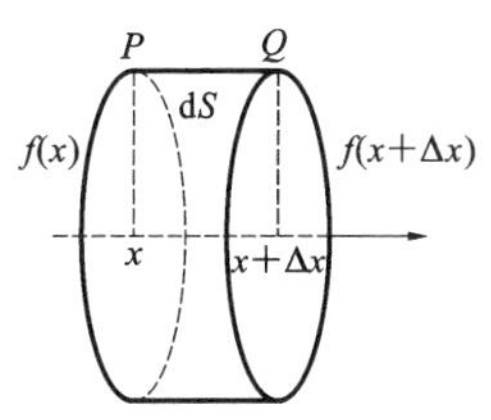

图 7.1.19

$$\Delta S\approx 2\pi\frac{f(x)+f(x+\Delta x)}{2}\sqrt{\Delta x^2+\Delta y^2}$$

其中$\Delta y=f(x+\Delta x)-f(x)$. 由于$f'(x)$连续，所以当$\Delta x$充分小时，有

$$\frac{f(x)+f(x+\Delta x)}{2}\approx f(x),\ \sqrt{\Delta x^2+\Delta y^2}=\sqrt{1+\left(\frac{\Delta y}{\Delta x}\right)^2}\Delta x\approx\sqrt{1+f'^2(x)}\Delta x$$

从而$\Delta S\approx 2\pi f(x)\sqrt{1+f'^2(x)}\Delta x$，即旋转曲面的面积微元

$$dS = 2\pi f(x)\sqrt{1+f'^2(x)}dx,$$

这又可以简单地看作是底圆半径为 $f(x)$，厚为 $ds=\sqrt{1+f'^2(x)}dx$ 的一圆柱片的侧面积. 将 dS 在$[a,b]$上积分，得旋转曲面 S 的面积为

$$S = 2\pi\int_a^b f(x)\sqrt{1+f'^2(x)}dx.$$

如果平面光滑曲线由参数方程

$$x = x(t), y = y(t), \alpha \leqslant t \leqslant \beta$$

表示，且设 $x'(t)\geqslant 0$ 及 $y(t)\geqslant 0$. 则由它绕 x 轴旋转所得旋转曲面的面积公式为

$$S = 2\pi\int_\alpha^\beta y(t)\sqrt{x'^2(t)+y'^2(t)}dt.$$

【例 7.1.12】 计算 $x^2+y^2=R^2$ 在$[x_1,x_2]\subset[-R,R]$上的弧段绕 x 轴旋转所得球带的面积.

【解】 对曲线 $y=\sqrt{R^2-x^2}$，$x_1\leqslant x\leqslant x_2$，应用旋转曲面的面积公式，得

$$S = 2\pi\int_{x_1}^{x_2} y\sqrt{1+y'^2(x)}dx = 2\pi\int_{x_1}^{x_2} R dx = 2\pi R(x_2-x_1).$$

当 $x_1=-R$，$x_2=R$ 时，则得半径为 R 的球的表面积为 $S=4\pi R^2$.

2. 用二重积分计算曲面的面积

设 D 为可求面积的平面有界区域，函数 $z=f(x,y)$ 在 D 上具有连续的一阶偏导数，讨论由方程 $z=f(x,y)[(x,y)\in D]$确定的曲面 S 的面积.

(1)分割：用一组曲线网把区域 D 分成 n 个小区域 $\sigma_i(i=1,2,\cdots,n)$. 分别以这些小闭区域的边界曲线为准线，作母线平行于 z 轴的柱面，这些柱面相应地将曲面 S 也分成 n 个小曲面片 $S_i(i=1,2,\cdots,n)$.

(2)近似：在每个 S_i 上任取一点 M_i，作曲面在这一点的切平面 π_i，并在 π_i 上取出一小块 A_i，使得 A_i 与 S_i 在 xOy 平面上的投影都是 σ_i，如图 7.1.20 所示. 从而每个点 M_i 附近，都有一个小切平面块 A_i 代替小曲面片，当 σ_i 的直径 λ_i 充分小时，有

$$S = \sum \Delta S_i \approx \sum \Delta A_i$$

S，ΔS_i，ΔA_i 分别表示曲面 S，小曲面片 S_i 和小切平面块 A_i 的面积.

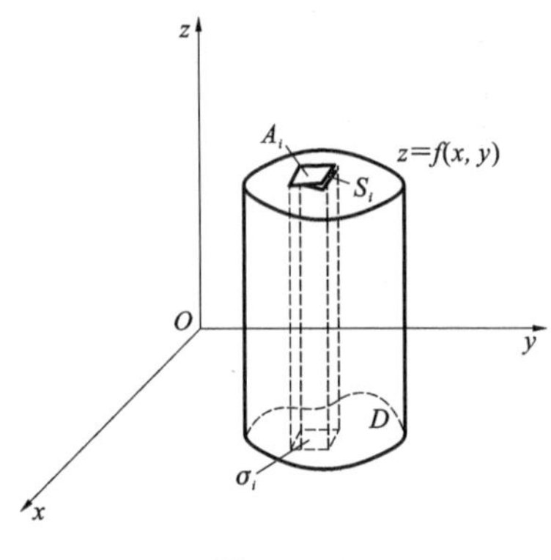

图 7.1.20

由于切平面 π_i 的法向量就是曲面 S 在点 $M_i(\xi_i,\eta_i,\zeta_i)$处的法向量，记它与 z 轴的夹角为 γ，则

$$|\cos\gamma_i| = \frac{1}{\sqrt{1+f_x^2(\xi_i,\eta_i)+f_y^2(\xi_i,\eta_i)}}$$

因为 A_i 在 xOy 平面上的投影是 σ_i，所以

$$\Delta A_i = \frac{\Delta\sigma_i}{|\cos\gamma_i|} = \sqrt{1+f_x^2(\xi_i,\eta_i)+f_y^2(\xi_i,\eta_i)}\Delta\sigma_i$$

其中 $\Delta\sigma_i$ 为小区域 σ_i 的面积.

(3)求和：n 个小切平面块的面积之和，即为整个曲面面积的近似值

$$S \approx \sum_{i=1}^n \Delta A_i = \sum_{i=1}^n \sqrt{1+f_x^2(\xi_i,\eta_i)+f_y^2(\xi_i,\eta_i)}\Delta\sigma_i,$$

该和数是连续函数 $\sqrt{1+f_x^2(x,y)+f_y^2(x,y)}$ 在有界闭区域 D 上的积分和.

(4)取极限:为求曲面面积的精确值,将分割加密,则当 $n\to\infty$ 且 $\lambda=\max\limits_{1\leqslant i\leqslant n}\{\lambda_i\}\to 0$ 时,如果上式的极限存在,则此极限值就是所求曲面的面积,即

$$S=\lim_{\lambda\to 0}\sum_{i=1}^{n}\sqrt{1+f_x^2(\xi_i,\eta_i)+f_y^2(\xi_i,\eta_i)}\Delta\sigma_i=\iint_D\sqrt{1+f_x^2(x,y)+f_y^2(x,y)}\mathrm{d}x\mathrm{d}y.$$

或

$$S=\iint_D\sqrt{1+\left(\frac{\partial z}{\partial x}\right)^2+\left(\frac{\partial z}{\partial y}\right)^2}\mathrm{d}x\mathrm{d}y.$$

类似地,由方程 $x=f(y,z)$ 决定的曲面面积

$$S=\iint_D\sqrt{1+\left(\frac{\partial x}{\partial y}\right)^2+\left(\frac{\partial x}{\partial z}\right)^2}\mathrm{d}y\mathrm{d}z.$$

其中 D 是曲面在 yOz 平面上的投影.

由方程 $y=f(x,z)$ 决定的曲面面积

$$S=\iint_D\sqrt{1+\left(\frac{\partial y}{\partial x}\right)^2+\left(\frac{\partial y}{\partial z}\right)^2}\mathrm{d}x\mathrm{d}z.$$

其中 D 是曲面在 xOz 平面上的投影.

【例 7.1.13】 求曲面 $x^2+y^2=a^2(a>0)$ 被平面 $x+z=0,x-z=0(x>0,y>0)$ 所截部分的面积.

【解】 所截部分位于第Ⅰ、Ⅴ卦限,由对称性只计算在第Ⅰ卦限部分的面积即可.此部分在 xOz 平面上的投影区域为 $D=\{(x,z)\mid 0\leqslant x\leqslant a,0\leqslant z\leqslant x\}$,曲面方程为 $y=\sqrt{a^2-x^2}$.

$$\begin{aligned}S&=2\iint_D\sqrt{1+\left(\frac{\partial y}{\partial x}\right)^2+\left(\frac{\partial y}{\partial z}\right)^2}\mathrm{d}x\mathrm{d}z=2\iint_D\frac{a}{\sqrt{a^2-x^2}}\mathrm{d}x\mathrm{d}z\\&=2\int_0^a\mathrm{d}x\int_0^x\frac{a}{\sqrt{a^2-x^2}}\mathrm{d}z=2\int_0^a\frac{ax}{\sqrt{a^2-x^2}}\mathrm{d}x=2a^2.\end{aligned}$$

【例 7.1.14】 计算球 $x^2+y^2+z^2=a^2$ 被圆柱 $x^2+y^2=ay$ 所截部分的侧面积(图 7.1.21).

【解】 所截部分位于第Ⅰ、Ⅱ、Ⅴ、Ⅵ卦限,由对称性只计算在第Ⅰ卦限部分的面积即可.此部分在 xOy 平面上的投影区域 D 为半圆 $x^2+y^2=ay(x\geqslant 0,y\geqslant 0)$.

$$\frac{\partial z}{\partial x}=-\frac{x}{\sqrt{a^2-x^2-y^2}},\frac{\partial z}{\partial y}=-\frac{y}{\sqrt{a^2-x^2-y^2}},$$

$$\begin{aligned}S&=4\iint_D\sqrt{1+\left(\frac{\partial z}{\partial x}\right)^2+\left(\frac{\partial z}{\partial y}\right)^2}\mathrm{d}x\mathrm{d}y\\&=4\iint_D\frac{a}{\sqrt{a^2-x^2-y^2}}\mathrm{d}x\mathrm{d}y\\&=4a\iint_D\frac{\rho}{\sqrt{a^2-\rho^2}}\mathrm{d}\rho\mathrm{d}\theta\\&=4a\int_0^{\frac{\pi}{2}}\mathrm{d}\theta\int_0^{a\sin\theta}\frac{\rho}{\sqrt{a^2-\rho^2}}\mathrm{d}\rho\end{aligned}$$

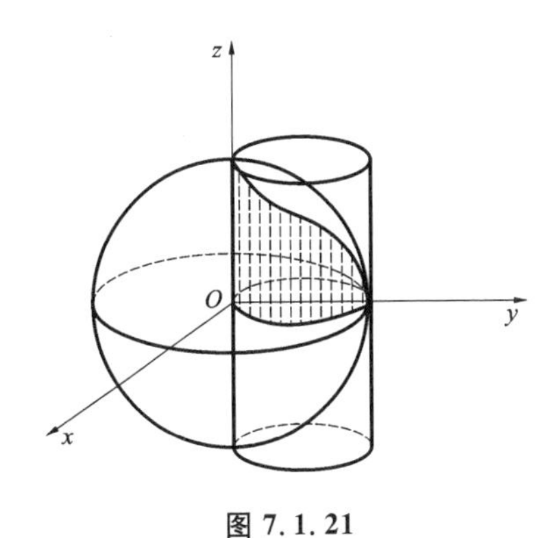

图 7.1.21

$$= -4a^2\int_0^{\frac{\pi}{2}}(\cos\theta - 1)\mathrm{d}\theta = 4a^2(\frac{\pi}{2} - 1).$$

练习题

1. 求曲线 $y=x^2$ 与 $y=4-x^2$ 所围成的图形面积.

2. 求 $xy=1$，$x=1$ 及 $y=2$ 所围成的图形面积.

3. 求曲线 $y=\mathrm{e}^x$ 与直线 $y=\mathrm{e}$，$x=0$ 所围成的图形面积.

4. 求曲线 $y=2x^2$，$y=x^2$ 和直线 $y=1$ 所围成的图形面积.

5. 求曲线 $y=\sin x$，$y=\cos x$ 与直线 $x=0$，$x=\frac{\pi}{2}$ 所围成的图形面积.

6. 求 $r=2a\cos\theta$ 所围的图形面积.

7. 求心形线 $r=a(1+\cos\theta)(a>0)$ 所围成的图形.

8. 用定积分表示曲线 $y=x^2$，$x=k$，$x=k+2$ 及 $y=0$ 所围成的面积，并用微分法确定 k，使其所围图形的面积最小，且求出最小面积.

9. 求由曲线 $y=x^2$，直线 $y=1$ 所围成的图形绕 y 轴旋转一周所产生的旋转体的体积.

10. 求由抛物线 $y^2=2x$，直线 $x=\frac{1}{2}$ 所围成的图形绕 y 轴旋转一周所产生的旋转体的体积.

11. 求由 $y=\mathrm{e}^{2x}$ 及 $x=1$，y 轴，x 轴所围成的图形绕 x 轴旋转一周所产生的旋转体的体积.

12. 求平面曲线 $y=\sin x$，$0\leqslant x\leqslant\pi$，绕 x 轴旋转所得旋转曲面的面积.

13. 设平面 $x=1$，$x=-1$，$y=1$，$y=-1$ 围成的柱体被坐标平面 $z=0$ 和平面 $z=3$ 所截，求截下部分立体的体积.

14. 求第Ⅰ象限中由曲面 $z=1-x^2-y^2$，$y=x$，$y=\sqrt{3}x$，$z=0$ 所围立体的体积.

15. 求由曲面 $z=5x$，$x^2+y^2=9$，$z=0$ 所围立体的体积.

16. 计算由曲线 $y=x^2$，$y=x+2$ 所围图形的面积.

17. 求球面 $x^2+y^2+z^2=4$ 被柱面 $\frac{x^2}{4}+y^2=1$ 割下部分的面积.

18. 求柱面 $x^2+z^2=4$ 在柱面 $x^2+y^2=4$ 内的部分面积.

7.2 积分在物理上的应用

7.2.1 定积分的物理应用

1. 变力做功

由物理学知道，在常力 F 的作用下，物体沿力的方向移动了距离 s，则力 F 对物体所做的功为 $W=Fs$. 但在实际问题中，物体所受的力是经常变化的，下面就来说明变力做功是如何计算的.

设物体在变力 $F=F(x)$的作用下沿 x 轴由 a 处移动到 b 处，求变力 F 所做的功. 由于变力 $F(x)$是连续变化的，故可以设想在小区间$[x,x+\mathrm{d}x]$上作用力 $F(x)$保持不变，得这一段上变力做功可由常力做功近似代替,即功的微元为 $\mathrm{d}W=F(x)\mathrm{d}x$. 将 $\mathrm{d}W$ 在 $[a,b]$ 上积分,得变力做功为

$$W=\int_a^b F(x)\mathrm{d}x.$$

【例 7.2.1】 在原点 O 处有一个带电量为 $+q$ 的点电荷,它所产生的电场对周围电荷有作用力.现有一单位正电荷从距原点 a 处沿射线方向移至距原点为 $b(a<b)$ 的地方,求电场力做的功.又如果把该单位电荷移至无穷远处,电场力做了多少功?

【解】 取电荷移动的射线方向为 x 轴正方向,那么电场力为

$$F=k\frac{q}{x^2}(k\text{ 为常数})$$

这是一个变力做功问题.在 $[x,x+\mathrm{d}x]$ 上功的微元为

$$\mathrm{d}W=k\frac{q}{x^2}\mathrm{d}x$$

于是一单位正电荷从 a 处移至 b 处,电场力做的功为

$$W=\int_a^b k\frac{q}{x^2}\mathrm{d}x=\left(-\frac{kq}{x}\right)\Big|_a^b=kq\left(\frac{1}{a}-\frac{1}{b}\right)$$

若把该单位电荷移至无穷远处,电场力做的功为

$$W=\int_a^{+\infty} k\frac{q}{x^2}\mathrm{d}x=\left(-\frac{kq}{x}\right)\Big|_a^{+\infty}=\frac{kq}{a}.$$

物理学中,把上述电荷移至无穷远处所做的功叫作电场在 a 处的电位,于是知电场在 a 处的电位为 $V=\dfrac{kq}{a}$.

【例 7.2.2】 设有一个深 15 m,口径 20 m 且盛满水的圆锥形贮水池,现要将贮水池中的水全部吸出池面,问需做功多少?

【解】 建立如图 7.2.1 所示的坐标系,为了方便,可以认为水是一层一层被吸出池面的,考察小区间 $[x,x+\mathrm{d}x]$ 上的一薄层水,由 $\triangle AOB\backsim\triangle ADC$ 得截面 D 的半径为

$$r=10\cdot\frac{15-x}{15}=10\left(1-\frac{x}{15}\right)$$

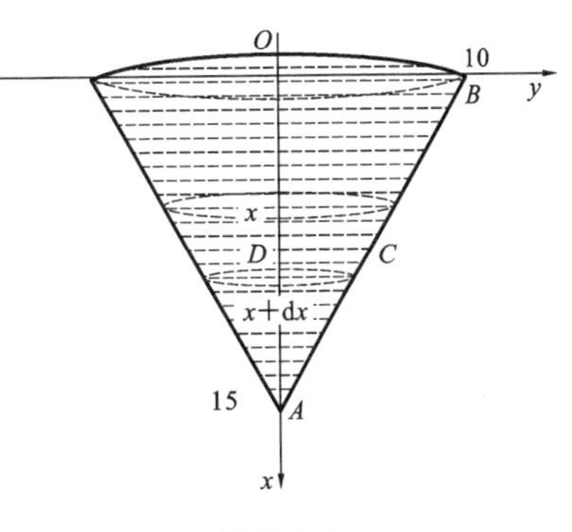

图 7.2.1

此小圆台的体积可由以 D 为底,$\mathrm{d}x$ 为高的小圆柱体积近似代替,则体积微元为

$$\mathrm{d}V=\pi r^2\cdot\mathrm{d}x=10^2\pi\left(1-\frac{x}{15}\right)^2\mathrm{d}x$$

由于水的密度 $\rho=10^3\ \mathrm{kg/m^3}$(或重度 $\nu=9.8\times10^3\ \mathrm{N/m^3}$),则将这薄层水提升所需的力近似为水的自重,即

$$\mathrm{d}F=\mathrm{d}G=\rho\mathrm{d}V\cdot g=9.8\times10^5\pi\left(1-\frac{x}{15}\right)^2\mathrm{d}x$$

由于这层水很薄,可近似认为它距离池面的距离为 x,则将这薄层水吸出池面所做功的微元为

$$\mathrm{d}W=\mathrm{d}F\cdot x=9.8\times10^5\pi\cdot x\left(1-\frac{x}{15}\right)^2\mathrm{d}x$$

于是将池水吸尽所做的功为

$$W=\int_{0}^{15}9.8\times10^{5}\pi\cdot x\left(1-\frac{x}{15}\right)^{2}\mathrm{d}x=9.8\times10^{5}\pi\int_{0}^{15}\left(x-\frac{2}{15}x^{2}+\frac{1}{225}x^{3}\right)\mathrm{d}x$$

$$=9.8\times10^{5}\pi\left(\frac{1}{2}x^{2}-\frac{2}{45}x^{3}+\frac{1}{900}x^{4}\right)\bigg|_{0}^{15}$$

$$=5.76975\times10^{4}\ \mathrm{kJ}$$

【例 7.2.3】 为清除井底的污泥，用缆绳将抓斗放入井底，抓起污泥后提出井口. 已知井深30 m，抓斗自重 400 N，缆绳每米重 50 N，抓斗抓起的污泥重 2000 N，提升速度为 3 m/s，在提升过程中，污泥以 20 N/s 的速度从抓斗缝隙中漏掉，现将抓起污泥的抓斗提升到井口，问克服重力需做多少焦耳的功(抓斗的高度及位于井口上方的缆绳长度忽略不计)？

【解】 建立如图 7.2.2 所示的坐标系，将抓起污泥的抓斗提升至井口需做功 $W=W_1+W_2+W_3$，其中 W_1 是克服抓斗自重所做的功，W_2 是克服缆绳重力所做的功，W_3 是提出污泥所做的功.

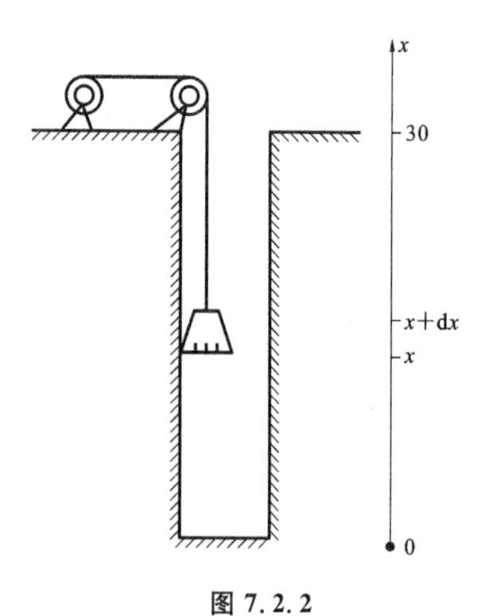

图 7.2.2

(1)由题意可知 $W_1=400\times30=12$ kJ；

(2)抓斗由 x 处提升至 $x+\mathrm{d}x$ 处，克服缆绳重力所做功的微元 $\mathrm{d}W_2=50\times(30-x)\mathrm{d}x$，故克服缆绳重力所做的功为

$$W_2=\int_{0}^{30}50\times(30-x)\mathrm{d}x$$

$$=(1500x-25x^2)\bigg|_{0}^{30}=22.5\ \mathrm{kJ};$$

(3)考虑在时间间隔$[t,t+\mathrm{d}t]$内，提升污泥所做功的微元为 $\mathrm{d}W_3=(2000-20t)\times3\mathrm{d}t$，而将污泥从井底提升至井口需时间 $30/3=10$ s，则将污泥从井底提升至井口所做的功为

$$W_3=\int_{0}^{10}(2000-20t)\times3\mathrm{d}t$$

$$=(6000t-30t^2)\bigg|_{0}^{10}=57\ \mathrm{kJ};$$

因此共需做的功 $W=W_1+W_2+W_3=12+22.5+57=91.5$ kJ.

2. 液体压力

由物理学知道，在液体下面深度为 h 处，由液体重量所产生的压强为 $p=\rho gh$(或 $p=\gamma h$，γ 为液体重度)，若有面积为 S 的薄板水平放置在液深为 h 处，这时薄板各处受力均匀，所受压力为 $F=pS=\rho ghS$(或 $F=\gamma hS$). 如今薄板是垂直于液体中，薄板上在不同的深度处压强是不同的，因此整个薄板所受的压力是非均匀分布的整体量，下面就用定积分的微元法说明该压力是如何计算的.

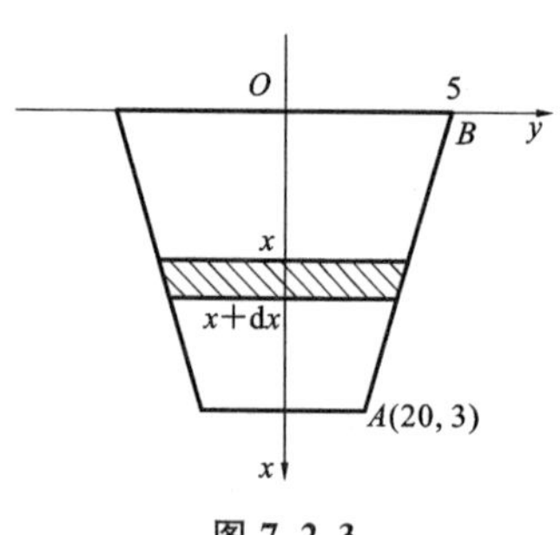

图 7.2.3

【例 7.2.4】 一水库的水闸为等腰梯形，上底为 10 m，下底为6 m，高为 20 m，上底与水面相齐，计算闸门一侧所受水的压力.

【解】 如图 7.2.3 所示建立坐标系，过点 $A(20,3)$，$B(0,5)$两点的直线方程为

$$\frac{y-5}{3-5}=\frac{x-0}{20-0}，\text{即 } y=-\frac{1}{10}x+5,$$

考察小区间$[x,x+\mathrm{d}x]$上的这层闸门，可近似认为其上各点所受压强为 $p=\rho gx$，这层闸门所受水的压力微元为

$$\mathrm{d}F=\rho gx\cdot 2\left(-\frac{1}{10}x+5\right)\mathrm{d}x=1.96\times 10^4\left(5x-\frac{1}{10}x^2\right)\mathrm{d}x$$

则闸门一侧所受水的压力为

$$F=\int_0^{20}1.96\times 10^4\left(5x-\frac{1}{10}x^2\right)\mathrm{d}x$$

$$=1.96\times 10^4\left(\frac{5}{2}x^2-\frac{1}{30}x^3\right)\Big|_0^{20}=1.437\times 10^7\ \mathrm{N}$$

【例 7.2.5】 一个横放的半径为 R 的圆柱形水桶，里面盛有半桶油，计算桶的一个端面所受的压力(设油的重度为 γ).

【解】 选取桶的端面建立如图 7.2.4 所示的坐标系，桶的一端面是圆板，现在要计算当油面到圆心时，垂直放置的一个半圆板的一侧所受的压力.

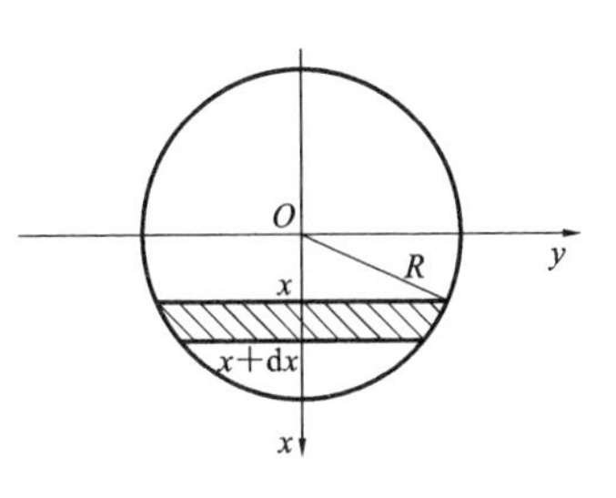

图 7.2.4

圆的方程为 $x^2+y^2=R^2$. 在小区间$[x,x+\mathrm{d}x]$上，可视这层圆板上压强不变(深度为 x)，面积微元为

$$\mathrm{d}S=2\sqrt{R^2-x^2}\,\mathrm{d}x,$$

故所受的压力微元为

$$\mathrm{d}F=\gamma x\,\mathrm{d}S=2\gamma x\sqrt{R^2-x^2}\,\mathrm{d}x,$$

所以桶的一个端面所受的压力为

$$F=\int_0^R 2\gamma x\sqrt{R^2-x^2}\,\mathrm{d}x=-\gamma\int_0^R\sqrt{R^2-x^2}\,\mathrm{d}(R^2-x^2)=-\frac{2}{3}\gamma(R^2-x^2)^{\frac{3}{2}}\Big|_0^R=\frac{2}{3}\gamma R^3.$$

3. 静力矩与转动惯量

设 $A_1(x_1,y_1),A_2(x_2,y_2),\cdots,A_n(x_n,y_n)$是 xOy 平面上的一质点系，它们的质量分别为 $m_1,m_2,\cdots,m_n$. 称这些质点的质量与其纵坐标(或横坐标)的乘积之和为该质点系对于 Ox 轴(或 Oy 轴)的静力矩. 即

$$M_x=\sum_{i=1}^n m_iy_i\quad(\text{或 } M_y=\sum_{i=1}^n m_ix_i)$$

称这些质点的质量与其纵坐标(或横坐标)平方的乘积之和为该质点系对于 Ox 轴(或 Oy 轴)的转动惯量. 即

$$J_x=\sum_{i=1}^n m_iy_i^2\quad(\text{或 } J_y=\sum_{i=1}^n m_ix_i^2).$$

类似地，假设曲线上均匀地分布有质量，其密度(即在平面曲线各点的线密度)恒等于 1，分别称

$$M_x=\int_a^b y\,\mathrm{d}s,\quad M_y=\int_a^b x\,\mathrm{d}s\quad \text{和}\quad J_x=\int_a^b y^2\,\mathrm{d}s,\quad J_y=\int_a^b x^2\,\mathrm{d}s$$

为平面曲线弧段 $y=f(x)$在$[a,b]$的静力矩和转动惯量，$\mathrm{d}s=\sqrt{1+y'^2}\,\mathrm{d}x$ 是曲线弧长的微分.

【例 7.2.6】 求半圆 $y=\sqrt{r^2-x^2}\,(-r\leqslant x\leqslant r)$的圆弧对坐标轴的静力矩.

【解】 因为曲线弧长的微分 $\mathrm{d}s=\sqrt{1+y'^2}\,\mathrm{d}x=\dfrac{r\mathrm{d}x}{\sqrt{r^2-x^2}}$，因此

$$M_x = \int_{-r}^{r} y\,\mathrm{d}s = \int_{-r}^{r} \sqrt{r^2 - x^2} \cdot \frac{r}{\sqrt{r^2 - x^2}}\mathrm{d}x = \int_{-r}^{r} r\,\mathrm{d}x = 2r^2$$

$$M_y = \int_{-r}^{r} x\,\mathrm{d}s = \int_{-r}^{r} x \cdot \frac{r}{\sqrt{r^2 - x^2}}\mathrm{d}x = 0.$$

转动惯量是刚体绕轴转动惯性的度量，也可说是物体对于旋转运动的惯性．若一质点质量为 m，到一转轴的垂直距离为 r，则该质点绕轴的转动惯量为 $J=mr^2$，单位为 $\mathrm{kg}\cdot\mathrm{m}^2$．

转动惯量只决定于刚体的形状、质量分布和转轴的位置，而同刚体绕轴的转动状态无关．质量连续分布的物体绕轴的转动惯量，可以化为定积分

$$J = \int r^2\,\mathrm{d}m = \int r^2 \rho\,\mathrm{d}V$$

其中 $\mathrm{d}m$ 表示刚体的质量微元，$\mathrm{d}V$ 表示 $\mathrm{d}m$ 的体积微元，ρ 表示该处的密度，r 表示该体积微元到转轴的距离．

【例 7.2.7】 一质量为 m，长为 l 的均匀细杆，分别求其绕中心轴和绕一端转轴的转动惯量．

【解】 由题意知，细杆单位长度质量 $\lambda=m/l$，为此考虑细杆上 $[x,x+\mathrm{d}x]$ 的一段，它的质量为 $\frac{m}{l}\mathrm{d}x$，把这一小段细杆设想为位于 x 处的一个质点，它到转动轴距离为 $|x|$，于是得转动惯量微元为

$$\mathrm{d}J = \frac{m}{l}x^2\,\mathrm{d}x.$$

则按图 7.2.5(a)建立坐标系，绕中心轴的转动惯量为

$$J_1 = \int_{-\frac{l}{2}}^{\frac{l}{2}} \frac{m}{l}x^2\,\mathrm{d}x = \frac{2m}{l} \cdot \frac{1}{3}x^3 \Big|_0^{\frac{l}{2}} = \frac{1}{12}ml^2,$$

则按图 7.2.5(b)建立坐标系，绕一端转轴的转动惯量为

$$J_2 = \int_0^l \frac{m}{l}x^2\,\mathrm{d}x = \frac{m}{l} \cdot \frac{1}{3}x^3 \Big|_0^l = \frac{1}{3}ml^2.$$

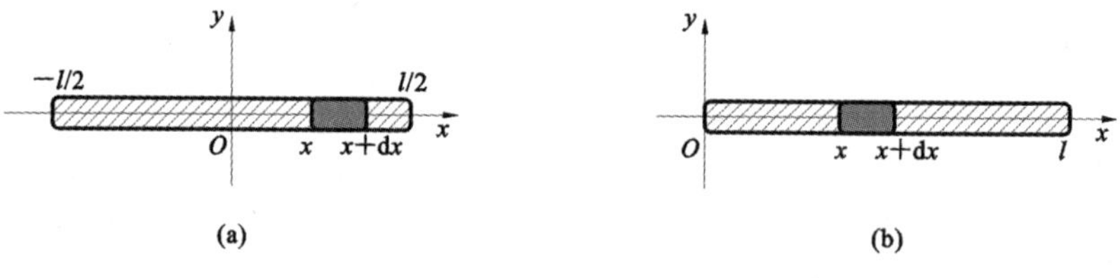

(a)　(b)

图 7.2.5

刚体定轴转动的角加速度与它所受的合外力矩成正比，与刚体的转动惯量成反比．这一定律称为刚体的转动定律，用等式表示即为 $M=J\alpha$．

【例 7.2.8】 有一质量为 m，半径为 R 的匀质圆盘，以角速度 ω_0 绕与圆盘平面垂直并通过其圆心的轴转动．若有一个与圆盘大小相同的粗糙平面(俗称刹车片)挤压此转动圆盘，故而有正压力 N 均匀地作用在圆盘面上，从而使其转速逐渐变慢．设正压力 N 和刹车片与圆盘间的摩擦系数均已被试验测出．试问经过多长时间圆盘才停止转动(图 7.2.6)？

【解】 设圆盘单位面积上的质量为 σ，则 $\sigma=\frac{m}{\pi R^2}$，在圆盘上取半径为 r，宽为 $\mathrm{d}r$ 的圆环，当 $\mathrm{d}r$ 趋向于零时，该圆环的质量可近似为

$$\mathrm{d}m=\sigma\mathrm{d}s=\sigma\cdot 2\pi r\mathrm{d}r$$

则圆盘的转动惯量为

$$J=\int r^2\mathrm{d}m=\int_0^R r^2\mathrm{d}m=\int_0^R r^2\cdot 2\pi r\sigma\mathrm{d}r=\frac{1}{2}mR^2$$

在圆盘上取面积微元,其值可近似为 $\mathrm{d}l\mathrm{d}r$,故面积微元所受对转轴的摩擦力矩大小为

$$r\mathrm{d}F_f=r\cdot\mu\cdot\frac{N}{\pi R^2}\cdot\mathrm{d}l\mathrm{d}r$$

圆环所受摩擦力矩

$$\mathrm{d}M=\int r\mathrm{d}F_f=\frac{\mu Nr\mathrm{d}r}{\pi R^2}\int_0^{2\pi r}\mathrm{d}l=\frac{2\mu Nr^2\mathrm{d}r}{R^2}$$

圆盘所受摩擦力矩

$$M=\int\mathrm{d}M=\int_0^R\frac{2\mu Nr^2\mathrm{d}r}{R^2}=\frac{2}{3}\mu NR$$

由刚体的转动定律,得圆盘角加速度

$$\alpha=\frac{M}{J}=\frac{4}{3}\frac{\mu N}{mR}$$

停止转动需要的时间

$$t=\frac{\omega_0}{\alpha}=\frac{3}{4}\frac{mR\omega_0}{\mu N}.$$

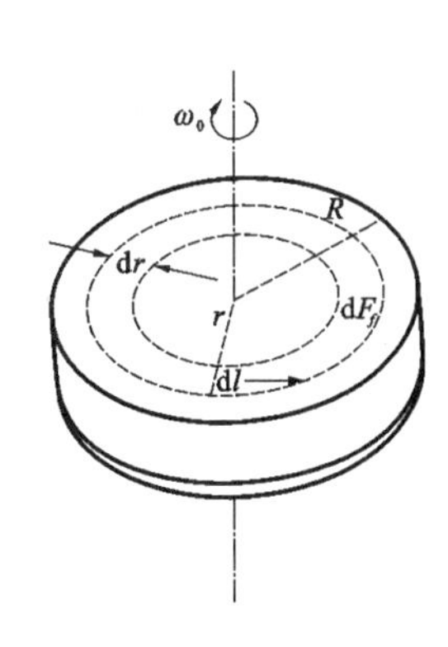

图 7.2.6

转动惯量与惯性矩的区别:

在工程机械中我们经常会碰到转动惯量与惯性矩,两者从定义到计算的表达式都很相似,容易引起混淆,我们从数学角度将这两者比较一下.

从定义看,转动惯量是质量微元乘以(到某轴)距离的平方,通常用 J 表示;而惯性矩是面积微元乘以(到某轴)距离的平方,通常用 I 表示,截面图形对于坐标轴的惯性矩为

$$I_x=\int_a^b y^2\mathrm{d}S,\quad I_y=\int_a^b x^2\mathrm{d}S.$$

其中 S 是截面的面积.

对截面而言,面密度一样,只要在后面乘以一个反映面密度的常量,微面积就转化成了微质量,二者从数学角度看就一样了.

转动惯量从物理角度讲就是度量刚体转动时的惯性,从数学上看就是其质量分布情况在转动问题中所扮演的角色;惯性矩反映的是截面的几何特性,而截面可以看成是一个质量均匀分布的等厚薄片,那这时其几何形状与质量分布就是一回事了.不论弯曲还是扭转,其实可以看成是截面绕某根轴转动.

转动惯量是截面上质量关于某根轴的衡量惯性的尺度;惯性矩是截面形状(面积)关于某根轴的衡量惯性的尺度.转动惯量是在刚体转动中应用,而惯性矩在材料弯曲时应用.

4. 物体的重心

均匀的平面曲线弧段 $y=f(x)$,$a\leqslant x\leqslant b$ 的重心坐标为

$$\bar{x}=\frac{1}{s}\int_a^b x\mathrm{d}s,\quad \bar{y}=\frac{1}{s}\int_a^b y\mathrm{d}s,$$

其中 s 是弧长,$\mathrm{d}s=\sqrt{1+y'^2}\mathrm{d}x$ 是曲线弧长的微分.

曲边梯形的重心坐标为

$$\bar{x}=\frac{1}{S}\int_a^b x\mathrm{d}S=\frac{1}{S}\int_a^b xy\mathrm{d}x,\quad \bar{y}=\frac{1}{2S}\int_a^b y\mathrm{d}S=\frac{1}{2S}\int_a^b y^2\mathrm{d}x,$$

其中 S 是曲边梯形的面积,$\mathrm{d}S=y\mathrm{d}x$.

【例 7.2.9】 求密度均匀薄板的静力矩与重心坐标,薄板形状为曲线 $y=x^2+1$,直线 $x=2$ 和坐标轴所围的曲边梯形(图 7.2.7).

【解】 方法一:因为薄板的密度 ρ 均匀,于是图形任意部分的质量可由它的面积来度量.我们把图形截成宽度为 Δx 的竖条,每一竖条可近似看作一小矩形,其质量为 $\rho\cdot y\Delta x$,并假定质量全部集中在它的重心,即重心到 x 轴的距离是 $\frac{1}{2}y$,到 y 轴的距离是 $x+\frac{\Delta x}{2}$.于是竖条对两坐标轴的静力矩分别为

$$\Delta M_x\approx\frac{1}{2}\rho y^2\Delta x,\quad \Delta M_y\approx\rho xy\Delta x+\rho\frac{y}{2}\Delta x^2,$$

当 $\Delta x\to 0$ 时,$\frac{y}{2}\Delta x^2$ 为高阶无穷小,于是

$$\mathrm{d}M_x=\frac{1}{2}\rho y^2\mathrm{d}x,\quad \mathrm{d}M_y=\rho xy\mathrm{d}x,$$

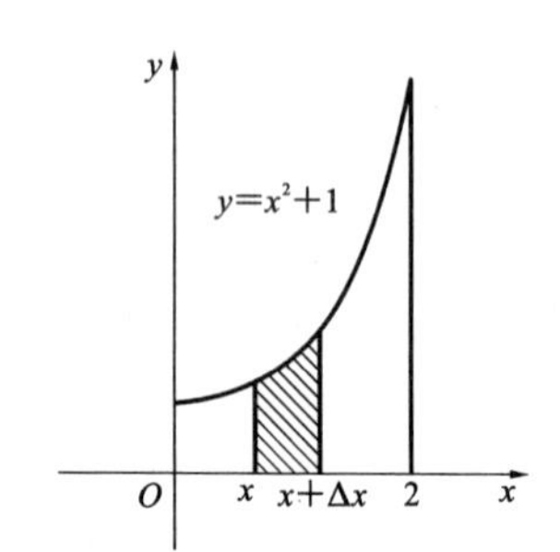

图 7.2.7

积分得

$$M_x=\frac{1}{2}\int_0^2\rho y^2\mathrm{d}x=\frac{1}{2}\rho\int_0^2(x^2+1)^2\mathrm{d}x=\frac{103}{15}\rho,$$

$$M_y=\int_0^2\rho xy\mathrm{d}y=\rho\int_0^2 x(x^2+1)\mathrm{d}x=6\rho.$$

由于薄板的质量是

$$M=\int_0^2\rho y\mathrm{d}x=\rho\int_0^2(x^2+1)\mathrm{d}x=\frac{14}{3}\rho,$$

所以薄板的重心坐标是

$$x=\frac{M_y}{M}=\frac{\int_0^2\rho xy\mathrm{d}x}{\int_0^2\rho y\mathrm{d}x}=\frac{9}{7},\quad y=\frac{M_x}{M}=\frac{\frac{1}{2}\int_0^2\rho y^2\mathrm{d}x}{\int_0^2\rho y\mathrm{d}x}=\frac{103}{70}.$$

方法二:因为曲边梯形面积

$$S=\int_0^2 y\mathrm{d}x=\int_0^2(x^2+1)\mathrm{d}x=\frac{14}{3}.$$

由曲边梯形的重心坐标公式,得

$$\bar{x}=\frac{1}{S}\int_0^2 xy\mathrm{d}x=\frac{3}{14}\int_0^2 x(x^2+1)\mathrm{d}x=\frac{9}{7},$$

$$\bar{y}=\frac{1}{2S}\int_0^2 y^2\mathrm{d}x=\frac{3}{28}\int_0^2(x^2+1)^2\mathrm{d}x=\frac{103}{70}.$$

◈ 7.2.2 二重积分的物理应用

1. 平面薄板的静力矩与转动惯量

假设薄板在 xOy 平面上占据区域 D，它的面密度是点的函数 $\rho=\rho(x,y)$，对于均匀薄板，ρ 是常数. 薄板的质量为

$$M=\iint_D \rho(x,y)\mathrm{d}x\mathrm{d}y.$$

薄板对 Ox 轴和 Oy 轴的静力矩分别为

$$M_x=\iint_D y\rho(x,y)\mathrm{d}x\mathrm{d}y,\quad M_y=\iint_D x\rho(x,y)\mathrm{d}x\mathrm{d}y.$$

薄板对 Ox 轴和 Oy 轴的转动惯量分别为

$$J_x=\iint_D y^2\rho(x,y)\mathrm{d}x\mathrm{d}y,\quad J_y=\iint_D x^2\rho(x,y)\mathrm{d}x\mathrm{d}y.$$

薄板对原点的转动惯量为

$$J_O=\iint_D (x^2+y^2)\rho(x,y)\mathrm{d}x\mathrm{d}y=J_x+J_y.$$

【例 7.2.10】 设有一高为 h，底边长为 $2b$ 的等腰三角形均匀薄板，求它对底边的转动惯量.

【解】 建立如图 7.2.8 所示坐标系，设密度为 ρ. 由于薄板关于它的高对称且为匀质，所以所求转动惯量为薄板 OAB 的转动惯量的 2 倍. 直线 OA 的方程为 $y=\dfrac{h}{b}x$，故所求转动惯量为

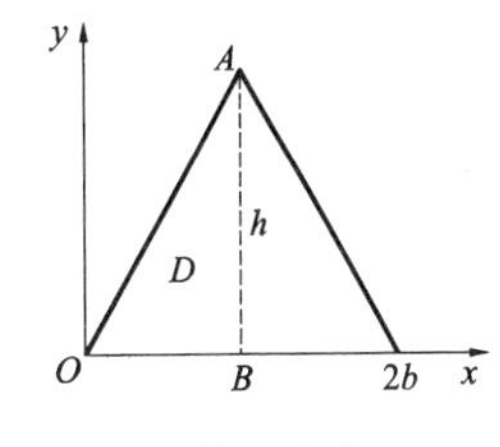

图 7.2.8

$$J_x=2\iint_D y^2\rho\mathrm{d}x\mathrm{d}y=2\rho\int_0^b \mathrm{d}x\int_0^{\frac{h}{b}x} y^2\mathrm{d}y$$
$$=2\rho\int_0^b \frac{h^3}{3b^3}x^3\mathrm{d}x=\frac{1}{6}\rho h^3 b.$$

【例 7.2.11】 求密度均匀的圆环 D 对垂直于圆环中心轴的转动惯量(图 7.2.9).

【解】 设圆环 D 为 $R_1^2\leqslant x^2+y^2\leqslant R_2^2$，密度为 ρ，圆环质量为 m，则 D 中任意一点 (x,y) 与 z 轴的距离的平方等于 x^2+y^2. 于是转动惯量

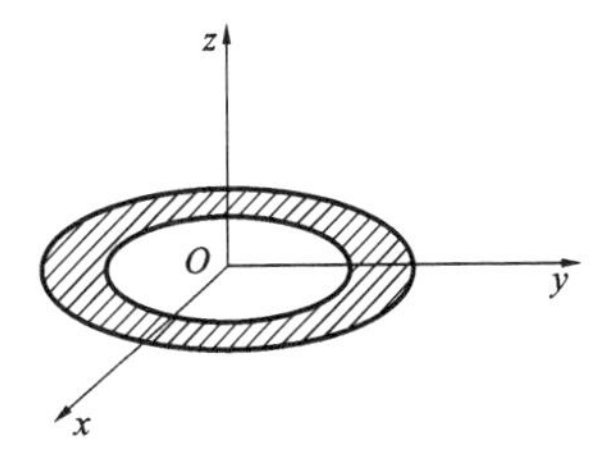

图 7.2.9

$$J_O=\iint_D (x^2+y^2)\rho\mathrm{d}x\mathrm{d}y=\rho\int_0^{2\pi}\mathrm{d}\theta\int_{R_1}^{R_2} r^3\mathrm{d}r$$
$$=\frac{\pi\rho}{2}(R_2^4-R_1^4)=\frac{m}{2}(R_2^2+R_1^2).$$

2. 平面薄板的重心

薄板的重心坐标为

$$\bar{x}=\frac{M_y}{M},\quad \bar{y}=\frac{M_x}{M}.$$

其中 M 是薄板的质量，而 M_x 和 M_y 分别为薄板对 Ox 轴和 Oy 轴的静力矩.

对于均匀薄板，它的重心坐标公式为

$$\bar{x}=\frac{\iint\limits_{D}x\mathrm{d}x\mathrm{d}y}{S},\quad \bar{y}=\frac{\iint\limits_{D}y\mathrm{d}x\mathrm{d}y}{S}$$

其中 S 是区域 D 的面积.

【例 7.2.12】 设平面薄板 D 介于圆 $r=2\sin\theta$ 之外，而在圆 $r=4\sin\theta$ 之内的区域，且 D 内点 (x,y) 处的密度 $\rho(x,y)=\dfrac{1}{y}$，试求平面薄板的重心坐标.

【解】 所给平面薄板 D 如图 7.2.10 所示，此时采用极坐标计算比较好，区域 D 在极坐标系下的表达式为 $D=\{(r,\theta)\mid 0\leqslant\theta\leqslant\pi,2\sin\theta\leqslant r\leqslant 4\sin\theta\}$，则其质量为

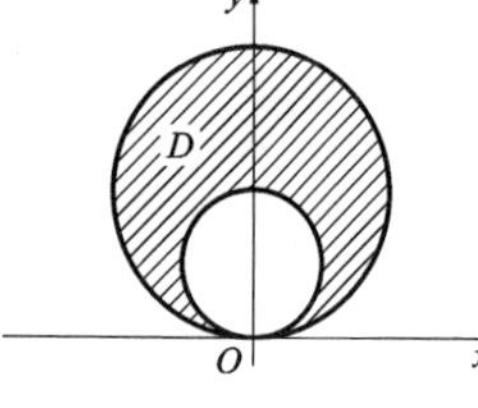

图 7.2.10

$$\begin{aligned}M&=\iint\limits_{D}\rho(x,y)\mathrm{d}x\mathrm{d}y=\iint\limits_{D}\frac{1}{y}\mathrm{d}x\mathrm{d}y\\&=\int_{0}^{\pi}\mathrm{d}\theta\int_{2\sin\theta}^{4\sin\theta}\frac{1}{r\sin\theta}r\mathrm{d}r\\&=\int_{0}^{\pi}2\mathrm{d}\theta=2\pi.\end{aligned}$$

薄板对 Ox 轴和 Oy 轴的静力矩分别为

$$M_x=\iint\limits_{D}y\rho(x,y)\mathrm{d}x\mathrm{d}y=\iint\limits_{D}\mathrm{d}x\mathrm{d}y=\int_{0}^{\pi}\mathrm{d}\theta\int_{2\sin\theta}^{4\sin\theta}r\mathrm{d}r=3\int_{0}^{\pi}(1-\cos2\theta)\mathrm{d}\theta=3\pi;$$

$$M_y=\iint\limits_{D}x\rho(x,y)\mathrm{d}x\mathrm{d}y=\iint\limits_{D}\frac{x}{y}\mathrm{d}x\mathrm{d}y=\int_{0}^{\pi}\mathrm{d}\theta\int_{2\sin\theta}^{4\sin\theta}r\cot\theta\mathrm{d}r=3\int_{0}^{\pi}\sin2\theta\mathrm{d}\theta=0.$$

故所求平面薄板的重心坐标为

$$\bar{x}=\frac{M_y}{M}=0,\quad \bar{y}=\frac{M_x}{M}=\frac{3}{2}.$$

【例 7.2.13】 求曲线 $y=x^2,y=2x^2,x=1,x=2$ 所围图形的重心坐标.

【解】 如图 7.2.11 所示，所围区域 D 可以表示为

$$D=\{(x,y)\mid 1\leqslant x\leqslant 2,x^2\leqslant y\leqslant 2x^2\},$$

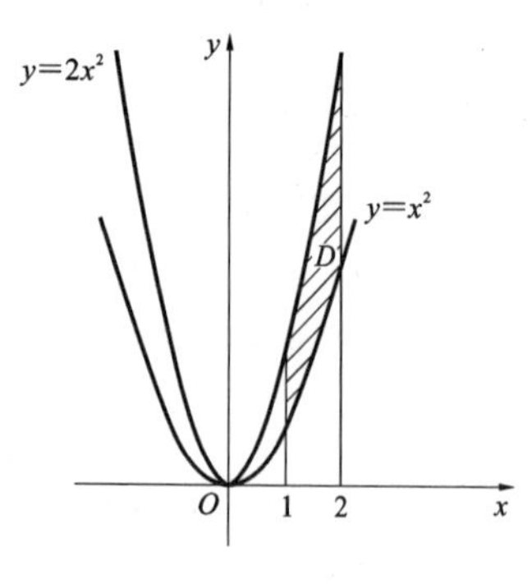

图 7.2.11

其面积为

$$S=\iint\limits_{D}\mathrm{d}x\mathrm{d}y=\int_{1}^{2}\mathrm{d}x\int_{x^2}^{2x^2}\mathrm{d}y=\int_{1}^{2}x^2\mathrm{d}x=\frac{7}{3},$$

于是，重心坐标为

$$\begin{aligned}\bar{x}&=\frac{1}{S}\iint\limits_{D}x\mathrm{d}x\mathrm{d}y=\frac{1}{S}\int_{1}^{2}x\mathrm{d}x\int_{x^2}^{2x^2}\mathrm{d}y\\&=\frac{1}{S}\int_{1}^{2}x^3\mathrm{d}x=\frac{45}{28},\end{aligned}$$

$$\begin{aligned}\bar{y}&=\frac{1}{S}\iint\limits_{D}y\mathrm{d}x\mathrm{d}y=\frac{1}{S}\int_{1}^{2}\mathrm{d}x\int_{x^2}^{2x^2}y\mathrm{d}y\\&=\frac{1}{S}\int_{1}^{2}\frac{3}{2}x^4\mathrm{d}x=\frac{279}{70}.\end{aligned}$$

练习题

1. 一个半球(直径 20 m)形状的容器内盛满水,试计算把水抽尽所做的功.

2. 长 10 m 的铁索下垂于矿井中,已知铁索每米重 8 kg,问将此铁索由矿井全部提出地面,需做功多少?

3. 一等腰三角形薄板,底为 8 cm,高为 6 cm,铅直地沉入水中,底边与水面平行,顶在上,底在下,顶高出水面 3 cm,试求它的侧面所受的压力.

4. 直径为 6 m 的一个球体浸入水中,其球心在水平面下 10 m,求球面上所受的压力.

5. 求底为 a,高为 h 的三角形对它底边的静力矩.

6. 求椭圆 $\frac{x^2}{a^2}+\frac{y^2}{b^2}=1$ 在第一象限部分的重心坐标.

7. 求星形线 $x=a\cos^2 t, y=a\sin^2 t$ 位于第Ⅰ象限的弧段对坐标轴的转动惯量.

8. 求边长分别为 a 和 b 的矩形对它对称轴的转动惯量.

9. 求直线 $\frac{x}{a}+\frac{y}{b}=1, x=0, y=0$ 所围图形对原点的转动惯量.

10. 求抛物线 $y=x^2, y^2=x$ 所围图形的重心坐标.

7.3　积分在经济学中的应用

7.3.1　由边际函数求总函数

由于总函数(如总成本、总收益、总利润等)的导数就是边际函数(如边际成本、边际收益、边际利润),当已知初始条件时,既可用不定积分求总函数,也可用定积分求出总函数.

例如:已知边际成本 $C'(q)$、固定成本 C_0、边际收益 $R'(q)$,则

总成本函数为

$$C(q)=\int_0^q C'(q)\mathrm{d}q+C_0$$

总收益函数为

$$R(q)=\int_0^q R'(q)\mathrm{d}q$$

总利润函数为

$$L(q)=\int_0^q [R'(q)-C'(q)]\mathrm{d}q-C_0.$$

【例 7.3.1】 已知某种产品的边际成本为 $C'(q)=0.3q^2-q+2$(元/个).

(1)若固定成本 $C_0=7.5$(元),求总成本函数;

(2)求产量从 10 到 15 个时总成本的增加量.

【解】 (1)$C(q)=C_0+\int_0^q(0.3q^2-q+2)\mathrm{d}q$

$$=7.5+(0.1q^3-0.5q^2+2q)\Big|_0^q$$

$$=0.1q^3-0.5q^2+2q+7.5\text{(元)};$$

$$(2)\Delta C=\int_{10}^{15}(0.3q^2-q+2)\mathrm{d}q$$

$$=(0.1q^3-0.5q^2+2q)\Big|_{10}^{15}=185(\text{元}).$$

❖ 7.3.2 由边际函数求总函数的极值

【例 7.3.2】 某产品的总成本 C(万元)的变化率 $C'(x)=1$,总收入 R(万元)的变化率为产量 x(百台)的函数 $R'(x)=5-x$(假设产量为 0 时,成本和收入都为 0).

(1)求产量等于多大时,总利润 L 最大?

(2)从最大利润的产量再生产 100 台,总利润减少多少?

【解】 (1)总成本

$$C(x)=\int_0^x C'(x)\mathrm{d}x=\int_0^x 1\mathrm{d}x=x,$$

总收入

$$R(x)=\int_0^x R'(x)\mathrm{d}x=\int_0^x(5-x)\mathrm{d}x=-\frac{1}{2}x^2+5x,$$

总利润

$$L(x)=R(x)-C(x)=-\frac{1}{2}x^2+4x,$$

令 $L'(x)=-x+4=0$,得

$$x=4(\text{百台})。$$

即产量等于 4(百台)时,总利润 L 最大.

(2)$\Delta L=L(5)-L(4)=7.5-8=-0.5$(万元),总利润减少 0.5(万元).

【例 7.3.3】 某厂购置一台机器,该机器在时刻 t 生产出的产品,其追加盈利(追加收益减去追加生产成本)为 $E(t)=225-\frac{1}{4}t^2$(万元/年),在时刻 t 机器的追加维修成本为 $F(t)=2t^2$(万元/年),在不计购置成本的情况下,假设在任何时刻拆除这台机器,它都没有残留价值,使用这台机器可获得的最大利润是多少?

【解】 由题意知 $E(t)-F(t)$ 就是在时刻 t 的追加净利润,或者说是利润对时间 t 的变化率. 由图 7.3.1 知,所获得的最大利润就是阴影部分的面积. 使用这台机器,在时刻 t 的追加净利润(即边际利润)为

$$L'(t)=E(t)-F(t)=225-\frac{9}{4}t^2.$$

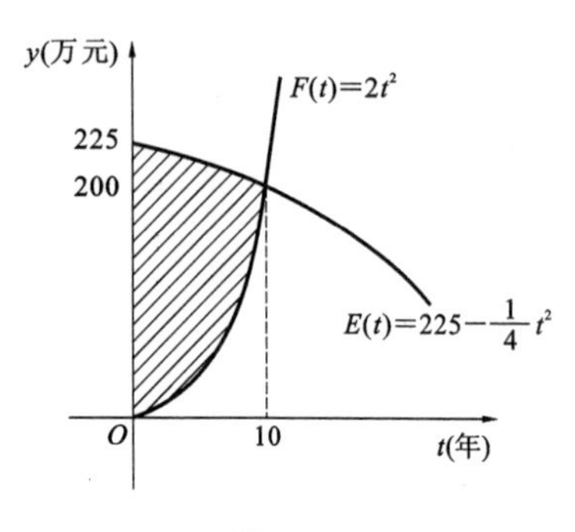

图 7.3.1

由极值存在的必要条件:

$$E(t)-F(t)=0,\text{即 }225-\frac{9}{4}t^2=0$$

解得

$$t=10.$$

又因为

$$L''(t)=-\frac{9}{2}t,\text{且 }L''(10)=-45<0,$$

所以到第 10 年末,使用这台机器可获得最大利润

$$L(t)=\int_0^{10}L'(t)\mathrm{d}t=\int_0^{10}[E(t)-F(t)]\mathrm{d}t=\int_0^{10}(225-\frac{9}{4}t^2)\mathrm{d}t=1500(万元).$$

7.3.3　连续复利资金流量的现值

若现有本金 P_0 元,以年利率 r 的连续复利计息,则 t 年后的本利和 $A(t)$ 为

$$A(t)=P_0\mathrm{e}^{rt}$$

反之,若某项投资资金 t 年后本利和 A 已知,则按连续复利计算,现在应有资金

$$P_0=A\mathrm{e}^{-rt}$$

称 P_0 为资本现值.

在时间区间[1,T]内,若资金流量 A 是时间 t 的函数,以年利率 r 连续复利计算,则 T 年末资金流量总和的现值为

$$P=\int_0^T A(t)\mathrm{e}^{-rt}\mathrm{d}t$$

特别地,当资金流量为常数 A 时

$$P=\int_0^T A\mathrm{e}^{-rt}\mathrm{d}t=\frac{A}{r}(r-\mathrm{e}^{-rt}).$$

【例7.3.4】 现对某企业给予一笔投资 A,经测算,该企业可以按每年 a 元的均匀收入率获得收入,若年利率为 r,试求:

(1)该投资的纯收入贴现值;

(2)收回该笔投资的时间.

【解】 (1)因收入率为 a,年利率为 r,故投资 T 年后总收入的现值为

$$P=\int_0^T a\mathrm{e}^{-rt}\mathrm{d}t=\frac{a}{r}(1-\mathrm{e}^{-rT}),$$

从而投资所得的纯收入的贴现值为

$$R=P-A=\frac{a}{r}(1-\mathrm{e}^{-rT})-A,$$

(2)收回投资,即总收入的现值等于投资,故有

$$\frac{a}{r}(r-\mathrm{e}^{-rT})=A.$$

由此解得收回投资的时间

$$T=\frac{1}{r}\ln\frac{a}{a-Ar}.$$

例如,若对某企业投资1000万元,年利率为5%,设有20年内的均匀收入率为 $a=200$ 万元,则总收入的现值为

$$P=\int_0^T a\mathrm{e}^{-rt}\mathrm{d}t=\frac{200}{0.05}(1-\mathrm{e}^{-0.05\times 20})=4000(1-\frac{1}{\mathrm{e}})\approx 2528.4(万元)$$

从而投资所得的纯收入为

$$R=P-A=2528.4-1000=1528.4(万元)$$

收回投资的时间为

$$T=\frac{1}{r}\ln\frac{a}{a-Ar}=\frac{1}{0.05}\ln\frac{200}{200-1000\times 0.05}=20\ln\frac{4}{3}\approx 5.75(年)$$

即该投资在20年中可获纯利润1528.4万元,投资回收期约为5.75年.

练习题

1. 已知某服装厂生产 q 件服装时，收入 R 的变化率是 q 的函数 $R'(q)=150-\frac{q}{25}$.

(1)求生产前 20 件服装时的收入；

(2)求产量从 30 件到 50 件时，收入的增加量.

2. 某商品生产 x 单位的固定成本为 200 元，多生产一个产品成本增加 5 元，如果该商品的边际收益 $R'(x)=10-0.02x$. 求：

(1)销售量为 x 单位的边际利润；

(2)利润最大时的产量.

3. 某产品的总成本 C(万元)的变化率 $C'(x)=2x$，总收入 R(万元)的变化率为产量 x(百台)的函数 $R'(x)=5-x$.

(1)求产量等于多大时，总利润 L 最大？

(2)从最大利润的产量再生产 100 台，总利润减少多少？

7.4 积分性质的应用

7.4.1 定积分在计算平均值上的应用

可利用定积分的性质 1.3.9，即积分第一中值定理，如果函数 $f(x)$ 在区间 $[a,b]$ 上连续，则在区间 $[a,b]$ 内至少存在一点 ξ 使得下式成立：

$$f(\xi)=\frac{1}{b-a}\int_a^b f(x)\mathrm{d}x.$$

【例 7.4.1】 求从 0 至 t 秒这段时间内物体自由落体运动的平均速度.

【解】 因为物体自由落体运动的速度为 $v=gt$，所以

$$\bar{v}=\frac{1}{t-0}\int_0^t gu\,\mathrm{d}u=\frac{1}{2}gt.$$

【例 7.4.2】 求纯电阻电路中正弦交流电 $i(t)=I_m\sin\omega t$ 在一个周期上功率的平均值(简称平均功率).

【解】 设电阻为 R，那么电路中的电压为 $u=iR=I_mR\sin\omega t$，功率为 $P=ui=I_m^2R\sin^2\omega t$，从而功率在长度为一个周期的区间 $[0,2\pi/\omega]$ 上的平均值为：

$$\bar{P}=\frac{1}{\frac{2\pi}{\omega}}\int_0^{\frac{2\pi}{\omega}} I_m^2R\sin^2\omega t\,\mathrm{d}t=\frac{I_m^2R\omega}{4\pi}\int_0^{\frac{2\pi}{\omega}}(1-\cos2\omega t)\mathrm{d}t$$

$$=\frac{I_m^2R\omega}{4\pi}\left(t-\frac{1}{2\omega}\sin2\omega t\right)\Big|_0^{\frac{2\pi}{\omega}}=\frac{I_m^2R}{2}=\frac{I_mU_m}{2}.$$

上式结果说明：纯电阻电路中正弦交流电的平均功率等于电流、电压的峰值乘积的一半.

【例 7.4.3】 一家快餐连锁店在广告后第 t 天销售的快餐数量 $S(t)=20-10e^{-0.1t}$，求该快餐连锁店在广告后第一周内的日平均销售量.

【解】 该快餐连锁店在广告后第一周内的日平均销售量

$$\bar{S}=\frac{1}{7}\int_0^7(20-10e^{-0.1t})\mathrm{d}t=\frac{1}{7}(20t+100e^{-0.1t})\Big|_0^7\approx12.8.$$

◈ 7.4.2　定积分在不等式证明上的应用

根据定积分推论1.3.2,如果在区间$[a,b]$上,恒有$f(x)\leqslant g(x)$,则

$$\int_a^b f(x)\mathrm{d}x \leqslant \int_a^b g(x)\mathrm{d}x.$$

【例7.4.4】　求证:当$x>0$时,$\mathrm{e}^x>x$.

【证明】　因为当$x>0$时,有

$$\mathrm{e}^x=\int_0^x \mathrm{e}^t\mathrm{d}t,\quad x=\int_0^x \mathrm{d}t$$

对于积分变量t,有

$$0<t<x$$

故

$$\mathrm{e}^t>1$$

由定积分推论1.3.2可得

$$\int_0^x \mathrm{e}^t\mathrm{d}t>\int_0^x \mathrm{d}t$$

即当$x>0$时

$$\mathrm{e}^x>x.$$

【例7.4.5】　求证:当$x>0$时,$\dfrac{x}{1+x}<\ln(1+x)<x$.

【证明】　因为当$x>0$时,有

$$\frac{x}{1+x}=1-\frac{1}{1+x}=\int_0^x \frac{1}{(1+t)^2}\mathrm{d}t,\quad \ln(1+x)=\int_0^x \frac{1}{1+t}\mathrm{d}t,\quad x=\int_0^x \mathrm{d}t$$

对于积分变量t,有

$$0<t<x$$

故

$$\frac{1}{(1+t)^2}<\frac{1}{1+t}<1$$

由定积分推论1.3.2可得

$$\int_0^x \frac{1}{(1+t)^2}\mathrm{d}t<\int_0^x \frac{1}{1+t}\mathrm{d}t<\int_0^x \mathrm{d}t$$

即当$x>0$时,$\dfrac{x}{1+x}<\ln(1+x)<x$.

练习题

1. 已知220V交流电的电压$U(t)=U_{\mathrm{m}}\sin\omega t$,其中电压幅值$U_{\mathrm{m}}=220\sqrt{2}\mathrm{V}$,角频率$\omega=100\pi$.若电阻为$R$(单位:Ω),求电流通过$R$的平均功率.

2. 串联电路的端电压开始是120V,每秒钟均匀下降0.01V;同时,在电路中以每秒0.1Ω的常速率产生电阻;此外,电路中尚有一不变电阻等于12Ω.问在3分钟内有多少库仑电量流过电路?

3. 有一长为a的细棒,它在各点处的线密度与相距某点的距离平方成正比,求此细棒的平均密度.

4. 试用定积分的性质证明:当$x>1$时,$2\sqrt{x}>3-\dfrac{1}{x}$.

模块 8　数学建模

模型是客观事物的一种模拟或抽象，具有所研究系统的基本特征或要素. 日常生活中经常会遇到或用到模型，如飞机模型、坦克模型、楼群模型、机械模型等各种实物模型；也有用文字、符号、图表、公式等描述客观事物的某些特征和内在联系的模型，如数据库的关系模型、网络的六层次模型以及我们这里要介绍的数学模型等抽象模型.

数学模型(Mathematical Modeling)方法简称为 MM 方法，是处理科学理论问题的一种经典方法，是针对所考察的问题构造出相应的数学模型，通过对数学模型的研究，使问题得以解决的一种数学方法.

◈ 8.1　数学建模简介

◈ 8.1.1　数学模型的含义

从广义上讲，一切数学概念、数学理论体系、各种数学公式、各种方程式、各种函数关系，以及由公式系列构成的算法系统等都可以叫作数学模型. 从狭义上讲，数学模型是针对现实世界的某一特定对象，为了一个特定的目的，根据特有的内在规律，做出必要的简化和假设，运用适当的数学工具，采用形式化语言，概括或近似地表述出来的一种数学结构. 它或者能解释特定对象的现实性态，或者能预测对象的未来状态，或者能提供处理对象的最优决策或控制.

数学模型一般是实际事物的一种数学简化. 它常常是以某种意义上接近实际事物的抽象形式存在的，但它和真实的事物有着本质的区别. 要描述一个实际现象可以有很多种方式，比如录音、录像、比喻、传言等等. 为了使描述更具科学性、逻辑性、客观性和可重复性，人们采用一种普遍认为比较严格的语言来描述各种现象，这种语言就是数学. 使用数学语言描述的事物就称为数学模型. 有时候我们往往用抽象出来了的数学模型代替实际物体而进行相应的试验，试验本身也是实际操作的一种理论替代.

◈ 8.1.2　数学建模的作用

我们培养人才的目的主要是为了服务于社会，促进社会进步. 而社会实际中的问题是复杂多变的，量与量之间的关系并不明显，并不是套用某个数学公式或只用某个学科、某个领域的知识就可以圆满解决的，这就要求我们培养的人才应有较高的数学素质. 即能够从众多的事物和现象中找出共同的本质的东西，善于抓住问题的主要矛盾，从大量数据和定量分析中寻找并发现规律，用数学的理论和数学的思维方法以及相关知识去解决问题，从而为社会服务. 基于此，我们认为定量分析和数学建模等数学素质是知识经济时代人才素质的一个重要方面，是培养创新能力的一个重要方法和途径. 因此，数学建模将会在人才培养的过程中有着重要的地位和作用.

数学是研究现实世界数量关系和空间形式的科学，在实际中的重要地位和作用已经普遍地被人们所认识,各行各业和各科学领域都在运用数学.数学建模是围绕培养创新人才这个主题内容进行的,其内容取材于实际、方法结合于实际、结果应用于实际.

数学建模就是用数学语言描述实际现象的过程.这里的实际现象既包含具体的自然现象比如自由落体现象,也包含抽象的现象比如顾客对某种商品所取的价值倾向.这里的描述不但包括外在形态和内在机制的描述,也包括预测、试验和解释实际现象等内容.

应用数学去解决各类实际问题时,建立数学模型是十分关键的一步,同时也是十分困难的一步.建立数学模型的过程,是把错综复杂的实际问题简化、抽象为合理的数学结构的过程.要通过调查、收集数据资料,观察和研究实际对象的固有特征和内在规律,抓住问题的主要矛盾,建立起反映实际问题的数量关系,然后利用数学的理论和方法去分析和解决问题.这就需要深厚扎实的数学基础、敏锐的洞察力和想象力,以及对实际问题的浓厚兴趣和广博的知识面.

数学建模是联系数学与实际问题的桥梁,是数学在各个领域广泛应用的媒介,是数学科学技术转化的主要途径.数学建模在科学技术发展中的作用越来越受到数学界和工程界的普遍重视,它已成为现代科技工作者必备的重要能力之一.为了适应科学技术发展的需要和培养高质量、高层次科技人才,数学建模已经在大学教育中逐步开展,国内外越来越多的大学正在进行数学建模课程的教学和参加开放性的数学建模竞赛,将数学建模教学和竞赛作为高等院校的教学改革和培养高层次的科技人才的一个重要方面,现在许多院校正在将数学建模与教学改革相结合,努力探索更有效的数学建模教学法和培养面向 21 世纪的人才的新思路.与我国高校的其他数学类课程相比,数学建模具有难度大、涉及面广、形式灵活、对教师和学生要求高等特点.

数学建模的教学本身是一个不断探索、不断创新、不断完善和提高的过程.为了改变过去以教师为中心、以课堂讲授为主、以知识传授为主的传统教学模式,数学建模课程的指导思想是:以实验室为基础、以学生为中心、以问题为主线、以培养能力为目标来组织教学工作.通过教学使学生了解利用数学理论和方法去分析和解决问题的全过程,提高他们分析问题和解决问题的能力;提高他们学习数学的兴趣和应用数学的意识与能力,使他们在以后的工作中能经常想到用数学去解决问题;提高他们尽量利用计算机软件及当代高新科技成果的意识,能将数学、计算机有机地结合起来去解决实际问题.数学建模以学生为主,教师利用一些事先设计好的问题启发、引导学生主动查阅文献资料和学习新知识,鼓励学生积极开展讨论和辩论,培养学生主动探索,努力进取的学风;培养学生从事科研工作的初步能力;培养学生团结协作的精神,形成一个生动活泼的学习环境和气氛.教学过程的重点是创造一个环境,培养他们的自学能力,增强他们的数学素质和创新能力.提高他们的数学素质,强调的是获取新知识的能力,是解决问题的过程,而不是知识本身及结果.

◈ 8.1.3 数学模型的建立过程及方法

数学建模面临的实际问题是多种多样的,建模的目的不同、分析的方法不同、采用的数学工具不同,所得模型及类型也不同.虽然没有一个适用于一切实际问题的建模准则,但一般说来建立数学模型的方法大体上可分为以下两大类.

(1)机制分析方法——在对研究对象的内部机制有一定了解时使用.根据对研究对象特性的认识,分析影响系统性能的各因素间的关系,找出反映内部机制的规律.该方法建立的模型通常具有明确的物理或现实意义.

(2)测试分析方法——在对研究对象内部机制知道得很少或者一无所知时使用.该方法将研究对象视为一个“黑箱”系统(在系统分析中,若对系统内部一无所知,称其为“黑箱”;全部知道,称为“白箱”;介于两者之间,则称为“灰箱”),通过测量系统的多个输入输出数据,并以获得的数据为基础,利用信号/统计分析方法,按照确定好的统计准则,在对应的一类模型中选出一个与数据拟合得最好的模型.这种方法通常又称为系统辨识(System Identification).

一般说来,建立数学模型要经过哪些步骤并没有一定的模式,通常与实际问题的性质和建模的目的有关.好的模型应能反映原型的重要特征,特别是人们关注的那部分特征.例如在医学相关的建模中,人们总是希望能够把目前已了解的医学相关知识及机制与建模的过程相结合,得到更准确的数学模型,因此,机制分析方法更为常用.下面给出了机制分析方法建模的主要步骤.

1.问题表述

首先要了解问题的实际背景,明确建模目的.这一步是建模基础,需要梳理研究对象的特征及影响因素,提出需要解决的问题及其数学表述.在这一步中,最重要的是要根据问题设计试验规程,确定需要测量或收集的变量,进行试验并收集数据.

2.模型构建

根据对象的特征和建模目的,对实际问题进行必要的、合理的简化,并在合理假设的基础上,建立模型的结构及参数.这是建模至关重要的一步,适当的假设及简化是其关键,如果考虑影响问题的所有因素,可能会使模型过于复杂且很难求解.为了简化处理过程,在这一步应尽量使问题简单化、线性化,并在保证反映问题本质的基础上,尽量采取简单的数学工具.这一步主要包括两个方面:对数据的预处理,如观察、整理、格式化数据等,为建模做准备;用适当的公式表达模型,即建立模型.

3.模型求解

模型建立后,还需要确定参数对模型求解.简单的模型可以通过解方程、定理证明、逻辑运算等数学方法得到解的直接表达式.但很多模型可能很难直接得出解的表达式,需要通过进一步的近似、简化,才能得到问题的直接求解;或者必须借助计算机的计算能力和数值计算方法,逐步迭代求出模型的解或分布.合理利用常用的处理软件如 Matlab、Mathematics、Lingo、SAS 等提供的算法和函数,可以解决模型求解中的大部分问题.

4.模型分析及检验

对模型的输出进行数学上的分析及检验,将模型输出结果与实测数据或实际情况进行对比分析、误差分析、数据稳定性分析等,检测所得结果的实际意义,验证建立的数学模型的准确性.如果结果不够理想,应该修改、补充假设,或者调整模型结构及参数,重新回到第二步建模.因此在这一步中,还需要根据试验数据及模型输出结果,通过线性回归等手段,对模型及参数的有效性进行检测评价,包括其准确性、精密度、稳健性(Robustness)等,以及模型对各参数的灵敏度分析,以确定所建模型的适用范围.

5.模型应用

建立模型的目的是应用,好的模型需要在实际中应用,并在应用中不断改进和完善.建立模型后,模型的很多应用可通过模拟(Simulation)试验来实现,即在确定模型及参数后,向模型送入不同的输入，得到输出以反映“如果输入变化时将会发生什么?”用于预测对象的未来发展及变化，并为研究对象的优化决策和控制提供指导.

需要指出的是，并不是所有建模过程都要经过上述步骤，实际应用中各步骤间的界限也并非如此分明，其中问题的表述、模型的构建、检验及评估是最主要也是最重要的步骤.

8.2　数学建模举例

8.2.1　双层玻璃的功效问题

北方城市有些建筑物的窗户上装有两层玻璃，且两层玻璃间往往都留有一定的空隙，如图8.2.1所示. 它的作用是保暖，即减少室内外的热量交换. 试建立一个表达式分析如何安排玻璃间的空隙，以避免室内外的热量交换.

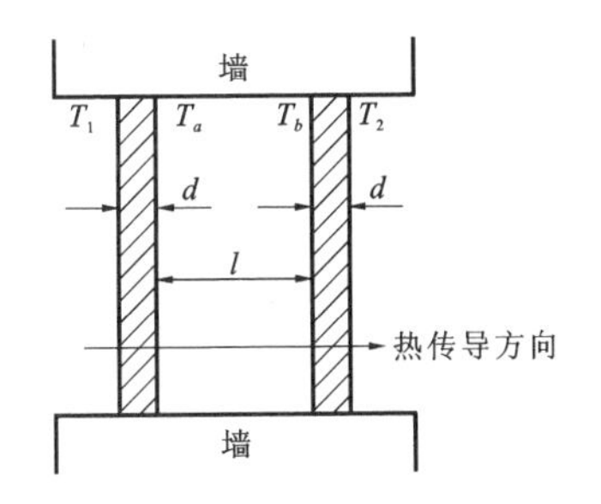

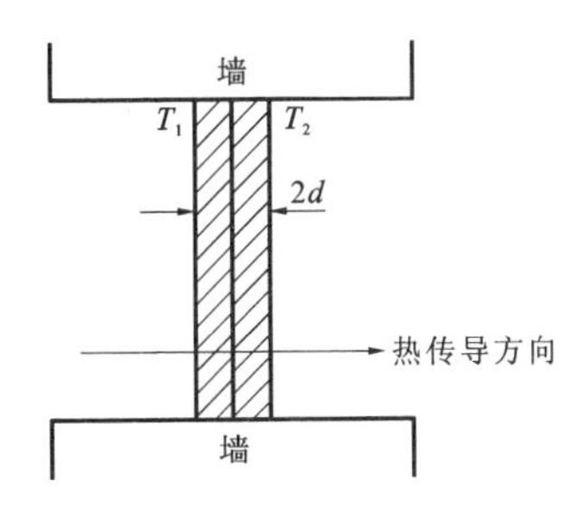

图 8.2.1

【解】 假设:

(1)热传导过程一直在进行，只是当室内温度与室外温度保持相同时，热传导处于稳定状态.

(2)由于密封，两层玻璃间的空气不流动，从而可以假设当热量流失达到稳定状态时，只有热传导，没有对流.

(3)玻璃材质均匀，从而热传导系数为常数.

假设热传导过程时时存在，从而它应遵从物理定律:厚度为 d 的均匀介质，两侧温度差为 ΔT，则单位时间内由温度高的一侧向温度低的一侧通过单位面积的热量 Q 与 T 成正比，与 d 成反比，即 $Q=k\dfrac{\Delta T}{d}$，其中 k 为热传导系数. 用 T_a 表示内层玻璃外侧温度，用 T_b 表示外层玻璃内侧温度，玻璃的热传导系数为 k_1，空气的热传导系数为 k_2，由上述物理定律可知，单位时间单位面积的热量传导为

$$Q=k_1\frac{T_1-T_a}{d}=k_2\frac{T_a-T_b}{l}=k_1\frac{T_b-T_2}{d}$$

消去 T_a 与 T_b 得

$$Q=\frac{k_1(T_1-T_2)}{d(s+2)}$$

其中 $s=h\dfrac{k_1}{k_2}$，$h=\dfrac{l}{d}$.

注意到厚度为 $2d$ 的单层玻璃窗，其热传导为

$$Q_0 = \frac{k_1(T_1 - T_2)}{2d}$$

从而可知

$$\frac{Q}{Q_0} = \frac{2}{s+2}$$

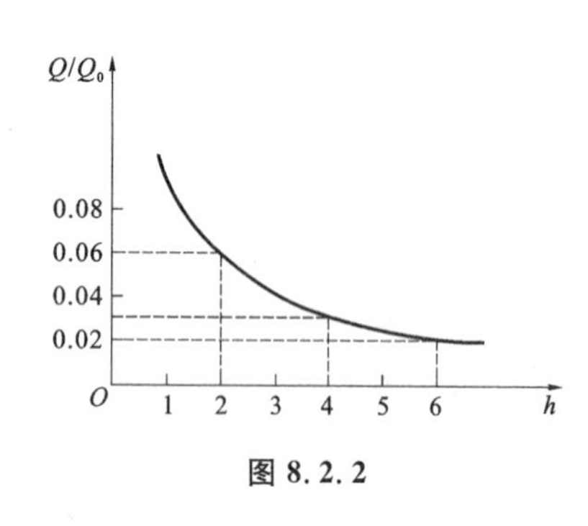

图 8.2.2

易见，$\frac{Q}{Q_0}<1$，说明单层玻璃单位时间单位面积的热量流失，要多于将单层玻璃分成双层安装后单位时间单位面积的热量流失.

通常 k_1 与 k_2 为常数，从而可知比值$\frac{Q}{Q_0}<1$ 只与 h 有关(图 8.2.2)，这一值反应了双层玻璃在减少热量损失上的功效，即双层玻璃在减少热量损失上的功效只与玻璃的厚度和两层玻璃间距离有关.

8.2.2 椅子问题

把椅子往不平的地面上一放，通常只有三只脚着地，放不稳，然而只要稍挪动几次，就可以四脚着地，放稳了.下面用数学语言证明.

1. 模型假设

对椅子和地面都要作一些必要的假设：

(1)椅子四条腿一样长，椅子脚与地面接触可视为一个点，四脚的连线呈正方形.

(2)地面高度是连续变化的，沿任何方向都不会出现间断(没有像台阶那样的情况)，即地面可视为数学上的连续曲面.

(3)对于椅子脚的间距和椅脚的长度而言，地面是相对平坦的，使椅子在任何位置至少有三只脚同时着地.

2. 模型建立

中心问题是数学语言表示四只脚同时着地的条件、结论.

首先，用变量表示椅子的位置，由于椅子脚的连线呈正方形，以中心为对称点，正方形绕中心的旋转正好代表了椅子的位置的改变，于是可以用旋转角度 θ 这一变量来表示椅子的位置.

其次，要把椅子脚着地用数学符号表示出来，如果用某个变量表示椅子脚与地面的竖直距离，当这个距离为 0 时，表示椅子脚着地了.椅子要挪动位置说明这个距离是位置变量的函数.

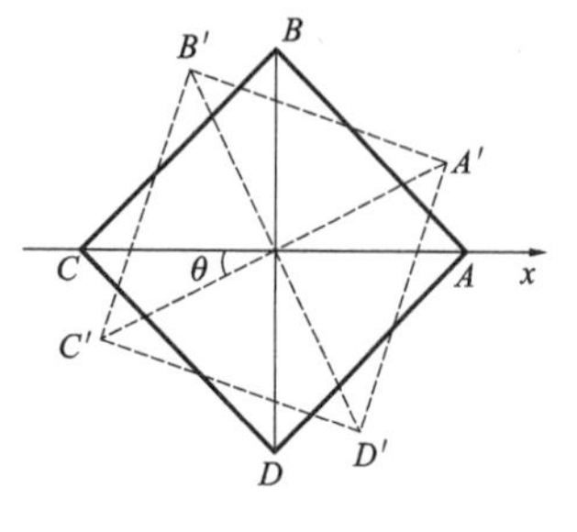

图 8.2.3

由于正方形的中心对称性，只要设两个距离函数就行了，记 A、C 两脚与地面距离之和为 $f(\theta)$，B、D 两脚与地面距离之和为 $g(\theta)$，显然 $f(\theta)\geqslant 0$、$g(\theta)\geqslant 0$，由假设(2)知 f、g 都是连续函数，再由假设(3)知 $f(\theta)$、$g(\theta)$ 至少有一个为 0.当 $\theta=0$ 时，不妨设 $g(\theta)=0$，$f(\theta)>0$，这样改变椅子的位置使四只脚同时着地.

3. 模型求解

将椅子旋转 90°(图 8.2.3)，对角线 AC 和 BD 互换，由 $g(0)=0$，$f(0)>0$ 可知 $g(\pi/2)>0$，$f(\pi/2)=0$.令 $h(\theta)=g(\theta)-$

$f(\theta)$，则 $h(0)>0$，$h(\pi/2)<0$，由 f、g 的连续性知 h 也是连续函数，由零点存在定理，必存在 θ_0 $(0<\theta_0<\pi/2)$ 使 $h(\theta_0)=0$，$g(\theta_0)=f(\theta_0)$，由 $g(\theta_0)\cdot f(\theta_0)=0$，所以 $g(\theta_0)=f(\theta_0)=0$.

4. 评注

模型巧妙之处在于用变量 θ 表示椅子的位置，用 θ 的两个函数表示椅子四脚与地面的距离. 也可以思考四脚呈长方形的情形.

8.2.3 基因间"距离"的表示

在 ABO 血型的人群中，对各种群体的基因的频率进行了研究. 如果把四种等位基因 A_1，A_2，B，O 区别开，有研究报道了其相对频率，见表 8.2.1.

表 8.2.1 基因的相对频率

血型	爱斯基摩人 f_{1i}	班图人 f_{2i}	英国人 f_{3i}	朝鲜人 f_{4i}
A_1	0.2914	0.1034	0.2090	0.2208
A_2	0.0000	0.0866	0.0696	0.0000
B	0.0316	0.1200	0.0612	0.2069
O	0.6770	0.6900	0.6602	0.5723
合计	1.000	1.000	1.000	1.000

一个群体与另一群体的接近程度如何？换句话说，就是要求一个表示基因的"距离"的适宜的量度.

【解】 有人提出一种利用向量代数的方法表示上述问题. 首先，我们用单位向量来表示每一个群体. 为此，取每一种频率的平方根，记 $x_{ki}=\sqrt{f_{ki}}$. 由于对这四个群体的每一个有 $\sum_{i=1}^{4} f_{ki}=1$，所以我们得到 $\sum_{i=1}^{4} x_{ki}^2=1$. 这意味着下列四个向量都是单位向量. 记

$$\boldsymbol{a}_1=\begin{pmatrix}x_{11}\\x_{12}\\x_{13}\\x_{14}\end{pmatrix},\boldsymbol{a}_2=\begin{pmatrix}x_{21}\\x_{22}\\x_{23}\\x_{24}\end{pmatrix},\boldsymbol{a}_3=\begin{pmatrix}x_{31}\\x_{32}\\x_{33}\\x_{34}\end{pmatrix},\boldsymbol{a}_4=\begin{pmatrix}x_{41}\\x_{42}\\x_{43}\\x_{44}\end{pmatrix}.$$

在四维空间中，这些向量的顶端都位于一个半径为 1 的球面上.

现在用两个向量间的夹角来表示两个对应的群体间的"距离"似乎是合理的. 如果我们把 $\boldsymbol{a}_1$ 和 $\boldsymbol{a}_2$ 之间的夹角记为 θ，那么由于 $|\boldsymbol{a}_1|=|\boldsymbol{a}_2|=1$，再由内积公式，得 $\cos\theta=\boldsymbol{a}_1\cdot\boldsymbol{a}_2$，而

$$\boldsymbol{a}_1=\begin{pmatrix}0.5398\\0.0000\\0.1778\\0.8228\end{pmatrix},\boldsymbol{a}_2=\begin{pmatrix}0.3216\\0.2943\\0.3464\\0.8307\end{pmatrix}.$$

故

$$\cos\theta=\boldsymbol{a}_1\cdot\boldsymbol{a}_2=0.9187$$

得

$$\theta=23.2°.$$

按同样的方式,我们可以得到表 8.2.2.

表 8.2.2 基因间的“距离”

	爱斯基摩人	班图人	英国人	朝鲜人
爱斯基摩人	0°	23.2°	16.4°	16.8°
班图人	23.2°	0°	9.8°	20.4°
英国人	16.4°	9.8°	0°	19.6°
朝鲜人	16.8°	20.4°	19.6°	0°

由表 8.2.2 可见,最小的基因“距离”是班图人和英国人之间的“距离”,而爱斯基摩人和班图人之间的基因“距离”最大.

8.2.4 Euler 的四面体问题

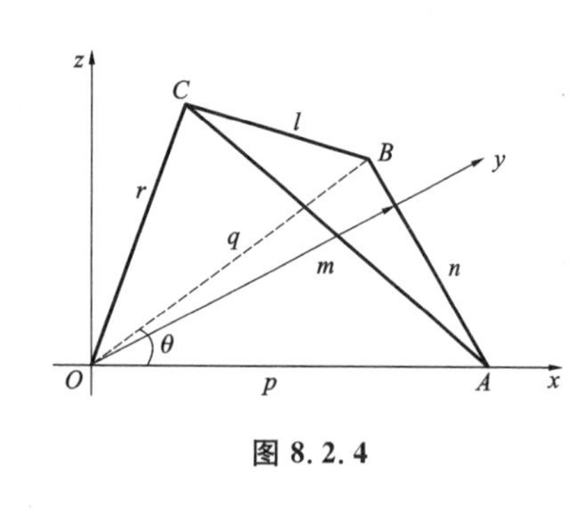

图 8.2.4

如何用四面体的六条棱长去表示它的体积,这个问题是由 Euler(欧拉)提出的.

【解】 建立如图 8.2.4 所示坐标系,设 A,B,C 三点的坐标分别为(a_1,b_1,c_1),(a_2,b_2,c_2)和(a_3,b_3,c_3),并设四面体 $O\text{-}ABC$ 的六条棱长分别为 l,m,n,p,q,r. 由立体几何知道,该四面体的体积 V 等于以向量$\overrightarrow{OA}$,$\overrightarrow{OB}$,$\overrightarrow{OC}$组成右手系时,以它们为棱的平行六面体的体积 V_6 的 $\frac{1}{6}$. 而

$$V_6=(\overrightarrow{OA}\times\overrightarrow{OB})\cdot\overrightarrow{OC}=\begin{vmatrix}a_1&b_1&c_1\\a_2&b_2&c_2\\a_3&b_3&c_3\end{vmatrix}.$$

于是得

$$6V=\begin{vmatrix}a_1&b_1&c_1\\a_2&b_2&c_2\\a_3&b_3&c_3\end{vmatrix}.$$

将上式平方,得

$$36V^2=\begin{vmatrix}a_1&b_1&c_1\\a_2&b_2&c_2\\a_3&b_3&c_3\end{vmatrix}\cdot\begin{vmatrix}a_1&b_1&c_1\\a_2&b_2&c_2\\a_3&b_3&c_3\end{vmatrix}$$

$$=\begin{vmatrix}a_1^2+b_1^2+c_1^2&a_1a_2+b_1b_2+c_1c_2&a_1a_3+b_1b_3+c_1c_3\\a_1a_2+b_1b_2+c_1c_2&a_2^2+b_2^2+c_2^2&a_2a_3+b_2b_3+c_2c_3\\a_1a_3+b_1b_3+c_2c_3&a_2a_3+b_2b_3+c_2c_3&a_3^2+b_3^2+c_3^2\end{vmatrix}.$$

根据向量的数量积的坐标表示,有

$$36V^2=\begin{vmatrix}\overrightarrow{OA}\cdot\overrightarrow{OA}&\overrightarrow{OA}\cdot\overrightarrow{OB}&\overrightarrow{OA}\cdot\overrightarrow{OC}\\\overrightarrow{OA}\cdot\overrightarrow{OB}&\overrightarrow{OB}\cdot\overrightarrow{OB}&\overrightarrow{OB}\cdot\overrightarrow{OC}\\\overrightarrow{OA}\cdot\overrightarrow{OC}&\overrightarrow{OB}\cdot\overrightarrow{OC}&\overrightarrow{OC}\cdot\overrightarrow{OC}\end{vmatrix},\tag{8.2.1}$$

由余弦定理,可得

$$\overrightarrow{OA}\cdot\overrightarrow{OB}=p\cdot q\cdot\cos\theta=\frac{p^2+q^2-n^2}{2}.$$

同理

$$\overrightarrow{OA}\cdot\overrightarrow{OC}=\frac{p^2+r^2-m^2}{2},\quad \overrightarrow{OB}\cdot\overrightarrow{OC}=\frac{q^2+r^2-l^2}{2}.$$

将以上各式代入式(8.2.1),得

$$36V^2=\begin{vmatrix} p^2 & \frac{p^2+q^2-n^2}{2} & \frac{p^2+r^2-m^2}{2} \\ \frac{p^2+q^2-n^2}{2} & q^2 & \frac{p^2+r^2-l^2}{2} \\ \frac{p^2+r^2-m^2}{2} & \frac{p^2+r^2-l^2}{2} & r^2 \end{vmatrix} \tag{8.2.2}$$

这就是 Euler 的四面体体积公式.

古埃及的金字塔形状为四面体,因而可通过测量其六条棱长去计算金字塔的体积.

8.2.5 按年龄段预测动物数量的问题

某农场饲养的某种动物所能达到的最大年龄为 15 岁,将其分成三个年龄组:第一组,0～5 岁;第二组,6～10 岁;第三组,11～15 岁.动物从第二年龄组起开始繁殖后代,经过长期统计,第二组和第三组的繁殖率分别为 4 和 3.第一年龄组和第二年龄组的动物能顺利进入下一个年龄组的存活率分别为$\frac{1}{2}$和$\frac{1}{4}$.假设农场现有三个年龄段的动物各 1000 头,问 15 年后农场三个年龄段的动物各有多少头?

1. 问题分析与建模

因年龄分组为 5 岁一段,故将时间周期也取为 5 年.15 年后就经过了 3 个时间周期.设 $x_i^{(k)}$ 表示第 k 个时间周期的第 i 组年龄阶段动物的数量($k=1,2,3;i=1,2,3$).

因为某一时间周期第二年龄组和第三年龄组动物的数量是由上一时间周期上一年龄组存活下来动物的数量,所以有

$$x_2^{(k)}=\frac{1}{2}x_1^{(k-1)},\quad x_3^{(k)}=\frac{1}{4}x_2^{(k-1)}\quad (k=1,2,3)$$

又因为某一时间周期,第一年龄组动物的数量是由于上一时间周期各年龄组出生的动物的数量,所以有

$$x_1^{(k)}=4x_2^{(k-1)}+3x_3^{(k-1)}\quad (k=1,2,3)$$

于是我们得到递推关系式:

$$\begin{cases} x_1^{(k)}=4x_2^{(k-1)}+3x_3^{(k-1)} \\ x_2^{(k)}=\frac{1}{2}x_1^{(k-1)} \\ x_3^{(k)}=\frac{1}{4}x_2^{(k-1)} \end{cases}$$

用矩阵表示

$$\begin{pmatrix} x_1^{(k)} \\ x_2^{(k)} \\ x_3^{(k)} \end{pmatrix} = \begin{pmatrix} 0 & 4 & 3 \\ \frac{1}{2} & 0 & 0 \\ 0 & \frac{1}{4} & 0 \end{pmatrix} \begin{pmatrix} x_1^{(k-1)} \\ x_2^{(k-1)} \\ x_3^{(k-1)} \end{pmatrix} \quad (k=1,2,3)$$

则

$$\boldsymbol{x}^{(k)} = \boldsymbol{L}\boldsymbol{x}^{(k-1)} \quad (k=1,2,3)$$

其中

$$\boldsymbol{x}^{(k)} = \begin{pmatrix} x_1^{(k)} \\ x_2^{(k)} \\ x_3^{(k)} \end{pmatrix} \quad (k=1,2,3), \quad \boldsymbol{L} = \begin{pmatrix} 0 & 4 & 3 \\ \frac{1}{2} & 0 & 0 \\ 0 & \frac{1}{4} & 0 \end{pmatrix}, \quad \boldsymbol{x}^{(0)} = \begin{pmatrix} 1000 \\ 1000 \\ 1000 \end{pmatrix}$$

则有

$$\boldsymbol{x}^{(1)} = \boldsymbol{L}\boldsymbol{x}^{(0)} = \begin{pmatrix} 0 & 4 & 3 \\ \frac{1}{2} & 0 & 0 \\ 0 & \frac{1}{4} & 0 \end{pmatrix} \begin{pmatrix} 1000 \\ 1000 \\ 1000 \end{pmatrix} = \begin{pmatrix} 7000 \\ 500 \\ 250 \end{pmatrix}$$

$$\boldsymbol{x}^{(2)} = \boldsymbol{L}\boldsymbol{x}^{(1)} = \begin{pmatrix} 0 & 4 & 3 \\ \frac{1}{2} & 0 & 0 \\ 0 & \frac{1}{4} & 0 \end{pmatrix} \begin{pmatrix} 7000 \\ 500 \\ 250 \end{pmatrix} = \begin{pmatrix} 2750 \\ 3500 \\ 125 \end{pmatrix}$$

$$\boldsymbol{x}^{(3)} = \boldsymbol{L}\boldsymbol{x}^{(2)} = \begin{pmatrix} 0 & 4 & 3 \\ \frac{1}{2} & 0 & 0 \\ 0 & \frac{1}{4} & 0 \end{pmatrix} \begin{pmatrix} 2750 \\ 3500 \\ 125 \end{pmatrix} = \begin{pmatrix} 14375 \\ 1375 \\ 875 \end{pmatrix}$$

2. 结果分析

15 年后，农场饲养的动物总数将达到 16625 头，其中 0～5 岁的有 14375 头，占 86.47%；6～10 岁的有 1375 头，占 8.27%；11～15 岁的有 875 头，占 5.26%. 15 年间，动物总增长 16625－3000＝13625 头，总增长率为 13625/3000＝454.16%.

注意：要知道很多年以后的情况，可通过研究式 $\boldsymbol{x}^{(k)}=\boldsymbol{L}\boldsymbol{x}^{k-1}=\boldsymbol{L}^k\boldsymbol{x}^{(0)}$ 中当 k 趋于无穷大时的极限状况得到.

关于年龄分布的人口预测模型，我们将人口按相同的年限（比如 5 年）分成若干年龄组，同时假设各年龄组的男、女人口分布相同，这样就可以通过只考虑女性人口来简化模型. 人口发展随时间变化，一个时间周期的幅度使之对应于基本年龄组间距（如 5 年），令 $x_i^{(k)}$ 是在时间周期 k 时第 i 个年龄组的（女性）人口，$i=1,2,\cdots,n$. 用 1 表示最低年龄组，用 n 表示最高年龄组，这意味着不考虑更大年龄组人口的变化.

假如排除死亡的情形,那么在一个周期内第 i 个年龄组的成员将全部转移到 $i+1$ 个年龄组.但是,实际上必须考虑到死亡率,因此这一转移过程可由存活系数衰减.于是,这一转移过程可由下述方程简单地描述:

$$x_{i+1}^{(k)}=b_i x_i^{(k-1)}\quad(i=1,2,\cdots,n-1)$$

其中 b_i 是第 i 个年龄组在一个周期的存活率,可由统计资料确定.

唯一不能由上述方程确定的年龄组是 $x_1^{(k)}$,其中的成员是在后面的周期内出生的,他们是后面的周期内成员的后代,因此这个年龄组的成员取决于后面的周期内各组的出生率及其人数.

于是有方程

$$x_1^{(k)}=a_1 x_1^{(k-1)}+a_2 x_2^{(k-1)}+\cdots+a_n x_n^{(k-1)}\tag{8.2.3}$$

这里 $a_i(i=1,2,\cdots,n)$ 是第 i 个年龄组的出生率,它是由每一时间周期内,第 i 个年龄组的每一个成员的女性后代的人数来表示的,通常可由统计资料来确定.

于是我们得到了按性别分组的人口模型,用矩阵表示是

$$\begin{pmatrix} x_1^{(k)} \\ x_2^{(k)} \\ x_3^{(k)} \\ \vdots \\ x_n^{(k)} \end{pmatrix}=\begin{pmatrix} a_1 & a_2 & a_3 & \cdots & a_{n-1} & a_n \\ b_1 & 0 & 0 & \cdots & 0 & 0 \\ 0 & b_2 & 0 & \cdots & 0 & 0 \\ \vdots & \vdots & \vdots & & \vdots & \vdots \\ 0 & 0 & 0 & \cdots & b_{n-1} & 0 \end{pmatrix}\begin{pmatrix} x_1^{(k-1)} \\ x_2^{(k-1)} \\ x_3^{(k-1)} \\ \vdots \\ x_n^{(k-1)} \end{pmatrix}$$

或者简写成

$$\boldsymbol{x}^{(k)}=\boldsymbol{L}\boldsymbol{x}^{(k-1)}.\tag{8.2.4}$$

矩阵

$$\boldsymbol{L}=\begin{pmatrix} a_1 & a_2 & a_3 & \cdots & a_{n-1} & a_n \\ b_1 & 0 & 0 & \cdots & 0 & 0 \\ 0 & b_2 & 0 & \cdots & 0 & 0 \\ \vdots & \vdots & \vdots & & \vdots & \vdots \\ 0 & 0 & 0 & \cdots & b_{n-1} & 0 \end{pmatrix}$$

称为 Leslie 矩阵.

由式(8.2.4)递推可得

$$\boldsymbol{x}^{(k)}=\boldsymbol{L}\boldsymbol{x}^{(k-1)}=\boldsymbol{L}^k\boldsymbol{x}^{(0)}$$

这就是 Leslie 模型.

◈ 8.2.6　小行星的轨道模型

天文学家要确定一颗小行星绕太阳运行的轨道,他在轨道平面内建立以太阳为原点的直角坐标系,在两坐标轴上取天文测量单位(一个天文单位为地球到太阳的平均距离:1.4959787×10^{11} m).在 5 个不同的时间对小行星作了 5 次观察,测得轨道上 5 个点的坐标数据见表 8.2.3.

表 8.2.3　坐标数据

X	x_1	x_2	x_3	x_4	x_5
坐标值	5.764	6.286	6.759	7.168	7.480
Y	y_1	y_2	y_3	y_4	y_5
坐标值	0.648	1.202	1.823	2.526	3.360

由 Kepler(开普勒)第一定律知,小行星轨道为一椭圆.现需要建立椭圆的方程以供研究.椭圆的一般方程可表示为

$$a_1x^2+2a_2xy+a_3y^2+2a_4x+2a_5y+1=0.$$

1.问题分析与建立模型

天文学家确定小行星运动的轨道时,依据是轨道上五个点的坐标数据:

$$(x_1,y_1),(x_2,y_2),(x_3,y_3),(x_4,y_4),(x_5,y_5).$$

由 Kepler 第一定律知,小行星轨道为一椭圆.而椭圆属于二次曲线,二次曲线的一般方程为 $a_1x^2+2a_2xy+a_3y^2+2a_4x+2a_5y+1=0$.为了确定方程中的五个待定系数,将五个点的坐标分别代入上面的方程,得

$$\begin{cases}a_1x_1^2+2a_2x_1y_1+a_3y_1^2+2a_4x_1+2a_5y_1=-1\\a_1x_2^2+2a_2x_2y_2+a_3y_2^2+2a_4x_2+2a_5y_2=-1\\a_1x_3^2+2a_2x_3y_3+a_3y_3^2+2a_4x_3+2a_5y_3=-1\\a_1x_4^2+2a_2x_4y_4+a_3y_4^2+2a_4x_4+2a_5y_4=-1\\a_1x_5^2+2a_2x_5y_5+a_3y_5^2+2a_4x_5+2a_5y_5=-1\end{cases}$$

这是一个包含五个未知数的线性方程组,写成矩阵

$$\begin{pmatrix}x_1^2&2x_1y_1&y_1^2&2x_1&2y_1\\x_2^2&2x_2y_2&y_2^2&2x_2&2y_2\\x_3^2&2x_3y_3&y_3^2&2x_3&2y_3\\x_4^2&2x_4y_4&y_4^2&2x_4&2y_4\\x_5^2&2x_5y_5&y_5^2&2x_5&2y_5\end{pmatrix}\begin{pmatrix}a_1\\a_2\\a_3\\a_4\\a_5\end{pmatrix}=\begin{pmatrix}-1\\-1\\-1\\-1\\-1\end{pmatrix}$$

求解这一线性方程组,所得的是一个二次曲线方程.为了知道小行星轨道的一些参数,还必须将二次曲线方程化为椭圆的标准方程形式:

$$\frac{X^2}{a^2}+\frac{Y^2}{b^2}=1$$

由于太阳的位置是小行星轨道的一个焦点,这时可以根据椭圆的长半轴 a 和短半轴 b 计算出小行星的近日点和远日点距离,以及椭圆周长 L.

根据二次曲线理论,可得椭圆经过旋转和平移两种变换后的方程如下:

$$\lambda_1X^2+\lambda_2Y^2+\frac{|\boldsymbol{D}|}{|\boldsymbol{C}|}=0.$$

所以,椭圆长半轴:$a=\left|\dfrac{|\boldsymbol{D}|}{\lambda_1|\boldsymbol{C}|}\right|$;椭圆短半轴:$b=\left|\dfrac{|\boldsymbol{D}|}{\lambda_2|\boldsymbol{C}|}\right|$;椭圆半焦距:$c=\sqrt{a^2-b^2}$.

2.计算求解

首先由五个点的坐标数据形成线性方程组的系数矩阵

$$A=\begin{pmatrix}33.2237 & 7.4701 & 0.4199 & 11.528 & 1.2960\\ 39.5138 & 15.1115 & 1.4448 & 12.5720 & 2.4040\\ 45.6841 & 24.6433 & 3.3233 & 13.5180 & 3.6460\\ 51.3802 & 36.2127 & 6.3807 & 14.3360 & 5.0520\\ 55.9504 & 50.2656 & 11.2896 & 14.9600 & 6.7200\end{pmatrix}$$

使用计算机可求得

$$(a_1,a_2,a_3,a_4,a_5)=(0.6143,-0.3440,0.6942,-1.6351,-0.2165)$$

从而

$$C=\begin{pmatrix}a_1 & a_2\\ a_2 & a_3\end{pmatrix}=\begin{pmatrix}0.6143 & -0.3440\\ -0.3440 & 0.6942\end{pmatrix}$$

$|C|=0.3081$，C 的特征值 $\lambda_1=0.3080$，$\lambda_2=1.0005$.

$$D=\begin{pmatrix}a_1 & a_2 & a_4\\ a_2 & a_3 & a_5\\ a_4 & a_5 & 1\end{pmatrix}=\begin{pmatrix}0.6143 & -0.3440 & -1.6351\\ -0.3440 & 0.6942 & -0.2165\\ -1.6351 & -0.2165 & 1\end{pmatrix}$$

$|D|=-1.8203$.

于是，椭圆长半轴 $a=19.1834$，短半轴 $b=5.9045$，半焦距 $c=18.2521$. 小行星近日点距离和远日点距离分别为 $h=a-c=0.9313$，$H=a+c=37.4355$.

最后，椭圆周长的准确计算要用到椭圆积分，可以考虑用数值积分解决问题，其近似值为84.7887.

◈ 8.2.7　人口迁移的动态分析

对城乡人口流动作年度调查，发现有一个稳定的朝向城镇流动的趋势：每年农村人口的2.5%移居城镇，而城镇人口的1%迁出. 现在总人口的60%位于城镇. 假如城乡总人口保持不变，并且人口流动的这种趋势继续下去，那么一年以后住在城镇人口所占比例是多少？两年以后呢？十年以后呢？最终呢？

【解】　设开始时，令农村人口为 y_0，城镇人口为 z_0，一年以后有

$$\text{农村人口}\quad \frac{975}{1000}y_0+\frac{1}{100}z_0=y_1$$

$$\text{城镇人口}\quad \frac{25}{1000}y_0+\frac{99}{100}z_0=z_1$$

或写成矩阵形式

$$\begin{pmatrix}y_1\\ z_1\end{pmatrix}=\begin{pmatrix}\frac{975}{1000} & \frac{1}{100}\\ \frac{25}{1000} & \frac{99}{100}\end{pmatrix}\begin{pmatrix}y_0\\ z_0\end{pmatrix}$$

两年以后，有

$$\begin{pmatrix}y_2\\ z_2\end{pmatrix}=\begin{pmatrix}\frac{975}{1000} & \frac{1}{100}\\ \frac{25}{1000} & \frac{99}{100}\end{pmatrix}\begin{pmatrix}y_1\\ z_1\end{pmatrix}=\begin{pmatrix}\frac{975}{1000} & \frac{1}{100}\\ \frac{25}{1000} & \frac{99}{100}\end{pmatrix}^2\begin{pmatrix}y_0\\ z_0\end{pmatrix}$$

十年以后,有

$$\begin{pmatrix} y_{10} \\ z_{10} \end{pmatrix} = \begin{pmatrix} \frac{975}{1000} & \frac{1}{100} \\ \frac{25}{1000} & \frac{99}{100} \end{pmatrix}^{10} \begin{pmatrix} y_0 \\ z_0 \end{pmatrix}$$

事实上,它给出了一个差分方程:$\boldsymbol{u}_{k+1} = \boldsymbol{A}\boldsymbol{u}_k$. 我们现在来解这个差分方程. 令

$$\boldsymbol{A} = \begin{pmatrix} \frac{975}{1000} & \frac{1}{100} \\ \frac{25}{1000} & \frac{99}{100} \end{pmatrix}$$

k 年之后的分布(将 $\boldsymbol{A}$ 对角化):

$$\begin{pmatrix} y_k \\ z_k \end{pmatrix} = \boldsymbol{A}^k \begin{pmatrix} y_0 \\ z_0 \end{pmatrix} = \begin{pmatrix} -1 & \frac{2}{5} \\ 1 & 1 \end{pmatrix} \begin{pmatrix} \left(\frac{193}{200}\right)^k & 0 \\ 0 & 1 \end{pmatrix} \begin{pmatrix} -\frac{5}{7} & \frac{2}{7} \\ \frac{5}{7} & \frac{5}{7} \end{pmatrix} \begin{pmatrix} y_0 \\ z_0 \end{pmatrix}$$

这就是我们所要的解,而且容易看出经过很长一个时期以后这个解会达到一个极限状态

$$\begin{pmatrix} y_\infty \\ z_\infty \end{pmatrix} = (y_0 + z_0) \begin{pmatrix} \frac{2}{7} \\ \frac{5}{7} \end{pmatrix}.$$

总人口仍是 $y_0 + z_0$,与开始时一样,但在此极限中$\frac{5}{7}$的人口在城镇,而$\frac{2}{7}$的人口在乡村. 无论初始分布是什么样,这一结论总是成立的. 值得注意这个稳定状态正是 $\boldsymbol{A}$ 的属于特征值 1 的特征向量.

8.2.8 常染色体遗传模型

为了揭示生命的奥秘,遗传学的研究已引起了人们的广泛兴趣. 动植物在产生下一代的过程中,总是将自己的特征遗传给下一代,从而完成一种"生命的延续".

在常染色体遗传中,后代从每个亲体的基因对中各继承一个基因,形成自己的基因对. 人类眼睛颜色即是通过常染色体控制的,其特征遗传由两个基因 A 和 a 控制. 基因对是 AA 和 Aa 的人,眼睛是棕色;基因对是 aa 的人,眼睛为蓝色. 由于 AA 和 Aa 都表示了同一外部特征,或认为基因 A 支配 a,也可认为基因 a 对于基因 A 来说是隐性的(或称 A 为显性基因,a 为隐性基因).

下面我们选取一个常染色体遗传——植物后代问题进行讨论.

某植物园中植物的基因型为 AA,Aa,aa. 人们计划用 AA 型植物与每种基因型植物相结合的方案培育植物后代. 经过若干年后,这种植物后代的三种基因型分布将出现什么情形?

假设 $a_n,b_n,c_n(n=0,1,2,\cdots)$分别代表第 n 代植物中,基因型为 AA,Aa 和 aa 的植物占植物总数的百分率,令 $\boldsymbol{x}^{(n)} = (a_n,b_n,c_n)'$为第 n 代植物的基因分布,$x^{(0)} = (a_0,b_0,c_0)'$表示植物基因型的初始分布,显然有

$$a_0 + b_0 + c_0 = 1. \tag{8.2.5}$$

先考虑第 n 代中的 AA 型，第 $n-1$ 代 AA 型与 AA 型相结合，后代全部是 AA 型；第 $n-1$ 代的 Aa 型与 AA 型相结合，后代是 AA 型的可能性为 $\frac{1}{2}$；$n-1$ 代的 aa 型与 AA 型相结合，后代不可能是 AA 型. 因此，有

$$a_n = 1 \cdot a_{n-1} + \frac{1}{2}b_{n-1} + 0 \cdot c_{n-1} \tag{8.2.6}$$

同理，有

$$b_n = \frac{1}{2}b_{n-1} + c_{n-1} \tag{8.2.7}$$

$$c_n = 0 \tag{8.2.8}$$

将式(8.2.6)、式(8.2.7)、式(8.2.8)相加，得

$$a_n + b_n + c_n = a_{n-1} + b_{n-1} + c_{n-1} \tag{8.2.9}$$

将式(8.2.9)递推，并利用式(8.2.5)，易得

$$a_n + b_n + c_n = 1.$$

我们利用矩阵表示式(8.2.6)、式(8.2.7)及式(8.2.8)，即

$$\boldsymbol{x}^{(n)} = \boldsymbol{M}\boldsymbol{x}^{(n-1)}, \quad n = 1,2,\cdots \tag{8.2.10}$$

其中

$$\boldsymbol{M} = \begin{pmatrix} 1 & \frac{1}{2} & 0 \\ 0 & \frac{1}{2} & 1 \\ 0 & 0 & 0 \end{pmatrix}$$

这样，式(8.2.10)递推得到

$$\boldsymbol{x}^{(n)} = \boldsymbol{M}\boldsymbol{x}^{(n-1)} = \boldsymbol{M}^2\boldsymbol{x}^{(n-2)} = \cdots = \boldsymbol{M}^n\boldsymbol{x}^{(0)}. \tag{8.2.11}$$

式(8.2.11)即为第 n 代基因分布与初始分布的关系.

对矩阵 $\boldsymbol{M}$ 做相似变换，我们可找到非奇异矩阵 $\boldsymbol{P}$ 和对角矩阵 $\boldsymbol{D}$，使

$$\boldsymbol{M} = \boldsymbol{P}\boldsymbol{D}\boldsymbol{P}^{-1},$$

其中

$$\boldsymbol{D} = \begin{pmatrix} 1 & 0 & 0 \\ 0 & \frac{1}{2} & 0 \\ 0 & 0 & 0 \end{pmatrix}, \quad \boldsymbol{P} = \boldsymbol{P}^{-1} = \begin{pmatrix} 1 & 1 & 1 \\ 0 & -1 & -2 \\ 0 & 0 & 1 \end{pmatrix}.$$

这样，经式(8.2.11)得到

$$\boldsymbol{x}^{(n)} = (\boldsymbol{P}\boldsymbol{D}\boldsymbol{P}^{-1})^n\boldsymbol{x}^{(0)} = \boldsymbol{P}\boldsymbol{D}^n\boldsymbol{P}^{-1}\boldsymbol{x}^{(0)}$$

$$= \begin{pmatrix} 1 & 1 & 1 \\ 0 & -1 & -2 \\ 0 & 0 & 1 \end{pmatrix} \begin{pmatrix} 1 & 0 & 0 \\ 0 & \left(\frac{1}{2}\right)^n & 0 \\ 0 & 0 & 0 \end{pmatrix} \begin{pmatrix} 1 & 1 & 1 \\ 0 & -1 & -2 \\ 0 & 0 & 1 \end{pmatrix} \begin{pmatrix} a_0 \\ b_0 \\ c_0 \end{pmatrix} = \begin{pmatrix} a_0 + b_0 + c_0 - \frac{1}{2^n}b_0 - \frac{1}{2^{n-1}}c_0 \\ \frac{1}{2^n}b_0 + \frac{1}{2^{n-1}}c_0 \\ 0 \end{pmatrix}.$$

最终有

$$\begin{cases} a_n = 1 - \dfrac{1}{2^n}b_0 - \dfrac{1}{2^{n-1}}c_0 \\ b_n = \dfrac{1}{2^n}b_0 + \dfrac{1}{2^{n-1}}c_0 \\ c_n = 0. \end{cases}$$

显然,当 $n \to +\infty$ 时,由上述三式,得到

$$a_n \to 1, b_n \to 0, c_n \to 0$$

即在足够长的时间后,培育出的植物基本上呈现 AA 型.

通过本问题的讨论,可以对许多植物(动物)遗传分布有一个具体的了解,同时这个结果也验证了生物学中的一个重要结论:显性基因多次遗传后占主导因素,这也是之所以称它为显性的原因.

8.2.9 衰变问题

镭、铀等放射性元素因不断放射出各种射线而逐渐减少其质量,这种现象称为放射性物质的衰变.根据试验得知,衰变速度与现存物质的质量成正比,求放射性元素在时刻 t 的质量.

用 x 表示该放射性物质在时刻 t 的质量,则 $\frac{\mathrm{d}x}{\mathrm{d}t}$ 表示 x 在时刻 t 的衰变速度,于是"衰变速度与现存的质量成正比"可表示为

$$\frac{\mathrm{d}x}{\mathrm{d}t} = -kx \tag{8.2.12}$$

这是一个以 x 为未知函数的一阶方程,它就是放射性元素衰变的数学模型,其中 $k>0$ 是比例常数,称为衰变常数,因元素的不同而异.方程右端的负号表示当时间 t 增加时,质量 x 减少.

解方程(8.2.12)得通解 $x=C\mathrm{e}^{-kt}$.若已知当 $t=t_0$ 时,$x=x_0$,代入通解 $x=C\mathrm{e}^{-kt}$ 中可得 $C=x_0\mathrm{e}^{kt_0}$,则可得到方程(8.2.12)的特解

$$x = x_0\mathrm{e}^{-k(t-t_0)}$$

它反映了某种放射性元素衰变的规律.

注意:物理学中,我们称放射性物质从最初的质量到衰变为该质量自身的一半所花费的时间为半衰期,不同物质的半衰期差别极大.如铀的普通同位素(^{238}U)的半衰期约为50亿年.半衰期是上述放射性物质的特征,且不依赖于该物质的初始量,如1克镭(^{226}Ra)衰变成半克所需要的时间与1吨镭(^{226}Ra)衰变成半吨所需要的时间同样都是1600年,正是这种事实,考古发现时常使用著名的^{14}C测验古迹的年代.

8.2.10 价格调整模型

某种商品的价格变化主要服从市场供求关系.一般情况下,商品供给量 S 是价格 P 的单调递增函数,商品需求量 Q 是价格 P 的单调递减函数,为简单起见,设该商品的供给函数与需求函数分别为

$$S(P) = a + bP, \quad Q(P) = \alpha - \beta P \tag{8.2.13}$$

其中 a、b、α、β 均为常数，且 $b>0$，$\beta>0$.

当供给量与需求量相等时，由式(8.2.13)可得供求平衡时的价格

$$P_e=\frac{\alpha-a}{\beta+b}.$$

称 P_e 为均衡价格.

一般地说，当某种商品供不应求，即 $S<Q$ 时，该商品价格要涨；当供大于求，即 $S>Q$ 时，该商品价格要落. 因此，假设 t 时刻的价格 $P(t)$ 的变化率与超额需求量 $Q-S$ 成正比，于是有方程

$$\frac{\mathrm{d}P}{\mathrm{d}t}=k[Q(P)-S(P)]$$

其中 $k>0$ 用来反映价格的调整速度.

将式(8.2.13)代入上述方程，可得

$$\frac{\mathrm{d}P}{\mathrm{d}t}=\lambda(P_e-P) \tag{8.2.14}$$

其中常数 $\lambda=(b+\beta)k>0$，方程(8.2.14)的通解为

$$P(t)=P_e+Ce^{-\lambda t}$$

假设初始价格 $P(0)=P_0$，代入上式，得 $C=P_0-P_e$，于是上述价格调整模型的解为

$$P(t)=P_e+(P_0-P_e)e^{-\lambda t}$$

由 $\lambda>0$ 知，$t\to+\infty$ 时，$P(t)\to P_e$. 说明随着时间不断推延，实际价格 $P(t)$ 将逐渐趋近均衡价格 P_e.

模块9 Mathematica 简介及其应用

众所周知，高等数学中许多重要方法，如求极限、求导数、求不定积分、求定积分、解常微分方程、向量运算、求偏导数、计算重积分、级数展开等，只靠笔算难以完成，为提高读者用高等数学解决实际问题的能力，本模块将对符号计算系统 Mathematica 及其在上述运算中的应用进行简单介绍.

※ 9.1 Mathematica 简介

随着计算机的逐步普及，人们对计算机的依赖程度越来越高. 数学软件包就是为方便广大工程技术人员、大专院校师生及科学技术人员用计算机处理数学问题而提供的软件工作平台. 数学软件包不仅能方便地进行数值计算，而且能方便地进行数学表达式的化简、因式分解、多项式的四则运算等数学推理工作，一般称后者为符号计算. 因此，数学软件包又称为符号计算系统.

Mathematica 系统是目前世界上应用最广泛的符号计算系统，它是由美国伊利诺伊大学复杂系统研究中心主任，物理学、数学和计算机科学教授 Stephen Wolfram 负责研制的. 该系统用 C 语言编写，博采众长，具有简单易学的交互式操作方式、强大的数值计算功能及符号计算功能、人工智能列表处理功能以及结构化程序设计功能.

它有 DOS 环境下及 Windows 环境下的不同版本. 这里主要介绍 Windows 环境下的 2.21 版本在高等数学中的应用.

※ 9.1.1 用 Mathematica 作算术运算

双击 Mathematica 的图标，启动 Mathematica 系统，计算机屏幕出现 Mathematica 的工作窗口（图 9.1.1），此时可以通过键盘输入要计算的表达式.

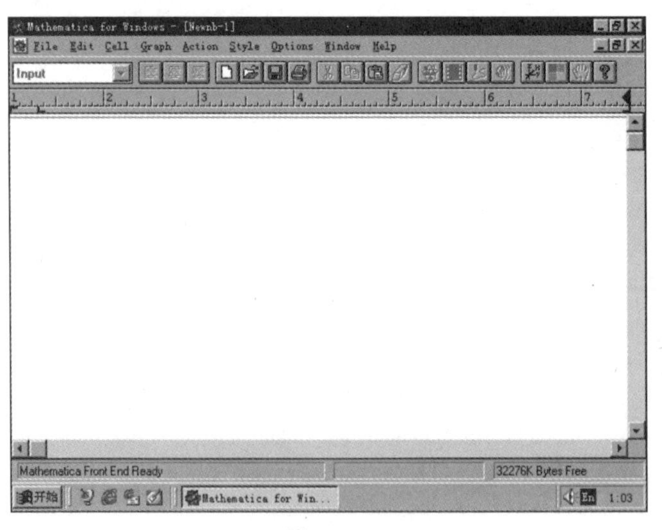

图 9.1.1

【例 9.1.1】 计算 100!

【解】 在主工作窗口用户区(图 9.1.2)中,输入“100!”后,单击运算按钮即可得到结果.

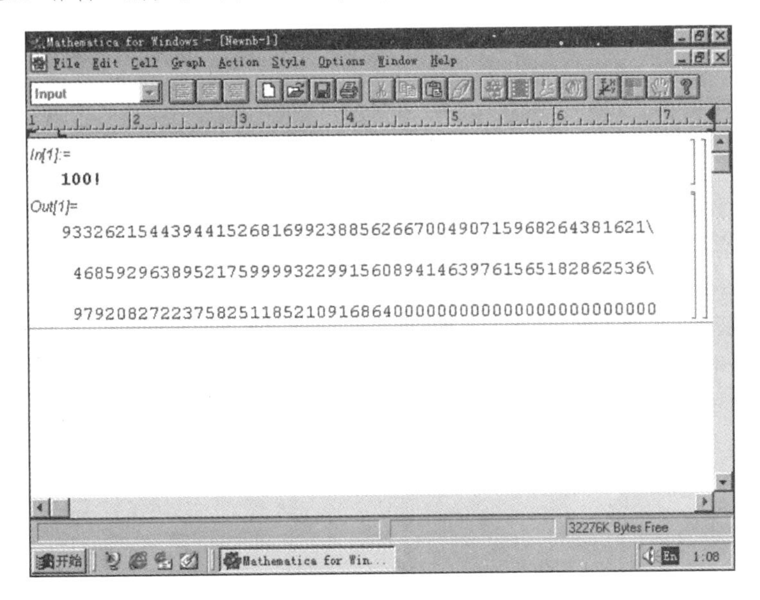

图 9.1.2

注意:在图 9.1.2 中,“In[1]:=”与“Out[1]=”均是在运算后由系统自动给出的,用户不能自己输入.

【例 9.1.2】 求表达式 $2\times4^2-10\div(4+1)$ 的值.

【解】 在工作窗口输入表达式“2 * 4^2−10/(4+1)”后,单击运算按钮,得运算结果 30(图 9.1.3).

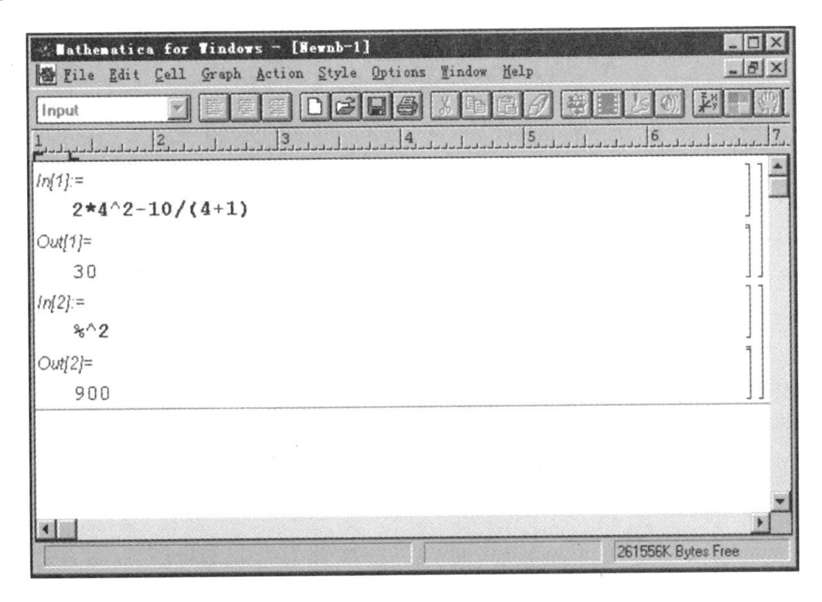

图 9.1.3

由例9.1.2不难看出+、-、*、/、^分别为Mathematica系统中的加、减、乘、除及乘方的运算符号，其运算规律与初等数学中的规定是一致的.

【例9.1.3】 分别求面积为60 cm^2 的圆盘的半径与直径(保留10位有效数字).

【解】 In[1]:=N[(60/Pi)^(1/2),10]

Out[1]=4.370193722

In[2]:=N[2*Out[1],10]

Out[2]=8.740387445

N[(60/Pi)^(1/2),10]中的Pi代表圆周率π，它是Mathematica系统中提供的数学常数，系统中的数学常数还有E(自然对数的底)、I(虚单位 $\sqrt{-1}$)等. 10表示在计算表达式(60/Pi)^(1/2)的值时保留10位有效数字.

N[表达式,m]为Mathematica系统中的求值函数，它表示对给定的表达式求出具有m位有效数字的数值结果.

9.1.2 代数运算

Mathematica的一个重要的功能是进行代数公式演算，即符号运算.

【例9.1.4】 设有多项式 $3x^2+2x-1$ 和 x^2-1.

(1)求二者的和、差、积、商；

(2)将二者的积展开成单项式之和；

(3)将二者的积进行因式分解.

【解】 In[1]:=p1=3*x^2+2x-1

Out[1]= $-1+2x+3x^2$

In[2]:=p2=x^2-1

Out[2]= $-1+x^2$

In[3]:=p1+p2

Out[3]= $-2+2x+4x^2$

In[4]:=p1-p2

Out[4]= $2x+2x^2$

In[5]:=p1*p2

Out[5]= $(-1+x^2)(-1+2x+3x^2)$

In[6]:=p1/p2

Out[6]= $\frac{-1+2x+3x^2}{-1+x^2}$

In[7]:=Factor[p1*p2]

Out[7]= $(-1+x)(1+x)^2(-1+3x)$

In[8]:=Expand[p1*p2]

Out[8]= $1-2x-4x^2+2x^3+3x^4$

由例9.1.4可以看出多项式间的加、减、乘、除运算符号分别为+、-、*、/；Factor[多项式]表示将其中括号内的多项式分解因式；Expand[多项式]表示将其中括号内的多项式展开成按升幂排列的单项式之和的形式.

值得注意的是，上面提到的 N[表达式，m]、Factor[多项式]、Expand[多项式]均是 Mathematica 系统中的函数，其中 N、Factor、Expand 分别为其函数名(函数名的第一个字母必须大写).

事实上，Mathematica 系统中含有丰富的函数. 后面将结合具体内容介绍有关函数命令.

9.1.3　系统的帮助

在“Help”菜单中选择“Search for Help on”则调出与图 9.1.4 类似的帮助对话框，然后在第一个文本框内输入要查询的函数(或命令)的前几个字符，则在第二个文本框内显示以输入字符开头的函数(或命令)列表，选择要查找的函数(或命令)，单击“显示”命令按钮便调出该函数(或命令)的使用规则说明.

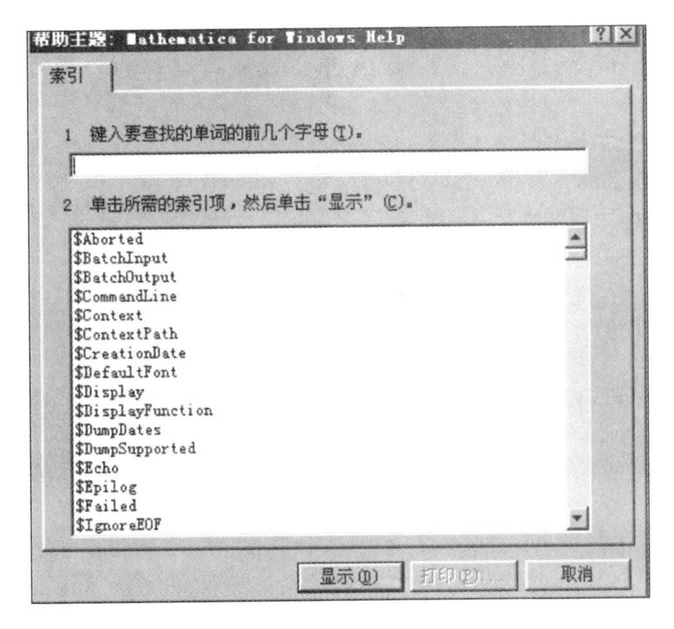

图 9.1.4

9.1.4　Notebook 与 Cell

Notebook 是 Mathematica 系统提供给用户的最基本的工作环境. 它就像字处理软件中的文档. Notebook 上方有主菜单(图 9.1.5)及工具按钮条(图 9.1.6). 借助于主菜单或工具按钮条可进行编辑、保存、打印及打开等操作.

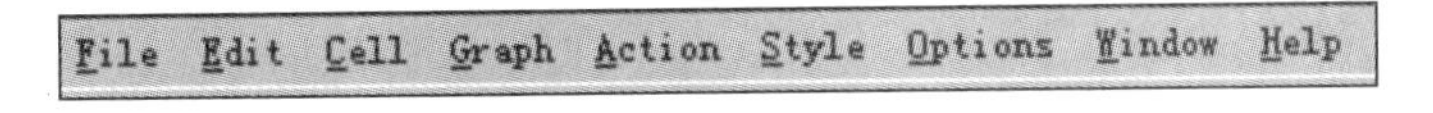

图 9.1.5

图 9.1.6

Cell 是组成 Notebook 的基本单元，也称为单元. 一个输入、一个输出或一个图形都是一个单元(Cell)，一个 Cell 的全部内容由靠窗口右边的方括号括起来，这个方括号就像 Cell 的手柄，单击这个方括号就选定了这个 Cell，然后就可以对这个 Cell 进行移动、复制、剪切、计算等操作或执行菜单命令.

若干个 Cell 可以组成一个组(Cells),组的标志是一个外层大括号括着几个小括号.通过在“Cell”主菜单中选择“Group Cells”命令实现对若干个选定的单元(Cell)进行组“组”操作;通过先单击“组”括号,再在“Cell”主菜单中选定“UnGroup Cells”命令实现对选定的“组”进行解散一个组的操作.

关于菜单命令及键盘命令请参见表 9.1.1.

表 9.1.1

菜单命令	键盘命令	意义
Formatted	Ctrl+T	设定 Cell 的格式
Group Cells	Ctrl+G	将多个 Cell 组成一个组
UnGroup Cells	Ctrl+U	解散一个组
Evaluate Selection	Shift+Enter	计算当前选定的单元
Evaluate Next Input	Ctrl+Enter	计算下一个输入
Interrupt	Alt+.	中断

另外,要想在同一个单元(Cell)中进行换行操作,只需在需要换行的地方打回车键(Enter)即可.

◈ 9.1.5 常用函数

Mathematica 中的数学函数是根据定义规则命名的.就大多数函数而言,其名字通常是英文单词的全写.对于一些常用的函数,系统使用传统的缩写.如“积分”用其全名Integrate,而“微分”则用其缩写名 D(这两个函数在 9.2 中要专门介绍).下面给出一些常用函数的函数名.

Exp[z]	自然数 e 为底的指数函数
Log[z]	自然数 e 为底的对数函数
Log[b,z]	自然数 b 为底的对数函数
Sin[z],Cos[z]	正弦函数与余弦函数
Tan[z],Cot[z]	正切函数与余切函数
Sec[z],Csc[z]	正割函数与余割函数
ArcSin[z],ArcCos[z]	反正弦函数与反余弦函数
ArcTan[z],ArcCot[z]	反正切函数与反余切函数
ArcSec[z],ArcCsc[z]	反正割函数与反余割函数

以上三角函数与反三角函数中的参量为弧度.

Sqrt[z]	求 z 的 2 次方根
z^(1/n)	求 z 的 n 次方根

当 z>0 时,以上两个函数均有唯一的值;当 z<0 时,函数值不唯一(属复变函数范畴).

【例 9.1.5】 求表达式 lg2+ln3 的值.

【解】 In[1]:=Log[10,2]+Log[3]

$$\text{Out[1]}=\text{Log[3]}+\frac{\text{Log[2]}}{\text{Log[10]}}$$

In[2]:=N[Log[10,2]+Log[3],10]

Out[2]=1.399642284

In[3]:=Log[10.0,2]+Log[3.]

Out[3]=1.39964

在本例中,对应于输入语句“In[1]:”,输出语句“Out[1]”并没有给出lg2(Log[10,2])及ln3(Log[3])的“数值结果”,这是由于Mathematica符号计算系统的“对于只含准确数的输入表达式也只进行完全准确的运算并输出相应的准确结果”的特性所决定的.在“In[2]:”中用数值转换函数N[P,10],将对表达式Log[10,2]+Log[3]的运算转换成了计算结果具有10位有效数字的实数形式运算,所以有输出结果Out[2]=1.399642284.在“In[3]:=Log[10.0,2]+Log[3.]”中,用实数10.0代替整数10;用实数3.代替整数3,这里10.0和3.都是实数的表示方法.Mathematica符号计算系统中数值类型有整数、有理数、实数、复数四种类型.

9.1.6　变量

1.变量名

为了方便计算或保存中间计算结果,常常需要引进变量.在Mathematica中,内部函数或命令都是以大写字母开头的标识符.为了避免混淆,Mathematica中的变量名通常以小写字母开头,后跟字母或数字,变量名字符的长度不限.例如,abcdefghijk,x3都是合法的变量名;而u v(u与v之间有一个空格)不能作为变量名.英文字母的大小写意义是不同的,因此A与a表示两个不同的变量.

在Mathematica中,变量即取即用,不需要先说明变量的类型后再使用.在Mathematica中,变量不仅可存放一个整数或复数,还可存放一个多项式或复杂的算式.

数值有类型,变量也有类型.通常,在运算中不需要对变量进行类型说明,系统根据对变量所赋的值会做出正确的处理.在定义函数和进行程序设计时,也可以对变量进行类型说明.

2.给变量赋值

(1) 变量的全局赋值

在Mathematica中,运算符号“=”或“:=”起赋值作用,一般形式为:“变量=表达式”或“变量1=变量2=表达式”.

其执行步骤为:先计算赋值号右边的表达式,再将计算结果送到变量中.

在Mathematica中,“=”应理解为给变量一个值.在使用“=”定义规则时,定义式右边的表达式立即被求值;而在使用“:=”定义规则时,系统不做运算,也就没有相应的输出,定义式右边的表达式不被立即求值,直到被调用时才被求值.因此,“:=”被称为延迟赋值号,“=”被称为立即赋值号.一般的高级语言没有符号运算功能,因此,在C和Pascal等语言中,一个变量只能表示一个数值、字符串或逻辑值.而在Mathematica中,一个变量可以代表一个数值、一个表达式、一个数组或一个图形.

【例9.1.6】 先给变量u和v赋予数值1,计算表达式r=u+1,然后清除变量u的值,再计算2u+v并查询变量u的值.

【解】 In[1]:=u=v=1　　　　(* 与C语言类似,可以对变量连续赋值 *)

Out[1]=

```
In[2]:=r:=u+1            (*定义r的一个延迟赋值*)
In[3]:=r                 (*计算r*)
Out[3]=2
In[4]:=u=.               (*清除变量u的值*)
In[5]:=2*u+v
Out[5]=1+2u              (u以未赋值的形式出现)
In[6]:=? u               (*查询变量u的值*)
Out[6]=Global′u
```

注意:如上用(*　*)括起来的内容为对其前面语句的注释.

在编程运算中,经常用"? u"询问变量u的值,以保证运算结果的正确.这里对应于输入语句"In[6]:=? u"的输出语句"Out[6]=Global′u"说明了u是一个未被赋值的全局变量.事实上在语句"In[4]:=u=."中,已经清除了变量u的值.注意:给变量所赋的值在Mathematica的一个工作期(从进入Mathematica系统到退出Mathematica系统)内有效.因此,在Mathematica同一工作期内计算不同问题时,要随时对新引用的变量的值进行清零.

(2) 变量的临时赋值

变量的临时赋值格式为:f[x]/. x->a.注意x->a中的箭头"->"是由键盘上的减号及大于号组成的.

该语句给函数f[x]中的变量x临时赋予数值a.用临时赋值语句给变量赋的值,只在该语句有效.

9.1.7　自定义函数

在Mathematica中,所有的输入都是表达式,所有的操作都是调用转化规则对表达式求值.一个函数就是一条规则,定义一个函数就是定义一条规则.定义一个一元函数的规则是"f[x_]:="或"f[x_]="的后面紧跟一个以x为变量的表达式,其中x_称为形式参数.

调用自定义函数f[x_]时,只需用实际参数(变量或数值等)代替其中的形式参数x_即可.

如果用"f[x]=表达式"定义一个函数,那么这个规则只对x成立,其中f[x]中的x不能用任何其他的东西取代.在运行中,可用"f[x_]:=."清除函数f[x_]的定义,用Clear[f]清除所有以f为函数名的函数定义.

【例9.1.7】 定义函数$f(x)=x^2+\sqrt{x}+\cos x$,先分别求x=1,3.1,Pi/2时的函数值;再求$f(x^2)$.

【解】

```
In[1]:=f[x_]:=x^2+Sqrt[x]+Cos[x]
In[2]:=f[1.]
Out[2]=2.5403
In[3]:=f[3.1]
Out[3]=10.3715
In[4]:=f[N[Pi]/2.]
Out[4]=3.72072
In[5]:=f[x^2]
```

Out[5]= x^4 +Sqrt[x^2]+Cos[x^2]

在 Out[5]中，由于系统不知道变量 x 的符号，所以没有对 $\sqrt{x^2}$ 进行开方运算.

9.1.8　表

1. 表的生成

系统将表定义为有关联的元素组成的一个整体. 用表可以表示数学中的集合、向量、矩阵，也可以表示数据库中的一组记录.

一维表的表示形式是用花括号括起来的且中间用逗号分开的若干元素. 例如

{1,2,100,x,y}

表示由 1,2,100,x,y 这 5 个元素组成的一维表.

二维表的表示形式是用花括号括起来的且中间用逗号分开的若干个一维表，例如

{{1,2,5},{2,4,4},{3,6,8}},{{a,b},{1,2}}

均是二维表，二维表就是"表中表".

2. 表的元素

对于一维表 b 用 b[[i]]或 Part[b,i]表示它的第 i 个元素(分量)；对于二维表 b,b[[i]]或 Part[b,i]就表示它的第 i 个分表(分量)，其第 i 个分表中的第 j 个元素用 b[[i,j]]来描述.

【例 9.1.8】 求表{3,6,9,11}中第三个元素.

【解】 In[1]:=b={3,6,9,11}

In[2]:=b[[3]]

Out[2]=9

3. 表的运算

设表 b1、b2 是结构完全相同的两个表. 表 b1 与 b2 的和、差、积、商等于其对应元素间的相应运算(分母不能为零).

【例 9.1.9】 设 b1={1,2,3,4},b2={2,4,6,8}，分别求 b1+b2,b1−b2,b1 * b2,b1/b2.

【解】 In[1]:=b1={1,2,3,4};

In[2]:=b2={2,4,6,8};

In[3]:=b1+b2

Out[3]={3,6,9,12}

In[4]:=b1−b2

Out[4]={−1,−2,−3,−4}

In[5]:=b1 * b2

Out[5]={2,8,18,32}

In[6]:=b1/b2

Out[6]= $\{\frac{1}{2},\frac{1}{2},\frac{1}{2},\frac{1}{2}\}$

上面输入语句 In[1]和 In[2]均以分号(;)结尾，则不输出运算结果. 此外，一个数或一个标量乘一个表等于这个数(或这个标量)分别乘表中每个元素.

9.1.9 解方程

Solve 是解方程或方程组的函数，其形式为 Solve[eqns，vars]，其中 eqns 可以是单个方程也可以是方程组，单个方程用 exp＝＝0（其中 exp 为关于未知元的表达式）的形式；方程组写成用大括号括起来的中间用逗号分开的若干个单个方程的集合，如由两个方程组成的方程组应写成{exp1＝＝0，exp2＝＝0}；vars 为未知元表，其形式为$\{x_1, x_2, \cdots, x_n\}$.

【例 9.1.10】 求方程 $x^2-1=0$，$\begin{cases}2x+y=4\\x+y=3\end{cases}$ 的解.

【解】 In[1]:＝Solve[x^2－1＝＝0，x]　　（＊解方程 $x^2-1=0$＊）

Out[1]＝{{x－>－1}，{x－>1}}　　（＊方程 $x^2-1=0$ 的两个解＊）

In[2]:＝Solve[{2x＋y＝＝4，x＋y＝＝3}，{x，y}]（＊解方程组 $\begin{cases}2x+y=4\\x+y=3\end{cases}$ ＊）

Out[2]＝{{x－>1，y－>2}}　　（＊输出方程组 $\begin{cases}2x+y=4\\x+y=3\end{cases}$ 的两个解＊）

值得注意的是 Solve 语句把所求方程的根先赋给未知元后再连同未知元及赋值号－>用花括号括起来作为表的一个元素放在表中，如 Out[1]＝{{x－>－1}，{x－>1}}. 若想在运算过程中直接引用 Solve 的输出结果，可按变量替换形式（f[x]/. x－>a）把所需要的根赋给某一变量.

9.1.10 Which 语句

Which 语句的一般形式为：Which[条件 1，表达式 1，条件 2，表达式 2，…，条件 n，表达式 n]. Which 语句的执行过程：从计算条件 1 开始，依次计算条件 i(i＝1，2，…，n)，直至计算出第一个条件为真时为止，并将该条件所对应的表达式的值作为 Which 语句的值. 用 Which 语句可以方便地定义分段函数.

9.1.11 Print 语句

Print 为输出命令，其形式为：Print[表达式 1，表达式 2，…]. 执行 Print 语句，依次输出表达式 1，表达式 2，…，等表达式，两表达式之间不留空格，输出完成后换行. 通常 Print 语句先计算出表达式的值，再将表达式的值输出. 若想原样输出某个表达式或字符，需要对其加引号.

9.2 Mathematica 在高等数学中的应用

9.2.1 用 Mathematica 求极限

在 Mathematica 系统中，求极限的函数为 Limit，其形式如下：

Limit[f[x]，x－>a]

其中 f[x]是以 x 为自变量的函数或表达式，x－>a 中的箭头"－>"是由键盘上的减号及大于号组成的. 求表达式的左极限和右极限时，分别用如下形式实现：

Limit[f[x]，x－>a，Direction－>1]（左极限）

Limit[f[x],x－>a,Direction－>－1](右极限)

【例 9.2.1】 求下列函数的极限：

(1) $\lim\limits_{x\to 0}\dfrac{e^{4x}-1}{x}$；　(2) $\lim\limits_{x\to 0^+} e^{\frac{1}{x}}$；　(3) $\lim\limits_{x\to 0^-} e^{x}$；

(4) $\lim\limits_{x\to +\infty} \arctan x$；　(5) $\lim\limits_{x\to -\infty} \arctan x$.

【解】 In[1]:=Limit[(E^(4 * x)－1)/x,x－>0]　(* 计算 $\lim\limits_{x\to 0}\dfrac{e^{4x}-1}{x}$ *)

Out[1]=4

In[2]:=Limit[E^(1/x),x－>0,Direction－>－1]　(* 计算 $\lim\limits_{x\to 0^+} e^{\frac{1}{x}}$ *)

Out[2]=Infinity　(* Infinity 为正无穷大 *)

In[3]:=Limit[E^x,x－>0,Direction－>1]　(* 计算 $\lim\limits_{x\to 0^-} e^{x}$ *)

Out[3]=1

In[4]:=Limit[ArcTan[x],x－>Infinity]　(* 计算 $\lim\limits_{x\to +\infty} \arctan x$ *)

Out[4]= $\dfrac{Pi}{2}$

In[5]:=Limit[ArcTan[x],x－>－Infinity]　(* 计算 $\lim\limits_{x\to -\infty} \arctan x$ *)

Out[5]= $\dfrac{-Pi}{2}$

9.2.2 用 Mathematica 进行求导运算

在 Mathematica 系统中，用 D[f,x]表示 f(x)对 x 的一阶导数，用 D[f,{x,n}]表示 f(x)对 x 的 n 阶导数. 在一定范围内，也能使用微积分中的撇号(撇号为计算机键盘上的单引号)标记来定义导函数，其使用方法为：若 f[x]为一元函数，则 f′[x]给出 f[x]的一阶导函数，f′[x_0]给出函数 f[x]在 $x=x_0$ 处的导数值. 同样 f″[x]给出 f[x]的二阶导函数，f‴[x]给出 f[x]的三阶导函数.

【例 9.2.2】 求下列函数的一阶导函数.

(1) $y=x^2$；　(2) $y=x^2\sin x$.

【解】 In[1]:=D[x^2,x]

Out[1]=2x

In[2]:=D[x^2 * Sin[x],x]

Out[2]= x^2Cos[x]+2xSin[x]

【例 9.2.3】 求函数 $y=x^8e^{2x}$ 的二阶导函数.

【解】 In[3]:=D[x^8 * E^(2 * x),{x,2}]　(* 求函数 $y=x^8e^{2x}$ 的二阶导函数 *)

Out[3]=56$E^{2x}x^6$+32$E^{2x}x^7$+4$E^{2x}x^8$

9.2.3 用 Mathematica 做导数应用题

大家知道，导数应用指的是：用导数的性态来研究函数的性态，主要包括函数的单调性、凹向、极值与最值的求法以及一元函数图形的描绘. 由于对函数单调性、凹向等问题的研究，不但需要进行求导运算而且还需要进行解方程及条件判断等工作.因此,本节在用 Mathematica 做导数应用题的过程中,经常使用 Mathematica 系统中的 Solve,Which,Print 这三个函数.

【例 9.2.4】 设函数 $f(x)=a\ln x+bx^2+x$ 在 $x_1=1,x_2=2$ 处都取得极值,试定出 a,b 的值,并问这时 f(x)在 $x_1=1,x_2=2$ 处是取得极大值还是极小值?

【解】 In[1]:=f[x_]:=a * Log[x]+b * x^2+x

In[2]:=Solve[{f′[1]==0,f′[2]==0},{a,b}] (*解方程求驻点*)

In[3]:=c=%; (*将方程组的解赋给变量 c*)

In[4]:=a=a/.c[[1,1]];

In[5]:=b=b/.c[[1,2]];

In[6]:=e1=f″[1];

In[7]:=e2=f″[2];

In[8]:=Which[e1==0,Print[失效],e1>0,Print["f[1]"极小值],e1<0,Print["f[1]"极大值]] (*判断 f″[1]的符号,从而决定 f[1]是极小值还是极大值*)

In[9]:=Which[e2==0,Print[失效],e2>0,Print["f[2]"极小值],e2<0,Print["f[2]"极大值]] (*判断 f″[2]的符号,从而决定 f[2]是极小值还是极大值*)

$\text{Out}[2]=\left\{\left\{a->-\left(\frac{2}{3}\right),b->-\left(\frac{1}{6}\right)\right\}\right\}$

Out[8]=f[1]极小值

Out[9]=f[2]极大值

另外,Mathematica 系统还提供了用逐步搜索法求函数极值的函数 FindMinimum,其使用方法请同学们上机练习.

9.2.4 用 Mathematica 求一元函数的积分

在 Mathematica 系统中,用 Integrate 计算一元函数的积分,其格式与作用如下:

Integrate[f,x] (*计算不定积分 $\int f(x)dx$ *)

Integrate[f,{x,a,b}] (*计算定积分 $\int_a^b f(x)dx$ *)

【例 9.2.5】 求下列积分:(1) $\int x^2dx$; (2) $\int_1^2 x^2dx$.

【解】 In[1]:=Integrate[x^2,x] (*计算 $\int x^2dx$ *)

$\text{Out}[1]=\frac{x^3}{3}$

In[2]:=Integrate[x^2,{x,1,2}] (*计算 $\int_1^2 x^2dx$ *)

$\text{Out}[2]=\frac{7}{3}$

9.2.5 用 Mathematica 解常微分方程

在 Mathematica 中,用函数 DSolve 可以解线性与非线性常微分方程,以及联立常微分方程组. 在没有给定方程的初始条件的情况下，所得的解包括了待定常数 C[1],C[2],C[3]等.

DSolve 函数求得的是常微分方程的准确解(解析解)，其调用格式及意义如下：

Dsolve[eqn,y[x],x]解 y[x]的微分方程 eqn，x 为自变量.

DSolve[{eqn1,eqn2,…},{y1[x],y2[x],…},x]解微分方程组{eqn1,eqn2,…}，x 为自变量.

Dsolve[{eqn,y[0]==x0},y[x],x]求微分方程 eqn 满足初始条件 y[0]==x0 的解.

【例 9.2.6】 求微分方程 y′=y+x 满足初始条件 y[0]=1 的特解.

【解】 In[1]:=DSolve[{y'[x]==y[x]+x,y[0]==1},y[x],x]

Out[1]={{y[x]->-1+2E^x-x}}

9.2.6　用 Mathematica 作向量运算和三维图形

本节我们用 Mathematica 作向量运算和三维图形 Mathmatica 用表来表示向量. 任何不是向量的量都作为标量. 下面结合具体问题介绍向量间的加法(+)、减法(-)、点积(.)、叉积等运算，向量的模、向量夹角的求法，以及函数 Plot3D、ParametricPlot3D 在描绘空间曲面的图形时的具体应用.

【例 9.2.7】 设向量 **a**=**i**-**j**+2**k**,**b**=2**i**+3**j**-4**k**，求向量 **a**+**b**,**a**-**b**,**a** 的模,**b** 的模及向量 **a** 与向量 **b** 的夹角余弦与夹角.

【解】
```
In[1]:=a={1,-1,2}                          (*输入向量 a*)
In[2]:=b={2,3,-4}                          (*输入向量 b*)
In[3]:=a+b                                 (*计算向量 a 与 b 的和*)
In[4]:=a-b                                 (*计算向量 a 与 b 的差*)
In[5]:=a.b                                 (*计算向量 a 与 b 的点积*)
In[6]:=Det[{{i,j,k},{1,-1,2},{2,3,-4}}]    (*计算向量 a 与 b 的叉积*)
In[7]:=Sqrt[a.a]                           (*计算向量 a 的模*)
In[8]:=Sqrt[b.b]                           (*计算向量 b 的模*)
In[9]:=a.b/(Sqrt[a.a]*Sqrt[b.b])           (*计算向量 a 与 b 的夹角余弦*)
In[10]:=ArcCos[N[%]]                       (*计算向量 a 与 b 的夹角*)
Out[1]={1,-1,2}
Out[2]={2,3,-4}
Out[3]={3,2,-2}
Out[4]={-1,-4,6}
Out[5]=-9
Out[6]=-2i+8j+5k
Out[7]=Sqrt[6]
Out[8]=Sqrt[29]
```

Out[9]=-3Sqrt[$\frac{3}{58}$]

Out[10]=2.32168

在 In[6]:=Det[{{i,j,k},{1,-1,2},{2,3,-4}}]中，Det 为计算行列式的函数. 其调用

格式为：Det[m]，其中 m 为一方阵，m 用行、列相同的二维表{{…}，…，{…}}表示，二维表从左到右依次表示方阵的第一行，第二行，…，直至最后一行. 注意：在使用函数 Det 时，必须保证每一个子表所含元素个数相同(即行列式的每行所含元素个数相同)，必须保证子表个数与每一个子表所含元素个数相同(即行列式的每列所含元素个数相同).

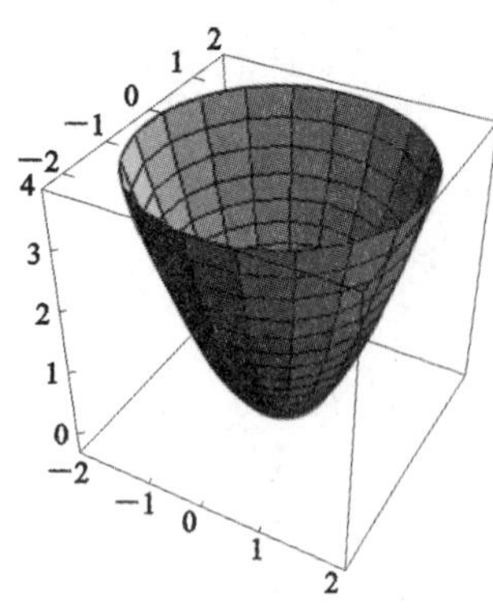

图 9.2.1

【例 9.2.8】 作出曲面 $z=x^2+y^2$ 的图形(图 9.2.1)：

【解】 In[1]:=Clear[x,y,z,r,t]

In[2]:=x[r_,t_]:=r*Cos[t]

In[3]:=y[r_,t_]:=r*Sin[t]

In[4]:=z[r_,t_]:=r^2　(*In[2]、In[3]、In[4]定义了柱坐标系下抛物面 $z=x^2+y^2$ 的参数方程*)

In[5]:=ParametricPlot3D[{x[r,t],y[r,t],z[r,t]},{t,0,2Pi},{r,0,2}]　(*描绘抛物面 $z=x^2+y^2$ 的图形*)

ParametricPlot3D 描述的是含 2 个参数的三维空间曲面. 其调用格式为：

ParametricPlot3D[{x[t,u],y[t,u],z[t,u]},{t,tmin,tmax},{u,umin,umax}]，

其中{x[t,u],y[t,u],z[t,u]}为用参数表示的直角坐标系下的三个坐标 x、y、z 的表达式. {t,tmin,tmax}和{u,umin,umax}分别为参数 t 和 u 从小到大的变化范围.

在 In[1]:=Clear[x,y,z,r,t]中，函数 Clear[s1,s2,…]的作用是清除 s1,s2,…的值. 为了提高运算的准确度，在用 Mathematica 编程求值时，用 Clear[s1,s2,…]语句先清除所用变量的值是非常好的习惯.

Mathematica 系统提供了非常丰富的作图函数. 建议同学们通过阅读 Mathematica 手册及查阅在线帮助对系统的作图功能进行更多的了解.

9.2.7　用 Mathematica 求偏导数与多元函数的极值

与在 Mathematica 系统中求一元函数的导数类似，求多元函数 f 的偏导数仍用求导算子 D 完成. 具体调用格式如下：

D[f,x]给出偏导数；

D[f,{x,n}]给出高阶偏导数；

D[f,x1,x2,…]给出高阶混合偏导数.

【例 9.2.9】 求函数 $z=\sin x+x\cos y$ 的两个一阶偏导数和四个二阶偏导数.

【解】 In[1]:=Clear[x,y]

In[2]:=f[x_,y_]:=Sin[x]+x*Cos[y]

In[3]:=D[f[x,y],x]

In[4]:=D[f[x,y],y]

In[5]:=D[f[x,y],{x,2}]

In[6]:=D[f[x,y],{y,2}]

In[7]:=D[f[x,y],x,y]

In[8]:=D[f[x,y],y,x]

Out[3]=Cos[x]+Cos[y]

```
Out[4]=-(xSin[y])
Out[5]=-Sin[y]
Out[6]=-(xCos[y])
Out[7]=-Sin[y]
Out[8]=-Sin[y]
```

【例 9.2.10】 求函数 $z=x^3+y^3-3xy$ 的极值.

【解】

```
In[1]:=Clear[f,x,y,p,a,b,p1,p2,A,B,C1]
In[2]:=f[x_,y_]:=x^3+y^3-3*x*y
In[3]:=a=D[f[x,y],x];
In[4]:=b=D[f[x,y],y];
In[5]:=A[x_,y_]=D[f[x,y],{x,2}]
In[6]:=B[x_,y_]=D[f[x,y],x,y]
In[7]:=C1[x_,y_]=D[f[x,y],{y,2}]
In[8]:=p[x_,y_]:=B[x,y]^2-A[x,y]*C1[x,y]
In[9]:=Solve[{a==0,b==0},{x,y}];
In[10]:=p1=p[x,y]/.%[[1]];
In[11]:=p2=p[x,y]/.%%[[2]];
In[12]:=Which[p1>0,Print["(0,0)不是极值点"],p1<0&&A[0,0]<0,
Print["f[0,0]=",f[0,0],"是极大值"],p1<0&&A[0,0]>0,
Print["f[0,0]=",f[0,0],"是极小值"],p1=0,Print["失效"]]
In[13]:=Which[p2>0,Print["(1,1)不是极值点"],p2<0&&A[1,1]<0,
Print["f[1,1]=",f[1,1],"是极大值"],p2<0&&A[1,1]>0,
Print["f[1,1]=",f[1,1],"是极小值"],p2=0,Print["失效"]]
Out[12]=(0,0)不是极值点
Out[13]=f[1,1]=-1 是极小值
```

9.2.8 用 Mathematica 计算重积分

在 Mathematica 系统中，与求定积分类似，仍用函数 Integrate 计算重积分，其调用格式如下：

```
Integrate[f,{x,xmin,xmax},{y,ymin,ymax}]
```

【例 9.2.11】 计算二重积分 $\iint_D xe^{xy}dxdy$, $D:0\leqslant x\leqslant 1,-1\leqslant y\leqslant 0$.

【解】

```
In[1]:=Clear[x,y]
In[2]:=Integrate[x*Exp[x*y],{x,0,1},{y,-1,0}]
```

$$\text{Out[2]}=\frac{1}{E}$$

【例 9.2.12】 计算二重积分 $\iint_D x\sqrt{y}dxdy$, D 是由 $y=\sqrt{x}, y=x^2$ 所围成的区域.

【解】

```
In[1]:=Clear[x,y]
```

In[2]:=Integrate[x * Sqrt[y],{x,0,1},{y,x^2,Sqrt[x]}]

Out[2]=$\frac{6}{55}$

9.2.9 用 Mathematica 作数值计算

Mathematica 系统提供了非常丰富的数值计算功能. 这里仅介绍与本书内容有关的一些数值计算函数,如:数值积分,数据拟合,插值多项式,非线性方程求根,微分方程的数值解.

1. 数值积分

数值积分函数为 NIntegrate,其调用格式为:

NIntegrate[f,{x,xmin,xmax}]

【例 9.2.13】 计算 $\int_0^1 \frac{x}{4+x^2}dx$.

【解】 In[1]:=NIntegrate[x/(4+x^2),{x,0,1}]

Out[1]=0.111572

2. 数据拟合

数据拟合函数为 Fit,其调用格式为:

Fit[数据表,基函数表,变量]

【例 9.2.14】 在区间[0,1.5]上,以 0.1 为步长计算正弦函数表,对该数据表用三次多项式拟合,求出拟合函数.

【解】 In[1]:=Table[Sin[x],{x,0,1.5,0.1}]

In[2]:=Fit[%,{1,x,x^2,x^3},x]

Out[1]={0,0.0998334,0.198669,0.29552,0.389418,0.479426,0.564642,0.644218,0.717356,0.783327,0.841471,0.891207,0.932039,0.963558,0.98545,0.997495}

Out[2]=$-0.103795+0.102963x-0.000254029x^2-0.00011779x^3$

3. 插值多项式

求插值多项式的函数为 InterpolatingPolynomial,其调用格式为:

InterpolatingPolynomial[数据表,变量].

【例 9.2.15】 已知自变量 x=1,2,3,4 时,因变量 y=16,25,46,85,求一个三次插值多项式逼近该函数,并求 y(2.5).

【解】 In[1]:=data={{1,16},{2,25},{3,46},{4,85}}

In[2]:=f=InterpolatingPolynomial[data,x]

In[3]:=f=Expand[%]

In[4]:=f/. x->2.5

Out[1]={{1,16},{2,25},{3,46},{4,85}}

Out[2]=16+(-1+x)(9+(-2+x)(3+x))

Out[3]=$13+2x+x^3$

Out[4]=33.625

4. 非线性方程求根

非线性方程求根可以用 Solve,NSolve,FindRoot 等函数.

它们之间的区别在于:Solve 主要用于求多项式方程或方程组的所有根,而 FindRoot 则给出任意方程或任意方程组的一个数值解.

【例 9.2.16】 求方程 sinx=0 在 x=3 附近的一个根.

【解】 In[1]:=FindRoot[Sin[x]==0,{x,3}]

Out[1]={x->3.14159}

5.常微分方程的数值解

求常微分方程的数值解的函数为 NDSolve,其调用格式为:

NDSolve[{eqn1,eqn2,…},y,{x,xmin,xmax}]

其中{eqn1,eqn2,…}为微分方程组(含初始条件和微分方程),{x,xmin,xmax}为自变量的取值范围,y 为要求的未知函数.

Mathematica 对我们应用数学解决实际问题有非常大的帮助.要想了解 Mathematica 更多的功能,借助于 Mathematica 的帮助功能上机练习即可.在学习数学的过程中,一定要善于运用计算机及数学软件包来完成一些典型的习题,一方面可以逐步培养我们用计算机和数学软件包处理数学问题的能力;另一方面,可以提高对有关问题的感性认识,加深对数学概念及方法的理解.因此,在学习高等数学的基本概念及方法的同时,要特别注意数学软件包的学习及使用.

* 模块 10　常微分方程的应用

❖ 10.1　市场价格的微分方程模型

❖ 10.1.1　市场价格模型

对于纯粹的市场经济来说，商品市场价格取决于市场供需之间的关系，市场价格能促使商品的供给与需求相等[这样的价格称为(静态)均衡价格]．也就是说，如果不考虑商品价格形成的动态过程，那么商品的市场价格应能保证市场的供需平衡，但是，实际的市场价格不会恰好等于均衡价格，而且价格也不会是静态的，应是随时间不断变化的动态过程．

假设在某一时刻 t，商品的价格为 $p(t)$，它与该商品的均衡价格间有差别，此时，存在供需差，此供需差促使价格变动．对新的价格，又有新的供需差，如此不断调节，就构成市场价格形成的动态过程，假设价格 $p(t)$ 的变化率 $\frac{\mathrm{d}p}{\mathrm{d}t}$ 与需求和供给之差成正比，并记 $f(p,r)$ 为需求函数，$g(p)$ 为供给函数(r 为参数)，于是

$$\begin{cases}\frac{\mathrm{d}p}{\mathrm{d}t}=\alpha[f(p,r)-g(p)]\\ p(0)=p_0\end{cases}$$

其中 p_0 为商品在 $t=0$ 时刻的价格，α 为正常数．

若设 $f(p,r)=-ap+b$，$g(p)=cp+d$，则上式变为

$$\begin{cases}\frac{\mathrm{d}p}{\mathrm{d}t}=-\alpha(a+c)p+\alpha(b-d)\\ p(0)=p_0\end{cases}$$

其中 a,b,c,d 均为正常数，其解为

$$p(t)=\left(p_0-\frac{b-d}{a+c}\right)\mathrm{e}^{-\alpha(a+c)t}+\frac{b-d}{a+c}.$$

(1)设 $\bar{p}$ 为静态均衡价格，则其应满足

$$f(\bar{p},r)-g(\bar{p})=0$$

即

$$-a\bar{p}+b=c\bar{p}+d$$

于是得 $\bar{p}=\frac{b-d}{a+c}$，从而价格函数 $p(t)$ 可写为

$$p(t)=(p_0-\bar{p})\mathrm{e}^{-\alpha(a+c)t}+\bar{p}$$

令 $t\to+\infty$，取极限得

$$\lim_{t\to+\infty}p(t)=\bar{p}.$$

这说明，市场价格逐步趋于均衡价格．又若初始价格 $p_0=\bar{p}$，则动态价格就维持在均衡价格 $\bar{p}$

上，整个动态过程就化为静态过程.

(2)由于

$$\frac{\mathrm{d}p}{\mathrm{d}t}=(\bar{p}-p_0)\alpha(a+c)\mathrm{e}^{-\alpha(a+c)t}$$

所以，当 $p_0>\bar{p}$ 时，$\frac{\mathrm{d}p}{\mathrm{d}t}<0$，$p(t)$单调下降向 $\bar{p}$ 靠拢；当 $p_0<\bar{p}$ 时，$\frac{\mathrm{d}p}{\mathrm{d}t}>0$，$p(t)$单调增加向 $\bar{p}$ 靠拢. 这说明：初始价格高于均衡价格时，动态价格就要逐步降低，且逐步靠近均衡价格；否则，动态价格就要逐步升高. 因此，方程在一定程度上反映了价格影响需求与供给，而需求与供给反过来又影响价格的动态过程，并指出了动态价格逐步向均衡价格靠拢的变化趋势.

10.1.2　供给、需求与物价的线性微分方程模型

供给是在一定价格条件下，单位时间内企业愿出售且可供出售的商品量，记成 S；需求是在一定价格条件下，单位时间内消费者欲购且有支付能力的商品量，记成 D；价格是影响 S 与 D 的主要因素.

市场上的供给与需求相等时的价格，称为均衡价格.

假设

$$D=c-dp,\quad S=-a+bp$$

其中 p 是物价，a、b、c、d 是正常数，物价的涨速与过剩需求 $D-S$ 成正比，故有物价的数学模型

$$\frac{\mathrm{d}p}{\mathrm{d}t}=\alpha(D-S)=\alpha(c-dp+a-bp)=\alpha[c+a-(b+d)p]$$

即

$$\frac{\mathrm{d}p}{\mathrm{d}t}+kp=h$$

其中 $k=\alpha(b+d)$，$h=\alpha(a+c)$.

上式为一阶线性方程，其通解为

$$p(t)=C\mathrm{e}^{-kt}+\frac{h}{k}$$

记 $\bar{p}=\frac{h}{k}$，则

$$\bar{p}=\frac{a+c}{b+d}$$

又当 $D=S$，即 $c-dp=-a+bp$ 时，p 为均衡价格，故 $\bar{p}$ 就是均衡价格，于是

$$p(t)=C\mathrm{e}^{-kt}+\bar{p}$$

可以看到，$p(t)$虽有波动，但当 $t\to\infty$时，$p(t)$趋于均衡价格 $\bar{p}$，这时的市场物价趋于稳定.

如果供给与需求都是常量，但 $D>S$，则

$$\frac{\mathrm{d}p}{\mathrm{d}t}=\alpha(D-S),\quad p(t)=C\mathrm{e}^{-\alpha(D-S)t}(C>0)$$

这时

$$\lim_{t\to+\infty}p(t)=+\infty$$

此即通货膨胀，是由于供不应求造成的，为平抑物价，必须降低消费资金的投放，把需求降下来或增加商品的供给量.

❖ 10.2 物理的微分方程模型

❖ 10.2.1 闭合电路的微分方程模型

闭合电路中有方程 $L\dfrac{\mathrm{d}i}{\mathrm{d}t}+Ri=E_0\sin\omega t$（$L$、$R$、$E_0$、$\omega$ 都是常数），解此方程.

【解】 将此方程化为一阶线性微分方程的标准形式 $\dfrac{\mathrm{d}i}{\mathrm{d}t}+\dfrac{R}{L}i=\dfrac{E_0}{L}\sin\omega t$，得

$$i=\mathrm{e}^{-\int\frac{R}{L}\mathrm{d}t}\left(\int\frac{E_0}{L}\sin\omega t\cdot\mathrm{e}^{\int\frac{R}{L}\mathrm{d}t}\mathrm{d}t+C\right)=\mathrm{e}^{-\frac{R}{L}t}\left(\int\frac{E_0}{L}\sin\omega t\cdot\mathrm{e}^{\frac{R}{L}t}\mathrm{d}t+C\right)$$

$$=\frac{E_0}{\omega^2L^2+R^2}(R\sin\omega t-\omega L\cos\omega t)+C\mathrm{e}^{-\frac{R}{L}t}.$$

❖ 10.2.2 悬链的微分方程模型

有一均匀柔软的悬链，将两端固定，该悬链受自身重力作用，试求该悬链在静止平衡状态时的形状.

【解】 求该悬链在静止平衡状态时的形状，在数学中就是求该悬链曲线的方程，因此先建立坐标系. 设悬链在 xOy 平面上，悬链的最低点为 A，过 A 作铅直线为 y 轴（图 10.2.1）.

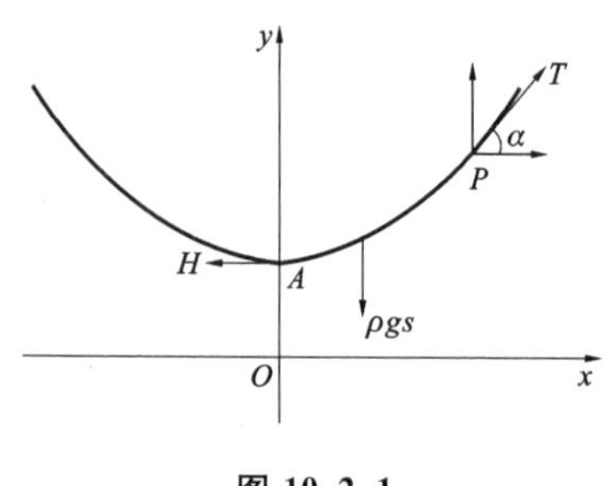

图 10.2.1

现在取悬链的一部分弧 AP 来讨论，A 端切线方向的张力为 H，P 端切线方向的张力为 T，s 是弧 AP 的弧长，ρ 是密度，ρgs 是重力. 因为是平衡状态，所以水平与垂直的分力有

$$\rho sg=T\sin\alpha,\quad H=T\cos\alpha$$

因此

$$\tan\alpha=\frac{\rho gs}{H}$$

即 $y'=\dfrac{1}{a}s$（$\dfrac{1}{a}=\dfrac{\rho g}{H}$，这时取 $|OA|=a$）. 将此式对 x 求导得

$$y''=\frac{1}{a}\frac{\mathrm{d}s}{\mathrm{d}x}$$

而由弧长的微分公式有 $\dfrac{\mathrm{d}s}{\mathrm{d}x}=\sqrt{1+y'^2}$，代入上式有

$$y''=\frac{1}{a}\sqrt{1+y'^2}$$

这是二阶微分方程.

设 $y'=p(x)$，则

$$y''=p'$$

代入二阶微分方程得

$$p'=\frac{1}{a}\sqrt{1+p^2}$$

分离变量再积分得

$$p+\sqrt{1+p^2}=e^{\frac{x}{a}+C_1}$$

因为当 $x=0$ 时，$p=y'=0$，得 $C_1=0$，故

$$p+\sqrt{1+p^2}=e^{\frac{x}{a}}$$

再以 $p-\sqrt{1+p^2}$ 乘上式两端得

$$p-\sqrt{1+p^2}=-e^{-\frac{x}{a}}$$

上两式联立可解出

$$p=\frac{1}{2}(e^{\frac{x}{a}}-e^{-\frac{x}{a}}),\text{即}\quad y'=\frac{1}{2}(e^{\frac{x}{a}}-e^{-\frac{x}{a}})$$

再积分一次得

$$y=\frac{a}{2}(e^{\frac{x}{a}}+e^{-\frac{x}{a}})+C_2$$

又因为当 $x=0$ 时，$y=a$，得 $C_2=0$. 故所求的悬链曲线方程为

$$y=\frac{a}{2}(e^{\frac{x}{a}}+e^{-\frac{x}{a}})=a\cosh\frac{x}{a}$$

其中 $\cosh\frac{x}{a}$ 是双曲余弦函数.

◈ 10.2.3　振动的微分方程模型

设有一个弹簧，它的上端固定，下端挂一个质量为 m 的物体，此时弹簧伸长为 s，形成平衡状态，将此取为平衡位置，设在时刻 t，物体对于平衡位置的位移为 x，试讨论物体的振动规律(图 10.2.2).

【解】 通过分析可知，物体受到的力有：

弹性力：它与位移成正比，方向与运动方向相反，大小为 $-kx$，k 为劲度系数；

介质阻力：它与速度成正比，方向与运动方向相反，大小为 $-h\frac{dx}{dt}$，h 为阻尼系数；

外力：它是 t 的函数 $f(t)$.

由牛顿第二定律，可以建立 $x(t)$ 所满足的微分方程

$$m\frac{d^2x}{dt^2}=-h\frac{dx}{dt}-kx+f(t).$$

图 10.2.2

分以下几种情况讨论.

1. 自由振动(没有外力的振动)

(1)无阻尼的自由振动

在这种情况下，假定物体在振动过程中，既无阻力又不受外力作用. 此时方程变为

$$m\frac{d^2x}{dt^2}+kx=0$$

令 $\frac{k}{m}=\omega^2$，方程变为

$$\frac{d^2x}{dt^2}+\omega^2x=0$$

是常系数线性方程,其特征方程为

$$\lambda^2+\omega^2=0$$

特征根为

$$\lambda_{1,2}=\pm i\omega$$

故方程的通解为

$$x=C_1\sin\omega t+C_2\cos\omega t$$

或将其写为

$$\begin{aligned}x&=\sqrt{C_1^2+C_2^2}\left(\frac{C_1}{\sqrt{C_1^2+C_2^2}}\sin\omega t+\frac{C_2}{\sqrt{C_1^2+C_2^2}}\cos\omega t\right)\\&=A(\cos\varphi\sin\omega t+\sin\varphi\cos\omega t)=A\sin(\omega t+\varphi)\end{aligned}$$

其中

$$A=\sqrt{C_1^2+C_2^2},\quad \sin\varphi=\frac{C_2}{\sqrt{C_1^2+C_2^2}},\quad \cos\varphi=\frac{C_1}{\sqrt{C_1^2+C_2^2}}.$$

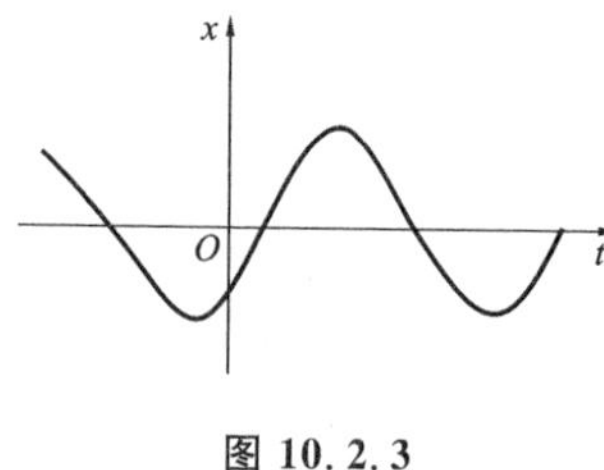

图 10.2.3

这就是说,无阻尼自由振动是周期运动,振幅为 A,初相为 φ,周期为 $T=\frac{2\pi}{\omega}$,频率 $f=\frac{1}{T}=\frac{\omega}{2\pi}=\frac{1}{2\pi}\sqrt{\frac{k}{m}}$. 因为没有阻力,物体将上下往返不停地振动,这一现象在物理学中叫作简谐振动,其运动的规律如图 10.2.3 所示.

(2)有阻尼的自由振动

在该种情况下,考虑物体所受到的阻力,不考虑物体所受的外力. 此时,方程变为

$$m\frac{d^2x}{dt^2}+h\frac{dx}{dt}+kx=0$$

令 $\frac{k}{m}=\omega^2$, $\frac{h}{m}=2\delta$,方程变为

$$\frac{d^2x}{dt^2}+2\delta\frac{dx}{dt}+\omega^2x=0$$

特征方程为 $\lambda^2+2\delta\lambda+\omega^2=0$,特征根 $\lambda_{1,2}=-\delta\pm\sqrt{\delta^2-\omega^2}$. 根据 δ 与 ω 的大小关系,又分为以下三种情形:

①大阻尼情形,$\delta>\omega$,即 $h>2\sqrt{mk}$. 特征根为两个不相等的实根,方程通解为

$$x=C_1e^{(-\delta+\sqrt{\delta^2-\omega^2})t}+C_2e^{(-\delta-\sqrt{\delta^2-\omega^2})t};$$

②临界阻尼情形,$\delta=\omega$,即 $h=2\sqrt{mk}$. 特征根为重根,方程通解为

$$x=(C_1+C_2t)e^{-\delta t};$$

这两种情形,由于阻尼比较大,都不发生振动. 当有一初始扰动以后,质点慢慢回到平衡位置,位移随时间 t 的变化规律分别如图 10.2.4 和图 10.2.5 所示.

③小阻尼情形,$\delta<\omega$,即 $h<2\sqrt{mk}$. 特征根为共轭复根,方程通解为

$$x=e^{-\delta t}(C_1\sin\sqrt{\omega^2-\delta^2}t+C_2\cos\sqrt{\omega^2-\delta^2}t)$$

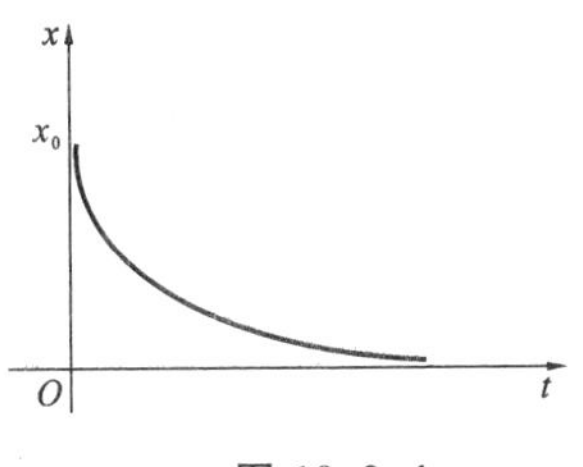

图 10.2.4

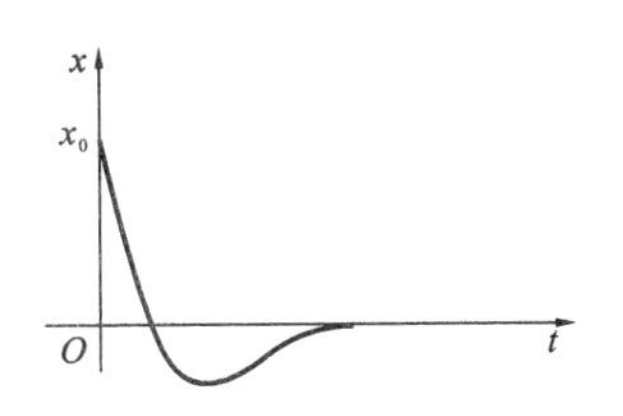

图 10.2.5

将其简化为

$$x = A\mathrm{e}^{-\delta t}\cos\varphi\sin\sqrt{\omega^2-\delta^2}\,t + \sin\varphi\cos\sqrt{\omega^2-\delta^2}\,t$$
$$= A\mathrm{e}^{-\delta t}\sin(\sqrt{\omega^2-\delta^2}\,t+\varphi)$$

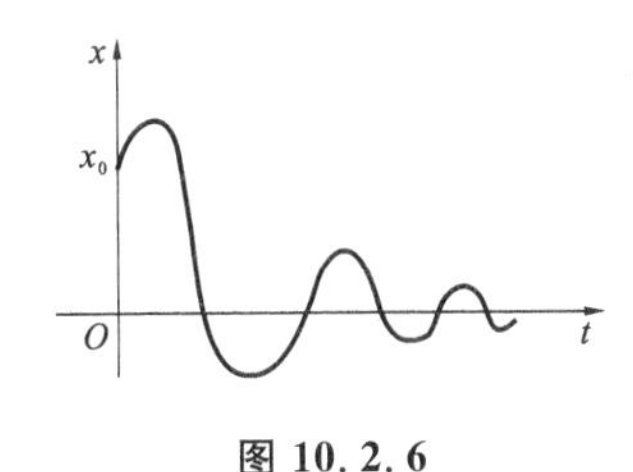

图 10.2.6

其中

$$A=\sqrt{C_1^2+C_2^2},\sin\varphi=\frac{C_2}{\sqrt{C_1^2+C_2^2}},\cos\varphi=\frac{C_1}{\sqrt{C_1^2+C_2^2}}$$

振幅 $A\mathrm{e}^{-\delta t}$ 随时间的增加而减小.因此,这是一种衰减振动.位移随时间 t 的变化规律见图 10.2.6.

2.强迫振动

(1)无阻尼强迫振动

在这种情形下,设物体不受阻力作用,其所受外力为 $f(t)=m\sin pt$,此时,方程化为

$$m\frac{\mathrm{d}^2x}{\mathrm{d}t^2}+kx=m\sin pt \text{ 或 } \frac{\mathrm{d}^2x}{\mathrm{d}t^2}+\omega^2x=\sin pt$$

其通解分为以下两种情形:

当 $p\neq\omega$ 时,其通解为

$$x=\frac{1}{\omega^2-p^2}\sin pt+C_1\sin\omega t+C_2\cos\omega t$$

此时,特解的振幅$\frac{1}{\omega^2-p^2}$为常数,但当 p 接近于 ω 时,将会导致振幅增大,发生类似共振的现象.

当 $p=\omega$ 时,其通解为

$$x=-\frac{1}{2p}t\cos pt+C_1\sin\omega t+C_2\cos\omega t$$

此时,特解的振幅$\frac{1}{2p}t$ 随时间 t 的增加而增大,这种现象称为共振,即当外力的频率 p 等于物体的固有频率 ω 时,将发生共振.

(2)有阻尼强迫振动

在这种情形下,假定振动物体既受阻力作用,又受外力 $f(t)=m\sin pt$ 的作用,并设 $\delta<\omega$,方程变为

$$\frac{\mathrm{d}^2x}{\mathrm{d}t^2}+2\delta\frac{\mathrm{d}x}{\mathrm{d}t}+\omega^2x=\sin pt$$

特征根 $\lambda=-\delta\pm\mathrm{i}\sqrt{\omega^2-\delta^2}$,$\delta\neq0$,则 $\mathrm{i}p$ 不可能为特征根,特解为

$$x^*=A\sin pt+B\cos pt$$

其中

$$A=\frac{\omega^2-p^2}{(\omega^2-p^2)^2+4\delta^2p^2},\quad B=\frac{-2\delta p}{(\omega^2-p^2)^2+4\delta^2p^2}$$

还可将其化为

$$x^*=\frac{1}{(\omega^2-p^2)^2+4\delta^2p^2}[(\omega^2-p^2)\sin pt-2\delta p\cos pt]$$

由此可见,在有阻尼的情况下,将不会发生共振现象,不过,当 $p=\omega$ 时

$$x^*=-\frac{1}{2\delta p}\cos pt$$

若 δ 很小,则仍会有较大的振幅;若 δ 比较大,则不会有较大的振幅.

如果单摆的摆长为 l,摆锤质量为 m,开始时拉开一个小角度 θ_0,然后放开,使其自由摆动,在不计空气阻力的情况下,试求单摆运动的微分方程及初值条件.

◈ 10.3 生物化学的微分方程模型

生活在资源有限的环境中的人类和动物,能否无限制地增长和繁殖,我国和世界的人口将以多少为极限,动物种群的竞争排斥和弱肉强食后果如何,生态何以平衡,是我们在此欲讨论的问题.

动植物种群本身是离散变量,谈不到可微性,但由于短时间内增加或减少的只是单一个体或少数个体,与整体数量相比,这种增量是微小的,所以我们可以近似地假设大规模种群随时间是连续地甚至是可微地在变化,进而可以引入微分方程模型这一数学工具来研究.

◈ 10.3.1 人口预测的微分方程模型

由于资源的有限性,当今世界各国都有计划地控制人口的增长,为了得到人口预测模型,必须首先搞清影响人口增长的因素,而影响人口增长的因素很多,如人口的自然出生率、人口的自然死亡率、人口的迁移、自然灾害、战争等,如果一开始就把所有因素都考虑进去,则无从下手.因此,先把问题简化,建立比较粗糙的模型,再逐步修改,得到较完善的模型.

1.马尔萨斯模型

英国人口统计学家马尔萨斯(Malthus,1766—1834)根据多年人口出生资料的统计,发现人口净增长率(出生率与死亡率之差)为常数,即单位时间内人口增量与人口总数成正比.如果比例系数为 r,时刻 t 的人口为 $N(t)$[因人口总数很大,可近似认为 $N(t)$是连续可微的],并设 $t=t_0$ 时刻的人口为 N_0,根据马尔萨斯的假设,在 t 到 $t+\Delta t$ 时间段内,人口的增长量为

$$N(t+\Delta t)-N(t)=rN(t)\Delta t$$

于是有马尔萨斯人口模型

$$\begin{cases}\dfrac{\mathrm{d}N}{\mathrm{d}t}=rN\\ N(t_0)=N_0\end{cases}$$

用分离变量法易求出其解为

$$N(t)=N_0e^{r(t-t_0)}$$

此式表明人口以指数规律随时间无限增长，即当 $t\to+\infty$ 时，$N(t)\to+\infty$，可见不能依此长期预测人口.

【例 10.3.1】 某国人口在 20 年内增长了 1 倍，设人口增长率与人口的数量成正比，问多少年后人口为原人口的 3 倍.

【解】 人口的数量是时间 t 的未知函数，用 $N(t)$ 表示，用 N_0 表示原人口数量，由题意

$$\frac{dN}{dt}=rN,r\text{ 是比例系数}$$

将其分离变量再积分，可得通解

$$N(t)=Ce^{rt}$$

由初值条件：$N(0)=N_0$，$N(20)=2N_0$，可得

$$C=N_0,\quad r=\frac{\ln 2}{20}$$

则人口变化规律为

$$N(t)=N_0e^{\frac{\ln 2}{20}t}$$

想要人口为原人口的 3 倍，即 $3N_0=N_0e^{\frac{\ln 2}{20}t}$，可解得

$$t=\frac{20\ln 3}{\ln 2}\approx 31.3\text{ 年}.$$

据估计，1961 年地球上的人口总数为 3.06×10^9，而在以后 7 年中，人口总数以每年 2% 的速度增长，这样 $t_0=1961$，$N_0=3.06\times10^9$，$r=0.02$，于是

$$N(t)=3.06\times10^9e^{0.02(t-1961)}.$$

这个公式非常准确地反映了在 1700—1961 年间世界人口总数. 但是，在用此模型预测较遥远的未来地球人口总数时，发现令人不可思议的问题，如按此模型计算，到 2510 年，地球上将有 2000 亿人口，显然不太可信，这一模型必须修正.

2. Logistic 模型（逻辑模型）

马尔萨斯模型为什么不能预测较遥远的未来人口呢？问题是马尔萨斯只考虑到繁衍增长的一面，未看到地球上的各种资源只能供一定数量的人生活. 随着人口的增加，种群竞争（如人类战争）、自然资源环境条件等因素对人口增长的限制作用越来越显著，如果当人口较少时，人口的自然增长率可以看作常数的话，那么当人口增加到一定数量以后，这个增长率就要随人口的增加而减小. 因此，应对马尔萨斯模型中关于净增长率为常数的假设进行修改.

1838 年，荷兰生物数学家韦尔侯斯特（Verhulst）考虑了单种群间的冲突乃至残害现象，引入常数 N_m，用来表示自然环境条件所能容许的最大人口数（一般说来，一个国家工业化程度越高，它的生活空间就越大，食物就越多，从而 N_m 就越大），并假设增长率等于 $r\left[1-\frac{N(t)}{N_m}\right]$，即净增长率随着 $N(t)$ 的增加而减小，当 $N(t)\to N_m$ 时，净增长率趋于零，按此假定建立人口预测模型.

由韦尔侯斯特假定，马尔萨斯模型应改为

$$\begin{cases}\dfrac{\mathrm{d}N}{\mathrm{d}t}=r\left(1-\dfrac{N}{N_{\mathrm{m}}}\right)N\\ N(t_0)=N_0\end{cases}$$

上式就是 Logistic(逻辑)模型,对该方程分离变量,可得其解为

$$N(t)=\frac{N_{\mathrm{m}}}{1+\left(\dfrac{N_{\mathrm{m}}}{N_0}-1\right)\mathrm{e}^{-r(t-t_0)}}.$$

(1)当 $t\to\infty$,$N(t)\to N_{\mathrm{m}}$,即无论人口的初值如何,人口总数趋向于极限值 N_{m}.

(2)当 $0<N<N_{\mathrm{m}}$ 时,$\dfrac{\mathrm{d}N}{\mathrm{d}t}=r\left(1-\dfrac{N}{N_{\mathrm{m}}}\right)N>0$,这说明 $N(t)$是时间 t 的单调递增函数.

(3)由于$\dfrac{\mathrm{d}^2N}{\mathrm{d}t^2}=r^2\left(1-\dfrac{N}{N_{\mathrm{m}}}\right)\left(1-\dfrac{2N}{N_{\mathrm{m}}}\right)N$,所以当 $N<\dfrac{N_{\mathrm{m}}}{2}$时,$\dfrac{\mathrm{d}^2N}{\mathrm{d}t^2}>0$,$\dfrac{\mathrm{d}N}{\mathrm{d}t}$单增;当 $N>\dfrac{N_{\mathrm{m}}}{2}$时,$\dfrac{\mathrm{d}^2N}{\mathrm{d}t^2}<0$,$\dfrac{\mathrm{d}N}{\mathrm{d}t}$单减.即人口增长率$\dfrac{\mathrm{d}N}{\mathrm{d}t}$由增变减,在$\dfrac{N_{\mathrm{m}}}{2}$处最大,也就是说在人口总数达到极限值一半以前是加速生长期,过这一点后,生长的速率逐渐变小,并且迟早会达到零,这是减速生长期.

(4)用逻辑模型来预测世界未来人口总数.某生物学家估计,$r=0.029$,又当人口总数为 3.06×10^9 时,人口每年以 2%的速率增长,由逻辑模型得

$$\frac{1}{N}\frac{\mathrm{d}N}{\mathrm{d}t}=r\left(1-\frac{N}{N_{\mathrm{m}}}\right)$$

即

$$0.02=0.029\left(1-\frac{3.06\times10^9}{N_{\mathrm{m}}}\right)$$

从而得

$$N_{\mathrm{m}}=9.86\times10^9$$

即世界人口总数极限值近 100 亿.

1980 年 5 月 1 日,我国公布人口总数:1979 年底为 97092 万人,当时人口增长率为 1.45%,于是

$$0.0145=0.029\left(1-\frac{9.7092\times10^8}{N_{\mathrm{m}}}\right)$$

解得我国人口极限为 19.42 亿.

值得说明的是:人也是一种生物,因此,上面关于人口模型的讨论,原则上也可以用于在自然环境下单一物种生存着的其他生物,如森林中的树木、池塘中的鱼等,逻辑模型有着广泛的应用.

10.3.2 混合溶液的数学模型

【例 10.3.2】 设一容器内原有 100 L 盐水,内含有盐 10 kg,现以 3 L/min 的速度注入质量浓度为 0.01 kg/L 的淡盐水,同时以 2 L/min 的速度抽出混合均匀的盐水,求容器内盐量变化的数学模型.

【解】 设 t 时刻容器内的盐量为 $x(t)$ kg,考虑 t 到 $t+\mathrm{d}t$ 时间内容器中盐的变化情况,在 $\mathrm{d}t$ 时间内容器中盐的改变量等于注入的盐水中所含盐量与抽出的盐水中所含盐量之差.

容器内盐的改变量为 $\mathrm{d}x$，注入的盐水中所含盐量为 $0.01\times3\mathrm{d}t$，t 时刻容器内溶液的质量浓度为

$$\frac{x(t)}{100+(3-2)t}.$$

假设 t 到 $t+\mathrm{d}t$ 时间内容器内溶液的质量浓度不变，于是抽出的盐水中所含盐量为

$$\frac{x(t)}{100+(3-2)t}2\mathrm{d}t.$$

这样即可列出方程

$$\mathrm{d}x=0.03\mathrm{d}t-\frac{2x}{100+t}\mathrm{d}t.$$

即

$$\frac{\mathrm{d}x}{\mathrm{d}t}=0.03-\frac{2x}{100+t}.$$

又因为 $t=0$ 时，容器内有盐 10 kg，于是得该问题的数学模型为

$$\begin{cases}\dfrac{\mathrm{d}x}{\mathrm{d}t}+\dfrac{2x}{100+t}=0.03\\ x(0)=10\end{cases}$$

这是一阶非齐次线性方程的初值问题，其解为

$$x(t)=0.01(100+t)+\frac{9\times10^4}{(100+t)^2}.$$

由上式不难发现：t 时刻容器内溶液的质量浓度为

$$p(t)=\frac{x(t)}{100+t}=0.01+\frac{9\times10^4}{(100+t)^3}$$

且当 $t\to\infty$ 时，$p(t)\to0.01$，即长时间地进行上述稀释过程，容器内盐水的质量浓度将趋于注入溶液的质量浓度.

【例 10.3.3】（环境污染问题）　某水塘原有 40000 t 清水（不含有害杂质），从时间 $t=0$ 开始，把含有有害杂质 6% 的浊水流入该水塘. 流入的速度为 3 t/min，在水塘中充分混合（不考虑沉淀）后又以 3 t/min 的速度流出水塘. 问经过多长时间后水塘中有害物质的浓度达到 3%？

【解】　设在时刻 t 水塘中有害物质的含量为 $Q(t)$，此时水塘中有害物质的浓度为 $\frac{Q(t)}{40000}$，于是 $\frac{\mathrm{d}Q}{\mathrm{d}t}$ 单位时间内有害物质的变化量＝单位时间内流进水塘内有害物质的量－单位时间内流出水塘的有害物质的量，即

$$\frac{\mathrm{d}Q}{\mathrm{d}t}=\frac{6}{100}\times3-\frac{Q(t)}{40000}\times3=\frac{9}{50}-\frac{3Q(t)}{40000}$$

分离变量得

$$\frac{\mathrm{d}Q}{Q(t)-1800}=-\frac{3}{40000}\mathrm{d}t$$

积分得

$$Q(t)=1800+C\mathrm{e}^{-\frac{3t}{40000}}$$

由初始条件 $t=0$，$Q=0$ 得 $C=-1800$，故

$$Q(t)=1800(1-\mathrm{e}^{-\frac{3t}{40000}})$$

当水塘中有害物质浓度达到3%时,应有

$$Q=40000\times 3\%=1200\ \mathrm{t}$$

由此解得$t\approx 244.1$ min,即经过244.1 min后,水塘中有害物质浓度达到3%.

由于$\lim\limits_{t\to+\infty}Q(t)=1800$,水塘中有害物质的最终浓度为$\frac{1800}{40000}=4.5\%$.

◈ 10.4 动力系统的微分方程模型

【例10.4.1】 质量为m的物体受力的作用沿着Ox轴作直线运动,假设力F是时间t的函数:$F=F(t)$,在开始时($t=0$),$F(0)=F_0$,当t增加时,此力均匀减小,到$t=T$时,$F(T)=0$,如果开始时,质点位于原点,初速度为零,求质点的运动规律.

【解】 设$x=x(t)$是t时质点的位置,由题意

$$F(t)=F_0-kt(k\text{ 是比例系数})$$

因为当$t=T$时,$F(T)=0$,得$k=\frac{F_0}{T}$,因此

$$F(t)=F_0(1-\frac{t}{T})$$

由牛顿第二定律,可得

$$\frac{\mathrm{d}^2x}{\mathrm{d}t^2}=\frac{F_0}{m}(1-\frac{t}{T})$$

这是形如$y^{(n)}=f(x)$的可降阶的高阶微分方程.

积分一次得

$$\frac{\mathrm{d}x}{\mathrm{d}t}=\frac{F_0}{m}t-\frac{F_0}{2mT}t^2+C_1$$

由于题意中已经说明初速度为零,因此$C_1=0$,得

$$\frac{\mathrm{d}x}{\mathrm{d}t}=\frac{F_0}{m}t-\frac{F_0}{2mT}t^2$$

再积分一次,得

$$x=\frac{F_0}{2m}t^2-\frac{F_0}{6mT}t^3+C_2$$

由于题意中已经说明质点位于原点,故$C_2=0$.

因此所求的质点的运动规律为

$$x=\frac{F_0}{2m}t^2-\frac{F_0}{6mT}t^3.$$

【例10.4.2】(盯梢问题) 甲、乙两人,乙对甲盯梢,即乙与甲保持一定距离,盯着甲而运动,设甲沿直线前进,求乙的运动路线.

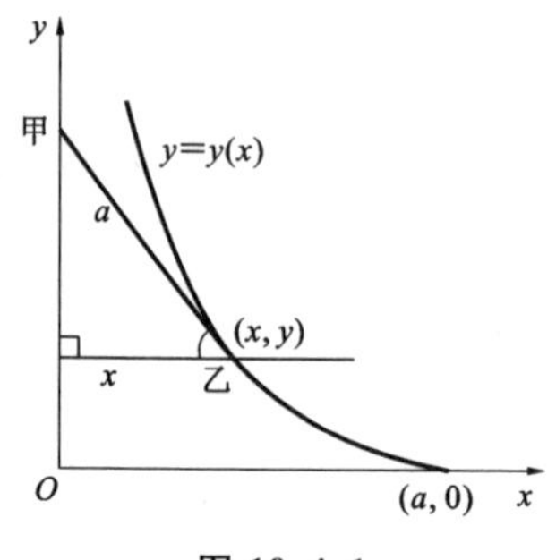

图 10.4.1

【解】 取如图10.4.1所示坐标系,使y轴是甲的运动路线,开始甲在原点,乙在$(a,0)$点,$a>0$,设乙的运动轨迹

为 $y=y(x)$，由导数的几何意义，得

$$y'=-\frac{\sqrt{a^2-x^2}}{x}$$

即盯梢的数学模型，积分得

$$y=a\ln\left(\frac{x+\sqrt{a^2-x^2}}{x}\right)-\sqrt{a^2-x^2}.$$

当 $y\to\infty$ 时，$x\to 0$，但 $x\geqslant 0$，可知乙在甲的侧后方盯着甲，受到了甲的牵制，逐渐形成几乎在甲的后面尾随.

【例 10.4.3】(列车制动问题)　列车在直线轨道上以 18 m/s 的速度行驶，制动列车获得加速度为 $-0.3\ \mathrm{m/s^2}$，问开始制动后要经过多长时间才能把列车刹住？在这段时间内列车行驶了多少路程？

【解】　记列车制动的时刻为 $t=0$，设制动后 t s 列车行驶了 s m. 由题意知，制动后列车行驶的加速度等于 $-0.3\ \mathrm{m/s^2}$，即

$$\frac{\mathrm{d}^2 s}{\mathrm{d}t^2}=-0.3$$

初始条件为当 $t=0$ 时，$s=0, v=\frac{\mathrm{d}s}{\mathrm{d}t}=18$，积分得

$$v=\frac{\mathrm{d}s}{\mathrm{d}t}=-0.3t+C_1$$

再对 t 积分一次得

$$s=-0.15t^2+C_1t+C_2\ (C_1, C_2\text{ 都是任意常数})$$

将初始条件代入以上两式，得 $C_1=18, C_2=0$. 于是，列车制动后的运动方程为

$$s=-0.15t^2+18t$$

速度方程为

$$v=-0.3t+18$$

因为列车刹住时速度为零，令 $v=0$，得列车从开始制动到完全刹住的时间为 60s，列车在制动后所行驶的路程为 540m.

练习题

1. 摩托艇以 10 km/h 的速度在静止的水上运动，全速后停止发动机，经过 20 s 后，艇的速度减至 6 km/h，如果水的阻力与艇的运动速度成正比，试求发动机停止 2 min 后艇的速度.

2. 潜艇在水中下降时，所受的阻力与下降速度成正比，潜艇由静止下降，求下降时速度与时间的关系.

3. 质量为 m 的物体，以初速度 v_0 从地面竖直上抛，如果阻力 $f=kv$，求该物体的运动规律(k 为常数，v 是速度).

4. 向正东 1 n mile(海里)处的敌舰发射制导鱼雷，鱼雷在航行中始终对准敌舰. 设敌舰以常数 v_0 沿正北方向直线行驶，已知鱼雷速度是敌舰速度的两倍，求鱼雷的航行曲线方程，并问敌舰航行多远时，将被鱼雷击中？

* 模块 11　概率论与数理统计的应用

❖ 11.1　军事问题

❖ 11.1.1　条件概率和乘法公式的应用

【例 11.1.1】　甲、乙两人独立地对同一目标射击一次，其命中率分别为 0.6 和 0.5，现已知目标被击中，则它被甲击中的概率为多少？

【解】　设 A 表示"甲射中目标"，B 表示"乙射中目标"，则 $A\cup B$ 表示"目标被击中"，故

$$
\begin{aligned}
P(A\cup B) &= P(A)+P(B)-P(AB)=P(A)+P(B)-P(A)P(B)\\
&=0.6+0.5-0.6\times 0.5=0.8,
\end{aligned}
$$

$$P(A\mid A\cup B)=\frac{P(A)}{P(A\cup B)}=\frac{0.6}{0.8}=0.75.$$

【例 11.1.2】　在空战训练中，甲机先向乙机开火，击落乙机的概率为 0.2；若乙机未被击落，就进行还击，击落甲机的概率为 0.3；若甲机未被击落，则再进攻乙机，击落乙机的概率是 0.4，求：(1)甲机被击落的概率；(2)乙机被击落的概率.

【解】　设 A 表示"甲机被击落"，B 表示"乙机被击落"，则 A 发生只可能在第二个回合中发生，而第二回合又只能在第一回合甲失败了才可能进行，用 C_i 表示第 i 回合射击成功($i=1,2,3$)，则

$$A=\bar{C}_1C_2,\quad B=C_1+\bar{C}_1\bar{C}_2C_3$$

(1) $P(A)=P(\bar{C}_1C_2)=P(\bar{C}_1)P(C_2|\bar{C}_1)=0.8\times 0.3=0.24$；

(2)
$$
\begin{aligned}
P(B)&=P(C_1+\bar{C}_1\bar{C}_2C_3)=P(C_1)+P(\bar{C}_1\bar{C}_2C_3)\\
&=P(C_1)+P(\bar{C}_1)P(\bar{C}_2|\bar{C}_1)P(C_3|\bar{C}_1\bar{C}_2)\\
&=0.2+0.8\times 0.7\times 0.4=0.424.
\end{aligned}
$$

【例 11.1.3】　轰炸机要完成它的使命，必须是驾驶员找到了目标，同时投弹员投中了目标. 设驾驶员甲和乙找到目标的概率分别为 0.9 和 0.8，投弹员丙和丁在驾驶员找到目标的条件下投中目标的概率分别是 0.7 和 0.6，现在要装备两架轰炸机的人员，问甲、乙、丙、丁应怎样两两配合才使完成使命有较大的概率？(说明：只要有一架飞机投中目标即完成使命)

【解】　设 A、B 分别表示甲、乙找到目标，C、D 分别表示丙、丁投中目标，完成使命要求两架飞机中至少有一架飞机找到目标并投中目标.

(1)采用甲与丙、乙与丁配合时，可得

$$
\begin{aligned}
P(AC\cup BD)&=P(AC)+P(BD)-P(ACBD)\\
&=P(A)P(C|A)+P(B)P(D|B)-P(A)P(C|A)P(B)P(D|B)\\
&=0.9\times 0.7+0.8\times 0.6-0.9\times 0.7\times 0.8\times 0.6=0.8076
\end{aligned}
$$

(2)采用甲与丁、乙与丙配合时，可得

$$\begin{aligned}P(AD\cup BC)&=P(AD)+P(BC)-P(ADBC)\\&=P(A)P(D|A)+P(B)P(C|B)-P(A)P(D|A)P(B)P(C|B)\\&=0.9\times0.6+0.8\times0.7-0.9\times0.6\times0.8\times0.7=0.7976\end{aligned}$$

故甲与丙、乙与丁配合比甲与丁、乙与丙配合完成使命的概率较大.

11.1.2　二项概率的应用

【例 11.1.4】　假设每一个飞机引擎在飞行中出故障的概率为 $1-p$，且各引擎是否出故障是相互独立的，如果至少有 50% 的引擎能正常运行，飞机就可以成功地飞行. 问对于多大的 p 而言，4 引擎飞机比 2 引擎飞机更为可取？

【解】　由于假设每个引擎出故障或正常飞行与其他引擎的情况相互独立，设 A 表示"4 引擎飞机能正常飞行"的事件，B 表示"2 引擎飞机能正常飞行"的事件，则由二项概率公式得

$$P(A)=C_4^2p^2(1-p)^2+C_4^3p^3(1-p)+C_4^4p^4(1-p)^0=6p^2(1-p)^2+4p^3(1-p)+p^4;$$

$$P(B)=C_2^1p(1-p)+C_2^2p^2(1-p)^0=2p(1-p)+p^2.$$

要使 4 引擎飞机更为保险，只要

$$6p^2(1-p)^2+4p^3(1-p)+p^4\geqslant 2p(1-p)+p^2$$

即　$p\geqslant\dfrac{2}{3}$.

【例 11.1.5】　设一枚深水炸弹击沉一艘潜水艇的概率为 1/3，击伤的概率为 1/2，击不中的概率为 1/6，并设击伤两次也会导致潜水艇下沉. 求施放 4 枚深水炸弹能击沉潜水艇的概率.

【解】　设 A 为"施放 4 枚炸弹，击沉潜水艇"，B 为"施放 4 枚炸弹，均未击中潜水艇"，C 为"施放 4 枚炸弹，恰有一枚击伤潜水艇"，则

$$P(B)=\left(\frac{1}{6}\right)^4,P(C)=C_4^1\left(\frac{1}{2}\right)\left(\frac{1}{6}\right)^3,$$

$$P(A)=1-P(B)-P(C)=1-\left(\frac{1}{6}\right)^4-C_4^1\left(\frac{1}{2}\right)\left(\frac{1}{6}\right)^3=\frac{1283}{1296}.$$

练习题

1. 某射手在三次射击中至少命中一次的概率为 0.875，求这名射手在一次射击命中的概率.

2. 在射击运动中，每次射击最多得 10 环，已知某运动员在每次射击中得 10 环的概率为 0.4，得 9 环的概率为 0.3，得 8 环的概率为 0.2，求 5 次独立射击中总计得到不少于 48 环的概率.

3. 猎人在距离 100 m 处射击一动物，击中的概率为 0.6；如果第一次未击中，则进行第二次射击，但由于动物逃跑而使距离变为 150 m；如果第二次未击中，则进行第三次射击，这时距离变为 200 m. 假定击中的概率与距离成反比，求猎人最多射击三次的情况下击中动物的概率.

4. 三名战士甲、乙、丙射击敌机，规定甲射击驾驶员，乙射击油箱，丙射击发动机主要部件，他们击中的概率分别为 $\frac{1}{3},\frac{1}{2},\frac{1}{2}$. 每个人射击是独立的，任一人击中，敌机即被击落，求击落敌机的概率.

5. 甲、乙、丙三人向同一飞机射击，设击中飞机的概率分别是 0.4，0.5，0.7. 如果只有一人

击中，则飞机被击落的概率是0.2；如果有两人击中，则飞机被击落的概率是0.6；如果三人都击中，则飞机一定被击落.求飞机被击落的概率.

6.用高射炮射击敌机，每门炮的命中率为0.6.问至少需要多少门高射炮同时各发射一发炮弹，才能保证以0.99的概率击中敌机？

❖ 11.2 抽签问题

❖ 11.2.1 古典概型的应用

【例11.2.1】 袋中有a根红签，b根白签.它们除颜色不同外，其他方面没有差别，现有$a+b$个人依次无放回地去抽签，求第k个人抽到红签的概率.

【解】 这是一个古典概型问题.记A_k表示"第k个人抽到1根红签".

方法一：把a根红签和b根白签看作是不同的，若把抽出的签排成一列，则每个排列就是试验的一个基本事件，基本事件的总数就等于$a+b$根不同签的所有全排列的总数$(a+b)!$.

事件A_k包含的基本事件的特点是：在第k个位置上排列的一定是红签，有a种排法；在其他$a+b-1$个位置上的签的排列总数为$(a+b-1)!$.所以A_k包含的基本事件数为$a\cdot(a+b-1)!$.

$$P(A_k)=\frac{a\cdot(a+b-1)!}{(a+b)!}=\frac{a}{a+b}\quad(1\leqslant k\leqslant a+b).$$

方法二：把a根红签和b根白签看作是没有区别的，把抽出的签排成一列，这是一个含有相同元素的全排列，每一个这样的全排列就是一个基本事件，基本事件的总数就等于$a+b$根含有相同签的全排列的总数$\dfrac{(a+b)!}{a!\cdot b!}$.

事件A_k可看作是在第k个位置上放红签，只有1种放法；在其他$a+b-1$个位置上放余下的$a+b-1$根签，共有$\dfrac{(a+b-1)!}{(a-1)!\ b!}$种方法.所以$A_k$包含的基本事件数为$\dfrac{(a+b-1)!}{(a-1)!\ b!}$.

$$P(A_k)=\frac{(a+b-1)!}{(a-1)!b!}\Big/\frac{(a+b)!}{a!b!}=\frac{a}{a+b}\quad(1\leqslant k\leqslant a+b).$$

方法三：易知第k次抽到红签的事件仅与前面$k-1$次所取的签的情况有关，前k次的每一种抽签情况相当于从$a+b$根不同签中任取k根的一个选排列，故所求概率为

$$P(A_k)=\frac{a\cdot P_{a+b-1}^{k-1}}{P_{a+b}^{k}}=\frac{a}{a+b}\quad(1\leqslant k\leqslant a+b).$$

上述结果表明，每个人抽到红签的概率与先后顺序无关，也就是说，球类比赛的抽签分组是公平的.

❖ 11.2.2 条件概率的应用

【例11.2.2】 10个考签中有4个难签，3人参加抽签(不放回)，甲先、乙次、丙最后.试求下列事件的概率：

(1)甲抽到难签；

(2)甲、乙都抽到难签；

(3)甲没抽到难签而乙抽到难签；

(4)甲、乙、丙都抽到难签.

【解】 设事件 A、B、C 分别表示甲、乙、丙抽到难签.

(1)$P(A)=\frac{P_4^1}{P_{10}^1}=\frac{2}{5}$；　(2)$P(AB)=P(A)P(B|A)=\frac{2}{5}\frac{P_3^1}{P_9^1}=\frac{2}{15}$(或$\frac{P_4^2}{P_{10}^2}$)；

(3)$P(\overline{A}B)=P(\overline{A})P(B|\overline{A})=\frac{3}{5}\frac{P_4^1}{P_9^1}=\frac{4}{15}$(或$\frac{P_6^1\cdot P_4^1}{P_{10}^2}$)；

(4)$P(ABC)=P(A)P(B|A)P(C|AB)=\frac{2}{5}\cdot\frac{P_3^1}{P_9^1}\cdot\frac{P_2^1}{P_8^1}=\frac{1}{30}$(或$\frac{P_4^3}{P_{10}^3}$).

由(2)和(3)可得,乙抽到难签的概率 $P(B)=P(AB)+P(\overline{A}B)=\frac{2}{15}+\frac{4}{15}=\frac{2}{5}$,同理 $P(C)=\frac{2}{5}$,与甲抽到难签的概率相等.

【例 11.2.3】 设有来自三个地区的各10名、15名和25名考生的报名表,其中女生的报名表分别为3份,7份和5份.随机地选取一个地区的报名表,从中先后抽出两份.

(1)求先抽到的一份是女生表的概率；

(2)已知后抽到的一份是男生表,求先抽到的一份是女生表的概率.

【解】 设 H_i 为"报名表是取自第 i 地区考生",$i=1,2,3$;A_j 表示"第 j 次取出的报名表是女生表",$j=1,2$.由题意有:

$P(H_1)=P(H_2)=P(H_3)=\frac{1}{3}$;$P(A_1|H_1)=\frac{3}{10}$,$P(A_1|H_2)=\frac{7}{15}$,$P(A_1|H_3)=\frac{1}{5}$；

$P(\overline{A}_2|H_1)=\frac{7}{10}$,$P(\overline{A}_2|H_2)=\frac{8}{15}$,$P(\overline{A}_2|H_3)=\frac{4}{5}$.

(1)$P(A_1)=\sum\limits_{i=1}^{3}P(H_i)P(A_1|H_i)=\frac{1}{3}(\frac{3}{10}+\frac{7}{15}+\frac{1}{5})=\frac{29}{90}$；

(2)由于 $P(\overline{A}_2)=\sum\limits_{i=1}^{3}P(H_i)P(\overline{A}_2|H_i)=\frac{1}{3}(\frac{7}{10}+\frac{8}{15}+\frac{4}{5})=\frac{61}{90}$ 或 $P(\overline{A}_2)=P(\overline{A}_1)=1-P(A_1)=\frac{61}{90}$,

$$P(A_1\overline{A}_2)=\sum_{i=1}^{3}P(H_i)P(A_1\overline{A}_2\mid H_i)=\frac{1}{3}(\frac{3}{10}\times\frac{7}{9}+\frac{7}{15}\times\frac{8}{14}+\frac{1}{5}\times\frac{5}{6})=\frac{2}{9},$$

所以　$P(A_1\mid\overline{A}_2)=\frac{P(A_1\overline{A}_2)}{P(\overline{A}_2)}=\frac{20}{61}$.

练习题

1.一田径场有7条跑道,其中3条好跑道,7名运动员抽签决定自己的跑道(每条跑道对应一根签),运动员小张最先抽,小李第二抽,试问小张、小李抽到好跑道的概率是否相等.

2.一个盒子装有标号为1,2,…,10的标签,今随机地选取两张标签,假若

(1)标签的选取是无放回的；

(2)标签的选取是有放回的.

求两张标签上的数字为相邻整数的概率.

◈ 11.3 竞赛、成绩问题

◈ 11.3.1 伯努利概型的应用

【例 11.3.1】 甲、乙两个乒乓球运动员进行单打比赛，如果每赛一局甲胜的概率为 0.6，乙胜的概率为 0.4. 比赛既可以采用三局两胜制，也可以采用五局三胜制，问采用哪种赛制对甲更有利？

【解】 (1)采用三局两胜制.

设 A_1＝"甲净胜两局"，A_2＝"前两局甲、乙各胜一局，第三局甲胜"，A＝"甲胜"，则

$$A = A_1 \cup A_2$$

$$P(A_1) = 0.6^2 = 0.36, P(A_2) = (0.6^2 \times 0.4) \times 2 = 0.288,$$

由于 A_1 与 A_2 互不相容，由加法公式得

$$P(A) = P(A_1) + P(A_2) = 0.36 + 0.288 = 0.648.$$

(2)采用五局三胜制.

设 B＝"甲胜"，B_1＝"前三局甲胜"，B_2＝"前三局中甲胜两局，乙胜一局，第四局甲胜"，B_3＝"前四局甲、乙各胜两局，第五局甲胜"，B_1、B_2、B_3 互不相容，则

$$B = B_1 \cup B_2 \cup B_3$$

$$P(B_1) = 0.6^3 = 0.216, P(B_2) = C_3^2(0.6^2 \times 0.4) \times 0.6 = 0.259,$$

$$P(B_3) = C_4^2 0.6^2 \times 0.4^2 \times 0.6 = 0.207.$$

由于 B_1、B_2、B_3 互不相容，由加法公式得

$$P(B) = P(B_1) + P(B_2) + P(B_3) = 0.216 + 0.259 + 0.207 = 0.682.$$

所以，采用五局三胜制对甲更有利.

◈ 11.3.2 全概率公式与贝叶斯公式的应用

【例 11.3.2】 某中学生参加国际奥林匹克数学竞赛，初试、复试题共 6 道，各题内容互不联系，假若该学生答对每道题的可能性均为 0.7，至少要答对其中的 4 道题才可能获胜，其中答对 4、5、6 道题而取得优胜的概率分别是：0.5，0.8，1. 试求该中学生取得优胜的概率.

【解】 这是一个伯努利概型.

设 A_1，A_2，A_3 分别表示答对"4、5、6 道题"，B 表示"该中学生取得优胜"，则

$$P(B) = \sum_{i=1}^{3} P(A_i)P(B \mid A_i) = P_6(4) \times 0.5 + P_6(5) \times 0.8 + P_6(6) \times 1$$

$$= C_6^4 0.7^4 0.3^2 \times 0.5 + C_6^5 0.7^5 0.3^1 \times 0.8 + C_6^6 0.7^6 0.3^0 \times 1 = 0.5217.$$

【例 11.3.3】 某射击小组共有 20 名射手，其中一级射手 4 人，二级射手 8 人，三级射手 7 人，四级射手 1 人. 一、二、三、四级射手能通过选拔进入比赛的概率分别为 0.9，0.7，0.5，0.2. 求任取一位射手能通过选拔进入比赛的概率，若已知该小组有一名射手通过选拔进入了比赛，那该射手最有可能是几级射手？

【解】 (1)设 A_i 表示"第 i 级射手"(i＝1，2，3，4)，B 表示"通过选拔进入比赛"，则 A_1，A_2，A_3，A_4 构成一完备事件组，于是

$$P(B)=\sum_{i=1}^{4}P(A_i)P(B\mid A_i)=0.2\times0.9+0.4\times0.7+0.35\times0.5+0.05\times0.2=0.645.$$

(2)若该小组已经有一名射手通过选拔进入了比赛,则分别是一、二、三、四级射手的可能性为

$$P(A_1\mid B)=\frac{P(A_1)P(B\mid A_1)}{\sum_{i=1}^{4}P(A_i)P(B\mid A_i)}$$

$$=\frac{0.2\times0.9}{0.2\times0.9+0.4\times0.7+0.35\times0.5+0.05\times0.2}=0.279$$

同理 $P(A_2|B)=0.4345$,$P(A_3|B)=0.271$,$P(A_4|B)=0.155$.

显然,该射手最有可能是二级射手.

◈ 11.3.3　正态分布的应用

【例 11.3.4】　某地区参加高考预选的考生 10000 人的成绩 X 服从正态分布.已知 $\mu=420$ 分,$\sigma=10$ 分,要求预选 6000 名考生参加正式高考,问应如何确定分数线?

【解】　设分数线为 x_0,依题意,应选考生总人数的比例为 $\frac{6000}{10000}=0.6$,即使 $P(X>x_0)=0.6$,由正态分布图像,x_0 显然小于 420,所以

$$P(X>x_0)=1-P(X\leqslant x_0)=1-P\left(\frac{X-420}{10}\leqslant\frac{x_0-420}{10}\right)$$

$$=1-\Phi\left(\frac{x_0-420}{10}\right)=\Phi\left(\frac{420-x_0}{10}\right)=0.6,$$

查附录 4 并可得 $x_0=420-10\times0.25\approx417$ 分.

【例 11.3.5】　从某校初三毕业生期末语文成绩中随机抽取 9 人的成绩,结果见表 11.3.1.

表 11.3.1

序号	1	2	3	4	5	6	7	8	9
成绩	89	94	78	85	71	75	55	63	65

试估计该校初三毕业生语文成绩的平均分数、标准差及该 9 位学生的标准分数.

【解】　设 X 为初三毕业生的语文成绩,由于学生的成绩服从正态分布,根据已有知识,这里 9 个学生的语文成绩样本均值与样本标准差就是整个初三毕业生期末语文成绩的平均分数 μ、标准差 σ 的估计值,即

$$\hat{\mu}=\bar{x}=\frac{1}{9}\sum_{i=1}^{9}x_i=\frac{1}{9}(89+94+\cdots+65)=75;$$

$$\hat{\sigma}=S=\sqrt{\frac{1}{9}\sum_{i=1}^{9}(x_i-\bar{x})^2}=\sqrt{\frac{1}{9}[(89-75)^2+(94-75)^2+\cdots+(65-75)^2]}=12.14.$$

由于标准分数 $X^*=\frac{X-\mu}{\sigma}$,因此 9 位学生标准分数的估计值见表 11.3.2.

表 11.3.2

序号	1	2	3	4	5	6	7	8	9
标准分数	1.15	1.57	0.25	0.82	−0.33	0	−1.65	−0.99	−0.82

练习题

1. 已知某地区5000名高一学生的数学统考成绩 $X \sim N(65, 15^2)$，求50至80分之间的学生人数.

2. 某地区抽样调查结果表明，考生的物理成绩(百分制)近似服从正态分布，平均成绩为72分，96分以上的占考生总数的2.3%，试求考生的物理成绩在60分至84分之间的概率.

3. 射击比赛，每人射击4次(每次1发)，约定全部不中得0分，只中一弹得15分，中两弹得30分，中三弹得55分，中四弹得100分，某人每次射击的命中率为0.6，求他得分的期望值.

11.4 交通运输问题

11.4.1 先验概率与后验概率的应用

【例11.4.1】 甲、乙两地都有铁路线通往丙处，甲地一天内只发售10张车票，每天有100人从甲到丙处；乙地一天也只发售10张车票，每天有50个本地人到丙处；一天内在甲地买不到车票的人中有1/5的人到乙地去买票，假定到丙处的人在当地买不到车票的可能性是相等的. 试问，任一由甲地到丙处的人，在甲地买不到车票且到乙地也买不上车票的概率是多少？

【解】 在任一由甲地到丙处的人中，设 A="在甲地买不上车票"，B="由甲地转乙地"，C="在乙地买不上车票". 由题意，需要计算 $P(ABC)$.

$$P(A) = 1 - P(\overline{A}) = 1 - \frac{10}{100} = 0.9, P(B \mid A) = \frac{1}{5}$$

一天内在甲地买不到车票转到乙地的人数共有：$(100-10)\times 1/5 = 18$ 人.

$$P(C \mid AB) = 1 - P(\overline{C} \mid AB) = 1 - \frac{10}{50+18} = \frac{58}{68},$$

$$P(ABC) = P(A)P(B \mid A)P(C \mid AB) = 0.9 \times 0.2 \times \frac{58}{68} = 0.154.$$

根据这个概率可得，在甲地买不到车票再转到乙地去买票不是很划算.

【例11.4.2】 有朋友自远方来，他乘火车、轮船、汽车、飞机来的概率分别是0.3，0.2，0.1，0.4. 如果他乘火车、轮船、汽车来的话，迟到的概率分别是0.2，0.3，0.1，而乘飞机不会迟到. 结果他迟到了，试问他是乘火车来的概率是多少？

【解】 设 B 表示"他迟到"，A_1, A_2, A_3, A_4 分别表示他乘"火车、轮船、汽车、飞机来"，则 A_1, A_2, A_3, A_4 构成一完备事件组，由题意

$$P(A_1) = 0.3, P(A_2) = 0.2, P(A_3) = 0.1, P(A_4) = 0.4$$

$$P(B \mid A_1) = 0.2, P(B \mid A_2) = 0.3, P(B \mid A_3) = 0.1, P(B \mid A_4) = 0$$

于是，由贝叶斯公式有

$$P(A_1 \mid B) = \frac{P(A_1)P(B \mid A_1)}{\sum_{i=1}^{4} P(A_i)P(B \mid A_i)} = \frac{0.3 \times 0.2}{0.3 \times 0.2 + 0.2 \times 0.3 + 0.1 \times 0.1 + 0.4 \times 0} \approx 0.462.$$

11.4.2　概率密度函数的应用

【例11.4.3】　一位乘客到某公共汽车站等候汽车，如果他完全不知道汽车通过该站的时间，则他的候车时间 X 是一个随机变量.假设该公共汽车站每隔8分钟有一辆汽车通过，则在任一时刻到站乘客的候车时间在[0,8]内服从均匀分布，求该乘客候车时间不超过4分钟的概率及超过6分钟的概率.

【解】　由题意，X 的概率密度函数为

$$f(x)=\begin{cases}\dfrac{1}{8}, & 0\leqslant x\leqslant 8\\ 0, & 其他\end{cases}.$$

则该乘客候车时间不超过4分钟的概率 $P(0\leqslant X\leqslant 4)=\int_0^4\dfrac{1}{8}\mathrm{d}x=0.5$；

而该乘客候车时间超过6分钟的概率 $P(6\leqslant X\leqslant 8)=\int_6^8\dfrac{1}{8}\mathrm{d}x=0.25$.

11.4.3　数学期望的应用

【例11.4.4】　一辆飞机场的交通车，送20名乘客到6个站，假设每一位乘客都等可能地在任一站下车，并且他们下车与否相互独立，又知交通车只在有人下车时才停车，求该交通车停车次数的数学期望.

【解】　由题意，每一位乘客在第 i 站下车的概率均为 $\frac{1}{6}(i=1,2,\cdots,6)$，用 A_k 表示"第 k 位乘客在第 i 站下车"，则有

$$P(A_k)=\frac{1}{6},P(\overline{A}_k)=\frac{5}{6}\quad(k=1,2,\cdots,20)$$

因为 $A_1,A_2,\cdots,A_{20}$ 相互独立，所以，第 i 站无人下车的概率为

$$P(\bigcap_{k=1}^{20}\overline{A}_k)=\prod_{k=1}^{20}P(\overline{A}_k)=\left(\frac{5}{6}\right)^{20}\quad(i=1,2,\cdots,20)$$

设

$$X_i=\begin{cases}1, 第\ i\ 站有人下车\\ 0, 第\ i\ 站无人下车\end{cases}\quad(i=1,2,\cdots,6)$$

则

$$P(X_i=0)=\left(\frac{5}{6}\right)^{20},P(X_i=1)=1-\left(\frac{5}{6}\right)^{20}\quad(i=1,2,\cdots,20)$$

于是交通车停车次数的数学期望为

$$E(X)=E(\sum_{i=1}^{6}X_i)=\sum_{i=1}^{6}E(X_i)=\sum_{i=1}^{6}P(X_i=1)=6\left[1-\left(\frac{5}{6}\right)^{20}\right]\approx 5.84.$$

11.4.4　正态分布的应用

【例11.4.5】　设成年男子的身高 $X\sim N(170,10^2)$（单位：cm）.试求：

(1)成年男子身高大于160 cm的概率；

(2)公共汽车门应设计为多高，才能使男子碰头的机会小于0.05?

【解】 (1)$P(X>160)=1-P(X\leqslant 160)=1-P\left(\frac{X-170}{10}\leqslant -1\right)=1-\Phi(-1)=\Phi(1)=$ 0.8413；

(2)设公共汽车门设计高度为 h，依题意需

$$P(X>h)=1-P(X\leqslant h)=1-\Phi\left(\frac{h-170}{10}\right)\leqslant 0.05$$

化简得 $\Phi\left(\frac{h-170}{10}\right)\geqslant 0.95=\Phi(1.645)$，即 $h\geqslant 186.45$ cm.

练习题

1.一辆汽车沿一街道行驶，需要通过三个均设有红绿灯信号的路口，每个信号灯为红或绿与其他信号灯为红或绿相互独立，且红绿两种信号显示的时间相等.以 X 表示该汽车首次遇到红灯前已通过的路口个数，求 X 的概率分布.

2.从学校乘汽车到火车站，途中有3个交通岗.假设在各个交通岗遇到红灯的事件是相互独立的，且概率都是2/5.设 X 为途中遇到红灯的次数，求 X 的概率分布列、分布函数及数学期望.

3.加工汽车上的某种零件，若采用工艺 A，则完成时间 $X\sim N(40,10^2)$；若采用工艺 B，则完成时间 $X\sim N(50,4^2)$(单位:min).问：

(1)若允许加工在60min内完成，应选何种工艺？

(2)若允许加工在50min内完成，应选何种工艺？

11.5 保险与期望利润问题

11.5.1 泊松分布的应用

【例 11.5.1】 保险公司里，有2500个同一年龄和同一社会阶层的人参加了人寿保险，在一年里每个人死亡的概率为0.002，每个参加保险的人在每年的1月1日付12元的保险费，而在死亡时家属可向公司领2000元.问：

(1)保险公司亏本的概率；(2)保险公司获利不少于10000元的概率.

【解】 (1)在每年的1月1日，保险公司收入2500×12=30000元.若一年中死亡 x 人，保险公司支出 $2000x$ 元；若 $2000x>30000$，即 $x>15$，则"亏本"="一年中多于15人死亡".

$$P(x>15)=\sum_{k=16}^{2500}C_{2500}^{k}0.002^{k}0.998^{2500-k}=1-\sum_{k=0}^{15}C_{2500}^{k}0.002^{k}0.998^{2500-k}$$

$$\approx 1-\sum_{k=0}^{15}\frac{5^k}{k!}e^{-5}\approx 0.000069 \quad (\lambda=2500\times 0.002=5)$$

(2)$30000-2000x\geqslant 10000$，即 $x\leqslant 10$，则

$$P(x\leqslant 10)=\sum_{k=0}^{10}0.002^{k}0.998^{2500-k}\approx\sum_{k=0}^{10}\frac{5^k}{k!}e^{-5}\approx 0.986305.$$

【例 11.5.2】 已知某商店每月销售某种名贵手表的数量 X 服从泊松分布 $P(4)$.求：

(1)每月至少销售5只这种手表的概率；

(2)假定每月仅购进一次这种手表,且上月没有库存,则本月初应购进多少只这种手表才能保证当月不脱销的概率不小于0.99?

【解】 (1)
$$P(X\geqslant 5)=1-P(X\leqslant 4)=1-\sum_{x=0}^{4}P(X=x)$$
$$=1-\left(\frac{4^0}{0!}+\frac{4^1}{1!}+\frac{4^2}{2!}+\frac{4^3}{3!}+\frac{4^4}{4!}\right)\mathrm{e}^{-4}=0.3711$$

(2)设本月初购进 n 只这种手表,依题意需 $P(X\leqslant n)\geqslant 0.99$,即
$$\left(\frac{4^0}{0!}+\frac{4^1}{1!}+\frac{4^2}{2!}+\frac{4^3}{3!}+\frac{4^4}{4!}+\cdots+\frac{4^n}{n!}\right)\mathrm{e}^{-4}\geqslant 0.99$$
因为当 $n=9$ 时,上式左端的值约等于 $0.9919>0.99$. 所以本月初应购进9只这种手表才能保证当月不脱销的概率不小于0.99.

11.5.2 数学期望的应用

【例 11.5.3】 设某种商品每周的需求量 X 是服从区间[10,30]上的均匀分布的随机变量,而进货数量为区间[10,30]内的某一整数,商店每正常处理1单位商品可获得500元;若供大于求则削价处理,每削价处理1单位商品,商店亏损100元;若供不应求,则可从外部调剂供应,此时每1单位商品仅获得300元,使商店所获利润期望值不少于9280元,试确定最少进货量.

【解】 由题意,随机变量 X 的概率密度函数为
$$f(x)=\begin{cases}\dfrac{1}{20}, & 10\leqslant x\leqslant 30\\ 0, & \text{其他}\end{cases}$$
设进货数量为 a,则利润为
$$L=\begin{cases}500x-(a-x)100, 10\leqslant x\leqslant a\\ 500a+(x-a)300, a<x\leqslant 30\end{cases}=\begin{cases}600x-100a, 10\leqslant x\leqslant a\\ 300x+200a, a<x\leqslant 30\end{cases}$$
则利润的期望值为
$$E(L)=\int_{-\infty}^{+\infty}L\cdot f(x)\mathrm{d}x=\int_{10}^{30}\frac{1}{20}\cdot L\mathrm{d}x=\frac{1}{20}\int_{10}^{a}(600x-100a)\mathrm{d}x+\frac{1}{20}\int_{a}^{30}(300x+200a)\mathrm{d}x$$
$$=-7.5a^2+350a+5250$$
根据题意需 $-7.5a^2+350a+5250\geqslant 9280$,即 $20\dfrac{2}{3}\leqslant a\leqslant 26$.

所以使商店所获利润期望值不少于9280元的最少进货量为21单位.

练习题

1.据统计,一位40岁的健康者(体检未发现病症者)在五年内仍然活着或自杀的概率为 p $(0<p<1)$,在五年内死亡(非自杀)的概率为 $1-p$. 保险公司开办五年人寿保险,条件是参加者需交保险费 a 元. 若五年之内死亡,公司赔偿 b 元 $(b>a)$,问 b 的取值定在什么范围内公司才可望获利? 若有 m 人参加保险,公司可期望从中受益多少?

2.假设一部机器在一天内发生故障的概率为0.2,机器发生故障时全天停止工作. 若一周5个工作日里无故障,可获利10万元;发生一次故障仍可获利润5万元;发生两次故障无利

润;发生三次或三次以上故障就要亏损 2 万元.求一周内期望利润是多少?

3. 在国际市场上,每年对我国某种出口商品的需求量为随机变量 X(单位:t),它在[2000,4000]上服从均匀分布.若每售出 1t,可得外汇 3 万元;如果销售不出去而积压,则每积压 1t 浪费保养费 1 万元.问应组织多少货源才能使平均收益最大?

4. 某商店为了了解居民对某种商品的需要,调查了 100 家住户,得出每户每月平均需求量为 10 kg,方差为 9.如果这个商店供应 10000 户,试就居民对该种商品的平均需求量进行区间估计,$\alpha=0.1$,并依此考虑最少需要准备多少这种商品才能以 0.99 的概率满足需要?

5. 5 家商店联营,它们每两周售出的某种农产品的数量(kg)分别为 X_1,X_2,X_3,X_4,X_5.已知 $X_1\sim N(200,225)$,$X_2\sim N(240,240)$,$X_3\sim N(180,225)$,$X_4\sim N(260,265)$,$X_5\sim N(320,270)$,X_1,X_2,X_3,X_4,X_5 相互独立.求:

(1)求 5 家商店两周的总销量的均值和方差;

(2)商店每隔两周进货一次,为了使新的供货到达前商店不会脱销的概率大于 0.99,问商店的仓库应至少储存多少千克该产品?

11.6 生物化学问题

11.6.1 二项概率的应用

【例 11.6.1】 血清效应试验.

设鸡群中感染某种疾病的概率为 20%,新发现了一种血清可能对预防这种疾病有效,为此对 25 只健康的鸡注射了这种血清,若注射后发现只有一只鸡受感染.试问这种血清是否有作用?

【解】 25 只鸡中感染某种疾病的鸡数 X 服从二项分布,假设血清无作用,表示每只鸡的感染率还是 20%,$X\sim B(25,0.2)$.25 只鸡中至多一只受感染的概率为

$$P(X=0)+P(x=1)=C_{25}^{0}0.2^{0}0.8^{25}+C_{25}^{1}0.2^{1}0.8^{24}=0.0038+0.0236=2.74\%<5\%.$$

这是一个小概率事件,即若血清无作用,则 25 只鸡中至多 1 只受感染的事件是一个小概率事件;它在一次试验中不能发生,然而现在恰好发生了,表明血清有作用.

11.6.2 泊松分布的应用

【例 11.6.2】 试验器皿中产生甲、乙两类细菌的机会是相等的,且产生的细菌数 X 服从参数为 λ 的泊松分布.试求产生了甲类细菌但没有乙类细菌的概率.

【解】 由题意可知,X 的概率函数为

$$P(X=k)=\frac{\lambda^k}{k!}\mathrm{e}^{-\lambda},\quad k=0,1,2,\cdots$$

而这 k 个细菌全为甲类细菌的概率为

$$P(A_k)=\frac{\lambda^k}{k!}\mathrm{e}^{-\lambda}\left(\frac{1}{2}\right)^k$$

因此产生了甲类细菌但没有乙类细菌的概率为

$$P(A)=\sum_{k=1}^{\infty}\frac{\lambda^k}{k!}\mathrm{e}^{-\lambda}\left(\frac{1}{2}\right)^k=\mathrm{e}^{-\lambda}(\mathrm{e}^{\frac{\lambda}{2}}-1).$$

◈ 11.6.3　正态分布的应用

【例 11.6.3】 某地区 18 岁女青年的血压 X(收缩压,以 mmHg 计)服从 $N(110,12^2)$. 在该地区任选一名 18 岁的女青年,测量她的血压. 试求:

(1)求 $P(X\leqslant 105)$;

(2)确定最小的 x 使 $P(X>x)\leqslant 0.05$.

【解】 (1)$P(X\leqslant 105)=\Phi(\frac{105-110}{12})=\Phi(-0.417)=1-\Phi(0.417)=0.3372$;

(2)要使 $P(X>x)\leqslant 0.05$ 成立,必须 $P(X\leqslant x)>0.95$,即 $\Phi\left(\frac{x-110}{12}\right)\geqslant\Phi(1.645)$,故 $x\geqslant 129.74$.

由小概率事件的基本原理,说明该地区 18 岁女青年的血压基本上都在 130 以下.

【例 11.6.4】 已知正常的成人男性每一毫升血液中白细胞数平均是 7300,均方差是 700,利用切比雪夫不等式估计每毫升血液中白细胞数在 5000～9600 之间的概率.

【解】 假设正常的成人男性每毫升血液中白细胞数为 X,由题意 $E(X)=7300, D(X)=700^2$,于是

$$P(5000<X<9600)=P(|X-7300|<2300)\geqslant 1-\frac{700^2}{2300^2}=0.91.$$

就是说正常的成人男性血液中每毫升白细胞数大部分在 5000～9600 之间.

练习题

1. 设某种药对某种疾病的治愈率为 80%,现有 10 个患有这种疾病的病人同时服用这种药,求至少有 6 人被治愈的概率.

2. 某种稀有昆虫寿命 X(h)的概率密度函数为

$$f(x)=\begin{cases}\frac{3}{4}(2x-x^2), & 0<x<2\\ 0, & \text{其他}\end{cases}$$

求 $E(X), D(X)$.

3. 已知某种物质的溶解时间(单位:s)服从正态分布 $N(65.25^2)$,问应取多大的样本容量 n,才能使样本均值 $\overline{X}$ 落在区间(50,80)内的概率不小于 0.98?

4. 设肺病发病率为 0.1%,患肺病的人中吸烟者占 90%,不患肺病的人中吸烟者占 20%,试求吸烟者与不吸烟者患肺病的概率各为多少?

5. 某种诊断肝病的检验方法有如下效果:用 A 表示"被检验者反应为阳性",B 表示"被检验者确实患有肝病",且 $P(A|B)=0.95, P(\overline{A}|\overline{B})=0.9$,现在对自然人群进行普查,设 $P(B)=0.0004$,求 $P(B|A)$.

11.7 安全、故障问题

11.7.1 指数分布的应用

【例 11.7.1】 通过研究近 80 年在某矿山发生的导致 10 人以上死亡的事故的频繁程度，得知相继两次事故之间的时间 T(单位：d)服从指数分布，其概率密度函数为

$$f(t)=\begin{cases}\dfrac{1}{180}\mathrm{e}^{-\frac{t}{180}}, & t>0\\ 0, & \text{其他}\end{cases}$$

试求 $P(30<T<90)$.

【解】 $P(30<T<90)=\int_{30}^{90}f(t)\mathrm{d}t=\int_{30}^{90}\dfrac{1}{180}\mathrm{e}^{-\frac{t}{180}}\mathrm{d}t=\mathrm{e}^{-\frac{1}{6}}-\mathrm{e}^{-\frac{1}{2}}$.

11.7.2 泊松分布的应用

【例 11.7.2】 某公安局在 t 时间间隔内接收到紧急呼救的次数 X 服从参数为 $\frac{t}{2}$ 的泊松分布，而与时间(h)间隔的起点无关. 试求：

(1)某一天中午 12 时至下午 3 时没有收到紧急呼救的概率；

(2)某一天中午 12 时至下午 5 时至少收到 1 次紧急呼救的概率.

【解】 由题意，X 的概率函数为 $P(X=k)=\dfrac{\left(\frac{t}{2}\right)^k}{k!}\mathrm{e}^{-\frac{t}{2}}\quad(k=0,1,2,\cdots)$.

(1)$t=3,\lambda=\dfrac{3}{2},P(X=k)=\dfrac{\left(\frac{3}{2}\right)^k}{k!}\mathrm{e}^{-\frac{3}{2}}\quad(k=0,1,2,\cdots)$，所以 $P(X=0)=\dfrac{\left(\frac{3}{2}\right)^0}{0!}\mathrm{e}^{-\frac{3}{2}}=\mathrm{e}^{-\frac{3}{2}}\approx0.2231$；

(2)$t=5$ 时，$\lambda=\dfrac{5}{2},P(X=k)=\dfrac{\left(\frac{5}{2}\right)^k}{k!}\mathrm{e}^{-\frac{5}{2}}\quad(k=0,1,2,\cdots)$，所以

$$P(X\geqslant1)=1-P(X=0)=1-\frac{\left(\frac{5}{2}\right)^0}{0!}\mathrm{e}^{-\frac{5}{2}}=1-\mathrm{e}^{-\frac{5}{2}}\approx0.918.$$

【例 11.7.3】 在某一周期内电子计算机中发生过故障的元件数 X 服从参数为 λ 的泊松分布. 计算机修理时间 t 的长短取决于发生故障的元件数，并按公式 $t=T(1-\mathrm{e}^{-aX})$ 来计算，其中 $a>0,T>0$，且都是常数. 求计算机的平均修理时间.

【解】 由题意，X 的概率函数为 $P(X=k)=\dfrac{\lambda^k}{k!}\mathrm{e}^{-\lambda}\quad(k=0,1,2,\cdots)$.

由数学期望的性质，有 $E(t)=E[T(1-\mathrm{e}^{-aX})]=T[1-E(\mathrm{e}^{-aX})]$，而

$$E(\mathrm{e}^{-aX})=\sum_{k=0}^{\infty}\mathrm{e}^{-ak}P(X=k)=\sum_{k=0}^{\infty}\mathrm{e}^{-ak}\frac{\lambda^k}{k!}\mathrm{e}^{-\lambda}=\mathrm{e}^{-\lambda}\sum_{k=0}^{\infty}\frac{(\lambda\mathrm{e}^{-a})^k}{k!}=\mathrm{e}^{-\lambda}\mathrm{e}^{\lambda\mathrm{e}^{-a}}=\mathrm{e}^{\lambda(\mathrm{e}^{-a}-1)},$$

所以 $E(t)=T[1-\mathrm{e}^{\lambda(\mathrm{e}^{-a}-1)}]$，即计算机的平均修理时间为 $T[1-\mathrm{e}^{\lambda(\mathrm{e}^{-a}-1)}]$.

❖ 11.7.3　正态分布的应用

【例 11.7.4】 在电源电压不超过 200 V，介于 200～240 V 之间和超过 240 V 三种情况下，某种电子元件损坏的概率分别为 0.1，0.001 和 0.2. 假设电源电压 $X\sim N(220,25^2)$，试求：

(1)该电子元件损坏的概率 α；

(2)该电子元件损坏时，电源电压介于 200～240 V 之间的概率 β；

(3)确定最小的 x，使 $P(X>x)\leqslant 0.05$.

【解】 设 A_1 表示“电压不超过 220 V”，A_2 表示“电压介于 200～240 V 之间”，A_3 表示“电压超过 240 V”，B 表示“电子元件损坏”. 由于 $X\sim N(220,25^2)$，则有

$P(A_1)=P(X\leqslant 200)=\Phi(\frac{200-220}{25})=\Phi(-0.8)=0.2119$；

$P(A_2)=P(220\leqslant X\leqslant 240)=\Phi(0.8)-\Phi(-0.8)=0.5762$；

$P(A_3)=P(X>240)=1-P(A_1)-P(A_2)=0.2119$.

又因为 $P(B|A_1)=0.1, P(B|A_2)=0.001, P(B|A_3)=0.2$.

(1)由全概率公式，得 $\alpha=\sum\limits_{i=1}^{3}P(A_i)P(B\mid A_i)=0.0642$；

(2)由贝叶斯公式，得 $\beta=P(A_2\mid B)=\dfrac{P(A_2)P(B\mid A_2)}{\sum\limits_{i=1}^{3}P(A_i)P(B\mid A_i)}=0.009$；

(3)由题意确定最小的 x，使 $P(X>x)\leqslant 0.05$，就是 $P(X\leqslant x)=\Phi(\frac{x-220}{25})>0.95=\Phi(1.645)$，即最小的 x 为 261.

❖ 11.7.4　参数估计的应用

【例 11.7.5】 设某种元件无故障工作时间 X 服从指数分布 $\mathrm{e}(\lambda)$，$\lambda>0$ 为未知参数. 表 11.7.1 记录了 1000 个这种元件的无故障工作时间 x_i(单位：h)及频数 n_i：

表 11.7.1

x_i	5	15	25	35	45	55	65
n_i	365	245	150	100	70	45	25

(1)求未知参数 λ 的最大似然估计值；

(2)估计这种元件无故障工作时间在 40 h 以上的概率.

【解】 (1)设服从指数分布的概率密度函数为

$$f(x)=\begin{cases}\dfrac{1}{\lambda}\mathrm{e}^{-\frac{x}{\lambda}}, & x>0\\ 0, & 其他\end{cases}$$

根据题意，则似然函数为

$$L(\lambda)=\begin{cases}\dfrac{1}{\lambda^n}\mathrm{e}^{-\frac{1}{\lambda}\sum\limits_{i=1}^{7}x_i n_i}, 5\leqslant x_i\leqslant 65, i=1,2,\cdots,7\\ 0, \quad 其他\end{cases}$$

显然 $L(\lambda)>0$，对其取自然对数，得 $\ln L(\lambda)=-n\ln\lambda-\frac{1}{\lambda}\sum_{i=1}^{7}x_in_i$.

由似然方程

$$\frac{\mathrm{d}\ \ln L(\lambda)}{\mathrm{d}\lambda}=-\frac{n}{\lambda}+\frac{1}{\lambda^2}\sum_{i=1}^{7}x_in_i=0$$

解得 λ 的最大似然估计值为 $\hat{\lambda}=\frac{1}{n}\sum_{i=1}^{7}x_in_i=\bar{x}=20$ h.

(2) $P(X\geqslant 40)=\int_{40}^{+\infty}f(x)\mathrm{d}x=\frac{1}{20}\int_{40}^{+\infty}\mathrm{e}^{-\frac{1}{20}x}\mathrm{d}x=-\mathrm{e}^{-\frac{1}{20}x}\Big|_{40}^{+\infty}=\mathrm{e}^{-2}\approx 0.1353$.

练习题

1. 为了防止意外，在矿内同时设有两种报警系统 A 与 B，每种系统单独用时，其有效概率分别为 0.92 与 0.93，在 A 失灵的条件下，B 有效的概率为 0.85，求在 B 失灵的条件下，A 有效的概率.

2. 设某地在任何长时间 t(周)内发生地震的次数 $N(t)$ 服从参数为 λ 的泊松分布，试求：

(1)若 T 表示直到下一次地震发生所需的时间(单位：周)，求 T 的概率分布；

(2)在相邻两周内至少发生 3 次地震的概率；

(3)在连续 8 周无地震的条件下，在未来 8 周仍无地震的概率.

3. 一女工照管 800 个纱锭，若一纱锭在单位时间内断纱的概率为 0.005，求单位时间内：

(1)恰好断纱 4 次的概率；

(2)断纱次数不多于 3 次的概率.

4. 某型号电子管寿命 X(h)具有如下的概率密度函数

$$f(x)=\begin{cases}\frac{1000}{x^2}, & x>1000\\ 0, & 其他\end{cases}$$

一台仪器装有此种电子管 3 个(各电子管发生故障损坏与否相互独立)，试求：

(1)在使用的最初 1500 h 内，没有一个电子管发生故障的概率；

(2)在使用的最初 1500 h 内，只有一个电子管发生故障的概率；

(3)在使用的最初 1500 h 内，至少有一个电子管发生故障的概率.

5. 设有同类型仪器 300 台，各仪器的工作相互独立，且发生故障的概率均为 0.01，通常一台仪器的故障可由一个人来排除.

(1)问至少配备多少维修工人，才能保证当仪器发生故障又不能及时排除的概率小于 0.01；

(2)若一个人包干 20 台仪器，求仪器发生故障又不能及时排除的概率.

附录 1　常用初等数学公式

一、因式分解

1. $a^2-b^2=(a+b)(a-b)$；

2. $a^2\pm 2ab+b^2=(a\pm b)^2$；

3. $a^3\pm b^3=(a\pm b)(a^2\mp ab+b^2)$.

4. $a^3\pm 3a^2b+3ab^2\pm b^3=(a\pm b)^3$.

二、指数幂的运算

1. $a^m\cdot a^n=a^{m+n}$；

2. $a^m/a^n=a^{m-n}$；

3. $(a^m)^n=a^{m\cdot n}$；

4. $\sqrt[n]{a^m}=a^{\frac{m}{n}}$.

三、对数的四则运算

1. $\log_a M+\log_a N=\log_a MN$；

2. $\log_a M-\log_a N=\log_a \dfrac{M}{N}$；

3. $\log_{a^n} b^m=\dfrac{m}{n}\log_a b$；

4. $a^{\log_a N}=N$.

四、三角函数

1. 三角函数诱导公式

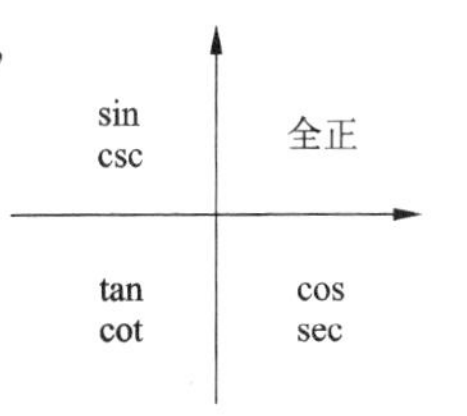

口诀：奇变偶不变，符号看象限. 其中："奇（偶）"指$\dfrac{\pi}{2}$的奇（偶）数倍，"变"指 sin 与 cos 互变，tan 与 cot 互变.

如：$\sin(x+\dfrac{3\pi}{2})=-\cos x$，$\tan(x+\pi)=\tan x$

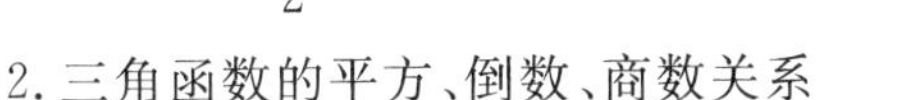

2. 三角函数的平方、倒数、商数关系

(1)平方关系：倒立三角形上两顶点的平方和等于下顶点的平方；

$\sin^2x+\cos^2x=1$；

$\tan^2x+1=\sec^2x$；

$\cot^2x+1=\csc^2x$.

(2)倒数关系：相对顶点互为倒数；

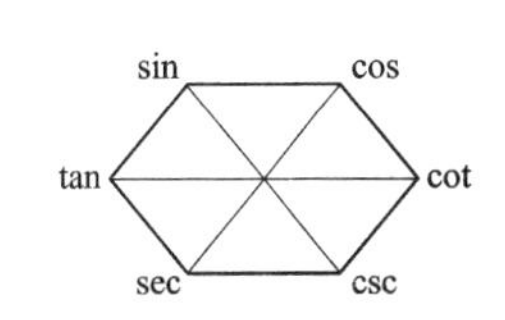

$\sin x\cdot\csc x=1$；

$\cos x\cdot\sec x=1$；

$\tan x\cdot\cot x=1$.

(3)商数关系：任一顶点与其相邻顶点的商等于另一相邻顶点.

$\dfrac{\sin x}{\cos x}=\tan x$；　$\dfrac{\cos x}{\sin x}=\cot x$.

3.三角函数的两角和与两角差

(1)$\sin(\alpha\pm\beta)=\sin\alpha\cos\beta\pm\cos\alpha\sin\beta$;

(2)$\cos(\alpha\pm\beta)=\cos\alpha\cos\beta\mp\sin\alpha\sin\beta$;

(3)$\tan(\alpha\pm\beta)=\dfrac{\tan\alpha\pm\tan\beta}{1\pm\tan\alpha\tan\beta}$;

(4)$\cos(\alpha\pm\beta)=\dfrac{\cos\alpha\cot\beta\mp 1}{\cos\beta\pm\cot\alpha}$.

4.三角函数的万能公式

(1)$\sin 2\alpha=\dfrac{2\tan\alpha}{1+\tan^2\alpha}$;

(2)$\cos 2\alpha=\dfrac{1-\tan^2\alpha}{1+\tan^2\alpha}$;

(3)$\tan 2\alpha=\dfrac{2\tan\alpha}{1-\tan^2\alpha}$.

5.三角函数的倍角和半角公式

(1)$\sin 2\alpha=2\sin\alpha\cos\alpha$;

(2)$\cos 2\alpha=\cos^2\alpha-\sin^2\alpha=1-2\sin^2\alpha=2\cos^2\alpha-1$;

(3)$\sin^2\alpha=\dfrac{1-\cos 2\alpha}{2}$,　　$\cos^2\alpha=\dfrac{1+\cos 2\alpha}{2}$.

6.三角函数的和差化积公式

(1)$\sin\alpha+\sin\beta=2\sin\dfrac{\alpha+\beta}{2}\cos\dfrac{\alpha-\beta}{2}$;

(2)$\sin\alpha-\sin\beta=2\cos\dfrac{\alpha+\beta}{2}\sin\dfrac{\alpha-\beta}{2}$;

(3)$\cos\alpha+\cos\beta=2\cos\dfrac{\alpha+\beta}{2}\cos\dfrac{\alpha-\beta}{2}$;

(4)$\cos\alpha-\cos\beta=-2\sin\dfrac{\alpha+\beta}{2}\sin\dfrac{\alpha-\beta}{2}$.

7.三角函数的积化和差公式

(1)$\sin\alpha\cdot\cos\beta=\dfrac{1}{2}[\sin(\alpha+\beta)+\sin(\alpha-\beta)]$;

(2)$\cos\alpha\cdot\sin\beta=\dfrac{1}{2}[\sin(\alpha+\beta)-\sin(\alpha-\beta)]$;

(3)$\cos\alpha\cdot\cos\beta=\dfrac{1}{2}[\cos(\alpha+\beta)+\cos(\alpha-\beta)]$;

(4)$\sin\alpha\cdot\sin\beta=\dfrac{1}{2}[\cos(\alpha+\beta)-\cos(\alpha-\beta)]$.

8.特殊角的三角函数值

角度	0°	30°	45°	60°	90°	180°	270°	360°
弧度	0	$\frac{\pi}{6}$	$\frac{\pi}{4}$	$\frac{\pi}{3}$	$\frac{\pi}{2}$	π	$\frac{3\pi}{2}$	2π
$\sin\alpha$	0	$\frac{1}{2}$	$\frac{\sqrt{2}}{2}$	$\frac{\sqrt{3}}{2}$	1	0	-1	0
$\cos\alpha$	1	$\frac{\sqrt{3}}{2}$	$\frac{\sqrt{2}}{2}$	$\frac{1}{2}$	0	-1	0	1
$\tan\alpha$	0	$\frac{\sqrt{3}}{3}$	1	$\sqrt{3}$	不存在	0	不存在	0
$\cot\alpha$	不存在	$\sqrt{3}$	1	$\frac{\sqrt{3}}{3}$	0	不存在	0	不存在

附录 2　积分公式

一、含有 $ax+b$ 的积分($a\neq 0$)

1. $\int \frac{dx}{ax+b}=\frac{1}{a}\ln|ax+b|+C$

2. $\int (ax+b)^{\mu}dx=\frac{1}{a(\mu+1)}(ax+b)^{\mu+1}+C\quad(\mu\neq -1)$

3. $\int \frac{x}{ax+b}dx=\frac{1}{a^2}(ax+b-b\ln|ax+b|)+C$

4. $\int \frac{x^2}{ax+b}dx=\frac{1}{a^3}\left[\frac{1}{2}(ax+b)^2-2b(ax+b)+b^2\ln|ax+b|\right]+C$

5. $\int \frac{dx}{x(ax+b)}=-\frac{1}{b}\ln\left|\frac{ax+b}{x}\right|+C$

6. $\int \frac{dx}{x^2(ax+b)}=-\frac{1}{bx}+\frac{a}{b^2}\ln\left|\frac{ax+b}{x}\right|+C$

7. $\int \frac{x}{(ax+b)^2}dx=\frac{1}{a^2}(\ln|ax+b|+\frac{b}{ax+b})+C$

8. $\int \frac{x^2}{(ax+b)^2}dx=\frac{1}{a^3}(ax+b-2b\ln|ax+b|-\frac{b^2}{ax+b})+C$

9. $\int \frac{dx}{x(ax+b)^2}=\frac{1}{b(ax+b)}-\frac{1}{b^2}\ln\left|\frac{ax+b}{x}\right|+C$

二、含有 $\sqrt{ax+b}$ 的积分

10. $\int \sqrt{ax+b}\,dx=\frac{2}{3a}\sqrt{(ax+b)^3}+C$

11. $\int x\sqrt{ax+b}\,dx=\frac{2}{15a^2}(3ax-2b)\sqrt{(ax+b)^3}+C$

12. $\int x^2\sqrt{ax+b}\,dx=\frac{2}{105a^3}(15a^2x^2-12abx+8b^2)\sqrt{(ax+b)^3}+C$

13. $\int \frac{x}{\sqrt{ax+b}}dx=\frac{2}{3a^2}(ax-2b)\sqrt{ax+b}+C$

14. $\int \frac{x^2}{\sqrt{ax+b}}dx=\frac{2}{15a^3}(3a^2x^2-4abx+8b^2)\sqrt{ax+b}+C$

15. $\int \frac{dx}{x\sqrt{ax+b}}=\begin{cases}\frac{1}{\sqrt{b}}\ln\left|\frac{\sqrt{ax+b}-\sqrt{b}}{\sqrt{ax+b}+\sqrt{b}}\right|+C & (b>0)\\ \frac{2}{\sqrt{-b}}\arctan\sqrt{\frac{ax+b}{-b}}+C & (b<0)\end{cases}$

16. $\int \frac{dx}{x^2\sqrt{ax+b}} = -\frac{\sqrt{ax+b}}{bx} - \frac{a}{2b}\int \frac{dx}{x\sqrt{ax+b}}$

17. $\int \frac{\sqrt{ax+b}}{x}dx = 2\sqrt{ax+b} + b\int \frac{dx}{x\sqrt{ax+b}}$

18. $\int \frac{\sqrt{ax+b}}{x^2}dx = -\frac{\sqrt{ax+b}}{x} + \frac{a}{2}\int \frac{dx}{x\sqrt{ax+b}}$

三、含有 $x^2 \pm a^2$ 的积分

19. $\int \frac{dx}{x^2+a^2} = \frac{1}{a}\arctan\frac{x}{a} + C$

20. $\int \frac{dx}{(x^2+a^2)^n} = \frac{x}{2(n-1)a^2(x^2+a^2)^{n-1}} + \frac{2n-3}{2(n-1)a^2}\int \frac{dx}{(x^2+a^2)^{n-1}}$

21. $\int \frac{dx}{x^2-a^2} = \frac{1}{2a}\ln\left|\frac{x-a}{x+a}\right| + C$

四、含有 $ax^2+b(a>0)$ 的积分

22. $\int \frac{dx}{ax^2+b} = \begin{cases} \frac{1}{\sqrt{ab}}\arctan\sqrt{\frac{a}{b}}x + C & (b>0) \\ \frac{1}{2\sqrt{-ab}}\ln\left|\frac{\sqrt{a}x-\sqrt{-b}}{\sqrt{a}x+\sqrt{-b}}\right| + C & (b<0) \end{cases}$

23. $\int \frac{x}{ax^2+b}dx = \frac{1}{2a}\ln|ax^2+b| + C$

24. $\int \frac{x^2}{ax^2+b}dx = \frac{x}{a} - \frac{b}{a}\int \frac{dx}{ax^2+b}$

25. $\int \frac{dx}{x(ax^2+b)} = \frac{1}{2b}\ln\frac{x^2}{|ax^2+b|} + C$

26. $\int \frac{dx}{x^2(ax^2+b)} = -\frac{1}{bx} - \frac{a}{b}\int \frac{dx}{ax^2+b}$

27. $\int \frac{dx}{x^3(ax^2+b)} = \frac{a}{2b^2}\ln\frac{|ax^2+b|}{x^2} - \frac{1}{2bx^2} + C$

28. $\int \frac{dx}{(ax^2+b)^2} = \frac{x}{2b(xa^2+b)} + \frac{1}{2b}\int \frac{dx}{ax^2+b}$

五、含有 $ax^2+bx+c(a>0)$ 的积分

29. $\int \frac{dx}{ax^2+bx+c} = \begin{cases} \frac{2}{\sqrt{4ac-b^2}}\arctan\frac{2ax+b}{\sqrt{4ac-b^2}} + C & (b^2<4ac) \\ \frac{1}{\sqrt{b^2-4ac}}\ln\left|\frac{2ax+b-\sqrt{b^2-4ac}}{2ax+b+\sqrt{b^2-4ac}}\right| + C & (b^2>4ac) \end{cases}$

30. $\int \frac{x}{ax^2+bx+c}dx = \frac{1}{2a}\ln|ax^2+bx+c| - \frac{b}{2a}\int \frac{dx}{ax^2+bx+c}$

六、含有$\sqrt{x^2+a^2}\,(a>0)$的积分

31. $\int\frac{dx}{\sqrt{x^2+a^2}}=\text{arsh}\,\frac{x}{a}+C_1=\ln(x+\sqrt{x^2+a^2})+C$

32. $\int\frac{dx}{\sqrt{(x^2+a^2)^3}}=\frac{x}{a^2\sqrt{x^2+a^2}}+C$

33. $\int\frac{x}{\sqrt{x^2+a^2}}dx=\sqrt{x^2+a^2}+C$

34. $\int\frac{x}{\sqrt{(x^2+a^2)^3}}dx=-\frac{1}{\sqrt{x^2+a^2}}+C$

35. $\int\frac{x^2}{\sqrt{x^2+a^2}}dx=\frac{x}{2}\sqrt{x^2+a^2}-\frac{a^2}{2}\ln(x+\sqrt{x^2+a^2})+C$

36. $\int\frac{x^2}{\sqrt{(x^2+a^2)^3}}dx=-\frac{x}{\sqrt{x^2+a^2}}+\ln(x+\sqrt{x^2+a^2})+C$

37. $\int\frac{dx}{x\sqrt{x^2+a^2}}=\frac{1}{a}\ln\frac{\sqrt{x^2+a^2}-a}{|x|}+C$

38. $\int\frac{dx}{x^2\sqrt{x^2+a^2}}=-\frac{\sqrt{x^2+a^2}}{a^2x}+C$

39. $\int\sqrt{x^2+a^2}\,dx=\frac{x}{2}\sqrt{x^2+a^2}+\frac{a^2}{2}\ln(x+\sqrt{x^2+a^2})+C$

40. $\int\sqrt{(x^2+a^2)^3}\,dx=\frac{x}{8}(2x^2+5a^2)\sqrt{x^2+a^2}+\frac{3}{8}a^4\ln(x+\sqrt{x^2+a^2})+C$

41. $\int x\sqrt{x^2+a^2}\,dx=\frac{1}{3}\sqrt{(x^2+a^2)^3}+C$

42. $\int x^2\sqrt{x^2+a^2}\,dx=\frac{x}{8}(2x^2+a^2)\sqrt{x^2+a^2}-\frac{a^4}{8}\ln(x+\sqrt{x^2+a^2})+C$

43. $\int\frac{\sqrt{x^2+a^2}}{x}dx=\sqrt{x^2+a^2}+a\ln\frac{\sqrt{x^2+a^2}-a}{|x|}+C$

44. $\int\frac{\sqrt{x^2+a^2}}{x^2}dx=-\frac{\sqrt{x^2+a^2}}{x}+\ln(x+\sqrt{x^2+a^2})+C$

七、含有$\sqrt{x^2-a^2}\,(a>0)$的积分

45. $\int\frac{dx}{\sqrt{x^2-a^2}}=\frac{x}{|x|}\text{arch}\,\frac{|x|}{a}+C_1=\ln|x+\sqrt{x^2-a^2}|+C$

46. $\int\frac{dx}{\sqrt{(x^2-a^2)^3}}=-\frac{x}{a^2\sqrt{x^2-a^2}}+C$

47. $\int\frac{x}{\sqrt{x^2-a^2}}dx=\sqrt{x^2-a^2}+C$

48. $\int\frac{x}{\sqrt{(x^2-a^2)^3}}dx=-\frac{1}{\sqrt{x^2-a^2}}+C$

49. $\int \frac{x^2}{\sqrt{x^2-a^2}}dx = \frac{x}{2}\sqrt{x^2-a^2} + \frac{a^2}{2}\ln|x+\sqrt{x^2-a^2}| + C$

50. $\int \frac{x^2}{\sqrt{(x^2-a^2)^3}}dx = -\frac{x}{\sqrt{x^2-a^2}} + \ln|x+\sqrt{x^2-a^2}| + C$

51. $\int \frac{dx}{x\sqrt{x^2-a^2}} = \frac{1}{a}\arccos\frac{a}{|x|} + C$

52. $\int \frac{dx}{x^2\sqrt{x^2-a^2}} = \frac{\sqrt{x^2-a^2}}{a^2x} + C$

53. $\int \sqrt{x^2-a^2}dx = \frac{x}{2}\sqrt{x^2-a^2} - \frac{a^2}{2}\ln|x+\sqrt{x^2-a^2}| + C$

54. $\int \sqrt{(x^2-a^2)^3}dx = \frac{x}{8}(2x^2-5a^2)\sqrt{x^2-a^2} + \frac{3}{8}a^4\ln|x+\sqrt{x^2-a^2}| + C$

55. $\int x\sqrt{x^2-a^2}dx = \frac{1}{3}\sqrt{(x^2-a^2)^3} + C$

56. $\int x^2\sqrt{x^2-a^2}dx = \frac{x}{8}(2x^2-a^2)\sqrt{x^2-a^2} - \frac{a^4}{8}\ln|x+\sqrt{x^2-a^2}| + C$

57. $\int \frac{\sqrt{x^2-a^2}}{x}dx = \sqrt{x^2-a^2} - a\arccos\frac{a}{|x|} + C$

58. $\int \frac{\sqrt{x^2-a^2}}{x^2}dx = -\frac{\sqrt{x^2-a^2}}{x} + \ln|x+\sqrt{x^2-a^2}| + C$

八、含有$\sqrt{a^2-x^2}$（$a>0$）的积分

59. $\int \frac{dx}{\sqrt{a^2-x^2}} = \arcsin\frac{x}{a} + C$

60. $\int \frac{dx}{\sqrt{(a^2-x^2)^3}} = \frac{x}{a^2\sqrt{a^2-x^2}} + C$

61. $\int \frac{x}{\sqrt{a^2-x^2}}dx = -\sqrt{a^2-x^2} + C$

62. $\int \frac{x}{\sqrt{(a^2-x^2)^3}}dx = \frac{1}{\sqrt{a^2-x^2}} + C$

63. $\int \frac{x^2}{\sqrt{a^2-x^2}}dx = -\frac{x}{2}\sqrt{a^2-x^2} + \frac{a^2}{2}\arcsin\frac{x}{a} + C$

64. $\int \frac{x^2}{\sqrt{(a^2-x^2)^3}}dx = \frac{x}{\sqrt{a^2-x^2}} - \arcsin\frac{x}{a} + C$

65. $\int \frac{dx}{x\sqrt{a^2-x^2}} = \frac{1}{a}\ln\frac{a-\sqrt{a^2-x^2}}{|x|} + C$

66. $\int \frac{dx}{x^2\sqrt{a^2-x^2}} = -\frac{\sqrt{a^2-x^2}}{a^2x} + C$

67. $\int \sqrt{a^2-x^2}dx = \frac{x}{2}\sqrt{a^2-x^2} + \frac{a^2}{2}\arcsin\frac{x}{a} + C$

68. $\int \sqrt{(a^2-x^2)^3}\mathrm{d}x = \frac{x}{8}(5a^2-2x^2)\sqrt{a^2-x^2}+\frac{3}{8}a^4\arcsin\frac{x}{a}+C$

69. $\int x\sqrt{a^2-x^2}\mathrm{d}x = -\frac{1}{3}\sqrt{(a^2-x^2)^3}+C$

70. $\int x^2\sqrt{a^2-x^2}\mathrm{d}x = \frac{x}{8}(2x^2-a^2)\sqrt{a^2-x^2}+\frac{a^4}{8}\arcsin\frac{x}{a}+C$

71. $\int \frac{\sqrt{a^2-x^2}}{x}\mathrm{d}x = \sqrt{a^2-x^2}+a\ln\frac{a-\sqrt{a^2-x^2}}{|x|}+C$

72. $\int \frac{\sqrt{a^2-x^2}}{x^2}\mathrm{d}x = -\frac{\sqrt{a^2-x^2}}{x}-\arcsin\frac{x}{a}+C$

九、含有$\sqrt{\pm ax^2+bx+c}\,(a>0)$的积分

73. $\int \frac{\mathrm{d}x}{\sqrt{ax^2+bx+c}} = \frac{1}{\sqrt{a}}\ln|2ax+b+2\sqrt{a}\sqrt{ax^2+bx+c}|+C$

74. $\int \sqrt{ax^2+bx+c}\,\mathrm{d}x = \frac{2ax+b}{4a}\sqrt{ax^2+bx+c}+\frac{4ac-b^2}{8\sqrt{a^3}}\ln|2ax+b+$
$2\sqrt{a}\sqrt{ax^2+bx+c}|+C$

75. $\int \frac{x}{\sqrt{ax^2+bx+c}}\mathrm{d}x = \frac{1}{a}\sqrt{ax^2+bx+c}-\frac{b}{2\sqrt{a^3}}\ln|2ax+b+2\sqrt{a}\sqrt{ax^2+bx+c}|+C$

76. $\int \frac{\mathrm{d}x}{\sqrt{c+bx-ax^2}} = -\frac{1}{\sqrt{a}}\arcsin\frac{2ax-b}{\sqrt{b^2+4ac}}+C$

77. $\int \sqrt{c+bx-ax^2}\,\mathrm{d}x = \frac{2ax-b}{4a}\sqrt{c+bx-ax^2}+\frac{b^2+4ac}{8\sqrt{a^3}}\arcsin\frac{2ax-b}{\sqrt{b^2+4ac}}+C$

78. $\int \frac{x}{\sqrt{c+bx-ax^2}}\mathrm{d}x = -\frac{1}{a}\sqrt{c+bx-ax^2}+\frac{b}{2\sqrt{a^3}}\arcsin\frac{2ax-b}{\sqrt{b^2+4ac}}+C$

十、含有$\sqrt{\pm\frac{x-a}{x-b}}$或$\sqrt{(x-a)(b-x)}$的积分

79. $\int \sqrt{\frac{x-a}{x-b}}\mathrm{d}x = (x-b)\sqrt{\frac{x-a}{x-b}}+(b-a)\ln(\sqrt{|x-a|}+\sqrt{|x-b|})+C$

80. $\int \sqrt{\frac{x-a}{b-x}}\mathrm{d}x = (x-b)\sqrt{\frac{x-a}{b-x}}+(b-a)\arcsin\sqrt{\frac{x-a}{b-a}}+C$

81. $\int \frac{\mathrm{d}x}{\sqrt{(x-a)(b-x)}} = 2\arcsin\sqrt{\frac{x-a}{b-a}}+C \quad (a<b)$

82. $\int \sqrt{(x-a)(b-x)}\,\mathrm{d}x = \frac{2x-a-b}{4}\sqrt{(x-a)(b-x)}+\frac{(b-a)^2}{4}\arcsin\sqrt{\frac{x-a}{b-a}}+$
$C \quad (a<b)$

十一、含有三角函数的积分

83. $\int \sin x\,\mathrm{d}x = -\cos x+C$

84. $\int \cos x \mathrm{d}x = \sin x + C$

85. $\int \tan x \mathrm{d}x = -\ln|\cos x| + C$

86. $\int \cot x \mathrm{d}x = \ln|\sin x| + C$

87. $\int \sec x \mathrm{d}x = \ln\left|\tan\left(\frac{\pi}{4} + \frac{x}{2}\right)\right| + C = \ln|\sec x + \tan x| + C$

88. $\int \csc x \mathrm{d}x = \ln\left|\tan\frac{x}{2}\right| + C = \ln|\csc x - \cot x| + C$

89. $\int \sec^2 x \mathrm{d}x = \tan x + C$

90. $\int \csc^2 x \mathrm{d}x = -\cot x + C$

91. $\int \sec\tan x \mathrm{d}x = \sec x + C$

92. $\int \csc x \cot x \mathrm{d}x = -\csc x + C$

93. $\int \sin^2 x \mathrm{d}x = \frac{x}{2} - \frac{1}{4}\sin 2x + C$

94. $\int \cos^2 x \mathrm{d}x = \frac{x}{2} + \frac{1}{4}\sin 2x + C$

95. $\int \sin^n x \mathrm{d}x = -\frac{1}{n}\sin^{n-1} x\cos x + \frac{n-1}{n}\int \sin^{n-2} x \mathrm{d}x$

96. $\int \cos^n x \mathrm{d}x = \frac{1}{n}\cos^{n-1} x\sin x + \frac{n-1}{n}\int \cos^{n-2} x \mathrm{d}x$

97. $\int \frac{\mathrm{d}x}{\sin^n x} = -\frac{1}{n-1}\cdot\frac{\cos x}{\sin^{n-1} x} + \frac{n-2}{n-1}\int \frac{\mathrm{d}x}{\sin^{n-2} x}$

98. $\int \frac{\mathrm{d}x}{\cos^n x} = \frac{1}{n-1}\cdot\frac{\sin x}{\cos^{n-1} x} + \frac{n-2}{n-1}\int \frac{\mathrm{d}x}{\cos^{n-2} x}$

99. $\int \cos^m x \sin^n x \mathrm{d}x = \frac{1}{m+n}\cos^{m-1} x\sin^{n+1} x + \frac{m-1}{m+n}\int \cos^{m-2} x\sin^n x \mathrm{d}x$

$= -\frac{1}{m+n}\cos^{m+1} x\sin^{n-1} x + \frac{n-1}{m+n}\int \cos^m x\sin^{n-2} x \mathrm{d}x$

100. $\int \sin ax \cos bx \mathrm{d}x = -\frac{1}{2(a+b)}\cos(a+b)x - \frac{1}{2(a-b)}\cos(a-b)x + C$

101. $\int \sin ax \sin bx \mathrm{d}x = -\frac{1}{2(a+b)}\sin(a+b)x + \frac{1}{2(a-b)}\sin(a-b)x + C$

102. $\int \cos ax \cos bx \mathrm{d}x = \frac{1}{2(a+b)}\sin(a+b)x + \frac{1}{2(a-b)}\sin(a-b)x + C$

103. $\int \frac{\mathrm{d}x}{a + b\sin x} = \frac{2}{\sqrt{a^2 - b^2}}\arctan\frac{a\tan\frac{x}{2} + b}{\sqrt{a^2 - b^2}} + C \quad (a^2 > b^2)$

104. $\int \frac{\mathrm{d}x}{a + b\sin x} = \frac{1}{\sqrt{b^2 - a^2}}\ln\left|\frac{a\tan\frac{x}{2} + b - \sqrt{b^2 - a^2}}{a\tan\frac{x}{2} + b + \sqrt{b^2 - a^2}}\right| + C \quad (a^2 < b^2)$

105. $\int \frac{dx}{a+b\cos x} = \frac{2}{a+b}\sqrt{\frac{a+b}{a-b}}\arctan\left(\sqrt{\frac{a-b}{a+b}}\tan\frac{x}{2}\right) + C \quad (a^2 > b^2)$

106. $\int \frac{dx}{a+b\cos x} = \frac{1}{a+b}\sqrt{\frac{a+b}{b-a}}\ln\left|\frac{\tan\frac{x}{2}+\sqrt{\frac{a+b}{b-a}}}{\tan\frac{x}{2}-\sqrt{\frac{a+b}{b-a}}}\right| + C \quad (a^2 < b^2)$

107. $\int \frac{dx}{a^2\cos^2 x + b^2\sin^2 x} = \frac{1}{ab}\arctan\left(\frac{b}{a}\tan x\right) + C$

108. $\int \frac{dx}{a^2\cos^2 x - b^2\sin^2 x} = \frac{1}{2ab}\ln\left|\frac{b\tan x + a}{b\tan x - a}\right| + C$

109. $\int x\sin ax\,dx = \frac{1}{a^2}\sin ax - \frac{1}{a}x\cos ax + C$

110. $\int x^2\sin ax\,dx = -\frac{1}{a}x^2\cos ax + \frac{2}{a^2}x\sin ax + \frac{2}{a^3}\cos ax + C$

111. $\int x\cos ax\,dx = \frac{1}{a^2}\cos ax + \frac{1}{a}x\sin ax + C$

112. $\int x^2\cos ax\,dx = \frac{1}{a}x^2\sin ax + \frac{2}{a^2}x\cos ax - \frac{2}{a^3}\sin ax + C$

十二、含有反三角函数的积分(其中 $a > 0$)

113. $\int \arcsin\frac{x}{a}dx = x\arcsin\frac{x}{a} + \sqrt{a^2-x^2} + C$

114. $\int x\arcsin\frac{x}{a}dx = \left(\frac{x^2}{2}-\frac{a^2}{4}\right)\arcsin\frac{x}{a} + \frac{x}{4}\sqrt{a^2-x^2} + C$

115. $\int x^2\arcsin\frac{x}{a}dx = \frac{x^3}{3}\arcsin\frac{x}{a} + \frac{1}{9}(x^2+2a^2)\sqrt{a^2-x^2} + C$

116. $\int \arccos\frac{x}{a}dx = x\arccos\frac{x}{a} - \sqrt{a^2-x^2} + C$

117. $\int x\arccos\frac{x}{a}dx = \left(\frac{x^2}{2}-\frac{a^2}{4}\right)\arccos\frac{x}{a} - \frac{x}{4}\sqrt{a^2-x^2} + C$

118. $\int x^2\arccos\frac{x}{a}dx = \frac{x^3}{3}\arccos\frac{x}{a} - \frac{1}{9}(x^2+2a^2)\sqrt{a^2-x^2} + C$

119. $\int \arctan\frac{x}{a}dx = x\arctan\frac{x}{a} - \frac{a}{2}\ln(a^2+x^2) + C$

120. $\int x\arctan\frac{x}{a}dx = \frac{1}{2}(a^2+x^2)\arctan\frac{x}{a} - \frac{a}{2}x + C$

121. $\int x^2\arctan\frac{x}{a}dx = \frac{x^3}{3}\arctan\frac{x}{a} - \frac{a}{6}x^2 + \frac{a^3}{6}\ln(a^2+x^2) + C$

十三、含有指数函数的积分

122. $\int a^x\,dx = \frac{1}{\ln a}a^x + C$

123. $\int e^{ax}\,dx = \frac{1}{a}e^{ax} + C$

124. $\int x\mathrm{e}^{ax}\mathrm{d}x=\frac{1}{a^2}(ax-1)\mathrm{e}^{ax}+C$

125. $\int x^n\mathrm{e}^{ax}\mathrm{d}x=\frac{1}{a}x^n\mathrm{e}^{ax}-\frac{n}{a}\int x^{n-1}\mathrm{e}^{ax}\mathrm{d}x$

126. $\int xa^x\mathrm{d}x=\frac{x}{\ln a}a^x-\frac{1}{(\ln a)^2}a^x+C$

127. $\int x^na^x\mathrm{d}x=\frac{1}{\ln a}x^na^x-\frac{n}{\ln a}\int x^{n-1}a^x\mathrm{d}x$

128. $\int \mathrm{e}^{ax}\sin bx\mathrm{d}x=\frac{1}{a^2+b^2}\mathrm{e}^{ax}(a\sin bx-b\cos bx)+C$

129. $\int \mathrm{e}^{ax}\cos bx\mathrm{d}x=\frac{1}{a^2+b^2}\mathrm{e}^{ax}(b\sin bx+a\cos bx)+C$

130. $\int \mathrm{e}^{ax}\sin^n bx\mathrm{d}x=\frac{1}{a^2+b^2n^2}\mathrm{e}^{ax}\sin^{n-1}bx(a\sin bx-nb\cos bx)+\frac{n(n-1)b^2}{a^2+b^2n^2}\int \mathrm{e}^{ax}\sin^{n-2}bx\mathrm{d}x$

131. $\int \mathrm{e}^{ax}\cos^n bx\mathrm{d}x=\frac{1}{a^2+b^2n^2}\mathrm{e}^{ax}\cos^{n-1}bx(a\cos bx+nb\sin bx)+\frac{n(n-1)b^2}{a^2+b^2n^2}\int \mathrm{e}^{ax}\cos^{n-2}bx\mathrm{d}s$

十四、含有对数函数的积分

132. $\int \ln x\mathrm{d}x=x\ln x-x+C$

133. $\int \frac{\mathrm{d}x}{x\ln x}=\ln|\ln x|+C$

134. $\int x^n\ln x\mathrm{d}x=\frac{1}{n+1}x^{n+1}(\ln x-\frac{1}{n+1})+C$

135. $\int (\ln x)^n\mathrm{d}x=x(\ln x)^n-n\int (\ln x)^{n-1}\mathrm{d}x$

136. $\int x^m(\ln x)^n\mathrm{d}x=\frac{1}{m+1}x^{m+1}(\ln x)^n-\frac{n}{m+1}\int x^m(\ln x)^{n-1}\mathrm{d}x$

十五、含有双曲函数的积分

137. $\int \mathrm{sh}x\mathrm{d}x=\mathrm{ch}x+C$

138. $\int \mathrm{ch}x\mathrm{d}x=\mathrm{sh}x+C$

139. $\int \mathrm{th}x\mathrm{d}x=\ln\mathrm{ch}x+C$

140. $\int \mathrm{sh}^2x\mathrm{d}x=-\frac{x}{2}+\frac{1}{4}\mathrm{sh}2x+C$

141. $\int \mathrm{ch}^2x\mathrm{d}x=\frac{x}{2}+\frac{1}{4}\mathrm{sh}2x+C$

十六、定积分

142. $\int_{-\pi}^{\pi}\cos nx\mathrm{d}x=\int_{-\pi}^{\pi}\sin nx\mathrm{d}x=0$

143. $\int_{-\pi}^{\pi}\cos mx\sin nx\,\mathrm{d}x=0$

144. $\int_{-\pi}^{\pi}\cos mx\cos nx\,\mathrm{d}x=\begin{cases}0, m\neq n\\ \pi, m=n\end{cases}$

145. $\int_{-\pi}^{\pi}\sin mx\sin nx\,\mathrm{d}x=\begin{cases}0, m\neq n\\ \pi, m=n\end{cases}$

146. $\int_{0}^{\pi}\sin mx\sin nx\,\mathrm{d}x=\int_{0}^{\pi}\cos mx\cos nx\,\mathrm{d}x=\begin{cases}0, m\neq n\\ \frac{\pi}{2}, m=n\end{cases}$

147. $I_n=\int_{0}^{\frac{\pi}{2}}\sin^n x\,\mathrm{d}x=\int_{0}^{\frac{\pi}{2}}\cos^n x\,\mathrm{d}x$

$$I_n=\frac{n-1}{n}I_{n-2}$$

$$=\begin{cases}\frac{n-1}{n}\cdot\frac{n-3}{n-2}\cdot\cdots\cdot\frac{4}{5}\cdot\frac{2}{3}\quad(n\text{ 为大于 1 的正奇数}), I_1=1\\ \frac{n-1}{n}\cdot\frac{n-3}{n-2}\cdot\cdots\cdot\frac{3}{4}\cdot\frac{1}{2}\cdot\frac{\pi}{2}\quad(n\text{ 为正偶数}), I_0=\frac{\pi}{2}\end{cases}$$

附录 3　泊松分布表

$$P(X=x)=\frac{\lambda^x}{x!}e^{-\lambda}$$

k \ λ	0.1	0.2	0.3	0.4	0.5	0.6	0.7	0.8
0	0.904837	0.818731	0.740818	0.670320	0.606531	0.548812	0.496585	0.449329
1	0.090484	0.163746	0.222245	0.268128	0.303265	0.329287	0.347610	0.359463
2	0.004524	0.016375	0.033337	0.053626	0.075816	0.098786	0.121663	0.143785
3	0.000151	0.001092	0.003334	0.007150	0.012636	0.019757	0.028388	0.038343
4	0.000004	0.000055	0.000250	0.000715	0.001580	0.002964	0.004968	0.007669
5		0.000002	0.000015	0.000057	0.000158	0.000356	0.000696	0.001227
6			0.000001	0.000004	0.000013	0.000036	0.000081	0.000164
7					0.000001	0.000003	0.000008	0.000019
8							0.000001	0.000002

k \ λ	0.9	1.0	1.5	2.0	2.5	3.0	3.5	4.0
0	0.406570	0.367879	0.223130	0.135335	0.082085	0.049787	0.030197	0.018316
1	0.365913	0.367879	0.334695	0.270671	0.205212	0.149361	0.105691	0.073263
2	0.164661	0.183940	0.251021	0.270671	0.256516	0.224042	0.184959	0.146525
3	0.049398	0.061313	0.125511	0.180447	0.213763	0.224042	0.215785	0.195367
4	0.011115	0.015328	0.047067	0.090224	0.133602	0.168031	0.188812	0.195367
5	0.002001	0.003066	0.014120	0.036089	0.066801	0.100819	0.132169	0.156293
6	0.000300	0.000511	0.003530	0.012030	0.027834	0.050409	0.077098	0.104196
7	0.000039	0.000073	0.000756	0.003437	0.009941	0.021604	0.038549	0.059540
8	0.000004	0.000009	0.000142	0.000859	0.003106	0.008102	0.016865	0.029770
9		0.000001	0.000024	0.000191	0.000863	0.002701	0.006559	0.013231
10			0.000004	0.000038	0.000216	0.000810	0.002296	0.005292
11				0.000007	0.000049	0.000221	0.000730	0.001925
12				0.000001	0.000010	0.000055	0.000213	0.000642
13					0.000002	0.000013	0.000057	0.000197
14						0.000003	0.000014	0.000056
15						0.000001	0.000003	0.000015
16							0.000001	0.000004
17								0.000001

续表

k \ λ	4.5	5.0	6.0	7.0	8.0	9.0	10.0
0	0.011109	0.006738	0.002479	0.000912	0.000335	0.000123	0.000045
1	0.049990	0.033690	0.014873	0.006383	0.002684	0.001111	0.000454
2	0.112479	0.084224	0.044618	0.022341	0.010735	0.004998	0.002270
3	0.168718	0.140374	0.089235	0.052129	0.028626	0.014994	0.007567
4	0.189808	0.175467	0.133853	0.091226	0.057252	0.033737	0.018917
5	0.170827	0.175467	0.160623	0.127717	0.091604	0.060727	0.037833
6	0.128120	0.146223	0.160623	0.149003	0.122138	0.091090	0.063055
7	0.082363	0.104445	0.137677	0.149003	0.139587	0.117116	0.090079
8	0.046329	0.065278	0.103258	0.130377	0.139587	0.131756	0.112599
9	0.023165	0.036266	0.068838	0.101405	0.124077	0.131756	0.125110
10	0.010424	0.018133	0.041303	0.070983	0.099262	0.118580	0.125110
11	0.004264	0.008242	0.022529	0.045171	0.072190	0.097020	0.113736
12	0.001599	0.003434	0.011264	0.026350	0.048127	0.072765	0.094780
13	0.000554	0.001321	0.005199	0.014188	0.029616	0.050376	0.072908
14	0.000178	0.000472	0.002228	0.007094	0.016924	0.032384	0.052077
15	0.000053	0.000157	0.000891	0.003311	0.009026	0.019431	0.034718
16	0.000015	0.000049	0.000334	0.001448	0.004513	0.010930	0.021699
17	0.000004	0.000014	0.000118	0.000596	0.002124	0.005786	0.012764
18	0.000001	0.000004	0.000039	0.000232	0.000944	0.002893	0.007091
19		0.000001	0.000012	0.000085	0.000397	0.001370	0.003732
20			0.000004	0.000030	0.000159	0.000617	0.001866
21			0.000001	0.000010	0.000061	0.000264	0.000889
22				0.000003	0.000022	0.000108	0.000404
23				0.000001	0.000008	0.000042	0.000176
24					0.000003	0.000016	0.000073
25					0.000001	0.000006	0.000029
26						0.000002	0.000011
27						0.000001	0.000004
28							0.000001
29							0.000001

附录 4　标准正态分布表

$$\Phi(x)=\frac{1}{\sqrt{2\pi}}\int_{-\infty}^{x}\mathrm{e}^{-\frac{t^2}{2}}\,\mathrm{d}t$$

x	0.00	0.01	0.02	0.03	0.04	0.05	0.06	0.07	0.08	0.09
0.0	0.5000	0.5040	0.5080	0.5120	0.5160	0.5199	0.5239	0.5279	0.5319	0.5359
0.1	0.5398	0.5438	0.5478	0.5517	0.5557	0.5596	0.5636	0.5675	0.5714	0.5753
0.2	0.5793	0.5832	0.5871	0.5910	0.5948	0.5987	0.6026	0.6064	0.6103	0.6141
0.3	0.6179	0.6217	0.6255	0.6293	0.6331	0.6368	0.6406	0.6443	0.6480	0.6517
0.4	0.6554	0.6591	0.6628	0.6664	0.6700	0.6736	0.6772	0.6808	0.6844	0.6879
0.5	0.6915	0.6950	0.6985	0.7019	0.7054	0.7088	0.7123	0.7157	0.7190	0.7224
0.6	0.7257	0.7291	0.7324	0.7357	0.7389	0.7422	0.7454	0.7486	0.7517	0.7549
0.7	0.7580	0.7611	0.7642	0.7673	0.7703	0.7734	0.7764	0.7794	0.7823	0.7852
0.8	0.7881	0.7910	0.7939	0.7967	0.7995	0.8023	0.8051	0.8078	0.8106	0.8133
0.9	0.8159	0.8186	0.8212	0.8238	0.8264	0.8289	0.8315	0.8340	0.8365	0.8389
1.0	0.8413	0.8438	0.8461	0.8485	0.8508	0.8531	0.8554	0.8577	0.8599	0.8621
1.1	0.8643	0.8665	0.8686	0.8708	0.8729	0.8749	0.8770	0.8790	0.8810	0.8830
1.2	0.8849	0.8869	0.8888	0.8907	0.8925	0.8944	0.8962	0.8980	0.8997	0.9015
1.3	0.9032	0.9049	0.9066	0.9082	0.9099	0.9115	0.9131	0.9147	0.9162	0.9177
1.4	0.9192	0.9207	0.9222	0.9236	0.9251	0.9265	0.9278	0.9292	0.9306	0.9319
1.5	0.9332	0.9345	0.9357	0.9370	0.9382	0.9394	0.9406	0.9418	0.9430	0.9441
1.6	0.9452	0.9463	0.9474	0.9484	0.9495	0.9505	0.9515	0.9525	0.9535	0.9545
1.7	0.9554	0.9564	0.9573	0.9582	0.9591	0.9599	0.9608	0.9616	0.9625	0.9633
1.8	0.9641	0.9648	0.9656	0.9664	0.9671	0.9678	0.9686	0.9693	0.9700	0.9706
1.9	0.9713	0.9719	0.9726	0.9732	0.9738	0.9744	0.9750	0.9756	0.9762	0.9767
2.0	0.9772	0.9778	0.9783	0.9788	0.9793	0.9798	0.9803	0.9808	0.9812	0.9817
2.1	0.9821	0.9826	0.9830	0.9834	0.9838	0.9842	0.9846	0.9850	0.9854	0.9857
2.2	0.9861	0.9864	0.9868	0.9871	0.9874	0.9878	0.9881	0.9884	0.9887	0.9890
2.3	0.9893	0.9896	0.9898	0.9901	0.9904	0.9906	0.9909	0.9911	0.9913	0.9916
2.4	0.9918	0.9920	0.9922	0.9925	0.9927	0.9929	0.9931	0.9932	0.9934	0.9936
2.5	0.9938	0.9940	0.9941	0.9943	0.9945	0.9946	0.9948	0.9949	0.9951	0.9952
2.6	0.9953	0.9955	0.9956	0.9957	0.9959	0.9960	0.9961	0.9962	0.9963	0.9964
2.7	0.9965	0.9966	0.9967	0.9968	0.9969	0.9970	0.9971	0.9972	0.9973	0.9974
2.8	0.9974	0.9975	0.9976	0.9977	0.9977	0.9978	0.9979	0.9979	0.9980	0.9981
2.9	0.9981	0.9982	0.9982	0.9983	0.9984	0.9984	0.9985	0.9985	0.9986	0.9986

x	0.0	0.1	0.2	0.3	0.4	0.5	0.6	0.7	0.8	0.9
3	0.99865	0.99903	0.99931	0.99952	0.99966	0.99977	0.99984	0.99989	0.99993	0.99995
4	0.999968	0.999979	0.999987	0.999991	0.999995	0.999997	0.999998	0.999999	0.9999992	0.9999995
5	0.9999997									

参考文献

[1] 陈水林,黄伟祥.高等数学.武汉:湖北科学技术出版社,2007.
[2] 马来焕.高等应用数学.北京:机械工业出版社,2008.
[3] 马凤敏,节存来.高等数学.北京:高等教育出版社,2009.
[4] 李秀珍.高等数学.北京:北京邮电大学出版社,2010.
[5] 王金金.高等数学.北京:北京邮电大学出版社,2010.
[6] 侯风波,相秀芬.应用教学.北京:机械工业出版社,2006.
[7] 颜文勇,柯善军.高等应用数学.北京:高等教育出版社,2004.
[8] 马颖.高等数学.北京:高等教育出版社,2009.
[9] 徐强.高等数学.北京:高等教育出版社,2009.
[10] 戈西元.应用数学简明教程.北京:北京邮电大学出版社,2010.
[11] 陈水林.高等数学同步练习册.北京:兵器工业出版社,2006.
[12] 李心灿.高等数学.北京:高等教育出版社,2003.
[13] 盛祥耀.高等数学.北京:高等教育出版社,2008.
[14] 袁荫棠.概率论与数理统计.北京:中国人民大学出版社,1985.
[15] 杜雪樵.概率论与数理统计.合肥:合肥工业大学出版社,2004.
[16] 刘新平,魏启恩.概率论与数理统计.西安:西安出版社,2002.
[17] 王明慈,沈恒范.概率论与数理统计.北京:高等教育出版社,1999.
[18] 缪铨生.概率与数理统计.上海:华东师范大学出版社,1997.
[19] 张晓梅,张振宇,迟东璇.常微分方程.上海:复旦大学出版社,2010.
[20] 东北师范大学微分方程教研室.常微分方程.北京:高等教育出版社,2009.
[21] 蔡燧林.常微分方程.杭州:浙江大学出版社,1988.
[22] 赵树嫄.线性代数.北京:中国人民大学出版社,1997.
[23] 同济大学数学系.工程数学:线性代数.6版.北京:高等教育出版社,2014.
[24] 同济大学数学系.高等数学:上册.7版.北京:高等教育出版社,2014.
[25] 同济大学数学系.高等数学:下册.7版.北京:高等教育出版社,2014.